U0434801

注册建筑师考试丛书

一级注册建筑师考试

建筑技术设计(作图)应试指南

(第十四版)

《注册建筑师考试教材》编委会　编

曹纬浚　主编

中国建筑工业出版社

图书在版编目（CIP）数据

一级注册建筑师考试建筑技术设计（作图）应试指南/《注册建筑师考试教材》编委会编；曹纬浚主编．—14版．—北京：中国建筑工业出版社，2020.12
（注册建筑师考试丛书）
ISBN 978-7-112-25620-4

Ⅰ．①一… Ⅱ．①注… ②曹… Ⅲ．①建筑设计—资格考试—自学参考资料 Ⅳ．①TU2

中国版本图书馆 CIP 数据核字（2020）第 231821 号

责任编辑：张　建　何　楠
责任校对：党　蕾

注册建筑师考试丛书
一级注册建筑师考试建筑技术设计（作图）应试指南
（第十四版）
《注册建筑师考试教材》编委会　编
曹纬浚　主编
*
中国建筑工业出版社出版、发行（北京海淀三里河路9号）
各地新华书店、建筑书店经销
北京红光制版公司制版
北京圣夫亚美印刷有限公司印刷
*
开本：787毫米×1092毫米　1/16　印张：26¼　字数：634千字
2020年12月第十四版　2020年12月第二十五次印刷
定价：**79.00**元
ISBN 978-7-112-25620-4
（36616）

#《注册建筑师考试教材》

编　委　会

序

赵春山

（住房和城乡建设部执业资格注册中心原主任
兼全国勘察设计注册工程师管理委员会副主任
中国建筑学会常务理事）

我国正在实行注册建筑师执业资格制度，从接受系统建筑教育到成为执业建筑师之前，首先要得到社会的认可，这种社会的认可在当前表现为取得注册建筑师执业注册证书，而建筑师在未来怎样行使执业权力，怎样在社会上进行再塑造和被再评价从而建立良好的社会资源，则是另一个角度对建筑师的要求。因此在如何培养一名合格的注册建筑师的问题上有许多需要思考的地方。

一、正确理解注册建筑师的准入标准

我们实行注册建筑师制度始终坚持教育标准、职业实践标准、考试标准并举，三者之间相辅相成、缺一不可。所谓教育标准就是大学专业建筑教育。建筑教育是培养专业建筑师必备的前提。一个建筑师首先必须经过大学的建筑学专业教育，这是基础。职业实践标准是指经过学校专门教育后又经过一段有特定要求的职业实践训练积累。只有这两个前提条件具备后才可报名参加考试。考试实际就是对大学建筑教育的结果和职业实践经验积累结果的综合测试。注册建筑师的产生都要经过建筑教育、实践、综合考试三个过程，而不能用其中任何一个去代替另外两个过程，专业教育是建筑师的基础，实践则是在步入社会以后通过经验积累提高自身能力的必经之路。从本质上说，注册建筑师考试只是一个评价手段，真正要成为一名合格的注册建筑师还必须在教育培养和实践训练上下功夫。

二、关注建筑专业教育对职业建筑师的影响

应当看到，我国的建筑教育与现在的人才培养、市场需求尚有脱节的地方，比如在人才知识结构与能力方面的实践性和技术性还有欠缺。目前在建筑教育领域实行了专业教育评估制度，一个很重要的目的是想以评估作为指挥棒，指挥或者引导现在的教育向市场靠拢，围绕着市场需求培养人才。专业教育评估在国际上已成为了一种通行的做法，是一种通过社会或市场评价教育并引导教育围绕市场需求培养合格人才的良好机制。

当然，大学教育本身与社会的具体应用需要之间有所区别，大学教育更侧重于专业理论基础的培养，所以我们就从衡量注册建筑师第二个标准——实践标准上来解决这个问题。注册建筑师考试前要强调专业教育和三年以上的职业实践。现在专门为报考注册建筑师提供一个职业实践手册，包括设计实践、施工配合、项目管理、学术交流四个方面共十项具体实践内容，并要求申请考试人员在一名注册建筑师指导下完成。

理论和实践是相辅相成的关系，大学的建筑教育是基础理论与专业理论教育，但必须要给学生一定的时间使其把理论知识应用到实践中去，把所学和实践结合起来，提高自身的业务能力和专业水平。

大学专业教育是作为专门人才的必备条件，在国外也是如此。发达国家对一个建筑师的要求是：没有经过专门的建筑学教育是不能称之为建筑师的，而且不能进入该领域从事与其相关的职业。企业招聘人才也首先要看他们是否具备扎实的基本知识和专业本领，所以大学的本科建筑教育是必备条件。

三、注意发挥在职教育对注册建筑师培养的补充作用

在职教育在我国有两个含义：一种是后补充学历教育，即本不具备专业学历，但工作后经过在职教育通过社会自学考试，取得从事现职业岗位要求的相应学历；还有一种是继续教育，即原来学的本专业和其他专业学历，随着科技发展和自身业务领域的拓宽，原有的知识结构已不适应了，于是通过在职教育去补充相关知识。由于我国建筑教育在过去一段时期底子薄，培养数量与社会需求差距很大。改革开放以后为了满足快速发展的建筑市场需求，一批没有经过规范的建筑教育的人员进入了建筑师队伍。而要解决好这一历史问题，提高建筑师队伍整体职业素质，在职教育有着重要的补充作用。

继续教育是在职教育的一种行之有效的教育形式，它特指具有专业学历背景的在职人员从业后，因社会的发展使得原有知识需要更新，要通过参加新知识、新技术的学习以调整原有知识结构、拓宽知识范围。它在性质上与在职培训相同，但又不能完全画等号。继续教育是有计划性、目标性、提高性的，从整体人才队伍和个人知识总体结构上作调整和补充。当前，社会在职教育在制度上和措施上还不够完善，质量很难保证。有一些人把在职读学历作为“镀金”，把继续教育当作“过关”。虽然最后证明拿到了，但实际的本领和水平并没有相应提高。为此需要我们做两方面的工作，一是要让我们的建筑师充分认识到在职教育是我们执业发展的第一需求；二是我们的教育培训机构要完善制度、改进措施、提高质量，使参加培训的人员有所收获。

四、为建筑师创造一个良好的职业环境

要向社会提供高水平、高质量的设计产品，关键还是要靠注册建筑师的自身素质，但也不可忽视社会环境的影响。大众审美的提高可以让建筑师感受到社会的关注，增强自省意识，努力创造出一个经受得住大众评价的作品。但目前实际上建筑师的很多设计思想受开发商与业主方面很大的影响，有时建筑水平并不完全取决于建筑师，而是取决于开发商与业主的喜好。有的业主审美水平不高，很多想法往往只是自己的意愿，这就很难做出与社会文化、科技、时代融合的建筑产品。要改善这种状态，首先要努力创造尊重知识、尊重人才的社会环境。建筑师要维护自己的职业权力，大众要尊重建筑师的创作成果，业主不要把个人喜好强加于建筑师。同时建筑师自身也要提高自己的素质和修养，增强社会责任感，建立良好的社会信誉。要让创造出的作品得到大众的尊重，首先自己要尊重自己的劳动成果。

五、认清差距，提高自身能力，迎接挑战

目前中国的建筑师与国际水平还存在着一定差距，而面对信息化时代，如何缩小差距以适应时代变革和技术进步，及时调整并制定新的对策，成为建筑教育需要探讨解决的问题。

我们现在的建筑教育不同程度地存在重艺术、轻技术的倾向。在注册建筑师资格考试中明显感觉到建筑师们在相关的技术知识包括结构、设备、材料方面的把握上有所欠缺，这与教育有一定的关系。学校往往比较注重表现能力方面的培养，而技术方面的教育则相对不足。尽管这些年有的学校进行了一些课程调整，加强了技术方面的教育，但从整体来看，现在的建筑师在知识结构上还是存在缺欠。

建筑是时代发展的历史见证，它凝固了一个时期科技、文化发展的印记，建筑师如果不能与时代发展相适应，努力学习和掌握当代社会发展的科学技术与人文知识，提高建筑的科技、文化内涵，就很难创造出高水平的作品。

当前，我们的建筑教育可以利用互联网加强与国外信息的交流，了解和掌握国外在建筑方面的新思路、新理念、新技术。这里想强调的是，我们的建筑教育还是应该注重与社会发展相适应。当今，社会进步速度很快，建筑所蕴含的深厚文化底蕴也在不断地丰富、发展。现代建筑创作不能单一强调传统文化，要充分运用现代科技发展成果，使建筑在经济、安全、健康、适用和美观方面得到全面体现。在人才培养上也要与时俱进。加强建筑师科技能力的培养，让他们学会适应和运用新技术、新材料去进行建筑创作。

一个好的建筑要实现它的内在和外表的统一，必须要做到：建筑的表现、材料的选用、结构的布置以及设备的安装融为一体。但这些在很多建筑中还做不到，这说明我们一些建筑师在对新结构、新设备、新材料的掌握和运用上能力不够，还需要加大学习的力度。只有充分掌握新的结构技术、设备技术和新材料的性能，建筑师才能够更好地发挥创造水平，把技术与艺术很好地融合起来。

中国加入 WTO 以后面临国外建筑师的大量进入，这对中国建筑设计市场将会有很大的冲击，我们不能期望通过政府设立各种约束限制国外建筑师的进入而自保，关键是要使国内建筑师自身具备与国外建筑师竞争的能力，充分迎接挑战、参与竞争，通过实践提高我们的设计水平，为社会提供更好的建筑作品。

前　言

一、本套书编写的依据、目的及组织构架

原建设部和人事部自1995年起开始实施注册建筑师执业资格考试制度。

本套书以考试大纲为依据，结合考试参考书目和现行规范、标准进行编写，并结合历年真实考题的知识点做出修改补充。由于多年不断对内容的精益求精，本套书是目前市面上同类书中，出版较早、流传较广、内容严谨、口碑销量俱佳的一套注册建筑师考试用书。

本套书的编写目的是指导复习，因此在保证内容综合全面、考点覆盖面广的基础上，力求重点突出、详略得当；并着重对工程经验的总结、规范的解读和原理、概念的辨析。

为了帮助考生准备注册考试，本书的编写教师自1995年起就先后参加了全国一、二级注册建筑师考试辅导班的教学工作。他们都是在本专业领域具有较深造诣的教授、一级注册建筑师、一级注册结构工程师和具有丰富考试培训经验的名师、专家。

本套《注册建筑师考试丛书》自2001年出版至今，除2002、2015、2016三年停考之外，每年均对教材内容作出修订完善。现全套书包含：《一级注册建筑师考试教材》（共6个分册）、《一级注册建筑师考试历年真题与解析》（知识题科目，共5个分册）；《二级注册建筑师考试教材》（共3个分册）、《二级注册建筑师考试历年真题与解析》（知识题科目，共2个分册）。

二、本书（本版）修订说明

（1）修订了上一版错漏之处。

（2）第三章“结构选型与布置”增加了2013、2019年试题及解析。

（3）第四章“建筑设备”、第五章“建筑电气”修订了部分试题及解析。

本书所涉及标准、规范在每章首次出现时标注图标号和年号（版号），后文仅出现标准、规范的名称。未特别说明的均为现行的规范、标准。

三、本套书配套使用说明

考生在学习《一级教材》时，除应阅读相应的标准、规范外，还应多做试题，以便巩固知识，加深理解和记忆。《一级历年真题与解析》是《一级教材》的配套试题集，收录了2003年以来知识题的多年真实试题并附详细的解答提示和参考答案。其5个分册，分别对应《一级教材》的前5个分册。《一级历年真题与解析》的每个分册均包含两个部分，即按照《一级教材》章节设置的分散试题和近几年的整套试题。考生可以在考前做几次自测练习。

《一级教材》的第六分册收录了一级注册建筑师资格考试的“建筑方案设计”“建筑技术设计”和“场地设计”3个作图考试科目的多年真实试题，并提供了参考答卷，部分试题还附有评分标准；对作图科目考试的复习大有好处。

四、本书编写分工

第一章、第二章、第三章由樊振和编写，第四章由贾昭凯编写，第五章由冯玲编写。

本套书一直以来得到了广大考生朋友的大力支持。今年要特别感谢王治新、魏鹏和张婧3位朋友给予我们的无私帮助。王治新对本套《一级教材》中的《第2分册 建筑结构》《第4分册 建筑材料与构造》《第5分册 建筑经济 施工与设计业务管理》3个分册提出了详尽的修改建议，这无疑促进了这3个分册教材质量的提升，也成为2021版教材修订的主要依据之一。魏鹏和张婧两位老师为本版一、二级教材的修订提供了近年试题（作为章后习题）。在此，对他们一并表示衷心的感谢！我们也诚挚地希望各位注册建筑师考试的师生能对本套教材的编写提出更多的宝贵意见和建议。

在此预祝各位考生取得好成绩，考试顺利过关！

《注册建筑师考试教材》编委会

2020年9月

目　录

第一章　建　筑　剖　面

第一节　考试大纲的基本要求

在2002年全国注册建筑师管理委员会重新调整和修订的《全国一级注册建筑师资格考试大纲》（以下简称《考试大纲》）中，将原大纲中的“建筑设计与表达”科目改为两个互相独立的考试科目，即“建筑方案设计”和“建筑技术设计”。这种考试方法的改革的最大特点是能够分别对应试者的建筑方案设计能力与建筑技术设计能力进行考核，更准确地反映出应试者的能力和水平。

一、《考试大纲》的宗旨

《全国一级注册建筑师资格考试大纲》针对建筑技术设计（作图题）的要求是：“检验应试者在建筑技术方面的实践能力，对试题能做出符合要求的答案，包括：建筑剖面、结构选型与布置、机电设备及管道系统、建筑配件与构造等，并符合法规规范。”

在所涉及的专业领域方面，《考试大纲》写明了四点，即包括“建筑剖面、结构选型与布置、机电设备及管道系统、建筑配件与构造”等，其中，除了“结构选型与布置”、“机电设备及管道系统”属于建筑师也应该了解掌握的相关专业的内容外，“建筑剖面”、“建筑配件与构造”本身就是建筑学专业的内容。

在2003年的实际考题中，以上四个方面的考核内容各自以一道独立的题目出现，形式上是互不相关的。但是，房屋建筑的设计是一个涉及多专业、多工种的综合性工作，尤其是有关建筑技术方面的设计更是如此。单就涉及建筑学专业的两个方面的内容“建筑剖面”和“建筑配件与构造”来看，它们也不是孤立的内容。例如，“建筑剖面”的设计就要求应试者具有对建筑空间关系的解读和处理，对建筑结构的体系和材料及做法的了解和掌握，对建筑各个细部节点的构造做法的熟悉和精通等全面的综合能力。

从《考试大纲》的要求中我们看到，大纲的主旨是强调应试者在建筑技术方面的“实践能力”。也就是说，要求应试者在全面掌握以上提到的各个专业领域的相关原理和内容的基础上，具有合理地、完善地解决实际问题的能力。

二、《考试大纲》的考核点

（一）从整体上把握建筑空间关系的能力

实际上，调整和修订《考试大纲》之前和之后的“建筑剖面”部分的考核点基本上是一样的，其中主要的一点就是考查应试者从整体上把握建筑空间关系的能力。即要求应试者根据题目所给出的某一建筑的平面图（一般为一座独立的两层建筑的各层平面图及屋顶平面图或示意图，也可能是某一多层建筑或者高层建筑的顶部两层范围内的各层平面图及屋顶平面图或示意图）按照指定的剖切线位置画出剖面图，要求剖面图必须正确反映出平面图中所示的尺寸及空间关系。

如何正确地解读建筑的空间关系，如何合理地表达建筑的空间关系，显然考查的是应试者的综合能力。具体来讲，应试者应该在搞清楚以下几个方面问题的同时，要在头脑中建立起一个清晰的建筑空间的形象来，并最后把这个建筑空间形象准确、迅速地用建筑剖面图的形式表达出来。

1. 建筑的类型（是什么用途的建筑物）；

2. 建筑周围的地形（是否为坡地，室外设计地坪间的高差是多少，各个室外设计地坪之间的关系是如何处理的）；

3. 建筑的室内外高差；

4. 建筑的层高及总高度；

5. 是否有错层及室内地坪是否有高差；

6. 房间的布局及尺寸；

7. 入口的位置及门窗布置；

8. 楼梯的位置、形式及走向；

9. 各层平面的上下间定位关系。

（二）对建筑结构体系及其材料和做法的掌握能力

实际上，建筑空间关系的形成是建立在建筑结构方案的基础之上的。应试者在建筑结构方面的修养会直接影响到“建筑剖面”这个部分试题的解答。试题考查的范围有以下几个方面：

1. 建筑结构的类型（是墙承载结构体系还是柱承载结构体系）；

2. 建筑结构的材料类型（是砌体结构、钢筋混凝土结构还是钢结构或者木结构）；

3. 建筑结构水平分系统（包括楼板结构层、屋顶结构层、楼梯结构构件等的结构类型，是板式结构还是梁板式结构，或者其他结构类型）；

4. 门窗洞口过梁；

5. 基础及地下结构的类型（是条形基础、独立基础还是其他特殊基础形式，是否有地下室、管沟等）；

6. 屋顶形式及其结构类型（是平屋顶、坡屋顶还是其他屋顶形式，采用的是什么结构类型）；

7. 檐口的类型（是女儿墙还是挑檐，或者其他檐口形式）；

8. 挡土墙等结构；

9. 悬挑结构（是否有悬挑阳台、悬挑雨篷，或者其他悬挑结构）；

10. 圈梁、构造柱（芯柱）等抗震加固措施。

（三）对建筑物各个部位建筑构造做法的了解和熟练掌握的能力

建筑构造设计是建筑设计的组成部分，是建筑设计的深入和延续，是建筑师应该掌握的基本功。建筑构造做法的含义应包括材料的选择、构件的截面形式及尺寸、合理的构造顺序及连接方法等。

1. 基础及地下结构（地下室、管沟等）构造做法；

2. 地坪层构造做法；

3. 楼板层构造做法；

4. 屋顶构造做法；

5. 外墙构造做法；

6. 内墙构造做法；

7. 门窗构造做法；

8. 楼梯及其栏杆（板）构造做法；

9. 建筑防潮（包括墙身、地坪、地下室等部位）构造做法；

10. 台阶、坡道、勒脚、散水等部位构造做法。

在《考试大纲》对建筑技术设计（作图题）简明扼要的要求中，特别强调了“符合法规规范”这一点。当然，试题中并没有直接考查法规规范的条文，而是要求应试者在全面熟悉有关的建筑设计法规规范条文的基础上，正确地进行设计，把法规规范的条文要求正确地反映到设计图纸上。这种能力的养成不是一朝一夕之功，也不是仅靠突击背诵就能全面解决的问题，它需要大量的工程实践，也靠日积月累对法规规范条文的思考、钻研和理解，毕竟在理解的基础上，才能更好地掌握庞杂的各种建筑法规规范要求。

第二节 试题特点分析

一、题目规模不大，但建筑空间复杂

“建筑剖面”部分的试题给出的任务，一般都是一个规模、面积不大的民用建筑类型，或者是一个较大规模和面积的建筑中一个有限范围的局部。如 2003 年的试题是一个两层的坡地住宅建筑，整个建筑面积大约只有 200m^2；但是，整个建筑的空间关系却比较复杂。首先该建筑是建在坡地上，室内外的空间层次比较多；建筑内部采用的是错层组合(也是适应坡地环境的需要)；既有 240mm 厚的结构墙体（承重墙），又有 120mm 厚的非结构墙体（隔墙）；二层结构做了大量的悬挑；屋顶采用比较复杂的高低错落、多坡面的坡屋顶形式；不同埋置深度的各种基础；还有挡土墙的设置等。以前的考题中还出现过扇形踏步的楼梯等复杂的构造形式。

显然，这样的出题思路主要是考查应试者对复杂建筑空间的解读和把握能力，又不会因为规模、面积过大而花费太多的时间绘图答题。

二、结构类型简单，但结构关系复杂

考题给定的结构类型都是最普通的砌体结构（砖混结构）、剪力墙结构或者框架结构，这也是由建筑的类型、规模、层数等因素决定的，不可能出现大跨度建筑或者高层大型公共建筑常用的复杂的结构类型。但是，这样的状况并不会降低对应试者建筑结构知识和能力的要求。仍然以 2003 年两层坡地住宅建筑的试题为例，其结构关系还是比较错综复杂的：各部位基础形式、尺寸、标高的不同，结构墙体（承重墙）和非结构墙体（隔墙）的区分和判断，楼梯的结构形式的选择和确定，楼板层的结构类型和结构布置形式的选择和确定，屋顶结构类型和结构布置及檐口结构形式的选择和确定，轻质隔墙与楼板层梁板结构的关系的处理，门窗洞口过梁的设置，圈梁等抗震构造措施的采用，悬挑空间的结构处理等。

以上诸多结构关系的区分、判断、选择、确定等，都需要应试者有良好的结构知识和结构关系的处理能力，否则，是难以很好地完成考试题目要求的。

三、建筑构造做法传统普通，但涉及的范围全面完整

在“建筑剖面”这部分考题中，涉及建筑构造的内容多，而要求具体。例如，在2003年的试题中，除了给定了建筑结构的类型、结构材料、室内外高差和层高等要求外，还非常具体地给出了基础、楼面、屋面、外墙、内墙、梁、门、窗、楼梯、（户外平台）栏板、挡土墙、防潮层、散水等的构造做法以及应该使用的材料图例。

但是，这里并不是重点考查建筑构造的详细做法，更不会要求掌握“三新”（新材料、新技术、新工艺）的构造内容，一方面是还有一个“建筑配件与构造”的考试部分专门解决这些问题，另一方面是由“建筑剖面”部分的绘图比例决定的，1：50的比例对大部分的构造做法（地坪、散水、台阶、基础等除外）来说都会简化成一条投影线了。当然，这不说明建筑构造做法的内容在这一部分就不重要了，它的重要性体现在要求应试者全面、完整、正确地用图式表达出建筑构造的做法。

还有一点需要提醒应试者注意的是，有些建筑构造的内容是属于基本的要求，题目可能并没有直接点明或提示，但这些内容也应正确地表达在答题图纸中。例如，题目并未给出楼梯栏杆的形式、材料及构造做法，但在“建筑剖面”作图楼梯部分的绘制中，就必须画出栏杆扶手的内容。这个要求不难理解，类似的内容还有踢脚线以及阳台和雨篷的泄水管等。

四、增加了“建筑技术设计作图选择题”的内容

在调整和修订了《考试大纲》之后的2003年考题中，新增加了“建筑技术设计作图选择题”的内容，选择题是根据“建筑技术设计”各部分作图题的任务要求提出的部分考核内容，共30道题，其中“建筑剖面”和“建筑配件与构造”（2003年为建筑构造详图）各5道题，“结构选型与布置”（2003年为结构平面布置）和“机电设备及管道系统”（2003年为消防设备设计）各10道题。每道题有4个备选答案，其中只有一个正确答案。要求应试者必须在完成作图的基础上回答这些选择题。从2004年开始，“选择题”的数量作了几次调整，目前为“建筑剖面”12题，“建筑配件与构造”8题，“结构选型与布置”和“机电设备及管道系统”各10题。

从设题形式来看，这部分选择题并未增加考题的范围和实际内容，其主要的出发点是简化阅卷的难度，增加机读卡阅卷的考试分数的比例。当然，对于应试者来说，这部分内容也不应该看成是在做无用功，而应该把其作为提高作图答题正确率，进而提高考试成绩以达到考试合格目的的重要手段。如何利用选择题的作答来达到上述目的呢？其实，每一道选择题的提问正是提醒应试者应该在作图中表达的内容，以此作为对作图部分的考试内容的一次检查，以避免可能造成的错误、遗漏或不完整，提高答题的正确率和通过考试的概率，何乐而不为呢。还有一点需要说明的是，选择题的范围只是针对作图题的一部分内容设置的，并不是作图题阅卷评分的全部内容，选择题没有涉及的作图内容还需要考生自己来完整地把握。

第三节　应　试　准　备

“建筑剖面”设计的应试准备与其他知识类科目的应试准备不一样，仅靠死记硬背是无法应付的，指望“临时抱佛脚”突击、强化也不会产生明显的效果。从前一节“试题特点分析”中我们看到，“建筑剖面”设计涉及的知识内容非常广泛，而且更需要的是应试者的能力水平，包括空间想象能力和综合处理问题的能力等。空间想象能力就是要求应试者对考题所给平面图的信息解读能力以及在此基础上完成剖面图设计的图面表达能力。综合处理问题的能力则是要求应试者在熟悉和掌握建筑设计、建筑结构和建筑构造等相关知识的基础上，全面、迅速、准确地解决和处理各种问题的能力。这种能力是通过在长期建筑设计实践中不断积累经验才能逐渐养成的。另一个比较突出的问题是，考试限定采用工具手工绘制图纸，而对于相当多的应试者来说，早已适应和依赖电脑来进行建筑设计了，手上的功夫也生疏了，并且由于平时的设计更多地受业主等外界因素的制约，再加上思想上的惰性，能有现成的类似做法就照抄套用，很少结合设计项目的具体条件进行设计创作。因此，遇到考试要求在限定时间内自己解决一系列设计问题时，就会显得顾此失彼、力不从心了。当然，考试当前，也只有两条腿走路了，一方面在平时的设计实践中有意识地积累经验，另一方面也要“临阵磨刀”，做一些针对性的准备，指望“不快也光”来助自己增加考试通过的机会。应试准备应该包括以下几个方面。

一、能力的训练

（一）建筑剖面设计能力的训练

如果从建筑设计的角度来看，建筑剖面的设计要确定建筑物的使用空间和层高，要确定建筑物各个部位的高度，要处理建筑物各个部位上下的空间关系，以满足建筑的各种功能要求。而实际上，全国一级注册建筑师资格考试中的“建筑剖面”考题，已经把问题大大地简化了，大部分涉及空间关系的内容都是题目已经确定的，只要求应试者能把题目限定的内容正确地表达出来就可以了。在这种情况下，关于建筑剖面设计能力方面的应试准备，主要应该训练对建筑平面图的空间解读能力，也就是要根据题目给出的各层平面图以及各个部位的高度尺寸等条件，在头脑中建立起一个清晰的建筑空间形态的能力；以及将这种空间形态准确地用建筑剖面图的形式表达出来的能力。这种对建筑图纸的空间解读能力以及空间表达能力，是人的空间想象力的一种体现，不可否认个体之间是有一定的差异的，但更重要的是靠一种后天的努力培养形成的，也就是要通过大量的设计实践和经历逐步提高的。

因此，提前做好准备，尽可能多做一些针对性的训练，通过训练掌握和提高建筑图的解读和表达能力，以从容地应对考试。

（二）建筑剖面绘图能力的训练

绘图能力是建筑师的看家本事，对于至少经过了五年的学院里的科班训练和培养，以及具有一定程度的执业经历的应试者来说，本不应该是什么问题了。但是，现状并不是这么回事儿。没有经过严格的徒手绘图能力的培养，过多、过早地依赖电脑绘图的辅助，使一些应试者在考题要求手工绘制的限制下感到很不习惯，对正确地完成图纸的内容及其深度要求也不清楚，造成考试时图面上丢三落四，不能正确地使用图面语言，甚至会由于过分生疏致使根本就完不成考题规定的基本内容和要求。

在考前的绘图能力训练中，首先要认真学习和掌握建筑剖面图的图面表达内容和其深度要求，例如，材料图例、轴线、尺寸、标高等的正确标注，另外对于各种线型的掌握和正确的表达也应作为训练的内容，通过训练达到正确、清晰、快速、熟练的效果。

二、知识的准备

（一）建筑法规规范知识的准备

建筑设计必须依照各种建筑法规规范进行，以确保设计出来的建筑适用、安全、经济、美观。所以，建筑师必须熟练掌握各种建筑法规规范的要求，并且能够在建筑设计的实践中，熟练地运用建筑法规规范的条文，特别是各种强制性条文更是要牢牢地掌握，并且能够熟练地运用。具体到“建筑剖面”设计这部分的考试中，更多地涉及建筑各个细部的技术处理，建筑法规规范的内容和要求也是分散地体现在这些具体的细部做法的环节当中了。因此，要求应试者必须对建筑法规规范的条文内容做到熟悉、精通。当然，一个人的知识积累是长期的过程，要在平时的设计实践中注意不断地积累。在考试前的知识准备中，主要应该做一些复习强化的工作。

（二）建筑剖面设计相关知识的准备

在“建筑剖面”设计相关知识当中，最主要的是建筑结构的相关知识和建筑构造的相关知识两部分内容。这两部分内容一直以来都是许多建筑师比较缺乏，或者说掌握得比较差的一部分内容。虽然说考题当中把大部分做法都做出了具体的限定，但也不是简单地照搬到试卷上就可以解决的问题。比如说，以 2003 年全国一级注册建筑师资格考试中“建筑剖面”的考题为例，试题中具体给出了“梁”的材料为钢筋混凝土，截面尺寸也给出了具体的宽和高，但是，哪些部位应该设置梁，题目却没有给出。又比如，试题中明确地要求“防潮层”采用水泥砂浆（应为防水砂浆），但是，防潮层都在哪些部位设置，防潮层在墙体中具体的标高位置，题目也不会给出。实际上还有很多类似的问题。显然，这些问题正是试题要考查应试者的重点内容，而对这些问题的判断和确定能否正确，需要的正是应试者在建筑结构和建筑构造相关知识方面深厚的功底。

大家都知道，对于一个建筑师来说，建筑结构的相关知识（不是建筑结构的具体设计计算，而是有关建筑结构的体系、类型、布置要求、构造及尺寸关系等）以及建筑构造的相关知识是非常重要的，也是最难掌握的。难掌握的原因是多方面的，既有建筑师（从作为建筑学专业的学生开始）不重视的因素，也有这部分内容枯燥繁杂，且涉及的面非常广阔，确实不易掌握的原因。还有一点不利的因素是，有关这部分相关知识的复习准备比起其他科目的复习准备来说难度更大。原因是，你想临时抱佛脚，无奈“佛脚”太多（内容庞杂、涉及面广），真是无从下手。

这里推荐一本比较好的书，可以作为在这方面有需要又苦于无从下手的应试者参考，书名是《建筑构造原理与设计》（天津大学出版社出版，樊振和编著）。这本书的最可取之处在于，将建筑构造的全部内容作了系统化（以“建筑承载系统”、“建筑围护系统”、“建筑装修”、“建筑变形缝”划分）的优化整合，并特别强调“以建筑构造原理为基础掌握庞杂的建筑构造内容”的指导思想。由于这本书特殊的编写体系和方式，对于科班出身的建筑学专业的应试者来说，将会对建筑结构（书中“建筑承载系统”的内容针对建筑学专业需要掌握的建筑结构知识作了系统的介绍）和建筑构造相关知识的复习准备起到很好的作用，达到“启发、总结、概括、提高”的目的。

三、应试心理准备

应试心理是一个老生常谈的问题，从小学生入学后的第一次考试开始，每个人一生中会经历无数次的考试，应试心理的作用的确不可忽视。应该说，“在战略上藐视困难，在战术上重视困难”这句话虽然有些“官话”的味道，但确实就是如此。只不过对“建筑剖面”的考试来说，“在战术上重视困难”更多地应该体现在平时的积累和准备，而“在战略上藐视困难”更多的是考试时应该具有的一种心态，已经走上考场了，紧张不紧张都要经历这几个小时，能放松心态地把平时积累的东西都发挥出来就无愧于自己了。

第四节　建筑剖面设计的评价

我们已经知道了“建筑剖面”设计这一部分的试卷评分方法，也就是由两部分组成：选择题部分通过机读卡由计算机阅卷，另一部分则由阅卷人通过手工操作进行。其实，这样的阅卷评分方式对考生来说影响不太大，因为不管哪一种方式，其对试卷的打分和评价还是比较客观的，关键还是要看考生对试卷设计作答的正确性。那么，如何来评价一份考卷的成绩和水平呢？一般而言，一个好的“建筑剖面”设计应该满足以下的要求：

一、满足题目的设计条件

“建筑剖面”设计的考题，题目往往给定许多限定的条件，例如，规定建筑的结构类型、层高、建筑的空间关系、建筑各部位的具体构造做法，甚至建筑材料的图例都会给出。这样多的限定条件一方面对应试者来说可以减少需要由自己来确定的内容，另一方面也恰恰要求考生在设计作图中一一满足这些限定条件；否则，就会由于不符合题目给定的要求而被扣掉分数。

（一）建筑的空间关系

建筑空间关系表达的正确与否，是“建筑剖面”设计作图题中重点考查评价的一个内容。例如，建筑的剖面形式是否正确？建筑的立面形式是否正确（剖面图中应表达的沿投影方向的可视立面部分）？是平屋顶还是坡屋顶？屋顶的形式（结合屋顶平面形式）如何？是几坡顶？各部分屋顶是否有高差？屋脊的形式，檐口的形式是否正确？室内高差或错层是否正确地表达？室内外高差是否正确地表达？楼梯的形式是否正确？门窗的数量和位置是否正确？……以及各部位之间的空间投影关系是否正确等。

以上内容虽然很多，但基本上都是题目给定的，从文字资料到各层平面图和屋顶平面示意图，题目中都有完整的交代。对考生来说，要做的就是全面、完整、准确、熟练地将它们表达出来。如果整个建筑的空间关系完全混乱，以至无法完成剖面图绘制的话，则正好反映出应试者的建筑设计功底和基本能力的欠缺。

（二）图面的正确表达

建筑剖面图的图面表达，除了基本的建筑制图规范的表达要求（例如，线型要求、材料图例要求等）以外，试题题目中也给出了明确的要求，如哪些部位需要标注定位轴线、尺寸和标高等，都有具体的规定。例如，基础底面（埋深）标高、室外地坪标高（可能不止一个标高）、室内地坪标高（同样可能不止一个标高）、各楼层面标高、檐口及屋脊处的标高，以及题目所给的其他部位的标高，外墙外沿尺寸、轴线间的定位尺寸以及其他给定的有关尺寸等，都要完整准确地标注清楚。有些需要通过考生的设计计算推导出来的标高和尺寸，则除了要按要求标注出来以外，设计计算的正确与否也就显得十分重要了。设计计算的失误和漏标基本的尺寸和标高，都会直接影响考试的成绩。

二、采用合理的技术方案和技术措施

前面我们提到，虽然考试的题目中会给出很具体的结构构件和细部构造做法的要求，但是，有关结构的布置形式、建筑细部构造做法的合理的位置等内容，还是必须由考生来回答的。如果不能做出正确合理的回答，则很难得到理想的分数。

（一）建筑结构方案的设计

考试题目一般都会给出整个建筑的结构类型，明确地告诉你采用的是砌体结构还是框架结构等。但是，建筑具体部位的结构类型就要由考生自己来决定了。例如，屋顶层的结构类型如何选取，如果是坡屋顶的话，采用檩式结构、椽式结构还是板式结构，如何进行结构布置？楼板层采用什么样的结构类型，是板式结构还是梁板式结构，梁板式结构是如何布置的，应该布置多少根梁，具体的位置在哪？哪些位置应该设置过梁，哪些位置应该设置圈梁，圈梁与过梁是否需要合并设置？楼板层上的隔墙位置是否需要设置承托隔墙的梁？挡土墙的形式及构造如何，是否应该考虑侧向土压力的影响而需要相应采取一些合理的结构措施？这些问题都需要考生给出正确的解答，也是阅卷评分的主要关注点。

（二）建筑构造方案及构造设计

建筑构造方案及构造设计在“建筑剖面”设计中同样不可忽视。考试题目已经给出了大部分的细部构造做法，而且由于建筑剖面图纸比例（1∶50）的限制，大部分的构造做法已经被简化成一条投影线了，或者说，建筑构造方案及构造设计能力的考查，主要是在“建筑配件与构造”的考题部分进行。但是，仍然有一些建筑构造的内容是作为“建筑剖面”设计这部分题目考查的重点。例如，台阶、坡道、散水、明沟等的构造做法（组成、构造顺序、材料选择等）是否合理；基础放脚的形式是否正确；室内地坪的做法是否符合要求；墙身防潮层在剖面图中应该显示的数量和具体的平面位置和标高位置等，都是阅卷评分时考查的重点。

还有一些内容是题目没有明确规定的，但仍然需要考生能够正确、合理地在作图中表达出来，而且也会直接影响考生的卷面成绩。例如，在建筑剖面图中绘制楼梯部分时，除了要求正确地设计表达出楼梯的结构形式（板式楼梯还是梁板式楼梯）、楼梯段的合理结构关系和截面尺寸及构造做法外，还要设计和表达出梯段上栏杆扶手的形式及做法（虽然考试题目中并没有明确给出这一要求）。对于有经验的建筑师来说这个要求不成问题，但对于经验不足或功底不够扎实的应试者来说就可能是一个问题，需要引起足够的重视。类似这样的情况还有踢脚线的表达、阳台和雨篷泄水管的绘制等，都不应该遗漏。这些内容可能都是一些小问题，甚至有些问题可能会小到在阅卷评分标准中无法一一提及的程度；但是，对于有着丰富经验的阅卷专家来说，这些小问题一眼就可以看出，而且会给他们留下很深的印象，不可避免地会在整体印象分上反映出来，这一点也应该引起考生的足够注意。况且，作为一个合格的建筑师，这些问题本身反映的就是其自身的素质和设计功底，远不应该仅仅是为了获得注册建筑师资格考试通过这样一个简单的目的而为之的问题。

第五节　建筑剖面设计的相关知识

“建筑剖面”设计的考试虽然也属于作图题的考试类型，但是，它是属于建筑技术设计的范畴，明显的不同于“建筑方案设计”对应试者的要求。比起建筑方案设计来，建筑技术设计需要更多的理性，更科学严谨的思考，考生应该紧紧抓住这个特点，做好考试前的能力训练和知识准备。

一、建筑空间关系的把握及绘图要求

在已经确定的空间关系状态（例如“建筑剖面”的考题形式）下，建筑空间关系的把

握主要是对题目所给出的平面图及其他相关信息的解读能力，也就是要会识图，读懂图。在掌握了建筑图的图示方法和要求之后，读懂图的前提条件就是要有良好的空间想象力，这种能力需要平时的实践积累，也是需要不断地训练才会熟练和提高的。

在读懂图的基础上，按照建筑图的规范的表达方法，正确地绘制出建筑剖面图，也就是要会画图。建筑师还不会画建筑剖面图吗？这里，关键的问题是要正确地绘制出来。一方面，应试者要熟悉建筑制图规范的条文要求，另一方面，则要能够熟练准确地运用。下面将建筑剖面图绘制中的主要要求做一些简单的介绍。

（一）要按照题目规定的图纸比例绘制

实际上，不同的图纸内容有不同的比例要求，目的是要准确、清晰、简洁地表达出设计的意图。

（二）线型要正确

在建筑剖面图中的线型要求是：

1. “看线（未剖切部位的轮廓线）”均为细线；

2. “剖线（剖切部位的轮廓线）”则分为两种：结构构件的剖线为粗线，建筑的装修做法线为细线；

3. 定位轴线、尺寸线、标高符号线等其他部分均为细线。

（三）建筑材料图例要正确

除了熟悉建筑制图规范中建筑材料图例的规定以外，考试题目中多数情况下也会直接给出有关的建筑材料图例，按照题目的要求绘制即可。

（四）尺寸的标注要完整、正确

1. 尺寸线、尺寸界限用细线，尺寸起止线用45°斜向短粗线，倾斜方向（以尺寸数字的方向为基准）为右上至左下。

2. 尺寸数字标注在尺寸线的上方（竖向延伸的尺寸线则应将尺寸数字标注在尺寸线的左侧），尺寸数字的字头方向必须朝向上方或朝向左侧。

3. 尺寸数字的单位为毫米，但符号“mm”省略。

4. 一般情况下，至少应该在如下部位标注尺寸线：

（1）一道水平方向（沿建筑剖面图从左至右）的定位尺寸线；

（2）两道竖直方向（沿建筑前、后檐各标注一道）的尺寸线；

（3）其他各细部的尺寸，例如，基础放脚的外形尺寸、挡土墙的定位尺寸、悬挑部位的定位尺寸等。

（4）考试题目规定的应该标注的其他尺寸。

以上尺寸的标注方法要求如图1-1所示。

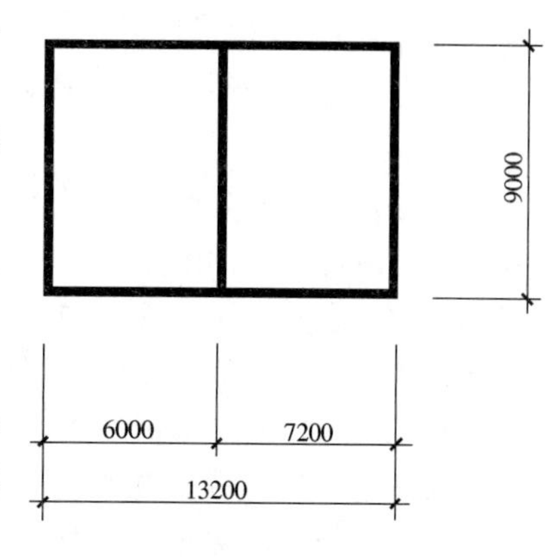

图1-1 建筑图中尺寸的标注方法及要求

（五）标高的标注要完整、正确

1. 注意标高符号的正确绘制，标高符号中三角形的顶点要指在所要标定的标高平面的投影线（或者其延长线）上。

2. 标高的数字单位为米，取小数点后三位数，但符号“m”省略。标高的原点（即室内地坪）处应标注“±0.000”，负标高应标注符号“－”，但正标高符号“＋”应省略。

3. 一般情况下，至少应该在如下部位标注标高：

（1）基础（各处）底面；

（2）室外（各处）地坪；

（3）室内（各处）地坪；

（4）（各层及各处）楼面；

（5）檐口、屋脊等处的定位面；

（6）门、窗洞口的上、下表面等；

（六）注意投影关系的正确。

正确、熟练地表达清楚建筑剖面图中的投影关系，需要应试者有着清醒的思路，表现在图纸上就是既不能漏画、错画，也不能多画，或者将投影的前后、左右、上下关系完全搞乱。

二、建筑结构系统的设计要求

在“建筑剖面”部分的考题中，限于建筑物的规模，涉及的建筑结构应该都是比较简单的结构类型，例如砌体结构、剪力墙结构或框架结构等。但是，这不等于说在“建筑剖面”绘图部分的作答中建筑结构的问题就非常简单了，实际上，要顺利地正确处理这一部分的结构问题，仍然需要全面的、扎实的建筑结构基本知识，才能够确保不出现会影响考试成绩的图面错误和问题。

针对“建筑剖面”这部分考试内容来说，考生主要应该搞清楚以下有关的结构问题。

（一）建筑结构水平分系统

建筑结构水平分系统是整个建筑承载系统的重要组成部分，包括楼板结构层、屋顶结构层、楼梯结构构件（楼梯段、休息平台）等，实际上还应该包括挑檐、雨篷、阳台等部位的结构构件。为什么这么多的部位都划分到一个“建筑结构水平分系统”当中去了呢？实际上道理很简单：在建筑物自重以及人、家具设备等可变荷载这些竖向荷载的作用下，建筑结构水平分系统中的构件主要都承受弯矩和剪力（有时还有扭矩），也就是说，虽然以上列举的结构构件布置在建筑物的不同部位（楼板层、屋盖、楼梯、檐口、阳台、雨篷等处），但是，它们的受力特征却是完全一样的，也因此，它们的结构类型也是完全一样的，主要的类型就是板式结构和梁板式结构两大类。根据建筑结构水平分系统的结构构件的支承情况来看，又可以区分为两端支承的形式和一端固定另一段自由的悬挑形式。下面，分别对上述各种情况下的结构设计要求作一个简单的介绍。

1. 板式结构

板式结构在墙承载结构中得到广泛的应用，它具有外形简单、制作方便的优点，但由于受其自身刚度要求的限制，其经济跨度不可能太大，多适用于跨度较小的房间顶板、楼梯段和悬挑阳台及雨篷板等，如图 1-2 所示。

结构板的厚度取值，需要根据板的承载情况、支座情况、刚度要求，以及施工方法等的不同来综合确定。一般情况下，结构的刚度要求和支座情况是重点考虑的因素，可参照下列要求确定（最终取值应为 10mm 的整数倍数）：

（1）简支板时，板厚一般取其主跨（即短跨）的 1/30～1/35，并且不小于 60mm；

（2）多跨连续板时，板厚一般取其主跨的 1/35～1/40，并且不小于 60mm；

（3）悬臂板时，板厚一般取其跨度（悬臂伸出方向）的 1/10～1/12，此厚度值为悬

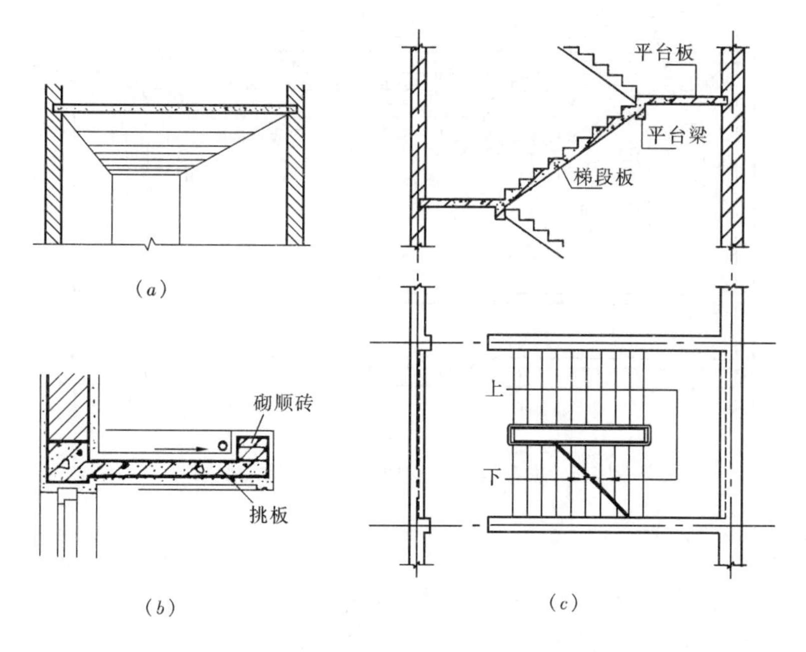

图 1-2　建筑结构水平分系统中的板式结构举例

(a) 楼板；(b) 挑板式雨篷；(c) 楼梯段板

臂板固定支座处的要求，为减轻构件自重，悬臂板可按变截面处理，但板自由端最薄处仍不应小于 60mm。

2. 梁板式结构

当需要较大的建筑空间时，为使水平分系统结构承受和传递荷载更为经济合理，常在板下设梁，以增加板的支承点，从而减小板的跨度和厚度；这样，就形成了梁板式结构。梁板式结构中，荷载由板（单向板或双向板）传给梁（梁有时又分为次梁和主梁，次梁把荷载传给主梁），再由梁传给墙或者柱。梁可单向布置，也可双向或多向交叉布置从而形成梁格。合理布置梁格对建筑的使用、造价和美观等有很大影响。梁格布置得越整齐规则，越能体现建筑的适用、经济、美观，也更符合施工方便的要求。

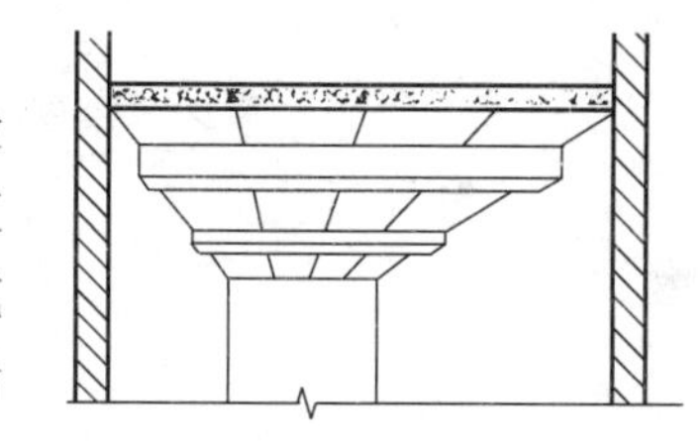

图 1-3　单向梁梁板式楼、屋盖结构示意图

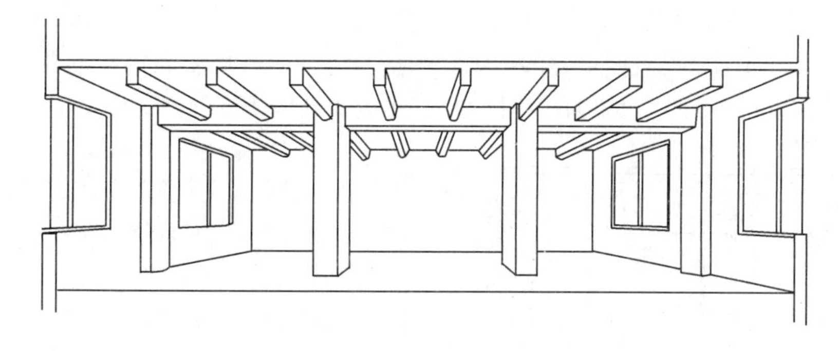

图 1-4　主次梁梁板式楼、屋盖结构示意图

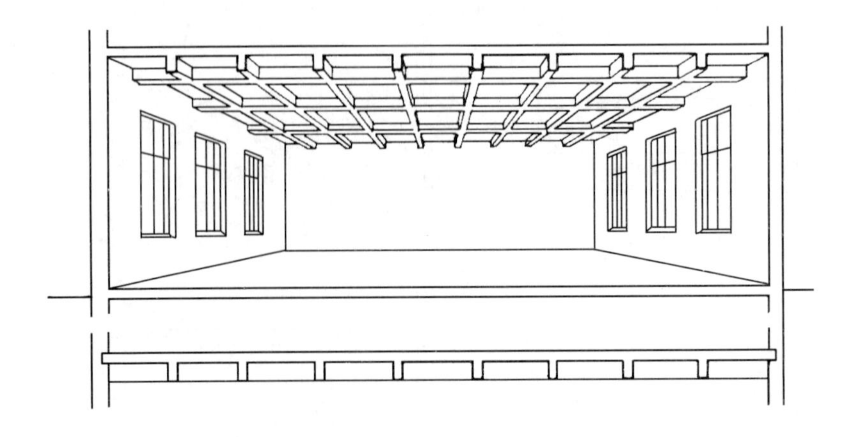

图 1-5　井字梁梁板式楼、屋盖结构示意图

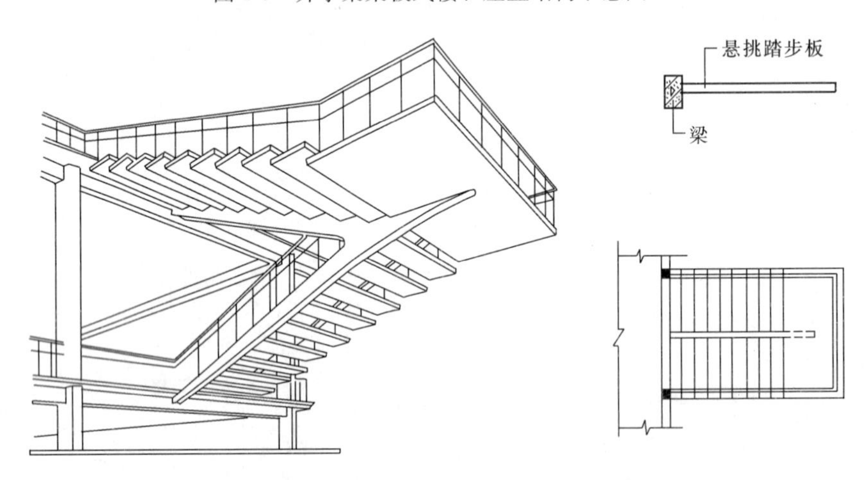

图 1-6　悬臂梁板式楼梯结构示意图

下列一组图（图 1-3～图 1-10）中，分别给出了在房屋的各个部位采用梁板式结构的示意图。

下面，对以上图示的各种建筑结构水平分系统的结构类型及构件尺寸等在设计要求方面做一些介绍。

（1）单向梁梁板式的楼、屋盖结构

一般情况下，梁的跨度可取 5～8m，梁的高度可取跨度的 1/10～1/12，梁的宽度可取其高度的 1/2～1/3（梁截面尺寸的取值一般应符合 50mm 的整数倍数的要求）；板的跨度可取 2.5～3.5m，板的厚度取值，可参照前述板式结构相应的情况确定。

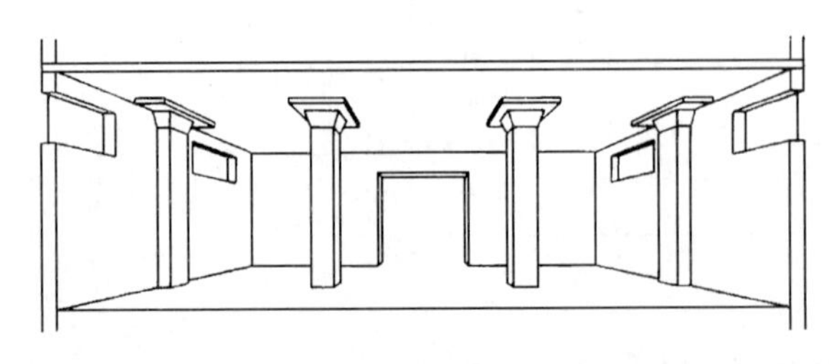

图 1-7　无梁式（暗梁式）楼、屋盖结构示意图

（2）主次梁梁板式的楼、屋盖结构

根据工程经验，主梁跨度一般为 5～9m，主梁高度为其跨度的 1/8～1/14；次梁跨度即主梁的间距，一般为 4～6m，次梁高度为其跨度的 1/12～1/18。梁的宽度与高度之比，一般仍按 1/2～1/3 取值。板的跨度即次梁的间距，一般为 1.7～

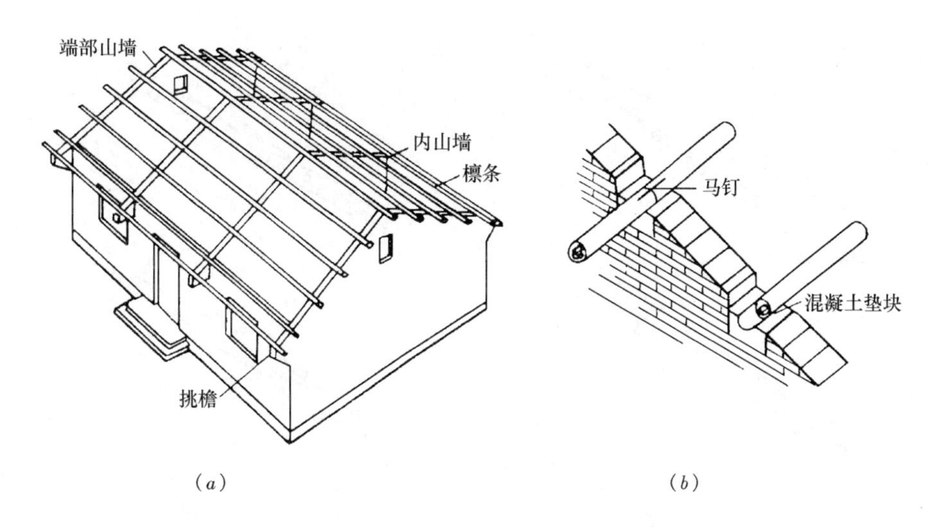

图 1-8　檩式坡屋顶（山墙承檩）结构示意图

(a) 山墙承檩屋顶；(b) 檩条在山墙上的搁置形式

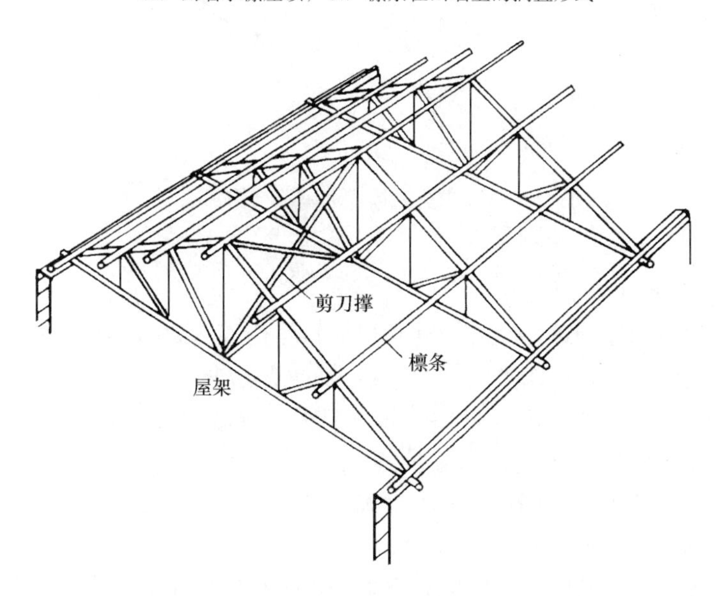

图 1-9　檩式坡屋顶（屋架承檩）结构示意图

2.5m，板的厚度取值，仍可参照前述板式结构相应的条件来确定。一般情况下，按上述要求布置形成主次梁梁格后，每一梁格围合形成的板单元都是一个单向板，这种情况下，荷载由板传给次梁，次梁传给主梁，主梁再传给墙或柱。

（3）井字梁梁板式楼、屋盖结构

井字梁梁板式结构是主次梁梁板式结构的一种特殊形式。当需要的建筑空间较大，并且其平面形状为正方形或接近正方形（长短边之比一般不能大于 1.5）时，常沿两个方向等距离布置梁格，两个方向梁的截面高度相等，不分主次梁，从而形成了井字梁梁板式结构。井字梁梁板式结构的梁格布置，一般采用正交正放的形式，也可以采用正交斜放、斜交斜放等方式。当平面形状为正三角形或正六边形等特殊形状时，还可以采用三向交叉（互成 120°）的井字梁梁板式结构。井字梁梁板式结构的外观比主次梁梁板式结构更为规

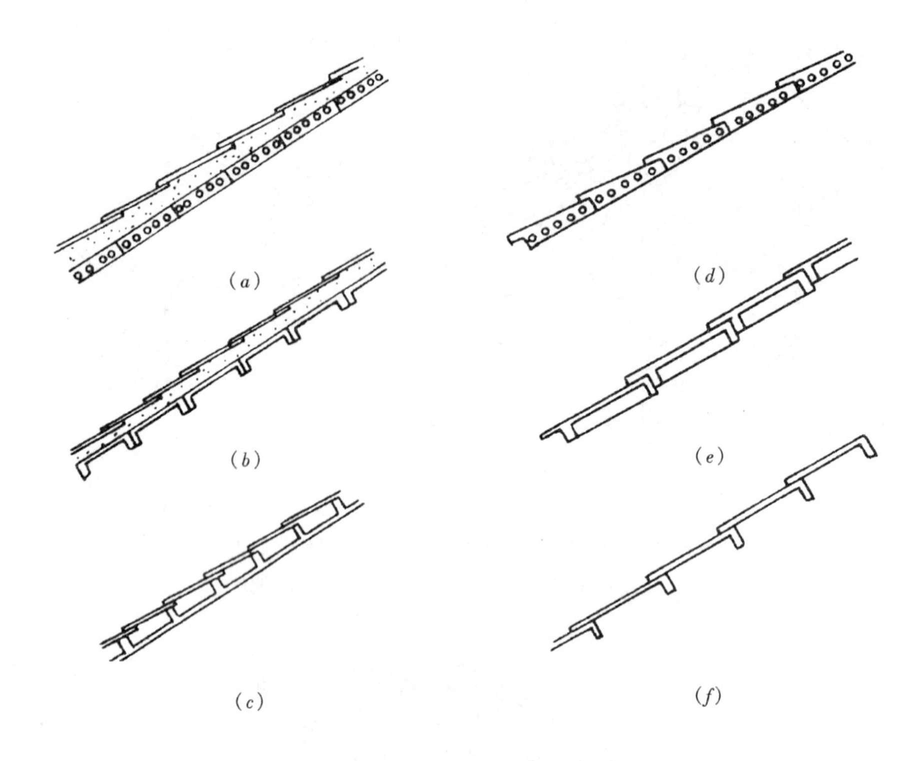

图 1-10　板式及梁板式坡屋顶结构示意图

(*a*) 空心板盖瓦；(*b*) 槽形板盖瓦；(*c*) 倒 T 板盖瓦；
(*d*) 带挑口空心板；(*e*) F 形屋面板；(*f*) 单肋屋面板

则整齐，即使不做吊顶棚处理，其结构外观也能自然构成美观的图案。

井字梁梁板式楼、屋盖属于空间受力和传力的结构类型，因而具有很突出的结构上的优势。一般情况下，梁的跨度可取 10～20m，工程上有做到近 30m 的实例。梁的高度取其跨度的 1/10～1/18；板的跨度即为梁的间距，一般为 2.5～4m，板为双向板，板的厚度取值，仍可参照前述板式结构相应的条件确定。

(4) 梁板式结构的悬挑

悬臂梁的高度一般取其跨度（即悬臂梁伸出的方向）的 1/6 左右。板的厚度取值，仍可参照前述板式结构相应的情况来确定。

(5) 梁板式结构的楼梯

梁板式结构的楼梯，其各构件的合理跨度以及截面尺寸的取值，均可参照前述有关单向梁梁板式结构以及悬臂结构等的相应要求来确定。

(6) 无梁式楼、屋盖结构

无梁式结构（实际为暗梁式结构）也称为板柱结构，它是一种特殊的框架结构体系。无梁式结构是将板直接支承在柱上，不设主梁、次梁或井字梁，由于无梁式楼、屋盖结构是将板直接支承在柱上，所以，柱顶附近的板将受到较大的冲切力作用。为了提高钢筋混凝土板对冲切荷载的承受能力，应适当地增加板的厚度，并在柱顶设置柱帽。板的厚度一般可取其跨度的 1/25～1/30，并且不应小于 150mm；柱距的大小应根据建筑设计的要求综合确定，一般在 6～10m 比较经济合理。无梁式楼、屋盖结构的柱网网格一般采用正方形的形式，即柱网平面中两个方向的柱距相等，这样做更为经济。

（7）坡屋顶的结构类型

一般情况下，平屋顶的结构形式与楼板层的结构形式是完全一样的，这在前边已经作了具体的介绍。而对于坡屋顶的结构层来说，不仅与楼板层的结构形式完全不同，而且其结构组成及构造也较为复杂。不过，这种形式上的复杂和变化，仅仅是由于坡屋顶的外形及其较大的坡度造成的，如果从作为水平分系统所具有的结构特征上来看，坡屋顶的结构形式与平屋顶的结构形式并不存在本质上的不同。

坡屋顶的结构系统一般可分为三种不同的结构体系，即檩式坡屋顶结构、椽式坡屋顶结构和板式坡屋顶结构。其中以檩式坡屋顶结构的应用最为广泛，现代建筑中，板式坡屋顶结构也得到了广泛的应用。从图 1-8 及图 1-9 中可以看出，檩式坡屋顶中的檩条，实际上就是梁板式结构中的梁，也就是说，檩式坡屋顶实际上就是梁板式结构在坡屋顶中的具体运用，而板式坡屋顶结构中（图 1-10），既有纯板式的结构，也有设置梁的梁板式结构。

坡屋顶各种结构类型中各构件的截面尺寸要求，读者可以对照平屋顶的各种结构类型中的构件尺寸取值方法相应地确定。

（二）建筑结构竖向分系统

建筑结构竖向分系统主要包括所有结构墙体（不含隔墙、填充墙、幕墙、隔断等）及柱（不含纯装饰性的柱）。在所有竖向荷载作用下，建筑结构竖向分系统中的所有构件的共同受力特征是，主要承受压力（轴心受压及偏心受压）。

在设计竖向分系统的结构时，要保证其具有足够的承载能力和良好的稳定性，以利结构的安全。建筑结构的承载能力与其所用材料的强度大小、构件截面尺寸的大小和截面形状有关；建筑结构的稳定性则与其高度、长度、截面厚度、形状和边长尺寸等空间比例相关，也就是说，应控制结构墙体的高厚比和柱的长细比，并采取合理的构造措施，来增强其稳定性。

1. 柱

对结构柱来说，其截面形状没有什么限制，从常见的方形、矩形、圆形，到多边形、工字形、十字形等，都可以采用。在多层和低层建筑中，柱的长细比一般取 10 左右，柱的截面边长一般不少于 400mm，一般高层建筑底层的柱子截面边长会比较大。

2. 结构墙体

目前，结构墙体采用的材料主要有黏土砖砌体、混凝土承重砌块砌体、钢筋混凝土结构等做法，而在“建筑剖面”科目的考题中，结构墙体采用的主要是前两者，即砌体结构，这是由题目所给定的建筑高度和层数决定的。

砌体结构墙体的厚度取值必须符合块体规格的模数尺寸，例如：黏土砖墙常取 240mm 厚或 360mm 厚，混凝土承重砌块墙一般取 200mm 厚等。这样的墙体厚度已经完全可以满足建筑结构的承载和稳定性的要求了，其他有关保温隔热等热工方面的要求宜采用内贴或外贴苯板等材料保温层的方式解决。

对于墙体的稳定性问题，一般情况下没有太大的问题，但是，当墙体的高度或长度较大而稳定性不足时，可以考虑采用加设壁柱的方式解决，既构造简单，又效果明显。所要注意的是，壁柱的平面尺寸仍应符合块体规格的模数关系。

（三）建筑结构的基础类型和设计要求

一般情况下，建筑剖面的设计中是不包括基础部分的设计的，基础设计主要由结构专业来完成。但是，在全国一级注册建筑师资格考试“建筑剖面”部分的考题中，则把基础作为一个主要的组成部分进行考核。

1. 按构造形式划分的基础类型

建筑物的基础按构造形式基本上可以分为三种类型，即条形基础、独立基础、整体式基础（满堂基础）。图 1-11～图 1-14 所示为常见的三种基础类型的示意图。

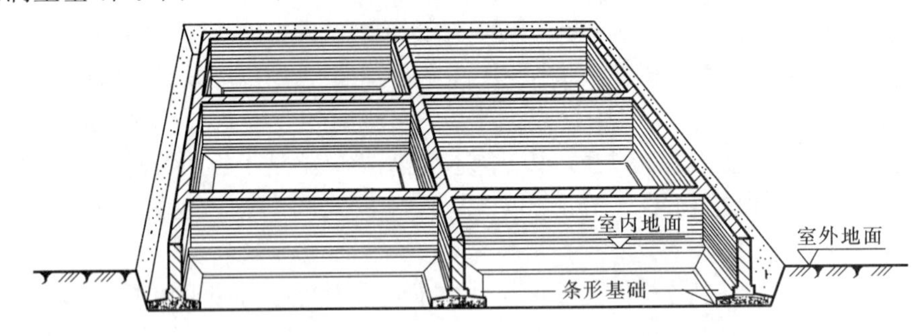

图 1-11　主要用于墙下的条形基础

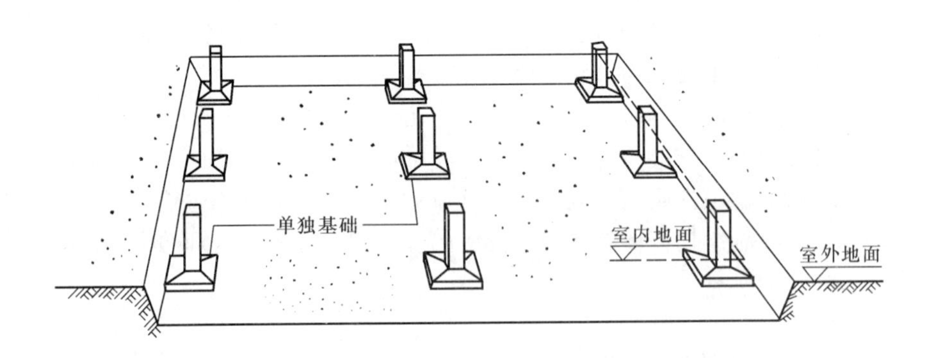

图 1-12　主要用于柱下的独立基础

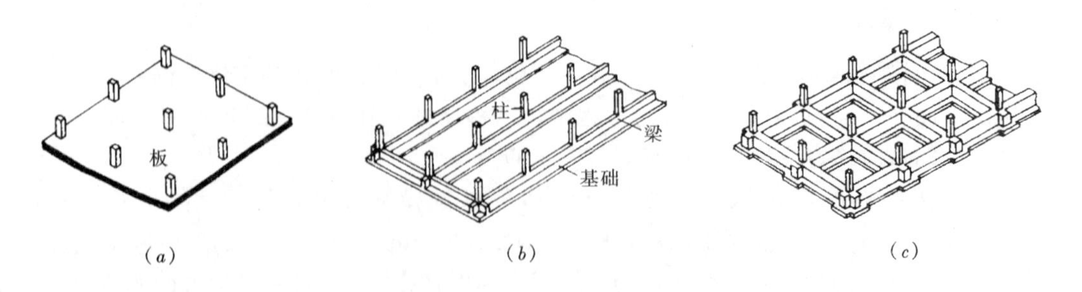

图 1-13　整体式基础（筏式基础）

(a) 板式；(b)、(c) 肋梁式

2. 按基础材料的力学特点划分的基础类型

常见的基础材料有砖、石材、灰土、素混凝土、钢筋混凝土等，其中，除钢筋混凝土基础属于柔性基础外，其他材料的基础都属于刚性基础，如图 1-15 和图 1-16 所示。

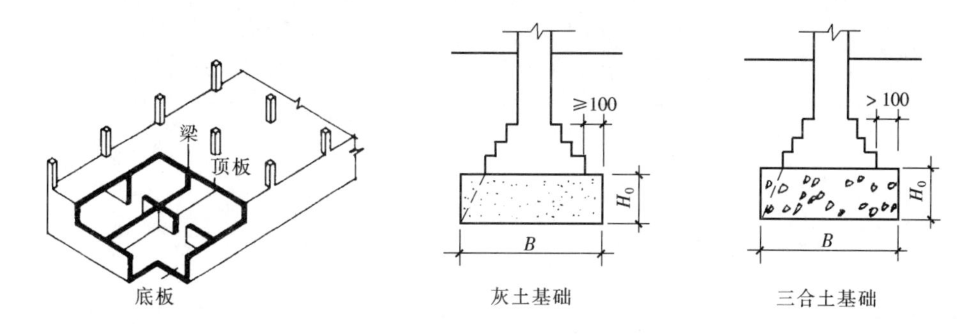

图 1-14　整体式基础（箱形基础）　图 1-15　刚性基础（砖、灰土基础和砖、三合土基础）

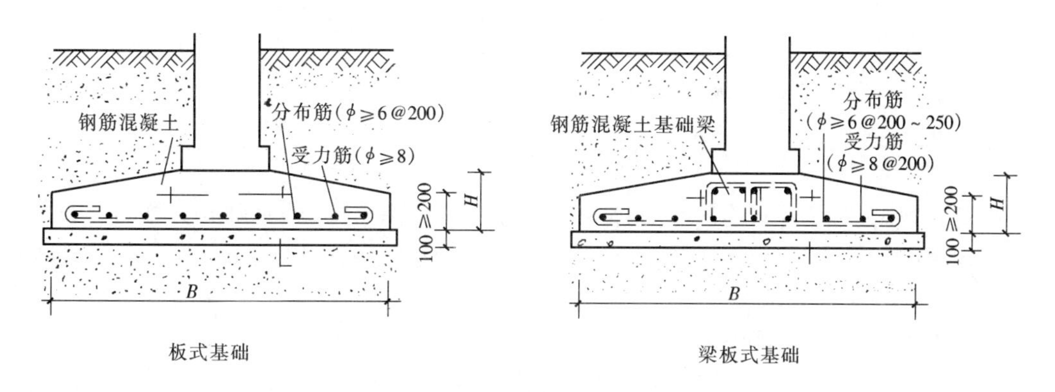

图 1-16　钢筋混凝土柔性基础

对于刚性基础来说，其共同特点是，它们的抗压强度很好，但抗拉、抗弯、抗剪等强度却远不如它们的抗压强度。由于地基承载力在一般情况下低于结构墙体或柱等上部结构的抗压强度，故基础底面宽度要大于墙或柱的宽度，如图 1-15 所示，地基承载力越小，基础底面宽度越大。当 B 很大时，往往挑出部分（即大放脚）也将很大。从基础受力方面分析，挑出的基础相当于一个悬臂构件，它的底面将受拉。当拉应力超过材料的抗拉强度时，基础底面将出现裂缝以至破坏。用砖、石、灰土、混凝土等刚性材料建造基础时，为保证基础不被拉应力和冲切应力破坏，基础就必须具有足够的高度。也就是说，对基础大放脚的挑出宽度与高度之比（称基础放脚宽高比）要进行限制，以保证基础的可靠和安全。无筋扩展基础放脚台阶的宽高比允许值，详见表 1-1。

无筋扩展基础（刚性基础）放脚台阶宽高比的允许值　　表 1-1

基础材料	质 量 要 求	台阶宽高比的允许值		
		$p_k \leqslant 100$	$100 < p_k \leqslant 200$	$200 < p_k \leqslant 300$
混凝土基础	C15 混凝土	1∶1.00	1∶1.00	1∶1.25
毛石混凝土基础	C15 混凝土	1∶1.00	1∶1.25	1∶1.50
砖基础	砖不低于 MU10，砂浆不低于 M5	1∶1.50	1∶1.50	1∶1.50
毛石基础	砂浆不低于 M5	1∶1.25	1∶50	—

续表

基础材料	质量要求	台阶宽高比的允许值		
		$p_k \leqslant 100$	$100 < p_k \leqslant 200$	$200 < p_k \leqslant 300$
灰土基础	体积比为3∶7或2∶8的灰土，其最小干密度： 粉土$1.55t/m^3$ 粉质黏土$1.50t/m^3$ 黏土$1.45t/m^3$	1∶1.25	1∶1.50	—
三合土基础	体积比1∶2∶4～1∶3∶6（石灰∶砂∶骨料），每层约虚铺220mm，夯至150mm	1∶1.50	1∶2.00	—

注：1. p_k为荷载效应标准组合时基础底面处的平均压力值（kPa）；
2. 阶梯形毛石基础的每阶伸出宽度，不宜大于200mm；
3. 当基础由不同材料叠合组成时，应对接触部分作抗压验算；
4. 基础底面处的平均压力值超过300kPa的混凝土基础，尚应进行抗剪验算。

对表1-1中的数据应该有一个整体规律上的把握，即把主要的基础放脚宽高比的最小值记住，例如，砖石、灰土材料基础的常用宽高比最小限值是1∶1.5，素混凝土材料基础的常用宽高比最小限值是1∶1。记住这几个基本的数据，以便在“建筑剖面”考试作图时正确处理基础放脚的问题。

钢筋混凝土柔性基础由于在基础中设置了钢筋，并与混凝土配合解决了基础底板受弯、受剪的问题，因此，不再受放脚宽高比的限制。但是，柔性基础仍然应该满足一些基本的构造要求，例如，基础底板的最小厚度不应小于200mm，并应设置100mm厚的素混凝土垫层。

（四）建筑结构的布置要求

建筑结构系统的合理布置，是建筑结构方案设计的一个重要问题。对于应试者来说，主要应该解决好以下一些方面的问题。

1. 建筑结构体系的选择和确认

首先，要搞清楚建筑物的结构体系是什么，是墙承载结构还是柱承载结构？

（1）墙承载结构的布置要求

墙承载结构具有明显的结构上的优势，在大量建造的建筑物当中，尤其是住宅楼、办公楼等不需很大建筑空间要求的建筑类型中，得到了极其广泛的应用。但是，墙承载结构的优势，或者说墙承载结构的功能作用的实现，需要许多基本的构造要求和措施来保证。

结构平面布置时，应使结构墙体（即所谓承重墙和自承重墙）在横向和纵向均尽量连续并对齐，这样做的目的是为了更有效地传递风荷载和地震作用等水平荷载；此外，结构平面应尽可能布置得均匀对称，以使整个建筑的结构刚度均匀对称，这一点对建筑物的抗震十分重要。

结构剖面布置时，应使结构墙体在各楼层之间上下连续并对齐，当需要某些较大的建筑空间而造成一部分墙体不能上下连续时，较好的解决办法是，将需要大空间的房间设置在建筑物的顶层，以避免结构墙体在竖直方向的间断。这样要求是为了保证结构墙体更有效地承受和传递竖向荷载。对于主要采用轻质材料的非结构墙体（隔墙、隔断等），则应注意其对楼板结构层的影响，一般情况下，应在楼板层隔墙、隔断的部位设置托墙的梁，以有利于楼板层更好地承受荷载。

在建筑设计时，结构墙体上不可避免地要设置一些门窗洞口，设计的要求是，洞口位置宜上下对齐，洞口尺寸不宜过大，并应避免在洞口上部直接设置集中荷载。对于门窗洞口位置及尺寸的限制，有利于保证窗间墙的结构功能，在多层砌体房屋的设计时，是通过限制房屋的局部尺寸，来体现这种要求的，具体要求如表 1-2 所示。

房屋的局部尺寸限值（m） **表 1-2**

部位	烈度			
	6	7	8	9
承重窗间墙最小宽度	1.0	1.0	1.2	1.5
承重外墙尽端至门窗洞边的最小距离	1.0	1.0	1.2	1.5
非承重外墙尽端至门窗洞边的最小距离	1.0	1.0	1.0	1.0
内墙阳角至门窗洞边的最小距离	1.0	1.0	1.5	2.0
无锚固女儿墙（非出入口处）的最大高度	0.5	0.5	0.5	0.0

多层砌体结构的房屋，由于组成其结构墙体的黏土砖或各类空心承重砌块的规格比较小，以及当结构水平分系统的楼板结构层和屋顶结构层等采用预制装配式钢筋混凝土结构时，造成结构墙体以致整个房屋的结构系统的整体性都比较差，难以满足建筑物的抗震基本要求。解决的办法，就是在砌体结构房屋中，按一定的要求设置圈梁和构造柱（或芯柱）。

（2）柱承载结构的布置要求

柱承载结构（含框架—剪力墙结构）的一个突出特点，就是比墙承载结构更容易形成连续通畅的建筑空间，这可以说是柱承载结构在建筑设计方面的一个优势。但是，这一优势的取得是有“代价”的，“代价”就是柱承载结构比墙承载结构的空间整体刚度要小，因而，抵御地震作用等水平荷载作用的能力也相对要弱。

结构平面布置时，柱网（即由纵向、横向或任意方向的定位轴线交叉形成的、用以确定每个柱子平面位置的网格）平面应尽量做到规则、均匀、对称，柱在平面同一方向应尽量对齐，横向与纵向剪力墙宜相连，以形成较稳定的平面形状。这些要求对结构基本功能的实现是十分重要的。

结构剖面布置时，应使柱以及剪力墙分别在各楼层之间上下连续贯通并对齐，柱底部以及剪力墙底部必须伸入地下以形成牢固的基础，当需要无柱和无墙的大空间时，应将其布置在顶层，以避免柱和剪力墙在竖直方向的间断。

框架结构和框架—剪力墙结构中，框架或剪力墙均宜双向布置，梁与柱或柱与剪力墙的中线宜重合，框架的梁与柱中线之间偏心距不宜大于柱宽的 1/4，以避免在水平荷载的作用下建筑结构发生不利的扭转。

2. 建筑结构水平分系统的结构布置

在建筑方案设计的同时，建筑结构水平分系统的结构布置也应同时进行。是应该采用板式结构还是梁板式结构，梁板式结构中到底应该采用哪一种具体的形式，如何来分析和确定这些问题?

(1) 结构方案的简单合理

这里，把“简单”与“合理”作为选择建筑结构水平分系统结构方案的一个标准，这也应该成为一切结构方案选择和评价的标准。能用简单的结构形式解决的问题，就不采用复杂的结构形式，这就是一个最合理的原则。如果把建筑结构水平分系统的结构类型排一下队以便作为一种选择顺序的话，那么，可以这样进行：板式结构——单向梁梁板式结构——双向梁梁板式结构。

(2) 结构方案的经济性

经济性是建筑设计的另一个重要的原则，不论是在建筑结构方案的选择时还是在整个建筑的设计和建造时都是如此。对建筑结构方案的选择来说，不是简单地使结构材料消耗得越少就越好，而是要看结构材料消耗以及构造和施工建造的简单方便两个方面的综合效果，来评价其经济性。这里主要应考虑建筑结构水平分系统中各种结构类型的经济跨度，作为选择的主要标准。

1) 板式结构，跨度以 3～5m 为宜。

2) 单向梁梁板式结构，梁的跨度以 5～8m 为宜，板的跨度同板式结构。

3) 主次梁梁板式结构，适用于建筑平面长、短边之比大于 1.5 的情况采用。主梁的跨度以 5～9m 为宜，次梁的跨度以 4～6m 为宜，板的跨度以 1.7～2.5m 为宜。

4) 井字梁梁板式结构，适用于建筑平面为正方形或者长、短边之比小于 1.5 的情况采用。双向梁的跨度以 10～25m 为宜，板的跨度以 3m 左右为宜。

3. 其他应注意的结构问题

(1) 门窗洞口过梁的设置要求

对于墙承载结构来说，门窗洞口上部必须设置过梁（也可以与圈梁合并设置），以承担上部墙体及楼板层的荷载。过梁的截面高度一般取其洞口净跨度的 1/10～1/12 为宜。

对于柱承载结构而言，门窗洞口上部一般不单独设置过梁，主要以骨架结构中的梁来兼做门窗洞口的过梁使用。梁的截面高度则主要取决于骨架结构中梁的刚度（梁的高跨比）条件。

(2) 圈梁、构造柱（芯柱）的设置要求

在抗震设防地区，对于砌体结构来说，圈梁与构造柱（芯柱）是必须设置的，如果建筑结构的水平分系统采用预制装配式的方法建造时尤其如此。

1) 圈梁的设置

顶层屋盖处必须设置圈梁；楼层结构板处则按抗震设防等级确定，6 度、7 度设防等级为隔层设置，8 度及以上设防等级为每层设置。圈梁截面的高度应不小于 120mm，如果基础附近也须设置圈梁（以满足基础整体刚度要求）的话，基础圈梁的截面高度应不小于 180mm。

2) 构造柱（芯柱）的设置

对于建筑剖面图来说，涉及不到构造柱（芯柱）的设置问题，这里就不作介绍了。

（3）挡土墙的设置要求

挡土墙的设计主要应考虑侧向土压力引起墙体稳定的问题，一般可采取增大墙厚或者增设壁柱的方法予以解决。

（4）尽量避免结构墙体（尤其是大面积的结构墙体）的悬挑。

（5）隔墙（或隔断）下应设置托墙的梁。

三、建筑构造的设计要求

对于“建筑剖面”部分的考题来说，建筑构造的问题并不是考查的重点。关于建筑构造的基本原理和做法，我们将在“建筑配件与构造”部分作重点的介绍，这里，只着重介绍与建筑剖面有关的建筑构造内容。

（一）门窗构造

1. 门窗的开启方式

门窗的开启方式主要有平开式、推拉式、立转式、上悬式（上翻式）等，如图 1-17、图 1-18 所示。

2. 门窗的洞口尺寸

门窗的洞口尺寸应符合模数的要求，一般情况下，多采用 3M 或 1M 的模数基数。

3. 门窗的形式

门的形式主要有夹板门、框樘门等，窗则主要是框樘的形式，如图 1-17、图 1-18所示。

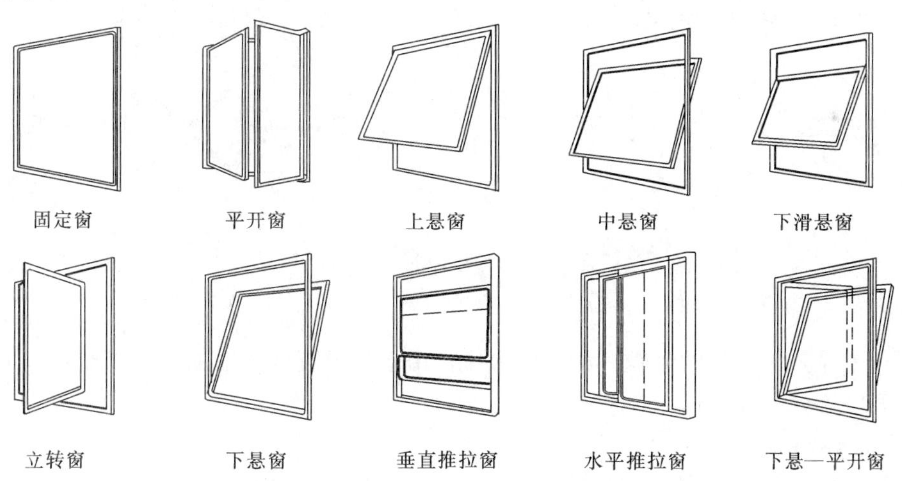

图 1-17　窗的形式（框樘式）及开启方式

4. 门窗的尺寸要求

对于最常见的平开方式的门窗来说，其每扇的高、宽尺寸都有一定的限制要求。

门的高度限值是 2100mm，超过限值时应加设亮子；门的宽度限值是 1000mm，超过限值时应增加扇数。

窗的高度限值是 1200mm，超过限值时应加设亮子或者设置双排窗；窗的宽度限值是 600mm，超过限值时应增加扇数。

图 1-18 门的形式（除注明者外均为夹板门）及开启方式
(*a*) 平开门；(*b*) 弹簧门；(*c*) 推拉门；(*d*) 折叠门；(*e*) 转门（框樘门）

对于推拉式等周边约束较多的门窗来说，由于自身刚度的增加，可以适当增加每扇门窗高度及宽度的尺寸限值。

5. 窗台的高度

一般房间的窗台高度常取 900mm 左右，托幼建筑的活动室窗台高度可以考虑取 600mm 左右，高窗的窗台高度则应根据房间的使用功能要求确定，一般为 1500～2000mm。

（二）建筑防潮构造

一般说来，建筑防潮构造所要防的潮主要指的是地潮，也就是存在于地下水位以上的透水土层中的毛细水。土层中的这种毛细水会沿着所有与土壤接触的建筑物的部位（基础、墙身、室内地坪、地下室等）进入建筑物，使墙体结构受到不利的影响，使墙面和地面的装修受到破坏，使建筑物的室内环境变得非常潮湿，无法满足人们对室内舒适、卫生、健康的要求。因此，必须对建筑物进行合理的防潮设计。

建筑防潮常用的材料与建筑防水的材料是基本相同或相近的。由于土壤中的毛细水是无压水，相对地下水、屋面雨水等而言，其施加在建筑各部位的作用程度要小一些，一般的建筑防水材料基本上都具有防潮的功能。具体而言，建筑防潮的材料可以分为柔性材料和刚性材料两大类，柔性材料主要有沥青涂料、油毡卷材以及各类新型防水卷材，刚性材料主要有防水砂浆、配筋密实混凝土等。

1. 地坪防潮构造

地坪的构造组成一般都是在夯实的地基土上做垫层（常见垫层做法有：100mm 厚的 3∶7灰土，或 150mm 厚卵石灌 M2.5 混合砂浆，或 100mm 厚的碎砖三合土等），垫层上做不小于 50mm 厚的 C10 混凝土结构层，有时也称混凝土垫层，最后再做各种不同材料的地面面层。在这类常见的地坪做法中的混凝土结构层，同时也是良好的地坪防潮层。混凝土结构层之下的卵石层也有切断毛细水的通路的作用。

2. 墙身防潮构造

墙身的防潮包括水平防潮和垂直防潮两种情况的防潮处理。

(1) 墙身水平防潮

墙身水平防潮是对建筑物所有的内、外结构墙体（即所有设置基础的墙体）在墙身一定的高度位置设置的水平方向的防潮层，以隔绝地下潮气对墙身的不利影响。

墙身水平防潮层的位置必须保证其与地坪防潮层相连。当地坪的结构垫层采用混凝土等不透水材料时，墙身水平防潮层的位置应设在室内地坪混凝土垫层上、下表面之间的墙身灰缝中；当地坪的结构垫层为碎石等透水材料时，墙身水平防潮层的位置应平齐或高于室内地坪面 60mm 左右（即具有一定防潮防渗作用的地面及踢脚的高度位置内）。

墙身水平防潮层一般有油毡防潮层、防水砂浆防潮层、防水砂浆砌砖防潮层和配筋细石混凝土防潮层等。

(2) 墙身垂直防潮

当建筑物内墙两侧的室内地坪存在高差，或室内地坪低于室外地坪时，不仅要求按地坪高差的不同在墙身设两道水平防潮层，而且为了避免高地坪房间（或室外地坪）填土中的潮气侵入墙身，还必须对有高差部分的墙体表面采取垂直防潮措施。其具体做法是，在高地坪房间（或室外地坪）填土前，于两道墙身水平防潮层之间的垂直墙面上，先用 20mm 厚水泥砂浆做找平层，再涂冷底子油一道、热沥青两道（或采用防水砂浆抹灰的防潮处理），而在低地坪房间一边的垂直墙面上，则在做墙面装修时以采用水泥砂浆打底的做法为宜。

3. 地下室防潮构造

当设计最高地下水位低于地下室地坪标高，又无形成上层滞水可能时，地下水不会直接侵入室内，地下室的侧墙和地坪仅受到土壤中潮气（如毛细水和地表水下渗而造成的无压水）的影响，这时地下室需要做防潮处理。

地下室的防潮处理包括地下室地坪的防潮、地下室侧墙的墙身水平防潮（地下室地坪处）和墙身垂直防潮（从地下室地坪处一直向上做至室外散水处），在首层房间地板结构层处的墙体中还应再设置一道墙身水平防潮层。

地下室防潮构造的原理与前述地坪防潮构造及墙身防潮构造的原理完全一样，读者可以自己分析并做出具体的防潮构造，或者参见“建筑配件与构造”部分的重点介绍。

（三）楼梯及阳台等处的栏杆扶手构造

在建筑物中，为了避免人员在行走或者活动时跌落，在楼梯段、休息平台、阳台等处应设置栏杆扶手。栏杆扶手的形式除了要考虑坚固、安全、美观的要求外，主要的一点就是要有足够的高度。

1. 在楼梯段上，栏杆扶手的高度（从踏步前沿至扶手顶面之间的垂直距离）不应低于900mm。

2. 在楼梯休息平台上，超过500mm长的水平栏杆处，其扶手的顶面高度不应低于1050mm。

3. 阳台的栏杆扶手高度不应小于1050mm。

4. 对住宅、托幼建筑等有幼儿活动的建筑中的栏杆扶手，其栏杆的净距离不应大于110mm，且栏杆不应采用易于攀爬的形式。

第六节　试题类型与应试技巧

在明确了考试大纲的基本要求，了解了试题的特点，熟悉了“建筑剖面”设计的评价标准和方法，对建筑法规规范以及建筑剖面设计中涉及的建筑结构和建筑构造的相关知识已经比较好地掌握，相信自己的空间想象力也不错，可以说是万事俱备，只欠“应试”了。你的应试能力如何，能否把自己平时的水平正常地发挥出来，将直接影响到最后的考试结果。下面，我们将结合具体的“建筑剖面”试题，给读者提供一些应试方法的建议和技巧。

一、【试题 1-1】

（一）任务说明

按所示平面图（图1-19）中的剖切线，绘出建筑剖面图。必须正确反映尺寸及空间关系，并符合任务和构造要求。

（二）构造要求

结构类型：砖墙承重，现浇钢筋混凝土楼梯，现浇钢筋混凝土坡屋顶。室内外高差见图注。

基础：立于褐黄亚黏土上，道砟100mm厚，C20素混凝土基础200mm厚，宽600mm，基础埋深1400mm。

地面：20mm厚木地板；
50mm×50mm木龙骨、中距400mm；
1∶3水泥砂浆找平层，上做防水层涂料；
100mm厚C10混凝土做垫层；
100mm厚道渣；
素土夯实。

楼面：结合层及地砖厚30mm；
20mm厚水泥砂浆找平层；
120mm厚现浇钢筋混凝土板。

屋面：1∶2水泥砂浆上贴彩色屋面砖，总厚20mm，屋面坡度1∶2.5，挑檐宽

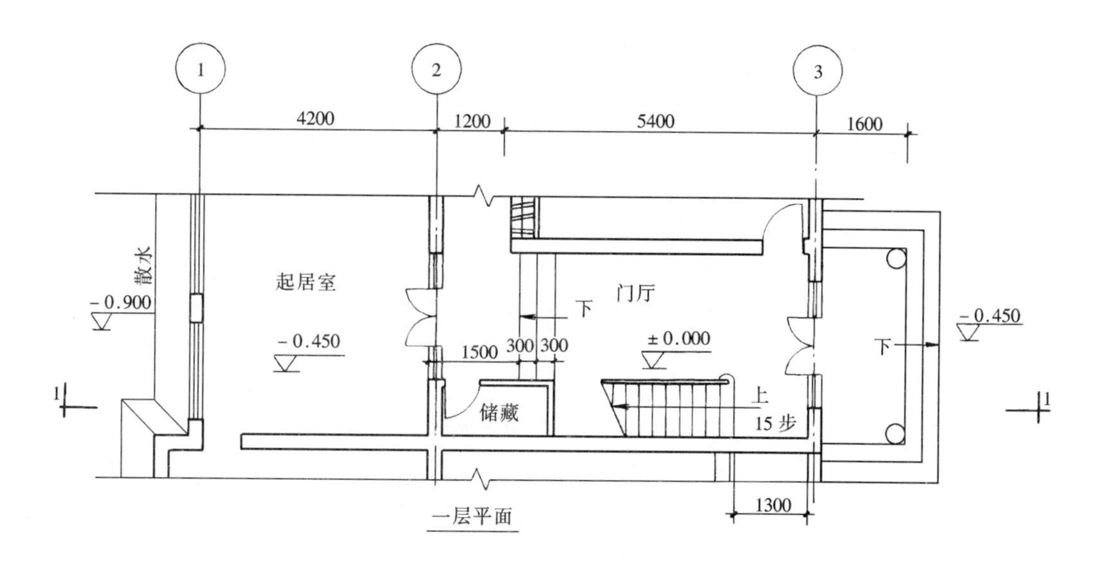

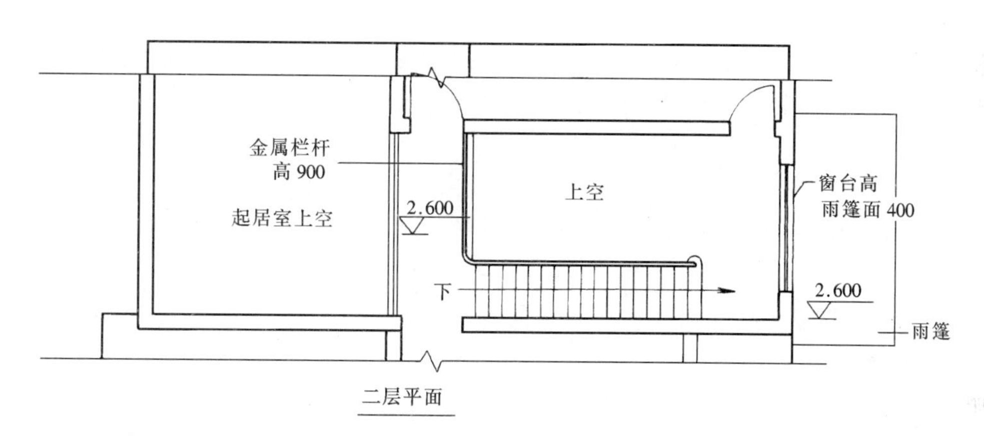

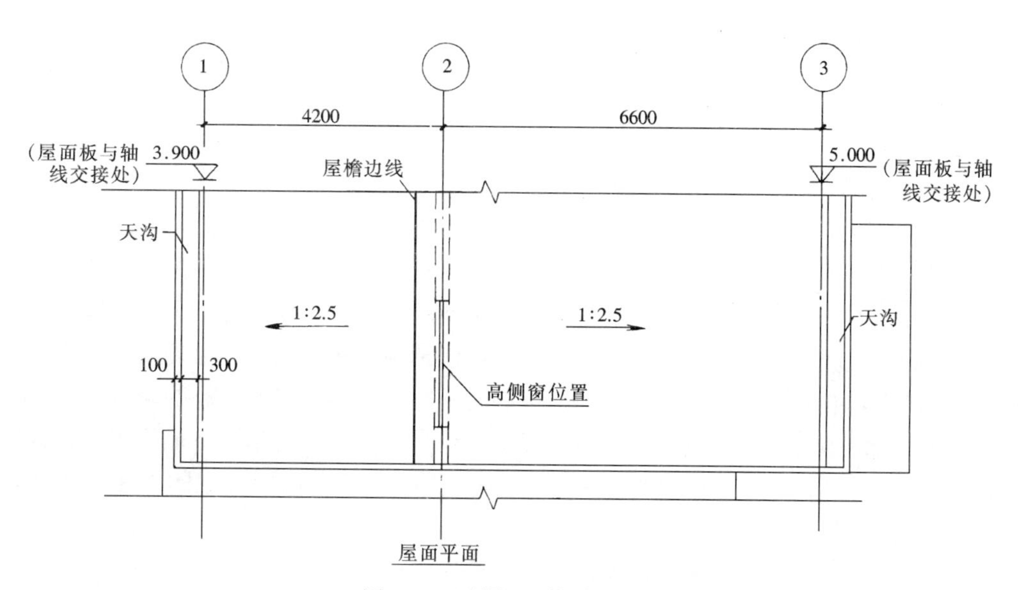

图 1-19　试题 1-1 的平面图

400mm，天沟净宽 300mm，深 200mm，有组织排水；

40mm 厚 C20 细石混凝土刚性整浇层（内配钢筋 $\phi4@200$）；

50mm 厚保温层；

100mm 厚 C20 现浇钢筋混凝土，板底粉刷厚 20mm。

外墙：240mm 砖墙，找平层 15mm，结合层及面砖 15mm，总厚 30mm。

内墙：承重墙 240mm 砖墙，非承重墙 120mm 砖墙，内墙粉刷厚 25mm。

梁、楼梯：现浇钢筋混凝土。

门窗高度：门厅窗高 1200mm，起居室窗高 2000mm，雨篷上部窗高 900mm，高侧窗高 900mm，门高均 2100mm。

窗台高：一层 900mm，二层高侧窗距斜屋面泛水至少 250mm。

层高：在①轴的墙中轴线与屋面板面的交点处标高为 3.900m，③轴处为 5.000m，其余见图注。

雨篷：现浇钢筋混凝土板厚 100mm，防水层粉刷厚 25mm，板底粉刷。

（三）作图要求

1. 绘出 1∶50 的 1-1 剖面。应包括：基础及基础墙，楼地面及屋面构造，外墙、内墙、楼板、梁、防潮层及各可见线。

2. 注明各层标高、屋面坡度、剖面关键尺寸、门窗洞口的尺寸、斜坡屋面②轴处标高。

3. 使用提供的图例，可不注材料、构造做法。

（四）使用图例（图 1-20）

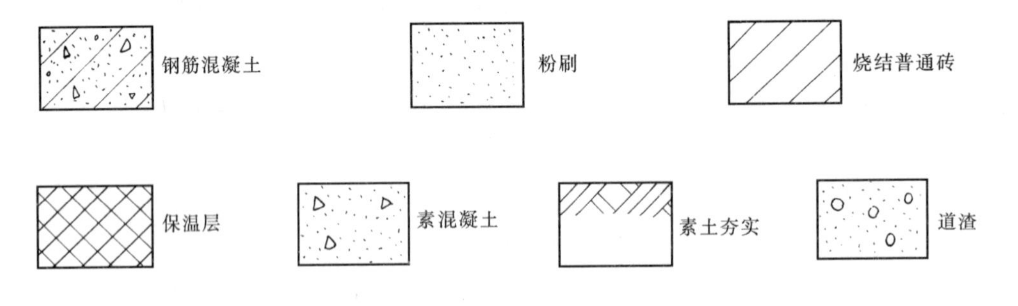

图 1-20　试题 1-1 使用的图例

（五）解题要点

1. 认真审题，掌握方法

要解决任何一个问题，首先必须对这个问题的背景和来龙去脉有一个清楚的了解，再运用自己掌握的知识和积累的经验去想办法解决问题。对问题什么都不了解，解决问题也就无从谈起；对问题只是一知半解，自然也不可能圆满地解决问题。道理人人都懂，可真正用到考试上，有人就出问题了。也许是担心时间不够完不成答卷，有的应试者只是大概看了一下考题给出的任务，对具体的内容和要求还是一知半解就急着下笔绘图了，这样做的结果可想而知，肯定是“欲速则不达”。磨刀不误砍柴工，运用合理的方法、认认真真地审好题，才是最可取的。

（1）通读一遍任务的全文，以掌握建筑的整体轮廓

“建筑剖面”设计考题所给的任务中，一般包括以下四个方面，有“任务说明”、“构

造要求”、“作图要求”、“使用图例”等，另外，还会给出有关的建筑平面图。考生在拿到试卷后，应该从头开始逐项内容一一看下来，直到题目所给的所有附图，不能遗漏，以便做到首先对试题获得一个完整的印象。此时，在你的头脑中要先问自己几个问题：

1）这是一个什么类型的建筑？

有的时候，考试题目的任务中直接就给出了建筑的类型，例如，有“跃层住宅”、“小别墅”、“小型展览馆门厅”、“商业建筑的裙房部分”、“中学教学楼”等，但也有时候考试题目的任务中并没有明确说明建筑的类型，这时，就需要考生从考题附图中寻找答案了。例如，本例（试题1-1）没有直接说明建筑的类型，但是，我们可以从题目所给的平面附图（见图1-19）上标注的房间名称“起居室”中，判断出**该建筑属于居住类的建筑。**

明确建筑类型的目的是要做到心中有数，以便在后面的作图中能够根据建筑类型的不同，准确地运用建筑法规规范的具体规定和满足不同建筑类型的设计要求。

2）这个建筑的结构类型是什么？

这个问题在考试题目中一般都会有“结构类型”的直接交代，注意搞清楚就可以了。例如，“砖混结构，现浇钢筋混凝土楼板”、“承重空心砖砌体结构”、“现浇钢筋混凝土框架结构”等。从题目所给的资料中可以看出，**本例的建筑结构类型是“砖墙承重，现浇钢筋混凝土楼梯，现浇钢筋混凝土坡屋顶”。**

显然，明确建筑的结构类型，是为了在建筑剖面设计中正确地处理有关建筑结构方面的问题。

3）这个建筑的环境条件如何？

这里所说的建筑环境条件主要是指建筑所在的基地地形如何，是平坦地形还是坡地，这一点可能在“任务说明”中有所交代，也可能要从题目所附建筑平面图中的标高标注中寻找答案。本例中，从题目所给的“一层平面”图中可以看到，**该建筑是建在一个室外地坪有450mm高差的基地环境之上的。**

4）这个建筑的空间组合形式如何？

明确建筑大致的规模和层数、室内地坪是否有变化、是否采用错层的空间形式、层高是多少、屋顶形式等。**本例的基本情况是：居住（别墅）建筑的入口、门厅、直跑楼梯、起居室等组合的局部空间，建筑层数为两层，室内地坪有高差，起居室上空，高低错落的双坡屋顶等。**

搞清楚建筑的环境条件和空间组合的形式如何，目的是要对将要完成的建筑剖面的大致轮廓先有一个初步的印象。

5）这个建筑的各部位构造做法是什么？

这一点通过浏览“构造要求”基本上都可以找到答案。本例中，对基础、地面、楼面、屋面、外墙、内墙、梁、楼梯、门窗高度、窗台高度、层高、雨篷等都做出了非常具体的规定。

6）试题要我做什么？

通过浏览“作图要求”可以搞清楚这个问题。一般都是要求按指定的剖切位置绘制1∶50的剖面图，题目还给出了具体的绘图要求。

对“作图要求”中规定的内容，一定要认真地看清楚，内容、任务、条件、要求等，都要一一地看仔细，并按照试题的要求去做。有的考生不认真审题，匆忙作答，往往出现问题。例如，试题所给的各层平面图一般都是按照 1∶100 的比例尺绘制的，而要求应试者作答的建筑剖面图一般都是规定按照 1∶50 的比例尺来绘制。有的考生匆匆忙忙地看一眼考题，就急着下笔，直接从 1∶100 的平面图上拉平行线就开始画建筑剖面图，结果画了一大半了，才发现把比例尺搞错了，再从头按照 1∶50 的比例尺绘制，时间已经完全来不及了。还有的考生，对于试题题目给出的条件不在意，明明任务要求屋面挑檐沟出挑 400mm，他却画出挑 500mm（也许平时做过一个工程是按照出挑 500mm 的挑檐沟设计，或者就是从教科书或者标准构造图集上记住了出挑 500mm 的挑檐沟的一个实例）；明明任务要求屋面檐口做挑檐沟设计，他却画了一个自己熟悉的女儿墙檐口构造。类似这样不按照题目要求作图，而出现答题错误，被扣掉分数的情况，每年都有发生，希望应试者注意，避免这样的“低级”错误发生在你的身上。

以上对任务全文的浏览应该是一个快速、全面、轮廓性的浏览，也就是要先对建筑剖面的设计任务有一个整体的了解和把握，主要目的是做到“心中有数”。

（2）认真仔细地深入审图，完整准确地把握建筑的空间关系

在对任务做了一个全面的浏览之后，还不能马上下笔画图，下一步要做的是对考试题目所给的所有图纸进行认真仔细地审阅，因为在这些图纸中有大量的有用信息，也是其他文字信息中没有给出的一些重要信息，显然，对题目所给出的平面图等图纸只是粗略地浏览一遍还是远远不够的。要通过仔细认真地读图，抓住这些有用的信息，才能够准确、完整地对设计任务做出满意的回答。

针对本例的 3 个平面图（一层平面、二层平面、屋面平面），我们如何来审图，如何来把握好建筑的空间关系呢？

首先看“一层平面”。我们先来看室外的情况，①轴外墙外侧的地坪标高为－0.900，③轴外墙外侧的地坪标高为－0.450，也就是说，**该居住建筑是建在一个室外地坪有 450mm 高差的基地环境之上的**。再来看看室内的空间关系处理，从③轴上的建筑入口处开始，由标高为－0.450 的室外上三步台阶进入标高为±0.000 的门厅，然后下三步台阶进入标高为－0.450 的起居室，由此看出，**该建筑的室内首层地坪也有 450mm 的高差。**

再看“二层平面”。从首层门厅通过一个直跑楼梯直接上到标高为 2.600 的二层过道（注意过道处对应的首层地坪标高为－0.450，即**过道处的局部层高为 3.050m**），过道两侧分别为起居室上空和门厅上空，结合“一层平面”中的剖切线位置再看一下，**此题目要求绘制的建筑剖面图中的大部分空间都是上、下两层连通的上空空间。**

最后看一下“屋面平面”。首先我们看到，此建筑为分别向前、后檐各形成 1∶2.5 坡度的两坡屋顶，①轴和③轴的前、后檐处分别设置了总挑出宽度为 400mm 的天沟，①轴檐口（屋面板面与墙中轴线交点）处的标高为 3.900，③轴檐口（屋面板面与墙中轴线交点）处的标高为 5.000，②轴为前、后两坡面上点的交会处，在②轴偏向①轴的一侧有屋面挑檐，屋面下②轴的墙体（图上虚线表示）上设置了高侧窗。综合以上“屋面平面”图中的全部信息，我们可以得出这样的结论：**该建筑的屋顶为一个两坡屋顶，两个坡面坡度相等，①轴和②轴之间的坡屋面高度较低，②轴和③轴之间的坡屋面高度较高，并形成了三道（①轴、②轴、③轴上各一道）挑檐，在高、低两个坡屋面交会的②轴封墙上设置了一个高侧窗。**

通过以上对试题所给的 3 个平面图的认真仔细地深入审读，我们已经很清晰地掌握了

该建筑的空间关系。这个时候再开始落笔画图的话，对整个建筑空间关系的把握就能做到胸有成竹了。否则的话，没有这种深入的审图过程，对建筑空间的关系还不能完全把握就开始下笔画图，那么，后果也就可想而知了，不是丢三落四，就是建筑空间关系错误百出，很可能最后在图上根本无法使建筑的各部分“交圈”，那就真的是“欲速不达”了。

2. 开始落笔画图，首先要把握住整个建筑的空间关系“框架”

（1）把握好建筑空间的“大”关系

至此，可以开始落笔画图了。在以上审题的两个步骤的基础之上，可以先把整个建筑大的空间关系“框架”描绘出来了。图 1-21 为本例建筑剖面图的试答卷，该份试答卷中并未完全正确地表达出任务当中提出的要求，所以，本图只能作为一份参考答卷。图中有很多的做法和画法的错误之处，而且很多建筑结构关系的处理和建筑构造的细部做法到这一步还没有全部解决，应该再作进一步研究和分析（后面将会再作详细的介绍）的基础上才能完整地设计出来。但是，图 1-21 已经给出了一个清晰、准确的建筑空间关系“框架”，前面在审题阶段分析得出的结论（前面论述中黑体字的部分），使我们对建筑空间关系的准确把握起到了至关重要的作用。

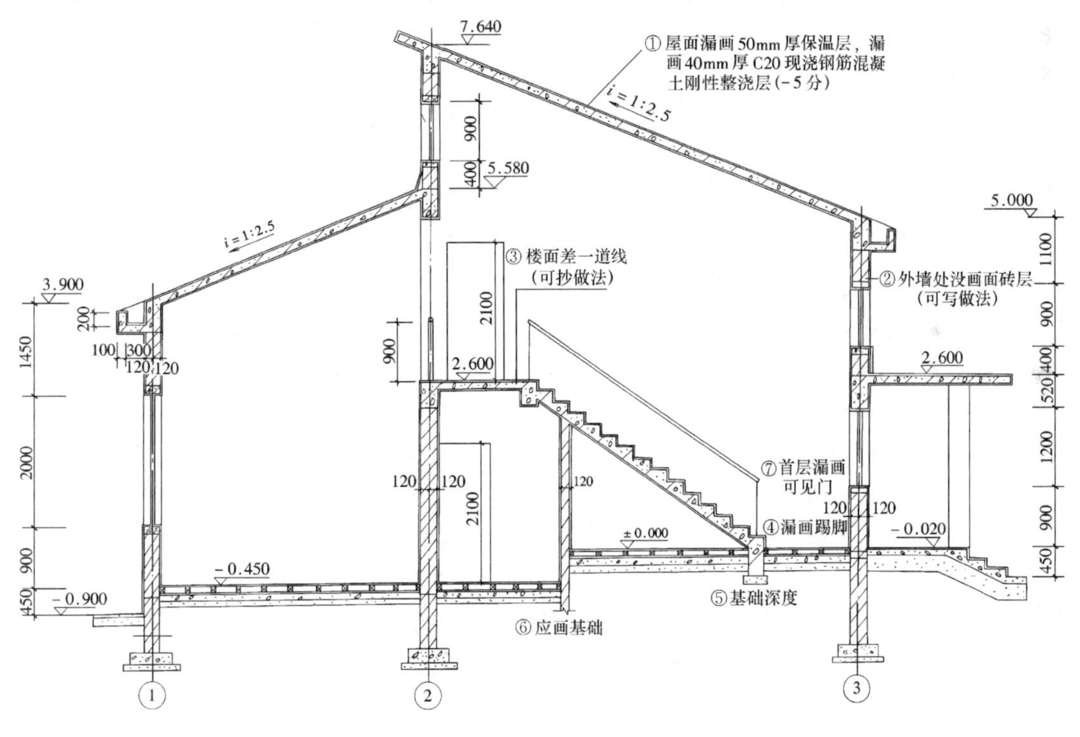

图 1-21　试题 1-1 的试答卷

（2）搞清楚试题规定的建筑剖面图的剖切线位置

除了把握住整个建筑空间关系的“框架”以外，还有一点在落笔画图的时候也要十分注意，就是要仔细地搞清楚试题所要求的建筑剖面图的剖切线位置，以确保所画出的建筑剖面图的图面表达的正确性。建筑剖面图有剖切面投影线和未剖切到的看线之分，下面将分别叙述。

1）剖切面投影线

本例所规定的剖切线位置是：

一层空间内——从①轴一侧的室外散水开始，经过①轴墙体上的窗、起居室与储藏室之间②轴上的墙体、储藏室设在楼梯段下的隔墙、楼梯段、③轴墙体上的窗（注意不是门），最后经过③轴入口处的台阶结束。

二层空间内——从①轴的实墙开始，经过②轴（过道起居室上空一侧）的临空栏杆、过道楼面、③轴墙体上的窗，最后经过③轴入口上的雨篷结束。

屋面檐口以上空间内——从①轴檐口天沟开始，经过①轴和②轴之间的坡屋面、②轴檐口挑檐和②轴封墙上的高侧窗、②轴和③轴之间的坡屋面，最后经过③轴檐口天沟结束。

以上是该建筑剖面图剖切到的部位。

2）未剖切到的看线

从试题所给的三个平面图（很遗憾的是，这三个平面图中都存在着一些错误之处：一层平面图中③轴入口外门应该外开；二层平面图中靠近③轴处不应该有房间门，金属栏杆高应该为1050mm，而不是900mm；屋面平面图中③轴外侧不应该再次出现雨篷的投影线）中我们可以看出，建筑剖面图中未剖切到的看线应该包括以下一些内容：

一层空间内——储藏室的门、靠近③轴处的房间门、室外入口门廊处的柱。

二层空间内——靠近②轴处的房间门。

在试答卷中我们看到，靠近③轴处的首层房间门漏画了。

3. 深入推敲，完善建筑结构关系和建筑构造细部做法

如果说以上第二步做法是给建筑搭一个健全的骨架的话，那么，这第三步的目的就是要给这个骨架填充血肉，使其完善和丰满起来。我们分别从建筑结构和建筑构造两个方面来做一些分析和推敲。

（1）建筑结构方面的问题

1）建筑结构水平分系统类型的选择和确定

从整个建筑平面图中给出的信息来看，各部位建筑结构的空间跨度只有4～5m左右（虽然②轴和③轴之间的坡屋面的水平投影跨度为6.6m，其实际的跨度应该是两道内横墙之间的距离，所以，也只有4m左右），因此，整个建筑结构水平分系统宜采用板式结构更为经济合理，包括屋面板、楼板、楼梯段、雨篷板等。

2）梁的设置问题

本例中也有一些应该考虑设梁的部位，例如：三处挑檐部位均应该设置梁，以便**平衡悬挑的檐口结构（檐口天沟或者挑檐板）**；②轴封墙下应该设置**托墙**的结构大梁；过道楼板两侧应该设置边梁以**提高楼板的结构刚度，并同时承托楼梯段板的荷载**；楼梯段下端应该设置基础梁以便**支承梯段的荷载**；入口悬挑雨篷板应该设置梁，以利**雨篷结构的抗扭以及兼做入口门洞口过梁的抗弯**等。另外，作为**砖砌体结构**来说所有窗洞口处均应该设置过梁。门洞口处也应该设置过梁，但是，由于该建筑剖面图中未剖切到门洞口的位置，因此，不必考虑这个问题。以上黑体字的文字是强调了本例中作为所有这些梁构件选择的原理和依据，考生应该在考前的应试准备以及平时的设计实践中注意培养这种思考问题的方法。平时做习惯了，考试时就容易做到心里不慌、应付自如。以下出现黑体字的部分，一般都是这样的出发点，请读者注意。

3）基础的问题

①轴、②轴、③轴的墙均为**结构墙体，所以必须设置基础**；楼梯段下端为了**承载的需要**也必须设置基础。储藏室的**隔墙作为非结构墙体，一般是不需要设置基础的**，只需把隔墙砌筑在地坪混凝土垫层（实际为地坪的结构层）之上即可。但是，本例的特殊性在于，该隔墙的两侧地坪存在高差，为了施工的方便，采用设置基础的做法更为合理。

本例中实际应该（从建筑剖面图的角度看）有5处设置基础，而试答卷中隔墙下漏画了基础。

（2）建筑构造方面的问题

上一部分有关建筑结构的问题，更多地需要应试者根据自己掌握的建筑结构的相关知识进行分析处理，而有关建筑构造的这一部分内容，则大多在试题任务中作了具体的规定，相对来说，对考生的要求要低一些。那么，考生应该做的就是要认真细致、没有遗漏地把试题要求的建筑构造做法逐条看懂，并正确地表达在建筑剖面图中。例如，本例中我们可以按照一定的顺序（最好按照试题中“构造要求”一项的顺序进行，以避免遗漏）逐一解决这些问题：

1）基础构造

明确地基土、垫层、基础放脚等的材料和尺寸，基础埋深。

2）地坪层、楼板层、屋盖、内墙、外墙、楼梯、雨篷等的构造

明确以上所述各部位的分层材料做法。

3）门窗构造

明确门窗的高度及窗台的高度、门窗的材料、窗台等的构造做法。

4）其他必要的细部构造

①题目明确要求的构造做法

试题中还会具体提出一些细部做法要求，应试者要十分留意，不可遗漏。例如在本例中，题目给出了挑檐沟的宽度和深度等的具体尺寸，②轴封墙高侧窗下斜屋面泛水的高度尺寸等，都需要正确地绘制在图纸上。

②题目未明确要求或者只做了一些提示的构造做法

另外还有一些基本的建筑构造做法，试题中只作一些简单的提示，更需要引起应试者的注意，也必须正确地设计和绘制出来。例如，本例在“作图要求”中提示要画出“防潮层及各可见线”。关于“防潮层”应该注意3点：第一，在所有设置基础的墙体中做墙身水平防潮层；第二，在内墙两侧地坪有高差的高地坪一侧做墙身垂直防潮层；第三，正确地画出墙身水平防潮层的标高位置，即必须与地坪混凝土垫层高度一致，以形成连续不间断的整体防潮屏障。关于“各可见线”一般应该包括踢脚线、栏杆（板）扶手投影线、阳台或者雨篷的泄水管的投影线等。

“建筑剖面”设计的试题一般都会给出绘图中的“使用图例”，一般要求是，能分层标注出材料图例的部位可以不再使用引出线标注分层材料做法，反之，因受比例尺限制而只能画出一条投影线、无法标注出材料图例时，则应该采用引出线标注分层材料做法。

建筑构造的问题琐碎而复杂，最容易出现问题和失误。本例的试答卷中就有多处错误都是在建筑构造设计上出了问题：

①题目规定的屋面做法是：水泥砂浆上贴彩色屋面砖，总厚20mm；40mm厚C20细石混凝土刚性整浇层（内配钢筋$\phi4@200$）；50mm厚保温层；100mm厚C20现浇钢筋混

凝土，板底粉刷厚 20mm。而试答卷上对现浇钢筋混凝土结构板以上的总厚度达 110mm 的建筑保温、防水等构造做法都没有作明确的表达。

②题目规定的楼面做法是：结合层及地砖厚 30mm；20mm 厚水泥砂浆找平层；120mm 厚现浇钢筋混凝土板。规定的外墙做法是：240mm 砖墙，找平层 15mm，结合层及面砖 15mm，总厚 30mm。其中，楼面做法的装修层厚度为 50mm，外墙做法的装修层厚度只有 30mm，在比例尺为 1∶50 的建筑剖面图中已经无法按照分层投影的方式表达，整个装修层只能简化为一条投影线了，但是，应该在图上用引出线标注出分层材料做法，而在试答卷上也没有进行标注。

③试答卷上漏画的踢脚线也是属于“各可见线”范围的内容。

④试答卷上二层走廊靠起居室一侧的栏杆高度和另一侧楼梯的水平栏杆高度均应为 1050mm，这是《住宅设计规范》（GB 50096—1999）（2003 版）中的强制性条文（第 4.1.3 条和第 4.2.1 条），而图上标注的尺寸是 900mm。

以上这类错误和问题的大量出现，说明应试者对于建筑构造设计的忽视，平时就没有把建筑构造设计当回事，到考试作图的关键时刻想要做到熟练准确、毫无疏漏，自然也是勉为其难的事了。

4. 注意图面的表达，符合试题规定的“作图要求”

在前三步中，我们已经解决了建筑的空间关系、建筑的结构关系和建筑的构造做法等问题，在建筑图纸中还有一个图面“定量、定位”的问题，也就是要正确地标注建筑的定位轴线、各部位的尺寸、标高、坡度等。

5. 最后作一次检查，查遗补缺

如果有良好的专业基础，做了充分的考前准备，并且认真地按照上述应试解题技巧做下来，就应该可以“宣布”大功告成了。但是，为了稳妥可靠起见，还是应该进行一次认真的检查，以做到查遗补缺，不留遗憾。

2003 年以后的试题中还有“建筑技术设计作图选择题”的内容，关于这一部分的应试技巧，将在下面的试题中作介绍。

二、【试题 1-2】

（一）任务说明

根据图 1-22 所示某坡地住宅一、二层平面（含屋面平面示意图），按指定的 1-1 剖切线位置画出剖面图。剖面图必须能正确反映出平面图中所示的尺寸及空间关系，并符合构造要求。

（二）构造要求

结构类型：砖砌体承重，现浇钢筋混凝土楼板。

层高：一层 3000mm，二层 2400mm（楼面至外墙中轴线与屋面结构板面的交点）。

基础：240mm 砖砌体放脚，C10 混凝土 680mm 宽×340mm 高条形基础。基础埋深：1200mm（室内地面下）。

地面：素土分层夯实，100mm 厚 C10 混凝土，20mm 厚水泥砂浆找平，上贴地砖。（平台做法同地面）

楼面：20mm 厚水泥砂浆找平，上铺 8mm 厚复合木地板；卫生间铺贴地砖。

屋面：二坡顶，坡度为 1∶3。100mm 厚现浇钢筋混凝土斜屋面板，25mm 厚水泥砂浆找平层，2mm 厚防水涂膜，粘贴防水卷材，上贴 25mm 厚聚苯乙烯保温隔热板，40mm 厚细石混

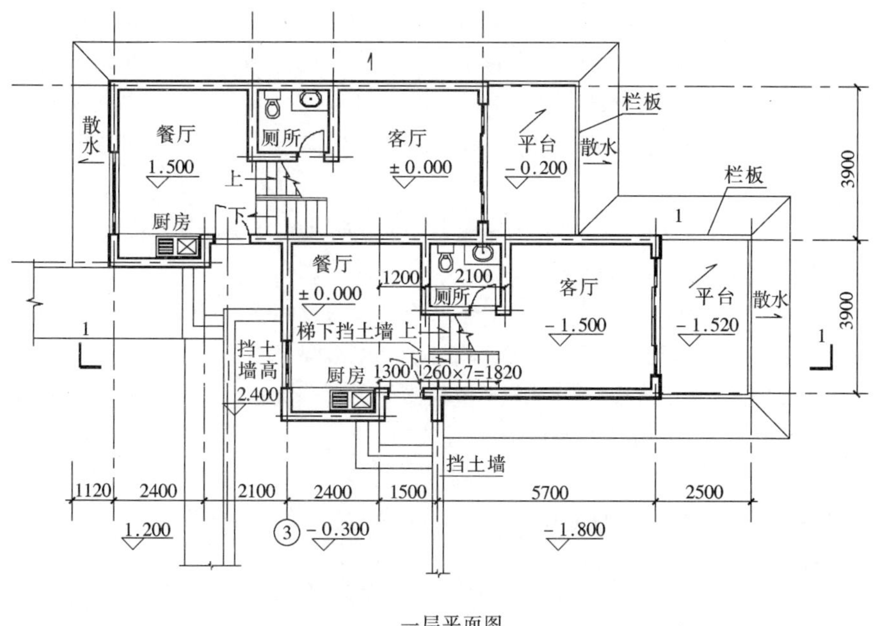

一层平面图

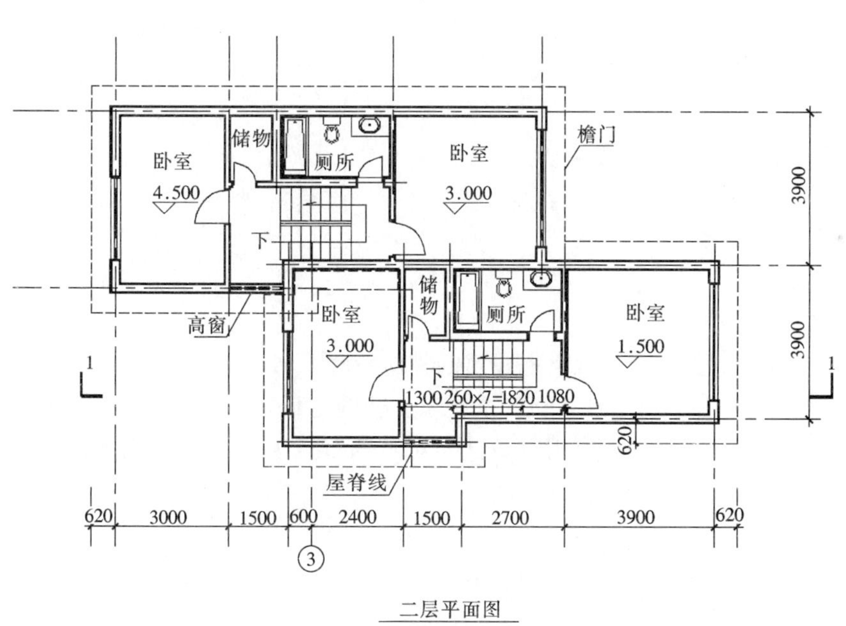

二层平面图
（虚线为屋面线）

图 1-22　试题 1-2 的平面图

注：在本题中一、二层平面图的比例尺均为 1∶100，但在书中，此二图比例已缩，故未标明比例尺。

凝土找平层，内配 ϕ6@500mm×500mm 钢筋网，随贴瓦楞形面砖。挑檐 500mm，自由落水。

外墙：240mm 厚砖砌体，20mm 厚抹灰，面涂涂料。

内墙：240mm 承重墙，120mm 厚非承重墙，20mm 厚抹灰，面涂涂料。

梁：全部为钢筋混凝土梁。承重梁（包括圈梁）240mm 宽×400mm 高，门窗过梁

240mm 宽×240mm 高及 120mm 宽×120mm 高。

门：门高均为 2100mm。入户门宽 1000mm，房门宽 900mm，卫生间、储物间门宽 700mm，平台推拉门宽 3000mm。

窗：一层窗高 1500mm，二层窗高 1100mm，窗台高 900mm。高窗高 600mm，窗台高 1500mm。

楼梯：构造做法同楼面。挡土墙为 240mm 厚砖砌体，基础 C10 混凝土 500mm 宽×300mm 高，埋深 800mm（室内地面下）。

栏板：砖砌体 120mm 厚，高 1000mm，混凝土压顶 120mm 宽×120mm 高，基础 C10 混凝土 400mm 宽×250mm 高，埋深 500mm（室外地面下）。

挡土墙：水泥砂浆砌条石，厚 300mm，挡土部分厚 500mm，基础 C10 混凝土 750mm 宽×300mm 高，埋深 800mm（室外地面下）。

防潮层：采用水泥砂浆。

散水：素土夯实，100mm 厚 C10 混凝土，20mm 厚水泥砂浆找平。

（三）作图要求

1）画出 1∶50 剖面图，它应包括基础、楼地面、屋面、内外墙、门窗、楼梯、梁、防潮层及可视线等。

2）注明室内外各层标高，屋脊板面标高。

3）注明外沿及有关门窗高度尺寸。

（四）使用图例（图 1-23）

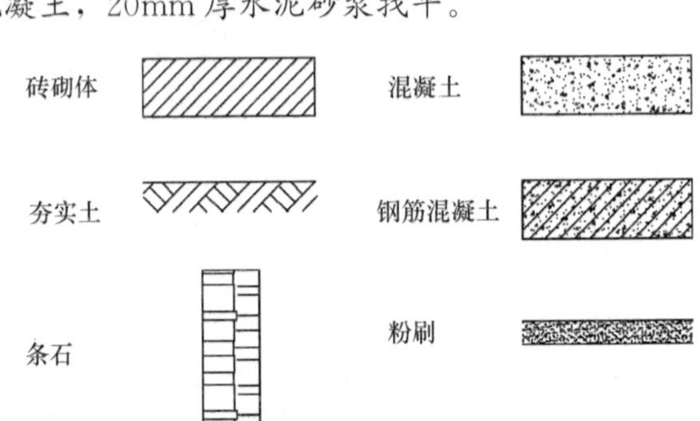

图 1-23　试题 1-2 使用的图例

（五）解题要点

1. 认真审题，掌握方法

（1）通读一遍任务的全文，以掌握建筑的整体轮廓

本例（试题 1-2）是一个建筑空间关系更为复杂的题目。从头开始将题目的逐项内容一一看下来，包括题目所给的所有附图，已经对试题获得了一个整体的概念印象。此时，在我们的头脑中仍然要先问自己这几个问题：

1）这是一个什么类型的建筑？

本例直接点明的建筑类型是“坡地住宅”建筑。

2）这个建筑的结构类型是什么？

本例写明的建筑结构类型是“砖砌体承重，现浇钢筋混凝土楼板”。

3）这个建筑的环境条件如何？

题目已经明确为“坡地住宅”，从题目所附的“一层平面图”中还可以具体看出，整个基地环境共有三个室外地坪标高，分别是 1.200、－0.300、－1.800，三个不同标高的室外地坪之间通过两道挡土墙进行分隔。

4）这个建筑的空间组合形式如何？

仔细地审读“任务说明”和题目所附的各层平面图之后可以看出，本例的基本情况是：**坡地住宅（别墅）建筑，由前、后两户组成的建筑层数为两层的错层式空间组合，二**

层两侧均作了向外的悬挑处理，高低错落的双坡屋顶等。

至此，我们对将要完成的建筑剖面的大致轮廓先有了一个初步的印象。

5）这个建筑的各部位构造做法是什么？

这一点通过浏览“构造要求”基本上都可以找到答案。本例中，对建筑每层的层高、基础、地面、楼面、屋面、外墙、内墙、梁、楼梯、门窗（含高窗）、窗台高度、室外平台栏板、挡土墙、防潮层、散水等都做出了非常具体的规定。

6）试题要我做什么？

在“任务说明”和“作图要求”中题目清楚地回答了这个问题。要求按指定的剖切线位置绘制1∶50的剖面图，它应包括基础、楼地面、屋面、内外墙、门窗、楼梯、梁、防潮层及可视线等，剖面图必须能够正确地反映出平面图中所示的尺寸及空间关系，并符合构造要求，注明室内外各层标高，屋脊板面标高，注明外沿及有关门窗高度尺寸。

对题目中规定的以上这些内容，一定要认真地看清楚，内容、任务、条件、要求等，都要一一地看仔细，并按照试题的要求去做。

以上对任务全文的浏览应该是一个快速的、全面的、轮廓性的浏览，也就是要先对建筑剖面的设计任务有一个整体的了解和把握，主要目的是做到“心中有数”。

（2）认真仔细地深入审图，完整准确地把握建筑的空间关系

在对任务做了一个全面的浏览之后，还不能马上下笔画图，下一步要做的是对考试题目所给的所有图纸进行认真仔细的审阅；因为在这些图纸中有大量的有用的信息，也是其他文字信息中没有给出的一些重要信息。显然，对题目所给出的平面图等图纸只是粗略地浏览一遍还是远远不够的，要通过仔细认真地读图，抓住这些有用的信息，才能够准确、完整地对设计任务做出满意的回答。

针对本例的两个平面图（一层平面、二层平面以及在二层平面图中用虚线示意的屋顶平面形式），我们如何来审图，如何来把握好建筑的空间关系呢？

首先看“一层平面图”。我们先来看室外的情况，后边一户入口处的室外地坪标高为1.200，跨过一道挡土墙后，前边一户入口处的室外地坪标高为－0.300，再跨过第二道挡土墙之后，室外地坪标高变为－1.800，也就是说，**该坡地住宅建筑是建在一个室外地坪有三个不同的标高、两两分别相差都是1500mm，并通过两道挡土墙进行分隔的基地环境之上的。**再来看看一层室内的空间关系处理，从图中我们看到，每一户在一层均有两个室内地坪标高和一个室外平台标高，现在仅以剖切线剖切到的前边一户为例，一层两个室内地坪标高分别是±0.000的餐厅、－1.500的客厅，以及与之相通的－1.520的室外平台，连接室内两个不同标高建筑空间之间的是一部楼梯。由此可以看出，**该建筑采用的是一个首层层高为3000mm，并有1500mm高差的错层空间组合。**

再来看“二层平面图”。二层也有两个楼面标高，分别为1.500和3.000的两个卧室，中间也以楼梯间隔，这也证实了该建筑为错层空间组合的形式。二层的层高（楼面至外墙中轴线与屋面结构板面的交点）为2400mm。结合两个平面图中的轴线定位关系和有关的尺寸我们看出，二层平面在③轴处向外悬挑了600mm，在另一侧则向外悬挑了900mm。由此可以看出，**该建筑为一个在二层两侧形成向外悬挑的空间形式的建筑。**

最后通过“二层平面图”和“构造要求”中提供的内容看一下屋顶平面的情况。通过文字内容和“二层平面图”中虚线形式表述的屋面轮廓线和屋脊线等我们看到，此建筑采

用的是 1∶3 坡度的两坡屋顶，出挑为 500mm 的自由落水挑檐。综合以上的全部信息，我们可以得出这样的结论：**该建筑的屋顶为一个两坡屋顶，前、后两户的屋面屋脊有高差。**

通过以上对试题所给的两个平面图和其他相关信息的认真仔细地深入审读，我们已经很清晰地掌握了该建筑的空间关系。这个时候再开始落笔画图的话，对整个建筑空间关系的把握就能做到胸有成竹了。否则，没有经过深入的审图过程，对建筑空间的关系还不能完全把握就开始下笔画图，那么，后果也就可想而知了，不是丢三落四，就是建筑空间关系错误百出，很可能最后在图上根本无法使建筑的各部分“交圈”，那就真的是“欲速则不达”了。

2. 开始落笔画图，首先要把握住整个建筑的空间关系“框架”

(1) 把握好建筑空间的“大”关系

至此，可以开始落笔画图了。在以上审题的两个步骤的基础之上，可以先把整个建筑大的空间关系“框架”描绘出来了。图 1-24 为本例建筑剖面图的试答卷，该份试答卷中并未完全正确地表达出任务当中提出的要求，所以，本图只能作为一份参考答卷。图中有一些做法和画法的不妥之处（例如，二层左、右两侧的外墙是结构承重墙体，采用悬挑出 600mm 和 900mm 的做法对结构是很不利的），而且很多建筑结构关系的处理和建筑构造的细部做法到这一步还没有全部解决，应该再作进一步研究和分析（后面将会再作详细的介绍）的基础上才能完整地设计出来。但是，图 1-24 已经给出了一个清晰、准确的建筑空间关系“框架”，前面在审题阶段分析得出的结论（前面论述中黑体字的部分），使我们对建筑空间关系的准确把握起到了至关重要的作用。

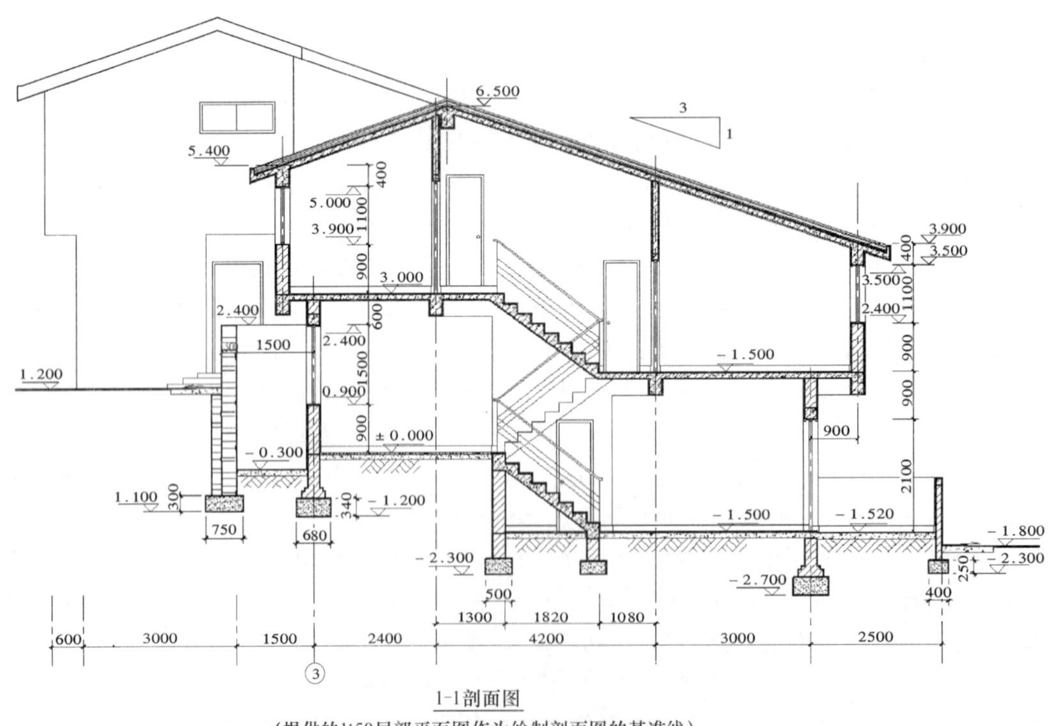

1-1剖面图

(提供的1:50局部平面图作为绘制剖面图的基准线)

图 1-24　试题 1-2 的试答卷

注：本题的作图要求明确规定所绘制的剖面图为 1∶50 比例尺，但此图在制版中已被缩小，故未标明比例尺。

（2）搞清楚试题规定的建筑剖面图的剖切线位置

除了把握住整个建筑空间关系的“框架”以外，还有一点在落笔画图的时候也要十分注意，就是要仔细地搞清楚试题所要求的建筑剖面图的剖切线位置，以确保所画出的建筑剖面图的图面表达的正确性。建筑剖面图有剖切面投影线和未剖切到的看线之分，下面将分别叙述。

1）剖切面投影线

本例所规定的剖切线位置是：

一层空间内——从左侧标高为 1.200 的室外地坪及散水开始，经过顶面标高为 2.400 的挡土墙、标高为－0.300 的室外地坪、③轴墙体上的窗、楼梯段下的挡土墙、楼梯段、客厅与室外平台之间的门、室外平台栏板，最后经过标高为－1.800 的散水及室外地坪结束。

二层空间内——从③轴左侧的墙体上的窗开始，经过标高为 3.000 处（设在隔墙上）的卧室门、楼梯段、标高为 1.500 处（也设在隔墙上）的卧室门，最后经过外墙上的窗结束。

屋面檐口以上空间内——从左侧外墙自由落水挑檐开始，经过③轴右侧的屋脊，最后经过右侧外墙自由落水挑檐结束。

以上是该建筑剖面图剖切到的部位。

2）未剖切到的看线

从试题所给的两个平面图中我们可以看出，建筑剖面图中未剖切到的看线应该包括以下一些内容：

一层空间内——厕所左侧的投影线、厕所的门、厕所右侧的投影线。

二层空间内——储物间的门、厕所的门。

后边一户建筑的外立面看线——左侧室外地坪、一层外墙轮廓线（上面二层外墙悬挑轮廓线、屋面挑檐）、入口处台阶、二层向前悬挑形成的门洞及入口门（上面二层外墙上的高窗、屋脊）、高窗右侧外墙后退形成的外墙轮廓线（上面同样由于高窗右侧外墙后退形成的挑檐轮廓投影线）、最后屋面投影线（在同一个坡面内）相交于前边一户的坡屋面（剖面）。

3. 深入推敲，完善建筑结构关系和建筑构造细部做法

如果说以上第二步做法是给建筑搭一个健全的骨架的话，那么这第三步的目的就是要给这个骨架填充血肉，使其完善和丰满起来。我们分别从建筑结构和建筑构造两个方面来作一些分析和推敲。

（1）建筑结构方面的问题

1）建筑结构水平分系统类型的选择和确定

从整个建筑平面图中给出的信息来看，各部位建筑结构的空间跨度只有 4m 左右（均以两条纵轴之间的结构墙体距离确定），因此，整个建筑结构水平分系统宜采用板式结构更为经济合理，包括屋面板、楼板、楼梯段等。

2）梁的设置问题

本例中也有一些应该考虑设梁的部位，例如，左右两处挑檐部位均应该设置梁，**同时兼做窗洞口过梁及圈梁**；屋脊处应该设梁以**提高屋顶结构横向刚度**；二层两侧结构墙体向外悬挑处应该设置梁以**承托上部的荷载**；二层两道隔墙下应该设梁以便**支承隔墙的荷载**等。另外，作为**砖砌体结构**来说所有门窗洞口处均应该设置过梁（本例中一层外墙上有两

处，二层隔墙上有两处）。

3）基础的问题

两道外墙、两道挡土墙均为**结构墙体，所以必须设置基础**；楼梯段下端为了**承载的需要**也必须设置基础。**为了室外平台栏板的坚固稳定，**其下部也应该设置基础。

本例中实际应该（从建筑剖面图的角度看）有6处设置基础。

（2）建筑构造方面的问题

上一部分有关建筑结构的问题，更多地需要应试者根据自己掌握的建筑结构的相关知识进行分析处理，而有关建筑构造的这一部分内容，则大多在试题任务中作了具体的规定，相对来说，对考生的要求要低一些。那么，考生应该做的就是要认真细致、没有遗漏地把试题要求的建筑构造做法逐条看懂，并正确地表达在建筑剖面图中。例如，本例中我们可以按照一定的顺序（最好按照试题中“构造要求”项下的顺序进行，以避免遗漏）逐一解决这些问题：

1）基础构造

明确垫层、基础放脚等的材料和尺寸，基础埋深。

2）地坪层、楼板层、屋盖、内（隔）墙、外墙、楼梯、室外平台栏板、挡土墙、散水等的构造

明确以上所述各部位的分层材料做法。

3）门窗构造

明确门窗的高度及窗台的高度、门窗的材料、窗台等的构造做法。

4）其他必要的细部构造

①题目明确要求的构造做法

试题中还会具体提出一些细部做法要求，应试者要十分留意，不可遗漏。例如在本例中，题目给出了自由落水挑檐的宽度尺寸、承重梁（包括圈梁）及门窗过梁的截面尺寸等，都需要正确地绘制在图纸上。

②题目未明确要求或者只做了一些提示的构造做法

另外还有一些基本的建筑构造做法，试题中只做一些简单的提示，更需要引起应试者的注意，也必须正确地设计和绘制出来。例如，本例在“作图要求”中提示要画出“防潮层及各可视线”。关于“防潮层”应该注意三点：第一，在所有设置基础的墙体（本例中，室外挡土墙及室外平台栏板除外）中做墙身水平防潮层（梯段下梁和落地窗下地坪混凝土垫层起到防潮层作用）；第二，在内墙两侧地坪有高差的高地坪一侧做墙身垂直防潮层；第三，正确的画出墙身水平防潮层的标高位置，即必须与地坪混凝土垫层高度一致，以形成连续不间断的整体防潮屏障。关于“各可见线”一般应该包括踢脚线、栏杆（板）扶手投影线、阳台、雨篷、室外平台的泄水管的投影线等。

“建筑剖面”设计的试题一般都会给出绘图中的“使用图例”，一般要求是，能分层标注出材料图例的部位可以不再使用引出线标注分层材料做法，反之，因受比例尺限制而只能画出一条投影线，无法标注出材料图例时，则应该采用引出线标注分层材料做法。

建筑构造的问题琐碎而复杂，最容易出现问题和失误，考生应在平时的设计实践中重视建筑构造设计，积累经验，提高能力，到考试作图的关键时刻就能做到熟练准确、避免

疏漏，取得好的成绩。

4. 注意图面的表达，符合试题规定的“作图要求”

在前三步中，我们已经解决了建筑的空间关系、建筑的结构关系和建筑的构造做法等问题，在建筑图纸中还有一个图面“定量、定位”的问题，也就是要正确地标注建筑的定位轴线、各部位的尺寸、标高、坡度等。

5. 最后作一次检查，查遗补缺

如果有良好的专业基础，作了充分的考前准备，并且认真地按照上述应试解题技巧做下来，就应该可以“宣布”大功告成了。但是，为了稳妥可靠起见，还是应该进行一次认真地检查，以做到查遗补缺，不留遗憾。另外，也可以把最后的检查和查遗补缺与下面介绍的选择题的作答结合起来进行。

6. 选择题的作答

2003 年以后的试题中增加了“建筑技术设计作图选择题”的内容，本例的选择题的内容如下：

（1）剖面图中，屋脊的结构标高为多少？

A　6.480　　B　6.500　　C　6.520　　D　6.540

（2）剖面图中，墙基与墙身按垂直与水平面设置防潮层，共有多少面须设防潮层？

A　2 面　　B　3 面　　C　4 面　　D　5 面

（3）室外挡土墙、轴线③墙基处及楼梯的基础埋深标高按顺序各是多少？

A　−0.800、−1.200、−0.800　　B　−1.100、−1.200、−2.300

C　−0.800、−1.200、−1.100　　D　−1.100、−2.700、−2.300

（4）剖面图中，在±0.000 至 5.400 的标高段上，剖切到的结构梁（最经济的布置，不包括梯段梁）和单独门窗过梁各有多少？

A　6、4　　B　7、3　　C　7、4　　D　8、3

（5）剖面图中，其剖切到的门、窗及可视的门、窗依次各有几扇？

A　2、3、3、0　　B　3、3、3、0

C　3、3、4、1　　D　3、2、4、1

建筑技术设计作图选择题是根据作图题任务要求提出的部分考核内容，要求考生必须在完成作图的基础上作答这部分试题，每题的四个备选项中只有一个正确答案。

对这部分选择题，考生应该认真对待。这部分试题既是考试内容的一部分，又同时可以作为对相应的作图题的一次极好的检查，而且是有重点、有提示的一种检查，考生应该充分利用这个机会认真完成。

我们来分析一下这五个题目。

（1）**提示**：这是一道简单的几何题目，通过二层左侧外墙中轴线与屋面结构板面的交点处的标高 5.400（题目给出的条件）和 1∶3 的屋面坡度以及二层左、右两道外墙之间的轴线距离 11100mm，可以直接计算出来，即屋脊的结构标高为 6.500，所以答案是 B。关键是要找出这几个条件并做出正确地计算。

（2）**提示**：从建筑构造原理的角度来分析，所有设置了基础的墙体都应该考虑设置墙身防潮层，这是因为这些墙体通过基础（或者直接）与地基土发生接触，地潮就会对墙体产生不利的影响，因此，必须对这些墙体采取防潮措施。本例（从建筑剖面图中看）一共设置了6道基础，但是，具体分析一下，并不需要在这6个部位都设置墙基或者墙身垂直与水平面防潮层，例如，左侧的挡土墙和右侧的室外平台栏板墙由于砌体的砌筑砂浆和外表面的装修材料都具有防水防潮的性能，所以不用设置防潮层；梯段梁下的基础由于钢筋混凝土梯段梁的材料和位置已经起到防潮层的作用，所以不用设置防潮层；右侧外墙门洞口处，由于门两侧室内、外地坪混凝土垫层连成一体，也已经起到墙身防潮层的作用，所以也不用设置防潮层了。还有③轴墙体和梯段挡土墙两处再作一下分析，由于③轴墙体直接与地基土接触，所以，必须设置墙身水平防潮层；梯段挡土墙不仅与地基土直接接触，其墙体两侧还存在着地坪高差，因此，此墙体在设置墙身水平防潮层的同时，还必须在地坪高的一侧设置墙身垂直防潮层，以避免地潮对墙体及室内装修等产生有害的影响。综合以上分析，一共有3面墙基或者墙身设置了垂直或者水平防潮层，所以答案应该是B。

（3）**提示**：这也是一道简单的数学计算题。仔细地按照题目所给的条件一一计算，答案就出来了。室外挡土墙的基础埋深在室外地面（标高为－0.300）下800mm，所以，其基础埋深标高为－1.100；轴线③墙体的基础埋深在室内地面（标高为±0.000）下1200mm，所以，其基础埋深标高为－1.200；梯段的基础埋深在室内地面（标高为－1.500）下800mm，所以，其基础埋深标高为－2.300；所以答案应该是B。

（4）**提示**：在±0.000至5.400的标高段上，应该设置的结构梁有二层左、右2道外墙顶板处各设置1道梁，二层左、右2道外墙下部各设置1道托墙梁，二层2道隔墙下各设置1道托墙梁，所以，一共有6道结构梁。应该设置单独门窗过梁的部位有二层2道隔墙上的门洞口，一层左、右2道外墙上的门窗洞口，所以，一共有4处单独设置的门窗过梁。因此，答案应该是A。

（5）**提示**：这道题考查的就是应试者认真仔细的程度。如果你认真仔细地将剖面图中应该画出的所有剖切到和可视的门、窗都画出来了，那么，数一数就可以了；关键是在画图中是否有遗漏。所以，这道选择题提醒你应该再仔细地检查一遍建筑剖面图是否已经将题目要求的所有内容完整准确地表达出来了。正确的结果应该是，剖切到的门有3扇（一层有1扇，二层有2扇），剖切到的窗有3扇（一层有1扇，二层有2扇），可视的门有4扇（一层有1扇，二层有2扇，后边的立面投影中有1扇），可视的窗有1扇（后边的立面投影中）。所以，答案应该是C。

三、【试题1-3】

（一）任务说明

根据图1-25所示某坡地小型民俗馆各层局部平面图，按指定的1-1剖切线位置画出剖面图。剖面图必须能正确反映出平面图所示关系，并应符合下述构造要求（尺寸单位为毫米，高程单位为米）。

（二）构造要求

结构类型：砖混结构，现浇钢筋混凝土楼板。

基础：素混凝土600mm宽×300mm高，基础底标高见1-1剖面图。

地坪：素土夯实，100mm厚素混凝土，20mm厚水泥砂浆找平，上铺8mm厚地砖。

楼面：100mm厚现浇钢筋混凝土楼板，20mm厚水泥砂浆找平，上铺8mm厚地砖。

屋面：120mm厚现浇钢筋混凝土斜屋面板，屋面坡度1/2，20mm厚水泥砂浆找平层，上粘屋面瓦(不考虑保温)。挑檐1200mm(无天沟)。屋面檐口结构面标高为2.60m。

内、外墙：240mm 厚承重墙，25mm 厚水泥砂浆粉刷，外刷乳胶漆。

楼梯：现浇钢筋混凝土板式楼梯，基础为素混凝土 600mm 宽×300mm 高。

梁：结构梁高 500mm，门窗过梁高 300mm，梁宽均为 240mm。

吊顶：不设吊顶。

门：门高 2100mm，③轴洞口高 3000mm。

窗：图中 C1 窗为高通窗，窗台高 900mm。高窗标高－1.200m，窗高 3700mm。高窗 C2、C3 的窗台标高为 3.650m，窗高至屋面板底。

防水防潮：防水层采用防水卷材（外置时封砖墙保护）。

防潮层采用防水砂浆。

室内水池：100mm 厚素混凝土垫层，100mm 厚现浇钢筋混凝土池底，240mm 厚现浇钢筋混凝土池壁，20mm 厚防水砂浆找平，面贴瓷砖。

散水：100mm 厚素混凝土。

室外踏步：100mm 厚素混凝土。

（三）设计任务

1. 画出 1-1 剖面图，图中包括基础各部分、楼地面、屋面、内外墙、门窗、楼梯及栏杆、室外踏步、散水、防水层、防潮层及剖面中可视部分等。

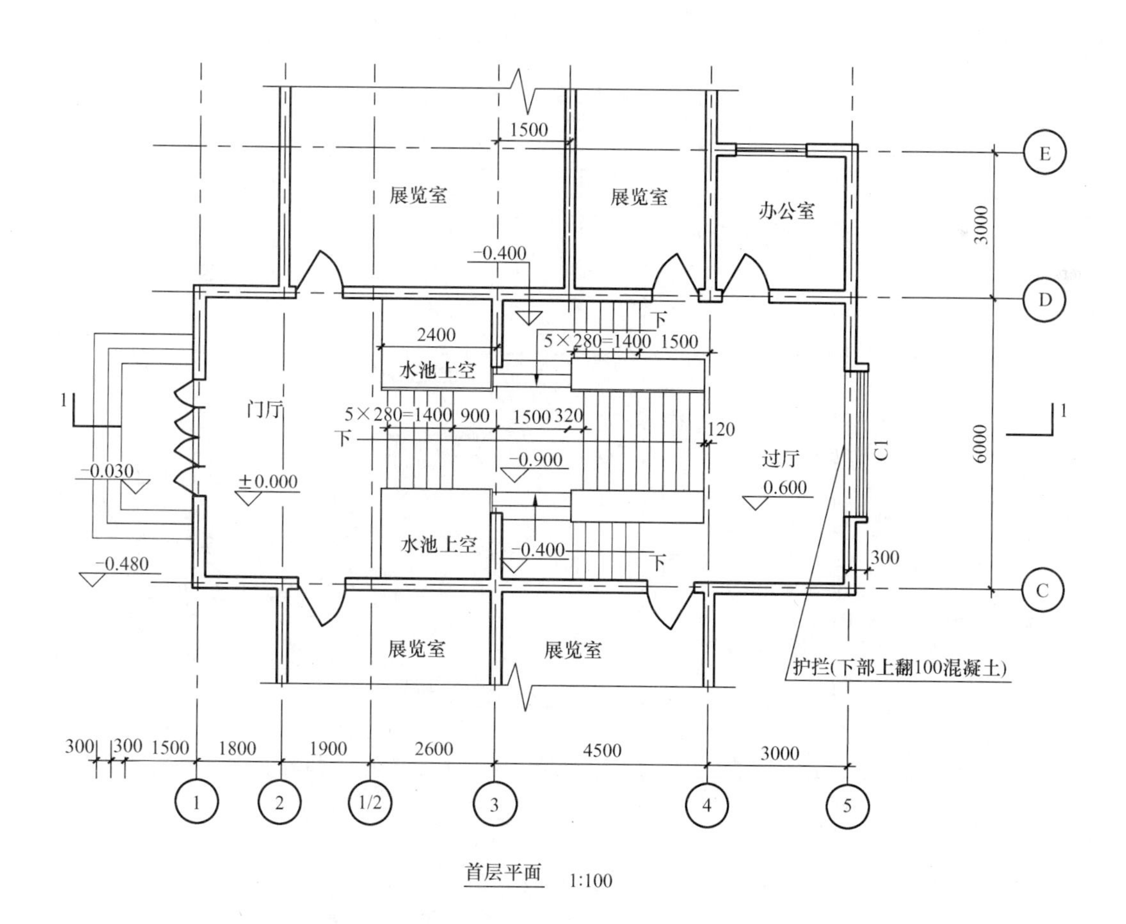

图 1-25　试题 1-3 的平面图（包括首层、地下层和屋顶平面）（一）

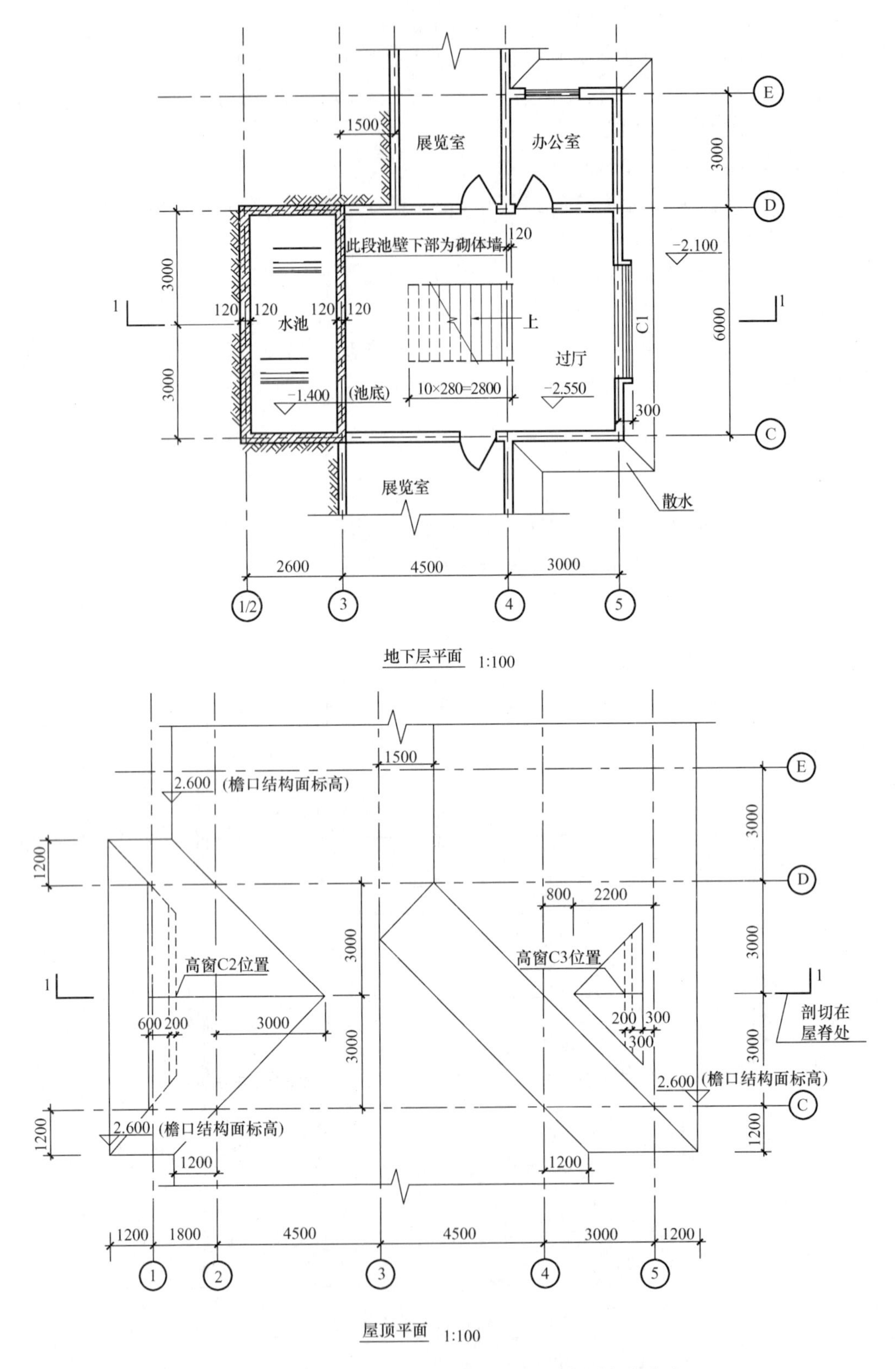

图 1-25 试题 1-3 的平面图（包括首层、地下层和屋顶平面）（二）

2. 剖面图中应标注各部分及可见屋脊的标高。

（四）使用图例（如图 1-26 所示，用于 1∶50）

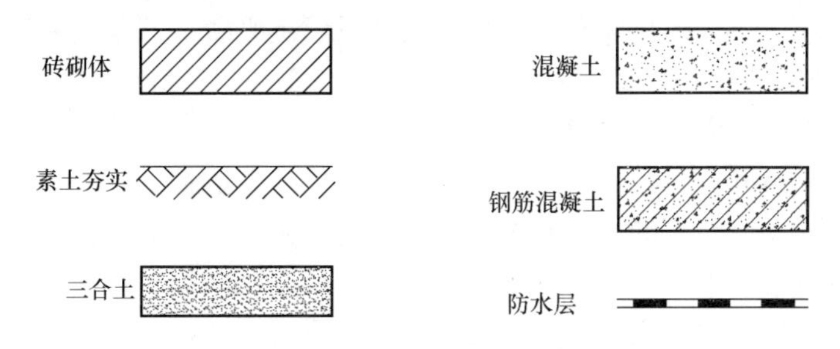

图 1-26　试题 1-3 使用的图例

（五）解题要点

1. 认真审题，掌握方法

(1) 通读一遍任务的全文，以掌握建筑的整体轮廓

本例（试题 1-3）是一个建筑空间关系较为复杂的题目。从头开始将题目的逐项内容一一看下来，包括题目所给的所有附图，已经对试题获得了一个整体的概念印象。此时，在我们的头脑中仍然要先问自己这几个问题：

1）这是一个什么类型的建筑？

本例直接点明的建筑类型是“坡地小型民俗馆”建筑。

2）这个建筑的结构类型是什么？

本例写明的建筑结构类型是“砖混结构，现浇钢筋混凝土楼板”。

3）这个建筑的环境条件如何？

题目已经明确为“坡地小型民俗馆”，从题目所附的“地下层平面图”及“首层平面图”中还可以具体看出，整个基地环境共有两个室外地坪标高，主入口处的室外地坪标高是－0.480，背立面处的室外地坪标高是－2.100。

4）这个建筑的空间组合形式如何？

仔细地审读“任务说明”和题目所附的各层平面图之后可以看出，**本例的基本情况是：坡地小型民俗馆建筑，利用建筑前、后的室外地坪高差形成的建筑层数为一、二层的错层式空间组合，入口处设置了室内水池。屋顶为分别设置了老虎窗的高低错落的双坡屋顶等。**

至此，我们对将要完成的建筑剖面的大致轮廓先有了一个初步的印象。

5）这个建筑的各部位构造做法是什么？

这一点通过浏览“构造要求”基本上都可以找到答案。本例中，对建筑每层的层高、基础、地面、楼面、屋面、外墙、内墙、梁、楼梯、门窗（含高窗）、窗台高度、室内水池、防水层、防潮层、散水及室外踏步等都做出了非常具体的规定。

6）试题要我做什么？

在“任务说明”和“设计任务”中题目清楚地回答了这个问题。要求按指定的剖切线位置绘制 1∶50 的剖面图，它应包括基础各部分、楼地面、屋面、内外墙、门窗、楼梯及栏杆、室外踏步、散水、防水层、防潮层及剖面中可视部分等，剖面图中应标注各部分及可见屋脊的标高。

对题目中规定的以上这些内容，**一定要认真地看清楚，内容、任务、条件、要求等**

等，都要一一地看仔细，并按照试题的要求去做。实际上，建筑技术设计（作图题）考试大纲中所要求的"检验应试者在建筑技术方面的实践能力，**对试题能做出符合要求的答案，**包括：建筑剖面、结构选型与布置、机电设备及管道系统、建筑配件与构造等，并符合法规规范"，就是指的要符合"设计任务"的要求。这一点应该引起考生的足够注意，**考题给你提出的要求，务必要认真满足。**

以上对任务全文的浏览应该是一个快速的、全面的、轮廓性的浏览，也就是要先对建筑剖面的设计任务有一个整体的了解和把握，主要目的是做到"心中有数"。

（2）认真仔细地深入审图，完整准确地把握建筑的空间关系

在对任务作了一个全面的浏览之后，还不能马上下笔画图，下一步要做的是对考试题目所给的所有图纸进行认真仔细的审阅，因为在这些图纸中有大量的有用的信息，也是其他文字信息中没有给出的一些重要信息，显然，对题目所给出的平面图等图纸只是粗略地浏览一遍还是远远不够的。要通过仔细认真地读图，抓住这些有用的信息，才能够准确、完整地对设计任务做出满意的回答。

针对本例的三个平面图（地下层平面、首层平面、屋顶平面），我们如何来审图，如何来把握好建筑的空间关系呢?

首先看"首层平面图"。我们先来看入口处室外的情况，室外地坪标高为－0.480，上三步台阶后，台阶平台标高为－0.030，与室内首层地坪标高（±0.000）有30mm的高差，以防止雨水倒流入室内。进入室内经过门厅后，通过第一跑下行的楼梯段及其下部设置的水池（池底标高为－1.400），既可转向左、右继续上楼梯到达0.600标高处的过厅，也可以继续下行至－2.550标高处的过厅。由此可以看出，**该建筑采用的是一个室内外空间关系较为复杂的错层空间组合。**

再来看"屋顶平面图"。从图中可以看出，周边"檐口结构面标高"均为2.600，但由于（图面）上下两部分的进深相差3000mm，所以，形成了不同高度的两条屋脊。（图面）左右两个坡面上各设置了一处老虎窗（高窗C2、高窗C3），并明确标注了老虎窗的平面位置。檐口的悬挑尺寸均为1200mm。"构造要求"中提供了屋顶的坡度为1/2。由此可以看出，**该建筑屋顶为分别设置了老虎窗的高低错落的双坡屋顶。**

2. 开始落笔画图，首先要把握住整个建筑的空间关系"框架"

（1）把握好建筑空间的"大"关系

至此，可以开始落笔画图了。在以上审题的两个步骤的基础之上，可以先把整个建筑大的空间关系"框架"描绘出来了。图1-27为本例建筑剖面图的试答卷，该图已经给出了一个清晰、准确的建筑空间关系"框架"，前面在审题阶段分析得出的结论（前面论述中黑体字的部分），使我们对建筑空间关系的准确把握起到了至关重要的作用。

（2）搞清楚试题规定的建筑剖面图的剖切线位置

除了把握住整个建筑空间关系的"框架"以外，还有一点在落笔画图的时候也要十分注意，就是要仔细地搞清楚试题所要求的建筑剖面图的剖切线位置，以确保所画出的建筑剖面图的图面表达的正确性。建筑剖面图有剖切面投影线和未剖切到的看线之分，下面将分别叙述。

1）剖切面投影线

本例所规定的剖切线位置是：

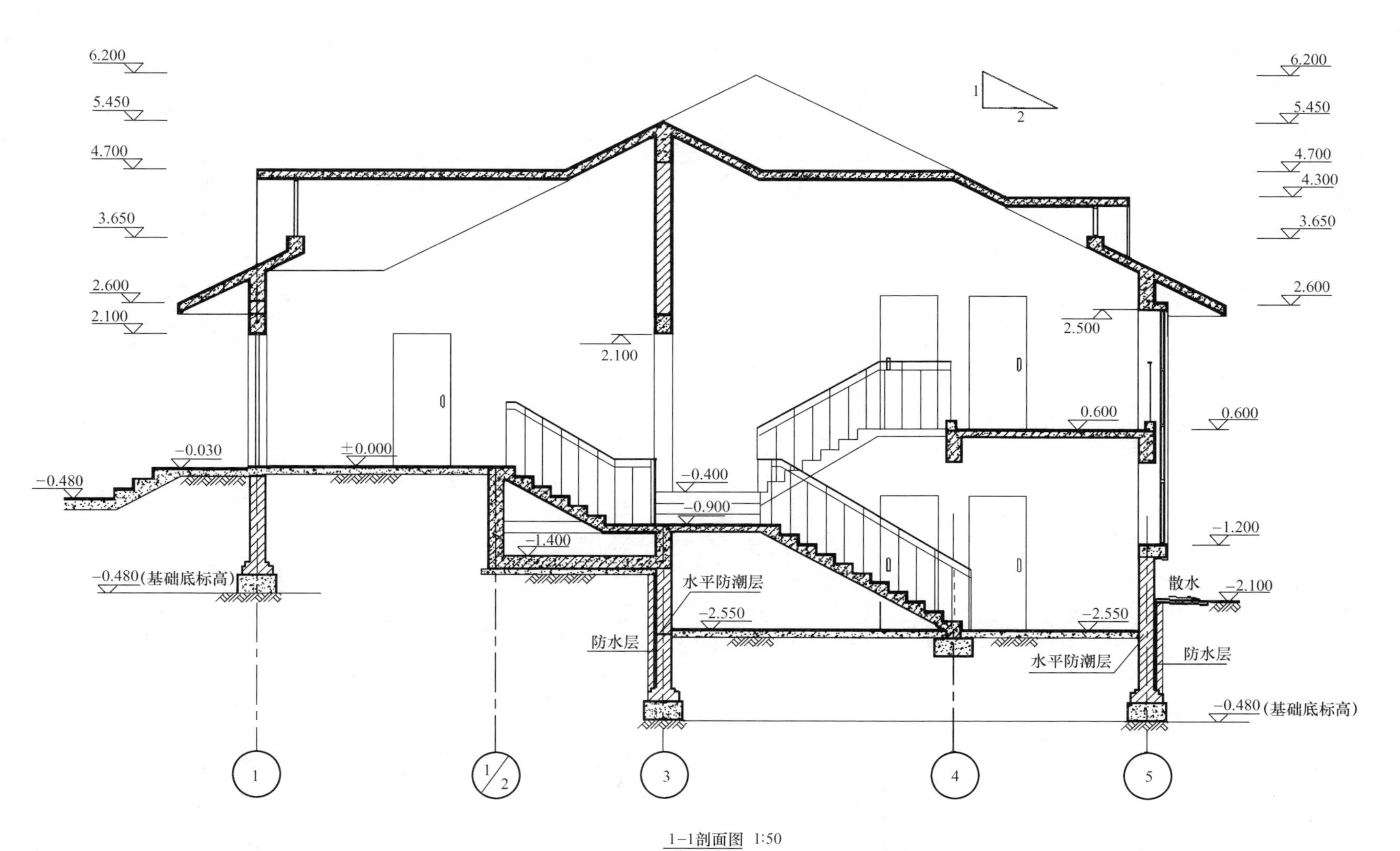

1−1剖面图 1:50

图 1-27　试题 1-3 的试答卷

地下层空间内——从左侧水池（池底标高为－1.400）处开始，经过－2.550标高处上行楼梯及过厅，⑤轴外墙的C1窗，最后经过标高为－2.100的散水及室外地坪结束。

首层空间内——从左侧标高为－0.480的室外地坪及入口台阶处开始，经过①轴外墙的大门、门厅、下行楼梯段、标高为－0.900处的平台、下行楼梯段、标高为0.600处的过厅，最后经过外墙上的窗C1及其护栏结束。

屋面檐口以上空间内——从左侧入口处外墙自由落水挑檐开始，经过老虎窗（高窗C2）及其屋脊、③轴处的屋面正脊、两正脊之间的侧坡面、老虎窗（高窗C3）及其屋脊，最后经过右侧外墙自由落水挑檐结束。

以上是该建筑剖面图剖切到的部位。

2）未剖切到的看线

从试题所给的三个平面图中我们可以看出，建筑剖面图中未剖切到的看线应该包括以下一些内容：

地下层空间内——③轴右侧下行楼梯段上的栏杆、③轴右侧展览室的门、④轴右侧办公室的门。

首层空间内——②轴右侧展览室的门、③轴左侧楼梯段上的栏杆、③轴右侧上行的L形两跑楼梯段及其上的栏杆、③轴右侧展览室的门、④轴右侧办公室的门。

屋面檐口以上空间内——左侧入口处侧挑檐的下看线、老虎窗（高窗C2）挑檐的侧看线、老虎窗（高窗C2）屋顶侧坡面与门厅侧墙的水平交线、③轴正脊屋顶下左侧屋面的下看线、③轴与④轴之间正脊左、右两侧的屋面上看线、老虎窗（高窗C3）屋顶侧坡面与标高0.600处过厅侧墙的水平交线、老虎窗（高窗C3）挑檐的侧看线、右侧外墙侧挑檐的下看线。

3. 深入推敲，完善建筑结构关系和建筑构造细部做法

如果说以上第二步做法是给建筑搭一个健全的骨架的话，那么，这第三步的目的就是要给这个骨架填充血肉，使其完善和丰满起来。我们分别从建筑结构和建筑构造两个方面来做一些分析和推敲。

（1）建筑结构方面的问题

1）建筑结构水平分系统类型的选择和确定

从整个建筑平面图中给出的信息来看，各部位建筑结构的空间跨度都不大，最大的坡屋面水平投影跨度只有6m左右，因此，整个建筑结构水平分系统宜采用板式结构更为经济合理，包括屋面板、楼板、楼梯段等。

2）梁的设置问题

本例中也有一些应该考虑设梁的部位，例如，左右两处挑檐部位均应该设置梁（**同时兼作圈梁及窗洞口过梁**）；屋脊处**作为屋面板跨度的起点**应该设梁；③轴洞口处应设置过梁；④轴与⑤轴之间的楼板两侧悬空，应各设置大梁**以减小板的跨度**等。以上黑体字的文字是强调了本例中作为所有这些梁构件选择的原理和依据，考生应该在考前的应试准备以及平时的设计实践中注意培养这种思考问题的方法，平时做习惯了，考试时就容易做到心里不慌、应付自如。以下出现黑体字的部分，一般都是这样的出发点，请读者注意。

3）基础的问题

①轴、③轴、⑤轴处的墙均为**结构墙体，所以必须设置基础**；楼梯段下端为了**承载的需要**也必须设置基础。室内水池下部则设置整体式基础。

（2）建筑构造方面的问题

上一部分有关建筑结构的问题，更多地需要应试者根据自己掌握的建筑结构的相关知识进行分析处理。而有关建筑构造的这一部分内容，则大多在试题任务中作了具体的规定，相对来说，对考生的要求要低一些。那么，考生应该做的就是要认真细致，没有遗漏地把试题要求的建筑构造做法逐条看懂，并正确地表达在建筑剖面图中。例如，本例中我们可以按照一定的顺序（最好按照试题中“构造要求”项下的顺序进行，以避免遗漏）逐一解决这些问题：

1）基础构造

明确垫层、基础放脚等的材料和尺寸，基础埋深（本例题目已经给定）。

2）地坪层、楼板层、屋盖、内墙、外墙、楼梯、散水、防潮及防水做法等的构造

明确以上所述各部位的分层材料做法。

3）门窗构造

明确门窗的高度及窗台的高度、门窗的材料、窗台等的构造做法。

4）其他必要的细部构造

①题目明确要求的构造做法

试题中还会具体提出一些细部做法要求，应试者要十分留意，不可遗漏。例如在本例中，题目给出了室内水池的详细做法、梁的截面尺寸、楼梯段的栏杆扶手、防水层的外置砖保护墙的要求等，都需要正确地绘制在图纸上。

②题目未明确要求或者只作了一些提示的构造做法

另外还有一些基本的建筑构造做法，试题中只作一些简单的提示，更需要引起应试者的注意，也必须正确地设计和绘制出来。例如，本例在“作图要求”中提示要画出“防潮层及剖面中可视部分等”。关于“防潮层”应该注意三点，第一，在所有设置基础的墙体中做墙身水平防潮层（梯段下梁和入口处地坪混凝土垫层已经起到防潮层作用）；第二，在③轴内墙两侧地坪有高差的高地坪一侧墙面以及⑤轴外墙室外高地坪下的一侧墙面做墙身垂直防潮层（本例选择做垂直防水层似有些牵强）；第三，正确的画出墙身水平防潮层的标高位置，即必须与地坪混凝土垫层高度一致，以形成连续不间断的整体防潮屏障。

“建筑剖面”设计的试题一般都会给出绘图中的“使用图例”，一般要求是，能分层标注出材料图例的部位可以不再使用引出线标注分层材料做法，反之，因受比例尺限制而只能画出一条投影线，无法标注出材料图例时，则应该采用引出线标注分层材料做法。

建筑构造的问题琐碎而复杂，最容易出现问题和失误，考生应在平时的设计实践中重视建筑构造设计，积累经验，提高能力，到考试作图的关键时刻就能做到熟练准确，避免疏漏，取得好的成绩。

4. 注意图面的表达，符合试题规定的“设计任务”要求

在前三步中，我们已经解决了建筑的空间关系、建筑的结构关系和建筑的构造做法等问题，在建筑图纸中还有一个图面内容“定量、定位”的问题，也就是要正确地标注建筑的定位轴线、各部位的尺寸、标高、坡度等。

5. 最后作一次检查，查遗补缺

如果有良好的专业基础，做了充分的考前准备，并且认真地按照上述应试解题技巧做下来，就应该可以“宣布”大功告成了。但是，为了稳妥可靠起见，还是应该进行一次认真的检查，以做到查遗补缺，不留遗憾。另外，也可以把最后的检查和查遗补缺与下面介绍的选择题的作答结合起来进行。实际上，如果运用熟练的话，完全可以把选择题的判断作为剖面画图的要点提示。

6. 选择题的作答

近年来，建筑剖面及建筑构造部分的选择题所占的分值比例逐渐调高，这对于建筑学专业的考生来说是一个“利好”的消息。但是，对于考生来说，仍然要十分重视这部分内容的作答，成也选择题，败也选择题，不可大意。本例的选择题的内容如下：

(1) 建筑屋脊最高处标高及③轴上的屋脊标高分别为：

A 6.100；5.450　B 6.100；5.350　C 6.200；5.450　D 6.200；5.350

(2) 三角形天窗C2、C3的屋脊标高分别为：

A 4.700；4.200　B 4.700；4.300　C 4.600；4.200　D 4.600；4.300

(3) 剖面图中，剖切到的门窗与看到的门的数量分别是（③轴洞口除外）：

A 剖到5个；看到5个　B 剖到4个；看到5个

C 剖到6个；看到5个　D 剖到4个；看到4个

(4) 根据给出的条件，图中剖到的基础数量为（楼梯及水池的基础除外）：

A 5个　B 4个　C 3个　D 2个

(5) 根据题中条件，剖面图中必须做垂直防水层及水平防潮层的地方分别有多少处（水池部位除外）？

A 垂直2处；水平2处　B 垂直2处；水平3处

C 垂直3处；水平3处　D 垂直1处；水平2处

(6) 剖到楼梯踏步段与可见的楼梯踏步段分别为：

A 2段；1段　B 1段；2段　C 2段；2段　D 1段；1段

(7) 剖切到的屋面板的转折点与可视屋面板的转折点分别有几处？

A 剖切4处；可视2处　B 剖切3处；可视1处

C 剖切4处；可视3处　D 剖切5处；可视2处

(8) 除屋面部分外，剖到的结构梁与过梁共有几处？

A 1处　B 2处　C 3处　D 4处

建筑技术设计作图选择题是根据作图题任务要求提出的部分考核内容，要求考生必须在完成作图的基础上作答这部分试题，每题的四个备选项中只有一个正确答案。

对这部分选择题，考生应该认真对待。这部分试题既是考试内容的一部分，又同时可以作为对相应的作图题的一次极好的检查，而且是有重点、有提示的一种检查，考生应该充分利用这个机会认真完成。

我们来分析一下这8个题目。

(1) **提示**：这是一道简单的几何题目。但是，建议考生不要采用作图法而是采用数学的方法计算出结果，这样的结果才是准确的数据。通过“屋顶平面图”给出的平面尺寸及“檐口结构面标高2.600”的条件，以及1∶2的屋面坡度，可以直接计算出来，即建筑屋脊最高处标高为 6.200，③轴上的屋脊标高为 5.450，所以答案是 C。关键是要找出这几个条件并作出正确地计算。

（2）**提示：**依据同第一题，即仍然根据“屋顶平面图”给出的平面尺寸及“檐口结构面标高 2.600”的条件，以及 1∶2 的屋面坡度来确定。计算出来的结果是，天窗 C2 的屋脊标高为 4.700，天窗 C3 的屋脊标高为 4.300。

（3）**提示：**这道题考查的就是应试者认真仔细的程度。如果你认真仔细地将剖面图中应该画出的所有剖切到和可视的门、窗都画出来了，那么，数一数就可以了；关键是在画图中是否有遗漏。所以，这道选择题提醒你应该再仔细地检查一遍建筑剖面图是否已经将题目要求的所有内容完整准确地表达出来了。正确的结果应该是，剖切到的门窗共有 4 扇（①轴的入口大门、①轴右侧的天窗 C2、⑤轴左侧的天窗 C3、⑤轴的窗 C1），看到的门有 5 扇（±0.000 标高处有 1 扇，0.600 标高处有 2 扇，－2.550 标高处有 2 扇）。所以答案应该是 B。

（4）**提示：**从首层平面图中可以看出，剖面图的剖切位置只通过了①轴、③轴、⑤轴的结构墙体，也就有了这三处基础，题目要求楼梯及水池的基础不计。因此，答案应该是 C。

（5）**提示：**从建筑构造原理的角度来分析，所有设置了基础的墙体都应该考虑设置墙身防潮层，这是因为这些墙体通过基础（或者直接）与地基土发生接触，地潮就会对墙体产生不利的影响，因此，必须对这些墙体采取防潮措施。本例（从建筑剖面图中看）一共设置了五道基础（三道墙下基础、一道楼梯段基础、一处水池下基础），但是，具体分析一下，并不需要在这五个部位都设置独立的墙身垂直或水平防潮层，例如，①轴门洞口处由于门两侧室内、外地坪混凝土垫层连成一体已经起到墙身防潮层的作用，所以不用设置防潮层；水池本身应具有防水性能，已达到防潮标准（同时题目也不要求统计）；梯段梁下的基础由于钢筋混凝土梯段梁的材料和位置已经起到防潮层的作用，所以也不用设置独立的防潮层了。还有③轴墙体和⑤轴墙体两处再作一下分析，由于这两处墙体直接与地基土接触，所以，必须设置墙身水平防潮层，其标高位置应该设置在室内地坪混凝土垫层的厚度范围内，而③轴墙体左侧和⑤轴墙体右侧也直接与地基土接触，所以应分别设置墙身垂直防潮层（原题要求设置垂直防水层），以避免地潮对墙体及室内装修等产生有害的影响。综合以上分析，一共有两处设置了墙身水平防潮层，两处设置了墙身垂直防水层。所以答案应该是 A。

（6）**提示：**这道题考查的仍然是应试者认真仔细的程度。如果你认真仔细地将剖面图中应该画出的所有剖切到和可见的楼梯踏步段都画出来了，那么，数一数就可以了；关键是在画图中是否有遗漏。所以，这道选择题提醒你应该再仔细地检查一遍建筑剖面图是否已经将题目要求的所有内容完整准确地表达出来了。正确的结果应该是，剖切到的楼梯踏步段共有 2 段（±0.000 标高处下行至－0.900 标高处一段、－0.900 标高处下行至－2.550标高处一段），看到的楼梯踏步段也是 2 段（－0.900 标高处上行至－0.400 标高处一段、－0.400标高处上行至 0.600 标高处一段）。所以答案应该是 C。

（7）**提示：**这道题考查的是对空间关系比较复杂的坡屋顶的正确图示表达。如果你认真仔细并且正确地画出了屋顶的剖面投影关系，答案就很肯定了。正确的结果应该是，从左到右共有 5 处剖切到的屋面板转折点（③轴左侧一处，③轴一处，③轴右侧一处，④轴一处，④轴右侧一处），2 处可视屋面板的转折点（②轴一处，③轴右侧一处）。所以答案应该是D。

（8）**提示：**根据前面对题目结构布置的分析，排除屋面部分后，应该至少设置4处结构梁与过梁，即①轴门洞口处的过梁（根据题目给出的门洞口高度及结构梁高与过梁高尺寸，此处应设置独立的过梁）、③轴洞口处的过梁、④轴和⑤轴处支承标高为0.600的楼板的2根结构梁（此处2根梁的设置不但减少了楼板的跨度，还为其左侧的楼梯段提供了合理的支承点）。所以答案应该是D。

四、【试题1-4】

（一）任务描述

图1-28为某双拼住宅的各层平面，按指定的剖切线位置绘制剖面图，剖面必须正确反映平面图中所表示的尺寸关系，符合提出的任务及构造要求，不要求表示建筑外围护的保温隔热材料。题中尺寸除标高为m外，其余均为mm。

（二）构造要求

结构类型：240厚砌体墙承重，现浇钢筋混凝土板及楼梯。

基础：高300、宽600素混凝土条形基础，基础埋深室内地面以下1450。

地坪：素土夯实，70厚碎石垫层，100厚素混凝土，20厚水泥砂浆贴地砖。室外平台和踏步做法相同。

楼面：120厚现浇钢筋混凝土楼板，20厚水泥砂浆找平，地砖面层。

阳台：结构标高同相应楼层，防水涂料两道，地砖面层。

屋面：120厚现浇钢筋混凝土屋面板，20厚水泥砂浆找平，铺贴防水卷材两道，粘贴油毡瓦。

外墙：240厚砌体墙，轴线居中，20厚水泥砂浆粉刷，面层涂料。

内墙：240或120厚砌体墙，20厚水泥砂浆粉刷，面层涂料，100高踢脚。

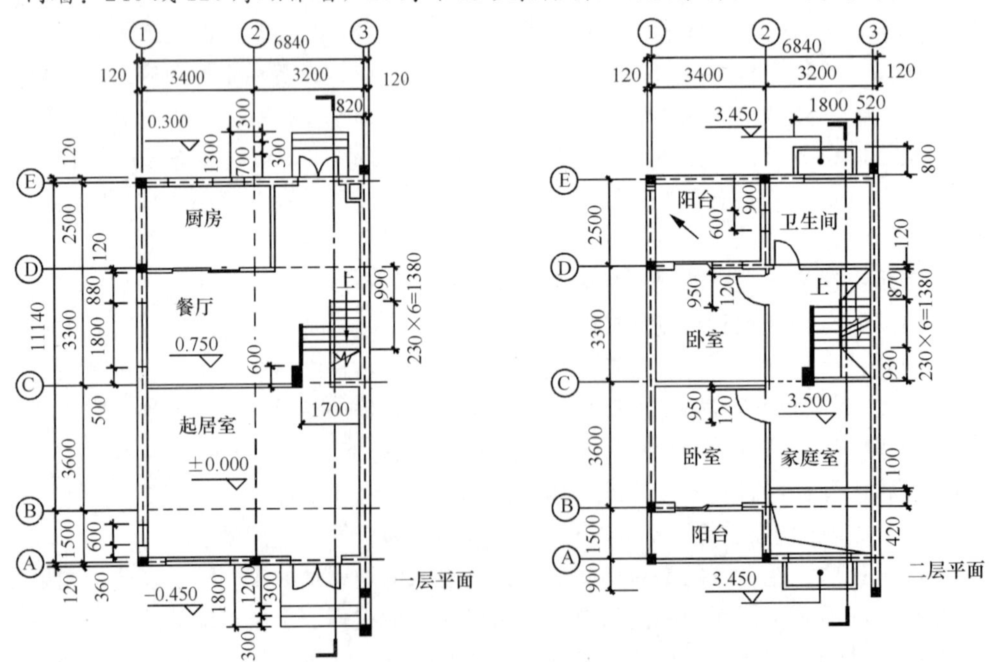

图1-28　试题1-4的平面图（一）

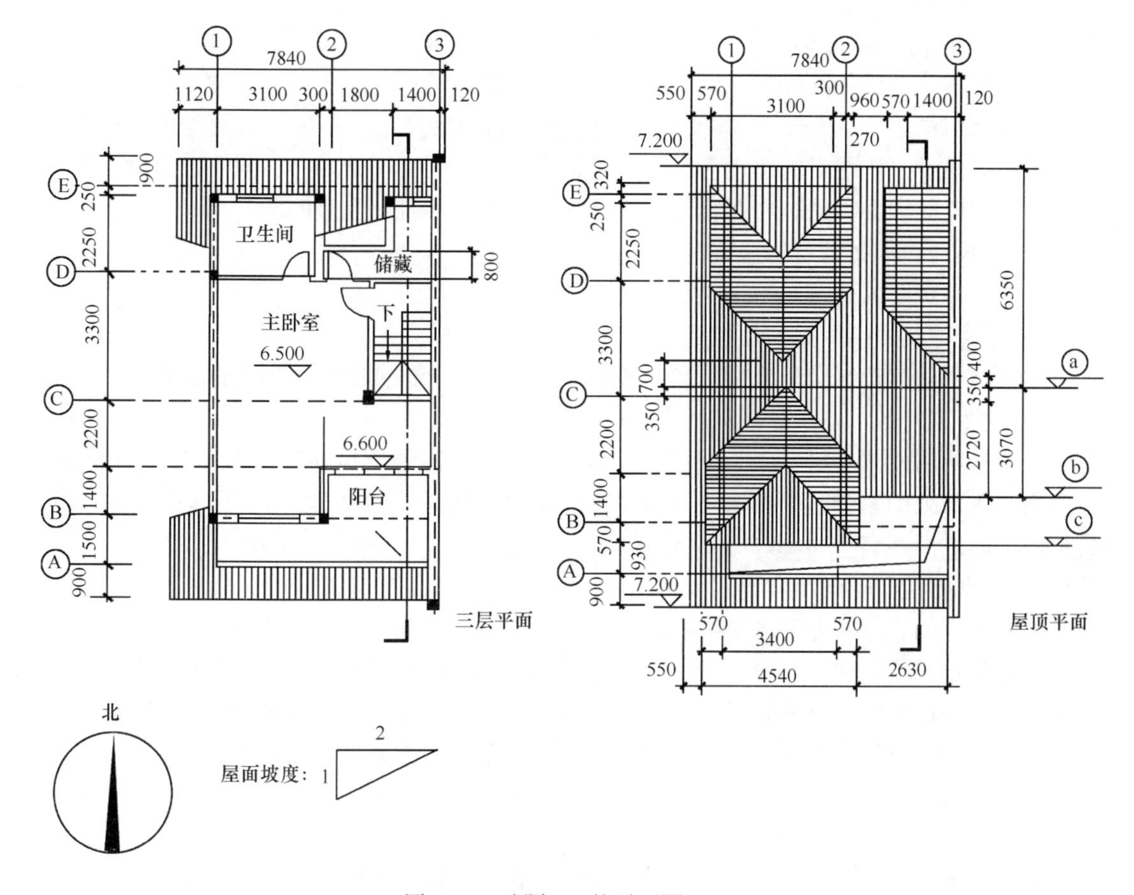

图 1-28　试题 1-4 的平面图（二）

梁：楼面梁、屋面梁高 500，宽 240。

雨篷：板厚 100，翻边高度 100。

门窗：入口南门高 3000，北门高 2250，三层阳台门和其他内门高 2100。阳台门槛、二层南面落地窗下皮均高出室内地面 100。所有窗上皮标高均同梁底，窗台高均为 1000。

其他：预制雨水天沟无须表示。

（三）任务要求

1. 绘制 1∶50 剖面图，应表示基础、楼地面、屋面、外墙、内墙、门窗、楼梯、现浇钢筋混凝土梁板、防潮层等及有关可视线。

2. 注明屋脊、檐口、基础的结构标高及楼面、地面的建筑标高。

3. 根据作图，完成列于后面的本题的作图选择题。

（四）图例（图 1-29）

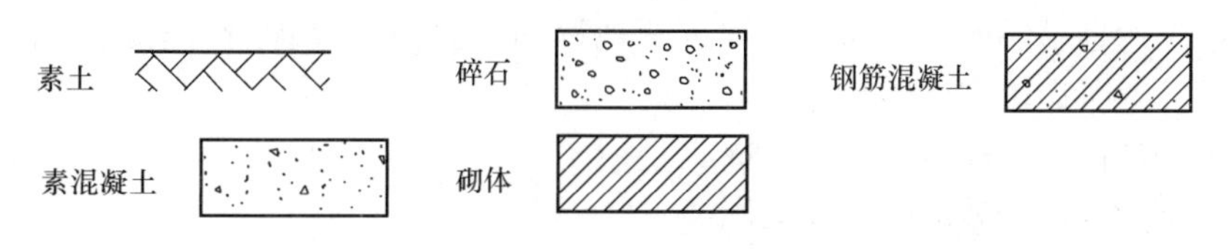

图 1-29　试题 1-4 使用的图例

（五）解题要点

1. 认真审题，掌握方法

（1）通读一遍任务的全文，以掌握建筑的整体轮廓

本例题与试题1-3比较一下，建筑空间关系显得更为复杂。不过，解题的思路还是一样的。我们还是要将题目的逐项内容一一看下来，包括题目所给的所有附图，已便对试题获得一个完整的印象。此时，在我们的头脑中仍然要先问自己几个问题：

1）这是一个什么类型的建筑？

本例直接点明的建筑类型是**“双拼住宅”**建筑。

2）这个建筑的结构类型是什么？

本例写明的建筑结构类型是**“240厚砌体墙结构，现浇钢筋混凝土板及楼梯”**。

3）这个建筑的环境条件如何？

从题目所附的“一层平面”中可以具体看出，**整个基地环境共有两个室外地坪标高，南立面主入口处的室外地坪标高是－0.450，北立面次入口处的室外地坪标高是0.300，建筑前、后之间共有750mm的地坪高差。**

4）这个建筑的空间组合形式如何？

仔细地审阅题目所附的各层平面图及屋顶平面图之后可以看出，本例的基本情况是：**此双拼住宅建筑，利用建筑前、后的室外地坪高差形成的建筑层数为3层的错层加跃层式空间组合，各部分的层高在各层平面图中以标高的形式具体给出。屋顶形式则为坡屋顶上开设老虎窗，主屋顶为双坡顶，老虎窗为四坡顶，三个老虎窗高低错落布置。**

至此，我们对将要完成的建筑剖面的大致轮廓先有了一个初步的印象。

5）这个建筑的各部位构造做法是什么？

这一点通过浏览“构造要求”基本上都可以找到答案，实际上，这也是建筑剖面部分一贯的出题方式。本例中，**对建筑的基础、地坪、楼面、阳台、屋面、外墙、内墙、梁、雨篷、门窗等都做出了非常具体的规定。**

6）试题要求做什么？

在“任务描述”和“任务要求”中，题目清楚地回答了这个问题。**要求按指定的剖切线位置绘制1∶50剖面图，剖面必须正确反映平面图中所表示的尺寸关系，符合提出的任务及构造要求，不要求表示建筑外围护的保温隔热材料。它应表示基础、楼地面，屋面、外墙、内墙、门窗、楼梯、现浇钢筋混凝土楼板、防潮层等及有关可视线，注明屋脊、檐口、基础的结构标高及楼面、地面的建筑标高。**

（2）认真仔细地深入审图，完整准确地把握建筑的空间关系

在对任务作了一个全面的浏览之后，还不能马上下笔画图，下一步要做的是对考试题目所给的所有图纸进行认真仔细的审阅，因为在这些图纸中有大量的有用的信息，也是其他文字信息中没有给出的一些重要信息，显然，对题目所给出的平面图等图纸只是粗略地浏览一遍还是远远不够的。要通过仔细认真地读图，抓住这些有用的信息，才能够准确、完整地对设计任务做出满意的回答。

针对本例的四个平面图（一层平面、二层平面、三层平面、屋顶平面），我们如何来审图，如何来把握好建筑的空间关系呢？

首先看“一层平面”。我们先来看南侧主入口处室外的情况，室外地坪标高为－0.450，

上三步台阶后进入室内，首层地坪标高±0.000。进入室内经过起居室后，通过一跑上行的四步台阶，到达标高为0.750处的餐厅和厨房，既可转向右侧继续上楼梯到达3.500标高处的二层，也可以继续前行至北侧次入口处，下三步台阶到达0.300标高处的室外。由此可以看出，**该建筑一层平面采用的是一个室内外空间关系较为复杂的错层空间组合。**

再来看“二层平面”。从图中可以看出，经过楼梯上到二层平面，楼层标高为3.500。除与楼梯直接相连的家庭室外，还布置有两间各带阳台的卧室、一个卫生间，以及家庭室南侧的上空空间。另外还有四点需要特别注意，第一点是南、北两侧入口上方设置的雨篷；第二点是每层两跑楼梯段之间的休息平台处均布置了扇形踏步；第三点是卫生间与阳台之间的分隔墙体的平面位置与一层此处的墙体上、下没有对位；第四点是二层各房间的内墙及南侧阳台外墙下面对应的一层位置基本都没有布置墙体，因此，二层楼板层应考虑设置必要的结构大梁以承托二层这些墙体的荷载。由此可以看出，**该建筑二层空间仍较为复杂。**

下面把“三层平面”和“屋顶平面”结合起来看。从图中可以看出，经楼梯上至三层后，只有一个进入主卧室的门，三层的楼面标高是6.500，而南侧通向阳台的门槛（主要防雨水倒灌）标高为6.600。主卧室内布置了卫生间和储藏室，而卫生间和储藏室之间分隔墙体的平面位置与一层及二层此处的墙体上、下仍然没有对位。另外，由于主坡屋顶南、北两侧檐口处压得比较低，限制了三层室内空间的充分利用，所以，主坡屋顶南、北两侧共设置了三个四坡顶的老虎窗，以使卫生间、储藏室和主卧室南侧形成有效的使用空间。当然，这样设计的结果，也就使得**该建筑的三层及屋顶空间变得高低错落、空间极为复杂。**

2. 开始落笔画图，首先要把握住整个建筑的空间关系“框架”

（1）把握好建筑空间的“大”关系

至此，可以开始落笔画图了。在以上审题两个步骤的基础之上，可以先把整个建筑大的空间关系“框架”描绘出来了。图1-30为本例建筑剖面图的试答卷，该图已经给出了一个清晰、准确的建筑空间关系“框架”，前面在审题阶段分析得出的结论，使我们对建筑空间关系的准确把握起到了至关重要的作用。

（2）搞清楚试题规定的建筑剖面图的剖切线位置

除了把握住整个建筑空间关系的“大框架”以外，还有一点在落笔画图的时候也要十分注意，就是要仔细地搞清楚试题所要求的建筑剖面图的剖切线位置，以确保所画出的建筑剖面图的图面表达的正确性。**对于注册建筑师资格考试的技术作图剖面考题，其出题考核的思路和方式是：出题人给出设计结果，要求考生通过审题读懂出题人的意图，并准确地把出题人的意图表达出来。换句话说，建筑剖面考题的答案应该是唯一的，就是前面说的“出题人给出的设计结果”。**为了达到这样的目的，本题的剖切线位置甚至采取了一种不太常见的表达方法，用尺寸线精确地规定了剖面图的剖切位置，见试题题目所给出的各层平面图上剖切线的标注，请注意一层平面图中剖切线位置与③轴距离820的尺寸标注和其他各层平面图中剖切线位置与建筑空间各部位的位置关系。理解这个例题关于剖切位置的这种表达方法，显然对正确的答题至关重要。大家都知道，建筑剖面图有剖切面投影线和未剖切到的看线两种表达，而剖切位置的不同将决定这两者之间的某些变化。下面将分别对剖切面投影线和未剖切到的看线进行分析。

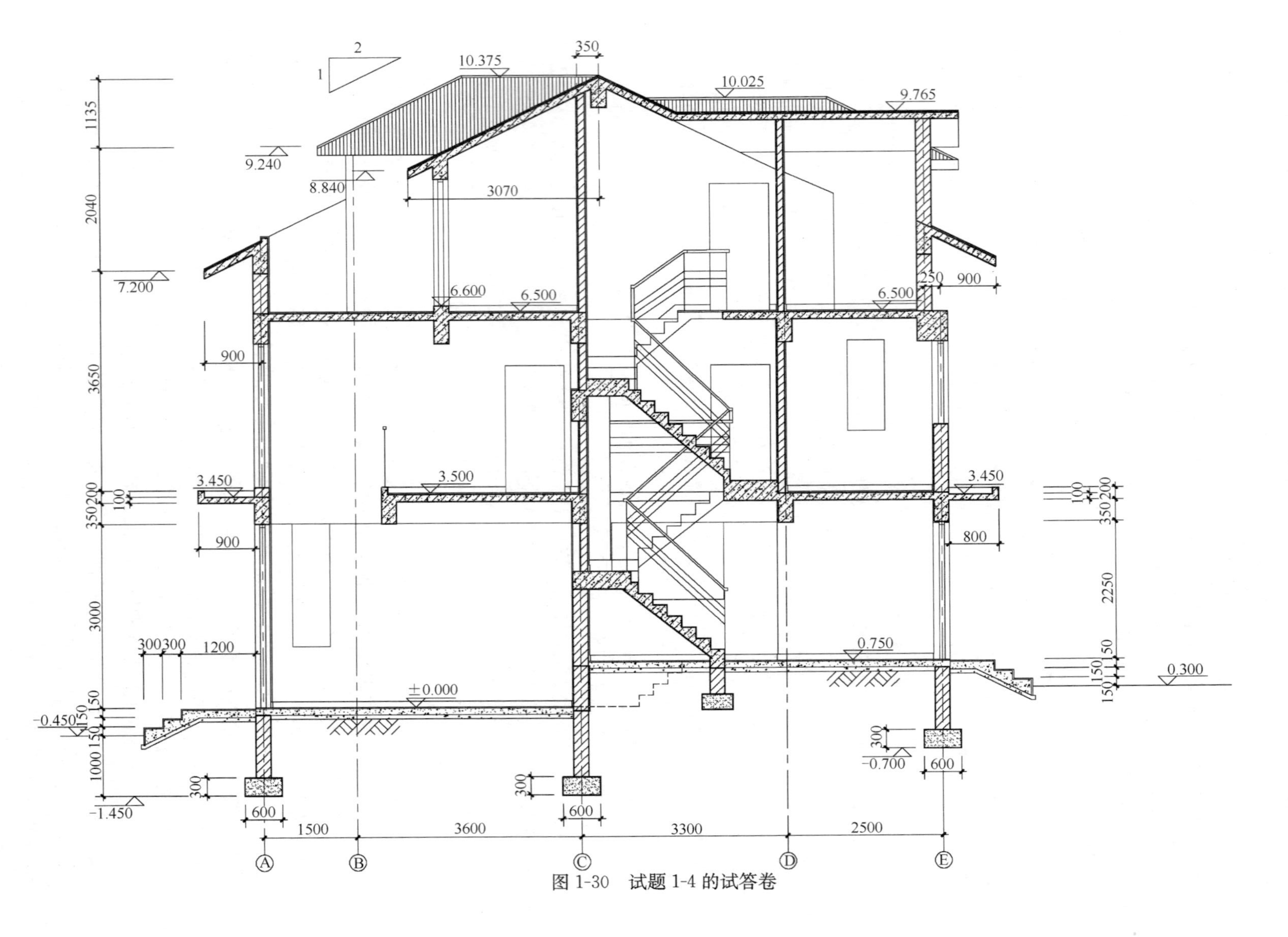

图 1-30　试题 1-4 的试答卷

1）剖切面投影线

本例所规定的剖切线位置是：

一层空间内——从南侧主入口台阶（室外地坪标高为－0.450）处开始，经过±0.000标高处入口的门及起居室、（从标高0.750处起步的）第一跑楼段下的封闭挡墙、第一跑梯段、标高为0.750处的餐厅，最后经过北侧次入口处的门及台阶，到达标高为0.300的室外地坪结束。

二层空间内——从南侧主入口上方标高为3.450处的雨篷开始，经过外窗、一层起居室的上空空间、防护栏杆、标高为3.500处的家庭室、楼梯间隔墙、扇形踏步、楼梯段、扇形踏步、楼梯间与卫生间之间的隔墙、卫生间及外窗，最后经过标高为3.450处的北侧次入口上方的雨篷结束。

三层空间内——从南侧坡屋顶的挑檐及坡屋面开始，经过阳台（标高为6.500）及阳台门（阳台门槛标高为6.600）、标高为6.500的主卧室、楼梯间隔墙、扇形踏步、楼梯段、防护栏杆、楼梯间与储藏室之间的隔墙、储藏室及外墙（注意：根据规定的剖切线位置，此处并未剖到外窗），最后经过北侧坡屋顶的坡屋面及挑檐结束。

屋顶平面空间内——从南侧坡屋顶的挑檐及坡屋面（三层空间内已表达）开始，经过阳台处上空空间、阳台门上方的坡屋顶檐口及坡屋面、屋面正脊、北侧坡面、与老虎窗坡屋面之间形成的斜天沟、老虎窗坡屋面、老虎窗坡屋顶的檐口，最后经过北侧坡屋顶的坡屋面及挑檐（三层空间内已表达）结束。

以上是该建筑剖面图剖切到的部位。

2）未剖切到的看线

从试题所给的四个平面图中我们可以看出，建筑剖面图中未剖切到的看线应该包括以下一些内容：

一层空间内——起居室西侧的外窗、标高0.750～3.500之间的楼梯栏杆及第二跑楼梯段、餐厅西侧的外窗（被楼梯栏杆遮挡了大部分）、厨房转角处的看线。

二层空间内——南侧的卧室门、标高3.500～6.500之间的楼梯栏杆及第二跑楼梯段、北侧的卧室门（被楼梯栏杆遮挡了小部分）、卫生间与阳台之间墙体上的窗。

三层及屋顶平面空间内——阳台西侧坡屋顶侧檐的看线、主卧室向南侧凸出部分外墙转角处的看线、南侧老虎窗的坡屋顶、标高6.500以上部分的楼梯栏杆、主卧室的门、楼梯间内墙体与斜顶棚的交线、储藏室内墙体与斜顶棚的交线及墙体转折处的看线、西北侧老虎窗的坡屋顶。

3.深入推敲，完善建筑结构关系和建筑构造细部做法

（1）建筑结构方面的问题

1）建筑结构水平分系统类型的选择和确定

从整个建筑平面图中给出的信息来看，各部位建筑结构的空间跨度都不大，总开间不足7m，进深也都不大。但是，仔细分析一下各层平面的房间布局，发现绝大部分内墙（甚至包括三层北侧的外墙）上、下不对位的情况很普遍，应该采用托墙梁的结构方案，因此，整个建筑结构水平分系统宜采用梁板式结构更为经济合理，包括屋面板、楼板等。

2）梁的设置问题

本例在屋面板和楼板结构中应该考虑设置梁的部位主要有以下几种情况。

① 厚度为 240mm 承重墙下部的墙梁。例如，**三层主卧室阳台门处的外墙为 240mm 承重墙，其下部二层家庭室处无（承重）墙**，因此，此处应该设置墙梁；又比如，**三层北侧 240mm 承重外墙相比二层北侧 240mm 承重外墙向内位移了 250mm**，因此，此处也应该设置墙梁。

② 120mm 厚砖隔墙下部的托墙梁。例如，**Ⓒ轴与Ⓓ轴在二层及三层处的 120mm 砖隔墙下应该设置托墙梁。**

③ 悬挑部位的边梁。例如，**二层家庭室南侧为一层起居室上空空间，此处楼板层悬挑，为了确保楼板悬挑边缘的刚度，**应该设置边梁。

这里我们想说明一下，从结构的布置要求来看，还有一些需要设置梁的部位，考虑到试题要求的选择题答题范围，就不在这里提及了，但我们给出的参考答案图中仍然做了表达。

以上黑体字的文字是强调了本例中作为所有这些梁构件选择的原理和依据，考生应该在考前的应试准备以及平时的设计实践中注意培养这种思考问题的方法，平时做习惯了，考试时就容易做到心里不慌，应付自如。以下出现黑体字的部分，一般都是这样的出发点，请读者注意。

3）基础的设置问题

Ⓐ轴、Ⓒ轴、Ⓔ轴的墙均为**结构墙体，所以必须设置基础；**第一跑楼梯段下端为了**承受楼梯段荷载的需要**也必须设置基础。

（2）建筑构造方面的问题

上一部分有关建筑结构的问题，更多地需要应试者根据自己掌握的建筑结构的相关知识进行分析处理。而有关建筑构造的这一部分内容，则大多在试题任务中作了具体的规定，考生应该做的就是要认真细致、没有遗漏地把试题要求的建筑构造做法逐条看懂，并正确地表达在建筑剖面图中。

1）基础构造

明确垫层、基础放脚等的材料和尺寸，基础埋深（本例试题已经给定）。

2）地坪层、楼板层、屋盖、内墙、外墙、楼梯、阳台以及防水做法等的构造

明确以上所述各部位的分层材料做法。

3）门窗构造

明确门窗的高度及窗台的高度，门窗的材料，窗台、过梁等的构造做法。

4）其他必要的细部构造

① 题目明确要求的构造做法

试题中还会具体提出一些细部做法要求，应试者要十分留意，不可遗漏。例如在本例中，题目给出了室外阳台及阳台门门槛的做法要求等，都需要正确地绘制在图纸上。

② 题目未明确要求或者只作了一些提示的构造做法

另外还有一些基本的建筑构造做法，试题中只作一些简单的提示甚至并未提及，更需要引起应试者的注意，也必须正确地设计和绘制出来。例如，本例在“任务要求”中提示要画出“防潮层等及有关可视线”。还有像楼梯的栏杆扶手也是在剖面图中必须绘制的内容，不可忽视。虽然“任务要求”中并未具体提及绘制楼梯的栏杆扶手，但这显然属于“有关可视线”的范围，必须引起重视。

关于“防潮层”的问题我们再强调一下，答题时应该注意做到以下三点。第一，在所有设置基础的墙体中做墙身水平防潮层；第二，在内墙两侧地坪有高差处，除了在墙体两侧不同地坪标高处分别设置墙身水平防潮层外，还应该在高地坪一侧墙面做墙身垂直防潮层；第三，正确地画出墙身水平防潮层的标高位置，即必须与地坪混凝土垫层高度一致。以上三点做法是确保建筑防潮的基本设计要求，其基本的建筑防潮构造原理是**形成连续不间断的整体防潮屏障。**

4. 选择题的作答

(1) 剖到的屋面斜线有几段?

A 3　　B 4　　C 5　　D 6

(2) 在剖面Ⓐ轴与Ⓒ轴之间，看到的（不含剖到的）屋面投影斜线有几段?

A 1　　B 2　　C 3　　D 4

(3) 剖到的屋脊结构标高ⓐ是:

A 10.375　　B 10.370　　C 10.355　　D 10.350

(4) 剖到的阳台屋面檐口结构标高ⓑ是:

A 9.040　　B 9.015　　C 8.940　　D 8.840

(5) 阳台处投影看到的三层屋面檐口结构标高ⓒ是:

A 9.235　　B 9.245　　C 9.230　　D 9.240

(6) 在剖面Ⓓ、Ⓔ两轴间前后位置不同的可视墙有几面?

A 3　　B 4　　C 5　　D 6

(7) 北面外墙±0.000以上剖到的梁有几根?

A 2　　B 3　　C 4　　D 5

(8) 剖到的门和窗分别为几樘?

A 3，2　　B 3，1　　C 2，2　　D 2，1

(9) 投影可看到的门和完整的窗分别为几樘?

A 3，2　　B 3，3　　C 2，2　　D 2，3

(10) 在二、三层之间，剖到的楼梯的踏步有几级?

A 7　　B 8　　C 10　　D 11

(11) 基础底面的标高分别是:

A −1.900，−1.700　　B −1.700，−1.450

C −1.900，−1.450　　D −1.450，−0.700

(12) 除南北入口，剖切到的水平和垂直防潮层的数量分别是:

A 2，1　　B 2，2　　C 3，1　　D 3，2

我们来具体分析一下这12个题目。

(1) **提示：**这是一道考查正确表达投影关系的题目。应该是剖到共4段屋面斜线，分别是屋面正脊两侧各一段，两侧挑檐处各一段，所以答案是B。

(2) **提示：**此题仍然是一道考查正确表达投影关系的题目。应该是看到共2段屋面投影斜线，分别是阳台西侧坡屋顶侧檐的一段看线和南侧老虎窗的坡屋顶斜屋面，所以答案是B。

(3) **提示：**此题建议考生不要采用作图法而是采用数学的方法计算出结果，这样的结果才是准确的数据。通过“屋顶平面”图给出的平面尺寸及主坡屋顶檐口标高 7.200 的条件，以及 1∶2 的屋面坡度，可以直接计算出，屋脊最高处标高ⓐ为 10.375，所以答案是 A。

（4）**提示：**这道题的解题方法与上一题完全一样，依然是通过“屋顶平面”图给出的平面尺寸及主坡屋顶檐口标高 7.200 的条件，以及 1∶2 的屋面坡度，直接计算出来，即剖到的阳台屋面檐口结构标高ⓑ为 8.840，所以答案是 D。

（5）**提示：**这道题通过“屋顶平面”图给出的平面尺寸及第 3 题解出的答案（剖到的屋脊ⓐ点处的）结构标高 10.375 的条件，以及 1∶2 的屋面坡度，很容易就能计算出来，即阳台处投影看到的三层屋面檐口结构标高（即南侧老虎窗坡屋顶檐口的结构标高）ⓒ为 9.240，所以答案是 D。

（6）**提示：**这道题与第 1 题和第 2 题一样，是一道考查正确表达投影关系的题目。我们可以从Ⓓ、Ⓔ两轴间的一、二、三层平面图中看到，一共有 4 道平面位置完全不同的南北走向墙体，因此，必然得到 4 道前后位置不同的可视墙面，所以答案应该是 B。

（7）**提示：**这是一道考查结构布置的题目。答案应该是北面外墙±0.000 以上共剖到 4 根梁，按从下至上的顺序，第一根为一层北侧外墙上的门洞口过梁，第二根为二层卫生间外墙上的窗洞口过梁，第三根为二层顶板托三层承重外墙的墙梁，第四根为三层北侧外墙为平衡北侧坡屋顶外悬挑檐口而设置的压重墙梁，所以答案应该是 C。

（8）**提示：**这道题仍然是一道考查正确投影的题目。应该是剖到 3 樘门和 2 樘窗，即一层南、北入口处各一樘门、三层南侧的阳台门和二层南、北侧各 1 樘窗，所以答案应该是 A。

（9）**提示：**应该是看到 3 樘门和 2 樘完整的窗，即二层看到 2 樘卧室的门、三层看到 1 樘主卧室的门和一层看到起居室的 1 樘窗、二层看到卫生间的 1 樘窗，而一层餐厅的 1 樘窗被楼梯遮挡，看到的已不完整，按题目要求不计入统计之内，所以答案是 A。

（10）**提示：**只要细心地读懂二、三层平面图，这道题并不难正确地回答，仔细数一数剖到的踏步数，注意不要忽略了梯段两端平台处的扇形踏步，一共是 10 步，所以答案应该是 C。

（11）**提示：**试题给出的基础“构造要求”中明确说明，基础埋深在室内地面以下 1450，所以，查找出首层室内南、北两侧的室内地坪标高值（分别是±0.000 和 0.750），经过简单的计算，结果就出来了，应该是－1.450 和－0.700，所以答案应该是 D。

（12）**提示：**这是一道几乎每年必考的题目，也是一道很容易迷惑应试者的题目。从建筑构造原理的角度来分析，所有设置了基础的墙体都应该考虑设置墙身防潮层，这是因为这些墙体通过基础（或者直接）与地基土发生接触，地潮就会对墙体产生不利的影响，因此，必须对这些墙体采取防潮措施。本例（从建筑剖面图中看）一共设置了四道基础（三道承重墙下基础、一道楼梯段基础），但是，具体分析一下，并不需要在这四个部位都设置独立的墙身水平或垂直防潮层，例如，Ⓐ轴与Ⓓ轴门洞口处由于门两侧室内、外地坪混凝土垫层连成一体，已经起到墙身防潮层的作用，所以不用再单独设置墙身水平防潮层；梯段梁下的基础由于钢筋混凝土梯段梁的材料和位置已经起到防潮层的作用，所以也不用设置独立的防潮层了。最后还有Ⓒ轴墙体处再作一下分析，由于该处墙体直接与地基土接触，且两侧地坪标高不同，所以，必须在相应位置设置两道墙身水平防潮层，其标高位置应该设置在两侧室内地坪混凝土垫层的厚度范围内，而墙体右侧也直接与地基土接触，所以还应在墙体右侧（地坪高的一侧）设置墙身垂直防潮层，以避免地潮对墙体及室内装修等产生有害的影响。综合以上分析，一共有 2 处设置了墙身水平防潮层，1 处设置了墙身垂直防水层，所以答案应该是 A。

五、【试题 1-5】

（一）任务说明

图 1-31 为某工作室局部平面图，按指定剖切线位置和构造要求绘制剖面图，剖面图应正确反映平面图所示关系。

除檐口和雨篷为结构标高外，其余均为建筑标高。

（二）构造要求

结构：砖混结构。

地面：素土夯实，150 厚碎石垫层，100 厚素混凝土，面铺地砖。

楼面：120 厚现浇钢筋混凝土楼板，面铺地砖。

屋面：120 厚现浇钢筋混凝土屋面板，坡度 1/2，面铺屋面瓦；檐口处无檐沟和封檐板。

天沟：120 厚现浇钢筋混凝土天沟，沟壁、沟底 20 厚防水砂浆面层。

内、外墙：240 厚砖墙，内墙水泥砂浆抹灰，外墙面贴饰面砖。

楼梯：现浇钢筋混凝土板式楼梯。

梁：现浇钢筋混凝土梁，截面 240×500（宽×高）。

雨篷：120 厚现浇钢筋混凝土板。

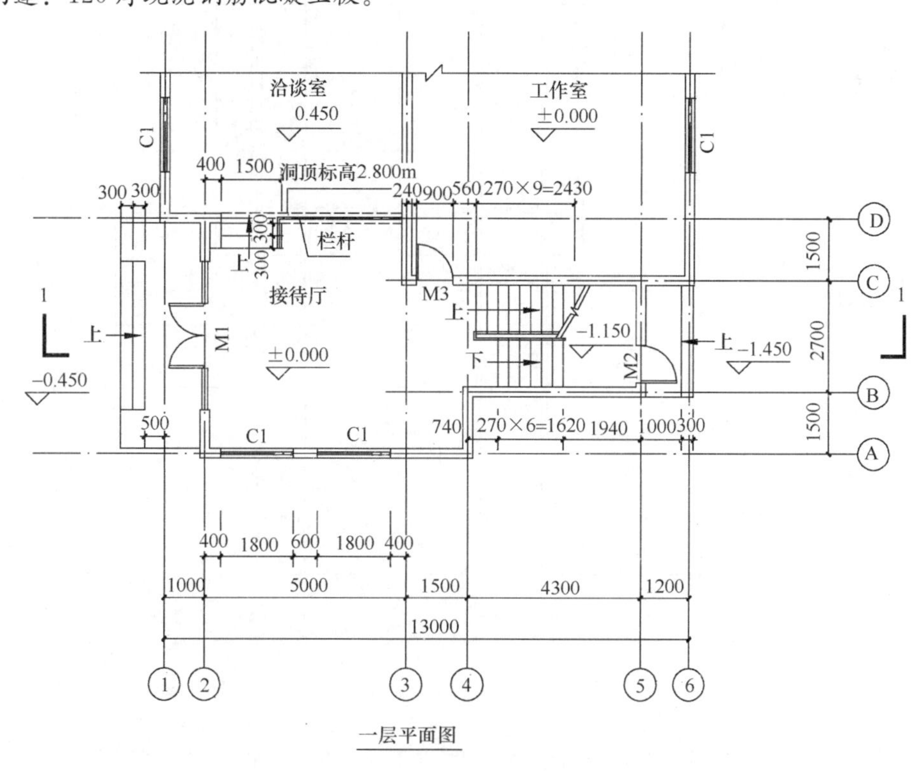

图 1-31　试题 1-5 的平面图（包括一层、二层和屋顶平面图）（一）

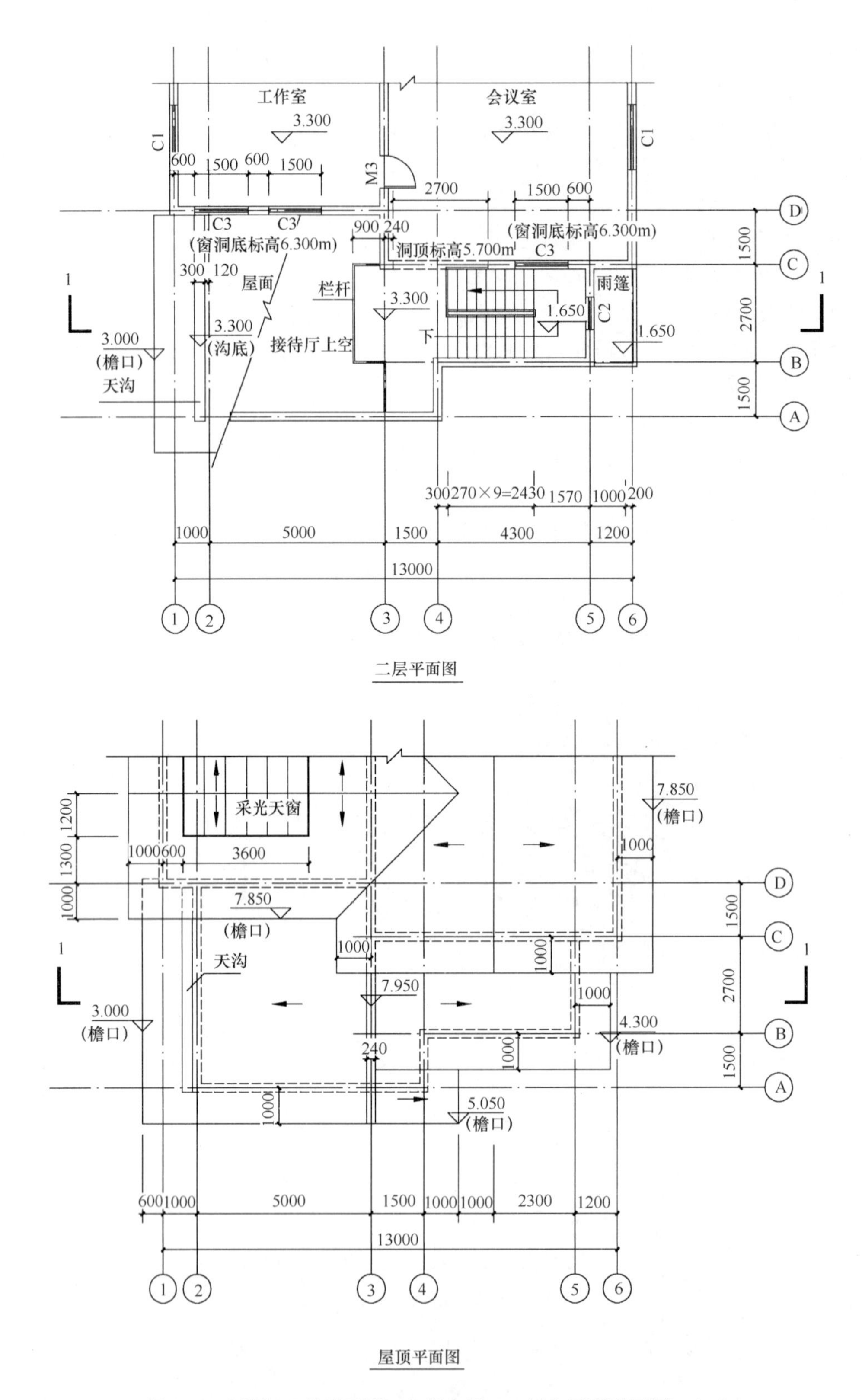

图 1-31 试题 1-5 的平面图（包括一层、二层和屋顶平面图）（二）

栏杆：均为通透式栏杆。

室外踏步：素土夯实，150厚碎石垫层，100厚素混凝土，水泥砂浆找平，面铺地砖。

（三）任务要求

1. 按构造要求、图例（表1-3）和门窗表（表1-4）绘制1-1剖面图。

2. 在1-1剖面图上标注楼地面、楼梯休息平台的建筑标高，标注窗洞底、窗洞顶、檐口、屋脊、③轴屋面板顶的结构标高，标注栏杆高度。

3. 按要求填涂选择题和答题卡。

（四）提示

基础不需绘制，竖向栏杆可局部单线表示。

（五）图例（表1-3）

表1-3

砖墙		屋面瓦、墙砖、地砖、水泥砂浆	
钢筋混凝土		碎石垫层	
素混凝土		素土夯实	

（六）门窗表（表1-4）

表1-4

	编号	洞口尺寸（宽×高）
门	M1（双扇外门连窗）	3600×2700
	M2（单扇外门）	900×2300
	M3（单扇内门）	900×2300
窗	C1	1800×1500
	C2	900×1500（窗洞底标高2.500）
	C3	1500×1000（窗洞底标高6.300）

（七）解题要点

1. 认真审题，掌握方法

（1）通读一遍试题的全文，以掌握建筑的整体轮廓

一如既往，我们从头开始将题目的逐项内容一一看下来，包括题目所给的所有附图，已经对试题获得了一个整体的印象。此时，在我们的头脑中仍然要先问自己这几个问题：

1）这是一个什么类型的建筑？

本例直接点明的建筑类型号**“工作室”**建筑。

2）这个建筑的结构类型是什么？

本例写明的建筑结构类型是**“砖混结构”。**

3）这个建筑的环境条件如何？

从题目所附的“一层平面图”中可以具体看出，**整个基地环境共有两个室外地坪标高，西侧主入口处的室外地坪标高是−0.450，东侧次入口处的室外地坪标高是−1.450，建筑前，后之间共有1000mm的地坪高差。**

4）这个建筑的空间组合形式如何？

仔细审阅题目所附的各层平面图及屋顶平面图之后可以看出，本例的基本情况是：**此**

工作室建筑，利用建筑前、后的室外地坪高差形成两层的空间组合，首层接待厅标高±0.000与洽谈室标高 0.450 之间还形成了 450mm 的室内高差。各部分的层高在各层平面图中以标高的形式具体给出。屋顶形式则为两坡屋顶并局部开有采光天窗，主入口屋顶处还设置了排水内天沟。

至此，我们对将要完成的建筑剖面先有了一个初步的印象。

5）这个建筑的各部位构造做法是什么？

这一点通过浏览“构造要求”基本上都可以找到答案，实际上，这也是建筑剖面部分一贯的出题方式。本例中，**对建筑的地坪、楼面、屋面、外墙、内墙、梁、雨篷、楼梯、栏杆、天沟、门窗、室外踏步等都做出了非常具体的规定，不要求绘制基础。**

6）试题要求做什么？

从“任务说明”和“任务要求”可知，**试题要求按指定的剖切线位置和构造要求绘制比例为 1∶50（答题纸上标明）的剖面图，剖面图应正确反映平面图所示关系。标注楼地面、楼梯休息平台的建筑标高，标注窗洞底、窗洞顶、檐口、屋脊、③轴屋面板顶的结构标高，标注栏杆高度。**

以上对试题全文的浏览应该是一个快速、全面、概括性的浏览，也就是要先对建筑剖面的设计任务有一个整体的了解和把握，主要目的是做到“心中有数”。

（2）认真仔细地深入审图，完整准确地把握建筑的空间关系

在对试题做了一个全面的浏览之后，还不能马上下笔画图，下一步是对考试题目所给的所有各层平面进行认真仔细地审阅，因为在这些图纸中有大量有用的信息，也是其他文字信息中没有给出的一些重要信息，显然，对题目所给出的平面图等图纸只是粗略地浏览一遍还是远远不够的。**要通过仔细认真地读图，抓住这些有用的信息，才能够准确、完整地对设计任务做出满意的回答。**

针对本例的 3 个平面图（一层平面图、二层平面图、屋顶平面图），我们如何来审图，如何来把握好建筑的空间关系呢？

首先看“一层平面图”。我们先来看西侧主入口处室外的情况，室外地坪标高为－0.450，上三步台阶后进入室内，首层接待厅地坪标高±0.000；向西北侧进入洽谈室要通过 3 步台阶到达 0.450 的标高，接待厅与洽谈室之间并没有设门，只在洞口右侧设置栏杆进行空间分隔；向东北侧进入工作室（此处设门）；向东侧通过一段台阶向下到达－1.150标高处的地坪，出东门经 2 步台阶到达－1.450 标高处的室外地坪。从接待厅经楼梯的另一侧向上可以到达二层。由此可以看出，**该建筑一层平面采用的是一个室内外空间关系较为复杂的空间组合。**

再来看“二层平面图”。从图中可以看出，经过楼梯上到二层平面，中间休息平台标高为 1.650，楼层休息平台标高为 3.300。从楼层平台处可以直接进入形成套间式布局的两间工作室（注意与平台连接处的入口并没有设门，并在右侧设置了一段水平栏杆进行空间分隔），平台西侧设置了一个挑台，通过栏杆与首层接待厅上空隔开。另外还有一点需要特别注意，就是东侧出口上方设置的雨篷。

下面看“屋顶平面图”。本例题的屋顶坡面关系相对来说不算太复杂，简单的两坡顶，大多数控制点的标高都已经给出，挑檐出挑的尺寸也都标注得很清楚。需要提醒注意的有两点：①轴与③轴之间的采光天窗和②轴左侧的内天沟不要忽略。

通过以上对试题所给文字和图纸的深入审读，我们已经很清晰地掌握了该建筑的空间关系。这个时候再开始落笔画图，对整个建筑空间关系的把握就能做到胸有成竹了。

2. 开始落笔画图，首先要把握住整个建筑的空间关系“框架”

(1) 把握好建筑空间的“大”关系

至此，可以开始落笔画图了。在认真审题的基础上，可以先把整个建筑大的空间关系“框架”描绘出来了。图 1-32 为本例建筑剖面图的试答卷，该图已经给出了一个清晰、准确的建筑空间关系“框架”，前面审题阶段分析得出的结论对于我们准确把握建筑空间关系起到了至关重要的作用。

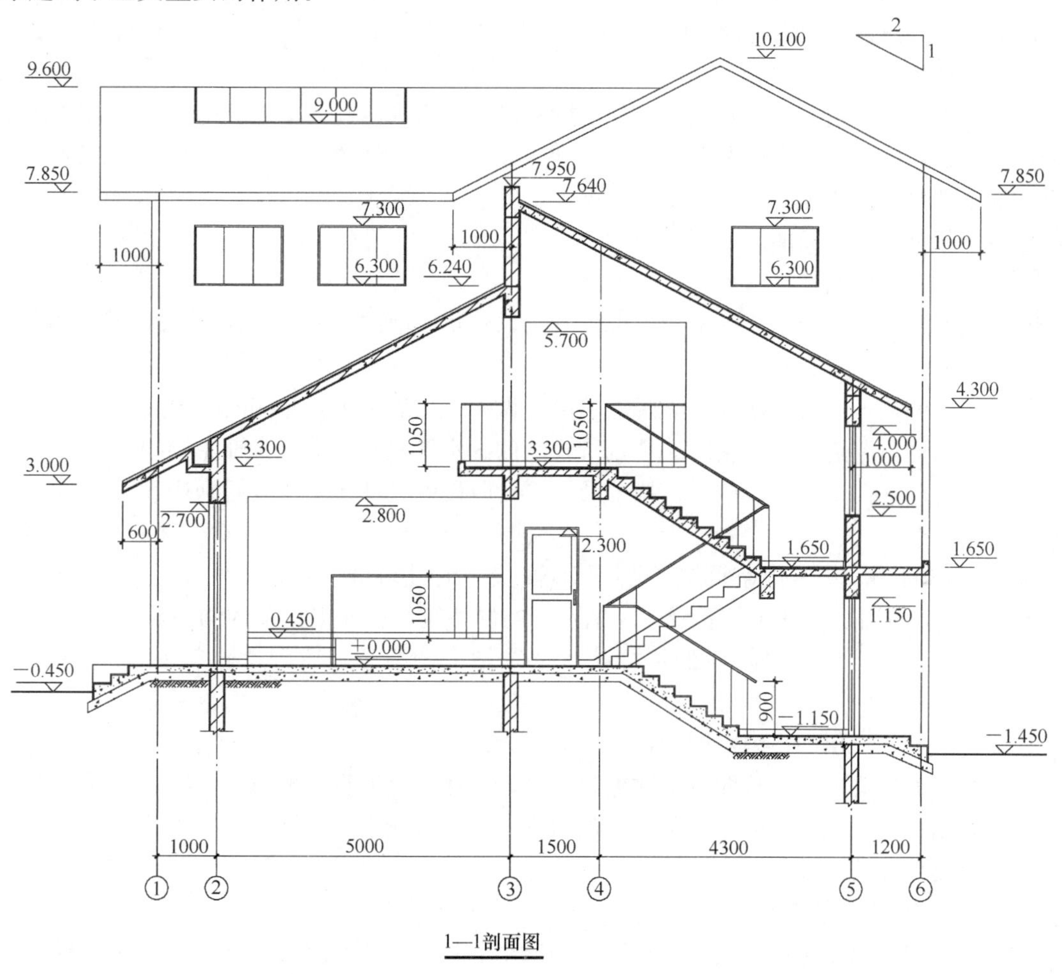

图 1-32　试题 1-5 的试答卷

(2) 搞清楚试题规定的建筑剖面图的剖切线位置

除了把握住整个建筑空间关系的“大框架”以外，还有一点在画图的时候也要十分注意，就是要搞清楚试题所要求的建筑剖面图的剖切线位置，以确保图面表达的正确性。**对于注册建筑师考试的技术作图剖面考题，其出题考核的思路和方式是：出题人给出设计结果，要求考生通过审题读懂出题人的意图，并准确地把出题人的意图表达出来。换句话说，建筑剖面考题的答案应该是唯一的，就是前面说的“出题人给出的设计结果”。**人家都知道，建筑剖面图有剖切面投影线和未剖切到的看线两种表达，而剖切位置的不同将决定这两者之间的某些变化。下面将分别对剖切面投影线和未剖切到的看线进行分析。

1）剖切面投影线

本例所规定的剖切线位置是：

一层空间内——从两侧主入口（室外地坪标高为－0.450）处三步台阶开始，经过±0.000标高处的入口门及接待厅，向下一段台阶至标高－1.150 地坪处，经过东侧入口门后下两步台阶至－1.450 标高处的室外地坪结束。

二层空间内——西侧入口上部檐口暂时忽略（集中到下一段“屋顶平面空间内”部分一起分析），经过一跑楼梯段至 1.650 标高处的中间休息平台、外窗及标高同样为 1.650 处的雨篷结束。

屋顶平面空间内——从西侧坡屋顶的挑檐口（标高 3.000）及坡屋面（二层空间内已表达）开始，向上经过②轴左侧的大沟，到达标高 7.950 处的不等高屋面屋脊处，再向下直到⑤轴右侧标高 4.300 处的挑檐口结束。

以上是该建筑剖面图剖切到的部位。

2）未剖切到的看线

从试题所给的 3 个平面图中我们可以看出，建筑剖面图中未剖切到的看线应该包括以下一些内容：

一层空间内——首先注意台阶两侧的平台做法，然后是①轴左侧的外墙线，进入洽谈室的洞口轮廓线，进入洽谈室的 3 步台阶及右侧的水平栏杆扶手，③轴左侧的内墙线，进入工作室的门，向上楼梯段的栏杆扶手及向下台阶段的栏杆扶手，最后到达⑥轴右侧的外墙线结束。

二层空间内——本层空间内仍然是①轴左侧的外墙线，然后是Ⓓ轴上的 2 个窗，3.300 标高处挑台栏杆扶手的看线，③轴左侧的内墙线，进入工作室的洞口轮廓线及右侧的水平栏杆扶手，向下楼梯段的栏杆扶手，Ⓒ轴上的窗，最后到达⑥轴右侧的外墙线结束。

另外，一、二层的室内空间中，应绘制踢脚线。

屋顶平面空间内——从西侧出墙檐口线开始，然后是屋脊和檐口的看线，屋脊处的采光天窗，出墙向上和向下的檐口看线，最后到达⑥轴右侧檐口处结束。

以上是该建筑剖面图中应该看到的部位。

3. 深入推敲，完善建筑结构关系和建筑构造细部做法

如果说以上第二步做法是给建筑搭一个健全的骨架的话，那么，这第三步的目的就是给这个骨架填充血肉，使其完整和丰满起来。我们分别从建筑结构和建筑构造两个方面来做一些分析和推敲。

（1）建筑结构方面的问题

1）建筑结构水平分系统类型的选择和确定

从整个建筑平面图中给出的信息来看，各部位建筑结构的空间跨度都不大，最大开间、进深尺寸都在 5～7m 之间，可不用考虑为减小板跨而在房间中部设置结构梁。

2）梁的设置问题

需要设置梁的部位主要有：②轴上（按从下至上顺序）的门洞口过梁和抗倾覆

梁，③轴上（按从下至上顺序）的一层开间梁、二层开间梁和屋脊梁，④轴上的平台梁、④轴和⑤轴之间的平台梁以及⑤轴上（按从下至上顺序）的门洞口过梁和窗洞口过梁。

（2）建筑构造方面的问题

上一部分有关建筑结构的问题，更多地需要应试者根据自己掌握的建筑结构的相关知识进行分析处理。而有关建筑构造的这一部分内容，则大多在试题任务中做了具体的规定，相对来说，对考生的要求要低一些。那么，考生应该做的就是要认真细致、没有遗漏地把试题要求的建筑构造做法逐条看懂，并正确地表达在建筑剖面图中。例如，本例中我们可以按照一定的顺序（最好按照试题中“构造要求”项下的顺序进行，以避免遗漏）逐一解决这些问题：

1）基础构造

本试题明确要求不需绘制基础。

2）地坪层、楼板层、屋面、内墙、外墙、楼梯、雨篷以及天沟防水做法等的构造应明确各部位的分层材料做法。

3）门窗构造

明确门窗的宽度、高度及窗台的高度。

4）其他必要的细部构造

①题目明确要求的构造做法

试题中还会具体提出一些细部做法要求，应试者要十分留意，不可遗漏。例如在本例中，题目给出了通透式栏杆的做法要求，以及栏杆高度标注的要求等，都需要正确地绘制在图纸上。

②题目未明确要求或者只做了简单提示的构造做法

另外还有一些基本的建筑构造做法，试题中只做了简单的提示甚至并未提及，更需要引起应试者的注意，也必须正确地设计和绘制出来。这里想强调的有两点：第一，踢脚线应该绘制；第二，屋面瓦、墙砖、地砖以及水泥砂浆应该根据题目要求绘制图例，也就是装修线的表达。实际上这第二点要求，也进一步从出题人的角度印证了建筑技术作图中剖面这道题必须要画装修线。

关于“防潮层”的问题，答题时应该注意做到以下三点（针对砖混结构）：第一，在所有设置基础的墙体中做墙身水平防潮层；第二，在内墙两侧地坪有高差处，除了在墙体两侧不同地坪标高处分别设置墙身水平防潮层外，还应该在高地坪一侧墙面做墙身垂直防潮层；第三，正确地画出墙身水平防潮层的标高位置，即必须与地坪混凝土垫层高度一致。以上三点做法是建筑防潮的基本设计要求，其防潮构造的基本原理是**形成连续不间断的整体防潮屏障。**就本试题来说，以上所有的防潮要求实际上全部通过地坪混凝土垫层的贯通而解决了，似乎未出现墙身防潮层，但并不说明本剖面中没有建筑防潮设计，这一点考生应该有清醒的认识。

4. 注意图面表达，符合试题规定的设计“任务要求”

在前三步中，我们已经解决了建筑空间关系、建筑结构布置和建筑构造做法等问题，在建筑图纸中还有一个图面内容“定量、定位”的问题，也就是要正确地标注建筑的定位轴线、各部位的尺寸、标高、坡度等。

5. 最后做一次检查，查遗补缺

如果有良好的专业基础，做了充分的考前准备，并且认真按照上述应试解题技巧做下来，就应该可以大功告成了。但是，为了稳妥起见，还是应该进行一次认真地检查，以做到查遗补缺，不留遗憾。另外，应该把最后的检查和查遗补缺与下面介绍的选择题的作答结合起来进行。实际上，**考生应该熟悉选择题设置的要求和特点，充分利用每个选择题给出的 4 个备选答案的提示，把试题答好。**

6. 选择题的作答

(1) ②～⑤轴之间剖到的屋面板共有几块?

A 1　　B 2　　C 3　　D 4

(2) ③～⑤轴之间剖到的楼梯平台板共有几块?

A 4　　B 3　　C 2　　D 1

(3) ②～⑤轴之间剖到的梯段及踏步共有几段?

A 1　　B 2　　C 3　　D 4

(4) 在 1-1 剖面图上看到的水平栏杆和剖到的水平栏杆各有几段?

A 3，1　　B 3，2　　C 4，2　　D 4，1

(5) 二层挑台栏杆的高度至少应为:

A 850　　B 900　　C 1050　　D 1100

(6) 在 1-1 剖面图上看到的门、窗（含天窗)、洞口的数量各为几个?

A 1，1，2　　B 2，4，1　　C 4，2，1　　D 1，4，2

(7) 剖到的门和窗各有几个?

A 2，1　　B 3，1　　C 1，2　　D 2，3

(8) 剖到的屋面板最高处结构标高为:

A 7.640　　B 7.950　　C 9.600　　D 10.100

(9) 剖到的屋脊和看到的屋脊线数量分别是:

A 1，1　　B 1，2　　C 2，1　　D 2，2

(10) 剖到的室外台阶共有几处?

A 1　　B 2　　C 3　　D 4

我们来具体分析一下这 10 个题目。

(1) **提示:** 这是一道考查正确表达投影关系的题目。剖到的屋面板共有 2 块，分别是③轴左右各 1 块。因此，答案是 B。

(2) **提示:** 这仍然是一道考查正确表达投影关系的题目。剖到的楼梯平台板共有 2 块，3.300 标高处 1 块，1.650 标高处 1 块。因此，答案是 C。

(3) **提示:** 这仍然是一道考查正确表达投影关系的题目。剖到的梯段及踏步共有 2 段，②～③轴的踏步没有被剖到，④～⑤轴剖到的共有 1 段梯段和 1 段台阶。因此，答案选 B。

(4) **提示:** 这仍然是一道考查正确表达投影关系的题目。看到的水平栏杆有 4 段，分别是一层②～③轴 1 段、④轴右侧 1 段，二层③轴左侧 1 段、④轴右侧 1 段；剖到的水平栏杆有 1 段，二层③轴左侧挑台处的 1 段。因此，答案是 D。

(5) **提示:** 为了保证安全，防止跌落事故，水平栏杆的高度不应低于 1050mm。因此，答案选 C。

（6）**提示：**这仍然是一道考查正确表达投影关系的题目。看到的门 1 个，在一层③轴右侧；看到的窗（含天窗）4 个，分别在二层③轴左侧 2 个、二层③轴右侧 1 个及①～③轴之间屋脊处的 1 个（天窗）；看到的洞口 2 个，分别在一层②～③轴之间 1 个、二层③～⑤轴之间 1 个。因此，答案选 D。

（7）**提示：**这仍然是一道考查正确表达投影关系的题目。剖到的门有 2 个，分别在一层②轴入口门和⑤轴入口门；剖到的窗有 1 个，在二层⑤轴上。因此，答案选 A。

（8）**提示：**这是一道数学题。剖到的屋面板最高处应该在③轴右侧 120mm 处，以屋面坡度 1/2、右侧檐口标高 4.300、檐口至剖到的屋面板最高处之间的水平距离为 6680（1000＋4300＋1500－120）mm 来计算，剖到的屋面板最高处结构标高为 7.640。其他选项均不符合题意。因此，答案选 A。

（9）**提示：**这仍然是一道考查正确表达投影关系的题目。剖到的屋脊有 1 处，在③轴上；看到的屋脊线有 2 处，分别在 9.600 标高处和 10.100 标高处。因此，答案是 B。

（10）**提示：**这仍然是一道考查正确表达投影关系的题目。剖到的室外台阶共有 2 处，分别在东、西两侧的入口处。因此，答案选 B。

通过对 10 道选择题的分析，我们发现，其中有 8 道题是关于正确表达投影关系的题目，另外有 1 道题计算屋面结构板标高，有 1 道题判断栏杆高度要求，其实这 2 道题也和正确表达投影关系有关，这也正是剖面题目考查的重点内容。因此，考生应该认真审题，在理解掌握建筑构造和建筑结构相关原理和知识的基础上，清晰准确地反映出剖面图的正确投影关系。

六、【试题 1-6】（2017 年）

（一）任务说明

如图 1-33 所示为某坡地园林建筑平面图，按指定剖切线位置和构造要求绘制 1-1 剖面图，剖面图应正确反映平面图所示关系。

（二）构造要求

结构：现浇钢筋混凝土框架结构。

柱：600×600 现浇钢筋混凝土柱。

梁：现浇钢筋混凝土梁，600×300（高×宽）。

墙：内外墙均为 300 厚砌体，挡土墙为 300 厚钢筋混凝土。

坡屋面：200 厚现浇钢筋混凝土板，上铺屋面瓦。屋面坡度 1/2.5。屋面挑檐无天沟和封檐板。

平屋面：100 厚现浇钢筋混凝土板，面层构造 150 厚。

楼面：200 厚现浇钢筋混凝土板，面层构造 100 厚。

楼梯：现浇钢筋混凝土板式楼梯，面层构造 50 厚。梯级为 300×150（宽×高）。

阳台、挑台、雨篷：板式结构，200 厚现浇钢筋混凝土板。阳台面层构造 50，雨篷板底齐门上口。

室内外地面：素土夯实，面层构造 200 厚。

门：M-1 门高 2700，M-2 门高 3900，M-3 门高 3300。

窗：C-1、C-2 落地窗，窗高至结构梁底。C-3 窗台高 900，窗高 3000。

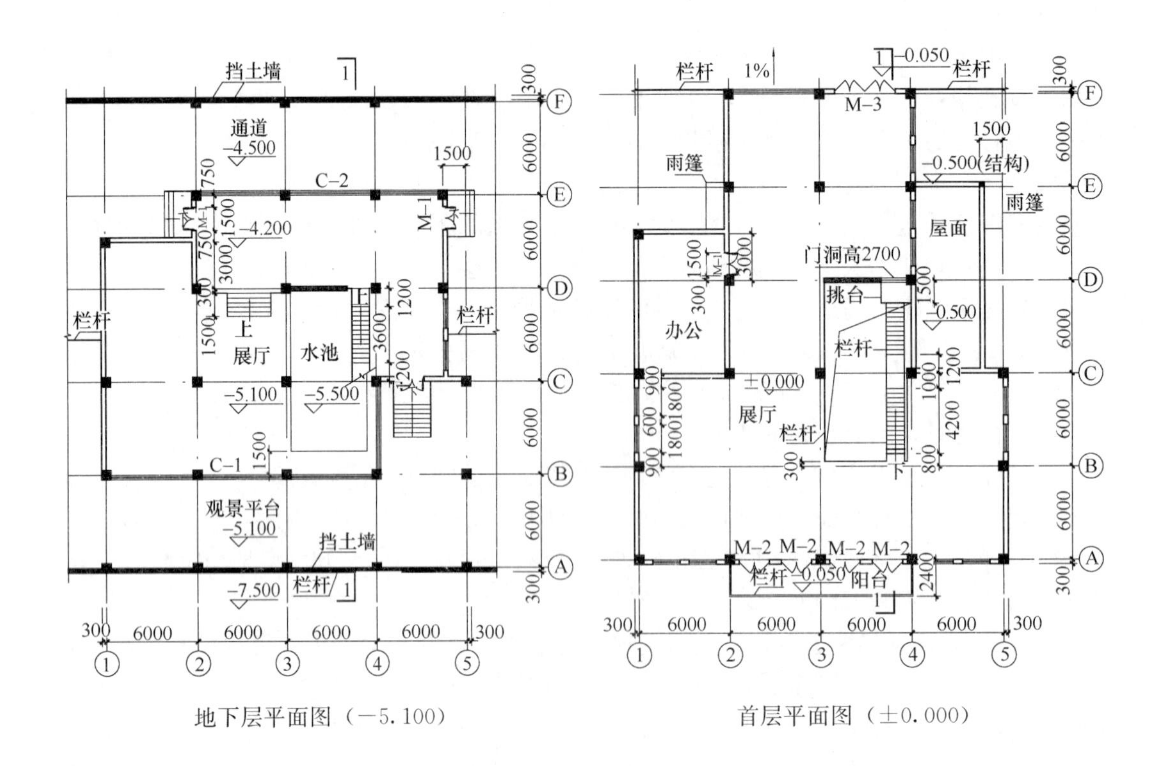

地下层平面图（－5.100）

首层平面图（±0.000）

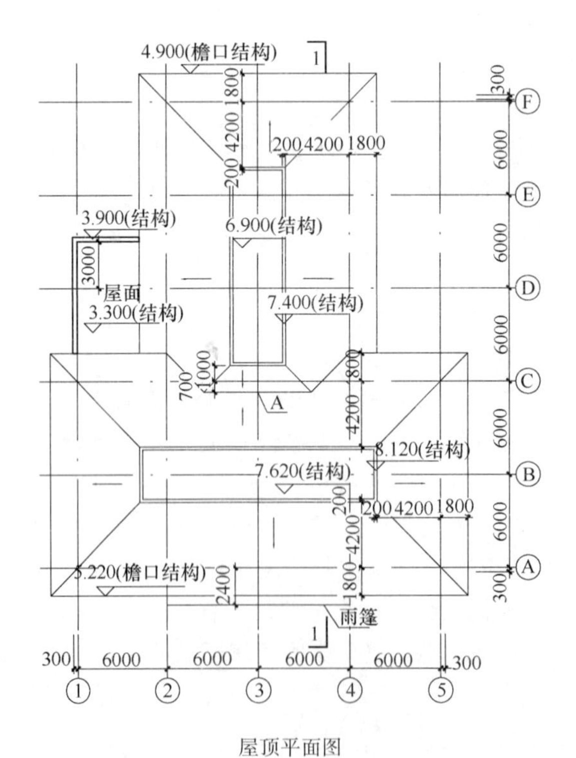

屋顶平面图

图 1-33　各层平面图

栏杆：均为通透式金属栏杆。

水池：池底及池壁均为 200 厚钢筋混凝土。

（三）任务要求

1. 绘制 1-1 剖面图，按图例绘出构造要求所列各项内容及建筑可见线。

2. 在 1-1 剖面图上标注楼地面、楼梯休息平台标高，檐口、屋脊及屋顶平面图中 A 点的结构面标高。

3. 根据作图结果，先完成作图选择题的作答，再用 2B 铅笔填涂答题卡上的答案。

（四）图例（表 1-5）

表 1-5

材　　料	图　　例
砌体、钢筋混凝土	
屋面瓦、平屋面、楼面、梯面面层	
挡土墙	
室内外地面	

（五）解题要点

1. 认真审题，掌握方法

（1）通读一遍试题全文，以掌握建筑的整体轮廓

1）这是一个什么类型的建筑？

本例直接点明的建筑类型是“**园林**”建筑。

2）这个建筑的结构类型是什么？

本例写明的建筑结构类型是“**现浇钢筋混凝土框架结构**”。

3）这个建筑的环境条件如何？

从题目所附的各层平面图中可以看出，**整个基地环境共有两个室外地坪标高，南侧挡土墙下的室外地坪标高是−7.500，北侧入口处的室外地坪标高是−0.050，建筑前、后之间共有 7450mm 的地坪高差。**

4）这个建筑的空间组合形式如何？

仔细地审阅题目所附的各层平面图及屋顶平面图之后可以看出，本例的基本情况是：**此园林建筑，利用建筑前、后的室外地坪高差形成的建筑层数为两层的空间组合，首层入口±0.000 大厅与南侧的展厅直接相连，并在展厅区设置两跑直梯下到−4.200 处的地下层过厅，并分别通过台阶可到达−5.100 标高的展厅、−4.500 的北侧室外通道、−5.400 的南侧观景平台。各部分的层高在各层平面图中以标高形式具体给出。屋顶形式为四坡平、坡屋顶结合的形式。**

5）这个建筑的各部位构造做法是什么？

这一点通过浏览“构造要求”基本上都可以找到答案。本例中，**对建筑的柱、梁、墙、屋面、楼面、楼梯、阳台、挑台、雨篷、室内外地面、门、窗、栏杆、水池等都做了非常具体的规定。**

6）试题要求做什么？

从“任务描述”和“任务要求”可知，**要求按指定的剖切线位置和构造要求绘制比例**

为 1∶100 的剖面图，剖面图应正确反映平面图所示关系。按图例绘出构造要求所列各项内容及建筑可见线。标注楼地面、楼梯休息平台标高，檐口、屋脊及屋顶平面图中 A 点的结构面标高。

对题目中规定的这些内容，**一定要认真地看清楚，内容、任务、条件、要求等，都要一一地看仔细，并按照试题的要求去做。**

以上对建筑剖面设计任务的整体了解和把握，其主要目的是做到“心中有数”。

（2）深入审图，准确把握建筑空间关系

针对本例的 3 个平面图（−5.100 平面图、±0.000 平面图、屋顶平面图），我们如何审图，如何把握好建筑的空间关系呢？

首先看“±0.000 平面图”。按照题目给定的 1-1 剖切线位置和剖视方向，我们先来看北侧主入口处室外的情况。室外地坪标高为−0.050，上一步台阶后进入室内，首层大厅地坪标高±0.000；大厅西侧有一间办公室（注意办公室的门），向南直接进入展厅，展厅的西侧有 2 个窗，展厅南侧有门可达标高为−0.050 的阳台（比室内低 50mm，阳台设有栏杆），展厅东侧设有楼梯井，楼梯井北侧设挑台（挑台上设有栏杆），楼梯井南侧为楼梯口，通过 2 跑直跑楼梯可下到标高为−5.100 的地下层。由此可知，**该建筑一层平面的室内、外空间关系不是很复杂。**

再来看“−5.100 平面图”。从图中可以看出，经过楼梯下到本层后，先到达−4.200 标高的过厅，过厅东、西两侧各设置了一个出口，经过 3 步台阶后，可达−4.500 标高处的室外通道，过厅北侧为落地窗。过厅东南角也设置了一个出口，可以通过出口处的台阶（未剖到）到达−5.100 标高处的观景平台，观景平台南侧设置了栏杆，栏杆外侧为−7.500标高的室外地坪。过厅西侧朝南设置了 6 步台阶，向下通到−5.100 标高处的展厅。展厅东侧（楼梯井下方）设置了池底标高为−5.500 的水池，展厅南侧也是落地窗。由此可知，**该建筑地下层平面是室内、外空间关系比较复杂的空间组合。**

下面看“屋顶平面图”。本例题的屋顶坡面关系相对来说不算太复杂，首层北侧入口大厅上部和南侧展厅上部各自形成了一个中心部位为平屋顶的四坡顶形式，控制点标高都已经给出，挑檐出挑的尺寸也都标注得很清楚。需要注意的是，最南侧②轴与④轴之间设置的（首层阳台上部的）雨篷。另外，西北角和东北角各有一处标高不同的平屋顶，因不会剖切到，故不赘述。

通过以上对试题所给的 3 个平面图和其他相关信息的深入审读，我们已经很清晰地掌握了该建筑的空间关系。

2. 开始落笔画图，首先要把握住整个建筑的空间关系“框架”

（1）把握好建筑空间的“大”关系

至此，可以开始落笔画图了。在以上审题的两个步骤的基础之上，可以先把整个建筑大的空间关系“框架”描绘出来了。图 1-34 为本例建筑剖面图的试答卷，该图已经给出了一个清晰、准确的建筑空间关系，前面在审题阶段分析得出的结论，对我们准确把握建筑空间关系起到了至关重要的作用。

我们在这里指出的**首先要把握好建筑空间的“大”关系，是想强调通过认真审题把握好答题的大脉络，抓住重点以及剖面图中的各个控制点位置，避免走弯路，更顺利地通过考试。**

（2）搞清楚试题规定的建筑剖面图的剖切线位置

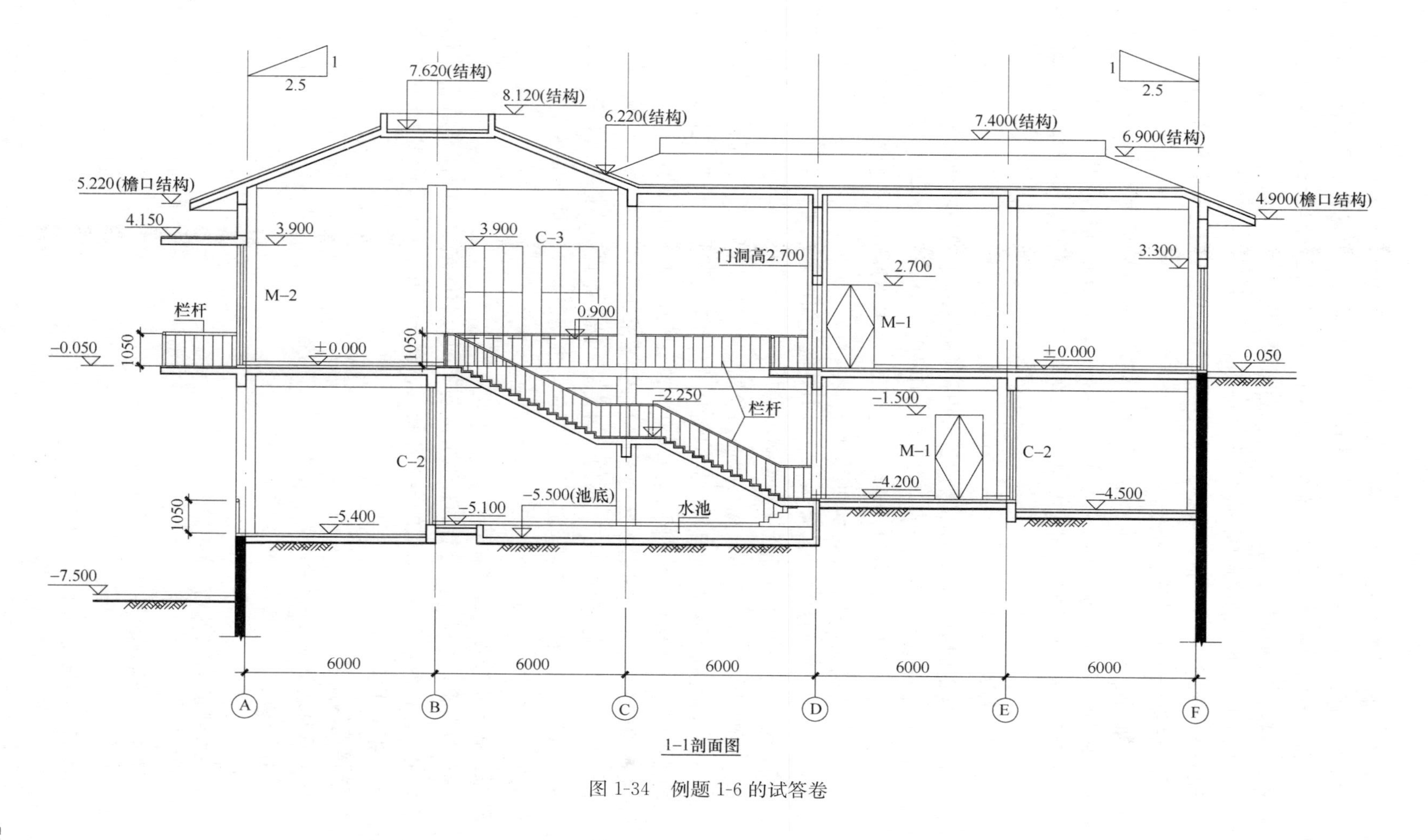

1-1剖面图

图 1-34　例题 1-6 的试答卷

除了把握住整个建筑空间关系的“大框架”以外，还有一点在落笔画图的时候也要十分注意，就是要仔细搞清楚试题所要求的建筑剖面图的剖切线位置。建筑剖面图有剖切面投影线和未剖切到的看线两种表达，而剖切位置的不同将决定这两者之间的某些变化。

3. 深入推敲，完善建筑结构关系和建筑构造细部做法

如果说以上第二步是给建筑搭一个完整的骨架的话，那么，这第三步的目的就是要给骨架填充血肉，使其完善和丰满。我们分别从建筑结构和建筑构造两个方面分析如下：

（1）建筑结构方面的问题

从建筑平面图给出的信息来看，各部位建筑结构的空间跨度都不大，框架柱网都是6000×6000的标准方格柱网，不必考虑为减小板的跨度而在房间中部设置结构梁。

入口大厅上部及一层展厅上部均采用了四坡的折板式屋顶结构，因此，其下部也不需增设柱子。

（2）建筑构造方面的问题

有关建筑结构的问题，更多的需要应试者根据自己掌握的建筑结构的相关知识进行分析处理。而有关建筑构造的内容，则大多在任务中做了具体规定，相对来说，对考生的要求要低一些。那么，考生应该做的就是要认真细致、没有遗漏地把试题要求的建筑构造做法逐条看懂，并正确地表达在建筑剖面图中。

另外还有一些基本的建筑构造做法，试题中只做了简单提示甚至并未提及，更需要引起应试者的注意，也必须正确地设计和绘制出来。

这里想强调的有两点：第一，踢脚线应该绘制；第二，屋面瓦、平屋面、楼面、梯面面层以及室内外地面应该根据题目给出的图例绘制，也就是装修线的表达。实际上这也从出题人的角度印证了建筑技术作图中剖面这道题必须要画装修线的事实。

4. 注意图面表达，符合试题规定的设计“任务要求”

在前三步中，我们已经解决了建筑的空间关系、结构布置和构造做法等问题。在建筑图纸中还有一个图面内容“定量、定位”的问题，也就是要正确地标注建筑的定位轴线、各部位的尺寸、标高、坡度等。

5. 最后做一次检查，查遗补缺

剖面作图完成后，应该把最后的查遗补缺与下面介绍的选择题的作答结合起来进行。实际上，**考生应该熟悉选择题设置的要求和特点，充分利用每个选择题给出的4个备选答案的提示，把试题答好。**

6. 选择题的作答

本例的选择题共有10道小题，每小题3分。内容如下：

（1）剖到的坡度为1∶2.5的屋面板数量为：

A　3　　B　4　　C　5　　D　6

（2）屋顶平面A点结构面标高为：

A　5.5　　B　5.94　　C　6.22　　D　6.5

（3）剖到的悬臂板数量为（不含屋面挑檐）：

A　2　　B　3　　C　4　　D　5

（4）剖到的楼板数量为：

A　2　　B　3　　C　4　　D　5

（5）剖到不同标高的室内外地面数量为（不计水池底部）：

A　3　　　B　4　　　C　5　　　D　6

（6）剖到的门与看到的门数量分别为：

A　2，2　　　B　3，1　　　C　3，2　　　D　2，1

（7）剖到的窗与看到的窗数量分别为：

A　1，2　　　B 2，3　　　C　2，2　　　D　3，2

（8）剖到的挡土墙数量为：

A　1　　　B　2　　　C　3　　　D　4

（9）楼梯休息平台标高为：

A　－2.550　　　B　－2.400　　　C　－2.250　　　D　－2.100

（10）剖到的栏杆数量为：

A　1　　　B　2　　　C　3　　　D　4

建筑技术设计作图选择题是根据作图题任务要求提出的部分考核内容，要求考生必须在完成作图的基础上作答这部分试题，每题的四个备选项中只有一个正确答案。

对这部分选择题，考生应该认真对待。这部分试题既是考试内容的一部分，同时又可以作为对相应的作图题的一次极好的检查，而且是有重点、有提示的一种检查，考生应该充分利用这个机会认真完成。

我们来具体分析一下这 10 个题目。

（1）**提示：**这是一道考查正确表达投影关系的题目。应该是剖到的坡度为 1∶2.5 的屋面板共有 4 块，可从屋顶平面图的剖切线位置由下至上检查，很容易判断。所以，答案应该是 B。

（2）**提示：**这是一道坡度计算的数学题。以 A 点所在的坡面檐口结构标高 5.220、A 点距檐口水平距离 2500(＝1800＋700)以及 1∶2.5 的屋面坡度计算，A 点比檐口结构面标高升高的距离 $X=(1/2.5)\times2500=1000$mm，即 1m。A 点结构面标高应为 6.22m。所以，答案应该是 C。

（3）**提示：**注意题目特别强调“不含屋面挑檐”，所以剖到的悬臂板数量为 3 块，分别是Ⓐ轴左侧的阳台板和雨篷板，以及Ⓓ轴左侧的挑台板。所以，答案应该是 B。

（4）**提示：**此处楼板数量应以框架梁划分的区格为单位计算，所以剖到的楼板数量为 3 块，即Ⓐ-Ⓑ轴之间、Ⓓ-Ⓔ轴之间、Ⓔ-Ⓕ轴之间各 1 块。所以，答案应该是 B。

（5）**提示：**不计水池底部，剖到不同标高的室内外地面数量为 6 处，即从左到右－7.500、－5.400、－5.100、－4.200、－4.500、－0.050 各标高处。所以，答案应该是 D。

（6）**提示：**剖到的门与看到的门数量分别为 2 个，即剖到首层南侧的 M-2、首层北侧的 M-3，看到首层的 M-1、地下层的 M-1。所以，答案应该是 A。

（7）**提示：**剖到的窗与看到的窗数量分别为 2 个，即剖到地下层南侧的 C-1、地下层北侧的 C-2，看到首层的 2 个 C-3。所以，答案应该是 C。

（8）**提示：**剖到的挡土墙数量为 2 处，即Ⓐ轴、Ⓕ轴各 1 处。所以，答案应该是 B。

（9）**提示：**根据各层平面图提供的楼梯段平面投影显示，从首层（标高为±0.000）到地下层的两跑直跑楼梯的踏步级数分别为 15 步和 13 步，题目所给踏步高 150，所以，从首层地面至楼梯休息平台的垂直距离应该是 150×15＝2250，两跑楼梯段中间的休息平台标高应为-2.250。所以，答案应该是 C。

（10）**提示**：剖到的栏杆数量为3处，即首层A轴左侧阳台栏杆、首层D轴左侧挑台栏杆、地下层A轴左侧观景平台栏杆共3处。所以，答案应该是C。

通过对10道选择题的分析，正确表达投影关系，是这道题考查的重点内容。

七、【试题1-7】（2019年）

（一）任务描述

图1-35为某住宅各层平面图，采用现浇钢筋混凝土框架结构。按指定剖切线位置和

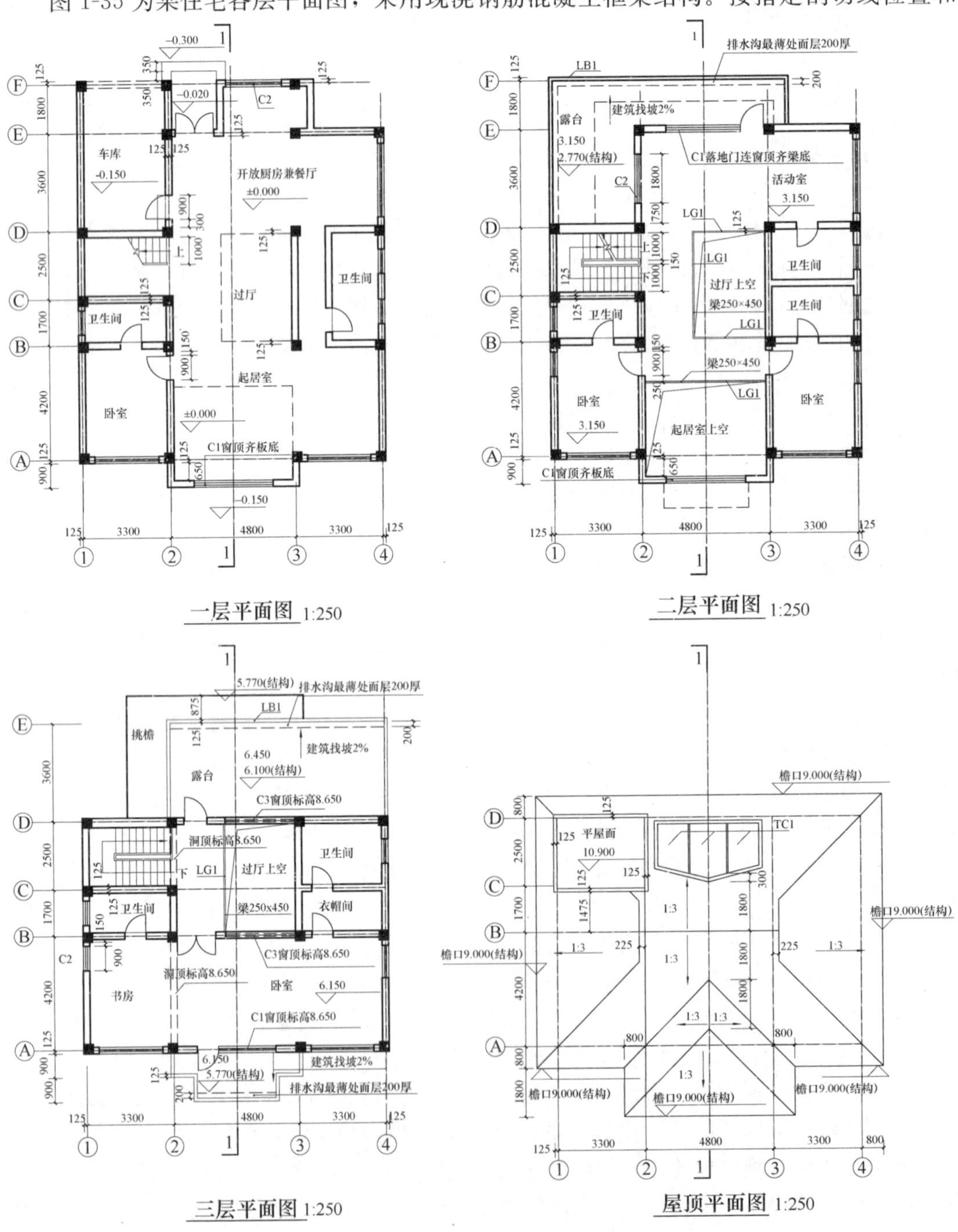

图1-35　试题1-7各层平面图

构造要求绘制 1-1 剖面图，应正确反映平面图所示关系，不要求表示建筑外围护的保温隔热材料。

（二）构造要求

柱：350×350 现浇钢筋混凝土柱。

梁：现浇钢筋混凝土框架梁，梁截面 250×450。

墙：250 厚砌体墙。

坡屋面：120 厚现浇钢筋混凝土板。屋面构造 100 厚，屋面坡度均为 1∶3。

阳台、露台：120 厚现浇钢筋混凝土板。面层为架空开缝木条板。面层下构造层向室外侧找坡 2%，最薄处 200 厚。

楼面与楼梯：120 厚现浇钢筋混凝土板。楼面构造 50 厚。

门：门洞高度 2200。

窗 C1：落地窗、落地门连窗。窗底混凝土翻边高出楼地面 100，窗洞顶标高见平面图标注。

窗 C2：窗高 1600，窗台高出楼地面 900。

窗 C3：窗高 600，窗洞顶标高见平面图标注。

窗 TC1：屋面天窗。坡度随屋面，四周板边翻起 300 高，125 厚。

栏杆 LG1：金属通透栏杆。

栏板 LB1：室外钢筋混凝土栏板 125 厚。

挑檐：120 厚现浇钢筋混凝土板。

（三）任务要求

1. 根据构造要求和图例，按比例绘制 1-1 剖面图，包括各类建筑构件及相关建筑可见线。

2. 标注：坡屋面屋脊、挑檐的结构标高；阳台、露台的结构标高、建筑标高；楼梯平台、室外地面的建筑标高；栏杆 LG1、栏板 LB1 的高度。

3. 根据作图结果，用 2B 铅笔填涂答题卡上第 1～10 题的答案。

（四）图例（见表 1-6）

表 1-6

名　　称	图　　例
混凝土	
砌体墙	
现浇钢筋混凝土	
坡屋面楼地面构造层	
阳台、露台架空木条板及面层下构造层	
室内外地面	

（五）解题要点

1. 认真审题，掌握方法

（1）通读一遍试题的全文，以掌握建筑的整体轮廓一如既往，我们从头开始将题目的逐项内容一一看下来，包括题目所给的所有附图，已经对试题获得了一个整体的概念印象。此时，在我们的头脑中仍然要先问自己这几个问题：

1）这是一个什么类型的建筑？

本例直接点明的建筑类型是“住宅”建筑。

2）这个建筑的结构类型是什么？

本例写明的建筑结构类型是“现浇钢筋混凝土框架结构”。

3）这个建筑的环境条件如何？

从题目所附的各层平面图中可以看出，整个基地环境共有两个室外地坪标高，南侧室外地坪标高是－0.150，北侧入口处的室外地坪标高是－0.300，建筑前、后之间共有150mm的地坪高差。

4）这个建筑的空间组合形式如何？

仔细地审阅题目所附的各层平面图及屋顶平面图之后可以看出，本例的基本情况是：

北侧入口（－0.300）两步台阶到达入口门（－0.020），进入首层餐厅、过厅、起居室（±0.000）。层数共三层，二层楼面标高3.150，三层楼面标高6.150，三层露台标高6.450。坡屋顶的檐口结构标高9.000。这里要注意四坡歇山屋顶的坡面关系及剖切位置(剖在南侧屋脊处)。

注意户内楼梯的布置，以及过厅处三层通高上空，起居室处两层通高上空。

三层南侧阳台及北侧露台都设置了排水沟，注意排水坡度及排水沟的设置。

至此，我们对将要完成的建筑剖面的大致轮廓先有了一个初步的印象。

5）这个建筑的各部位构造做法是什么？

这一点通过浏览“构造要求”基本上都可以找到答案，实际上，这也是建筑剖面部分一贯的出题方式。本例中，对建筑的柱、梁、墙、坡屋面、阳台、露台、楼面与楼梯、门、窗、栏杆、栏板、挑檐等都作出了非常具体的规定。

6）试题要求做什么？

在“任务描述”和“任务要求”中题目清楚地回答了这个问题。要求根据构造要求和图例，按比例绘制1—1剖面图，包括各类建筑构件及相关建筑可见线。要求标注坡屋面屋脊、挑檐的结构标高；标注阳台、露台的结构标高、建筑标高；标注楼梯平台、室外地面的建筑标高；标注栏杆LG1、栏板LB1的高度。

对题目中规定的以上这些内容，一定要认真地看清楚，内容、任务、条件、要求等，都要一一地看仔细，并按照试题的要求去做。实际上，建筑技术设计（作图题）考试大纲中所要求的“检验应试者在建筑技术方面的实践能力，对试题能做出符合要求的答案，包括：建筑剖面、结构选型与布置、机电设备及管道系统、建筑配件与构造等，并符合法规规范”。其中，“对试题能做出符合要求的答案”指的就是要符合题目中“任务描述”和“任务要求”的要求，简单说，就是要符合出题人的要求。这一点应该引起考生的足够注意，考题给你提出的要求，务必要认真满足。

以上对试题全文的浏览应该是一个快速的、全面的、轮廓性的浏览，也就是要先对建筑剖面的设计任务有一个整体的了解和把握，主要目的是做到“心中有数”。

（2）认真仔细地深入审图，完整准确地把握建筑的空间关系在对试题做了一个全面的浏览之后，还不能马上下笔画图，下一步要做的是对考试题目所给的所有各层平面进行认真仔细的审阅，因为在这些图纸中有大量有用的信息，也是其他文字信息中没有给出的一些重要信息。显然，对题目所给出的平面图等图纸只是粗略地浏览一遍是远远不够的。要通过仔细认真地读图，抓住这些有用的信息，才能够准确、完整地对设计任务作出满意的回答。

针对本例的 4 个平面图，我们如何来审图，如何来把握好建筑的空间关系呢?

首先看“一层平面图”。按照题目给定的 1—1 剖切线位置和剖视方向，我们从南到北分析一下剖视情况。首先，南侧室外地坪标高－0.150，通高落地窗，进到±0.000 室内，看到卧室门、楼梯间、车库门，剖到厨房外窗，看到北侧两步入口台阶，北侧室外地坪标高为－0.300。

再来看“二层平面图”。首先，南侧的通高落地窗，起居室上空，剖到栏杆，标高 3.150 处楼面，卧室门，剖到栏杆，看到栏杆，楼梯间，剖到栏杆，看到外窗，剖到落地门连窗，剖到标高 3.150 处室外露台（注意排水坡度及排水沟），剖到挑檐，剖到栏板。

下面看“三层平面图”。从南侧开始，首先剖到阳台栏板，标高 6.150 处阳台（注意排水坡度及排水沟），剖到落地门连窗，标高 6.150 处楼面，看到卧室与书房之间的下皮标高 8.650 的大梁，看到外窗，剖到高窗，过厅上空，看到栏杆，剖到高窗，剖到标高 6.450 处室外露台（注意排水坡度及排水沟），剖到栏板。

最后看“屋顶平面图”。本例题的屋顶坡面关系相对来说不算太复杂，屋面主体部分形成歇山屋顶的形式，南侧中部形成丁字形四坡顶，西北角楼梯间上部为平屋顶。注意平屋面的标高和檐口（结构）标高，并根据檐口（结构）标高、屋面 1∶3 坡度和平面尺寸，计算出坡屋面屋脊及各部位的标高。

通过以上对试题所给的 4 个平面图和其他相关信息的认真仔细地深入审读，我们已经很清晰地掌握了该建筑的空间关系。这个时候再开始落笔画图的话，对整个建筑空间关系的把握就能做到胸有成竹了。否则的话，没有这种深入的审图过程，对建筑空间的关系还不能完全把握就开始下笔画图，那么，后果也就可想而知了，不是丢三落四，就是建筑空间关系错误百出，很可能最后在图上根本无法使建筑的各部分“交圈”，那就真的是“欲速则不达”了。

2. 开始落笔画图，首先要把握住整个建筑的空间关系“框架”

（1）把握好建筑空间的“大”关系

至此，可以开始落笔画图了。在以上审题的两个步骤的基础之上，可以先把整个建筑大的空间关系“框架”描绘出来。图 1-36 为本例建筑剖面图的试答卷，该图已经给出了一个清晰、准确的建筑空间关系“框架”，前面在审题阶段分析得出的结论，使我们对建筑空间的关系可以准确把握。

我们在这里指出的**首先要把握好建筑空间的“大”关系，是想强调通过认真审题把握好答题的大脉络，抓住重点以及剖面图中的各个控制点位置，避免走弯路，更顺利地通过考试。**

（2）搞清楚试题规定的建筑剖面图的剖切线位置

除了把握住整个建筑空间关系的“大框架”以外，还有一点在落笔画图的时候也要十分注意，就是要仔细地搞清楚试题所要求的建筑剖面图的剖切线位置，以确保所画出的建

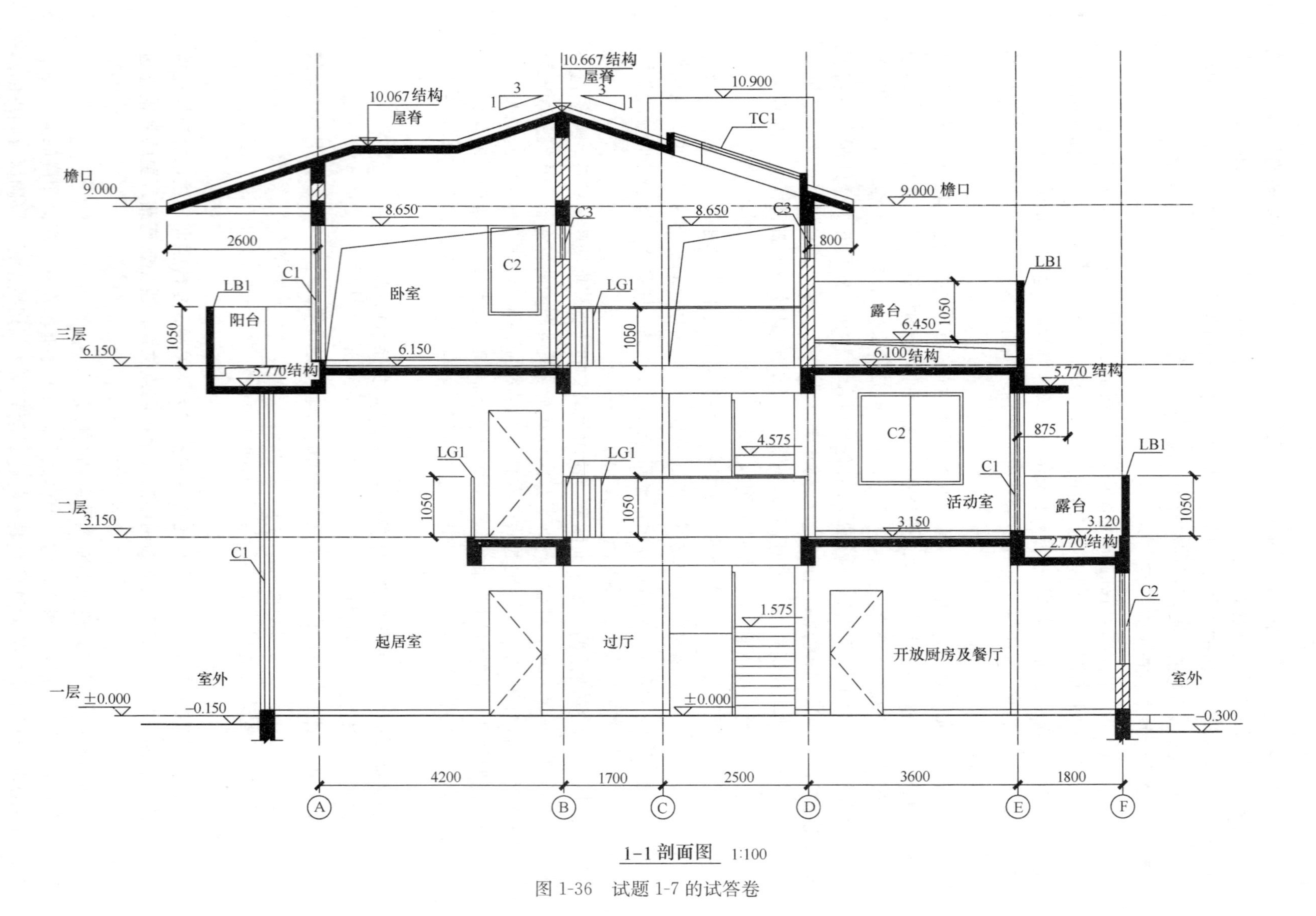

图 1-36　试题 1-7 的试答卷

筑剖面图的图面表达的正确性。对于注册建筑师资格考试的技术作图剖面考题，其出题考核的思路和方式是：出题人给出设计结果，要求考生通过审题读懂出题人的意图，并准确地把出题人的意图表达出来。换句话说，建筑剖面考题的答案应该是唯一的，就是前面说的“出题人给出的设计结果”。大家都知道，建筑剖面图有剖切面投影线和未剖切到的看线两种表达，而剖切位置的不同将决定这两者之间的某些变化。

3. 深入推敲，完善建筑结构关系和建筑构造细部做法

如果说以上第二步做法是给建筑搭一个健全的骨架的话，那么，这第三步的目的就是要给这个骨架填充血肉，使其完善和丰满起来。我们分别从建筑结构和建筑构造两个方面来做一些分析和推敲。

（1）建筑结构方面的问题

从整个建筑平面图中给出的信息来看，各部位建筑结构的空间跨度都不大，框架柱网都是题目给定的，最大跨度只有4.8m，不必考虑为减小板跨度而在房间中部设置结构梁。

（2）建筑构造方面的问题

建筑构造的这一部分内容，都在试题任务中作了具体的规定，相对来说，对考生的要求要低一些。那么，考生应该做的就是要认真细致、没有遗漏地把试题要求的建筑构造做法逐条看懂，并正确地表达在建筑剖面图中。例如，本例中我们可以按照一定的顺序（最好按照试题中“构造要求”项下的顺序进行，以避免遗漏）逐一解决这些问题。

另外还有一些基本的建筑构造做法，试题中只作一些简单的提示甚至并未提及，更需要引起应试者的注意，也必须正确地设计和绘制出来。

这里想强调的有两点，第一，踢脚线应该绘制；第二，坡屋面及楼地面构造层、阳台、露台架空木条板及面层下构造层的做法，应该根据题目要求绘制图例，也就是装修线的表达（本题给出的图例中，没有墙面装修构造层的图例，所以，墙面可以不画装修线）。实际上这第二点要求，也进一步从出题人的角度印证了建筑技术作图中剖面这道题必须要画装修线的要求。

建筑构造的问题琐碎而复杂，最容易出现问题和失误，考生应在平时的设计实践中重视建筑构造设计，积累经验，提高能力，到考试作图的关键时刻就能做到熟练准确、避免疏漏，取得好的成绩。

4. 注意图面的表达，符合试题规定的设计“任务要求”

在前三步中，我们已经解决了建筑的空间关系、建筑的结构布置和建筑的构造做法等问题，在建筑图纸中还有一个图面内容“定量、定位”的问题，也就是要正确地标注建筑的定位轴线、各部位的尺寸、标高、坡度等。

5. 最后做一次检查，查遗补缺

如果有良好的专业基础，作了充分的考前准备，并且认真地按照上述应试解题技巧做下来，就应该可以“宣布”大功告成了。但是，为了稳妥可靠起见，还是应该进行一次认真地检查，以做到查遗补缺，不留遗憾。另外，应该把最后的检查和查遗补缺与下面介绍的选择题的作答结合起来进行。实际上，**考生应该熟悉选择题设置的要求和特点，充分利用每个选择题给出的4个备选答案的提示，把试题答好。**

6. 选择题的作答

本例的选择题共有10道小题，每小题3分。内容如下：

(1) 剖到的坡屋面屋脊共有几处？

A 2　　B 3　　C 4　　D 5

(2) 最高的坡屋面屋脊的结构标高为：

A 9.000　　B 10.067　　C 10.667　　D 10.900

(3) Ⓐ轴与Ⓕ轴之间剖到的平屋面板共有几块？

A 1　　B 2　　C 3　　D 4

(4) Ⓑ轴与Ⓓ轴处剖到的框架梁共有几根？

A 7　　B 6　　C 5　　D 4

(5) 剖到的窗（含坡屋面天窗）的总数量为：

A 4　　B 5　　C 6　　D 7

(6) 看到的门的数量为：

A 3　　B 4　　C 5　　D 6

(7) 剖到的栏杆、栏板共有几处？

A 3　　B 4　　C 5　　D 6

(8) 建筑最高处的标高为：

A 10.150　　B 10.667　　C 10.772　　D 10.900

(9) 看到踏步线的楼梯段共有几处？

A 0　　B 1　　C 2　　D 3

(10) 最大的室内外高差为：

A 0　　B 150mm　　C 300mm　　D 450mm

建筑技术设计作图选择题是根据作图题任务要求提出的部分考核内容，要求考生必须在完成作图的基础上作答这部分试题，每题的四个备选项中只有一个正确答案。

对这部分选择题，考生应该认真对待。这部分试题既是考试内容的一部分，又同时可以作为对相应的作图题的一次极好的检查，而且是有重点、有提示的一种检查，考生应该充分利用这个机会认真完成。

我们来具体分析一下这 10 个题目。

(1) **提示：**这是一道考查正确表达投影关系的题目。应该是剖到的坡屋面屋脊共有 2 处，一处剖到最高处的主屋脊，另一处剖到丁字形屋面处的正脊。所以，答案应该是 A。

(2) **提示：**这是一道坡度计算的数学题。檐口结构标高 9.000，最高屋脊距檐口水平距离 5000mm，按 1∶3 的屋面坡度计算，最高屋脊结构标高应该比檐口标高升高 (1/3)×5000＝1667mm，则最高屋脊结构标高应为 9.000＋1.667＝10.667m。所以，答案应该是 C。

(3) **提示：**Ⓐ轴与Ⓕ轴之间剖到的平屋面板应该共有 2 块。根据空间结构关系，剖到的二、三层露台水平结构板分别是一层厨房和二层活动室的屋顶板。所以，答案应该是 B。

(4) **提示：**Ⓑ轴与Ⓓ轴处剖到的框架梁应该共有 7 根。分别是一层楼板标高处每轴一根，二层楼板标高处每轴一根，三层檐口标高处每轴一根，Ⓑ轴屋脊标高处一根。所以，答案应该是 A。

(5) **提示：**剖到的窗（含坡屋面天窗）的总数量应该是 7 个。细心数一下即可，Ⓐ轴外 1 个，Ⓐ轴 1 个，Ⓑ轴 1 个，坡屋面天窗 1 个，Ⓓ轴 1 个，Ⓔ轴 1 个，Ⓕ轴 1 个。所以，答案应该是 D。

（6）**提示：**看到的门的数量应该是 3 个。仍然是细心数一下即可，一层 2 个，二层 1 个。所以，答案应该是 A。

（7）**提示：**剖到的栏杆、栏板应该共有 6 处。细心数一下即可，二层有 4 处（3 处栏杆、1 处栏板），三层有 2 处（都是栏板）。所以，答案应该是 D。

（8）**提示：**建筑最高处的标高为楼梯间平屋顶女儿墙的标高 10.900。所以，答案应该是 D。

（9）**提示：**看到踏步线的楼梯段应该共有 2 处。从剖面图投影方向只能看到每层（一至二层和二至三层）各有 1 跑楼梯段看到踏步线。所以，答案应该是 C。

（10）**提示：**最大的室内外高差为 300mm，位于北侧入口处。所以，答案应该是 C。

通过对 10 道选择题的分析，我们发现，其中有 9 道题是关于正确表达投影关系的题目，有 1 道题（第 2 题）计算最高的坡屋面屋脊的结构标高，其实这道题也和正确表达投影关系有关。另外，第 4 题还涉及框架梁布置的结构原理和做法。因此，考生应该认真仔细审题，在理解掌握建筑构造和建筑结构相关原理和知识的基础上，清晰准确地反映出剖面图的正确投影关系，这也正是剖面这道题考查的重点内容。

第二章 建 筑 构 造

第一节 考试大纲的基本要求

在第一章《建筑剖面》中我们已经介绍过，2002年全国注册建筑师管理委员会重新调整和修订的《全国一级注册建筑师资格考试大纲》（以下简称《考试大纲》）中，将原大纲中的“建筑设计与表达”科目改为两个互相独立的考试科目，即“建筑方案设计”和“建筑技术设计”。这种考试方法的改革的最大特点是能够分别对应试者的建筑方案设计能力与建筑技术设计能力进行考核，以更准确地反映出考生的能力和水平。

一、《考试大纲》的宗旨

《全国一级注册建筑师资格考试大纲》针对建筑技术设计（作图题）的要求是：“检验应试者在建筑技术方面的实践能力，对试题能做出符合要求的答案，包括：建筑剖面、结构选型与布置、机电设备及管道系统、建筑配件与构造等，并符合法规规范。”

《考试大纲》明确给出了建筑技术设计（作图题）所涉及的四个专业领域方面，即包括“建筑剖面、结构选型与布置、机电设备及管道系统、建筑配件与构造”等，其中，除了“结构选型与布置”“机电设备及管道系统”属于建筑师也应该了解掌握的相关专业的内容外，“建筑剖面”“建筑配件与构造”本身就是建筑学专业的内容。

在2003年的实际考题中，以上四个方面的考核内容各自以一道独立的题目出现，每一道题目在内容和形式上是互不相关的。但是，房屋建筑的设计是一个涉及多专业、多工种的综合性工作，尤其是有关建筑技术方面的设计更是如此。单就涉及建筑学专业的两个方面的内容“建筑剖面”和“建筑配件与构造”来看，它们也不是孤立的内容。例如，“建筑配件与构造”（以下均简称“建筑构造”）的设计就要求应试者全面掌握建筑构造的基本原理和设计方法，能正确地选用材料，合理地解决其构造与连接，还应该了解建筑新技术、新材料的构造节点做法及其对工艺技术精度的要求。显然，这需要应试者全面、扎实的基本功以及对建筑各个细部节点的构造做法的熟悉和精通等全面的综合能力。

从《考试大纲》的要求中我们看到，大纲的主旨是强调应试者在建筑技术方面的“实践能力”，也就是说，要求应试者在全面掌握以上提到的各个专业领域的相关原理和内容的基础上，具有合理地、完善地解决实际问题的能力。

二、《考试大纲》的考核点

在《考试大纲》中关于“建筑技术设计（作图题）”中有关“建筑构造”部分的内容，除了“检验应试者在建筑技术方面的实践能力，对试题能做出符合要求的答案”、“并符合法规规范”外，并没有给出具体的要求。倒是在《考试大纲》有关“建筑材料与构造”科目的要求中对建筑构造的内容有一些具体的规定：“掌握一般建筑构造的原理与方法，能正确选用材料，合理解决其构造与连接；了解建筑新技术、新材料的构造节点及其对工艺技术精度的要求。”

从2003年以来“建筑构造”的考题题型来分析，上述“建筑材料与构造”科目的要求中对建筑构造的内容的具体规定完全可以作为“建筑构造”作图题部分的考核点。

（一）掌握一般建筑构造的原理与方法，能正确选用材料，合理解决其构造与连接

建筑构造的内容具有实践性强和综合性强的特点，内容庞杂、涉及的学科非常广泛，是对人类土木建筑工程实践活动和经验的高度总结和概括，并且涉及建筑材料、建筑物理、建筑力学、建筑结构、建筑施工以及建筑经济等方面的知识。建筑构造是研究建筑物的构成、各组成部分的组合原理和方法的一门学科，包括建筑物当中的每一个细部都是如此，都要研究其构成、各组成部分的组合原理和方法，细致到每一处建筑细部的每一个小构配件或组成部分应该采用什么材料、需要多大的截面尺寸、采用什么样的截面形状才合理、各个构配件或组成部分之间应该按照什么样的顺序组织排列、采用什么样的方式方法进行连接，以形成一个有机的整体，来满足建筑的某些具体功能要求。具体到某一个细部的建筑构造也许并不很复杂，也不难理解和掌握，难的是建筑物中这样的细部构造太多了，用成千上万来描述一点都不夸张。因此，对建筑构造内容的掌握，除了要在平时的建筑设计实践中有意识的学习和积累以外，有一点非常重要的是要有好的学习方法，也就是如何才能掌握住繁琐庞杂的建筑构造的内容。是去背那些建筑构造做法图集，还是见到一个做法就记一个做法，日积月累，积少成多。显然，这样学习建筑构造的方法是非常吃力的，只能是事倍功半，得不偿失。那么，有什么好的方法来逐渐掌握建筑构造庞杂的内容吗？方法是有的，而且说起来也不是什么新东西，就是要从建筑构造的原理入手，来学习和掌握建筑构造的内容。换一个说法，学习的着眼点不是某一个建筑构造是怎么做的，而是这个建筑构造为什么是这样做的？每学习一个新的建筑构造做法，不搞清楚为什么，就只是简单的知识累积，而简单的累积多到一定程度的时候就会忘掉一些内容，累积的过程也是非常枯燥乏味的；而如果每学习一个新的建筑构造做法，都搞清楚为什么这样做，那么，每一次的学习就变成了对建筑构造原理的一次强化，这样做的效果绝对是事半功倍，举一反三，建筑构造的学习和掌握就将不再是一件很难的事情了。

（二）了解建筑新技术、新材料的构造节点及其对工艺技术精度的要求

建筑技术是一门具有极大发展潜力的科学，随着人类科学技术水平的不断发展，建筑技术科学也是日新月异，建筑的新材料、新工艺、新技术不断涌现，层出不穷，日新月异，这也使得建筑构造的内容也在不断地丰富和变化，推动着建筑设计（包括建筑构造设计）水平的不断发展和提高。也因此，建筑构造成了建筑师最难掌握的专业内容之一。

在这里，我们仍然还是要特别强调学习和掌握建筑构造原理的必要性和重要性。作为一个建筑师如何才能跟上建筑技术科学前进的步伐，始终站在建筑技术科学发展的最前沿，只靠在学院里、课堂上、书本中的有限知识，是永远也做不到的。解决这个难题的最有效的方法，就是一定要下功夫学习、理解和掌握建筑构造的原理。真正做到这点了，至少会有三个作用，第一，对于内容庞杂、枯燥难记的建筑构造做法，掌握了建筑构造原理，就能不但知道怎么做，还知道为什么这么做，并能举一反三、事半功倍；第二，对于不断出现的建筑新技术、新材料、新工艺，如果掌握了建筑构造原理，就能很快地理解、接受和掌握，变成自己的东西；第三，掌握了建筑构造原理，还可以进行建筑构造的设计

和创作，以至可以成为建筑新技术的发明者。当然，这已经是很高的境界了，对于准备参加一级注册建筑师考试的应试者来说，能达到前两步的境界就已经完全可以做一个合格的建筑师了。

在《考试大纲》对建筑技术设计（作图题）简明扼要的要求中，特别强调了“并符合法规规范”这一点。当然，试题中并没有直接考查法规规范的条文，而是要求应试者在全面熟悉有关的建筑设计法规规范条文的基础上，正确地进行设计，把法规规范的条文要求正确地反映到设计图纸上。这种能力的养成不是一朝一夕之功，也不是仅靠突击背诵就能全面解决的问题，它需要大量的工程实践，也靠对法规规范条文的思考、钻研和理解的日积月累，毕竟在理解的基础上，才能更好地掌握庞杂的各种建筑法规规范要求。

第二节　试题特点分析

《考试大纲》的调整和修订对考试科目影响最大的一点就是将“建筑技术设计”从原来的“建筑设计与表达”中独立出来，这种变化的主导思想就是要更好地考查应试者的建筑技术设计的水平和能力。原来的“建筑设计与表达”考试科目将“建筑方案设计”和“建筑技术设计”放在一门科目中进行考核，由于考试时间长、内容多、涉及面广，没有一定基本功和实力的考生很容易顾此失彼。新的《考试大纲》将“建筑方案设计”和“建筑技术设计”分开来进行，每一门考试科目时间短了、内容范围相对少了，这可以说是对应试者有利的一面；但是，问题的另一面是，这样的变化使得独立后的两门考试科目也更专业化了，也就是说，可以更有针对性地对应试者在不同的专业方向上知识的掌握和解决实际问题的能力进行考查了，这对应试者来说要求应该是更高了。至少在多门科目混在一起进行考核的时候，还有可能某一科目考得不理想时靠其他科目拉一把，现在这种情况下恐怕是越来越不可能了，更加要靠应试者的真正实力了。

我们以 2003 年以来的“建筑构造”作图试题为例，对试题特点作一个基本的分析。

一、设题方式出现新变化，强化建筑构造考核力度

“建筑构造”部分的试题与 20 世纪 90 年代的考题相比较发生了很大的变化，这种变化正是由于新的《考试大纲》将“建筑方案设计”和“建筑技术设计”分开进行这一变化而引起的。在 20 世纪 90 年代的“建筑设计与表达”科目的考试中并没有单独的“建筑构造”的考核内容，对建筑构造内容的考核主要是通过“建筑剖面”考核来进行。应该说，这种设题方式的新变化大大强化了对建筑构造科目考核的力度。

二、考题的量和涉及的面都不大，但要复习的面和量非常大

这是一种巨大的反差，也正是建筑构造这门学科的基本特点。我们在前面提到过，具体到某一个细部的建筑构造也许并不很复杂，也不难理解和掌握，难的是建筑物中这样的细部构造太多了，用成千上万来描述一点都不夸张。

例如，2003 年“建筑构造”的试题题目是，根据一个建于非地震、非大风地区小住宅的坡屋顶平面图，按要求使用题目所给的基本构件和材料，并按给出的材料图例画出指定部位“斜天沟”“屋脊”“自由落水挑檐”“屋面变形缝”等共 4 个节点详图，其构造应符合坡屋顶的要求，并注明材料和构件名称。

实际上这个题目考查的坡屋顶的节点构造只是整个建筑构造这门学科内容的一小部

分，但是，明年会考什么，后年会考什么，那么多的建筑构造内容如何来复习和掌握？也许有的应试者面对这样的难题会采用压题的方式；这样做非常不可取，也不会达到目的。先不用说注册建筑师考试不是只为拿个证，而是要真正促使自己成为一个有能力和实力的建筑师；就算只为通过考试而考试，面对一次考试考题量和整个建筑构造考试范围的巨大反差，压题的压中概率几乎就是零了。

三、设计深度要求高

建筑构造设计可以说就是详图设计，或者说是施工图设计，它需要的不是大手笔、新思路、轮廓、创意、纯形式等，它需要的是实实在在地解决房屋建筑每一个细部的非常具体的做法，必须达到可以照图施工的详细程度。每一种材料的选择确定、每一种构配件的尺寸规格、每个节点做法、各个构件和材料的合理顺序、每一种连接的具体方法、每一个细节都要落实在图纸上，所谓详图设计，重点就在那个“详”字上了。所以，设计深度要求高是建筑构造考试科目的一个特点，也是这门科目的一个难点。

四、增加了“建筑技术设计作图选择题”的内容

在调整和修订了《考试大纲》之后的2003年考题中，新增加了“建筑技术设计作图选择题”的内容，选择题是根据“建筑技术设计”各部分作图题的任务要求提出的部分考核内容，共30道题，其中“建筑剖面”和“建筑配件与构造”（2003年为建筑构造详图）各5道题，“结构选型与布置”（2003年为结构平面布置）和“机电设备及管道系统”（2003年为消防设备设计）各10道题。每道题有4个备选答案，其中只有一个正确答案。要求应试者必须在完成作图的基础上回答这些选择题。

从设题形式来看，这部分选择题并未增加考题的范围和实际内容，其主要的出发点是简化阅卷的难度，增加机读卡阅卷的考试分数的比例。当然，对于应试者来说，这部分内容也不应该看成是在做无用功，而应该把其作为提高作图答题正确率，进而提高考试成绩，以达到考试合格目的的重要手段。如何利用选择题的作答来达到上述目的呢？其实，每一道选择题的提问正是提醒应试者应该在作图中表达的内容，以此作为对作图部分的考试内容的一次检查，以避免可能造成的错误、遗漏或不完整，提高答题的正确率和通过考试的概率，何乐而不为呢。还有一点需要说明的是，选择题的范围只是针对作图题的一部分内容设置的，并不是作图题阅卷评分的全部内容，选择题没有涉及的作图内容还需要考生自己来完整地把握。

第三节　建筑构造设计的评价

在前面介绍“试题特点分析”时我们已经知道了“建筑构造”作图这一部分的试卷评分方法，也就是由两部分组成：选择题部分通过机读卡由计算机阅卷，另一部分则由阅卷人通过手工操作进行。其实，这样的阅卷评分方式对考生来说影响不太大，因为不管哪一种方式，其对试卷的打分和评价还是比较客观的，关键还是要看考生对试卷设计作答的正确性。那么，如何来评价一份考卷的成绩和水平呢？一般而言，一个好的“建筑构造”设计都应该满足以下的要求：

一、满足题目的设计条件

任何一门科目的考试在“满足题目的设计条件”这一点要求上都是一样的，所有的考试都是要求应试者按照出题人的思路去解决既定的问题。“建筑构造”设计的考题，题目往往给定了严格的限定条件，例如，规定题目设定的建筑所在的地区特点、建筑的形式、建筑的结构类型、采用的建筑材料、具体的构造做法，甚至建筑材料的图例都会给出。这样多的限定条件一方面对应试者来说可以减少需要由自己来确定的内容，另一方面也恰恰要求考生在建筑构造设计作图中一一满足这些限定条件，并应该从这些限制条件中读出一些重要的对答题非常有用的信息，建筑构造做法的地域性差别非常大，另外，在抗震设防等级、建筑材料等方面不同时，其构造做法也会有很大的差异。这些都应该引起应试者的极大注意，否则，就会使下了很大功夫画出的图由于不符合题目给定的要求而被扣掉分数。

二、建筑构造做法合理

每一个具体部位的建筑构造设计都是要解决某些具体的基本功能要求的，例如：承载要求、保温要求、隔热要求、防水要求、防潮要求、隔声要求、防火要求等，那么，检验这一建筑构造设计是否正确的最低标准就是看是否满足了这些基本功能要求，如果能以最简单的方法、最经济的代价满足这些基本的功能要求，那就是最合理的建筑构造设计了。对于应试者来说，面对一个建筑构造设计的题目，首先要搞清楚以下几个基本问题：

（一）所设计的建筑部位应该解决什么基本问题

建筑是一个功能复杂的综合体，承载、围护等基本功能所涉及的面也非常广，建筑的每一个细部多多少少都会涉及这些基本功能。但是，具体到建筑某一个特定部位的构造做法来说，就会有所侧重了。例如，屋顶檐口、斜天沟、屋脊等节点做法重点要解决的基本功能就是防水，而同样是屋顶部位的屋面变形缝节点的基本功能就不是单纯的防水问题了，而是要在做好防水的同时解决好适应变形缝两侧结构能够自由变形的需要。是否具备了这样的判断能力并做出了正确的判断，将直接影响到你能不能圆满地解决建筑构造设计的问题。

（二）是否真正解决了基本功能问题

搞清楚要解决什么问题之后，下一步就是要考查你是否能够真正地解决这些问题了。如何判断这个问题呢？建筑构造的部位成千上万，建筑构造的做法更是无法计数，怎么才能做到对每一种做法都有把握知道是否达到要求了呢？其实，万变不离其宗，只要把握住了以下三个方面，就基本没问题了。

1. 建筑材料的选择是否正确

例如，建筑防水材料的选择，即使只限制在屋面这个局部的防水材料也有很多种，油毡或者各种新型防水卷材、镀锌薄钢板以及铝板等金属防水材料、防水混凝土等刚性防水材料、各种瓦材、各种防水涂料等，每一种材料都有各自不同的性能特点，要根据具体的环境条件选择一种或者数种材料使用。有的时候，除了材料品种的选择以外，还要选择材料的规格和尺寸，品种、规格、尺寸都要合理。

2. 各组成部分的排列顺序是否合理

建筑材料选择正确只是一个好的开始，还有很多的问题需要解决，一个构造部位各组成部分的排列顺序对于建筑基本功能的实现也是至关重要的。例如，柔性卷材防水做法的构造就要求必须采用水泥砂浆等材料先做出一个找平层，通过坚固平整的找平层给柔性防水卷材提供一个保障，避免其破裂形成渗漏；同时，在柔性防水卷材的上表面还要再做一层保护层，材料做法可以是铺贴屋面砖，浇筑混凝土层，粘铺小豆石，涂刷热反射涂层等。这种保护层的功能主要有两个方面：第一，对上人屋面来说，保护层可以避免人的行走踩踏使柔性卷材防水层受到破坏；第二，在炎热夏季的太阳辐射下，不管是上人屋面还是不上人屋面，保护层都可以使其下面的柔性防水卷材表面温度降低，以提高防水层的耐久性。又比如，坡屋顶挂瓦防水屋面构造做法，在屋面挂瓦的基层上必须先铺钉顺水条，以利于瓦缝间可能漏下的少量雨水能够顺利地向低处檐口方向排出，顺水条上再钉挂瓦条，最后挂瓦。以上两个屋面防水的构造做法中，按从下到上的顺序，应该分别是：平屋顶的找平层—防水层—保护层，以及坡屋顶的望板（或者其他材料的基层板）—油毡—顺水条—挂瓦条—瓦。这样的顺序是保证该部位防水基本功能得到满足的必要条件，顺序错乱颠倒显然就会出问题，因此是不允许的。

3. 连接固定的方法是否可靠有效

所谓“构造”，其实就包含了“连接方式”的含义，建筑构造也不例外。那么，连接固定的方法是否可靠有效，自然就是考查建筑构造做法是否正确合理的重要标准了。例如，油毡或者各种新型防水卷材在粘铺到边缘部位的时候都需要进行固定，以避免防水卷材起翘“张嘴”形成渗漏；挂瓦屋面的瓦材，在檐口、屋脊等重要部位需要采取固定加强措施，而在屋面坡度较大时或者在大风地区和地震地区，则需要对全部瓦材采取固定加强措施，以避免瓦材掉落。显然，连接固定是必不可少的，但是，只有连接固定还不是全部，还要检查一下连接固定的方法是否可靠有效，否则，连接固定也就失去了意义。例如，卷材防水屋面女儿墙泛水的构造做法中，卷材防水层应该平滑卷起至距汇水面250mm以上，并采用压毡条固定在女儿墙上，防水层收头处一般可采用挑砖并做出滴水槽，以避免雨水渗入。在这个例子中，如果将挡雨的挑砖高出防水层收头过多的话，那么，对防水层采用的压毡条固定的做法就失去了意义，成了无效的连接固定。

在这里，我们仅举了涉及屋面防水的一些节点构造的例子来说明问题，而建筑构造所涉及的建筑部位非常多，每个部位需要解决的基本功能也是多种多样的，显然，我们不可能对所有的建筑节点都加以分析介绍，因此，需要应试者在理解和掌握了这种方法之后，能够自己做一些练习，在画建筑构造节点做法图的时候，不要只是照猫画虎，而是按照这三个方面的标准对自己画出的图做一次检查，练习的效果肯定不一样。

三、图面的表达是否正确

对建筑构造做法详图来说，图面表达正确与否主要看以下两个方面：

（一）图示的投影关系是否正确

这里讲的图示投影关系的错误不是指的那种由于做法错误造成的，而是纯粹投影关系的错误。一般情况下，这样的错误在节点详图中应该是很少出现的，而在考生的试卷中经常出现这类错误的原因，主要还是没有搞清楚该节点部位的正确做法，只是凭感觉画或者是照猫画虎，出错也就在所难免了。但是，不管什么原因出的错，图示投影关系不正确的话，百分之百是要扣分的。

（二）尺寸及做法等标注是否完整正确

建筑构造节点详图，强调的就是一个“详”字，因此，能否详细、完整地表达清楚其具体的构造做法，就成为一个重要的评价标准了。一般情况下，基本的尺寸（主要是涉及位置关系的尺寸）、分层材料做法（材料名称及厚度尺寸、构件名称及规格等）、连接固定方法的文字说明（用引出线标注）等都不能缺少。总之，尺寸及做法等标注得是否完整正确，可以用这样一个标准来检查：你可以假设是一个施工人员需要照着你画的这个节点详图进行施工作业，你的图是否已经交代清楚了每一个细节的做法？如果都交代清楚了，那你画的图就没有问题了。当然，这需要一个重要的前提，就是那个施工人员不能凭他丰富的经验来进行施工作业，而完全是根据你画的图“照方抓药”。

还有一点需要说明的是，建筑构造节点详图的线型及材料图例等也要规范正确，并且多数情况下试卷题目会给出应该采用的各种图例，漏画和错画的现象都应该避免。

第四节　建筑构造设计的相关知识

建筑构造的知识内容庞杂琐碎，在这里，我们做一些简要概括的介绍，目的是使应试者能有所启发和提高，顺利地通过考试。

涉及“建筑构造”作图科目的建筑构造内容，主要包括有关建筑围护系统（保温、隔热、防水、防潮、隔声、防火等）的构造做法、建筑装修构造做法，以及隔墙、隔断、门窗、建筑变形缝等的构造做法。

一、建筑围护系统构造

建筑围护系统这一部分内容的介绍，更多地涉及的是建筑构造的原理，也就是说，通过了解这部分知识，可以帮助我们判断所设计的建筑构造做法是否合理，每一个具体的建筑部位应该解决什么基本的功能问题。

建筑围护系统的设计，必须是一个系统的整体设计。例如，当我们做建筑保温设计的时候，我们的着眼点不应该仅仅是墙体的保温、门窗的保温、屋顶的保温等这些局部的保温。而应该是从一个建筑物的整体角度去解决保温的问题，除了墙体、门窗、屋顶等各自局部的保温，还应该考虑各局部之间的结合部位的保温，以及它们之间可能的相互作用和影响的问题等。同理，建筑的隔热、防水、防潮、隔声、防火等方面的设计，也应该是一种系统的整体设计。换句话说，建筑围护系统的设计原则，应该是这个“围”字，是一个完整的、没有疏漏的“围”护设计。

在建筑围护系统的设计中，“结合部”的设计是建筑构造设计的关键。所谓结合部，就是指建筑的不同部位之间（如墙体与墙体中的门窗之间）、不同方向的表面之间（如墙面与屋面之间、墙面与楼面之间、墙面与地面之间）、不同材料的相连接处等，我们也常称这些结合部位为“节点”。以建筑防水为例，我们仅从墙面（包括墙体上的门窗）和屋面防水来看，这里涉及不同的部位（墙体、门窗、屋顶等）、不同方向的表面（竖向的墙面、门窗，以及水平方向的屋面）、不同的防水材料（墙面的灰浆或石材，门窗的玻璃及其框、扇材料，屋面的防水卷材等）。应该说，在上述提及的不同部位的大面积表面的防水处理和构造措施，要相对简单得多（如玻璃、花岗石材、防水油毡等）；而在它们的“结合部”，也就是墙体与门窗框之间、墙体与屋顶相交处的檐口部位等处，防水做法要复杂得多，出现问题的可能性也要大得多。从某种意义上来说，建筑构造设计就是“结合部”的设计，或者说节点设计。我们平常所说的“冷桥”“声桥”等概念，指的就是建筑的保温系统、隔热系统、隔声系统等的“结合部”，也正是建筑构造设计应该重点处理的部位。这一点应当引起我们足够的重视。

（一）建筑防火构造

针对建筑防火的设计，在建筑构造上主要考虑以下两个问题：

1. 建筑材料的燃烧性能

这里的建筑材料主要是指非结构系统的建筑装修材料，而这些材料正是建筑构造节点详图中会大量涉及的建筑材料，因此，材料的燃烧性能、遇火是否会产生大量的烟或者有害气体等，在材料选择时就应该引起注意。

2. 避免引起火灾的安全距离

这里指的不是建筑物的防火间距，而是在建筑的一些特殊部位做构造设计时应该考虑的防火安全距离。例如，在出屋面烟囱周围的屋顶构造设计中，就必须考虑木材、油毡等一些易燃材料距烟囱之间的安全距离的限制要求。

（二）建筑防水构造

1. 建筑防水的部位

总的来说，所有可能与水发生接触的部位都应该进行建筑防水的处理。如果根据作用于建筑物的水的来源不同，作一个区分的话，我们可以将建筑防水的部位分为两种类型。第一种类型主要是防御自然环境中作用于建筑物的水，这些部位基本包括了建筑物的全部外表面，具体说有屋面、所有的外墙面、外墙上的门窗，以及当建筑物设有地下室并且地下水位很高，已超过地下室地坪时的地下室的侧墙及底板；第二种类型主要是防御建筑物中生产、生活的用水，例如卫生间、厕所、浴室、用水生产车间等的楼面或地面，以及部分内墙面等。

2. 建筑防水的材料

比较常见的建筑防水材料主要有：

（1）柔性防水卷材

柔性防水卷材包括油毡沥青以及各种新型防水卷材。柔性防水卷材一般都具有一定的延伸性，这种特性使其防水层能更好地适应由于建筑物基层结构的变形以及外界自然环境因素、温度变化等引起的变形对防水材料的抗拉、抗裂等方面的要求。柔性防水卷材多用于屋面防水、地下室防水以及楼地面的防水等。

（2）刚性防水材料

刚性防水材料是利用防水砂浆抹面或密实混凝土浇捣而成的刚性材料来形成防水层。刚性防水材料的优点是施工方便、节约材料、造价经济、维修方便，缺点是对温度变化和结构变形较为敏感、施工技术要求较高、较易产生裂缝而形成渗漏。刚性防水材料防水层较多地用在屋面防水中。

（3）涂料防水和粉剂防水

这是两种正在发展中的、主要用在屋面防水中的防水材料。

（4）坡屋顶常用的防水材料

坡屋顶具有较大的屋面坡度，其常用的防水材料也颇具特点，主要有各种瓦材、金属板、自防水钢筋混凝土构件等。

（5）墙面常用的防水材料

墙面防水一般指的是外墙面的防水，主要是通过外墙面的装修处理来达到防水的目的；因此，墙面常用的防水材料，也就是外墙装修常用的材料，例如，各类含有水泥成分的砂浆类材料，各种天然石材和人造石材，各种具有防水性能的涂料，以及玻璃、金属彩板和嵌缝用的防水油膏、防水胶等。

3. 建筑防水的基本原理

建筑物需要做防水的部位有很多，需要做防水的面积也非常大，可以采用的防水材料又是多种多样的。但是，如果从建筑防水的基本原理上做一个分析的话，所有的防水做法基本上都可以划分为两大类型，即材料防水和构造防水。

（1）材料防水

材料防水的基本原理就是利用防水材料良好的防渗性能和隔水能力，在需要做防水的部位形成一个完整的、封闭的不透水层，以达到防水、防漏的目的。

材料防水非常适用于大范围、大面积的防水处理，例如平屋顶的屋面防水、地下室的底板及侧墙的防水、房间楼地面的防水以及外墙面的防水等。同时，在一些节点连接部位(例如预制外墙板的结合部位)，也可以采用材料防水的原理进行防水处理。

（2）构造防水

构造防水的基本原理与材料防水有着很大的不同。材料防水的基本原理可以说是利用一层不透水的材料形成的完整屏障将水拒之“门”外；而构造防水的基本原理，往往是通过两道甚至是多道防水屏障（其中有一道为主要的屏障，并且这道屏障的防水可靠性往往并不要求达到百分之百的标准），以及各道防水屏障之间的“协同”工作，来达到防水、防漏的目的。也可以说，构造防水的基本原理并不是一味地将水完全拒之“门”外（因为要做到这点可能很难），而是允许有少量的、个别的“疏漏”，然后通过合理的构造做法使其排出，最终达到完全不漏水的目的。

构造防水主要用在坡屋顶的屋面防水、门窗缝隙处的防水（门窗玻璃显然属于材料防水），以及各构件连接处的节点防水等。

对于材料防水与构造防水的防水基本原理，我们可以分别用一个字予以概括，即“堵”和“导”。在选择建筑防水做法时，应根据不同的部位以及材料的防水性能的差异等因素，做出合理的选择。实际上，在建筑的防水设计中，“堵”和“导”并不一定是独立存在的，很多情况下，是以其中一种方式为主，而另一种方式为辅，两者相辅相成，以达到最佳的防水效果。

（三）建筑防潮构造

1. 建筑防潮的部位

一般说来，建筑防潮构造所要防的潮主要指的是地潮，也就是存在于地下水位以上的透水土层中的毛细水。土层中的这种毛细水会沿着所有与土壤接触的建筑物的部位（基础、墙身、室内地坪、地下室等）进入建筑物，使墙体结构受到不利的影响，使墙面和地面的装修受到破坏，使建筑物的室内环境变得非常潮湿，无法满足人们对室内舒适、卫生、健康的要求。因此，必须对建筑物进行合理的防潮设计。具体的防潮部位有墙身、室内地坪，以及地下室的侧墙和地坪。

2. 建筑防潮的材料

建筑防潮常用的材料与建筑防水的材料是基本相同或相近的。由于土壤中的毛细水是无压水，相对地下水、屋面雨水等而言，其施加在建筑各部位的作用程度要小一些，一般的建筑防水材料基本上都具有防潮的功能。具体而言，建筑防潮的材料也可以分为柔性材料和刚性材料两大类，柔性材料主要有沥青涂料、油毡卷材，以及各类新型防水卷材；刚性材料主要有防水砂浆、配筋密实混凝土等。

3. 建筑防潮的基本原理

建筑防潮设计的目的就是要阻断地潮在毛细作用下的上行通道，从系统的角度来分析的话，如果我们把所有与地基土壤接触的建筑部位都做了防潮的处理，并将所有这些部位连接起来的话，刚好覆盖了建筑物的整个下表面。也就是说，建筑防潮设计的基本原理和构造特征就是在建筑物下部与地基土壤接触的所有部位建立一个连续、封闭、整体的防潮屏障。

（四）建筑隔声构造

1. 建筑隔声的部位

在声音从室外传入室内以及室内声音传播的过程中所涉及的建筑物的各个部位，一般都应做隔声处理。具体地说，建筑隔声的部位应包括建筑物的屋顶、外墙、内墙、门窗、楼板层等。另外，还有一点是十分重要的，即建筑物各隔声部位主要应隔哪一种传播方式的声音。这个问题的确定，对于建筑物各部位隔声构造的正确选择和实施，显然是非常重要的。一般情况下，内、外墙体以及门窗的隔声构造主要应考虑隔空气传声，楼板层的隔声构造则应以隔固体传声为主；而屋顶部位的隔声构造则要视屋顶是否上人来决定，上人屋顶应考虑隔固体传声和空气传声，而不上人屋顶一般只考虑隔空气传声即可。

2. 建筑隔声的基本措施

（1）针对空气声的隔声基本措施

采取措施保证和加强建筑隔声部位（或构件）的密闭性。采用增加构件的密实性及厚度的方法，以减少声波的穿透量，并减弱构件因在声波作用下受到激发而产生的振动。采用设置专门的隔声层（亦可同时兼作其他用途）的方法来解决隔声的问题。采用有空气间层或多孔弹性材料的夹层构造，也可以起到很好的减振和吸声的作用。

（2）针对固体声的隔声基本措施

可以采用铺设弹性面层的构造方法，使撞击声能减弱，以降低结构（即弹性面层的刚性基层）本身的振动，从而减弱振动能量向四外传播。采用在面层（一般为刚性材料）与刚性结构层之间进行减振（如设置中间弹性垫层等），从而减弱振动能量的传播。

（五）建筑保温构造

1. 建筑保温的部位

建筑需要考虑保温的部位主要有外墙（包括墙体上设置的门窗）和屋顶，以及某些建筑中的特殊部位（如建筑中作为冷库用的房间和其他相邻房间之间的墙体、楼板等）。总之，在建筑的使用过程中，其两侧存在较大温度差而又有保温要求的部位，都应进行保温设计。

2. 建筑保温材料

在建筑工程中，一般根据材料的导热系数[单位为 W/(m・K)]的大小来确定其保温的能力，通常将导热系数小于 0.3W/(m・K)的材料称为保温材料。保温材料的表观密度一般不大于 1000kg/m^3，多为轻质多孔材料。表 2-1 列出了一些常用保温材料的其热工性能。

常用建筑保温材料的热工指标　　　　表 2-1

材 料 名 称	表观密度 (kg/m^3)	导热系数 [W/(m·K)]
珍珠岩混凝土	1000	0.28
珍珠岩混凝土	800	0.22
珍珠岩混凝土	600	0.15
陶粒混凝土	1000	0.30
陶粒混凝土	800	0.25
陶粒混凝土	600	0.20
陶粒混凝土	400	0.15
多孔混凝土（加气混凝土、加气硅酸盐、泡沫硅酸盐）	1000	0.35
多孔混凝土（加气混凝土、加气硅酸盐、泡沫硅酸盐）	800	0.25
多孔混凝土（加气混凝土、加气硅酸盐、泡沫硅酸盐）	600	0.18
多孔混凝土（加气混凝土、加气硅酸盐、泡沫硅酸盐）	400	0.12
多孔混凝土（加气混凝土、加气硅酸盐、泡沫硅酸盐）	300	0.11
矿棉	150	0.06
玻璃棉	100	0.05
炉渣	1000	0.25
炉渣	700	0.19
膨胀珍珠岩	250	0.08
膨胀蛭石	300	0.12
陶粒	900	0.35
陶粒	500	0.18
陶粒	300	0.13
稻草板	300	0.09
芦苇板	350	0.12
芦苇板	250	0.08
稻壳	250	0.18
聚苯乙烯泡沫塑料	30	0.04
白灰锯末	300	0.11
软木板	250	0.06
软木屑板	150	0.05
沥青蛭石板	150	0.075

3. 建筑围护系统保温构造方案的选择

（1）单一材料的保温构造

这种构造方案是由导热系数很小的材料来做保温层起到主要的保温作用。这种做法的特点是，所选保温材料的保温性能比较高，保温材料不起承重作用，所以选择的灵活性比较大，不论是板块状、纤维状还是松散颗粒状材料均可采用。可用于屋顶及墙体的保温构造做法中。

（2）保温材料与承载材料相结合的保温构造

空心板、各种空心砌块、轻质实心砌块等，既有承载功能，又能满足保温要求，可以选择用于保温与承载相结合的构造方案中。这种构造方案的特点是，构造比较简单，施工也很方便。在材料选择时，应注意既要导热系数比较小，材料强度又要满足承载要求，同时又要有足够的耐久性。

（3）封闭空气间层保温构造

封闭的空气间层具有良好的保温作用。能够起到保温作用的空气层厚度，一般以40～50mm 为宜。为了提高空气层的保温能力，间层内表面应采用强反射材料，例如采用经过涂塑处理的铝箔材料进行涂贴，就是一种很好的办法。如果采用强反射遮热板来分隔成两个或多个空气层，其保温的效果会更好。这里，在铝箔上进行涂塑处理的目的，是为了避免铝箔材料被碱性物质腐蚀，以提高其耐久性。

（4）混合做法的保温构造

当单独采用上述某一种构造做法不能满足保温要求时，或者为了达到保温要求而造成技术经济上不合理时，就可以采用混合做法的保温构造。例如，既有实体材料的保温层，又有封闭空气间层和承载结构的外墙或屋顶。混合做法的保温构造比较复杂，但保温性能好，在热工要求较高的房间得到较多的采用。

（六）建筑隔热构造

1. 建筑隔热的部位

建筑需要考虑隔热构造的部位与需要考虑保温构造的部位是一样的，即主要包括外墙以及墙体上设置的门窗和建筑的屋顶，还有某些建筑中的特殊部位（如建筑中作为冷库用的房间和其他相邻房间之间的墙体、楼板等）。

2. 建筑围护系统隔热构造方案的选择

建筑隔热构造的主要任务，是改善热环境，减弱室外热作用，使室外热量尽量少传入室内，并使室内热量能很快地散发出去，以避免室内过热。在进行建筑隔热构造设计时，除了一般的建筑保温构造措施同时就具有的隔热功能以外，还可以通过设置通风隔热层、屋顶绿化、蓄水屋面等方式达到隔热降温的目的。

二、建筑装修构造

（一）建筑装修的功能作用

建筑装修的基本功能，主要体现在以下三个方面：

1. 保护建筑结构承载系统，提高建筑结构的耐久性

由墙、柱、梁、楼板、楼梯、屋顶结构等承载构件组成的建筑物结构系统，承受着作用在建筑物上的各种荷载。必须保证整个建筑结构承载系统的安全性、适用性和耐久性。对建筑物结构表面进行的各种装修处理，可以使建筑结构承载系统免受风霜雨雪以及室内

潮湿环境等的直接侵袭，提高建筑结构承载系统的防潮和抗风化的能力，从而增强建筑结构的坚固性和耐久性。

2. 改善和提高建筑围护系统的功能，满足建筑物的使用要求

对建筑物各个部位进行的装修处理，可以有效地改善和提高建筑围护系统的功能，满足建筑物的使用要求。例如，对于外墙的内、外表面的装修，外墙上门窗的选择，以及屋顶面层及其顶棚的装修，可以加强和改善建筑物的热工性能，提高建筑物的保温隔热效果；对于外墙面、屋顶面层以及外墙上门窗的装修，对用水及潮湿房间的楼、地面以及墙面、顶棚的装修，可以提高建筑物的防潮、防水的性能；对室内墙面、顶棚、楼、地面的装修，可以使建筑物的室内增加光线的反射，提高室内的照度；对建筑物中的墙体、屋顶、门窗、楼板层的装修，可以提高建筑物的隔声能力；对电影院、剧场、音乐厅等建筑的内墙面及顶棚的装修，可以改善其室内的音质效果；对建筑物各个部位进行的装修处理，还可以改善建筑物内外的整洁卫生条件，满足人们的使用要求。

3. 美化建筑物的室内外环境，提高建筑的艺术效果

建筑装修是建筑空间艺术处理的重要手段之一。建筑装修的色彩、表面质感、线脚和纹样形式等都在一定程度上改善和创造了建筑物的内外形象和气氛。建筑装修的处理，再配合建筑空间、体型、比例、尺度等设计手法的合理运用，创造出优美、和谐、统一、丰富的空间环境，满足人们在精神方面对美的要求。

（二）建筑装修的部位

简单地说，建筑所有的内、外表面都应该进行装修的处理，这是由建筑装修的功能作用所决定的。我们把建筑装修的部位区分为室内装修和室外装修两部分，这是因为需要进行装修的建筑室内外各个部位所处的环境条件不同，使用要求也不尽一致；因此，在进行建筑装修构造设计的时候，应该分析了解建筑物各个部位的使用要求，以进行合理的设计，满足功能要求。具体地讲，外墙装修主要应满足保温隔热以及防水的要求；内墙及顶棚装修主要应考虑满足室内照度、卫生以及舒适性等方面的要求，顶棚装修有时还要考虑满足对楼板层隔声的要求；楼地面装修则重点要满足行走舒适、安全、保暖以及对楼板层隔声的要求。另外，一些特殊房间或特殊部位还应注意满足其特殊的使用要求，如首层房间的墙体和地坪要处理好防潮的要求；用水房间的相应部位要做好防水构造等。在建筑装修的设计中，还要特别注意满足建筑防火的要求。

1. 室内装修的部位

室内装修的部位包括楼面、地面、踢脚、墙裙、内墙面、顶棚、楼梯栏杆扶手以及门窗套等细部做法等。

2. 室外装修的部位

室外装修的部位包括外墙面、散水、勒脚、台阶、坡道、窗台、窗楣、阳台、雨篷、壁柱、腰线、挑檐、女儿墙以及屋面做法等。

（三）建筑装修的分类

从建筑构造的方法上来区分，首先可以将建筑装修分为混水做法和清水做法两大类。

1. 混水装修做法

所谓混水装修做法就是采用各种各样的装修饰面材料将需要进行装修的部位做整体覆盖式处理的构造方法。混水装修做法的构造类型主要有五大类，而且，在室内装修和室外

装修中都是如此，所不同的是，由于所处的环境条件的不同和需要解决的功能作用的不同，在材料的选择上会有较大的差异。

（1）灰浆整体式做法

灰浆整体式做法是采用各种灰浆材料或水泥石碴材料，以湿作业的方式，分2～3层在现场制作完成。分层制作的目的是保证做法的质量要求，加强装修层与基体粘结的牢固程度，避免脱落和出现裂缝。为此，各分层的材料成分、组分比例以及材料厚度均不相同。以20～25mm厚的3层做法为例，第一层为10～12mm厚的打底层，其作用是使装修层与基体（墙体、楼板等）粘结牢固，并初步找平；第二层为5～8mm厚的找平层，其作用主要是进一步找平，以减小打底层砂浆干缩导致面层开裂的可能性；第三层为2～5mm厚的罩面层，其主要的作用就是要达到基本的使用要求和美观的要求。打底层的材料以水泥砂浆（用于室内潮湿部位及室外）和混合砂浆、石灰砂浆（用于室内）为主，找平层和罩面层的材料则根据所处部位的具体装修要求而定。另外，灰浆整体式做法面积较大时，还常常进行分格处理，以避免和减少因材料干缩或热胀冷缩引起的裂缝。灰浆整体式做法是一种传统的墙面、楼地面、顶棚等部位的装修方法，其主要特点是，材料来源广泛，施工方法简单方便，成本低廉；缺点是饰面的耐久性差，易开裂、易变色，工效比较低，因为其基本上都是手工操作。

（2）块材铺贴式做法

块材铺贴式做法是采用各种天然石材或人造石材（也包括少量非石材类材料），利用水泥砂浆或其他胶结材料粘贴于基体之上。基体要做基层的处理，基层处理的方法一般仍采用10～15mm厚的水泥砂浆打底找平，其上再用5～8mm厚的水泥砂浆粘贴面层块材。面层块材的种类非常多，可根据内墙面、外墙面、楼地面等不同部位的特定要求进行选择。块材铺贴式做法的主要特点是耐久性比较好，施工方便，装修的质量和效果好，用于室内时较易保持清洁；缺点是造价较高，且工效仍然不高，仍为手工操作。

（3）骨架铺装式做法

对于较大规格的各种天然石材或人造石材饰面材料来说，简单地以水泥砂浆粘贴是无法保证其装修的坚固程度的；还有像非石材类的各种材料制成的装修用板材，也不是靠水泥砂浆作为粘贴层的材料。对于以上这些装修材料来说，其构造方法是，先以金属型材或木材（木方子）在基体上形成骨架（俗称“立筋”或“龙骨”等），然后将上述各类板材以钉、卡、压、胶粘、铺放等方法，铺装固定在骨架基层上，以达到装修的效果。如墙面装修中的木墙裙、金属饰板墙（柱）面、玻璃镶贴墙面、干挂石材墙面、隔墙（指立筋式隔墙）等；还有像楼地面装修中的架空木地面，龙骨实铺木地面、架空活动地面，以及顶棚装修中的吊顶棚等做法，均属于这一类。骨架铺装式做法的主要特点是，避免了其他类型装修做法中的湿法作业，制作安装简便，耐久性能好，装修效果好，但一般说来造价也都较高。

（4）卷材粘铺式做法

卷材粘铺式做法是首先在基体上进行基层处理，基层处理的做法有水泥砂浆或混合砂浆抹面、纸面石膏板或石棉水泥板等预制板材、钢筋混凝土预制构件表面腻子刮平处理等。对基层处理的要求是，要有一定强度，表面平整光洁，不疏松掉粉；然后，在经过处理的平整基层上直接粘铺各种卷材装修材料，如各类壁纸、墙布，以及塑料地毡、橡胶地毡和各类地毯等。卷材粘铺式做法的特点是装饰性比较好，造价比较经济，施工简便。这类做法仅限于室内的装修处理（如果我们把屋面卷材防水做法也算在内的话，卷材铺贴式做法也同样适用于室外的装修处理）。

（5）涂料涂刷式做法

涂料涂刷式做法也是在对基体进行基层处理并达到一定的坚固平整程度之后，采用各种建筑涂料进行涂刷或采用机械进行喷涂。涂料涂刷式做法几乎适用于室内、室外各个部位的装修。涂料涂刷式做法的主要特点是省工省料，施工简便，便于采用施工机械，因而工效较高，便于维修更新；缺点是其有效使用年限相比其他装修做法来说比较短。由于涂料涂刷式做法的经济性较好，因此具有良好的应用前景。

2. 清水装修做法

所谓清水装修做法就是对需要进行装修的部位不采用整体覆盖式处理、从视觉上完全暴露建筑结构表面的装修构造方法。不做整体式覆盖并不意味着不进行装修处理，相反，清水装修做法同样必须满足建筑装修所应该具有的所有装修的功能作用要求。

清水做法包括清水砖墙（柱）、清水砌块墙和清水混凝土墙（柱）等。清水做法是在砖砌体或砌块砌体砌筑完成、混凝土墙或柱浇筑完成之后，在其表面仅做水泥砂浆（或原浆）勾缝或涂刷透明色浆，以保持砖砌体、砌块砌体或混凝土结构材料所特有的装修效果。清水做法历史悠久、装修效果独特，且材料成本低廉，在外墙面及内墙面（多为局部采用）的装修中，仍不失为一种很好的方法。

我们看到，对于一个具体部位的装修做法，按材料不同，它可能用石材来做，也可能用涂料或其他材料来做；按构造方法的不同，它可以采用灰浆整体式做法，也可以采用块材铺贴式做法、骨架铺装式做法或卷材粘铺式做法等。反过来说，对于不同部位的装修做法，如果由于它们的环境条件以及具体使用要求一致（比如内墙面与顶棚、楼地面与踢脚、外墙面与勒脚等），也可能会采用同一种材料且同样构造方式的装修做法。我们了解建筑装修分类的目的，是要了解各种不同装修做法之间各自不同的特点，以便更好地为建筑装修的设计和施工服务。

（四）对装修基层的基本要求

装修是施于结构物表面的，称这种结构物为装修的基层。装修的基层可分为实体基层和骨架基层两类。实体基层也称为基体，建筑承载系统的构件多属于这种类型，如砌筑墙体，钢筋混凝土墙板，钢筋混凝土楼板，地坪混凝土结构层等。骨架基层是采用木制材料、金属材料或玻璃材料等制成铺装装修层材料的受力骨架，可以附着在结构构件的表面，也可以独立设置。骨架基层虽然不属于建筑结构承载系统的组成部分，但仍需要有一定的强度和刚度要求。

建筑装修的基层应满足如下的基本要求：

1. 装修基层应具有足够的坚固性

装修基层的坚固性要求主要体现在强度要求、刚度要求和稳定性要求三个方面。强度要求是指装修基层要有足够的承载能力，足以承受装修层的荷载。刚度要求是指装修基层不能产生过大的变形。稳定性要求在这里主要指的是地基和基础的稳定性，也就是说应该避免不均匀沉降，不均匀沉降不但会直接造成地面下陷，从而造成首层地面的凹陷、开裂等破坏，还可造成地上结构的过大变形，从而使墙面、楼地面、顶棚等部位的装修受到破坏。装修层的破坏主要表现是开裂、起壳、脱落等。

2. 装修基层表面必须平整

装修基层表面的平整要求指的是基层表面整体上的平整均匀，因为它是装修面层表面平整、均匀、美观的前提。如果装修基层存在过大的高差，会使找平材料增厚，不均匀；既浪费材料，还可能因材料的胀缩不一而引起饰面层开裂、起壳、脱落。

3. 装修基层的处理应确保装修面层材料附着牢固

要确保装修面层材料附着牢固，除了材料选择恰当、构造方法合理外，还要注意施工操作的正确。材料选择和构造方法将在下一节中介绍，这里主要介绍装修基层的施工处理方法。

对于砖石、加气混凝土等块体材料的基层，装修前应清理基层，除去浮土、灰舌、油污，并用水淋透；对于钢筋混凝土材料的基层，装修前要清理基层，除去浮土、油污、脱膜剂等，表面打毛；对于木骨架基层，应在基体内的正确位置预埋好防腐木砖，并对所有木构件进行防腐、防潮、防蛀的处理；对于金属骨架基层，则应做好基体内的预埋铁件，并进行防锈和防腐蚀的处理。

三、其他构造

（一）隔墙

隔墙的主要作用是分隔室内空间。

隔墙属于非结构墙体，也就是说，隔墙不是建筑承载系统的组成部分，它既不承受建筑结构水平分系统传来的各种竖向荷载，也不承受风荷载、地震荷载等水平荷载，甚至连隔墙本身的自重荷载也不承受，而是由水平分系统的结构构件（楼板、梁、地坪结构层等）来承担。

在墙承载结构体系的建筑中，隔墙都是内墙，不可能成为外墙；而在柱承载结构体系的建筑（如纯框架结构建筑、刚架结构建筑、排架结构建筑等）中，由于结构竖向分系统的组成都是柱子，分隔室内空间和室外空间的墙体不是承载系统的组成部分，这些墙体（既有内墙、也有外墙）的结构性能与隔墙是完全一样的，即也属于非结构墙体。我们称这些墙体为填充墙。

对于隔墙（包括填充墙）的要求，根据其所处位置的不同，除了要满足与结构墙体一样的保温、隔热、隔声、防火、防潮、防水等要求外，还应具有自重轻（以减轻对承受其自重荷载的楼板、梁等构件的弯矩作用），以及与建筑结构系统的构件有良好的连接（以保证在各种荷载特别是水平荷载作用下建筑的整体性要求）的特征。

常见的隔墙（包括填充墙）按其构造方式可分为砌筑隔墙、骨架隔墙和条板隔墙等。

1. 砌筑隔墙

砌筑隔墙是指利用普通黏土砖、多孔砖、陶粒混凝土空心砌块、加气混凝土砌块，以及其他各种轻质砌块等砌筑的墙体。

2. 骨架隔墙

骨架隔墙有木骨架隔墙和金属骨架隔墙两种。

（1）木骨架隔墙

木骨架隔墙具有重量轻、厚度小、施工方便等优点，但其防水、防潮、隔声较差，且耗费较多的木材。

木骨架隔墙可采用木板条抹灰、钢丝网抹灰或钢板网抹灰，以及铺钉各种薄型面板来做两侧的装饰面层。

（2）金属骨架隔墙

这是一种在金属骨架两侧铺钉各种装饰面板构成的隔墙。金属骨架隔墙自重轻、厚度小、防火、防潮、易拆装，且均为干作业，施工方便，速度快。为提高其隔声能力，可采用铺钉双层面板、错开骨架，或在骨架间填以岩棉、泡沫塑料等弹性材料等措施。

3. 条板隔墙

条板隔墙是采用各种轻质竖向通长条板，用各类胶粘剂拼合在一起形成的隔墙，一般有加气混凝土条板隔墙、石膏条板隔墙、碳化石灰条板隔墙和蜂窝纸板隔墙等。为了减轻自重，常制成空心板，且以圆孔居多。条板隔墙自重轻、安装方便、施工速度快、工业化程度高。为改善隔声可采用双层条板隔墙。

（二）隔断

顾名思义，隔断也是起分隔空间作用的。与隔墙相比，它们之间既有相同之处，又有很大的不同。隔断的基本作用之一是分隔室内空间（少数情况下，也有设于建筑物出入口等处的隔断形式，一般称为花格墙），隔断的结构性能与隔墙也是一样的，即也属于非结构构件。隔断的另一个主要作用在于变化空间和遮挡视线。利用隔断分隔室内空间，在空间的变化上，可以产生丰富的意境效果，增加室内空间的层次和深度，使空间即分又合，且能互相连通。利用隔断能创造一种似隔非隔、似断非断、虚虚实实的景象，是住宅、办公室、旅馆、展览馆、餐厅、门诊部等建筑设计中常用的一种处理手法。

隔断的形式有很多，常见的有屏风式隔断、漏空式隔断、玻璃隔断、移动式隔断以及家具式隔断等。

（三）门窗

门的主要功能是供交通出入，分隔、联系建筑空间，有时也兼起通风和采光的作用。窗的主要功能是采光和通风，同时还有眺望的作用。

门和窗是在墙体上开洞后设置的，在门和窗所在的墙体功能中，承载功能由门窗洞口周围的结构墙体或柱、梁组成的框架来承担，而围护功能则要由门和窗本身来承担了。所以，应根据门和窗所在的不同位置，使其分别具有保温、隔热、隔声、防水、防火等功能。在寒冷地区和严寒地区的供热采暖期内，由门窗缝隙渗透而损失的热量约占全部采暖耗热量的25%左右，所以，门窗密闭性的要求是这些地区建筑保温节能设计中极其重要的内容。

在保证门和窗的主要功能，以及满足经济要求的前提下，还要求门窗坚固、耐久、开启灵活、方便、便于维修和清洗。

1. 门和窗的类型

（1）按门窗的材料分类

门和窗按制造材料分，有：木、钢、铝合金、塑料、玻璃钢等。此外还有钢塑、木塑、铝塑等复合材料制作的门窗。

（2）按门窗的开启方式分类

门和窗的开启方式有很多种，而且门和窗都有一些特殊独用的开启方式，但是，采用最多的还是两种共用的开启方式——平开式和推拉式。

窗的开启方式有：固定窗、平开窗、悬窗（分为上悬窗、中悬窗、下悬窗）、立转窗、推拉窗等。

门的开启方式有：平开门、推拉门、折叠门、转门、上翻门、升降门、卷帘门等。

2. 木门窗构造

门和窗的功能作用各异（有时也有相同之处，如在有些情况下，门也兼有采光和通风的功能），但两者在其组成、安装方法、与墙的位置关系、框及扇断面形状尺寸等方面却基本相同或相近。

（1）木门窗的组成

木门窗的组成主要由框、扇、五金件及附件组成。

图 2-1 所示为平开木窗的组成及各部分的名称。

图 2-2 所示为平开木门的组成及各部分的名称。

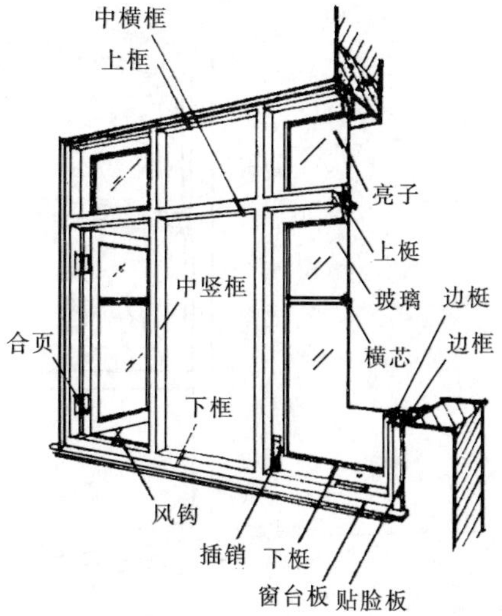

图 2-1　平开木窗的组成及各部分的名称

（2）木门窗框

木门窗框的安装有塞口安装和立口安装两种方法。

（3）木门窗扇

按构造方式的不同，木门窗扇常见的有框樘形式，如图 2-3 和图 2-4 所示；木门扇则还有一种夹板门的类型，如图 2-5 所示。

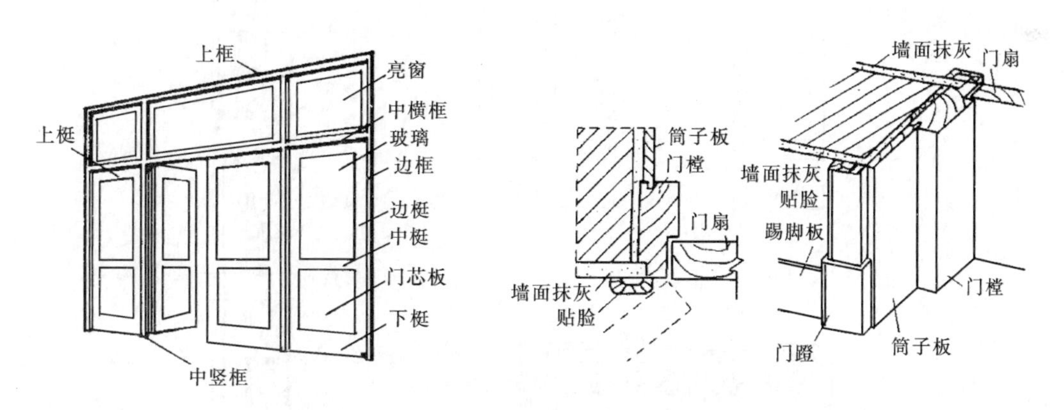

图 2-2　平开木门的组成及各部分的名称

四、建筑变形缝构造

当一个建筑物的规模很大，特别是平面尺寸很大时；或者是当建筑物的体型比较复杂，建筑平面有较大的凸出凹进的变化，建筑立面有较大的高度尺寸差距时；或者是建筑物各部分的结构类型不同，因而其质量和刚度也明显不同时；或者是建筑物的建造场地的地基土质比较复杂，各部分土质软硬不均，承载能力差别比较大时；如果不采取正确的处理措施的话，就可能由于环境温度的变化、建筑物的沉降和地震作用等原因，造成建筑物

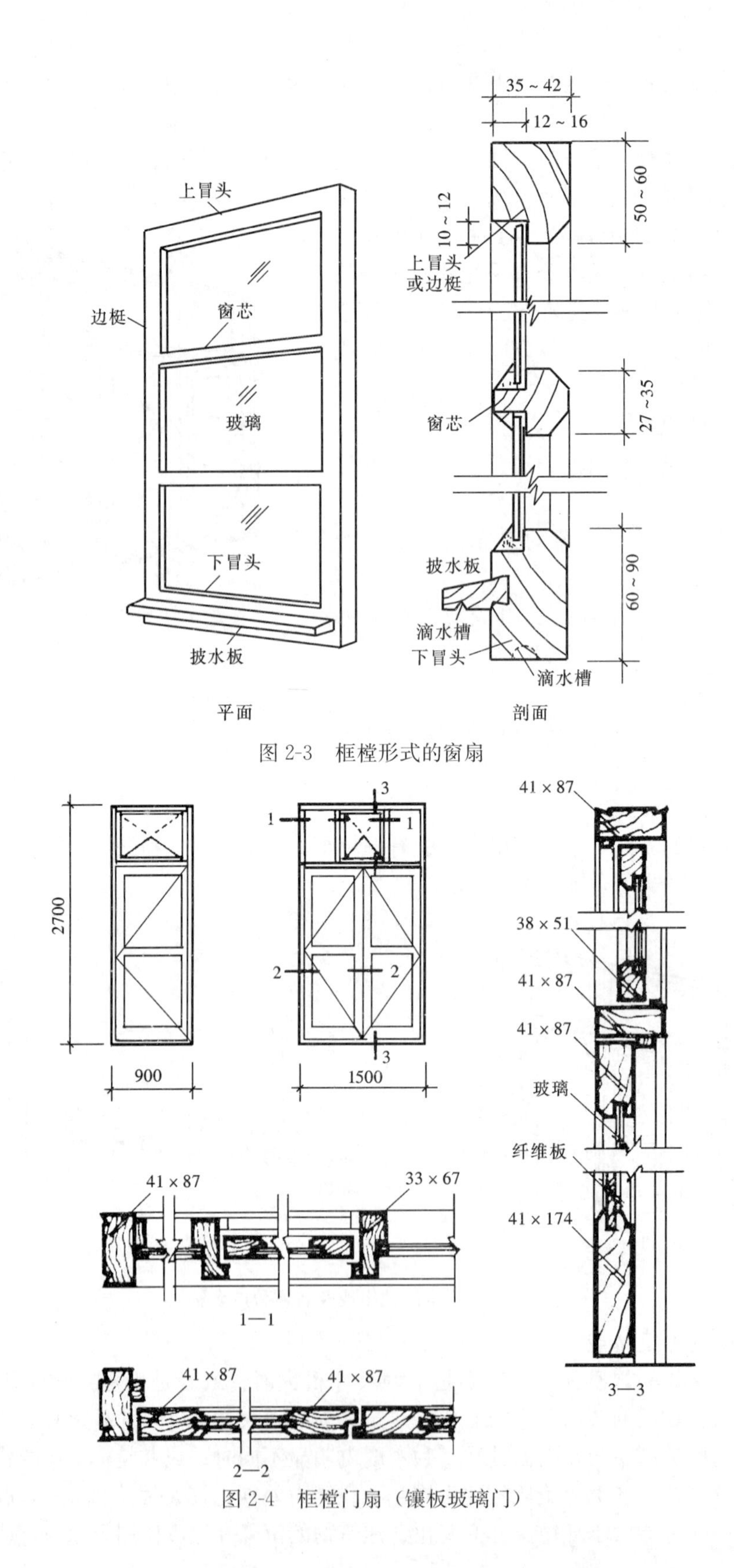

图 2-3　框樘形式的窗扇

图 2-4　框樘门扇（镶板玻璃门）

从结构到装修各个部位不同程度的破坏，影响建筑物的正常使用。严重的还可能引起整个建筑物的倾斜、倒塌，造成彻底的破坏。为避免出现上述严重的后果，常常采用的解决办法就是在建筑物的相应部位设置变形缝。

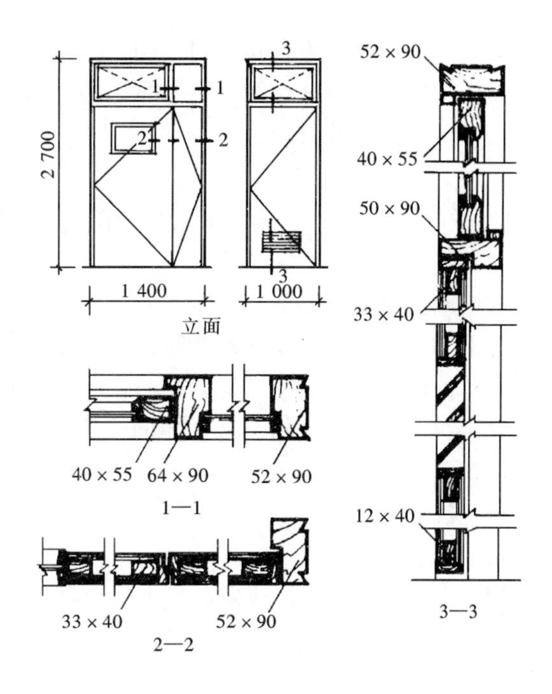

图 2-5 夹板门

所谓变形缝，实际上就是把一个整体的建筑物从结构上断开，划分成两个或两个以上的独立的结构单元，两个独立的结构单元之间的缝隙就形成了建筑的变形缝。设置了变形缝之后，建筑物从结构的角度看，其独立单元的平面尺寸变小了，复杂的结构体型变得简单了，不同类型的结构之间相对独立了，每个独立的结构单元下的地基土质的承载能力差距不大了。这样，当环境温度的变化、建筑物的沉降、地震作用等情形出现时，建筑物不能正常使用，甚至结构遭到严重破坏等后果就可以避免了。当然，建筑物设置变形缝，使其从结构上断开，被划分成两个或两个以上的独立的结构单元之后，在变形缝处还要进行必要的构造处理，以保证建筑物从建筑的角度（例如建筑空间的连续性，建筑保温、防水、隔声等围护功能的实现）上仍然是一个整体。

（一）变形缝的类型

根据建筑变形缝设置原因的不同，一般将其分为三种类型，即温度伸缩缝（简称伸缩缝）、沉降缝、防震缝。

（二）变形缝的构造

变形缝的设置，实际上是将一个建筑物从结构上划分成了两个或两个以上的独立单元。但是，从建筑的角度来看，它们仍然是一个整体。为了防止风、雨、冷热空气、灰尘等侵入室内，影响建筑物的正常使用和耐久性，同时也为了建筑物的美观，必须对变形缝处予以覆盖和装修。**这些覆盖和装修，必须保证其在充分发挥自身功能的同时，使变形缝两侧结构单元的水平或竖向相对位移和变形不受限制。**

为了防止外界自然条件对建筑物的室内环境的侵袭，避免因设置了变形缝而出现房屋的保温、隔热、防水、隔声等基本功能降低的现象，也为了变形缝处的外形美观，应采用合理的缝口形式，并做盖缝和其他一些必要的缝口处理。

三种变形缝的盖缝构造做法是有差别的。在选择变形缝盖缝材料时，应注意根据室内外环境条件的不同以及使用要求区别对待。三种变形缝各自不同的变形特征则是导致其盖缝形式产生差异的原因。

建筑物外侧表面的盖缝处理（如外墙外表面以及屋面）必须考虑防水要求，因此，盖缝材料必须具有良好的防水能力，一般多采用镀锌薄钢板、防水油膏等材料。建筑物内侧表面的盖缝处理（如墙内表面、楼、地面上表面以及楼板层下表面）则更多地考虑满足使用、舒适性、美观等方面的要求，因此，墙面及顶棚部位的盖缝材料多以木制盖缝板（条）、铝塑板、铝合金装饰板等为主。楼、地面处的盖缝材料则常采用各种石质板材、钢板、橡胶带、油膏等材料。

第五节　试题类型与应试技巧

在明确了考试大纲的基本要求，了解了试题的特点，熟悉了“建筑构造”作图设计的评价标准和方法，对建筑法规规范以及建筑构造设计中涉及的相关知识已经比较好地掌握之后，你的应试能力如何，能否把自己平时的水平正常地发挥出来，将直接影响到最后的考试结果。下面，我们将结合具体的“建筑构造”试题，给读者提供一些应试方法的建议和技巧。

一、【试题 2-1】

（一）任务要求

图 2-6 所示为建于非地震、非大风地区小住宅的坡屋顶平面图，按要求使用下面提供的基本构件和材料，划出指定的①～④节点详图，其构造应符合坡屋顶的要求，并注明材料和构件名称。

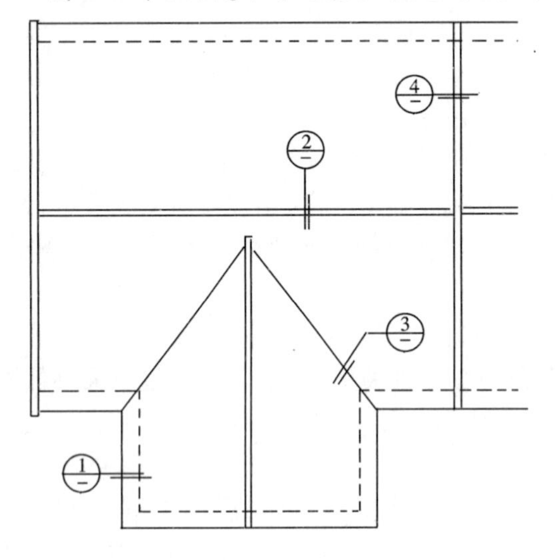

图 2-6　试题 2-1 的屋顶平面图

（二）任务说明

1. 本图节点构造以国标 SJ202（一）图集为依据。

2. 屋面结构层为 100mm 厚现浇钢筋混凝土板。

3. 屋面坡度为 1∶3，采用自由落水，出檐 500mm，山墙高 500mm，伸缩缝宽 60mm。

（三）屋面构件

1. 机制 S 形瓦 314mm×314mm。

2. 木挂瓦条 30mm×25mm（h）。

3. 顺水条 30mm×25mm（h），中距 600mm。

4. 35mm 厚 C15 细石混凝土找平层（配 $\phi6@500mm\times500mm$ 钢筋网）。

5. 保温隔热层 60mm 厚。

6. 高聚物改性沥青防水卷材 2mm 厚。

7. 找平层 1∶3 水泥砂浆 20mm 厚。

8. 现浇钢筋混凝土板 100mm 厚。

（四）图例（图 2-7）

（五）解题要点

1. 认真审题

首先，认真地通读一遍试题任务的全部内容，搞清楚题目要求应试者做什么，做到心中有数。与“建筑剖面”的试题比较，“建筑构造”的试题内容有了很大的变化，关注点从整个建筑的剖面转变到建筑的某一个局部。审题似乎应该容易一些了，其实不然，题目内容所涉及的范围虽然缩小了，但是所涉及的深度却大大加强了，这一点应该引起考生的足够注意。

分析图 2-6 所示的屋顶平面图，本例要求设计的是住宅坡屋顶自由落水挑檐、屋脊、斜天沟、屋面变形缝四个节点详图。

S形瓦

挂瓦条 顺水条

细石混凝土找平层(配ϕ6@500mm×500mm钢筋网)

保温层

防水卷材

水泥砂浆

1mm厚铝板

钢筋混凝土

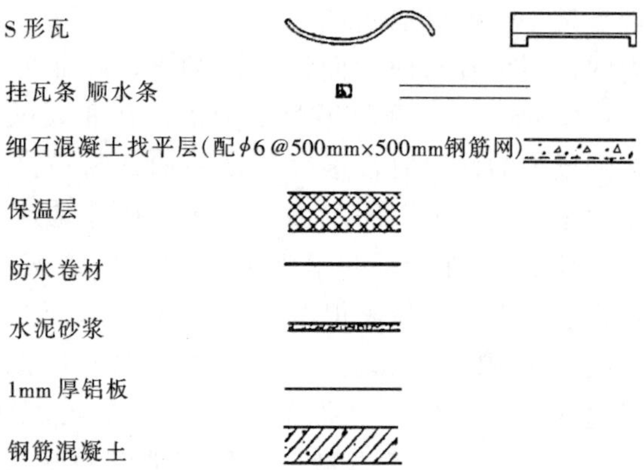

图 2-7 试题 2-1 使用的图例

2. 深入解读设计任务

通读了一遍考试题目之后，不要急着马上落笔画图。第二步还是要审题，也就是要回过头来再仔细地研究一下题目。为什么要进行二次审题呢？这一次的审题与第一次审题的目的不同，第一次审题的目的是要搞清楚题目让我做什么；而第二次审题的目的则是要从题目的“任务要求”和“任务说明”中找出所有必须搞清楚的设计条件，这些条件将会直接影响你的设计结果的正确性。我们通过本例来做一个分析。

在本例“任务要求”中写道：“图示为建于非地震、非大风地区小住宅的坡屋顶平面图”；在“任务说明”中写道：“屋面坡度为 1∶3”。在这两条说明中隐含着几个重要的设计条件，也就是说，所谓“非地震、非大风地区”和“屋面坡度为 1∶3”都不是随便写上的；这些说明的隐语是：在地震区、大风地区或者非地震、非大风地区屋面坡度比较大（大于 1∶2）时，必须对屋面上全部瓦材采取固定加强措施。而本例显然不属于这种情况，按照国家建筑标准设计图集《坡屋面建筑构造》SJ202（一）的规定，非地震或非大风地区，屋面坡度为 1∶3～1∶2 时，只需在檐口处的两排瓦和屋脊两侧的一排瓦采取固定加强措施。

在这里，我们想就这个例子再次强调一下学习和掌握建筑构造知识的方法问题。对于国家建筑标准设计图集《坡屋面建筑构造》SJ202（一）关于块瓦与屋面基层加强固定的要求的规定，条文原文是：

（1）地震地区，全部瓦材均应采取固定加强措施；

（2）大风地区，全部瓦材均应采取固定加强措施；（注：建设地址虽不属大风地区，但建筑物因地势较高、周围无遮挡，或地处风口，或为高层建筑，其屋面有可能受到较强风力作用，招致屋瓦损坏者，也应采取固定加强措施。）

（3）非地震或非大风地区，屋面坡度大于 1∶2 时，全部瓦材均应采取固定加强措施；

（4）非地震或非大风地区，屋面坡度为 1∶3～1∶2 时，檐口（沟）处的两排瓦和屋脊两侧的一排瓦应采取固定加强措施。

如果就是单纯地死记标准图集中这些条文的话，可能一时记住了，但是，时间久了、看过并要记住的条文多了，可能就忘记或者模糊了。记住地震区、可能忘记大风区了；记住地震区和大风区、可能又忘记屋面坡度了。

比较好的方法是，看标准图集中的条文的同时问一个为什么，考虑一下标准图集为什么做出这样的条文规定。例如，上述条文这样规定的原因（也就是所谓建筑构造的原理）是：在地震地区，一旦发生地震，屋面瓦材很容易被震落；在大风地区，较强风力的作用很容易使屋面瓦材被刮落；在非地震或非大风地区，当屋面坡度较大（大于1：2）时，屋面瓦材很容易滑落；在非大风地区，由于各种原因可能使建筑屋面受到较强风力的作用时，很容易使屋面瓦材被刮落。因此，规定在这几种情况下，必须对屋面全部瓦材采取固定加强措施。搞清楚这几种情况下这样做的原因，也就是知道了“为什么”，在理解的基础上去记这些条文规定，就会相对容易得多。即使时间久了，看过的东西也积累很多了，也不容易忘记；因为你首先记的是“为什么”，而不是具体的条文规定。以后再遇到这种情况时，你也许首先记起来的不是那些条文规定，而是这些“为什么”，再联想那些条文规定就很容易了。养成这样的习惯，积累多了“为什么”之后，你会发现，有时候遇到一些新的、以前并没有接触过的情况，你甚至可以通过掌握的“为什么（也就是建筑构造原理）”很容易地做出正确的判断，也就是达到了融会贯通、举一反三的境界。

3. 从容作答

经过全面的审题和对设计任务的深入解读之后，现在可以从容落笔了。以本题为例，屋面节点的构件、材料做法、构造顺序，以及材料图例等都已经明确地给出，需要应试者解决的主要是连接固定的方法。我们对题目的4个节点依次作一个分析。

（1）节点①：自由落水挑檐（图2-8）

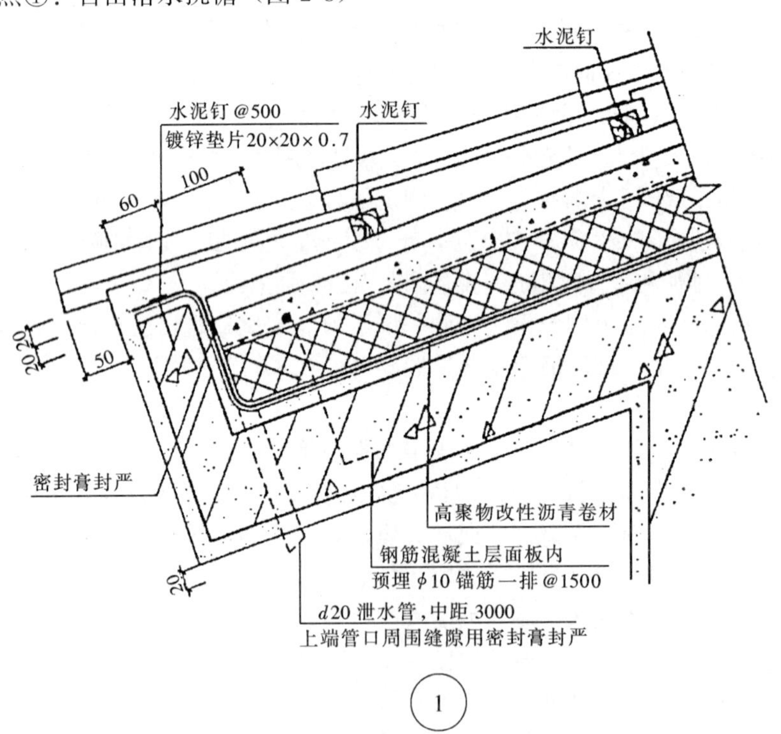

图2-8 自由落水挑檐节点

注：按照题目要求，此图原为1：5的比例；但在制版过程中，此图已缩，故未标注尺寸，图2-9～图2-11亦然。

1）分析

此节点为坡屋顶自由落水挑檐，是整个屋面在檐口处的边缘部位，建筑构造设计的重点是防水层收边处的处理问题。

2）绘图

① 屋面基本部位的绘制

题目已经给出了材料图例和构造做法顺序，依次绘制即可：

a. 机制S形瓦 314mm×314mm；

b. 木挂瓦条 30mm×25mm（h）；

c. 顺水条 30mm×25mm（h），中距 600mm；

d. 35mm 厚 C15 细石混凝土找平层（配 ϕ6@500mm×500mm 钢筋网）；

e. 保温隔热层 60mm 厚；

f. 高聚物改性沥青防水卷材 2mm 厚；

g. 找平层 1∶3 水泥砂浆 20mm 厚；

h. 现浇钢筋混凝土板 100mm 厚。

② 屋面重点部位的绘制

挑檐节点应该重点处理的部位是防水层收边处。此重点部位要解决檐口处防水卷材的收头固定、进入瓦下的雨水的排出问题，以及檐口瓦材的固定、保温隔热层的固定等问题。

3）重点提示

① 檐口防水卷材的收头固定措施

按每隔 500mm 的间距采用水泥钉或者射钉，并设 20mm×20mm×0.7mm 镀锌薄钢板垫片将防水卷材固定在钢筋混凝土出檐板的上沿上，同时将外沿砂浆抹灰层翻上来，并将水泥钉包住进行封堵。

② 进入瓦下雨水的排出措施

在该坡屋顶的屋面构造做法中，瓦材层（屋顶做法顺序中的①）是屋顶的第一道、也是最主要的一道防水层。不可避免的是，会有少量的雨水从瓦缝渗漏入瓦下，下面的防水卷材层（屋顶做法顺序中的⑥）就可以起到第二道防水层的作用。但是，从图 2-8 节点详图中可以看到防水卷材层到檐口处无法将汇集的雨水排出，因此，在防水卷材层最低处必须设置泄水管，以排出汇集的雨水。

③ 檐口瓦材的固定措施

根据题目设定的条件（“非地震、非大风地区”和“屋面坡度为 1∶3”），本例只需将檐口处的两排瓦采取固定加强措施即可，固定加强的措施是用 40 圆钉（或双股 18 号铜丝）将瓦与木挂瓦条钉（绑）牢。

④ 保温隔热层的固定措施

板状材料的保温隔热层必须进行锚固，采用的方法是在保温层上（于 35mm 厚 C15 细石混凝土找平层内）敷设 ϕ6@500mm×500mm 钢筋网骑跨屋脊并绷直，与屋脊和檐口部位的预埋 ϕ10 锚筋连牢。

（2）节点②：屋脊（图 2-9）

1）分析

此节点为坡屋顶屋脊，此例采用现浇钢筋混凝土屋脊，建筑构造设计的重点仍然是防水层收边处的处理问题。

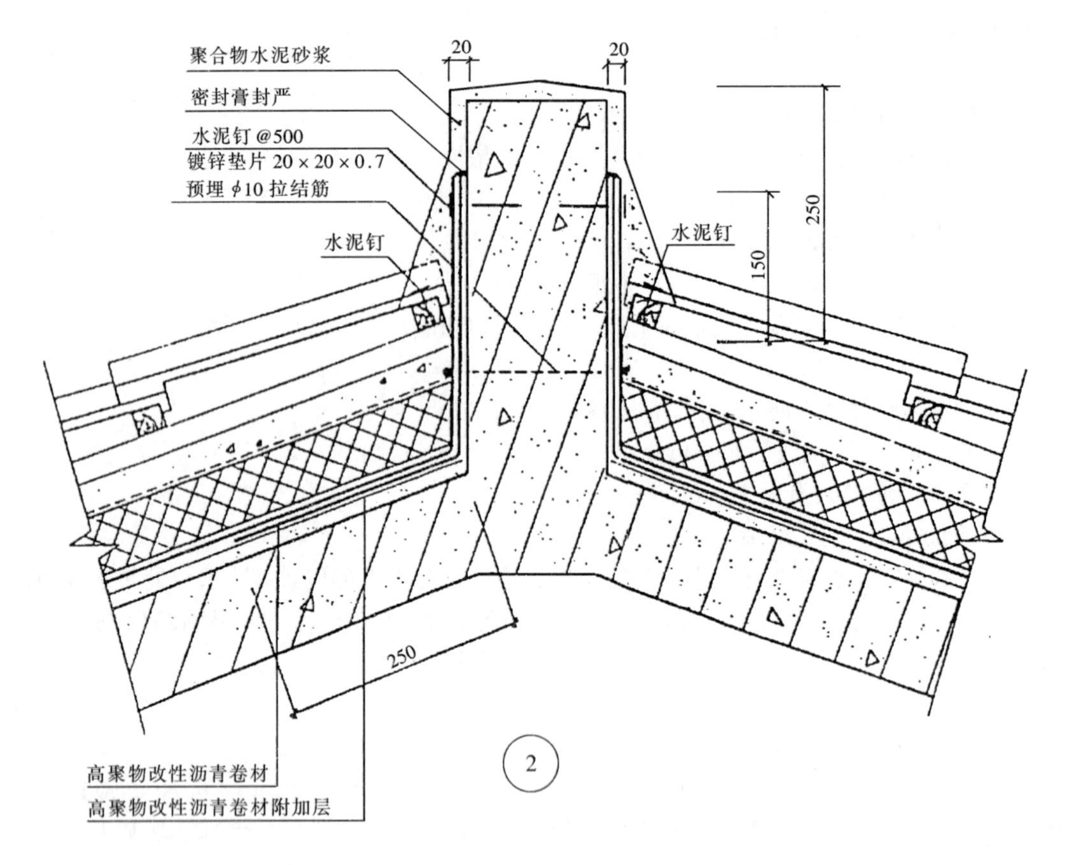

图 2-9 屋脊节点

2）绘图

① 屋面基本部位的绘制

题目已经给出了材料图例和构造做法顺序，依次绘制即可：

a. 机制 S 形瓦 314mm×314mm；

b. 木挂瓦条 30mm×25mm（h）；

c. 顺水条 30mm×25mm（h），中距 600mm；

d. 35mm 厚 C15 细石混凝土找平层（配 ϕ6@500mm×500mm 钢筋网）；

e. 保温隔热层 60mm 厚；

f. 高聚物改性沥青防水卷材 2mm 厚；

g. 找平层 1∶3 水泥砂浆 20mm 厚；

h. 现浇钢筋混凝土板 100mm 厚。

② 屋面重点部位的绘制

屋脊节点应该重点处理的部位仍然是防水层收边处。此重点部位要解决屋脊处防水卷材的收头固定的问题，以及屋脊瓦材的固定、保温隔热层的固定等问题。

3）重点提示

① 屋脊防水卷材的收头固定措施

按每隔 500mm 的间距，采用水泥钉并设 20mm×20mm×0.7mm 镀锌薄钢板垫片将防水卷材（注意此处应该附加一层卷材防水层）固定在现浇钢筋混凝土屋脊梁的侧面上，同时用屋脊砂浆抹灰层将水泥钉包住，并与最高一排的屋面瓦之间封堵密实。

② 屋脊瓦材的固定措施

根据题目设定的条件（“非地震、非大风地区”和“屋面坡度为1∶3”），本例只需将屋脊两侧的一排瓦采取固定加强措施即可，固定加强的措施是用40圆钉（或双股18号铜丝）将瓦与木挂瓦条钉（绑）牢。

③ 保温隔热层的固定措施

板状材料的保温隔热层必须进行锚固，采用的方法是在保温层上敷设（于35mm厚C15细石混凝土找平层内）ϕ6@500mm×500mm的钢筋网，钢筋网绷直并与屋脊和檐口部位的预埋ϕ10拉结筋连牢。

如果把屋脊防水卷材的收头固定措施与挑檐防水卷材的收头固定措施比较一下的话，由于两者在位置上的不同，其做法在形式上也是不一样的。但是，如果做一个仔细对比的话，两者又有某些相似之处；例如，防水卷材收头处的固定措施、覆盖固定用的水泥钉的方法、瓦材层的固定方法，以及保温隔热层的固定方法等都是一样的。显然，这种一致性恰好说明了这些节点部位的构造做法原理是完全一样的。这也是学习和掌握庞杂琐碎的建筑构造知识的一种方法，就是从看似毫无关系的建筑构造做法中找出它们的共性来。记住了一个共性做法的构造原理，也就记住了相关的一系列的建筑构造内容。

（3）节点③：斜天沟（图2-10）

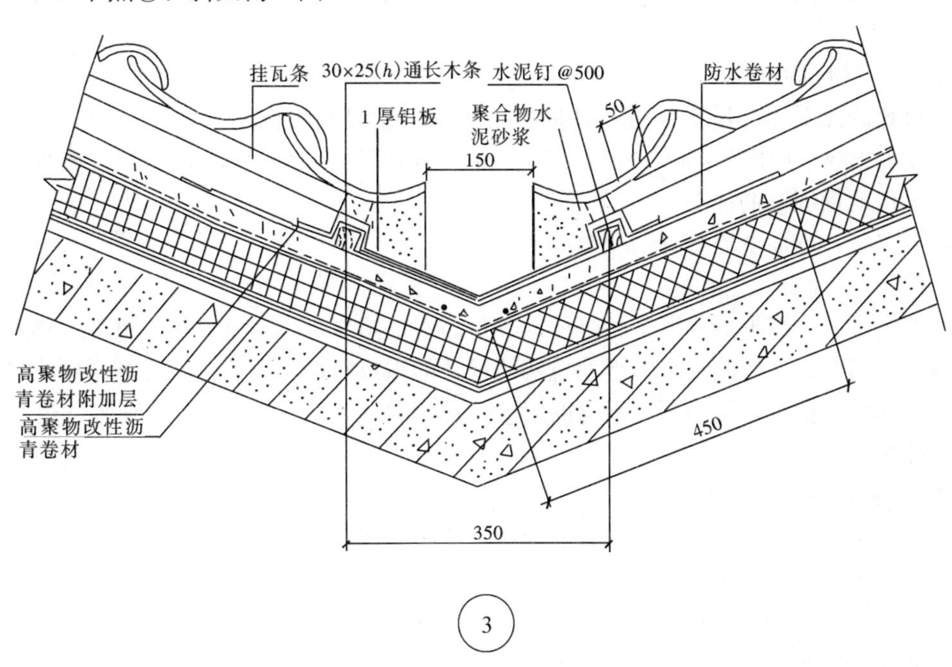

图2-10　斜天沟节点

1）分析

此节点为坡屋顶斜天沟，是屋面汇水的部位，建筑构造设计的重点是天沟与边瓦之间“结合部”的防水处理问题。

2）绘图

① 屋面基本部位的绘制

题目已经给出了材料图例和构造做法顺序，依次绘制即可：

a. 机制S形瓦314mm×314mm；

b. 木挂瓦条30mm×25mm（h）；

c. 顺水条30mm×25mm（h），中距600mm；

d. 35mm厚C15细石混凝土找平层（配ϕ6@500mm×500mm钢筋网）；

e. 保温隔热层60mm厚；

f. 高聚物改性沥青防水卷材2mm厚；

g. 找平层1∶3水泥砂浆20mm厚；

h. 现浇钢筋混凝土板100mm厚。

② 屋面重点部位的绘制

重点部位是天沟与边瓦之间的“结合部”。该节点处采用的是“铝板和（高聚物改性沥青）附加防水卷材”做斜天沟的防水覆盖材料。

3）重点提示

① 斜天沟防水覆盖材料的做法

铝板和（高聚物改性沥青）附加防水卷材的两侧边缘应该分别经过两侧的挂瓦条下和顺水条之上伸入两侧50mm和450mm，并应该采用聚合物水泥砂浆在斜天沟两侧边瓦下进行封堵。

② 保温隔热层的锚固

板状材料的保温隔热层必须进行锚固，采用的方法是在保温层上敷设（于35mm厚C15细石混凝土找平层内）ϕ6@500mm×500mm的钢筋网，钢筋网骑跨屋脊并绷直与屋脊和檐口部位的预埋锚筋连牢。

（4）节点④：屋面变形缝（图2-11）

1）分析

此节点为坡屋顶变形缝，既是整个屋面卷材防水的边缘部位，又是因设置变形缝而使屋面结构断开的部位。因此，该节点建筑构造设计的重点有两个：第一，是卷材防水层收边处的处理问题，第二，是屋面变形缝的盖缝处理问题。

2）绘图

① 屋面基本部位的绘制

题目已经给出了材料图例和构造做法顺序，依次绘制即可：

a. 机制S形瓦314mm×314mm；

b. 木挂瓦条30mm×25mm（h）；

c. 顺水条30mm×25mm（h），中距600mm；

d. 35mm厚C15细石混凝土找平层（配ϕ6@500mm×500mm钢筋网）；

e. 保温隔热层60mm厚；

f. 高聚物改性沥青防水卷材2mm厚；

g. 找平层1∶3水泥砂浆20mm厚；

h. 现浇钢筋混凝土板100mm厚。

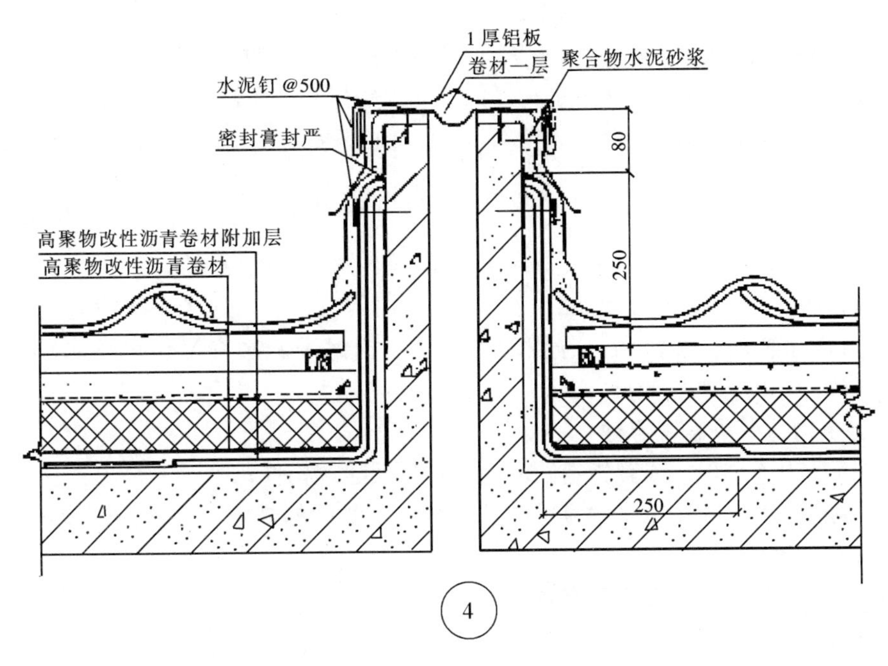

图 2-11　屋面变形缝节点

② 屋面重点部位的绘制

重点部位是：第一，变形缝两侧防水层收边处，此重点部位要解决变形缝两侧防水卷材的收头固定的问题；第二，是屋面变形缝的盖缝处理问题，此重点部位要解决的问题是既要进行盖缝处理，使变形缝处不会形成雨水渗漏，又要在因盖缝处理而达到防水目的的同时，达到变形缝两侧的结构仍能自由变形的要求。

3）重点提示

① 变形缝两侧防水卷材的收头固定措施

按每隔 500mm 的间距采用水泥钉并设 20mm×20mm×0.7mm 镀锌薄钢板垫片将防水卷材（注意此处应该附加一层卷材防水层）固定在变形缝两侧现浇钢筋混凝土墙（或梁）的侧面泛水上，同时用砂浆抹灰层将水泥钉包住，并与两侧的屋面瓦之间封堵密实。

② 屋面变形缝的盖缝措施

为了达到既要进行盖缝处理，使变形缝处不会形成雨水渗漏，又要在因盖缝处理而达到防水目的的同时，达到变形缝两侧的结构仍能自由变形的要求。此处的屋面变形缝盖缝措施由两个部分组成：

a. 变形缝上部的盖缝措施

变形缝上部的盖缝材料采用“铝板和一层（高聚物改性沥青）卷材”。此处要注意两点：第一，铝板中间部位应该做出明显的折角，卷材的中间部位则下垂形成明显的圆弧；第二，按每隔 500mm 的间距，采用水泥钉将附加卷材固定在变形缝两侧现浇钢筋混凝土墙（或梁）的上面，但并不固定铝板。

b. 变形缝两侧的挡雨及滴水措施

变形缝两侧分别采用铝板做成挡雨滴水板，并按每隔 500mm 的间距，采用水泥钉将铝板挡雨滴水板固定在变形缝两侧现浇钢筋混凝土墙（或梁）的侧面上，并做好铝板盖缝板与铝板挡雨滴水板的钩搭连接处理（图 2-11）。

如果你足够细心的话，你会发现，变形缝两侧防水层收边处的处理与屋脊两侧防水层收边处的处理的构造原理和方法也是一样的。如果每接触一个新的构造做法你都能够做出认真的思考分析的话，多问几个“为什么”，积累足够多之后你会发现，其实建筑构造是很有规律的，也是不太难掌握的。

4. 细心检查

至此，基本的画图工作结束了；但是，还应该做一些细心的检查工作。由于新的《考试大纲》施行以后的考题增加了选择题的内容，也可以把这一步检查工作与选择题的解答结合起来进行，使两部分相辅相成，互相促进。检查工作仍然从以下几个方面着手进行：

（1）建筑构造做法是否合理

1）是否采用了合理（或者指定）的建筑材料及建筑构件；

2）建筑构造做法的顺序（题目可能已经给出了明确的规定，包括局部应该增设的附加层等）是否正确；

3）连接固定的方法是否可靠有效。

（2）图示的投影关系是否正确

（3）必要的尺寸、文字说明是否完整，建筑材料的图例是否正确

5. 选择题的作答

本例的建筑构造详图部分共有5道选择题：

（1）在所给屋面图中，哪几个节点位置需增加附加防水卷材？

A ①②③　　B ②③④　　C ①②④　　D ①③④

（2）节点③中斜天沟应用何种材料？

A 铝板　　B 防水卷材

C 铝板与防水卷材　　D 细石混凝土找平层

（3）根据以下未完成的②节点（图2-12），请选出哪一图能深化完成为正确节点？

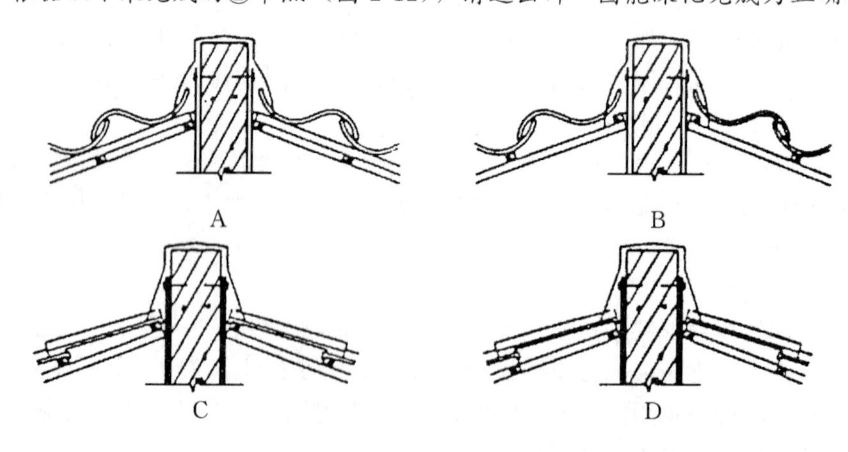

图2-12　选择题3的附图

（4）根据坡屋面构造图集的设计，①节点需在下列哪些部位采取固定措施？

A 檐口瓦，防水卷材　　B 防水卷材，细石混凝土找平层

C 檐口瓦，细石混凝土找平层　　D 檐口瓦，防水卷材，细石混凝土找平层

（5）根据以下未完成的④节点（图 2-13），请选出哪一图能深化完成为正确节点？

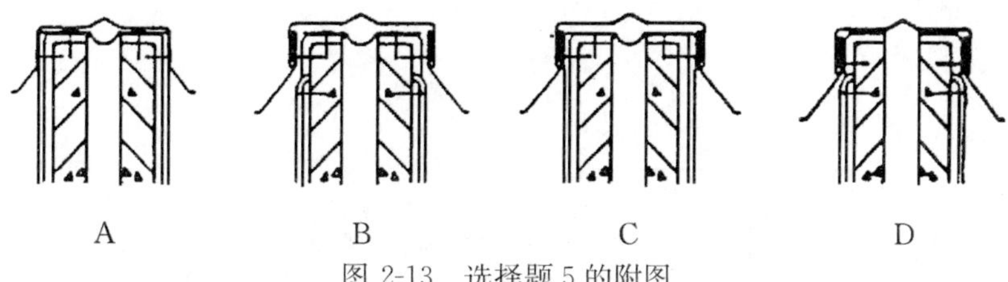

图 2-13　选择题 5 的附图

建筑技术设计作图选择题是根据作图题任务要求提出的部分考核内容，要求考生必须在完成作图的基础上作答这部分试题，每题的四个备选项中只有一个正确答案。

对这部分选择题，考生应该认真对待。这部分试题既是考试内容的一部分，又同时可以作为对相应的作图题的一次极好的检查，而且是有重点、有提示的一种检查，考生应该充分利用这个机会认真完成。

我们来分析一下这 5 个题目。

（1）**提示**：一般情况下，防水卷材需要增设附加层的部位都是防水的薄弱部位，例如，所有防水卷材收边需固定加强的（暴露）部位应该加铺一层卷材，并同时用高聚物水泥砂浆封堵。因此，答案是 B。

（2）**提示**：题目给出的四种答案中，细石混凝土找平层做防水层的话，应属于刚性防水做法，很容易由于材料干燥收缩、温度变化胀缩、结构变形等因素引起刚性防水层出现裂缝而造成渗漏；而铝板和防水卷材则具有较好的适应伸缩变形的能力而不易被拉裂，不单选铝板和防水卷材两种材料之一是因为需要以铝板作为主要的防水层、而以防水卷材作为第二道防水层，来达到提高防水做法的可靠性的目的。所以，答案应该是 C。

（3）**提示**：在所给的四个备选答案中，题目设置了两个“陷阱”。第一个“陷阱”是投影关系的错误；②节点是屋脊节点，瓦的正确的投影关系应该是如备选答案中 C 和 D 所示的情况，因此，A 和 B 是不正确的。第二个“陷阱”是屋面构造做法顺序上的错误，备选答案 D 中将挂瓦条与顺水条放在同一个平面内，既不合理也不可能。因此，只有备选答案 C 是正确的。

（4）**提示**：节点①是坡屋面自由落水节点，在前面对该节点的构造做法分析中，我们已经明确了应该对檐口防水卷材收头处、檐口处两排瓦材以及板状保温隔热材料（通过从钢筋混凝土屋面板中伸出的 ϕ10 锚筋与细石混凝土找平层中的钢筋网连牢的措施实现）采取固定加强措施，所以答案应该是 D。

（5）**提示**：节点④是屋面变形缝节点，在前面对该节点的构造做法分析中，我们已经明确了变形缝处盖缝材料和哪些部位应该采取固定加强措施，我们据此试着采用排除法来做出选择。备选答案 A 中没有出现防水卷材收头处的固定加强措施，同时，盖缝铝板被固定住是不合理的，所以可以排除；备选答案 C 中没有出现防水卷材收头处的固定加强措施，同样是错误的；备选答案 D 中的盖缝材料中缺少一层卷材，也是不正确的。只有备选答案 B 是符合该节点构造做法的所有要求的，所以答案应该是 B。

二、【试题 2-2】

（一）任务说明

图 2-14 所示为某多层公共建筑的局部立面，其外饰面为干挂 30mm 厚花岗石板，要求按提供的配件及材料绘制指定节点的构造详图。

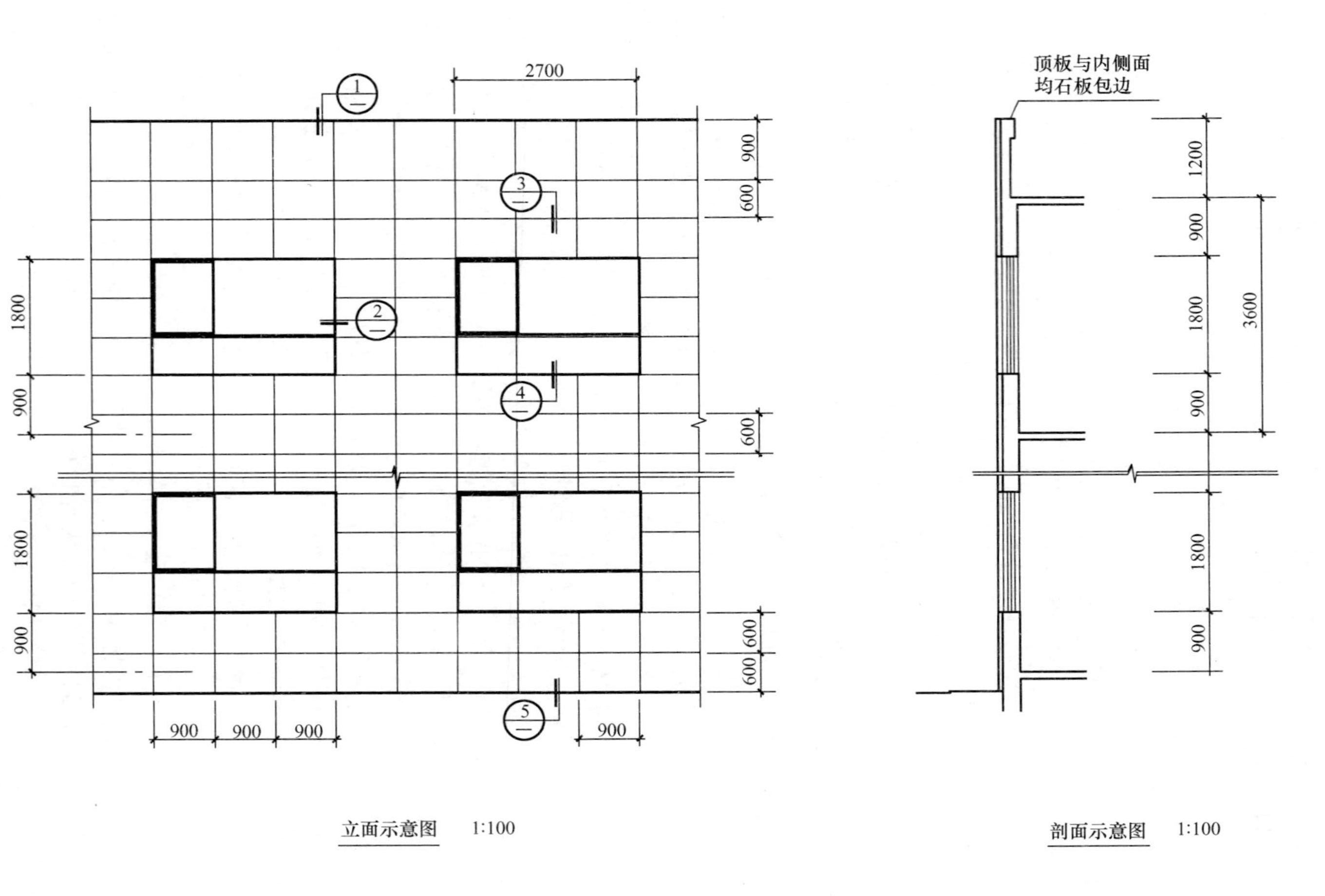

图 2-14　试题 2-2 的建筑局部立面及剖面示意图

（二）构造要求

1. 各节点详图中石材幕墙的完成面位置已用虚线给定，石材与石材之间不采用 45°对角拼接。

2. 立柱应采用螺栓与角码连接，再通过角码与预埋件焊接；横梁应采用螺栓与角码连接，再通过角码与立柱焊接；每处连接螺栓不应少于 2 个。

3. 采用不锈钢挂件一时在石板上下端开短平槽，采用不锈钢挂件二时在石板内侧开短斜槽，短斜槽距离石板两端部的距离不应小于 85mm，也不应大于 180mm。

（三）制图要求

采用表 2-2 中所列配件及材料，完成图 2-14 所示各处节点详图。

表 2-2

配件及材料名称	轴测图	图例（1:5）除加*号外，其他图例可规整徒手描绘制		
（1）立柱		60 60	* 60	
（2）横梁		75 75	75 75	* 75
（3）角码		75 75	75 75	
		75 75	75 75	
（4）不锈钢挂件一		100	40 100	
（5）不锈钢挂件二		100	40 100	
（6）不锈钢螺栓				
（7）花岗石板		*		
（8）嵌缝膏				

（四）解题要点

1. 认真审题

首先，认真地通读一遍试题任务的全部内容，搞清楚题目要求应试者做什么，做到心中有数。与“建筑剖面”科目的试题比较，“建筑构造”科目的内容有了很大的变化，关注点从整个建筑的剖面转变到建筑的某一个局部，审题似乎应该容易一些了。其实不然，题目内容所涉及的范围虽然缩小了，但是所涉及的深度却大大加强了，这一点应该引起考生的足够注意。

分析图 2-14 所示的建筑局部立面及剖面示意图和题目给出的“构造要求”，本例要求按提供的配件及材料绘制指定节点干挂花岗石板幕墙的构造详图。

2. 深入解读设计任务

第一步通读了考试题目之后，不要急着马上落笔画图。第二步还是要审题，也就是要回过头来再仔细地研究一下题目。为什么要进行二次审题呢？这一次的审题与第一次审题的目的不同，第一次审题的目的是要搞清楚题目让我做什么；而第二次审题的目的则是要从题目的“任务说明”和“构造要求”中找出所有必须搞清楚的设计条件，这些条件将会直接影响你的设计结果的正确性。我们通过本例来做一个分析。

在本例“任务说明”中写道：图示“为某多层公共建筑的局部立面，其外饰面为干挂30mm 厚花岗石板，要求按提供的配件及材料绘制指定节点的构造详图”，简单明了地给出了设计任务；在“构造要求”中，题目实际上是做了一次言简意赅的“现场教学”，把“这一种”干挂石材幕墙的构造做法交代得非常清楚，只要你有一定的建筑构造的基础，即使以前可能没有接触过这种做法，现学都来得及。

有人说，考试一见到这种题目，首先就懵了。平时做设计的时候，这种节点图从来不画，都是委托给专业厂家去做。考这种题目怎么能画得出来？且慢！让我们来做一个分析，分析之后也许你就会有不同的想法了。

首先，根据历年的“建筑构造详图”部分的题目分析，往往都会给出具体的构造做法。这样做是有其必然性的，因为既然作为一种资格考试，就必须有一个容易考评操作的“标准答案”，规定了具体的构造做法，这样的考评操作才有实现的可能。而且，越是简单、常规的构造做法，可能题目给出的具体要求会简单些；而越是复杂、少见的构造做法，可能题目给出的具体要求会更加详尽。本例就是一个很好的证明，“构造要求”的第一条不仅具体规定了石材与石材之间拼接的角度要求，甚至把各节点详图中石材幕墙的完成面位置都用虚线给定了，不可谓不周到了；第二条详细交代了立柱与钢筋混凝土结构基体之间、横梁与立柱之间的连接做法；第三条则详细交代了石材与钢骨架（横梁）之间的连接做法。其次，如果你有一定的建筑构造的专业基础（参加注册建筑师考试的人都有吧），碰到这样“棘手”的题目，只要你能静下心来，认真仔细地读懂题目给出的“构造要求”，就算现学也能画个八九不离十的。你看，从“钢筋混凝土结构基体埋件与角码焊接——角码与立柱用（2 个）螺栓连接——立柱与角码焊接——角码与横梁用（2 个）螺栓连接——横梁与石材用挂件连接——石材与石材之间采用（非 45°对角）拼接”，从内到外，题目通过“构造要求”把每一个构造连接细节都交代得清楚详尽，想不明白都难。所以，不要轻言放弃，考试的成败也许就在这一闪念之间。

在这里，我们想就这个例子再次强调一下学习和掌握建筑构造的方法问题。对于“建筑构造详图”这部分考题，很多考生愿意押题，然后背标准图集。且不说押题的难度有多大，押中的概率有多低，就算你押中了，如果只是死记硬背，照猫画虎，许多构造要点（自然也是得分点）表达不清，要想拿分也是很困难的。

比较好的方法是，在平时做设计画图（以及即便背标准图集）的时候，多问几个为什么，考虑一下所画的做法详图或者标准图集为什么会这样做。例如，上述石材幕墙连接构造做法的原因（也就是所谓建筑构造的原理）是：既要保证石材幕墙（非结构构件）与钢筋混凝土结构构件的连接坚固、可靠、有效，又要解决好石材幕墙的防水（本例题有这方面的要求，将在后面的节点详图中看到）和保温等问题（本例题没有这方面的要求）。因此，搞清楚石材幕墙连接构造为什么要这样做的原因，也就是知道了“为什么”，在理解的基础上去记这些做法就会相对容易得多。即使时间久了，看过的东西积累很多了，也不容易忘记，因为你首先记的是“为什么”而不是具体的做法。以后再遇到这种情况时，你也许首先记起来的不是那些做法，而是这些“为什么”，再联想那些做法就很容易了。养成这样的习惯、积累多了“为什么”之后，你会发现，有时候遇到一些新的、以前并没有接触过的情况，你甚至可以通过掌握的“为什么（也就是建筑构造原理）”很容易地做出正确的判断，也就是达到了融会贯通、举一反三的境界。

3. 从容作答

经过全面的审题和对设计任务的深入解读之后，现在可以从容落笔了。以本题为例，石材幕墙节点的构件、连接件、材料做法、构造顺序以及材料图例等都已经明确地给出，需要应试者解决的主要是连接固定的方法。我们对题目的 5 个节点依次作一个分析。

（1）节点①：女儿墙压顶处节点（图 2-15）

1）分析

5 个节点的基本构造要求都是要解决好石材幕墙与钢筋混凝土结构基体的连接做法，但又有各自的特点。节点①为女儿墙压顶处的做法，是整个石材幕墙的边缘部位，在题目给出的“剖面示意图”中也明确要求女儿墙压顶处“顶板与内侧面均石板包边”。所以，建筑构造设计的特殊点是石材幕墙的转折和收口的处理问题。

2）绘图

① 石材幕墙与钢筋混凝土结构基体的连接做法的绘制

题目已经给出了配件及材料，详细交代了连接构造做法，并给定了石材幕墙的完成面位置，依此绘制即可：

a. 石材与石材之间不采用 45°对角拼接。

b. 立柱应采用螺栓与角码连接，再通过角码与预埋件焊接；横梁应采用螺栓与角码连接，再通过角码与立柱焊接；每处连接螺栓不应少于 2 个。

c. 采用不锈钢挂件一时在石板上下端开短平槽，采用不锈钢挂件二时在石板内侧开短斜槽，短斜槽距离石板两端部的距离不应小于 85mm，也不应大于 180mm。

② 石材幕墙的转折和收口的处理问题的绘制

女儿墙压顶节点应该重点处理的部位是石材幕墙的转折和收口的处理问题。此重点部位要特别解决石材幕墙的转折连接处的防水做法、石材幕墙收口处的封口及防水等

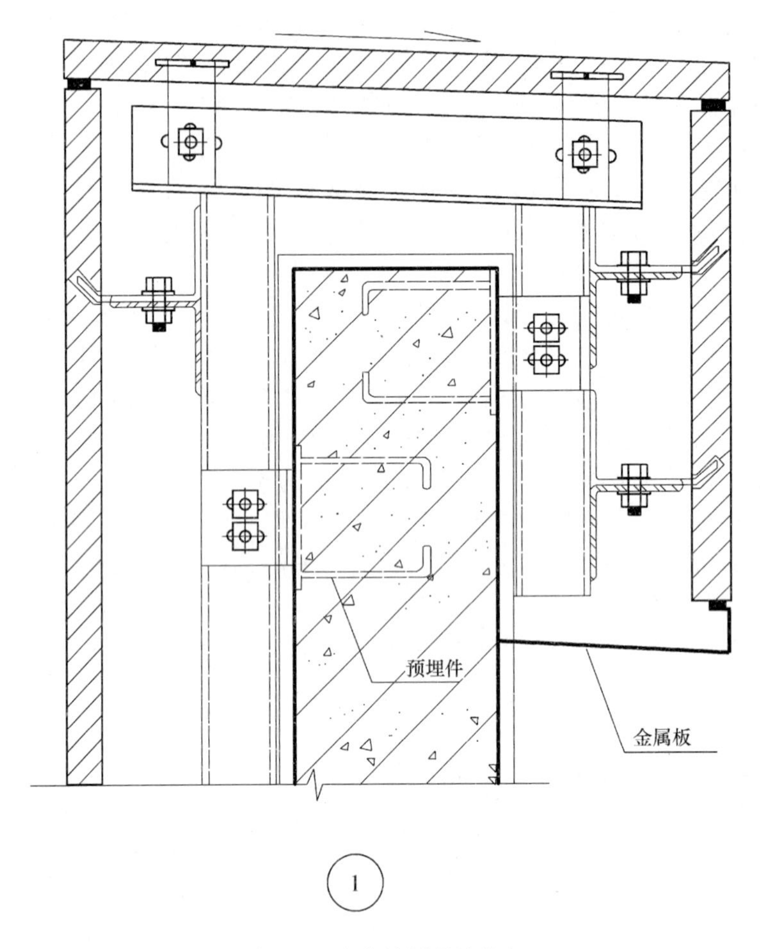

图 2-15　女儿墙压顶处节点

问题。

3）重点提示

① 压顶石板的固定措施

连接压顶石板的横梁直接焊接在钢筋混凝土结构基体内、外两侧的立柱顶端，并应使石板形成外高内低的倾斜坡度以利（有组织）排水。

② 内侧石板的固定措施

内侧石板的高度尺寸并不很大，但却需设置 2 道横梁以利于石板的连接牢固。

③ 石材幕墙转折连接处及收口处的防水措施

内侧石板下沿收口处采用金属板封口，金属板应向内上方倾斜以形成“滴水”。金属板与石板之间、石板与石板之间均采用嵌缝膏密封以利防水。

（2）节点②：窗洞口侧墙处节点（图 2-16）

1）分析

5 个节点的基本构造要求都是要解决好石材幕墙与钢筋混凝土结构基体的连接做法，但又有各自的特点。节点②为窗洞口侧墙处的做法，既是整个石材幕墙的间断部位，又有与窗框连接的问题。所以，建筑构造设计的特殊点是石材幕墙的转折和与窗框连接的处理问题。

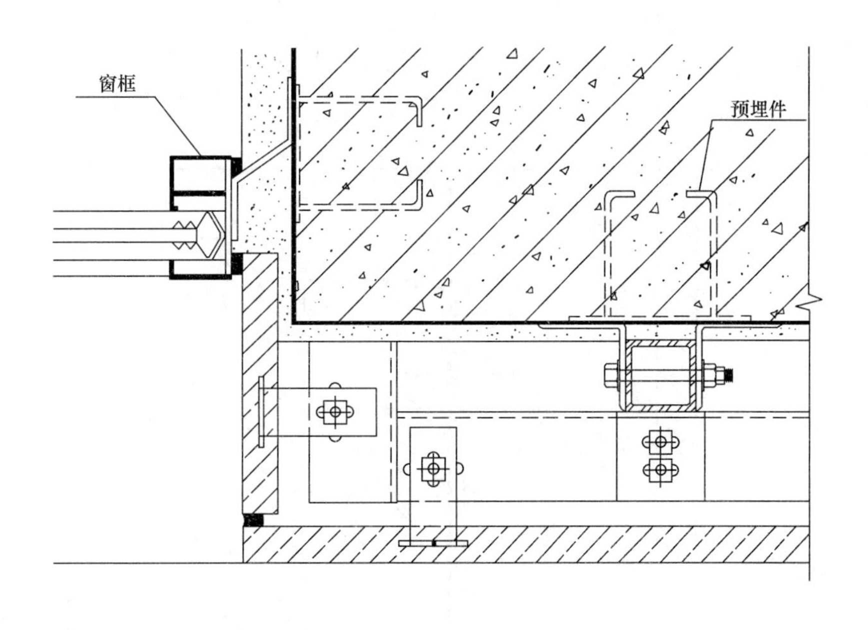

图 2-16 窗洞口侧墙处节点

2）绘图

① 石材幕墙与钢筋混凝土结构基体的连接做法的绘制

题目已经给出了配件及材料，详细交代了连接构造做法，并给定了石材幕墙的完成面位置，依此绘制即可：

a. 石材与石材之间不采用 45°对角拼接。

b. 立柱应采用螺栓与角码连接，再通过角码与预埋件焊接；横梁应采用螺栓与角码连接，再通过角码与立柱焊接；每处连接螺栓不应少于 2 个。

c. 采用不锈钢挂件一时在石板上下端开短平槽，采用不锈钢挂件二时在石板内侧开短斜槽，短斜槽距离石板两端部的距离不应小于 85mm，也不应大于 180mm。

② 石材幕墙的转折和与窗框连接的处理问题的绘制

窗洞口侧墙节点应该重点处理的部位是石材幕墙的转折和与窗框连接的处理问题。此重点部位要特别解决石材幕墙的转折连接处的防水做法，窗框与钢筋混凝土结构基体之间的连接固定及防水等问题。

3）重点提示

① 窗洞口侧墙石板的固定措施

连接窗洞口侧墙石板的横梁直接焊接在外墙面横梁的端头。

② 窗框的固定措施

窗框通过金属连接件与钢筋混凝土结构基体中的埋件焊接连接。

③ 石材幕墙转折连接处及与窗框连接处的防水措施

石材幕墙转折连接处石板与石板之间及石板与窗框连接处均采用嵌缝膏密封以

利防水。

（3）节点③：一般位置节点（图 2-17）

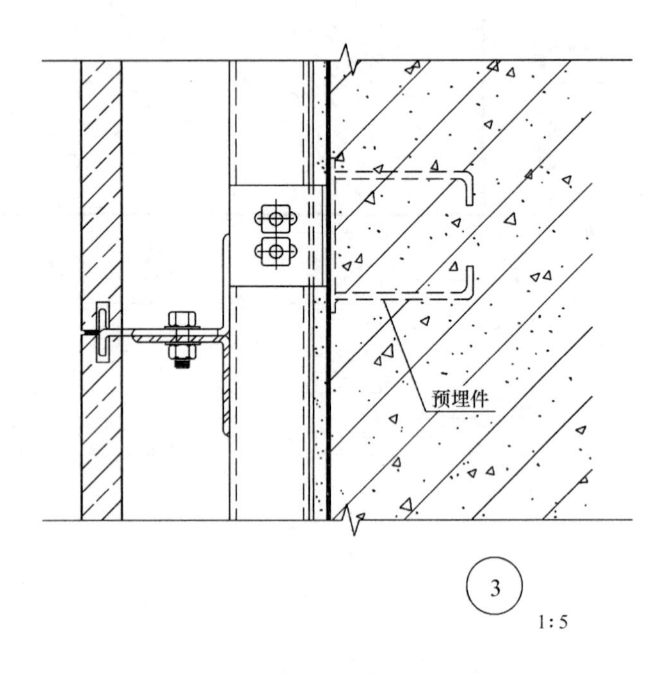

图 2-17 一般位置节点

1）分析

此节点为一般位置的做法，所以，除了要解决好石材幕墙与钢筋混凝土结构基体的连接做法外，没有需要特殊处理的问题。

2）绘图

① 石材幕墙与钢筋混凝土结构基体的连接做法的绘制

题目已经给出了配件及材料，详细交代了连接构造做法，并给定了石材幕墙的完成面位置，依此绘制即可：

a. 石材与石材之间不采用 45°对角拼接。

b. 立柱应采用螺栓与角码连接，再通过角码与预埋件焊接；横梁应采用螺栓与角码连接，再通过角码与立柱焊接；每处连接螺栓不应少于 2 个。

c. 采用不锈钢挂件一时在石板上下端开短平槽，采用不锈钢挂件二时在石板内侧开短斜槽，短斜槽距离石板两端部的距离不应小于 85mm，也不应大于 180mm。

② 需特殊处理问题的绘制

无。

（4）节点④：窗台处节点（图 2-18）

1）分析

此节点为窗台处的做法，与节点②窗洞口侧墙处的做法相似，既要考虑整个石材幕墙间断部位的处理，又要解决好石材与窗框连接的问题。所以，建筑构造设计的特殊点是石材幕墙的转折和与窗框连接的处理问题。

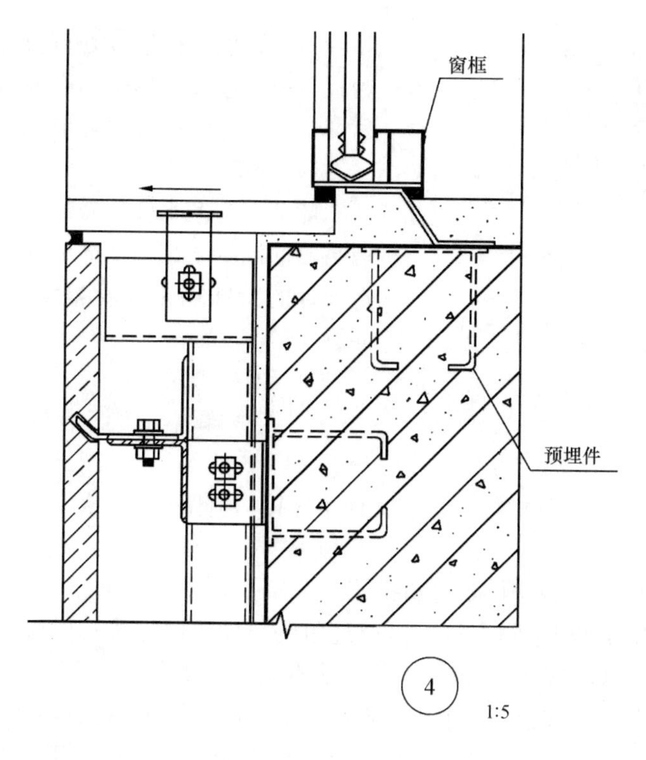

图 2-18　窗台处节点

2）绘图

① 石材幕墙与钢筋混凝土结构基体的连接做法的绘制

题目已经给出了配件及材料，详细交代了连接构造做法，并给定了石材幕墙的完成面位置，依此绘制即可：

a. 石材与石材之间不采用 45°对角拼接。

b. 立柱应采用螺栓与角码连接，再通过角码与预埋件焊接；横梁应采用螺栓与角码连接，再通过角码与立柱焊接；每处连接螺栓不应少于 2 个。

c. 采用不锈钢挂件一时在石板上下端开短平槽，采用不锈钢挂件二时在石板内侧开短斜槽，短斜槽距离石板两端部的距离不应小于 85mm，也不应大于 180mm。

② 石材幕墙的转折和与窗框连接的处理问题的绘制

窗台节点应该重点处理的部位是石材幕墙的转折和与窗框连接的处理问题。此重点部位要特别解决石材幕墙的转折连接处的防水做法，窗框与钢筋混凝土结构基体之间的连接固定及防水等问题。

3）重点提示

① 窗台石板的固定措施

连接窗台石板的横梁直接焊接在外墙面立柱的顶端，并应使石板形成内高外低的倾斜坡度以利排除窗台上的雨水。

② 窗框的固定措施

窗框通过金属连接件与钢筋混凝土结构基体中的埋件焊接连接。

③ 石材幕墙转折连接处及与窗框连接处的防水措施

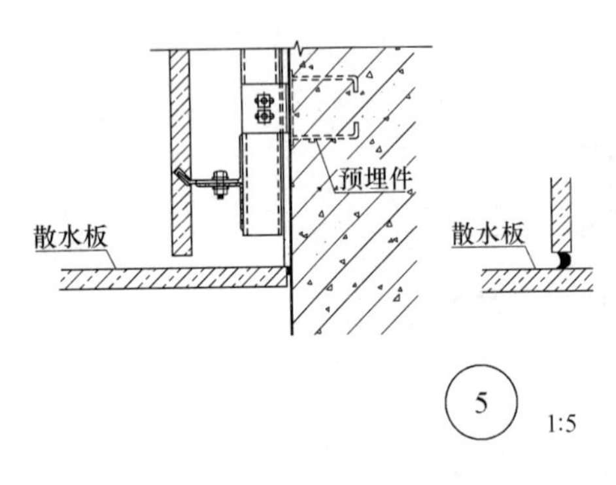

图 2-19 散水处节点

石材幕墙转折连接处石板与窗台板之间及窗台板与窗框连接处均采用嵌缝膏密封以利防水。

（5）节点⑤：散水处节点（图 2-19）

1）分析

此节点为散水处的做法，除了基本的石材幕墙与钢筋混凝土结构基体的连接做法外，建筑构造设计的特殊点是石材幕墙与散水连接的处理问题。

2）绘图

① 石材幕墙与钢筋混凝土结构基体的连接做法的绘制

题目已经给出了配件及材料，详细交代了连接构造做法，并给定了石材幕墙的完成面位置，依此绘制即可：

a. 石材与石材之间不采用 45°对角拼接。

b. 立柱应采用螺栓与角码连接，再通过角码与预埋件焊接；横梁应采用螺栓与角码连接，再通过角码与立柱焊接；每处连接螺栓不应少于 2 个。

c. 采用不锈钢挂件一时在石板上下端开短平槽，采用不锈钢挂件二时在石板内侧开短斜槽，短斜槽距离石板两端部的距离不应小于 85mm，也不应大于 180mm。

② 石材幕墙与散水连接的处理问题的绘制

散水节点应该重点处理的部位是石材幕墙与散水连接的处理问题。此重点部位要特别解决石材幕墙与散水之间的排水及防水的问题。

3）重点提示

① 散水板的排水措施

散水石板应形成内高外低的倾斜坡度以利排除雨水。

② 石材幕墙与散水连接处的防水措施

石材幕墙与散水板之间连接处可采用嵌缝膏密封以利防水，也可以不做此密封处理。

4. 细心检查

至此，基本的画图工作结束了。但是，还应该做一些细心的检查工作。可以把这一步检查工作与选择题的解答结合起来进行，使两部分相辅相成，互相促进。检查工作仍然从以下几个方面着手进行：

（1）建筑构造做法是否合理

1）是否采用了合理（或者指定）的建筑材料及建筑构件；

2）建筑构造做法的顺序（题目可能已经给出了明确的规定，包括文字和图示的要求）是否正确；

3）连接固定的方法是否可靠有效。

（2）图示的投影关系是否正确

（3）必要的尺寸、文字说明是否完整，建筑材料的图例是否正确

5. 选择题的作答

本例的建筑构造详图部分共有 8 道选择题：

（1）五个节点中有几个节点剖到立柱？

A　1个　　B　2个　　C　3个　　D　4个

（2）五个节点中有几个节点剖到横梁？

A　1个　　B　2个　　C　3个　　D　4个

（3）节点①中剖到几根横梁？

A　1根　　B　2根　　C　3根　　D　4根

（4）节点②中最少可见不锈钢挂件一及不锈钢挂件二分别为几个？

A　2个，0个　　B　0个，2个

C　2个，1个　　D　1个，2个

（5）节点③中最少可见不锈钢挂件一及不锈钢挂件二分别为几个？

A　2个，0个　　B　0个，2个

C　1个，0个　　D　0个，1个

（6）节点④中最少可见不锈钢挂件一及不锈钢挂件二分别为几个？

A　2个，0个　　B　1个，1个

C　0个，2个　　D　1个，2个

（7）节点①中最少可见几个不锈钢螺栓？

A　3个　　B　5个　　C　7个　　D　9个

（8）节点⑤中垂直面花岗石板材与室外地面交接方式，以下哪项是正确的？

A　应落在散水板上

B　应落在散水板上并用嵌缝膏密封

C　应与散水板之间留有一定间隙

D　应嵌入散水板内 20mm

建筑技术设计作图选择题是根据作图题任务要求提出的部分考核内容，要求考生必须在完成作图的基础上作答这部分试题，每题的四个备选项中只有一个正确答案。

我们来分析一下这 8 个题目。

（1）**提示：**这个选择题相对比较简单，我们来做一个分析。五个节点中，只有平面节点才有可能剖到立柱，而只有节点②是平面节点，其余节点都是剖面节点，所以，只有一个节点剖到立柱。答案应该是 A。

（2）**提示：**同前一个选择题一样，五个节点中，只有剖面节点才有可能剖到横梁，而节点①、③、④、⑤都是剖面节点，节点②是平面节点，所以，有四个节点剖到横梁，答案应该是 D。

（3）**提示：**这个问题的选择显然需要正确地画出该节点。根据我们前面对节点①绘图的分析和重点提示，为了女儿墙压顶处石材的固定，内侧石材需要两道横梁（均剖到），外侧石材只剖到一道横梁即可，压顶石材的横梁未剖到。因此，共剖到 3 根横梁，答案 C 是正确的。

（4）**提示：**第 4、5、6 三道选择题是针对节点②、③、④问的同一个问题，所以，我们作一个总的分析。从题目所给的配件及材料图以及构造做法说明中可知，不锈钢挂件一是用在幕墙上、下（或水平向左、右）相邻两块石材之间的，而不锈钢挂件二则是用在幕墙上、下两边缘端头（包括洞口上、下两边缘端头）的石材上的。节点②为窗洞口侧墙处的做法，因此，所涉及的均为幕墙上、下相邻两块石材之间的构造做法，只在窗洞口侧墙及外墙面处各有一个不锈钢挂件一，而没有不锈钢挂件二。所以，答案应该是 A。

（5）**提示：**同第 4 题的分析，节点③为一般位置的做法，涉及的只有幕墙上、下相邻两块石材之间的构造处理，因此，是有一个不锈钢挂件一，而没有不锈钢挂件二。所以答案应该是 C。

（6）**提示：**同第 4 题的分析，节点④为窗台处的构造做法，窗台板石材的固定采用不锈钢挂件一，而窗下墙第一排石材则处于窗洞口下边缘处，其固定应采用不锈钢挂件二。所以，答案应该是 B。

（7）**提示：**从题目所给的配件及材料图以及构造做法说明中可知，每个角码使用 2 个不锈钢螺栓，而每个不锈钢挂件使用 1 个不锈钢螺栓。节点①共有 2 个角码和 5 个不锈钢挂件，所以，应使用（可见）9 个不锈钢螺栓。答案应该是 D。

（8）**提示：**节点⑤为散水处的构造做法，垂直面花岗石板材与室外地面的交接方式主要应考虑两者之间的自由伸缩变形，所以，题目给出的 4 个选项中，A 选项“应落在散水板上”和 D 选项“应嵌入散水板内 20mm”都不能满足这一构造要求，而 B 选项“应落在散水板上并用嵌缝膏密封”和 C 选项“应与散水板之间留有一定间隙”均符合要求。所以，答案应该是 B 和 C。当然，作为单项选择题，只选 B 或只选 C 都是正确的。

三、【试题 2-3】

（一）任务描述

绘出下列各种楼面构造做法详图，做法应满足功能要求且经济合理（表 2-3）。

表 2-3

图序	做 法 名 称	使用及构造要求（单位：mm）
详图①	现制水磨石楼面	用于有防水要求的实验室；有防水层，厚度不大于 110
详图②	强化复合双层木地板楼面	用于会所；无龙骨，有弹性垫，厚度不大于 110
详图③	单层长条木地板楼面	用于办公室；有龙骨，厚度不大于 100
详图④	地砖隔声楼面	用于上下楼层空气声计权隔声量大于 50dB、计权撞击声小于 65dB 的场所，厚度不大于 100

注：各楼面均需敷设电线管（仅考虑厚度，不需绘制）且均无坡度。

（二）任务要求

1. 选用图例按比例绘制各详图，所用主要材料不得超出下列图例范围。
2. 注出每层材料做法、厚度（防水层、素水泥浆不计入厚度）。
3. 根据作图，完成列于后面的本题的作图选择题。

（三）图例（根据需要选用，见图 2-20）

（四）解题要点

1. 认真审题

近年来，一级注册建筑师技术作图的考试题目中，“建筑构造”科目的分值有增加的趋势，这一方面说明决策者们想要强调对建筑构造技术问题的重视，一方面自然也增加了

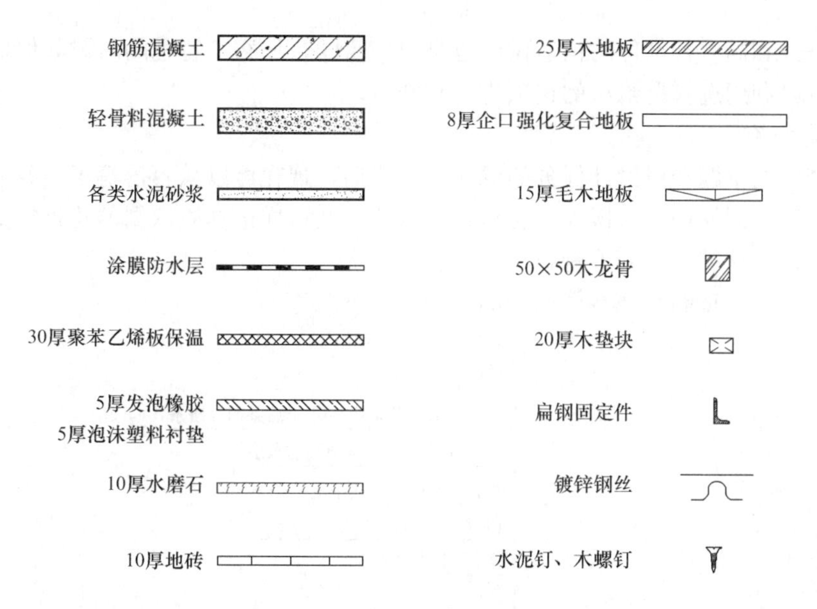

图 2-20　试题 2-3 使用的图例

考生通过的难度。面对这样的趋势，考生只有更努力地学习掌握好建筑构造的基本原理和设计方法，真正做到以不变应万变，才能使自己立于不败之地。

分析试题给出的“任务描述”和“任务要求”，本例要求按提供的材料范围和材料图例绘制指定各种楼面构造做法详图。

2. 深入解读设计任务

在本例“任务描述”中要求绘出现制水磨石楼面、强化复合双层木地板楼面、单层长条木地板楼面、地砖隔声楼面 4 种楼面构造做法详图，做法应满足功能要求且经济合理，并给出了具体的使用及构造要求，包括分层构造做法的尺寸限制等。

这个试题的特点与【试题 2-2】干挂石材外墙节点有很大的不同。干挂石材做法属于建筑师平时接触不多的构造做法，而各种楼面做法应该是建筑师司空见惯的常规做法，可是仔细分析起来，要按照题目的要求正确作答，心里仍然觉得没有底，不知道题目给出的多种可能的做法应该如何去选择。一级注册建筑师建筑技术作图科目中建筑构造部分的考题一般有一个规律：越是建筑师平时接触不多的构造做法（像干挂石材外墙节点等较新的构造节点），考试题目交代给应试者的做法越详细，包括每一种材料、每一种构造顺序、每一种连接方法都有详细具体的交代；而越是常见的建筑构造做法（像本例的各种楼面构造做法），考试题目往往交代给应试者的做法越笼统，只交代给你基本的使用要求（如有防水要求或者隔声要求等）和构造要求（如给出总的尺寸）等，而材料的选择确定和做法的顺序则要由考生自己来作出判断。

比较注意一级注册建筑师技术作图考试题目发展趋势的读者会注意到，近年来建筑构造部分的考题越来越注重考查应试者对建筑构造原理的理解和掌握，试题要求的构造做法看似传统普通，但是真正能够全部答对，也并不是一件简单容易的事情。

如何应对这种特点的建筑构造试题呢?

解决的办法主要有两点，第一，熟练理解和掌握建筑构造做法的基本原理和技术方法，做到这一步，可以帮助你解决基本的构造做法问题；第二，建筑构造的做法多种多样，同样条件和同一种部位的构造做法也是很丰富的，那么，答题的时候如何取舍呢？这时候，就可以利用选择题给出的选项进行判断了。

3. 从容作答

经过全面的审题和对设计任务的深入解读之后，现在可以从容落笔了。我们将依次分析本例中各种不同使用要求楼面的合理构造做法以及这样选择所依据的建筑构造原理，以及一些如何作答这类试题的答题技巧。

（1）详图①：现制水磨石楼面（图 2-21）

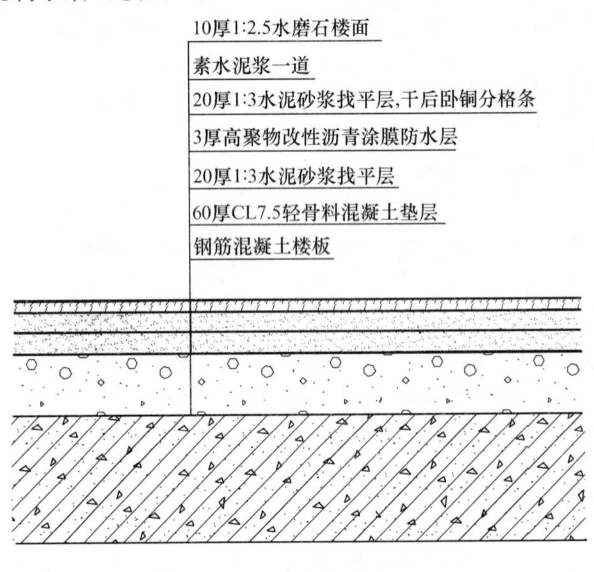

图 2-21　现制水磨石楼面的详图

1）分析

根据试题给出的“使用及构造要求”，本详图①为现制水磨石楼面，需要设置管线敷设层，用于有防水要求的实验室，有防水层，总厚度不大于 110，但无须考虑坡度。试题在“构造要求”中提示“所用主要材料不得超出下列图例范围”，“选用图例按比例绘制各详图”。也就是说，所用材料及其尺寸已经给出了限定，只是构造做法顺序题目没有明确的规定。显然，此详图节点的重点就是要解决好各构造做法层的顺序，包括各功能层（管线敷设层、防水层、面层等）的顺序以及构造层（找平层、结合层等）的顺序。

2）基本构造做法顺序

题目已经给出了各种材料及图例，根据本详图节点的功能，材料选择的范围也较容易确定：管线敷设层选用“轻骨料混凝土”，防水层选用“涂膜防水层”，面层自然是“10厚水磨石”。考虑了基本构造做法要求后，本节点的做法顺序如图 2-21 所示。

3）基本构造原理分析

① 柔性防水层做法必须设置找平层

建筑构造做法中，各部位的防水或防潮做法，只要采用柔性防水材料，都必须设置找平层，以确保柔性防水材料在施工及使用过程中不被破坏。因此，本节点在防水层（第 4 步做法）下面，应该设置找平层（第 5 步做法）。

② 面层做法必须设置找平层

建筑物各装修表面，一般情况下，为了达到装修面层的整体平整度，需要在做最后一道面层材料之前，设置一道找平层。因此，本节点在水磨石楼面（第 1 步做法）下面，应该设置找平层（第 3 步做法）。

③ 关于素水泥浆的作用

本节点第 2 步做法是“素水泥浆一道”，这也是一种基本的构造做法，即**在水泥砂浆找平层与面层材料之间，为了加强粘结的牢固程度，工程上一般采用刷素水泥浆一道的构造做法，以确保装修质量，**因此，“素水泥浆一道”有时也称“结合层”。

（2）详图②：强化复合双层木地板楼面（图 2-22）

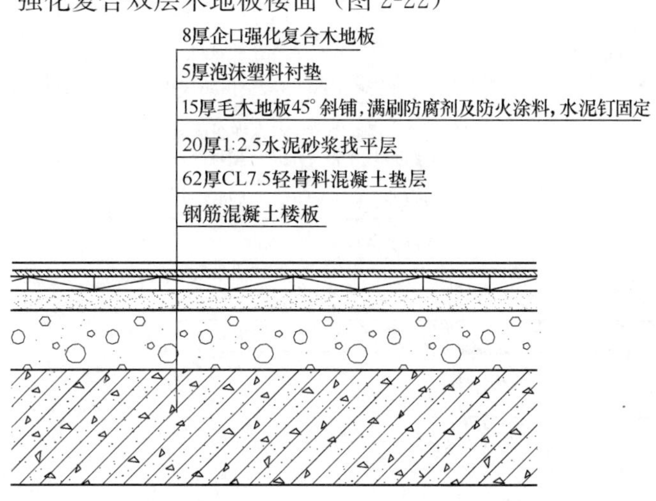

图 2-22 强化复合双层木地板楼面的详图

1）分析

根据试题给出的“使用及构造要求”，本详图②为强化复合双层木地板楼面，需要设置管线敷设层，用于会所，无龙骨，有弹性垫，总厚度不大于 110。试题在“构造要求”中提示“所用主要材料不得超出下列图例范围”，“选用图例按比例绘制各详图”，也就是说，所用材料及其尺寸已经给出了限定，而且，对基本的构造层（无龙骨，有弹性垫）也都提出了具体要求，只是题目没有明确地规定构造做法顺序。因此，与详图①相比较，此详图节点的重点仍然是要解决好各构造做法层的顺序，但是，做法的功能层有所简化，只有管线敷设层和面层，当然，对于找平层等构造层的顺序还是要正确处理。

2）基本构造做法顺序

题目已经给出了各种材料及图例，根据本详图节点的功能，材料选择的范围比较容易确定：管线敷设层选用“轻骨料混凝土”，面层强化复合双层木地板选用“8 厚企口强化复合地板”和“15 厚毛木地板”的组合，弹性垫选择“5 厚泡沫塑料衬垫”。考虑了基本构造做法要求后，本节点的做法顺序如图 2-22 所示。

3）基本构造原理分析

① 面层做法必须设置找平层

建筑物各装修表面，一般情况下，为了达到装修面层的整体平整度，需要在做最后一道面层材料之前，设置一道找平层。本例的面层是强化复合双层木地板，因此，本节点在楼面（第 1、2、3 步做法）下面，应该设置找平层（第 4 步做法）。

② 关于毛木地板斜铺的作用

与单层木地板做法不同的是，双层木地板在价格较高的面层材料（硬木或其他高品质材料）的规格尺寸上一般都比较小，所以，会在面层材料下面设置一层价格较低、规格尺寸较大的毛木地板，而**毛木地板采用 45°斜铺的方式，更有利于上、下两层木板材料错开拼缝的位置，使木地面做法更加平整牢固。**

（3）详图③：单层长条木地板楼面（图 2-23）

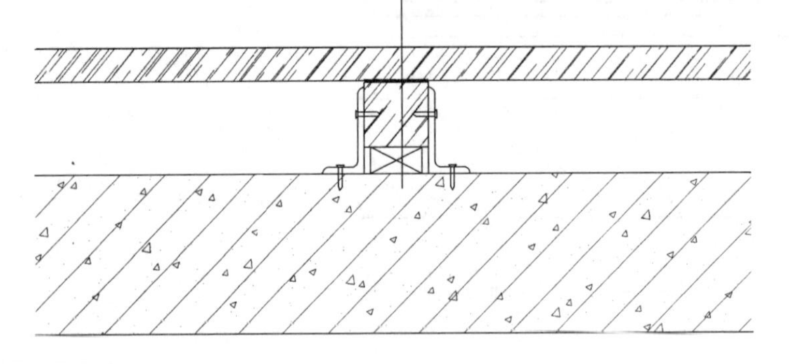

图 2-23　单层长条木地板楼面的详图

1）分析

根据试题给出的“使用及构造要求”，本详图③为单层长条木地板楼面，需要设置管线敷设层，用于办公室，有龙骨，总厚度不大于 100。试题在“构造要求”中提示“所用主要材料不得超出下列图例范围”、“选用图例按比例绘制各详图”，也就是说，所用材料及其尺寸已经给出了限定，而且对基本的构造层（有龙骨）也都提出了具体要求，只是题目没有明确地规定构造做法顺序。另外，与详图①和详图②相比较，此详图节点的构造层次相对简单一些，构造做法顺序相对好处理一些，重点应该是龙骨的固定处理方法。

2）基本构造做法顺序

题目已经给出了各种材料及图例，根据本详图节点的功能，材料选择的范围也较容易确定：本例管线敷设层不用采用实质材料，只需利用龙骨的架空空间即可解决“敷设电线管”的问题，面层单层长条木地板选用“25 厚木地板”，龙骨的安装固定采用“50×50 木龙骨”“20 厚木垫块”“扁钢固定件”“木螺钉”“水泥钉”等的组合方式。考虑了基本构造做法要求后，本节点的做法顺序如图 2-23 所示。

3）基本构造原理分析

单层长条木地板楼面的构造做法相对前两个节点做法要简单一些，构造层次顺序也不难把握。而具体到木龙骨的构造连接方法选择了“扁钢固定件”的方式，而不是“镀锌钢丝”的方式，其中的原因，我们将在后面结合选择题的判断作进一步的分析。

（4）详图④：地砖隔声楼面（图 2-24）

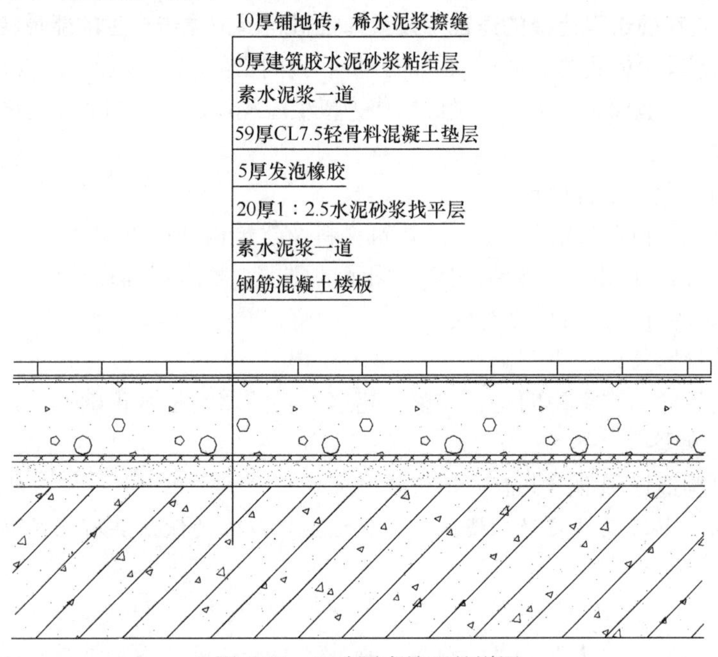

图 2-24　地砖隔声楼面的详图

1）分析

根据试题给出的“使用及构造要求”，本详图④为地砖隔声楼面，仍需要设置管线敷设层，用于上下楼层空气声计权隔声量大于 50dB，计权撞击声小于 65dB 的场所，总厚度不大于 100。试题在“构造要求”中提示“所用主要材料不得超出下列图例范围”、“选用图例按比例绘制各详图”，也就是说，所用材料及其尺寸已经给出了限定。本例节点的构造做法除了与前三个节点相同的管线敷设层，以及对于各个构造做法层次的确定外，重点显然是“隔声”构造，而且，题目还给出了具体的“空气声计权隔声量大于 50dB，计权撞击声小于 65dB”的隔声标准。这里，涉及建筑隔声的两类情况，一类是隔“空气声”，一类是隔“撞击声”。对于楼板层的构造做法来说，虽然隔“空气声”与隔“撞击声”的问题都要考虑，但是，楼板层主要是供人活动和走动的，其重点显然应该是隔“撞击声”，因此，本例的隔声构造设计也会侧重在这个问题的解决。

2）基本构造做法顺序

题目已经给出了各种材料及图例，根据本详图节点的功能，材料选择的范围确定为：管线敷设层选用“轻骨料混凝土”，面层地砖选用“10 厚地砖”，隔“撞击声”的构造材料选用“5 厚发泡橡胶”。考虑了基本构造做法要求后，本节点的做法顺序如图 2-24 所示。

3）基本构造原理分析

① 面层做法必须设置找平层

建筑物各装修表面，一般情况下，为了达到装修面层的整体平整度，需要在做最后一道面层材料之前，设置一道找平层。本节点的面层材料为 10 厚铺地砖（第 1 步做法），需用水泥砂浆作为粘结层（第 2 步做法），即已起到找平层的作用。

② 关于发泡橡胶的作用原理

建筑隔声设计中，隔“空气声”的构造原理主要是通过提高密闭性隔断空气声的传播以及通过提高隔声屏障材料单位面积的质量以避免出现振动传声；而隔“撞击声”的构造原理，则主要是通过在撞击声传播的途径中设置弹性材料以把撞击产生的能量转化为变形而被吸收掉，从而达到隔声的目的。通过前面的分析，我们已经知道楼板层主要以隔“撞击声”为主，所以，选择发泡橡胶（第5步做法）作为楼板层隔声的主要材料就是必然的了。

4. 细心检查

（1）建筑构造做法是否合理？

1）是否采用了合理（或者指定）的建筑材料及建筑构件；

2）建筑构造做法的顺序（包括文字和图示的要求）是否正确；

3）连接固定的方法是否可靠有效。

（2）图示的投影关系是否正确？

（3）必要的尺寸、文字说明是否完整，建筑材料的图例是否正确？

5. 选择题的解答

本例的建筑构造详图部分共有8道选择题：

（1）在详图①中，钢筋混凝土楼板（不含该层）以上的做法共有几层（如有素水泥浆不计入层数）？

A 4　　B 5　　C 6　　D 7

（2）在详图①中，按从下至上的顺序，钢筋混凝土楼板（不含该层）以上的第二层和第三层依次为：

A 轻骨料混凝土、防水层

B 轻骨料混凝土、水泥砂浆找平层

C 水泥砂浆找平层、防水层

D 防水层、水泥砂浆找平层

（3）在详图②中，钢筋混凝土楼板（不含该层）以上的做法共有几层（如有素水泥浆不计入层数）？

A 4　　B 5　　C 6　　D 7

（4）在详图②中，按从下至上的顺序，中间某相邻两层做法正确的是：

A 泡沫塑料衬垫、毛木地板

B 毛木地板、泡沫塑料衬垫

C 复合地板斜铺、泡沫塑料衬垫

D 泡沫塑料衬垫、复合地板斜铺

（5）在详图③中，木龙骨中距应为：

A 200　　B 400　　C 800　　D 1200

（6）在详图③中，以下做法哪个是正确的？

A 扁钢固定件与楼板固定，再用木螺钉将扁钢固定件与木龙骨固定

B 扁钢固定件与轻骨料混凝土垫层固定，再用木螺钉将扁钢固定件与木龙骨固定

C 楼板打入水泥钉，镀锌钢丝绑木垫块，木龙骨与木垫块用乳白胶粘结

D 轻骨料混凝土垫层打入水泥钉，将木龙骨用镀锌钢丝绑牢

（7）在详图④中，钢筋混凝土楼板（不含该层）以上的做法共有几层（如有素水泥浆不计入层数）？

A 4　　B 5　　C 6　　D 7

（8）在详图④中，按从下至上的顺序，以下做法（部分）正确的是：

A 找平层、发泡橡胶、轻骨料混凝土垫层

B 轻骨料混凝土垫层、发泡橡胶

C 聚苯乙烯板（密度≥5kg/m^3）、找平层

D 找平层、聚苯乙烯板（密度≥5kg/m^3）

我们来分析一下这8个题目。

（1）**提示**：这个选择题相对比较简单，根据我们前面结合建筑构造原理进行的分析和本选择题的限定（不含钢筋混凝土楼板和素水泥浆），应该共有5层做法。因此，答案应该是B。

（2）**提示**：我们先对这道选择题的四个选项做一个分析（实际上，这个分析可以在动手绘图之前进行），主要是从基本的构造原理的角度做出合理判断，以排除一些明显错误的选项。选项A将轻骨料混凝土直接放在防水层的下面，起不到水泥砂浆找平层能起到的保护防水层的作用，所以选项A被排除；选项D把防水层放在水泥砂浆找平层下面，完全不合理，所以选项D也被排除。再来看看选项B，这个选项中的两层做法（轻骨料混凝土、水泥砂浆找平层）的顺序并没有大的问题，但是，在本选择题的题干中指明的是钢筋混凝土楼板（不含该层）以上的第二层和第三层的顺序，而在轻骨料混凝土做法下面已经没有需要的构造做法材料了，所以选项B也不符合题意；选项C不管从建筑构造原理的角度讲，还是从题意要求来讲都是合理的。因此，答案应该是C。

（3）**提示**：这个选择题与第1道选择题一样，根据我们前面结合建筑构造原理进行的分析和本选择题的限定（不含钢筋混凝土楼板和素水泥浆），应该共有5层做法。因此，答案应该是B。

（4）**提示**：我们仍然先对这道选择题的四个选项作一个分析（实际上，这个分析可以在动手绘图之前进行），主要是从基本的构造原理的角度做出合理判断，以排除一些明显错误的选项。选项A将泡沫塑料衬垫放在毛木地板的下面，而不是放在复合木地板的下面，这样的话，泡沫塑料衬垫所能起到的功能作用将会大大减弱，所以选项A被排除；选项C把面层材料复合木地板放在了非面层的位置，显然不合理，所以选项C也被排除。再来看看选项B和选项D，这两个选项给出的做法顺序都没有问题，但是，选项D将复合木地板做了斜铺处理，是错误的将面层材料复合木地板当成双层木地板的下层材料来使用了，所以选项D也是不正确的。因此，答案应该是B。

（5）**提示**：从建筑构造原理的角度来分析，考虑到**既要保证架空木地板的基本刚度要求（以避免出现明显的挠度变形和过大的振动），又不宜采用过厚的木地板材料而造成浪费**，所以，常规的木龙骨中距一般采用400mm比较适宜。因此，答案应该是B。

（6）**提示**：在本选择题的四个选项中，共给出了两种木龙骨的连接固定方法，即“扁钢固定件”的方式和“镀锌钢丝”的方式，这两种方法在工程上都有采用，基本的构造原理也是合理的，那么，作为考试答题怎样进行取舍呢？判断的方法有两点，第一，是否有构造不合理的地方；第二，出题人的意向。我们先对这道选择题的四个选项作一个分析（实际上，

这个分析可以在动手绘图之前进行），主要是从基本的构造原理的角度做出合理判断，以排除一些明显错误的选项。选项B“扁钢固定件与轻骨料混凝土垫层固定，再用木螺钉将扁钢固定件与木龙骨固定”的后半句做法没有什么问题，但是，前半句将扁钢固定件与“轻骨料混凝土垫层”固定，而不是与更坚固的“钢筋混凝土楼板”固定，这样的话，木龙骨固定的牢固程度将大大减弱，所以选项B被排除；选项C“楼板打入水泥钉，镀锌钢丝绑木垫块，木龙骨与木垫块用乳白胶粘结”的第一句做法没有什么问题，但是，后两句做法采用镀锌钢丝绑“木垫块”而不是绑“木龙骨”，显然不合理，这样的话，木龙骨固定的牢固程度仍将大大减弱，所以选项C也被排除；选项D“轻骨料混凝土垫层打入水泥钉，将木龙骨用镀锌钢丝绑牢”的后半句做法没有什么问题，但是，前半句在“轻骨料混凝土垫层”打入水泥钉，而不是在更坚固的“钢筋混凝土楼板”打入水泥钉，这样的话，犯了与选项B同样的错误，木龙骨固定的牢固程度必然大大减弱，所以选项D也被排除。而选项A不管在建筑构造原理和建筑技术逻辑上都没有问题。因此，答案应该是A。

（7）**提示：**这个选择题仍然与第1道选择题一样，根据我们前面结合建筑构造原理进行的分析和本选择题的限定（不含钢筋混凝土楼板和素水泥浆），应该共有5层做法。因此，答案应该是B。

（8）**提示：**在本选择题的4个选项中，实际上共给出了2种解决隔“撞击声”楼板构造要求的弹性材料，即“发泡橡胶（选项A和选项B）”和“聚苯乙烯板（密度≥5kg/m^3）（选项C和选项D）”。正确的材料选择应该是“发泡橡胶”而不是“聚苯乙烯板（密度≥5kg/m^3）”，这样选择的依据是，从建筑构造原理的角度来看，两种材料虽然都属于弹性材料，有利于吸收和减弱“撞击声”的传播，但是，“聚苯乙烯板（密度≥5kg/m^3）”的选项特别强调了“密度≥5kg/m^3”，这显然是不利于更有效地吸收和减弱“撞击声”的传播的，所以，应该选择“发泡橡胶”材料。下面再来分析一下选项A和选项B的取舍，选项A“找平层、发泡橡胶、轻骨料混凝土垫层”将水泥砂浆作为发泡橡胶的找平层，选项B“轻骨料混凝土垫层、发泡橡胶”是将轻骨料混凝土垫层作为发泡橡胶的找平层，由于轻骨料混凝土垫层的平整度和坚固程度远不如水泥砂浆找平层的效果，其保护发泡橡胶材料、使其更好地发挥隔声减振作用的效果远远不及选项A的构造做法。因此，答案应该是A。

最后，我们分析一下4个详图节点中关于管线敷设层的厚度选择的问题。一般敷设电线管所需要的厚度在60mm左右，结合题目给出的其他各构造层次所需要的基本厚度以及做法总厚度的限制要求，经计算，详图①的管线敷设层厚度为60mm，详图②的管线敷设层厚度为62mm，详图③的管线敷设层厚度（利用架空木龙骨形成的空间）为70mm，详图④的管线敷设层厚度为59mm，都能满足设计要求。

四、【试题2-4】

（一）任务描述

图2-25、图2-26、图2-27及图2-28为4个未完成的室内吊顶节点，吊顶下皮位置和连接建筑结构与吊顶的吊件等已给定，要求按最经济合理的原则布置各室内吊顶。

（二）任务要求

1. 按表2-2所给图例选用合适的配件与材料，绘制完成4个节点的构造详图，注明所选配件与材料的名称及必要的尺寸。

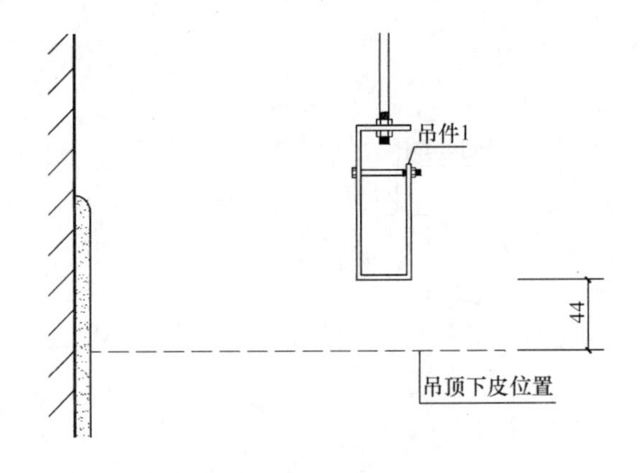

图 2-25　试题 2-4 未完成的室内吊顶节点①

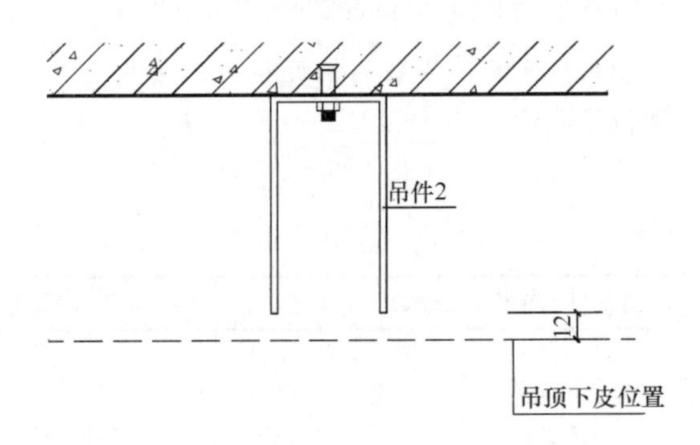

图 2-26　试题 2-4 未完成的室内吊顶节点②

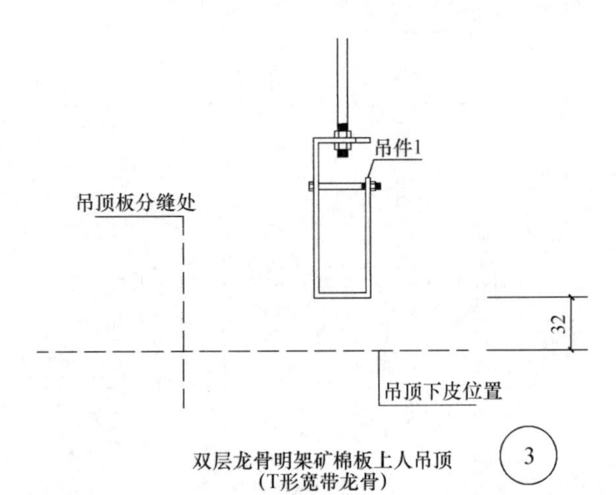

图 2-27　试题 2-4 未完成的室内吊顶节点③

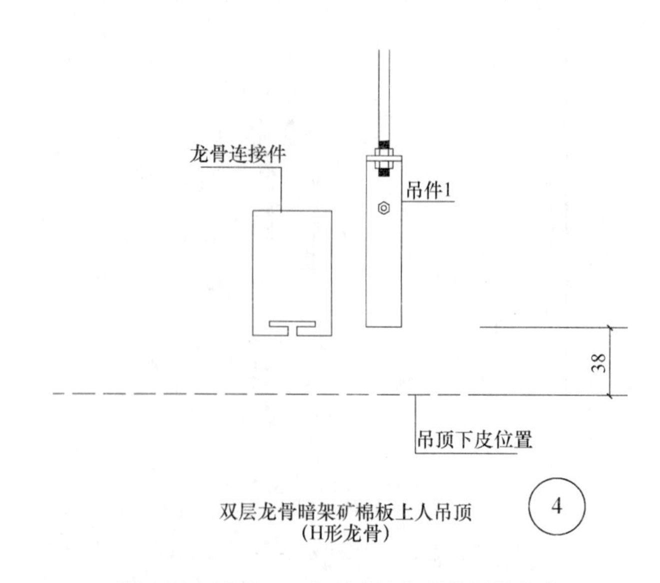

图 2-28 试题 2-4 未完成的室内吊顶节点④

2. 龙骨 1 与龙骨 2、龙骨 1 与龙骨 3 之间的连接方式不需考虑。

3. 按要求填涂选择题和答题卡。

（三）配件与材料表（表 2-4）

表 2-4

配件与材料	图例（单位：mm）	轴测简图及说明
龙骨 1 （承重龙骨）	27 60	壁厚 1.2mm
龙骨 2 （覆面龙骨）	50 20	壁厚 0.6mm
龙骨 3	32 24	
龙骨 4	32 24	
吊件 1	96 35	节点图中已给定壁厚 3.0mm
吊件 2	96 52	节点图中已给定

续表

配件与材料	图例（单位：mm）	轴测简图及说明
挂插件	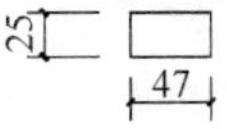 25 47	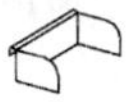
矿棉板	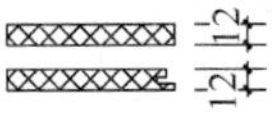 12 12	
石膏板	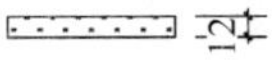 12	
自攻螺钉		

（四）解题要点

1. 认真审题

首先，认真通读一遍试题任务的全部内容，搞清楚题目要求应试者做什么，做到心中有数。虽然只有短短的几行字，但是题目要求考生绘制的内容，却再清楚不过的都交代清楚了。

2. 深入解读设计任务

首先考生应通读考试题目，不要急于落笔画图。通过认真读题，考生要搞清楚两方面问题，一是题目让我做什么；二是要从题目的“任务描述”和“任务要求”中找出所有必须搞清楚的设计条件。其次必须在动手绘图之前、在审题的时候就对选择题进行认真仔细地研究和分析。

下面，我们通过本例题做一个分析。

“任务描述”中要求按最经济合理的原则布置 4 个室内吊顶，并给出了 4 个未完成的室内吊顶节点，以及吊顶下皮位置和连接建筑结构与吊顶的吊件等。

“任务要求”有两点：第一，按题目给定的图例选用合适的配件与材料，绘制完成 4 个节点的构造详图，注明所选配件与材料的名称及必要的尺寸；第二，龙骨 1 与龙骨 2、龙骨 1 与龙骨 3 之间的连接方式不需考虑。

吊顶构造属于常见的室内装修做法，解决的办法主要有两点：

第一，熟练掌握和理解建筑构造做法的基本原理和技术方法。

对于吊顶构造做法来说，不管是轻钢龙骨吊顶还是木龙骨吊顶，首先，应该清楚地了解和掌握 3 个基本的构造要点：第一，吊顶的基本构造组成，一般情况下包括吊筋（本题即为吊件 1、吊件 2）、主龙骨（本题即为龙骨 1）、次龙骨（本题即为龙骨 2、龙骨 3、龙骨 4）及吊顶板（本题即为给定的矿棉板、石膏板）；第二，吊顶各组成部分的合理顺序（即从上到下的顺序）为吊筋—主龙骨—次龙骨—吊顶板；第三，各组成部分之间的连接方法根据材料的不同而有所不同，常见的有木螺钉、自攻螺钉、连接件与挂插件等。

第二，建筑构造的做法多种多样，答题的时候可以利用题目给定的具体条件以及选择题给出的选项进行判断。

对于本题来说，首先题目已经明确给出了吊顶的材料及各种配件，包括每一种配件和材料的形式和尺寸；其次，在题目给出的未完成节点中，已经具体标注好了吊件与吊顶板下皮位置之间的尺寸，4 个节点按顺序分别为 44mm、12mm、32mm、38mm（这几个尺寸非常重要，我们将在下面作具体分析）；最后，10 个选择题的题目也给出了吊顶各个部分连接方法的可能选项。

3. 从容作答

经过全面的审题和对设计任务的深入解读之后，就可以从容落笔了。

（1）节点①（图 2-29）

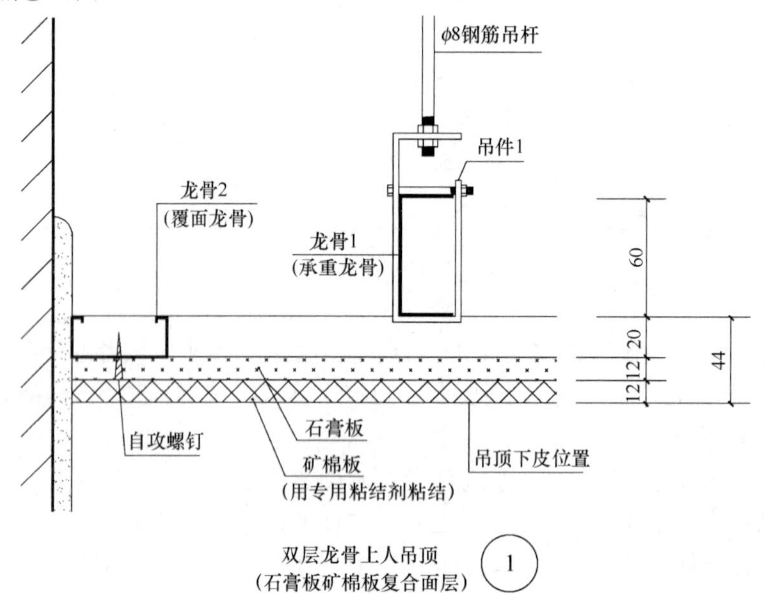

图 2-29　吊顶节点①的详图

节点①为“石膏板矿棉板复合面层的双层龙骨上人吊顶”。实际上，吊顶节点①的组成和合理顺序前面我们已经讲过了，但问题是，如何从题目给出的多个配件和材料中选择出正确答案，我们将按从上到下的构造顺序分析如下：

1）吊件。未完成图中已给定——吊件 1。

2）主龙骨。配件与材料表中已给定——龙骨 1。

3）次龙骨。配件与材料表中共提供了 3 种可供选择的次龙骨，选择次龙骨时，应按未完成节点图①给出的尺寸 44mm 作出判断。44mm 是从吊件 1 到吊顶下皮（即吊顶板）之间的距离。按吊顶的构造组成来看，吊件与吊顶下皮之间共包括主龙骨、次龙骨以及吊顶板 3 个部分。其中，主龙骨（龙骨 1）高 60mm，但龙骨 1 是插在吊件 1 当中的，并不占用这 44mm 的空间；吊顶板要求双层，从表中查到石膏板和矿棉板共需 12＋12＝24mm 的空间；那么，次龙骨的高就只有 20mm 了，我们很容易从题目给出的 3 种次龙骨的尺寸判断出，只有龙骨 2（高度为 20mm）符合题目要求。

4）吊顶板。材料及尺寸都已经明确给定，选矿棉板的第一种形式及石膏板。

节点提示：在未完成图中，题目给出了墙面及抹灰的图示，这是在提示考生不要忘记绘制边龙骨。

（2）节点②（图 2-30）

节点②为“石膏板面层的单层龙骨不上人吊顶”。根据“不上人”的提示以及给出的未完成节点图的图示，我们应该能够判断出，此节点是不需要设置主龙骨（龙骨 1）的。那么，就只剩下次龙骨和吊顶板的确定了，我们将按从上到下的顺序分析如下：

1）吊件。未完成图中已给定——吊件 2（注意：吊件 2 的形式也表明不必设置主龙骨）。

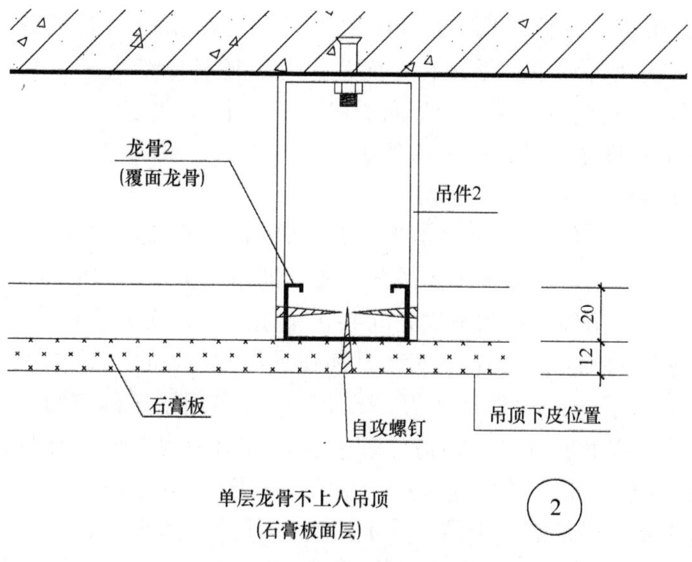

图 2-30 吊顶节点②的详图

2）主龙骨。不需要。

3）次龙骨。配件与材料表中共提供了 3 个可供选择的次龙骨，选择次龙骨时，应根据未完成节点图②给出的尺寸 12mm 作出判断。这 12mm，刚好是石膏板面层的厚度，那么，留给次龙骨的空间就没有了，换句话说，次龙骨必然是应该放置在吊件 2 所在的空间高度内。然而，选择哪个次龙骨才是正确的呢？我们从题目给出的 3 种次龙骨的尺寸可以判断出，只有龙骨 2 的宽度尺寸 50mm 与吊件 2 的宽度尺寸 52mm 相匹配，符合配件间连接的构造要求。

4）吊顶板。材料以及尺寸都已经明确给定，选石膏板。

（3）节点③（图 2-31）

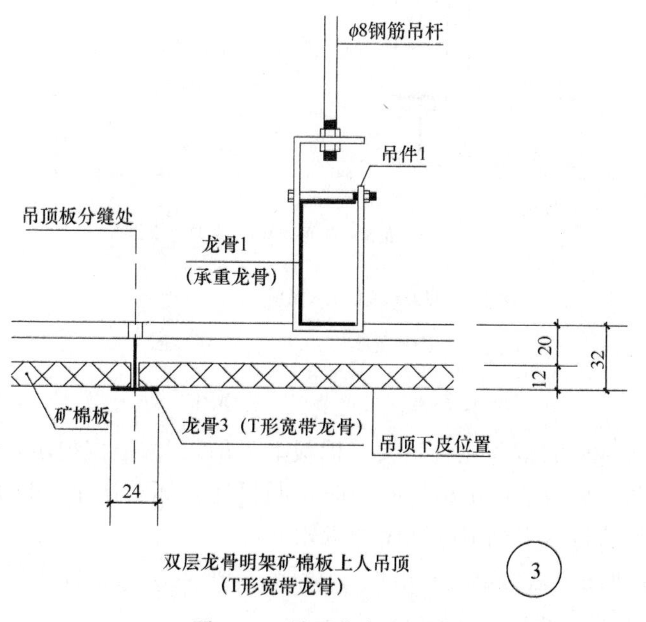

图 2-31 吊顶节点③的详图

节点③为“T形宽带龙骨、双层龙骨明架矿棉板上人吊顶”。根据提示，可以判断此节点包含主龙骨、次龙骨和单层吊顶板；而且，题目还具体给出了“T形宽带龙骨”和“龙骨明架”的限定，我们将按从上到下的顺序分析如下：

1）吊件。未完成图中已给定——吊件1。

2）主龙骨。配件与材料表中已给定——龙骨1。

3）次龙骨。因为题目已经明确“T形宽带龙骨”，因此选择龙骨3。从题目给出的未完成节点图③中可以看出，从吊件1到吊顶下皮（即吊顶板）之间的距离只有32mm。按吊顶的构造组成来看，吊件与吊顶下皮之间共包括主龙骨、次龙骨以及吊顶板3个部分。其中，主龙骨（龙骨1）高60mm，龙骨1是插在吊件1当中的，不占用这32mm的空间；“T形宽带龙骨”即龙骨3的高度尺寸为32mm，已经占用了全部空间，那么12mm厚的吊顶板放在哪里呢？从吊顶节点的构造原理来看，吊顶的构造形式有明龙骨和暗龙骨两种，从节点③的题目要求和所给尺寸来看，显然是明龙骨的构造形式；也就是说，矿棉吊顶板是放置在倒T形龙骨的翼缘上的，并不需要占用额外空间。

4）吊顶板。材料以及尺寸都已明确给定，应该选矿棉板的第一种形式。

节点提示：在未完成图中，题目给出了“吊顶板分缝处”的标注，也是4个节点中唯一有这一标注的节点，应引起读者注意。

（4）详图④（图2-32）

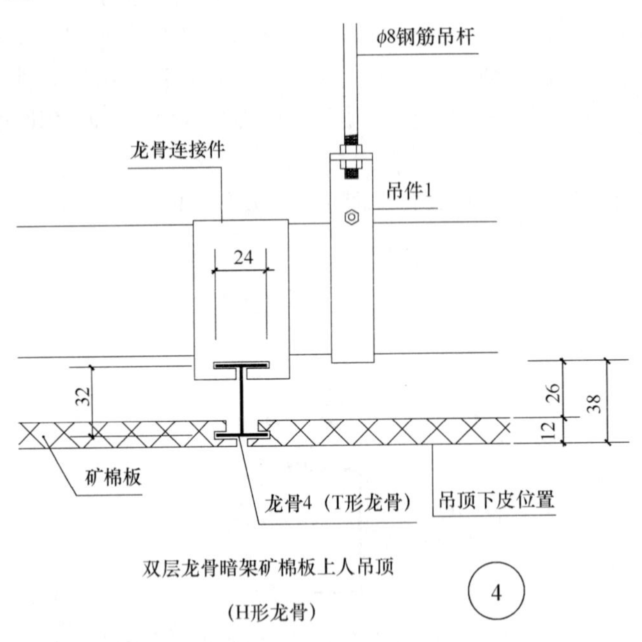

图2-32　吊顶节点④的详图

节点④为“H形龙骨、双层龙骨暗架矿棉板上人吊顶”。根据提示，可以判断此节点包含主龙骨和次龙骨，以及单层吊顶板。同时，题目还具体给出了“H形龙骨”、“龙骨暗架”的限定，我们将按从上到下的顺序分析如下：

1）吊件。未完成图中已给定——吊件1（注意：节点④的吊件1的投影角度与节点①和节点③不同，旋转了90°）。

2）主龙骨。配件与材料表中已给定——龙骨 1。同样应注意龙骨 1 的投影方向。

3）次龙骨。因为题目已经明确“H 形龙骨”，因此选择龙骨 4。

这里需要注意 2 个问题：第一，从未完成节点图④中可以看出，在吊件 1 的左侧有一个“龙骨连接件”。按吊顶的构造组成来看，吊件与吊顶下皮之间共包括主龙骨、次龙骨以及吊顶板 3 个部分。根据吊件 1、“龙骨连接件”以及龙骨 4 的相对位置关系及尺寸，可以判定“龙骨连接件”是用来连接龙骨 1 和龙骨 4 的。第二，从吊件 1 到吊顶下皮（即吊顶板）之间的距离是 38mm。其中，主龙骨并不占用这 38mm 的空间；“H 形龙骨”即龙骨 4 的高度尺寸为 32mm，与给定的 38mm 空间尚余 6mm，这 6mm 是个什么尺寸空间呢？注意题目给定的“龙骨暗架”的提示，这 6mm 的空间实际是为了实现暗龙骨的形式而将矿棉吊顶板采用卡板连接方法而形成的半个矿棉板厚度（12/2＝6mm）。

4）吊顶板。材料以及尺寸都已经明确给定，根据以上暗龙骨吊顶的构造分析，显然应该选择矿棉板的第二种形式。

4. 细心检查

至此，基本的绘图工作结束了。但是，还应该做一些细心的检查工作。可以把这一步检查工作与选择题的解答结合起来进行，使两部分相辅相成，互相促进。实际上，本试题的绘制及解答，在很大程度上要依据选择题的选项帮助做出正确的判断，关于这一点，我们将结合下一部分“五、选择题的解答”作进一步的分析。

（1）建筑构造做法是否合理

1）是否采用了合理的建筑材料及建筑构件（基本都是题目指定）；

2）建筑构造做法的顺序（包括文字和图示的要求）是否正确；

3）连接固定的方法是否可靠有效。

（2）图示的投影关系是否正确

（3）必要的尺寸、文字说明是否完整，建筑材料的图例是否正确

5. 作图选择题的作答

（1）剖到龙骨 1 的节点有：

A　节点①、节点②　　　B　节点①、节点②、节点③

C　节点①、节点③、节点④　　　D　节点①、节点③

（2）节点①中矿棉板面层正确的安装方法是：

A　矿棉板与龙骨采用自攻螺钉连接

B　矿棉板与龙骨插接

C　矿棉板与石膏板采用螺钉连接，石膏板与龙骨采用螺钉连接

D　矿棉板用专用粘结剂与石膏板连接，石膏板通过自攻螺钉与龙骨连接

（3）剖到龙骨 2 的节点有：

A　节点①、节点②　　　B　节点①、节点③

C　节点①、节点④　　　D　节点②、节点③

（4）剖到龙骨 3 的节点有：

A　节点①　　　B　节点②

C　节点③　　　D　节点④

(5) 出现龙骨4的节点有：

A 节点②　　B 节点③

C 节点④　　D 节点③、节点④

(6) 龙骨2与龙骨2之间正确的连接方法是：

A 通过龙骨连接件连接　　B 通过挂插件连接

C 通过自攻螺钉连接　　D 通过吊挂件连接

(7) 节点④中主龙骨与次龙骨正确的连接方法是：

A 通过龙骨连接件连接　　B 通过挂插件连接

C 通过自攻螺钉连接　　D 通过吊挂件连接

(8) 节点③中矿棉板面层正确的安装方法是：

A 将矿棉板搭放在龙骨上

B 矿棉板与龙骨采用自攻螺钉连接

C 将矿棉板逐一插入龙骨架中

D 矿棉板与龙骨之间采用专用胶粘剂粘结

(9) 节点②中石膏板面层正确的安装方法是：

A 将石膏板搭放在龙骨上

B 石膏板与龙骨采用自攻螺钉连接

C 将石膏板逐一插入龙骨架中

D 石膏板与龙骨之间采用专用胶粘剂粘结

(10) 节点④中矿棉板正确的安装方法是：

A 将矿棉板搭放在龙骨上

B 矿棉板与龙骨采用自攻螺钉连接

C 将矿棉板逐一插入龙骨架中

D 矿棉板与龙骨之间采用专用胶粘剂粘结

我们来分析一下这10个题目。

(1) **提示：**龙骨1是承载龙骨，只在节点①、节点③和节点④中需要用到，但是节点④中的龙骨1是看到的而不是被剖到的，所以，只有节点①、节点③符合题意，答案是D。

(2) **提示：**首先，节点①是石膏板矿棉板复合面层，那就有一个两者上下顺序的确定问题，从材料的性能来看，一般情况下矿棉板吸声性能优于石膏板，所以，复合面层时一般采用石膏板在上矿棉板在下。因此，A和B的选项不符合题意。C选项的问题是，首先没有使用题目规定的“自攻”螺钉，其次，“板”与“龙骨”之间适合采用自攻螺钉连接，而“板”与“板”之间则适合采用专用粘结剂粘结，连接更牢固，施工更方便。因此，答案选D。

(3) **提示：**试题中明确规定节点③采用T形宽带龙骨（龙骨3），规定节点④采用H形龙骨（龙骨4），因此，选项B、C和D都不符合题意，唯一的选择就是A了。这里想强调一点，这个选择题实际上就是出题人在给考生提供重要的答题信息，在绘图之前，能对这个选择题信息进行分析的话，就可以帮助考生正确地确定节点①和节点②中次龙骨的选择。因此，答案选A。

（4）**提示**：根据题目的明确规定，只有节点③采用龙骨 3（T 形宽带龙骨）。因此，答案选 C。

（5）**提示**：根据题目的明确规定，只有节点④采用龙骨 4（H 形龙骨）。因此，答案选 C。

（6）**提示**：题目所说的龙骨 2 是次龙骨，根据构造的基本原理，A 选项不对，因为龙骨连接件是解决主龙骨与次龙骨之间连接的配件（可参照节点④做法的示意）；C 选项也不合适，因为，“板”与“龙骨”之间才更适合采用自攻螺钉连接；D 选项不对，因为吊挂件是解决主龙骨与上部主体结构之间连接的配件。挂插件是同规格龙骨之间连接的适宜方法。值得注意的是，试题中给出的龙骨 2 和挂插件的尺寸关系也提示了两者之间的连接构造关系。因此，答案选 B。

（7）**提示**：其实，在试题给出的未完成节点④中，已经清楚地绘出了“龙骨连接件”，答案应该是不言自明的了。我们再从构造原理的角度进一步分析另外 3 个选项的不合理之处。根据前述分析，选项 B 中的挂插件适用于次龙骨与次龙骨之间的连接；选项 C 中的自攻螺钉适用于次龙骨与吊顶板之间的连接；而选项 D 中的吊挂件则适用于主龙骨与上部主体结构之间的连接。因此，答案是 A。

（8）**提示**：节点③是“龙骨明架”形式的做法，根据一般的吊顶构造原理，明龙骨的吊顶构造是直接把吊顶板放在 T 形宽带龙骨的翼缘上的，选项 A 符合题意；选项 B 和选项 C 的做法更适合暗龙骨的构造方式；选项 D 采用专用胶粘剂粘结则更适合“板”与“板”之间的连接构造。因此，答案选 A。

（9）**提示**：节点②属于暗龙骨的形式。根据一般的吊顶构造原理，选项 A 更适合明龙骨的构造特点，不符合题意；选项 C 的做法更适合 H 形暗龙骨的构造方式，不符合题意；选项 D 采用专用胶粘剂粘结则更适合“板”与“板”之间的连接构造，也不符合题意。因水，答案选 B。

（10）**提示**：节点④属于暗龙骨的另一种形式。根据一般的吊顶构造原理，选项 A 更适合明龙骨的构造特点，不符合题意；选项 B 的做法更适合龙骨 2（参照节点①和节点②）的构造方式，不符合题意；选项 D 采用专用胶粘剂粘结则更适合“板”与“板”之间的连接构造，也不符合题意。因此，答案选 C。

五、【试题 2-5】（2017 年）

（一）任务说明

如图 2-33 为多层建筑外墙外保温节点，保温材料的燃烧性能为 B1 级。根据现行规范、国标图集以及任务要求和图例，按比例完成各节点的外保温系统构造。

（二）任务要求

1. 在各节点中绘制外保温系统构造层，并标注材料的名称。

2. 在需要设网格布的节点中标明网格布的层数。

3. 保温层厚度按 50mm 绘制。

4. 根据作图结果，先完成作图选择题的作答，再用 2B 铅笔填涂答题卡上的答案。

（三）图例（表 2-5）

（四）解题要点

1. 认真审题、深入解读设计任务

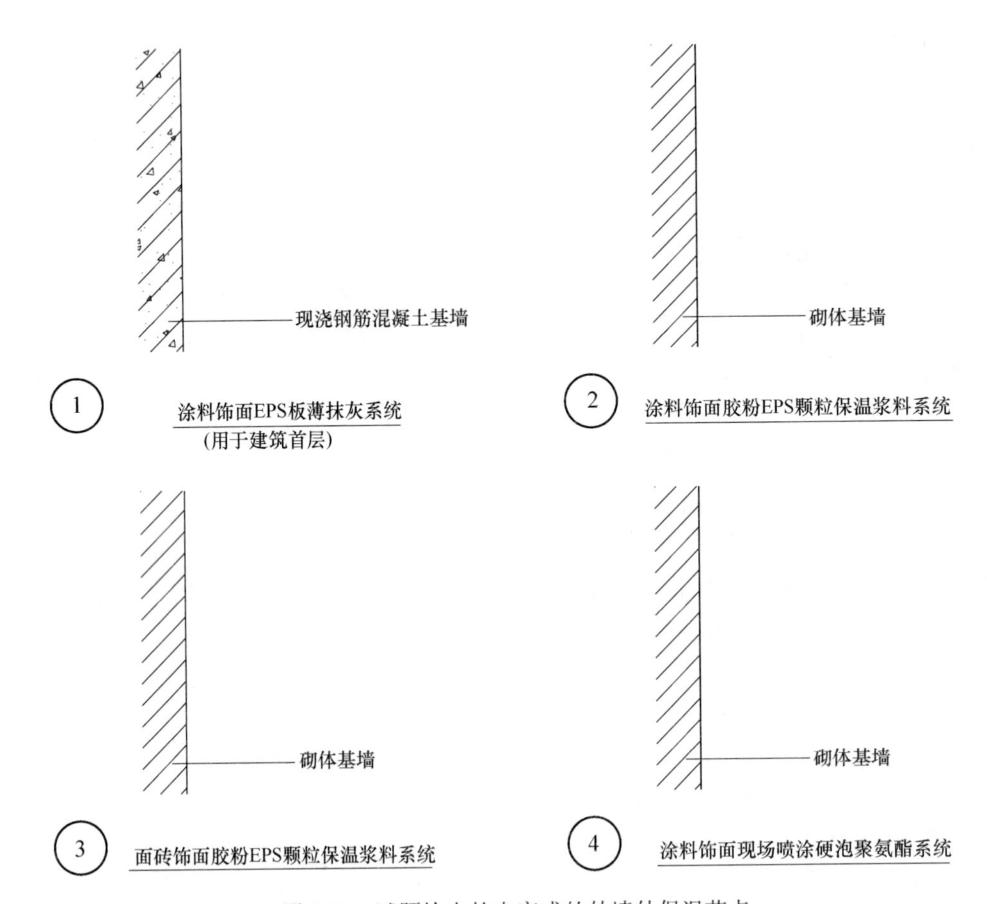

图 2-33 试题给出的未完成的外墙外保温节点

表 2-5

材料	图例
水泥砂浆找平	
界面砂浆	
聚氨酯界面剂	
涂料	
柔性耐水腻子	
胶粘剂	
胶粉EPS颗粒保温浆料	
EPS板	
硬泡聚氨酯	
网格布	
热镀锌电焊网	
塑料锚栓	
抹面胶浆	
面砖 面砖粘结剂	

第一步通读考试题目。

第二步还是要审题，目的是要从题目的“任务描述”和“任务要求”中找出所有必须搞清楚的设计条件，这些条件将会直接影响你的设计结果的正确性，也即作答的正确性。

第三步审读选择题，对选择题的分析判断是正确完成构造作图的前提。

在本题的“任务描述”和“任务要求”中，还有两个重要的条件信息——“保温材料的燃烧性能为B1级”和“保温层厚度按50mm绘制”。

第一，外墙外保温属于常见的室外装修做法，其基本构造顺序是：基层墙体→粘结层（针对保温板）或界面层（针对颗粒保温浆料或喷涂聚氨酯）→保温层（喷涂聚氨酯需增设找平层）→抹面层→饰面层。

题目给出的材料图例，是选择各节点外墙保温构造做法的材料范围，本题中包括水泥砂浆找平、界面砂浆、聚氨酯界面剂、涂料、柔性耐水腻子、胶粘剂、胶粉EPS颗粒保温浆料、EPS板、硬泡聚氨酯、网格布、热镀锌电焊网、塑料锚栓、抹面胶浆、面砖及面砖粘结剂等。

第二，建筑构造的做法多种多样，同样条件和同一种部位的构造做法是很丰富的。那么，考试过程中，需通过题目给定的条件以及选择题给出的选项进行具体判断。

2. 从容作答

(1) 节点①（图 2-34）

根据例题给出的条件，节点①为“涂料饰面 EPS 板薄抹灰系统（用于建筑首层）”，其构造做法按顺序为：

1）基层墙体——现浇钢筋混凝土基墙（题目已给定并绘制好）

2）粘结层（针对 EPS 板）——胶粘剂

3）保温层——50 厚 EPS 板（塑料锚栓）

4）抹面层——抹面胶浆（内设二层网格布）

5）饰面层——涂料

(2) 节点②（图 2-35）

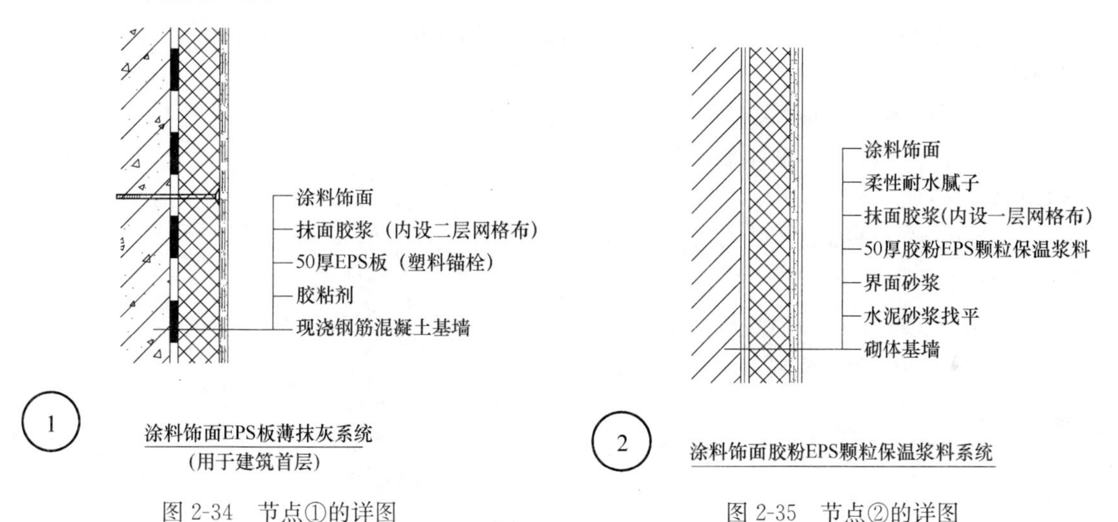

图 2-34 节点①的详图

图 2-35 节点②的详图

根据试题给出的条件，节点②为“涂料饰面胶粉 EPS 颗粒保温浆料系统”，其构造做法按顺序为：

1）基层墙体——砌体基墙（题目已给定并绘制好）

2）水泥砂浆找平（砌体墙需用水泥砂浆找平）

3）界面层（针对颗粒保温浆料）——界面砂浆

4）保温层——50 厚胶粉 EPS 颗粒保温浆料

5）抹面层——抹面胶浆（内设一层网格布）

6）柔性耐水腻子

7）饰面层——涂料

(3) 节点③（图 2-36）

根据试题给出的条件，节点③为“面砖饰面胶粉 EPS 颗粒保温浆料系统”，其构造做法按顺序为：

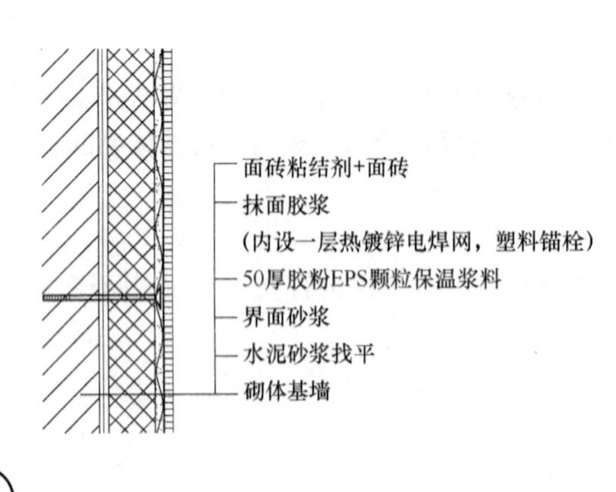

图 2-36　节点③的详图

1）基层墙体——砌体基墙（题目已给定并绘制好）

2）水泥砂浆找平（砌体墙需用水泥砂浆找平）

3）界面层（针对颗粒保温浆料）——界面砂浆

4）保温层——50 厚胶粉 EPS 颗粒保温浆料

5）抹面层——抹面胶浆（内设一层热镀锌电焊网，塑料锚栓）

6）饰面层——面砖粘结剂＋面砖

（4）节点④（图 2-37）

根据试题给出的条件，节点④为"涂料饰面现场喷涂硬泡聚氨酯系统"，其构造做法按顺序为：

1）基层墙体——砌体基墙（题目已给定并绘制好）

2）水泥砂浆找平（砌体墙需用水泥砂浆找平）

3）界面层（针对喷涂聚氨酯）——聚氨酯界面剂

4）保温层——50 厚喷涂硬泡聚氨酯

5）胶粉 EPS 颗粒浆料（喷涂硬泡聚氨酯需增设的找平层）

6）抹面层——抹面胶浆（内设一层网格布）

7）柔性耐水腻子

8）饰面层——涂料

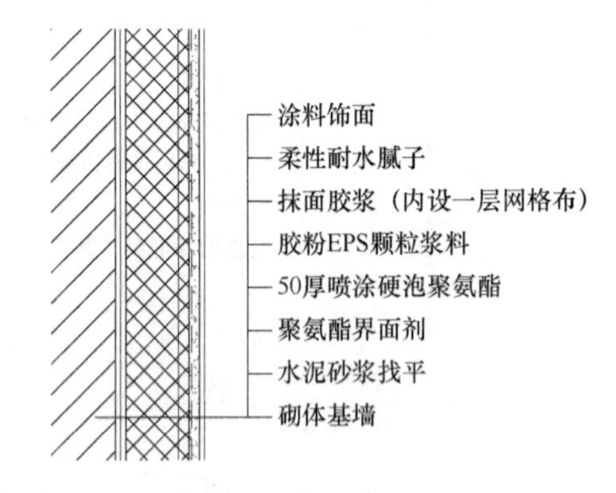

图 2-37　节点④的详图

3. 细心检查

检查工作可从以下几个方面着手进行：

（1）建筑构造做法是否合理

1）是否采用了合理的建筑材料（基本都是题目指定）；

2）建筑构造做法的顺序（包括文字和图示的要求）是否正确；

3）连接固定的方法是否可靠有效。

（2）图示的投影关系是否正确

（3）必要的尺寸、文字说明是否完整，建筑材料的图例是否正确

4. 选择题的解答

选择题既是考试内容的一部分，同时又可以作为对作图题的一次极好的检查，而且是有重点、有提示的检查，**甚至是正确绘图答题的重要依据。**考生应该充分利用选择题来使自己顺利通过考试。

我们来分析一下这10个题目。

(1) 节点①中基墙与EPS板之间正确的构造材料是:

A 胶粘剂　　B 界面砂浆

C 水泥砂浆　　D 抹面砂浆

(2) 节点①中正确的构造做法是:

A 不设网格布

B 设一层网格布，网格布紧靠EPS板

C 设一层网格布，网格布位于抹面胶浆内

D 设二层网格布，网格布位于抹面胶浆内

(3) 节点②中的基墙与胶粉EPS颗粒保温浆料之间正确的构造材料是:

A 界面砂浆　　B 抹面胶浆

C 水泥砂浆找平、抹面胶浆　　D 水泥砂浆找平、界面砂浆

(4) 节点②中胶粉EPS颗粒保温浆料与涂料饰面之间正确的构造材料是:

A 网格布、柔性耐水腻子

B 抹面胶浆复合网格布、柔性耐水腻子

C 抹面胶浆、柔性耐水腻子复合网格布

D 抹面胶浆、柔性耐水腻子

(5) 节点③中抹面胶浆应内设:

A 一层网格布　　B 二层网格布

C 一层热镀锌电焊网　　D 二层热镀锌电焊网

(6) 节点③中紧贴胶粉EPS颗粒保温浆料外侧正确的材料是:

A 网格布　　B 抹面胶浆

C 界面砂浆　　D 柔性耐水腻子

(7) 节点④中基墙与硬泡聚氨酯保温层之间正确的构造材料是:

A 界面砂浆　　B 聚氨酯界面剂

C 水泥砂浆找平　　D 水泥砂浆找平、聚氨酯界面剂

(8) 节点④中硬泡聚氨酯保温层外侧正确的找平材料是:

A 抹面胶浆　　B 柔性耐水腻子

C 胶粉EPS颗粒保温浆料　　D 水泥砂浆

(9) 基墙表面必须采用水泥砂浆找平的节点数量是:

A 1　　B 2

C 3　　D 4

(10) 需要使用网格布的节点是:

A ①、②、③、④　　B ②、③、④

C ①、③、④　　D ①、②、④

(1) **提示**: 节点①中现浇钢筋混凝土基墙与EPS板之间正确的构造材料应该是胶粘剂(聚合物水泥砂浆)，因为胶粘剂应起承受外保温系统全部荷载的作用；另外三个选项的材料均不符合要求。所以，答案应该是A。

(2) **提示**: 首先，节点①图名中特别强调了“用于建筑首层”，所以，考虑加强效果

而采用设二层网格布的措施。A 选项不设网格布和 B 选项不设抹面胶浆，都难以满足系统的变形能力和粘结性能。节点①正确的构造做法应该是“设二层网格布，网格布位于抹面胶浆内”。所以，答案应该是 D。

（3）**提示：**节点②的基墙是砌体，必须采用水泥砂浆找平，所以，A 选项和 B 选项直接排除。C 选项采用的“抹面胶浆”是用在“保温层”与“饰面层”之间的材料，不符合题意。节点②基墙与胶粉 EPS 颗粒保温浆料之间正确的构造材料应该是“水泥砂浆找平、界面砂浆”。所以，答案应该是 D。

（4）**提示：**A 选项缺少抹面胶浆，C 选项材料顺序错误，D 选项缺少网格布。节点②胶粉 EPS 颗粒保温浆料与涂料饰面之间正确的构造材料应该是“抹面胶浆复合网格布、柔性耐水腻子”。所以，答案应该是 B。

（5）**提示：**节点③采用的是面砖饰面，且非板式保温层，应采用金属增强网（热镀锌电焊网）与抹面胶浆共同形成抹面层。所以，答案应该是 C。

（6）**提示：**节点③中紧贴胶粉 EPS 颗粒保温浆料外侧正确的材料应该是抹面胶浆（内设一层热镀锌电焊网）。A 选项材料不对，且缺少抹面胶浆；C 选项位置不对；D 选项材料和位置都不对。所以，答案应该是 B。

（7）**提示：**节点④中基墙与硬泡聚氨酯保温层之间正确的构造材料应该是“水泥砂浆找平、聚氨酯界面剂”。A 选项缺少水泥砂浆找平，材料也不对；B 选项缺少水泥砂浆找平；C 选项缺少聚氨酯界面剂。所以，答案应该是 D。

（8）**提示：**节点④中硬泡聚氨酯保温层外侧正确的找平材料应该是“胶粉 EPS 颗粒保温浆料”。A、B 选项位置不对；D 选项材料不对。所以，答案应该是 C。

（9）**提示：**按照构造原理，砌体墙需用水泥砂浆找平。本例的 4 个节点中，②、③、④节点是砌体墙，因此，基墙表面必须采用水泥砂浆找平的节点数量应该是 3 个。所以，答案应该是 C。

（10）**提示：**前述 4 个节点分析中，只有③节点需采用热镀锌电焊网作为抹面层的增强网，其余①、②、④节点则使用网格布作为抹面层的增强网。所以，答案应该是D。

六、【试题 2-6】（2019 年）

平屋面构造

（一）任务描述：

如图 2-38 所示为某屋顶局部平面示意图，根据现行规范，按任务要求和图例绘制完成 4 个平屋面构造节点详图、要求做到经济合理。图 2-39 为试题给出的 4 个未完成的平屋面构造节点详图。

（二）任务要求：

1. 各屋面均为建筑构造找坡。

2. 注明节点①、③的构造材料及配件，图中已给出图形的部分和平屋面构造层次不需注明。

3. 注明节点②、④的构造层次。

4. 根据作图结果，用 2B 铅笔填涂答题卡上第 11～20 题的答案。

（三）图例（表 2-6）

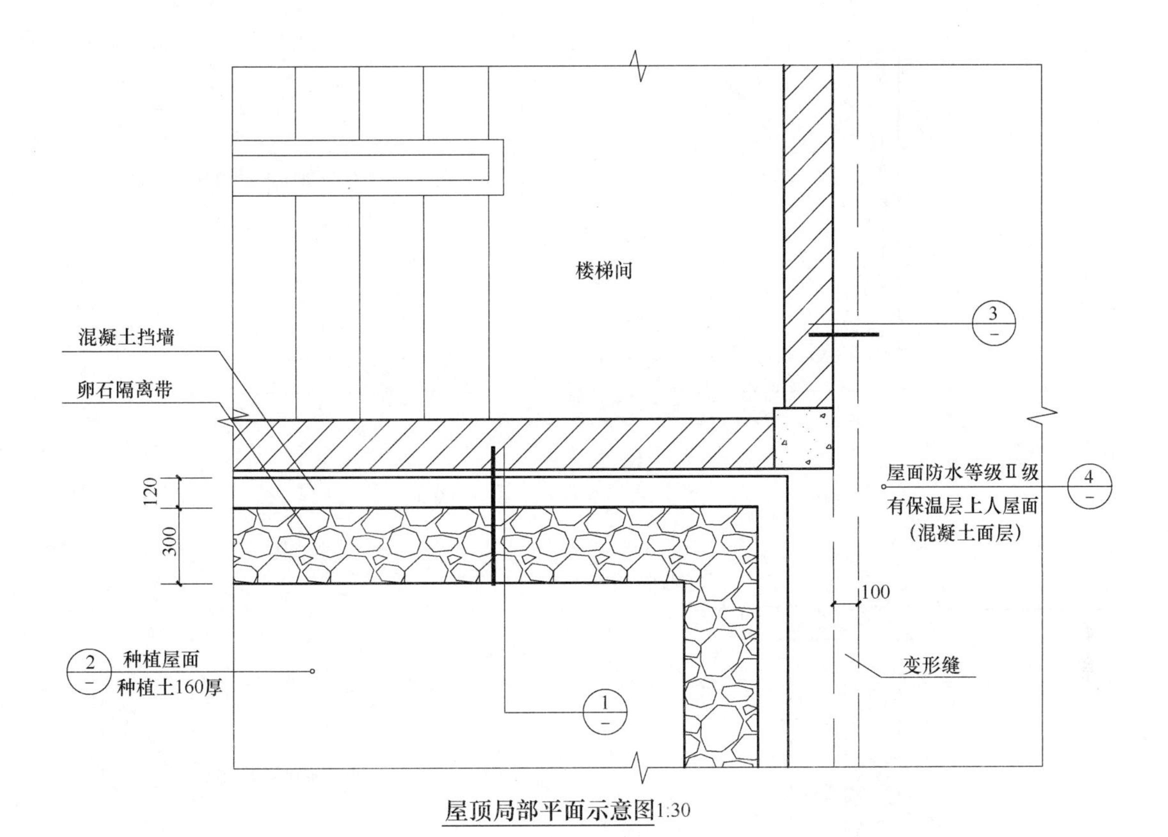

图 2-38　屋顶局部平面示意图

（四）解题要点

1. 认真审题，深入解读设计任务

本例要求根据现行规范，按任务要求和图例绘制完成 4 个平屋面构造节点详图，要求做到经济合理。

第一步通读了考试题目之后，不要急着马上落笔画图。

第二步还是要审题，也就是要回过头来再仔细地研究一下题目。为什么要进行二次审题呢？这一次的审题与第一次审题的目的不同：第一次审题的目的是要搞清楚题目让我做什么；而第二次审题的目的则是要从题目的“任务描述”和“任务要求”中找出所有必须搞清楚的设计条件，这些条件将会直接影响你的设计结果的正确性，或者说，影响你的考试答案的正确性。

第三步仍然是审题，这次审什么呢？选择题。建筑技术作图题的考试，在完成绘图后，要根据绘图结果进行选择题的判断和答题卡的填涂。但是，对于考生来说，选择题不仅仅是完成考试的最后一个步骤，而应把选择题作为分析和判断并做出正确答案的一个必需的前提。也就是说，必须在动手绘图之前、在审题的时候就对选择题进行认真仔细地研究和分析。

我们通过本例来作一个分析。

在本例“任务要求”中，有三点条件信息，“1. 各屋面均为建筑构造找坡。2. 注明节点①、③的构造材料及配件，图中已给出图形的部分和平屋面构造层次不需注明。3. 注

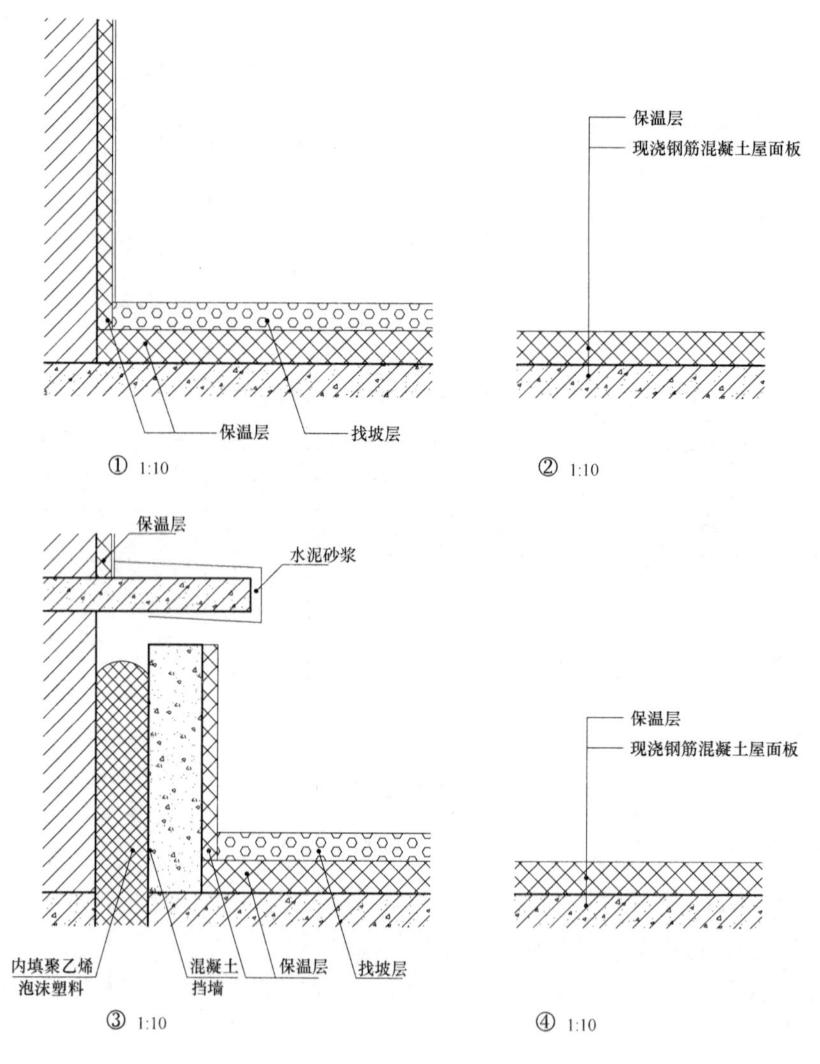

图 2-39　试题给出的未完成的平屋面构造节点

表 2-6

名称	图例	名称	图例
4厚改性沥青防水卷材 耐根穿刺防水卷材		金属盖板	
土工布过滤层		金属压条	
排（蓄）水板20厚		水泥钉	
陶粒混凝土找坡层		聚乙烯泡沫塑料棒	
种植土160厚		密封膏	
配筋细石混凝土 保护层兼面层40厚		卵石隔离带	
水泥砂浆隔离层 水泥砂浆找平层 水泥砂浆保护层		混凝土挡墙	

明节点②、④的构造层次”。

显然，1. 各节点均需设置找坡层。2. 节点①、③主要考核节点连接做法。3. 节点②、④主要考核平屋面构造层次。

平屋面构造属于常见的屋面装修做法，如何应对这种特点的建筑构造试题呢?

解决的办法仍然主要有两点：

第一，熟练掌握和理解平屋面构造做法的基本原理和技术方法，做到这一步，可以帮助你解决基本的构造做法问题。

本例题有两种屋面构造做法，种植屋面和有保温层的上人屋面。其各自的基本构造顺序是：

种植屋面：结构层→保温层→找坡层→找平层→防水层→耐根穿刺防水层→保护层→排（蓄）水层→过滤层→种植土（植被层）。

有保温层的上人屋面：

结构层→保温层→找坡层→找平层→防水层→隔离层→保护层（兼面层）。

题目给出的材料图例，是选择各节点平屋面构造做法的材料范围，本例中包括：4厚改性沥青防水卷材、耐根穿刺防水卷材、土工布过滤层、排（蓄）水板20厚、陶粒混凝土找坡层、种植土160厚、配筋细石混凝土保护层兼面层40厚、水泥砂浆隔离层、水泥砂浆找平层、水泥砂浆保护层、金属盖板、金属压条、水泥钉、聚乙烯泡沫棒、密封膏、卵石隔离层、混凝土挡墙等。

第二，**建筑构造的做法多种多样，同样条件和同一种部位的构造做法也是很丰富的，那么，答题的时候如何判断和取舍呢？这时候，就可以利用题目所给定的具体条件以及选择题给出的选项进行判断。**

对于这个例题的平屋面构造做法来看，我们可以找到的、帮助考生确定正确答案的信息非常多。能不能全部找到这些信息对考生来说非常重要，直接影响到节点构造这道题目得分的多少。

从给出的10个选择题来看，前6个选择题以一两个一组的形式分别针对①、②、③、④各节点提出问题，显然对每个节点答案的正确完成更具针对性。后4个选择题则考查的是构造做法的基本原理。

2. 从容作答

经过全面的审题和对设计任务的深入解读之后，现在可以从容落笔了。我们将依次分析本例中各个平屋面节点的合理构造做法以及这样选择所依据的建筑构造原理，还有一些如何作答这类试题的答题技巧。

我们首先给出各个节点的答案，在后面“选择题的解答”中会作出进一步的具体分析。

（1）节点①（图2-40）

根据试题给出的条件和要求，本节点①为种植屋面的泛水节点构造做法，其重点是节点收头处理的做法。

（2）节点②（图2-41）

根据试题给出的条件，本节点②为种植屋面，则其构造做法按顺序（与节点①构造顺序相同）为：

1）现浇钢筋混凝土屋面板（题目已给定并绘制好）

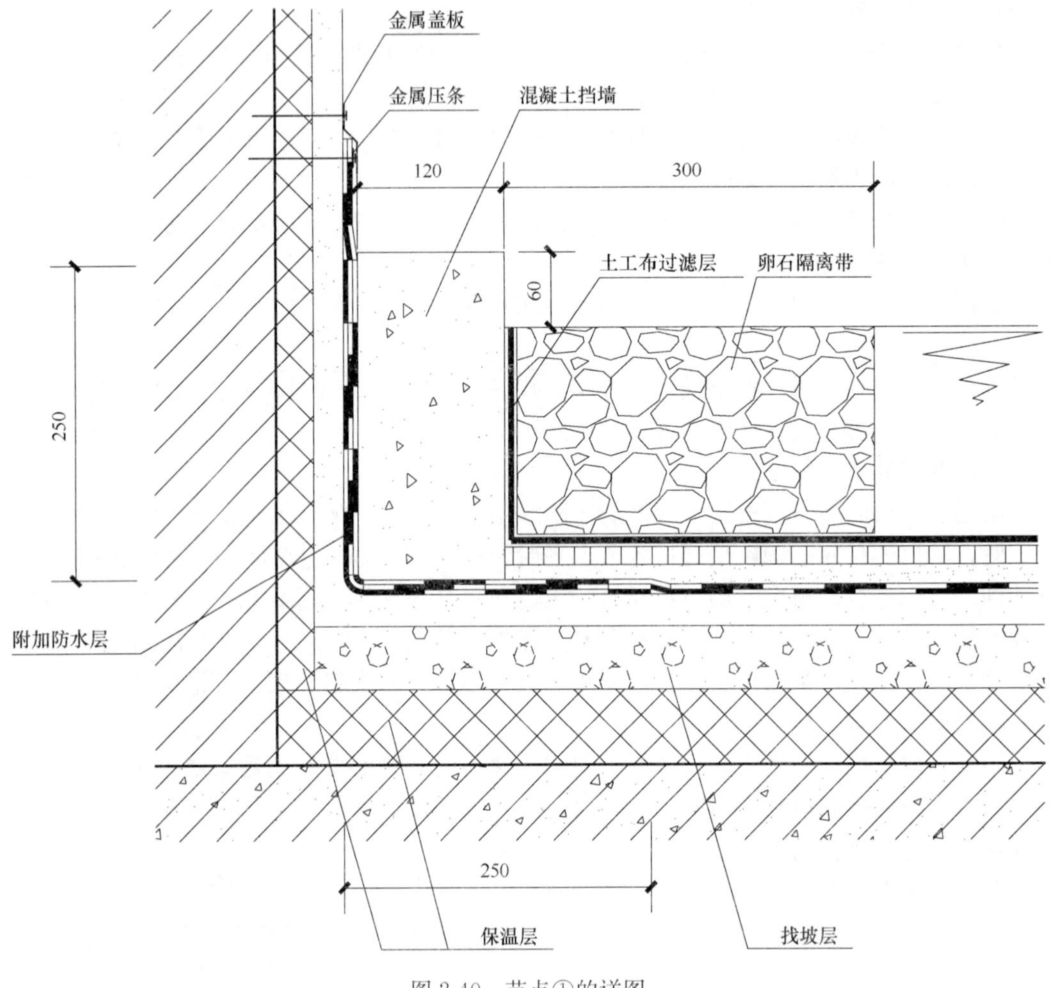

图 2-40　节点①的详图

2）保温层（题目已给定并绘制好）

3）陶粒混凝土找坡层

4）水泥砂浆找平层

5）4 厚改性沥青防水卷材

6）耐根穿刺防水卷材

7）水泥砂浆保护层

8）排（蓄）水板 20 厚

9）土工布过滤层

10）种植土 160 厚

（3）节点③（图 2-42）

根据试题给出的条件，本节点③为有保温层上人屋面变形缝节点构造做法，其重点是节点收头处理的做法。

（4）节点④（图 2-43）

根据试题给出的条件，本节点④为有保温层上人屋面，则其构造做法按顺序（与节点

③构造顺序相同）为：

1）现浇钢筋混凝土屋面板（题目已给定并绘制好）

2）保温层（题目已给定并绘制好）水泥砂浆找平（砌体墙需用水泥砂浆找平）

3）陶粒混凝土找坡层

4）水泥砂浆找平层

5）4 厚改性沥青防水卷材

6）水泥砂浆隔离层

7）配筋细石混凝土保护层兼面层 40 厚

3. 细心检查

至此，基本的绘图工作结束了。但是，还应该做一些细心的检查工作。可以把这一步的检查工作与选择题的解答结合起来进行，使两部分相辅相成，互相促进。实际上，本试题的绘制及解答，在很大程度上要依据选择题的选项帮助作出正确的判断。关于这一点，我们将结合下一部分选择题的解答作进一步的分析。检查工作仍然从以下几个方面着手进行：

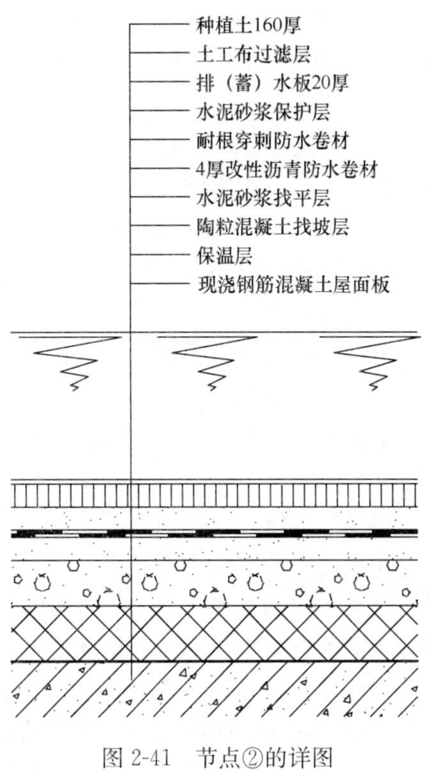

图 2-41　节点②的详图

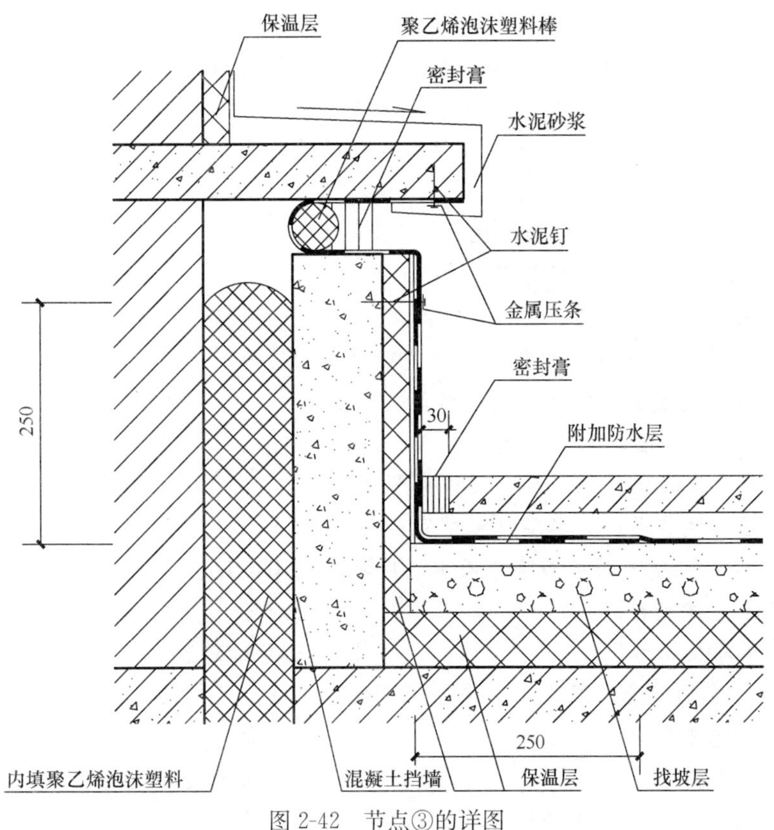

图 2-42　节点③的详图

（1）建筑构造做法是否合理

1）是否采用了合理的建筑材料（基本都是题目指定）

2）建筑构造做法的顺序（包括文字和图示的要求）是否正确

3）连接固定的方法是否可靠有效

（2）图示的投影关系是否正确

（3）必要的尺寸、文字说明是否完整，建筑材料的图例是否正确

4. 选择题的解答

本例的建筑构造详图部分共有 10 道选择题。

建筑技术设计作图选择题是根据作图题任务要求提出的部分考核内容，要求考生必须在完成作图的基础上作答这部分试题，每题的四个备选项中只有一个正确答案。

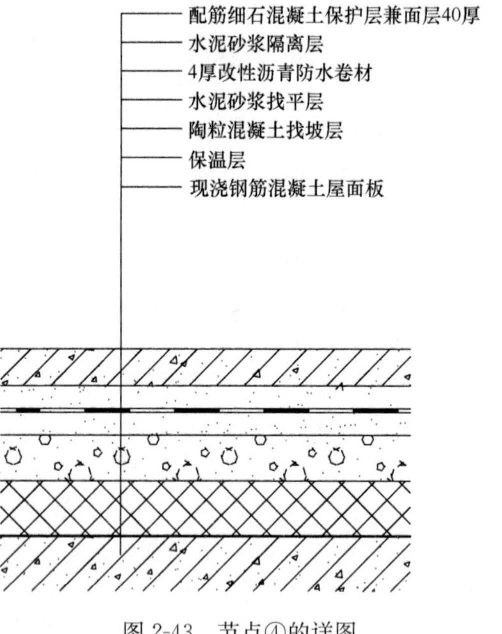

图 2-43　节点④的详图

对这部分选择题，考生应该认真对待。这部分试题既是考试内容的一部分，又同时可以作为对相应的作图题的一次极好的检查，而且是有重点、有提示的一种检查，**甚至是正确绘图答题的重要依据，**考生应该充分利用选择题来使自己顺利通过考试。

我们来分析一下这 10 个题目。

（1）节点①中，混凝土挡墙和保温层之间防水卷材的总层数是：

A　1　　B　2　　C　3　　D　4

（2）节点①中，土工布过滤层铺设位置正确的是：

A　种植土和卵石隔离带之间

B　卵石隔离带和混凝土挡墙之间

C　墙体防水层和墙体保温之间

D　墙体保温和墙体之间

（3）节点②中按从下到上的顺序，构造顺序正确的是：

A　找平层、找坡层、耐根穿刺防水层、防水层

B　找坡层、找平层、耐根穿刺防水层、防水层

C　找平层、找坡层、防水层、耐根穿刺防水层

D　找坡层、找平层、防水层、耐根穿刺防水层

（4）节点③中混凝土面层与墙体泛水的防水层之间应设：

A　聚乙烯泡沫塑料棒　　B　密封膏

C　砂浆隔离层　　D　混凝土填缝

（5）节点③变形缝处，混凝土水平盖板下的水平缝隙处应设：

A　聚乙烯泡沫塑料棒　　B　密封膏

C　砂浆隔离层　　D　混凝土填缝

（6）节点④中按从下到上的顺序，构造顺序正确的是：

A　找平层、找坡层、隔离层、防水层

B　隔离层、找坡层、找平层、防水层

C　找平层、找坡层、防水层、隔离层

D　找坡层、找平层、防水层、隔离层

（7）设有附加卷材的节点有几个？

A　1　　　　B　2　　　　C　3　　　　D　4

（8）排（蓄）水板设置的正确位置是：

A　种植土和土工布之间

B　土工布过滤层和水泥砂浆保护层之间

C　水泥砂浆保护层和防水层之间

D　防水层和水泥砂浆找平层之间

（9）金属盖板设置在几号节点图中？

A　①　　　　B　②　　　　C　③　　　　D　④

（10）应用金属压条的部位有几处？

A　0　　　　B　1　　　　C　2　　　　D　3

（1）**提示**：节点①中，混凝土挡墙和保温层之间防水卷材的总层数应该是3层。混凝土挡墙和保温层之间是屋面防水层收头的泛水部位，除了屋面“4厚改性沥青防水卷材和耐根穿刺防水卷材”2层防水层外，还应增设一道附加防水层。所以，答案应该是C。

（2）**提示**：土工布过滤层的作用就是防止土颗粒进入排水层造成堵塞影响排水效果，因此，土工布过滤层应布置在卵石隔离带和混凝土挡墙之间。所以，答案应该是B。

（3）**提示**：从卷材防水做法的原理分析，找平层之上必须直接做防水层，而不能插入其他做法层，因此，A选项和C选项直接排除。耐根穿刺防水层是种植屋面为防止植被层植物根系刺入防水层造成漏水采取的加强措施，因此，耐根穿刺防水层放在防水层之上更为合理，B选项也排除。所以，答案应该是D。

（4）**提示**：屋面混凝土面层与墙体泛水的防水层之间，因考虑各种变形因素，需设置缝隙并填充柔性密封材料（密封膏），以避免漏水。A选项、C选项和D选项都不满足要求。所以，答案应该是B。

（5）**提示**：节点③是屋面变形缝处的节点，考虑到防水层既要联通缝两侧，又要形成适当的变形可能性，因此，应该在混凝土水平盖板下设置聚乙烯泡沫塑料棒并用密封膏封严。C选项和D选项都是不满足这些要求的刚性材料，直接排除。A选项聚乙烯泡沫塑料棒和B选项密封膏都需要，但是，单选题的话，选聚乙烯泡沫塑料棒更合理。所以，答案应该是A。

（6）**提示**：此题与选择题3的分析方法相同。从卷材防水做法的原理分析，找平层之上必须直接做防水层，而不能插入其他做法层，因此，A选项和C选项直接排除。卷材防水上人屋面做法，在防水层与保护层兼面层之间，应该设置低强度等级的砂浆作为隔离层，起到适应屋面变形，保护防水卷材的作用。因此，B选项隔离层的位置不对也排除。所以，答案应该是D。

（7）**提示**：在题目的4个屋面节点中，设有附加卷材的节点应该是2个。节点①和节点③是防水卷材收头的部位，为了加强防水效果，必须设置附加防水卷材，而节点②和节点④属于屋面一般防水位置，不需要设置附加防水卷材。所以，答案应该是 B。

（8）**提示**：从建筑防水原理的角度来看，排水层一定是设置在防水层的上面，因此，D 选项排除。水泥砂浆保护层是保护卷材防水层的，两者之间不能再插入其他做法层，因此，C 选项排除。土工布过滤层的作用是防止土颗粒进入排水层造成堵塞影响排水效果，因此，土工布过滤层不可能放在排水层之下，因此，A 选项排除。所以，答案应该是 B。

（9）**提示**：金属盖板设置在卷材防水层收头部位起挡雨的作用。因此，节点①需设置金属盖板。节点③收头部位的挡雨由带滴水的钢筋混凝土挑板完成。所以，答案应该是 A。

（10）**提示**：应用金属压条的部位应该有 3 处。卷材防水做法的收头固定不能直接用钉子钉，这样容易造成卷材豁裂，需用压毡条过渡。因此，节点①有 1 处需设置金属压条，节点③有 2 处需设置金属压条。所以，答案应该是 D。

第三章　结构选型与布置

第一节　试题类型与应试技巧

一、考试大纲的基本要求

在第一节“建筑剖面”中我们已经介绍过，2002年全国注册建筑师管理委员会重新调整和修订的《全国一级注册建筑师资格考试大纲》(以下简称《考试大纲》)中，将原大纲中的“建筑设计与表达”科目改为两个互相独立的考试科目，即“建筑方案设计”和“建筑技术设计”。这种考试方式改革的最大特点是能够分别对应试者的建筑方案设计能力与建筑技术设计能力进行考核，更准确地反映出应试者的能力和水平。

(一)《考试大纲》的宗旨

《考试大纲》针对建筑技术设计（作图题）的要求是：“检验应试者在建筑技术方面的实践能力，对试题能做出符合要求的答案，包括建筑剖面、结构选型与布置、机电设备及管道系统、建筑配件与构造，并符合法规规范”。

在所涉及的专业领域方面，《考试大纲》写明了四点，即包括“建筑剖面、结构选型与布置、机电设备及管道系统、建筑配件与构造”等。其中，“建筑剖面”“建筑配件与构造”属于建筑学专业的内容，而“结构选型与布置”“机电设备及管道系统”属于建筑师也应该了解掌握的相关专业的内容。

自2003年以来的实际考题中，以上四个方面的考核内容各自以一道独立的题目出现，形式上是互不相关的。但是，房屋建筑设计是一个涉及多专业、多工种的综合性工作，尤其是有关建筑技术方面的设计更是如此。对于建筑学专业的两个方面的内容“建筑剖面”和“建筑配件与构造”来说，主要是考查建筑师专业技术设计的基本功，而“结构选型与布置”这道考题，则主要是考查建筑师作为建筑设计项目的主要设计人（简称主设），对于相关结构专业从结构选型与布置到具体的结构构造做法的熟悉和掌握的综合能力。

在这里，再次强调《考试大纲》中的两点：“实践能力”“符合要求”。“实践能力”强调要有足够的工程设计实践，不能仅凭书本。“符合要求”则重点强调要符合考试题目的要求。这一点除了有“认真审题、按要求作答”的基本含义外，还有如下两点含义：

1. 虽然具备“结构选型与布置”的能力对建筑师来说十分必要，但毕竟不是建筑师自己专业的内容，建筑师想要对各种结构类型及其布置要求全面掌握是不太可能的。因此，“结构选型与布置”的出题思路，不是真正让考生去做结构设计，而只是要求考生按照出题人“布置好的”方案准确地表达出来。

2. 实际建筑工程中，一个具体的工程项目可以有多种结构方案的选择，综合看来各有利弊，很难说哪一个结构方案就是最好的。因此，任由考生去自己“设计”结构方案，并没有实际的考查意义。

因此，由出题人“设计”答案，由考生来解读和表达这个答案，就成为“结构选型与布置”这道考题的基本特点。掌握了这个特点，按照这个思路去备考和应试，这道考题也就没有想象的那么可怕了。

（二）《考试大纲》规定的考点

1. 各种结构类型

常见的建筑结构类型，主要包括：砌体结构、框架结构、剪力墙结构、框-剪结构、内框架结构、框支结构、框-筒结构、筒体结构、排架结构、拱结构、悬索结构和薄壁空间（薄壳）结构等。

2. 各种结构体系结构布置的要求和做法

要熟悉掌握各种结构类型的结构方案、墙与柱的布置方式、梁板结构的各种类型、屋架类型和各种支承方式等。

（1）墙承重结构中的横墙承重方案、纵墙承重方案、纵横墙承重方案。

（2）柱承重结构中的横向框架方案、纵向框架方案、纵横向框架方案。

（3）竖向结构墙、柱的布置要求，包括横墙间距、柱网类型、柱距以及墙与柱的平面定位等。

（4）水平结构梁板的布置要求，包括梁板结构的布置类型，例如板式楼板、梁板式楼板（单向梁梁板式、主次梁梁板式、井字梁梁板式）、无梁楼板、密肋楼板（单向密肋楼板、双向密肋楼板）等。

（5）屋架、半屋架、斜屋架、斜梁、檩、椽、望板（屋面板）等的布置要求。

（6）曲面结构类型（拱结构、悬索结构、薄壁空间结构）的布置要求，其中推力的概念以及各种抗推力的措施及要求。

……

3. 各种结构体系的细部做法

要熟悉规范对各种结构类型各个结构细部的构造要求，包括其形式、尺寸、做法等，例如：圈梁、构造柱（芯柱）；梁垫、壁柱、门垛；局部开洞需加强部位的构造措施；暗梁、暗柱；连梁、墙梁等。

此外，还应熟悉掌握建筑结构法规、规范的有关规定。

在《考试大纲》的要求中特别强调了“符合法规规范”这一点，也就是要求应试者在全面熟悉有关的建筑设计法规规范的基础上，正确地做设计，以满足题目要求，把法规规范的条文要求正确地反映到作答图纸上。这种能力的养成不是一朝一夕之功，也不是仅靠突击背诵就能解决的；它需要大量的工程实践，也靠日积月累对法规规范条文的思考、钻研和理解。毕竟在理解的基础上，才能更好地掌握庞杂的各种建筑法规规范要求。

二、试题特点分析

“结构选型与布置”试题的显著特点是：

（一）题目规模不大不小

题目的规模不大不小，更准确地说就是，题目规模的大小并不会直接决定题目的难易程度，题目规模大小主要是由考题所选择的结构类型决定的。需要大空间的结构类型，题目的规模可能就会大一些，但不一定难度就大。决定难度的因素主要在于考生对题目所设定的结构类型的熟悉理解和全面掌握的程度。

一个小时左右的题量，题目规模都不算太大；当然，如果结构概念比较模糊，甚至对考试题目无从下手，则另当别论了。

（二）题目类型涉及广泛

“结构选型与布置”考题对各种结构材料类型和结构支承方式类型都有涉及。例如，从结构材料类型来看，钢筋混凝土结构、砖混结构、钢结构、木结构等；从结构支承方式类型来看，包括柱承载结构中的框架结构、刚架结构、排架结构等，以及墙承载结构中的砖混结构、剪力墙结构、筒体结构等，还有墙、柱混合承重结构中的框架-剪力墙结构、框架-筒体结构等。

这一特点是“结构选型与布置”考题最大的难点，要求考生对各种结构类型都要了解、熟悉和掌握，概括起来说就是“浅而全”，要求考生熟悉各种结构类型从整体到细部的各种结构概念，以利于准确地理解题目含义和答题要求。因此，要求考生抓住“浅”（重结构概念而非结构设计），攻克“全”（各种结构类型全面了解）。

（三）绘图量不大，重在理解、分析和判断

“结构选型与布置”这道考题几乎没有什么绘图量，主要是简单的平面关系和图例符号表达；重点是对试题所给结构形式的理解、分析和判断。

也就是说，题目已经把选定的结构类型和结构方案完全做好了；通常，以两种方式要求考生作答。第一种方式，以题目给出的全部条件（包括选择题的选项）描述其结构方案，当考生能准确地满足所有题目的条件时，答案就出来了；第二种方式是要求考生设计题目中的各种结构构件（包括构件数量与位置），同时给出严格的限制条件，当考生能满足所有这些严格的限制条件时，也就得出正确答案了。

所以，这道考题既不需要考生做结构设计，也不需要考生绘制结构设计图；而是要求考生把重点放在对题目的准确理解，并做出正确的分析和判断上。

（四）选择题内容是解题的线索和依据

此题最大的特点就是所有得分点都体现在 10 个选择题当中了。考生只需明确这样的解题思路，从选择题入手，按“题”索骥就八九不离十了。

三、应试准备

在这里要首先强调一下，就是对于一些平面比较复杂的坡屋顶结构布置类型的考题，题目会要求考生首先根据题目给出的建筑平面图绘制出坡屋顶（其建筑平面和屋顶剖面关系都很复杂）的平面图，在此屋顶平面图的基础上才有可能进行平面结构布置。这就要求考生具备良好的建筑空间想象能力和熟练的图面表达能力，同时掌握一定的绘图技巧。

四、评分标准

我们知道“结构选型与布置”的试卷评分方法由两部分组成：首先通过计算机阅卷来对选择题部分进行第一轮打分；对于进入下一轮的试卷，再由阅卷人通过手工操作复核图面上的答案是否正确，也就是确认考生的答案是否与出题人设定的所有条件是否完全符合。

我们想特别提醒考生的是，在实际工程设计中，根据具体情况，结构工程师会提出各种不同的结构设计方案，而这些方案都是符合规范要求并且可以实施的。但是，对于“建筑技术设计（作图）”这门考试来说，每一个做法的正确答案却是唯一的。所以，评价你答案的正确与否，不是只要符合规范就可以得分，而是必须符合出题人设定的所有限制条件才能得分。

第二节 基 础 知 识

一、结构的基本概念

结构就是建筑物的承载骨架。建筑物有两大基本功能，即承载与围护。结构就是实现建筑物承载功能的系统。

二、建筑结构的系统组成

为了更好地理解结构的概念和功能作用，我们把所有结构类型的结构系统（实现建筑物承载功能的系统）分解为两大系统——水平分系统和竖向分系统。

（一）结构水平分系统

结构水平分系统的组成主要包括（一般为水平放置的）楼板层结构（含梁、板等结构构件）、屋顶层结构（含梁、板、屋架、檩、椽、望板等结构构件）以及楼梯结构（含楼梯段、楼梯平台等结构构件）等。

结构水平分系统的受力特点非常突出和明显，在（建筑结构整个寿命周期内一直存在的）竖向荷载作用下，结构水平分系统构件主要承受弯矩和剪力。

既然所有结构水平分系统构件的受力状态都是相同的，那么，我们在认识和理解这些构件的概念、特点和功能作用上，就可以找到它们的共性特征，更容易地掌握这些看似千差万别的结构构件。

（二）结构竖向分系统

结构竖向分系统的组成主要包括（一般为竖向放置的）柱、墙、带壁柱墙等结构构件。

结构竖向分系统的受力特点也很突出和明显，在（建筑结构整个寿命周期内一直存在的）竖向荷载作用下，结构竖向分系统构件主要承受压力。

同样的道理，既然所有结构竖向分系统构件的受力状态是相同的，我们就可以依据它们共性的特征，更容易地掌握这些看似千差万别的结构构件。

（三）关于基础

首先，基础是墙、柱等结构竖向分系统构件埋在土中的那一部分，是墙、柱在地基中的延伸，所以基础可以属于结构竖向分系统的构件，其主要受力状态也是受压。

但是，由于建筑自重过大或者地基承载力较低时，需要比较宽大的基础放脚来解决建筑物的稳定和安全，相邻墙（或柱）的基础放脚就会连在一起，形成整体式基础（筏形基础、箱形基础等），这时的基础受力状态就与结构水平分系统的梁板结构一样了，其主要受力状态是承受弯矩和剪力。

（四）关于两个结构分系统受力状态的转换及其共性特征

在水平的荷载或作用下（如风荷载与地震作用），结构水平分系统构件的主要受力状态是受压，而结构竖向分系统构件的主要受力状态是受弯和受剪。“结构水平分系统构件在竖向荷载作用下”与“结构竖向分系统构件在水平荷载作用下”这两者之间，其荷载作用的方向与结构构件之间的关系是完全一样的，所以，两者的受力状态主要都是受弯和受剪。同样的道理，“结构水平分系统构件在水平荷载作用下”与“结构竖向分系统构件在竖向荷载作用下”这两者的受力状态主要都是受压。

正是由于两个分系统具有这样的共性特征，所以，它们在结构受力规律上的相同性决定了两者在结构布置和结构做法上的一致性。明白了这种规律，会使我们对结构的认识和理解更加清晰和准确。例如，我们会发现，作为水平分系统构件的梁与作为竖向分系统构件的柱，两者在构件外形、体形比例（梁的高跨比与柱的细长比）等各个方面基本上是一样的；同样的，作为水平分系统构件的板与作为竖向分系统构件的墙，两者在构件外形、体形比例（板的厚跨比与墙的厚高比）等各个方面也基本上是一样的。

三、建筑结构选型与布置

下面将对常见的建筑结构类型做详细介绍。

（一）砌体结构

1. 砌体结构的优点

砌体结构主要应用于多层及以下的建筑物中，其主要优点有：

（1）砌体结构主要的竖向结构——承重墙体是采用黏土砖或其他砌块（煤矸石砖、页岩砖等）砌筑而成，这种材料分布广泛，便于就地取材，造价经济。

（2）作为墙承重结构，砌体结构的空间整体刚度比较大。

（3）砌体结构施工比较简单，施工速度快，技术要求较低，施工设备简单。

2. 砌体结构的缺点

（1）砌体结构中，相对于钢筋混凝土结构和钢结构来说，砌体材料的强度比较低，不适合建造高层建筑。特别是在抗震设防要求比较高的地区，砌体结构建造建筑物的层数和高度都有严格的限制。

（2）砌体结构材料的性质一般都属于脆性材料，抗压强度能满足结构承载的要求，而抗弯、抗剪、抗拉的强度都很低，这些材料性能上的局限性使得砌体结构在承受水平荷载作用时极易受到破坏。再加上砌体材料的规格尺寸一般都很小，砌筑砂浆的粘结性有限，造成砌体结构的整体性不强，因此抗震性能较差，必须采取相应的抗震措施。

3. 砌体结构的墙体布置方案

根据建筑空间的不同需求以及结构自身应满足的基本要求，砌体结构的墙体布置方案可以有横墙承重方案、纵墙承重方案、纵横墙混合承重方案、内框架承重方案（抗震规范已取消）、框（剪）支砌体结构方案等。

4. 砌体结构构造要求

（1）要满足墙体的高厚比要求。当墙体高厚比不能满足要求时，可以采取增加墙体厚度、加设壁柱、加设构造柱、减小横墙间距等构造措施。

（2）在平面上，墙体尽量连续并对齐。

（3）在剖面上，上下层的墙体应连续并对齐。

（4）各层窗口上下宜对齐，洞口上方不宜设置垂直于洞口平面的大梁。

（5）保证窗间墙基本宽度要求，墙体薄弱部位尽量少开洞。

5. 砌体结构的基本抗震措施

（1）按照《建筑抗震设计规范》的要求设置圈梁、构造柱（或芯柱）。

（2）限制建筑物的高度和层数。

（3）控制结构体型的高宽比。

（4）控制横墙间距。

(5）满足条件时设置变形缝（防震缝）。

(6）在建筑平面的尽端以及建筑平面和竖向的突出部位加强锚固措施。

(7）楼梯间尽量不设置在平面的尽端和转角处。

(8）建筑平面的几何中心与刚度中心应尽量重合，以避免建筑物在水平荷载作用下产生扭转。

6. 楼板层（楼盖、屋盖及楼梯）结构

(1）施工方法

砌体结构的水平分系统包括楼盖结构层、屋盖结构层、楼梯结构层等，主要采用钢筋混凝土构件，其主要的施工方法有现浇整体式（全现场浇筑）、预制装配式（全预制装配）、装配整体式（现浇与预制相结合）。

钢筋混凝土结构部分施工方法的不同，会对建筑结构产生不同的影响：

1）影响建筑结构的整体性，这直接涉及建筑抗震设防的等级要求和抗震构造做法的不同。

2）影响因环境温度的变化对结构产生的温度应力和结构自身的变形调节能力，对建筑变形缝（温度伸缩缝）的设置有直接影响。

(2）结构类型

1）楼板结构层的结构类型有板式楼板、梁板式楼板（单向梁梁板式、主次梁梁板式、井字梁梁板式）、无梁楼板、密肋楼板（单向密肋楼板、双向密肋楼板）等。

2）屋盖结构层常见的结构类型，在平屋顶结构中，与楼板结构层的结构类型完全一样；在坡屋顶结构中，除了可以将以上所有平屋顶结构类型根据屋顶坡度斜向布置外，还可以采用屋架、屋面梁、檩、椽、望板等组成的屋顶结构形式。

3）楼梯结构层常见的结构类型，因其受力原理与楼板结构层完全相同，只是其空间尺度不是很大，所以，除了比较少见双向梁布置的楼梯结构外，主要有板式楼梯、梁板式楼梯等。

(3）单向板与双向板

结构板支承在周边结构（梁、墙、柱等）上，根据周边支承情况和结构板形状的不同，其受力和变形状况会有所不同。为此，有单向板与双向板之分，如图 3-1 所示。

区分单向板与双向板，依据两个条件，首先，看板周边的支承状况，如果是单边支承或者两对边支承的板，就是单向板；第二，如果板是两相邻边支承、三边支承或者四边支承（周边全部支承），则以板的两个边长比来区分，长边 l_2 与短边 l_1 之比大于 2 为单向板，长边 l_2 与短边 l_1 之比小于或等于 2 为双向板。

这里需要说明的一点是，正方形的板（两边长之比等于 1）是双向板，板上承受的荷载沿着两边长方向各传递 50％至周边支承结构，两个方向板的弯曲变形也相等。随着板长边 l_2 与短边 l_1 之比从 1∶1 向 n∶1 逐渐变化，板上承受的荷载沿着两个方向传递至周边支承结构的比例也逐渐变化；两个方向的板的弯曲变形也是如此，一般是沿着短边 l_1 方向传递的荷载所占的比例逐渐增大，沿着短边 l_1 方向的板弯曲变形也逐渐增大。但是，这种变化和改变是一个渐进的过程，并不是在板长边 l_2 与短边 l_1 之比达到某一个特定数值的时候产生突变。所以，上述区分单向板与双向板的公式以板的长、短边之比等于 2 为界，这只是一个技术上的规定。

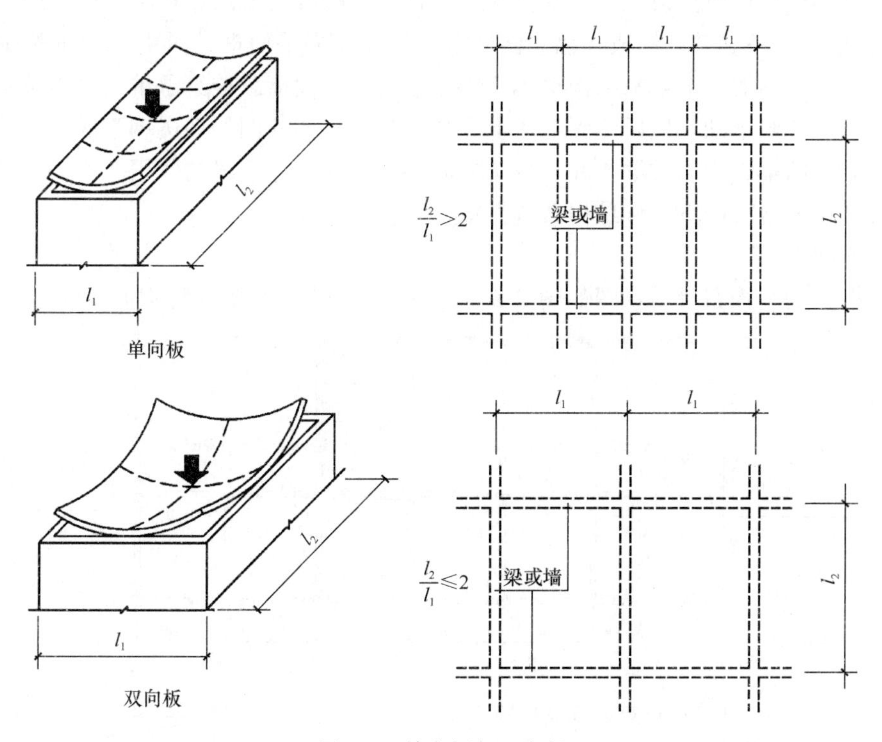

图 3-1　单向板与双向板

（4）梁板截面尺寸估算

梁板截面尺寸的合理确定，直接影响结构及构件的抗变形能力，最终影响到结构及构件的安全。而结构及构件的抗变形能力，最主要的影响因素是结构及构件自身的体型比要求。

例如：梁或板的截面高（厚）度，主要取决于梁或板的跨度，必须满足合理的高（厚）跨比的要求。梁截面的宽度，主要取决于梁截面的高度，必须满足合理的梁截面高宽比的要求。

同理：柱截面的边长（直径），主要取决于柱的支承高度（计算高度或称计算长度），必须满足合理的柱长细比的要求。墙的厚度主要取决于墙的支承高度（计算高度），必须满足合理的墙高厚比的要求。建筑结构整体的体型宽度（即建筑平面的进深），主要取决于建筑结构整体的体型高度，必须满足合理的体型高宽比。

（二）框架结构

1. 框架结构的特点

框架结构是一种十分普遍的建筑结构类型，在建筑工程中得到了广泛的采用。

框架结构由于没有结构墙体的限制和制约，其建筑平面的布置十分灵活。同时，建筑立面设计受到的结构约束也非常少，为建筑外立面采用整体玻璃幕墙或大面积连续窗提供了可能。但是，框架结构的缺点也十分突出，其竖向分系统的构件（即框架柱）的数量和总截面积都很小，导致其结构整体刚度较差，因此，在抗震设防地区，框架结构主要用于多层建筑中。

2. 框架结构的布置方案

框架结构体系是由楼板、梁、柱及基础四种承重构件组成的。在结构计算中，承重梁（也称托板梁）与柱和基础构成一榀平面框架，相邻各榀平面框架再由与承重梁垂直的连系梁连结起来，形成一个空间结构整体。预制楼板把楼面荷载传给承重梁，承重梁再传给柱子，柱子再传给基础，最后传到地基上。如果是方格式柱网的现浇钢筋混凝土楼板，则纵横两个方向的梁均为承重梁，并且两个方向的梁互相起连系梁的作用。

框架结构通常有以下三种结构布置方案。

（1）横向框架

横向框架的结构布置示意图如图 3-2（a）所示。横向框架的特点是，主要承重框架

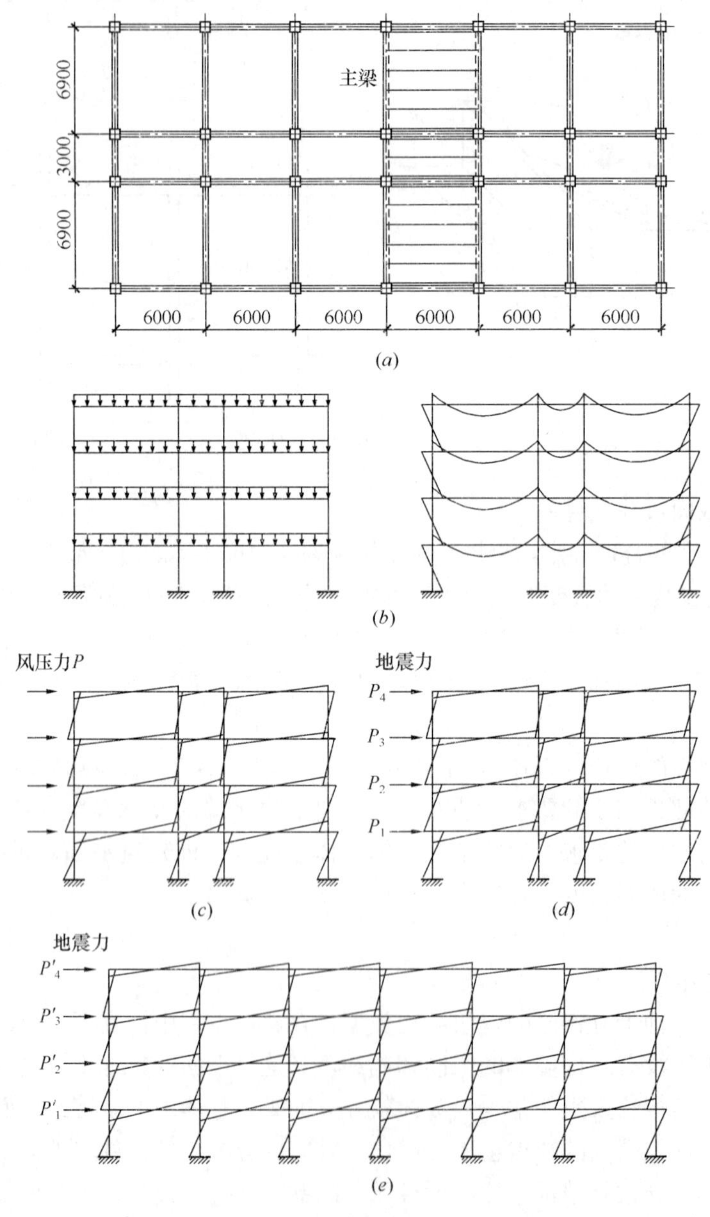

图 3-2　横向框架结构

是由横向承重梁（主梁）与柱构成，楼板支承在横向承重梁上，再由纵向连系梁（次梁）将横向框架连结成一个空间结构整体。

在竖向荷载的作用下，横向框架按多层刚架进行内力分析，图 3-2（*b*）所示为其计算简图和弯矩分布图。

在水平风荷载作用下，一般仅对横向框架结构的横向框架进行内力分析，而不必对其纵向框架进行内力分析。究其原因，则是因为横向迎风面大、风荷载大且框架柱少，由风荷载产生的内力较大，作用效果明显；相比之下，纵向迎风面小、风荷载小且框架柱多，由风荷载产生的内力很小，可以忽略不计。横向框架在风荷载作用下的弯矩分布如图 3-2（*c*）所示。

相比于风荷载，横向框架结构在水平地震作用下，对其横向框架和纵向框架都应进行内力分析。因为作用在建筑上的地震作用的大小取决于建筑自身质量产生的惯性力的大小，对于同一个建筑物，由于其自身的质量是不变的，纵向与横向地震作用对建筑的影响基本上是一样的。纵向框架和横向框架在地震作用下的弯矩如图 3-2（*d*）、（*e*）所示。

需要说明的是，风荷载与地震作用一般不考虑同时作用。

在实际工程中，因为大多数建筑物的体型都是纵向比横向要长很多，因此这些建筑的纵向刚度相比横向刚度要大得多，为了使建筑的横向也获得较大的刚度，采用横向框架方案有利于整个建筑结构各向刚度的均衡性要求。

（2）纵向框架（图 3-3）

纵向框架的结构布置示意如图 3-3 所示。纵向框架的特点是，主要承重框架由纵向承重梁与柱构成，楼板支承在纵向承重梁上，横向则由连系梁将纵向框架连结成一个空间结构整体。

在楼板传来的竖向荷载作用下，纵向框架按多层刚架进行内力分析。

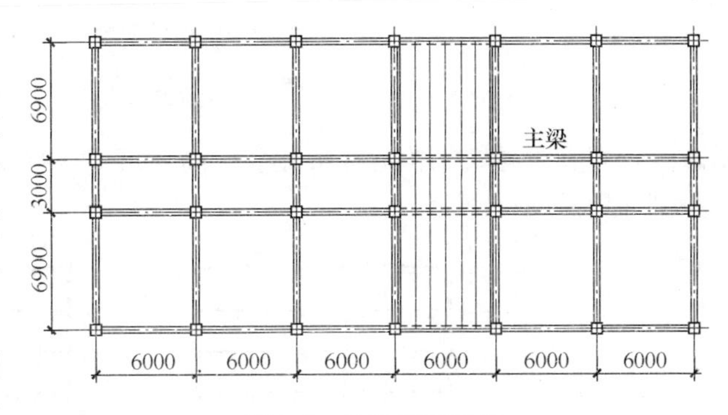

图 3-3　纵向框架结构

在水平风荷载作用下，仍应对横向框架进行内力分析，而纵向框架可以不必进行内力分析，其原因与前述横向框架方案的对应内容相同。同样，在水平地震作用下，对横向框架和纵向框架都应进行内力分析。

纵向框架方案的优点是：横向梁的高度较小，有利于管道穿行；楼层的净高大，能得到更多可利用的室内空间。

纵向框架方案由于其结构横向刚度较差，一般情况下，在实际工程中较少采用。

（3）纵横向混合框架（图 3-4）

纵横向混合框架的特点是沿建筑的纵横两个方向均布置承重梁，它综合了横向框架与纵向框架的优点，是比较有利于抗震的一种结构布置形式。

3．柱网形式

柱网形式和网格大小的选择，首先应满足建筑的使用功能要求；同时应力求使建筑形状规则、简单整齐，符合建筑模数协调统一标准的要求，以使建筑构件类型和尺寸规格尽

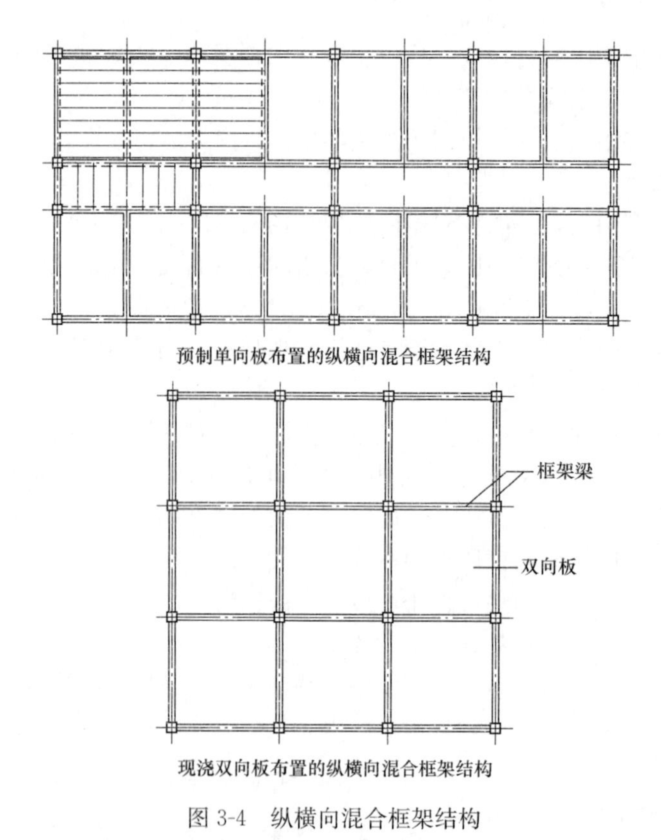

预制单向板布置的纵横向混合框架结构

现浇双向板布置的纵横向混合框架结构

图 3-4　纵横向混合框架结构

量减少，有利于建筑结构的标准化和提高建筑工业化水平。图 3-5 为多层框架结构工业建筑平剖面示意图。

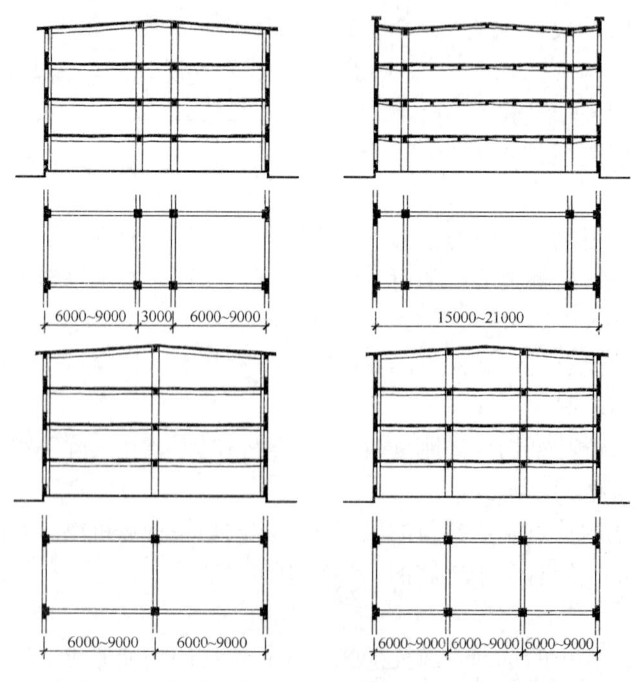

图 3-5　多层框架结构工业建筑平、剖面示意图

常见的框架结构柱网形式有以下几种，如图 3-6 所示。

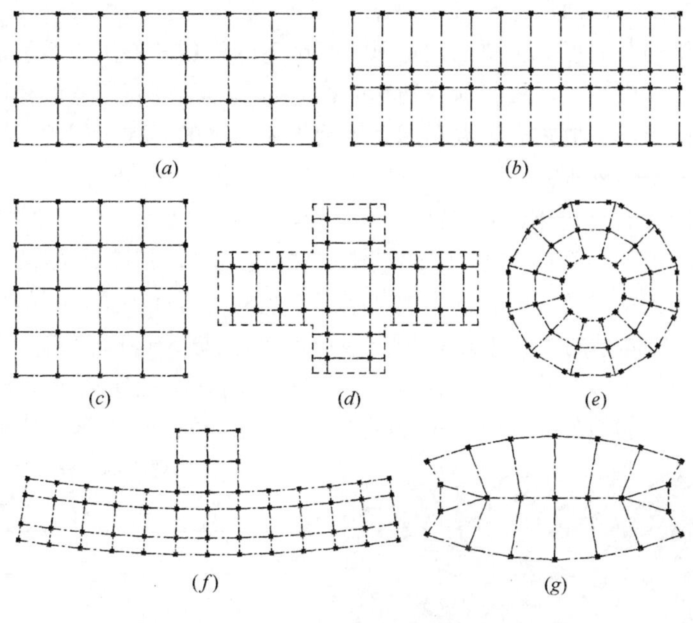

图 3-6　框架结构柱网布置形式

（1）方格式柱网

我们把开间尺寸和进深尺寸相同或相近的柱网平面称为方格式柱网，如图 3-6 中的（*a*）、（*c*）、（*d*）、（*f*）所示。这种柱网形式的适应性比较强，应用范围非常广泛，各种民用建筑和多层工业厂房等建筑都有采用。

（2）内廊式柱网

内廊式柱网的平面特点是，柱网的开间尺寸一致，而进深尺寸则呈现大、小、大的三跨形式。例如，开间尺寸为 4000mm，进深尺寸为 8000＋3000＋8000（mm），如图 3-6（*b*）所示。这种柱网形式广泛适用于内廊式平面的教学楼、旅馆客房以及中间设通道两侧布置流水线的工业厂房等建筑。

（3）曲线形柱网［图 3-6（*e*）、（*f*）、（*g*）］

4. 框架柱、梁、板的截面形式和尺寸估算

（1）框架柱的截面形式和尺寸估算

框架柱采用现浇方法施工时，多采用矩形截面或圆形截面；在多层工业厂房等建筑中，由于经常采用预制装配式的施工方法，采用工字形截面的情况亦比较普遍。框架柱截面尺寸的估算可根据经验确定，也可以根据结构的刚度条件估算，即按照柱的长细比大约在 1/10～1/20 的范围，并且截面边长不得小于 300mm。框架柱截面的边长一般应比同方向的梁宽至少多取 50mm，以便于梁、柱节点钢筋的布置，使构造简单合理、施工方便。

（2）框架承重梁的截面形式和尺寸估算

框架承重梁在采用现浇方法施工时，多采用矩形截面，且梁高一般均含板厚，这样设计比较经济；当采用较大跨度的预制装配式方法施工时，则普遍采用 T 形截面和工字形截面。承重梁的截面高度一般可根据设计荷载的大小，按跨度的 1/10～1/15 取值，截面

宽度一般取截面高度的 1/3 左右。

(3) 框架连系梁的截面形式和尺寸估算

单纯的连系梁的截面形式主要采用矩形，其确定的依据和方法与承重梁基本相同。连系梁与承重梁相比，少了承受楼板荷载的功能，但是其截面高度不宜取得过小；**因为不仅要考虑梁承受竖向荷载的要求，还要考虑其承受水平荷载的要求。**因此，过小的梁截面高度难以满足结构的整体要求。

(4) 框架板的截面形式和尺寸估算

框架结构中，板的截面形式主要采用等厚的板式结构，其厚度取值一般为其跨度的 1/35～1/45。考虑到结构功能的合理实现和施工工艺的可行性因素，板的最小厚度不应小于 60mm。对于板柱体系的无梁框架，板的最小厚度不应小于 150mm。常用的现浇钢筋混凝土板厚度要求如表 3-1 所示。当柱网间距比较大时，板的跨度增大，板厚增加；此时，可以考虑采用密肋板的形式以减小板的厚度，密肋板的形式如图 3-7 所示。

图 3-7　双向密肋楼板

现浇钢筋混凝土板的最小厚度（mm）　**表 3-1**

板的类别		最小厚度
单向板	屋面板	60
	民用建筑楼板	60
	工业建筑楼板	70
	行车道下的楼板	80
双向板		80
密肋板	面板	50
	肋高	250
悬臂板	悬臂长度不大于 500	60
	悬臂长度 1200	100
无梁楼板		150
现浇空心楼盖		200

(三) 剪力墙结构

1. 剪力墙结构的特点

剪力墙结构是将建筑中所有的结构墙体都设计成能够抵抗水平荷载的墙体的结构。在水平荷载的作用下，这些墙体的主要工作状态是受剪和受弯，所以称为剪力墙。剪力墙结构侧向刚度很大，可以承受很大的水平荷载，也可以同时承受很大的竖向荷载，因此剪力墙结构可以建造超高层建筑。剪力墙结构如图 3-8 所示。

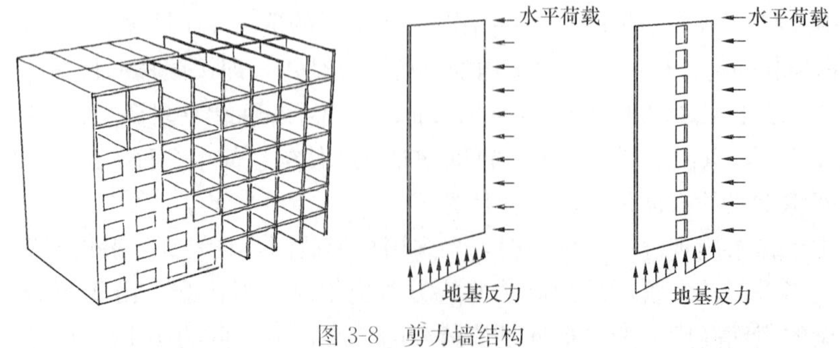

图 3-8　剪力墙结构

由于剪力墙结构要求剪力墙体在数量上满足一定要求，使得此类建筑的平面限制比较多，因此剪力墙结构的适用范围有限，一般适用于较小开间的居住或公共建筑（比如旅馆客房部分）等类型的建筑。

在旅馆建筑中，通常要求有较大的入口大堂、餐厅、会议厅等功能空间；而剪力墙结构却很难满足这些空间的结构需要。针对这种情况，一般可以采取如下三种解决办法：第一，将这类建筑空间从高层客房中移出，布置在高层建筑周围的低层裙房中；第二，除入口大堂外，在满足现行《建筑设计防火规范》等相关规范的前提下，将餐厅、会议厅等建筑空间集中设置在建筑的顶层，以避免这些大空间设置在中间楼层造成剪力墙在竖向上的中断；第三，采用框支剪力墙结构，即建筑的底层采用框架结构（或框-剪结构）布置大空间，而上部仍采用剪力墙结构布置客房，如图 3-9 所示。框支剪力墙结构的底层柱子内力很大，需要很大的柱截面，用钢量多；而且底层框架成为结构的薄弱环节，对建筑的抗震十分不利，地震区应尽量避免采用。

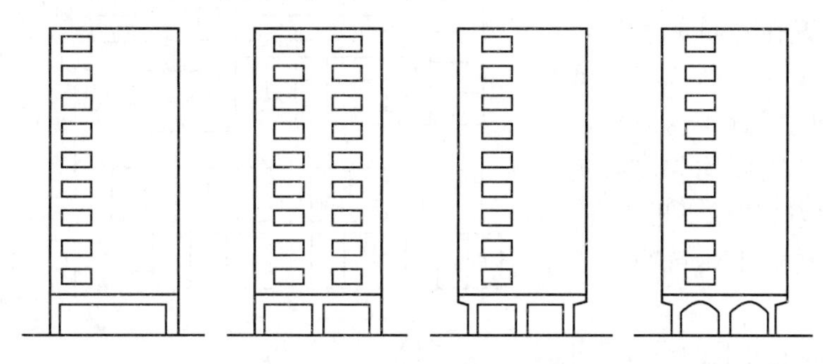

图 3-9　框支剪力墙结构

2. 剪力墙结构的布置方案

剪力墙结构布置方案主要有以下三种：

（1）横墙承重方案

横墙承重方案的特点是楼板支承在横向剪力墙上，横墙间距即楼板的跨度。通常情况下，剪力墙的间距为 3～6m。

如果剪力墙的间距较小（一般在 4m 以下），其优势是剪力墙结构的横向刚度比较大，有利于整个结构纵、横两个方向侧向刚度的均衡。一方面，对于层数较少的建筑来说，剪力墙的承载能力不能得到充分的利用，因此会造成一定程度的浪费。另一方面，对于住宅类建筑来说，较小的横向剪力墙间距可以大大减少设置横向隔墙的材料和工序，同时也避免了隔墙对楼板结构的集中荷载作用，使楼板结构较为经济。

（2）纵墙承重方案

纵墙承重方案是针对建筑功能空间需要较大开间的情况采用的结构布置方案。但对于剪力墙结构而言，大开间的情况并不普遍，因而，采用纵墙承重方案的情况比较少见。

（3）纵横墙混合承重方案

纵横墙混合承重方案有两种情况。第一种是全现浇的钢筋混凝土楼板支承在周边的纵、横剪力墙上；第二种是预制楼板支承在进深大梁和横向剪力墙上，大梁支承在纵墙上，如图 3-10 所示。第二种结构布置方式的缺点是大梁在纵墙上的支承面积很小；同时，由于横向剪力墙很少，纵墙平面外的自由长度较大，与横墙的拉结较差，对建筑结构的抗

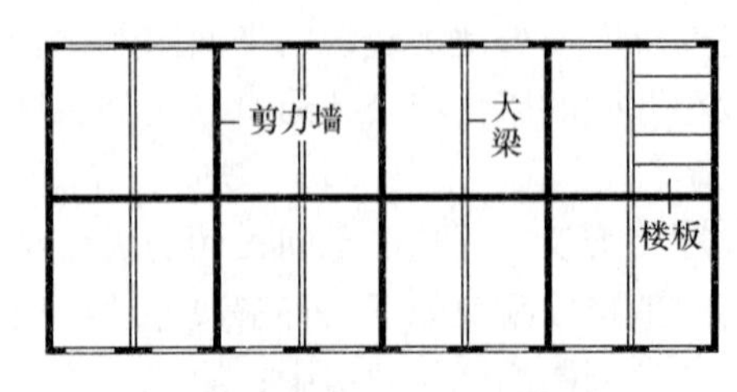

图 3-10　纵横墙混合承重方案之一

震能力有一定的影响。在塔式住宅建筑中，由于建筑平面纵、横两个方向长度差别不大，此时采用纵横墙混合承重的结构方案是比较合理的。

剪力墙结构的建筑平面可以设计成非常多样化的形式，图 3-11 所示为一些剪力墙结构的建筑平面实例。

3. 剪力墙结构的基本设计要求

（1）剪力墙的布置要求

剪力墙在平面上应尽可能对齐，并且不宜间断布置，这一要求对于剪力墙有效地实现其抵抗水平地震剪力来说至关重要。在剖面上，剪力墙应自下至上连续布置，避免刚度突变，不应在中间楼层中出现剪力墙的中断。如果有设置大空间的需要，应将大空间布置在建筑的顶层，以避免造成剪力墙的中断。剪力墙在平面上的布置应尽量均匀对称，以使建筑平面内的刚度均匀，避免建筑结构在水平地震作用下出现扭转，这种结构的扭转对于建筑物抗震十分有害。

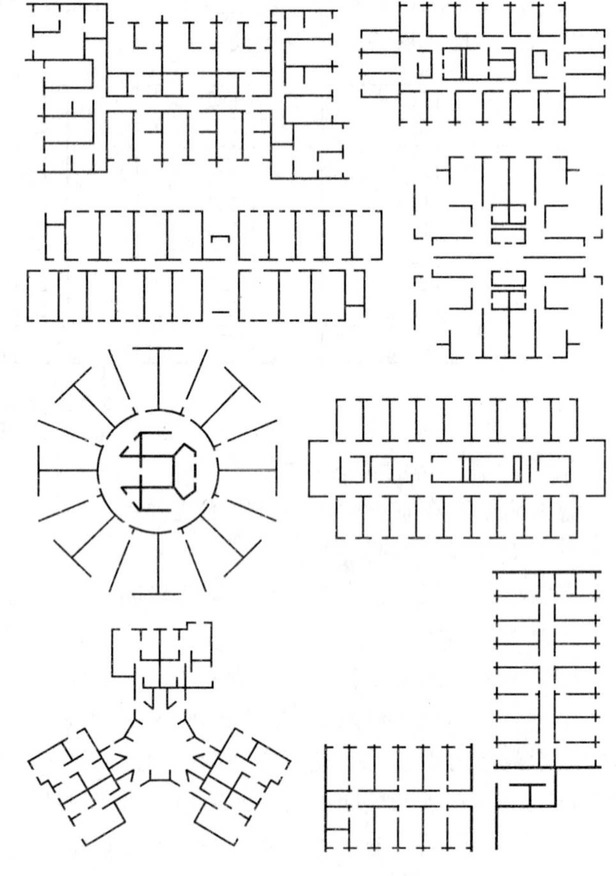

图 3-11　剪力墙结构建筑平面实例

（2）剪力墙上开洞的设计要求

建筑物设置门窗等洞口是功能上的需要，但剪力墙上洞口设置的位置、数量、均衡性等对建筑结构的影响非常大，因此，必须给予足够的重视。

1）剪力墙的门窗洞口宜上下对齐、成列布置，形成明确的墙肢和连梁。宜避免使墙肢刚度相差悬殊的洞口设置。这也是所有墙承重结构的基本设计要求。

2）在纵横墙交叉处，应避免在几面墙上同时开洞。开洞时应尽可能形成门垛，这个要求是为了避免在结构的局部出现过于集中的削弱。

3）建筑平面的尽端是结构的最薄弱环节，因此，在山墙及其转角处的外墙上应尽量少开洞或不开洞，在靠近外墙（尤其是山墙）的内墙段上也应尽量避免开洞。

（四）框架-剪力墙结构

1. 框架-剪力墙结构的特点

前边分别介绍了框架结构和剪力墙结构的基本特点。这两种结构形式的优点和缺点都很突出。当我们需要灵活宽敞的建筑空间时，框架结构满足了我们的需求；当高层建筑需要足够的抗侧弯刚度时，剪力墙结构解决了这样的问题。当我们既需要在高层建筑中形成较为宽敞的使用空间，又要使其满足足够的抗侧弯刚度时，框架结构和剪力墙结构都不能单独满足我们的需要；而此时如果采用框架-剪力墙结构，则能很好地解决这两个问题。

框架-剪力墙结构，即在完整的柱、梁、板形成的框架结构的基础上，在框架的某些柱间布置剪力墙，并使剪力墙与框架互相取长补短、协同工作，综合两种结构类型的优势。这样，便使得结构承载能力和抗侧弯刚度均较大，而建筑布置又较为灵活，如图 3-12 所示。

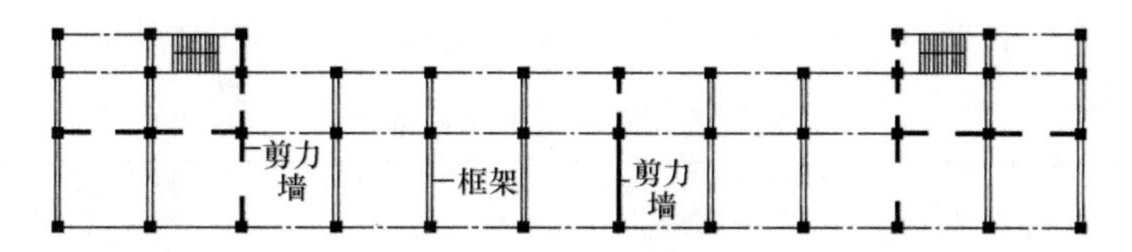

图 3-12　框架-剪力墙结构示意图

在水平风荷载或水平地震作用下，剪力墙相当于固定在地基上的悬臂梁，其变形主要为弯曲变形，框架则为剪切变形。框架和剪力墙通过楼盖结构联系在一起，楼盖结构的水平刚度可使两者达到共同的变形，如图 3-13 所示。

在框架-剪力墙结构中，剪力墙在平面中不是连续布置的，因此，剪力墙与独立的框架柱之间必须依靠连接两者的楼盖来协调，此时楼盖在水平方向上的刚度大小就成了关键因素。显然，楼盖的水平刚度越大，框架与剪力墙之间的协同工作就越好。

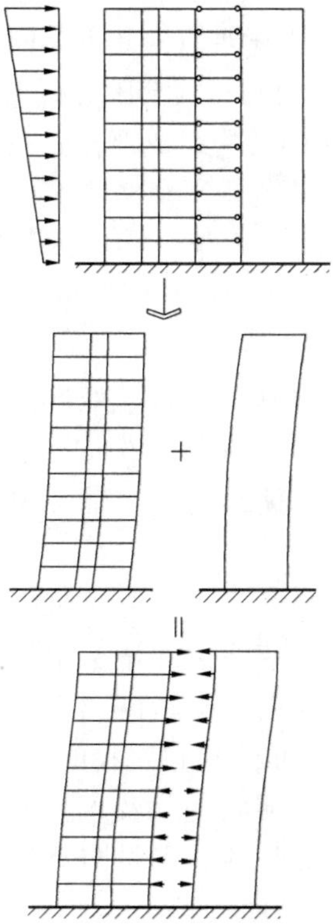

加强楼盖的水平刚度，一般可采取以下两种措施。一是加强楼盖本身的整体刚度，如采用现浇整体式钢筋混凝土楼盖或装配整体式钢筋混凝土楼盖（即在铺设好预制楼板后，在其上现浇整体钢筋混凝土叠合层）；二是控制剪力墙的最大间距。以上两种措施都是为了控制楼盖在水平面内的弯曲变形。在水平荷载的作用下，楼盖可以看成是支承在剪力墙上的水平深梁，如图 3-14 所示。

从图中可以看出，剪力墙的间距 L 就是该水平深

图 3-13　框架与剪力墙的共同工作

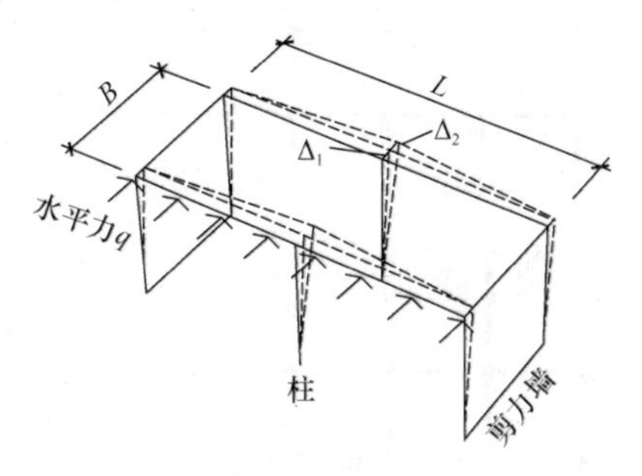

图 3-14　剪力墙与楼盖在水平荷载作用下的变形

梁的跨度，房屋宽度 B 就是该水平深梁的截面高度。在水平力 q 的作用下，剪力墙产生位移 Δ_1，水平深梁的最大弯曲挠度变形值为 Δ_2。当 $\Delta_2/L \leqslant 1/1.2 \times 10^{-4}$ 时，即可认为楼盖的刚度为无限大，弯曲变形 Δ_2 可以忽略不计。也就是说，在水平荷载的作用下，刚性足够大的楼盖使剪力墙和框架柱之间产生了相等的位移 Δ_1，从而达到了两者之间协同工作的效果。

如果楼盖的刚度很低、跨度 L 很大，楼盖的弯曲变形 Δ_2 就会大大增加，剪力墙和框架之间将无法有效地协同工作，这样，框架就将承担更多的水平荷载。因此，《建筑抗震设计规范》规定，对于不同类型和不同施工方法的钢筋混凝土楼盖，其剪力墙之间楼、屋盖的长宽比（L/B）应满足表 3-2 的规定，以确保楼盖具有足够的刚度。

抗震墙之间楼屋盖的长宽比 **表 3-2**

楼、屋盖类型		设防烈度			
		6	7	8	9
框架-抗震墙结构	现浇或叠合楼、屋盖	4	4	3	2
	装配整体式楼、屋盖	3	3	2	不宜采用
板柱-抗震墙的现浇楼、屋盖		3	3	2	—
框支层的现浇楼、屋盖		2.5	2.5	2	—

2. 框架-剪力墙的结构布置要求

在框架-剪力墙结构体系中，框架部分的结构布置要求与纯框架结构并无不同；而剪力墙部分的结构布置要求则有些变化，这是因为纯剪力墙结构是可以完全独立存在的结构整体，而框架-剪力墙结构中的剪力墙则是无法自身独立存在的结构组成部分。在一般情况下，剪力墙承担 80%以上的水平荷载，而框架承担余下部分的水平荷载及全部竖向荷载。显然，剪力墙出现在框架结构中的目的就是要提高结构整体的抗侧弯刚度。框架-剪力墙结构中剪力墙的布置需满足以下要求：

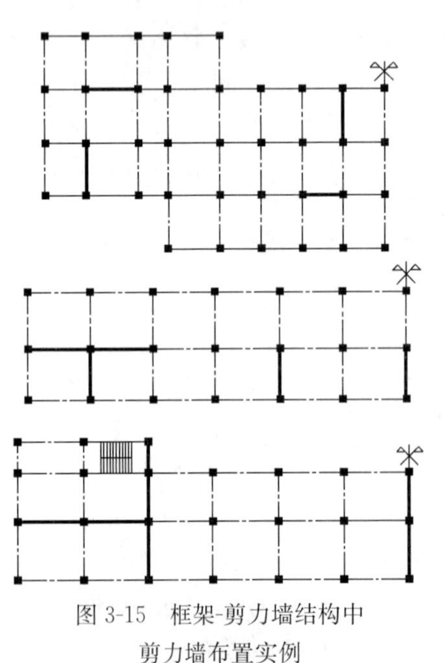
图 3-15　框架-剪力墙结构中剪力墙布置实例

（1）框架-剪力墙结构应设计成双向抗侧力体系。在抗震设计时，结构两主轴方向均应布置剪力墙，剪力墙的布置宜使结构各主轴方向的侧向刚度接近。

（2）在竖向上，剪力墙宜贯通建筑物的全高以避免刚度突变，且不应在中间楼层中出现剪力墙的中断；剪力墙开洞时，洞口宜上下对齐。

（3）剪力墙宜均匀布置在建筑物的周边附近、楼梯间、电梯间等平面形状变化及永久荷载较大的部位，楼、电梯间等竖井宜尽量与靠近的抗侧力结构结合布置，如图 3-15 所示。

（4）纵、横剪力墙宜组成 L 形、T 形和 U 形等形式，以提高其空间刚度，如图 3-16 所示。

(5) 剪力墙的数量要适当。过少会增加框架的负担，过多则会造成浪费，并出现空间限制过多、整体刚度过大等问题。

(6) 一般情况下，剪力墙的厚度取值应≥160mm，且≥1/20 层高。

(7) 梁与柱或柱与剪力墙的中线宜重合，以避免剪力墙或者梁对柱子产生扭转的不利影响。

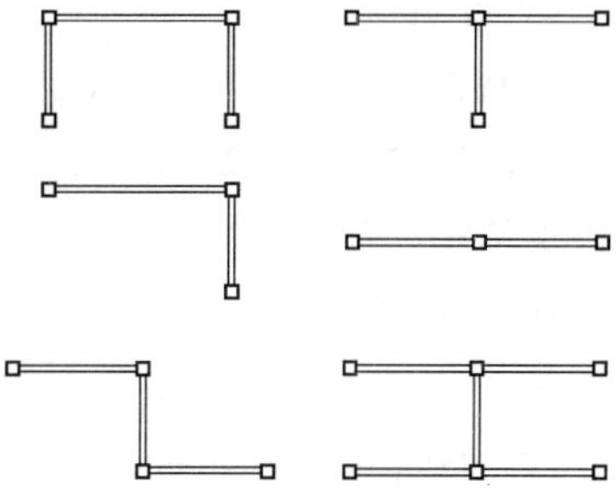

图 3-16 典型的剪力墙形式

(五) 筒体结构

1. 筒体结构的特点

顾名思义，筒体结构是指由一个或几个作为主要抗侧力构件的筒形结构组成的结构类型。此时，建筑的结构体系主要靠筒体承受水平荷载，因此具有良好的空间刚度、抗侧弯能力和抗震能力。超高层建筑对结构的抗侧弯能力和抗扭转能力的要求更为突出，因此，筒体结构在超高层建筑当中得到了广泛的应用。

在承受水平风荷载或水平地震作用时，整个筒体结构相当于一个刚接于地基的封闭空心悬臂梁，如图 3-17 所示。它不仅可以抵抗很大的弯矩，同时也可以抵抗扭矩，是目前最先进的高层建筑结构体系之一。筒体结构建筑布置灵活，而且能大大节约建筑结构材料。大多数筒体结构的高层建筑每平方米建筑面积的结构材料消耗量仅相当于一般框架结构建筑的一半左右。

2. 筒体结构的设计

(1) 筒体结构的构造类型

按其构造形式的不同，筒体结构可以分为薄壁筒和框筒两种不同的形式。

1) 薄壁筒

薄壁筒是板式墙组成的筒体，一般是由建筑内部的楼梯间、电梯间以及设备管道井的钢筋混凝土墙体围合形成的，如图 3-18 (*a*)、(*c*) 所示。因为薄壁筒体一般位于建筑平面的中部，因此也被称为核心筒。

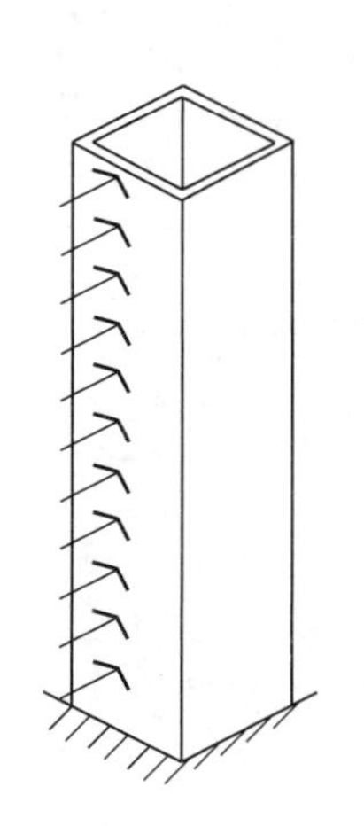

图 3-17 筒体结构在水平荷载作用下的受力状态

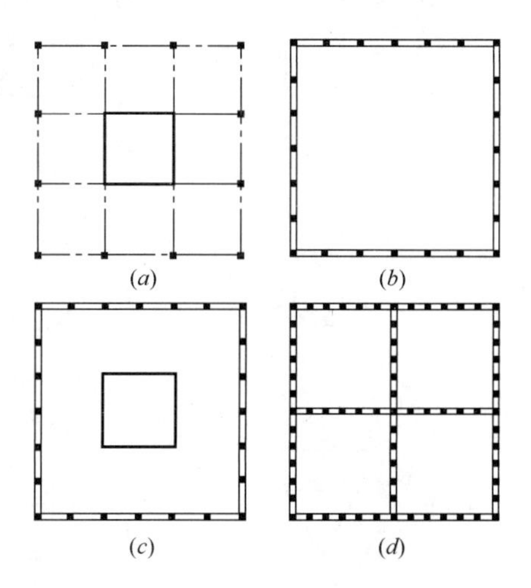

图 3-18 筒体的构造类型

2）框筒

框筒是由周边密集设置的立柱与高跨比很大的横梁（即上、下层窗洞之间的墙体）组成的筒体。框筒既可以看成是由密柱、高梁形成的空间框架，也可以看成是一个密布孔洞的筒形结构，如图 3-18（*b*）、（*c*）所示。框筒主要用作外筒，筒体的孔洞面积一般不大于筒壁面积的 50％，立柱中距一般为 1.2～3.0m，特殊情况下也可扩大到 4.5m，横梁高度一般为 0.6～1.2m。立柱可为矩形或 T 形截面，横梁常采用矩形截面。

（2）筒体的结构布置

1）竖向结构——筒体的布置

竖向结构的布置形式有单筒、筒中筒和集束筒三种。

单筒是指只有一个框筒作外筒的筒体结构类型，如图 3-18（*b*）所示。实际上，一般在外筒所围合的内部空间中，或设置内筒（薄壁筒），或设置框架，单筒结构非常少见。

筒中筒体系（也称套筒体系）是由内筒（薄壁筒）与外筒（框筒）共同组成的筒体结构类型，如图 3-18（*c*）所示。

集束筒是由几个连在一起的筒体组成的筒体结构类型，是单个筒体在平面内的集合，如图 3-18（*d*）所示。位于芝加哥的 110 层高的西尔斯大厦就是采用的这种集束筒体系，它由 9 个标准筒组成，其平面尺寸为 68.58m×68.58m。集束筒的结构刚度是以上几种筒体结构类型中最大的。

筒体自身最合理的平面形状应该是正方形或者圆形，狭长的矩形或者椭圆形不是理想的选择。常见的一些筒体结构的布置实例如图 3-19 所示。

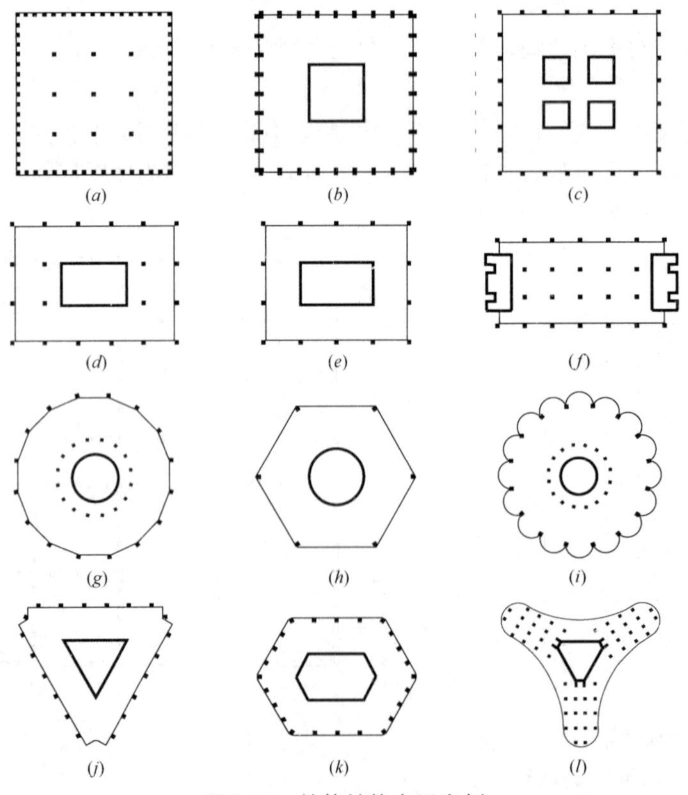

图 3-19　筒体结构布置实例

2）水平结构——楼板层的布置

在筒体结构的内外筒壁之间布置楼板结构时，如果筒壁的间距小，则可以直接布置楼板；如果间距比较大，可以采用梁或桁架形成梁板式楼板结构；也可以在局部布置柱子，形成框架-筒体结构以减小楼板结构的跨度。

筒体结构的楼板层布置方式多种多样，几种较为典型的布置方式如图 3-20 所示。

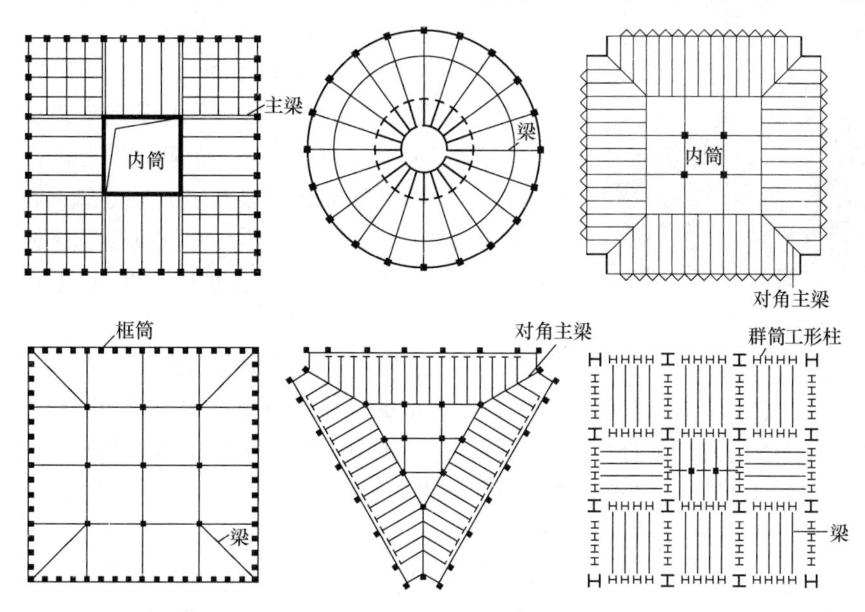

图 3-20　筒体结构楼板层布置示例

（3）筒体的结构类型

1）筒体结构

这里所说的筒体结构是指单纯的筒体结构，包括单筒、筒中筒、集束筒等。

2）框筒＋桁架结构

如前所述，筒体结构的外筒均为框筒，以满足建筑外立面设窗的需要。建筑的室内视野以及自然采光等问题要求外窗的尺寸尽量大一些，但筒体结构的抗侧弯刚度问题又要求外筒壁上的洞口不宜过大。

为了解决上述矛盾，可以采用框筒＋桁架的结构形式，即沿着外筒周边并不很密的柱子上设置竖直向上的整体桁架，在解决室内视野和自然采光的前提下，满足筒体结构空间整体刚度的要求。图 3-21 所示的芝加哥约翰·汉考克大厦就是这种框筒＋桁架结构的建筑实例，图 3-22 所示为约翰·汉考克大厦内景，从图中我们可以感受到巨大的整体桁架形成的室内空间效果。

图 3-21　约翰·汉考克大厦

3）框架-筒体结构

框架-筒体结构简称框-筒结构（注意框-筒结构与框筒结构的区别）。框架-筒体结构是在内薄壁筒或者筒中

图 3-22　约翰·汉考克大厦内景

筒结构的基础上再额外布置框架结构，即在内薄壁筒的周围或者在内、外筒之间布置框架，以形成建筑使用空间。框架-筒体结构实际上是利用框架结构提供建筑使用空间，而通过筒体结构满足结构抗侧弯刚度的要求，从而形成类似于框架-剪力墙结构的组合结构形式，如图 3-19（*a*）、（*d*）、（*e*）、（*f*）、（*l*）所示。

（六）单层厂房的结构体系

单层厂房常采用的结构体系主要有刚架结构和排架结构，在大型和重型厂房中，排架结构更是普遍采用的结构类型。两者之间有很多共同点，也有明显的区别。将这两者放在一起进行介绍，是希望通过这种对比性的介绍，使读者更好地掌握这两种常见建筑结构类型的异同。

1. 排架结构与刚架结构的概念

排架结构是指由直线形杆件（梁和柱）组成的具有铰节点的单层结构。

刚架结构是指由直线形杆件（梁和柱）组成的具有刚性节点的单层结构。

图 3-23 所示为在竖向均布荷载作用下排架结构与刚架结构的弯矩图。

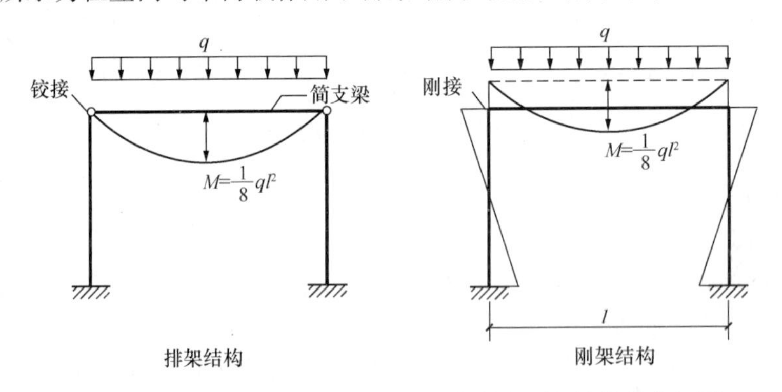

图 3-23　在竖向均布荷载作用下排架结构与刚架结构的弯矩图

在这里，我们有必要先对这两种建筑结构类型的基本特点做一个比较分析。

刚架结构与排架结构都是单层建筑适用的结构类型，都是由直线形的杆件（梁和柱）组成的结构，这是两者的共同点；而两者的区别在于，刚架结构的柱与梁的节点连接是刚性连接，排架结构柱与梁的节点连接则是铰连接。**刚架结构这种刚性连接的特征只限于柱与梁的连接节点，而其他节点（如柱与基础的连接节点、梁的跨中节点等）是否为铰节点并不影响刚架结构的属性。**两种结构类型在梁和柱节点连接处的不同决定了刚架结构与排架结构在力学特征上的许多差异。

需要强调的是，**刚架结构不能写成“钢架结构”。**首先，从结构类型上来说，没有“钢架”这样一种结构类型，从前述分析中我们知道，“刚架结构”名称的由来是其直线形杆件（梁和柱）组成的节点必须是“刚性”的，与“钢”无关。其次，有人在使用“钢架结构”这个错误的说法时，其实是想说该结构是由钢材建造的，这样的话，正确的说法应该是“钢结构”而不是“钢架结构”。

从图 3-23 在竖向均布荷载作用下的刚架结构弯矩图中可以看出，由于横梁与立柱整体刚性连接，形成了刚性节点，能够承受并传递弯矩，这样就减少了横梁中部的弯矩峰值。对图 3-23 中的排架结构弯矩图进行分析，由于排架结构的横梁与立柱为铰接，形成了铰节点，所以在竖向均布荷载作用下，横梁的弯矩图与简支梁相同，弯矩峰值较刚架大得多。

同样，从图 3-24 在水平集中荷载作用下的刚架结构弯矩图中我们可以看出，由于横梁与立柱整体刚性连接，形成了刚性节点，梁对柱的约束减少了柱的弯矩峰值。对图3-24 中的排架结构弯矩图进行分析，由于排架结构的横梁与立柱为铰接，形成了铰节点，所以在水平集中载荷作用下，横梁的弯矩图与简支梁相同，弯矩值为零。

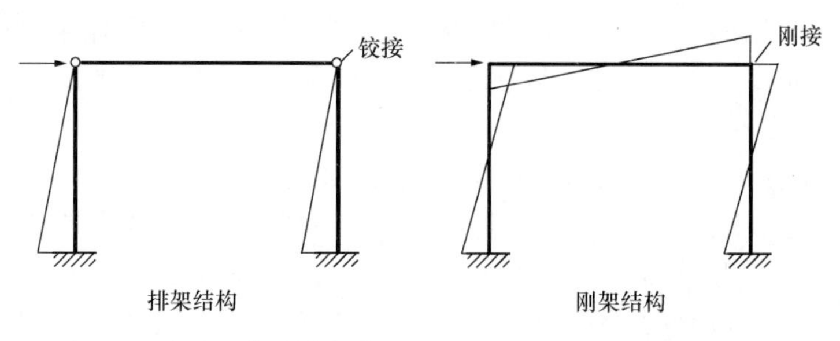

图 3-24　在水平集中荷载作用下排架结构与刚架结构的弯矩图

刚架结构杆件较少，结构内部空间较大，便于利用。而且刚架一般由直杆组成，制作方便，因此，在实际工程中的应用非常广泛。

在一般情况下，当跨度较小且相同时，刚架结构比由屋面大梁（或屋架）与立柱组成的排架结构轻巧，可节省结构材料。但是，当跨度较大（此时荷载也较大）时，刚架结构由于其柱与梁刚接成一个整体，单个构件长度相对增大，杆件自身的刚度较差，特别是当有较重的悬挂物（例如有吊车的厂房）时，更适合选用排架结构。

刚架结构经常采用将横梁做成折线的形式（图 3-25），使其更具受力性能良好、施工

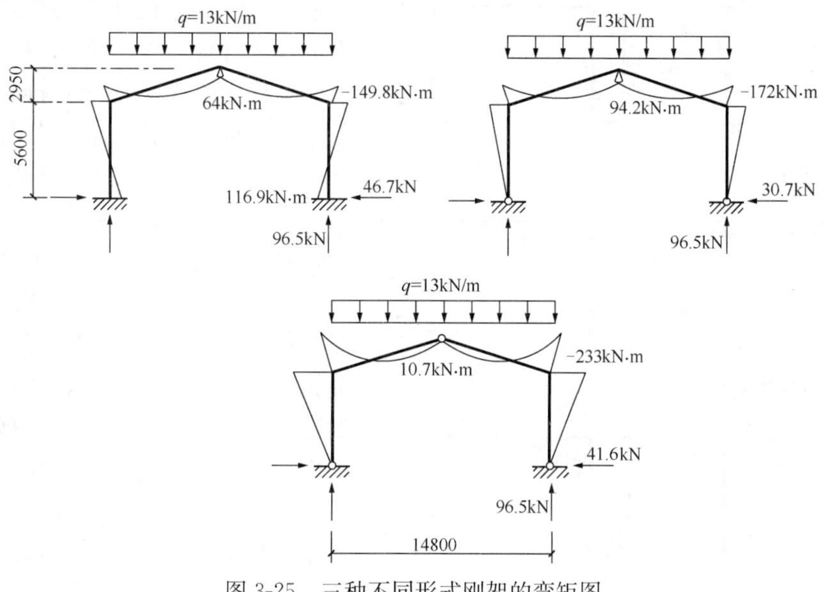

图 3-25　三种不同形式刚架的弯矩图

方便、造价较低和建筑造型美观等优点。由于横梁是折线形的，使室内空间加大的同时，也适用于双坡屋面的单层中、小型建筑，在工业厂房和体育馆、礼堂、食堂等民用建筑中都得到广泛应用。

2. 刚架结构与排架结构的种类及受力特点

(1) 刚架结构的种类及受力特点

单层刚架的受力特点是：在竖向荷载作用下，柱对梁的约束减小了梁的跨中弯矩，如图 3-23 所示；在水平荷载作用下，梁对柱的约束减小了柱内弯矩，如图 3-24 所示。梁和柱由于整体刚性连接，刚度都得到了提高。

门式刚架按其结构组成和构造的不同，可以分为无铰刚架、两铰刚架和三铰刚架等三种形式。在同样荷载作用下，这三种刚架的内力分布和大小是有差别的，其经济效果也不相同。图 3-25 表示高度和跨度相同且承受同样均布荷载的三种不同形式刚架的弯矩图。

(2) 排架结构的种类及受力特点

从结构特点来说，排架结构的类型是单一的，即排架柱与柱基础的节点是刚性连接，而排架柱与屋架或屋面大梁的连接节点是铰连接。与刚架结构柱和梁之间刚性连接形成一个整体构件不同，排架结构的柱子和梁（或屋架）是两种相对独立的构件，这种独立构件可以理解成是一个直线形或者折线形的杆。那么，排架结构的这个杆的长度相对于同等条件（相同的跨度和高度）下的刚架结构的杆来说就要短得多，杆件自身的刚度就要大得多。因此，排架结构更适合荷载较大、跨度较大的重型结构建筑，例如大型单层工业厂房、大型库房等建筑物。

从结构材料类型的角度来说，由于排架结构主要应用于大型和重型的建筑结构，因此，钢筋混凝土结构和钢结构的排架得到了广泛的应用。对于无吊车的厂房或者轻型厂房，也有采用砖柱承重的砌体结构排架类型。

(3) 刚架结构与排架结构的构件形式

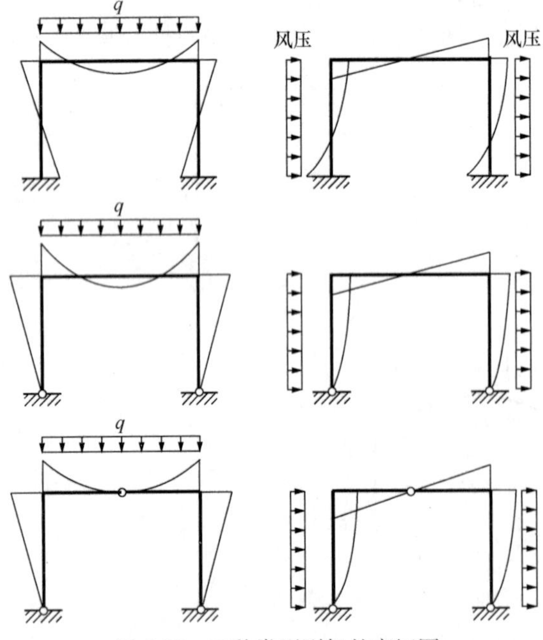

图 3-26 三种类型刚架的弯矩图

任何一种结构构件形式的确定，主要取决于这种结构构件在各种荷载作用下的应力和应变的分布状况。因此，要正确地决定刚架结构或者排架结构的构件形式，就必须把它们在各种荷载作用下的应力分布和应变状况搞清楚。下面结合刚架结构和排架结构的弯矩分布图，对这个问题具体分析如下：

1) 刚架结构的构件形式

如图 3-26 所示，刚架结构在立柱与横梁的转角截面处弯矩较大，而铰结点处弯矩为零，因此在立柱与横梁转角截面内侧会产生应力集中现象，应力的分布随内折角的形式而变化；尤其是立柱的刚度比横梁大得多时，边缘应力会急剧增加，如图 3-27 所示。

在一般情况下，构件截面随应力大小而相应变化是最经济的做法。因此．刚架柱构件一般采用变截面的形式，加大梁柱相交处的截面，减小铰节点附近的截面，以达到节约材料的目的。同时，为了减少或避免应力集中现象，转角处常做成圆弧或加腋的形式，如图3-27及图3-28所示。

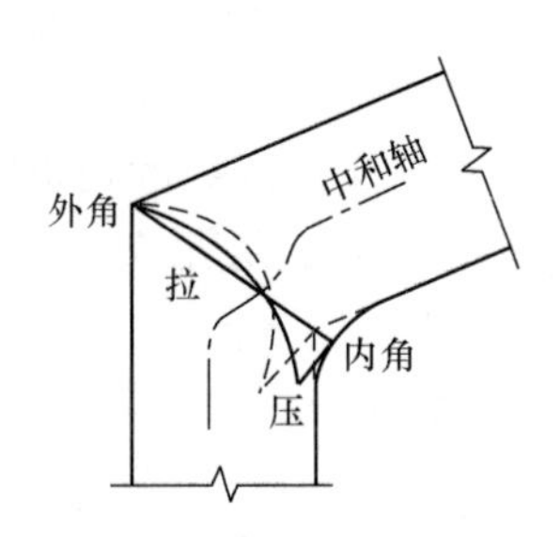

图3-27 刚架转角截面的正应力分布

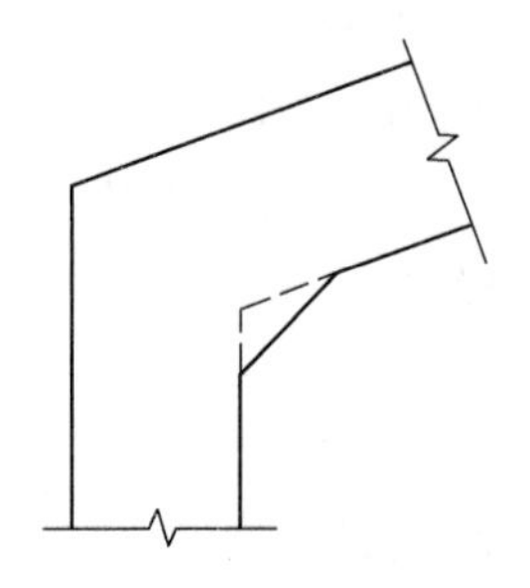

图3-28 刚架转角截面的加腋

刚架结构的跨度一般在40m以下，跨度太大会导致自重过大，使结构不合理，并造成施工困难。普通钢筋混凝土刚架一般用于跨度不超过18m、檐口高度不超过10m的无吊车或吊车起重量不超过10t的建筑中。钢筋混凝土刚架的构件一般采用矩形截面，跨度与荷载较大的刚架也可以采用工字形截面。

为了减少材料用量、减小构件截面、减轻结构自重，对于较大跨度的刚架结构常采用预应力钢筋混凝土刚架和空腹刚架的形式。空腹刚架有两种形式，一种是把构件做成空心截面，另一种是在构件上留洞。空腹刚架也可以采用预应力结构，但对施工技术和材料的要求较高。

在变截面刚架结构中，刚架截面变化的形式在满足结构功能需要的同时，应结合建筑立面要求确定。立柱可以做成里直外斜或外直里斜两种形式，如图3-29所示。

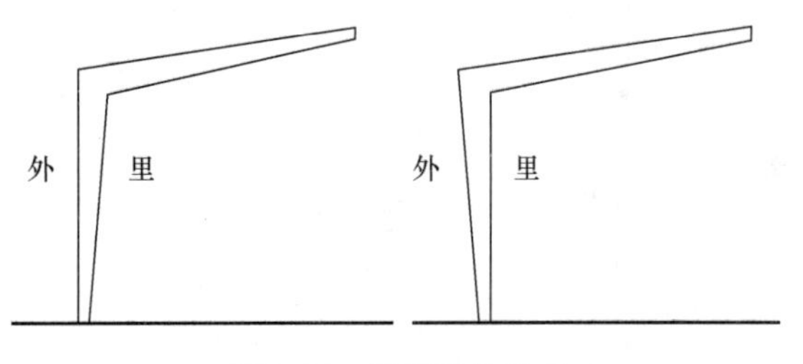

图3-29 刚架柱的形式

在实际工程中，预制装配式钢筋混凝土刚架得到了广泛的应用。刚架拼装单元的划分一般应根据应力分布决定。单跨三铰刚架可分成两个“Γ”形拼装单元，铰节点设在基础和横梁中间拼接点的部位。两铰刚架的柱与基础连接处应做成铰节点，一般在横梁零弯矩点截面附近设置拼接点（但需注意，此处拼接点应为刚性拼接点）以避免构件划分单元过大。多跨刚架常采用“Y”形和“Γ”形拼装单元，如图3-30所示。

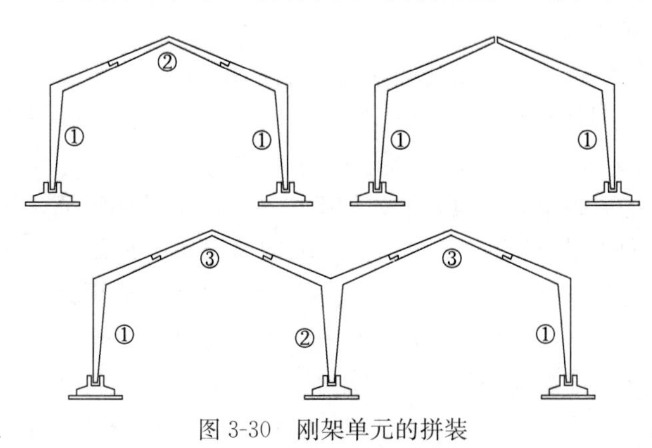

图3-30 刚架单元的拼装

刚架承受的荷载一般有永久荷载和可变荷载两种。在永久荷载的作用下，零弯矩点的位置是固定的；在可变荷载作用下，由于各种不利组合，零弯矩点的位置是变化的。因此在划分构件拼装单元时，零弯矩点的位置应根据主要荷载确定。例如，对一般刚架（无悬挂吊车），由永久荷载产生的弯矩约占总弯矩的90%左右，拼接点位置应设在永久荷载作用下横梁的零弯矩点附近。这样，拼接点截面受力小、构造简单、易于处理。

2）排架结构的构件形式

从图3-31可以看出，排架结构柱与基础的连接节点处是弯矩的峰值部位，因此，排架柱最大截面应设置在柱底部位。由于排架结构中经常采用桥式吊车，故排架柱普遍采用变截面上下柱的结构形式，如图3-32所示。

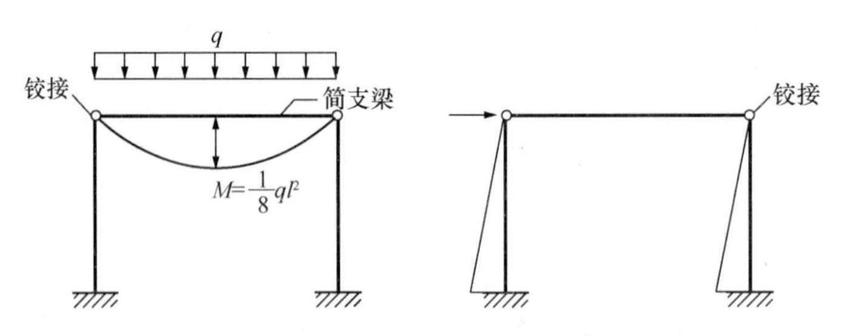

图3-31　排架结构的弯矩图

由于排架结构的跨度往往很大，因此联系两根排架柱的上部水平横梁主要采用工字形截面的屋面大梁或者大型屋架，如图3-33所示。

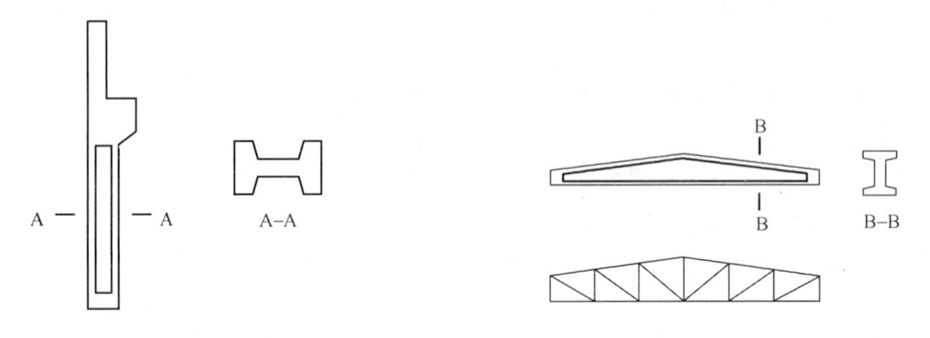

图3-32　带有牛腿的排架柱

图3-33　工字形截面的屋面大梁以及大型屋架

（4）刚架结构与排架结构的空间刚度

两铰刚架和三铰刚架结构的空间刚度较小，常用于没有动荷载的民用与工业建筑中；当有吊车荷载时，其最大起重量不宜超过10t。大型和重型厂房（特别是有吊车的厂房）等则主要采用排架结构。

刚架结构与排架结构虽然有适用范围的差异，但它们之间有一个共同的结构特征，就是结构的空间整体刚度比较低。刚架结构常见的跨度在二三十米，单层高度在几至十几米；排架结构常用于重型厂房，常见的跨度有三四十米，最大可达六七十米甚至更大，单层高度甚至可达二三十米以上。试想一下，这种尺度的刚架结构与排架结构，其至少数十米的跨度和十数米的净高所包围的空间内部没有任何结构构件，与常见的居住建筑和一般公共建筑采用的砌体结构、剪力墙结构、框架结构以及框架-剪力墙结构等较小的墙（柱）

距和较小的层高相比较，其结构的空间刚度低是必然的结果。因此，需要对刚架结构和排架结构采取必要的加强整体空间刚度的措施。

在结构的总体布置时，应加强结构的整体刚度，保证结构在纵横两个方向都满足整体刚度的要求。在这里，首先对刚架结构与排架结构的基本结构组成作一个描述。

刚架结构的基本结构组成如图 3-34 所示，从结构平面横向来说，柱与横梁组成了横向刚架，各榀刚架之间由纵向设置的连系梁、大型屋面板或檩条等组成了纵向联系系统。由此形成完整的三维空间结构。

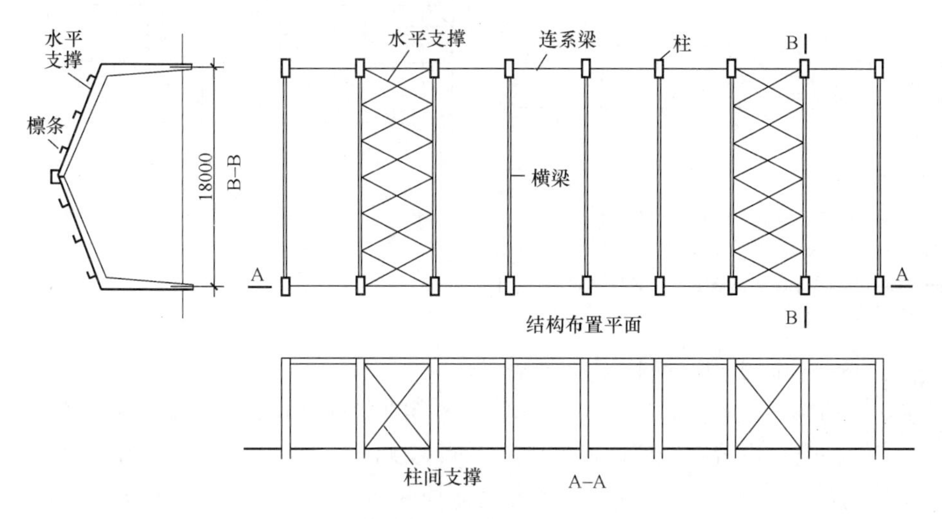

图 3-34　刚架结构的基本结构组成和支撑布置

排架结构的基本结构组成如图 3-35 所示，从结构平面横向来说，柱与横梁（或屋架）组成了横向排架；各榀排架之间由纵向设置的连系梁、大型屋面板或檩条、吊车梁等组成了纵向联系系统。由此形成完整的三维空间结构。

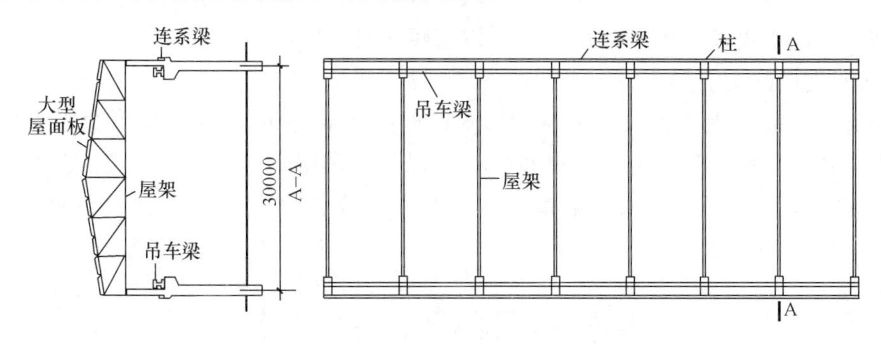

图 3-35　排架结构的基本结构组成

但是，如前所述，此时的刚架结构或排架结构的空间整体刚度还是很小；我们要在此空间结构的基础上采取提高空间刚度的措施。这类措施主要有：针对刚架柱或排架柱设置柱间支撑以及针对柱顶横向水平构件（即屋盖系统）设置屋盖支撑。下面以排架结构为例，介绍柱间支撑与屋盖支撑的主要形式和构造要求。刚架结构的支撑布置与排架结构的支撑布置类似，如图 3-34 所示。

1）柱间支撑

柱间支撑的作用主要是保证建筑高度（室内地坪至柱顶）内结构的纵向稳定及空间刚度，以有效地承受结构平面端部山墙风荷载、吊车纵向水平荷载以及温度应力等；在地震区，还将承受纵向地震作用。柱间支撑又可细分为上段柱的柱间支撑、下段柱的柱间支撑等，如图 3-36 所示。有时，还会出现设置中段柱的情况，中段柱的柱间支撑布置如图 3-37 所示。

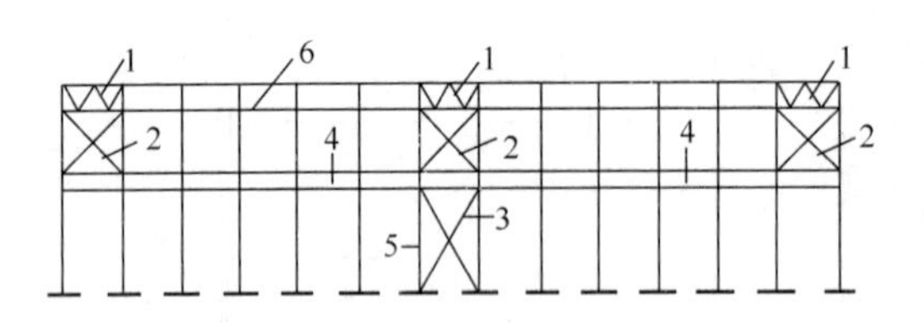

图 3-36　排架结构的柱间支撑

1—屋架纵向垂直支撑；2—上柱支撑；3—下柱支撑；
4—吊车梁；5—排架柱；6—屋架上、下弦纵向水平系杆

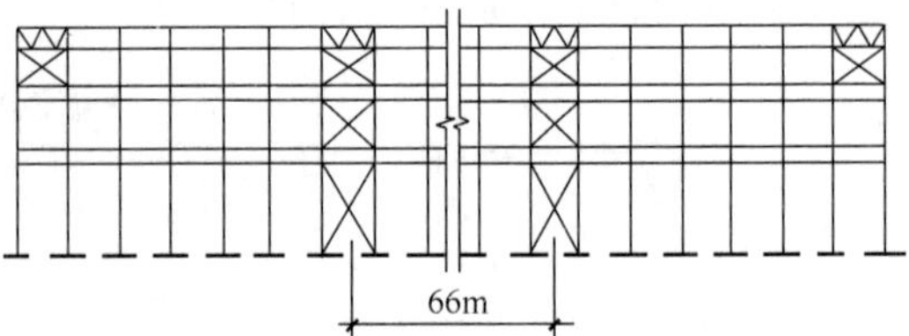

图 3-37　排架结构温度区段较长时的柱间支撑

① 下段柱的柱间支撑（简称下柱支撑）

下柱支撑的布置，直接影响纵向结构温度变形的方向和附加温度应力的大小。一般情况下，应将下柱支撑设置在温度区段的中部。当温度区段长度不大时，可在温度区段中部设置一道下柱支撑，如图 3-36 所示；当温度区段长度大于 120m 时，为保证结构的纵向刚度，应在温度区段内设置两道下柱支撑，其位置应尽可能布置在温度区段中间 1/3 范围内，两道下柱支撑的间距不宜大于 66m，以减少由此产生的温度应力，如图 3-37 所示。

② 上段柱的柱间支撑（简称上柱支撑）

为了传递平面端部山墙风荷载，提高结构上部的纵向刚度，上柱支撑除了在布置有下柱支撑的柱间位置外，还应布置在温度区段两端，如图 3-36 和图 3-37 所示。温度区段两端的上柱支撑对温度应力的影响很小，可以忽略不计。

③ 柱间支撑的构造形式

柱间支撑主要采用 X 形交叉的构造形式，如图 3-38 所示。由于 X 形交叉支撑构造简单、传力直接、用料节省，并且刚度较大，所以是最常用的柱间支撑形式。在有些特殊情况下，例如，受到生产工艺和设备布置的限制时，或者由于 X 形支撑杆的倾角过小时，

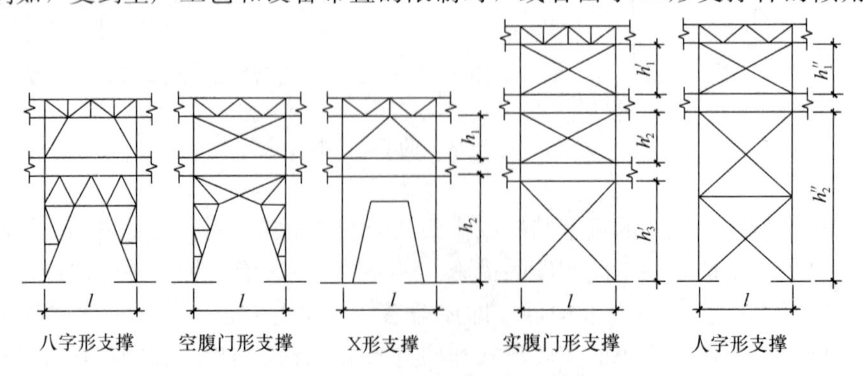

图 3-38　柱间支撑的构造形式

也会采用八字形、人字形以及门形等支撑形式，如图 3-38 所示。

2）屋盖支撑

在排架结构中，特别是结构跨度较大时，屋盖作为整个结构的水平分系统，其结构自身的高度是很大的，数米甚至十数米高的大型屋架、天窗架，必须具备足够的自身刚度和稳定性，以使它们在整体结构中承受和传递荷载，确保结构的安全。如何保证屋盖结构构件在安装和使用过程中的整体刚度和稳定性，就是屋盖支撑要解决的问题。

① 屋盖支撑的系统组成

屋盖支撑是一个系统，如图 3-39 所示，主要包括如下组成部分：

a. 屋架和天窗架的横向水平支撑，又可再细分为屋架上弦横向水平支撑、屋架下弦横向水平支撑、天窗架上弦横向水平支撑等。

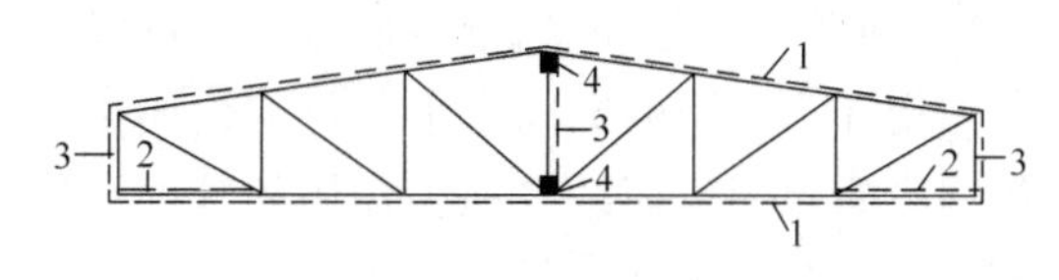

图 3-39 屋盖支撑系统示意图
1—横向水平支撑；2—纵向水平支撑；
3—纵向垂直支撑；4—纵向水平系杆

b. 屋架的纵向水平支撑，又可再细分为屋架上弦纵向水平支撑和屋架下弦纵向水平支撑等。

c. 屋架和天窗架的纵向垂直支撑。

d. 屋架和天窗架的纵向水平系杆，又可再细分为屋架上弦纵向水平系杆、屋架下弦纵向水平系杆、天窗架上弦纵向水平系杆等。

② 屋盖支撑各组成部分的作用及构造形式

a. 屋架和天窗架的横向水平支撑

屋架和天窗架的横向水平支撑一般采用 X 形交叉的构造形式，如图 3-40 所示。

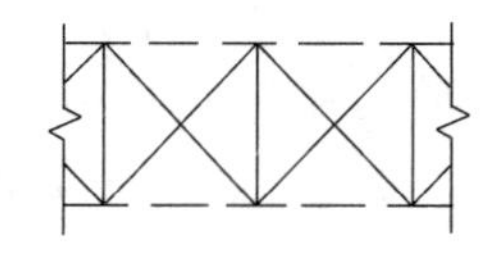
图 3-40 横向水平支撑和纵向水平支撑的形式

屋架上弦横向水平支撑、天窗架上弦横向水平支撑主要的作用是保证屋架和天窗架上弦的侧向稳定。当屋架上弦杆作为山墙抗风柱的支撑点时，屋架上弦横向水平支撑还能将水平风荷载或地震作用传递至整个结构的纵向柱列。

屋架下弦横向水平支撑的作用是使屋架下弦杆在动荷载的作用下不致产生过大的震动。当屋架下弦杆作为山墙抗风柱的支撑点时，或者当屋架下弦杆设有悬挂式吊车或其他悬挂运输设备时，屋架下弦横向水平支撑还能将水平风荷载、地震作用或其他荷载传递至整个结构的纵向柱列。

b. 屋架的纵向水平支撑

屋架的纵向水平支撑一般采用 X 形交叉的构造形式，如图 3-40 所示。

屋架的纵向水平支撑通常和横向水平支撑构成环形封闭支撑系统，以加强整个结构的刚度。屋架下弦纵向水平支撑能使吊车产生的水平力分布到邻近的排架柱上，并承受和传递纵向柱列传来的水平风荷载和地震作用。当柱顶处设有纵向托架时，屋架下弦纵向水平支撑还能保证托架的平面外稳定。

c. 屋架和天窗架的纵向垂直支撑

屋架和天窗架的纵向垂直支撑一般采用如图 3-41 所示的支撑形式。

屋架纵向垂直支撑的作用主要是保证屋架上弦杆的侧向稳定和提高屋架下弦杆的平面

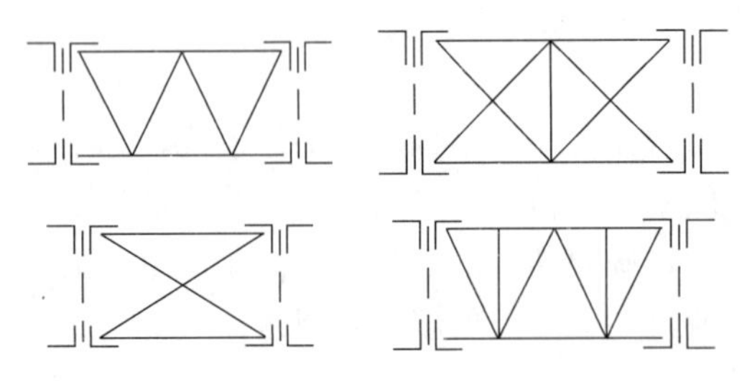

图 3-41　纵向垂直支撑的形式

外刚度（缩短下弦杆的平面外计算长度）。天窗架纵向垂直支撑的作用主要是保证天窗架的侧向稳定。

d. 屋架和天窗架的纵向水平系杆

屋架和天窗架的纵向水平系杆可分为柔性系杆（拉杆）和刚性系杆（压杆），通常柔性系杆的截面比较小，多采用单角钢的形式；而刚性系杆的截面要求比较大，多采用由两个角钢组成的十字形截面的形式。

屋架和天窗架的纵向水平系杆的作用主要是与屋架和天窗架的纵向垂直支撑一起承受和传递纵向水平风荷载、地震作用和其他水平荷载等。同时，纵向水平系杆有利于屋架和天窗架安装时的平面外稳定。

第三节　试题类型及解答

前面我们分析了考试大纲的基本要求，了解了“结构选型与布置”试题的特点，熟悉了考题答案的评价标准和方法，对建筑法规规范以及结构选型与布置中涉及的建筑结构体系类型及其结构布置和结构构造做法的相关知识已经比较好地掌握，你的应试能力如何，能否把自己平时的水平正常地发挥出来，将直接影响考试结果。下面，结合具体的“结构选型与布置”试题，讲解解题及应试方法。

一、【试题 3-1】(2003 年)

（一）任务说明

图 3-42 为一山区希望小学的平面图，砖墙承重，采用下面提供的木屋架、木斜梁、木檩条按立面要求，在图 3-42 上绘出四坡屋面木结构布置图。要求结构合理，并符合任务书与规范的要求。本地区无抗震要求，其地基能承受正常荷载。

（二）设计任务说明

1. 根据结构要求可加必要的砖墩，不允许在房间内加柱。

2. 屋面做法为木檩条，上做瓦屋面。木檩条跨度不允许超过 4500mm，水平间距 900mm，屋面坡度 1∶2。

3. 木屋架采用下面提供的两种类型（图 3-43）。

（1）跨度超过 6000mm、小于 12000mm 者用木屋架。

（2）跨度不超过 6000mm 者应采用简支的木斜梁。

（3）应利用砖墙支承檩条代替木屋架。

（4）木檩条跨度不允许超过 4500mm，屋脊处设一根檩条。

（5）走廊处非木屋架部分应用钢筋混凝土梁，上砌砖墙支承檩条。

（6）挑檐宽 900mm，挑檐处加挑檐木，以搁置檐檩。

（7）屋架支承点处的内砖墙应增加砖墩。

（三）作业要求

在图 3-42 上，使用所提供的图例，画出以下结构构件，并标明代号：

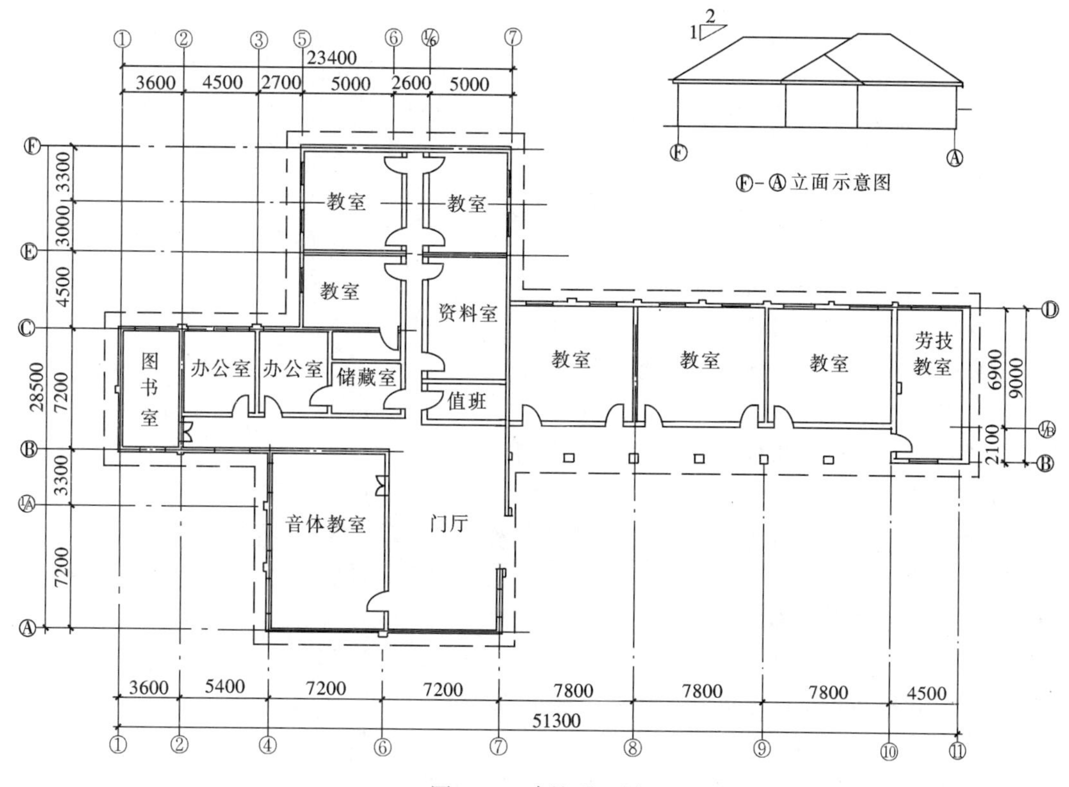

图 3-42 建筑平面图

1. 屋面屋架布置；

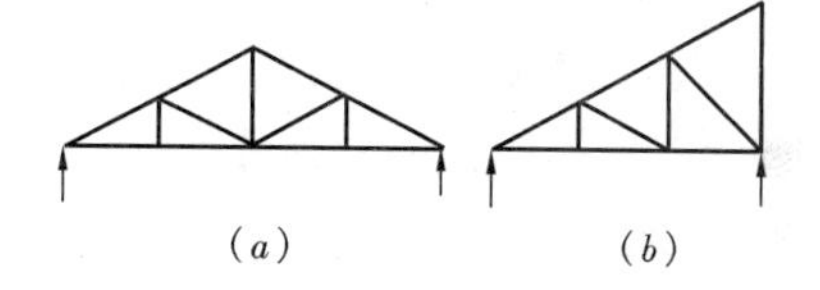

图 3-43 木屋架

(a) 三角形整屋架；(b) 半屋架

2. 屋面木斜梁布置（只布置①—②轴 Ⓔ—Ⓕ轴）；

3. 屋面檩条布置（只布置①—②轴）；

4. 走廊顶上混凝土梁上面砌砖支承檩条（门窗过梁不必表示）（只布置走廊处）；

5. 挑檐木布置（只布置Ⓔ—Ⓕ轴）；

6. 支承檩条的砖墙，不包括外墙（只布置⑦—⑪轴用图例表示）；

7. 增加的砖墩。

（四）构件图例与代号表（表 3-3）

构件图例与代号表 **表 3-3**

序号	构件名称	图　例	代号	备　注
1	各式木屋架		WJ	双线条
2	木斜梁		XL	点画线
3	混凝土梁		HL	双粗虚线
4	檩条		LT	单线
5	挑檐木		DL	短粗线
6	砖墩		ZD	细斜线
7	支承檩条的砖墙			细斜线

（五）结构平面布置选择题

1. 该建筑的屋面共由多少个斜面组成？

A 9　　　　B 10　　　　C 11　　　　D 12

2. 该建筑的屋面共有多少处天沟？

A 3　　　　B 4　　　　C 5　　　　D 6

3. 整个屋面最少需要几榀三角形整屋架？

A 3　　　　B 4　　　　C 5　　　　D 6

4. 整个屋面布置中需要几榀半屋架？

A 10　　　　B 11　　　　C 12　　　　D 14

5. ①—②轴与Ⓔ—Ⓕ轴之间共有木斜梁几根？

A 6　　　　B 7　　　　C 8　　　　D 9

6. ①—②轴之间有几根檩条？（按简支计算）

A 18　　　　B 20　　　　C 22　　　　D 24

7. 走廊处土砌砖墙支承檩条的钢筋混凝土梁，最少需几根？（不包括门窗过梁）

A 6　　　　B 7　　　　C 8　　　　D 9

8. Ⓔ—Ⓕ轴屋面檐部共需多少根挑檐木？

A 7　　　　B 8　　　　C 9　　　　D 11

9. ⑦—⑪轴共有多少道用以支承屋面檩条的砖墙？

A 2　　　　B 3　　　　C 4　　　　D 5

10. 在内墙上至少应增加多少个支承木屋架的砖墩？

A 2　　　　B 3　　　　C 4　　　　D 5

（六）解题要点

1. 根据提供的建筑平面及立面示意图，用铅笔线绘出屋面排水平面图（图3-44），绘制的原则为：

（1）所有排水坡面的坡度均为 1：2；

（2）所有檐口的标高均同。

排水平面图的绘制是结构布置的依据，故应加强这方面练习，尤其是平面比较复杂的平面，更应多做练习。

2. 四坡屋面木结构布置图（图 3-45），其步骤：

（1）根据排水坡面平面图，确定屋架及木梁的位置（具体布置只需表示作业要求的范围），其原则是：

1）根据檩条的允许跨度小于等于 4500mm 的要求，在无砖墙可作为檩条支承处，应加屋架（跨度大于 600mm 时）或木梁（跨度小于等于 6000mm 时）；

2）在天沟与斜脊处应布置木梁(跨度小于等于 6000mm 时)或屋架(跨度大于 6000mm 时)。

（2）根据砖墙的布置情况确定可作为承重的砖墙，其原则是尽量充分利用砖墙作为檩条的支承。

（3）作屋架支承点的内墙，根据要求在支点处加设砖墩（垛）。

（4）根据作业要求布置挑檐木，其原则是：

1）一般在有屋架处，屋架支座处的附木能起挑檐木的作用，不必另加挑檐木；

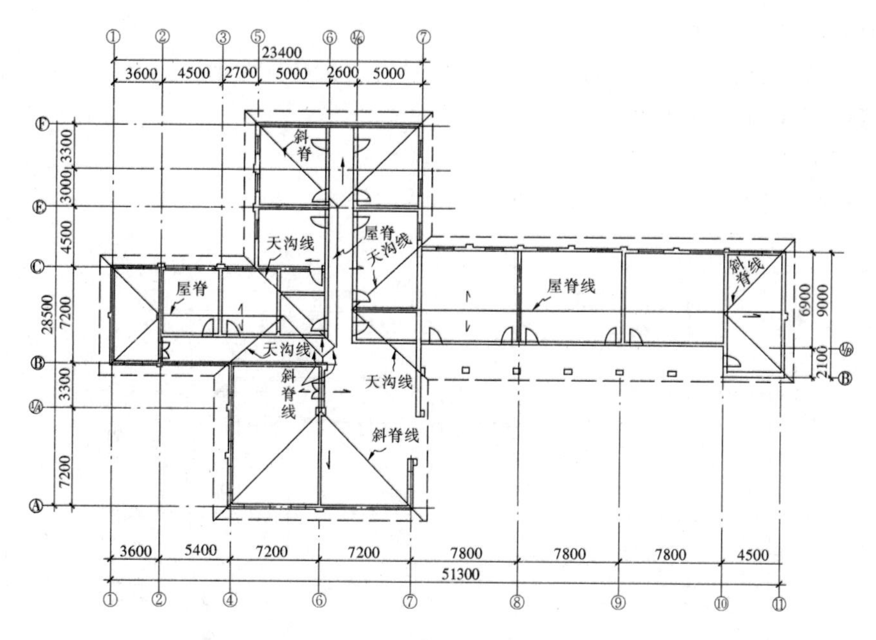

图 3-44 屋面排水平面图（解答）

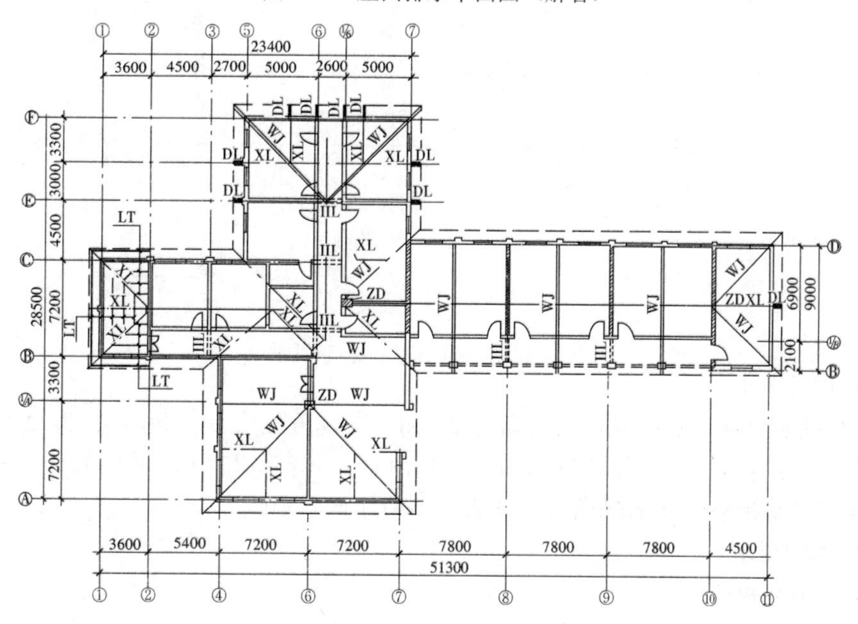

图 3-45 四坡屋面木结构布置图（解答）

2）在用砖墙或木梁作为檩条的支承构件时，应加挑檐木。

（5）在用砖墙作为檩条支承的走廊处，因该处无墙，故应加混凝土梁，在梁上砌砖墙来支承檩条，该梁的底标高可与屋架下弦的底标高一致或提高，但不得低于下弦底标高。

（6）根据作业要求布置檩条。

（七）选择题的解答

为了解答选择题，除表示作业要求的作图内容外，应对屋面木结构的整体布置有所了解，可用铅笔加以表示。这样就可以来做选择题了。

本题的选择题答案为：

1. C　2. B　3. A　4. A　5. B　6. B　7. A　8. B　9. C　10. B

二、【试题 3-2】（2004 年）

（一）任务要求

用所提供的图例（图 3-46）画出必要的结构构件。

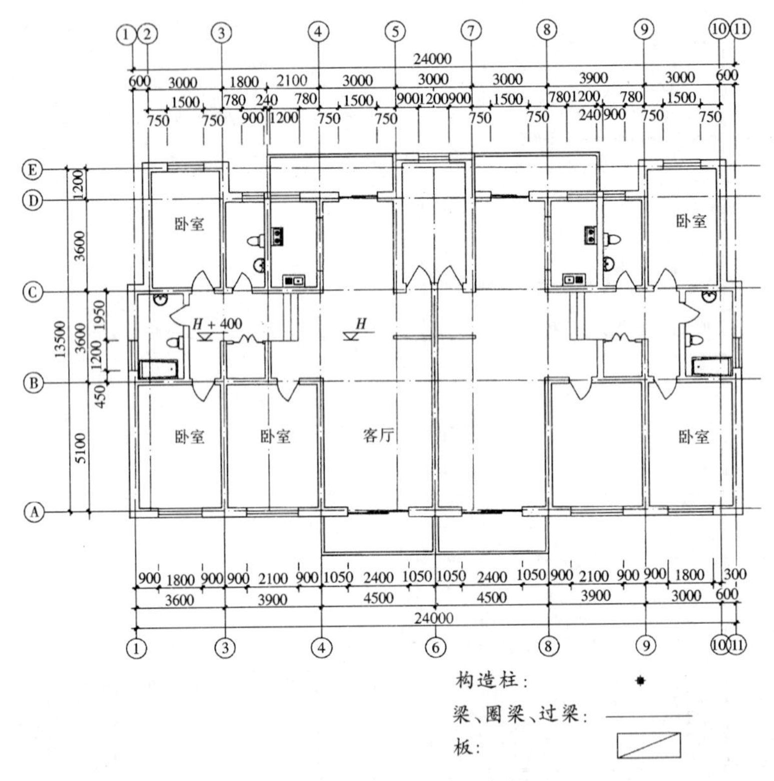

图 3-46　结构平面布置条件图

（二）设计要求

某 7 度抗震地区 6 层砖混住宅层高为 2.8m，窗台高度均为 0.9m，窗高为 1.5m（楼梯间、卫生间窗高 1.0m）内门高 2.0m，阳台门与门洞高 2.4m；圈梁兼过梁的高度为 0.4m；楼板采用钢筋混凝土现浇板；卫生间楼面降低 0.4m。

（三）作图要求

1. 绘出全部构造柱。

2. 绘出梁、圈梁、过梁，不同高程上有几个梁时，在平面图上并列表达。

3. 正确表达楼梯间的经济布板。

（四）选择题

1. 本题中全部构造柱的数量最少为（　　）个。

A　33～35　　B　36～38　　C　39～41　　D　42～44

2. 本题中Ⓐ轴构造柱的数量最少为（　　）。

A　5　　B　6　　C　7　　D　8

3. 外墙上过梁的数量为（　　）个。

A　3　　B　4　　C　5　　D　6

4. 内墙上过梁的数量为（　　）个。

A　6～8　　B　9～11　　C　12～14　　D　15～17

5. 下列构造柱布置方案中，不是本题抗震必需的是（　　）。

A　大房间四角　　B　楼梯间四角　　C　建筑四角　　D　较大洞口两侧

6. 下列砖混结构承重墙的布置方案中，利于抗震的是（　　）。

A　内框架结构　　B　横墙承重　　C　纵墙承重　　D　纵横墙混合承重

（五）解题要点

1. 分析建筑的楼板与梁的标高关系。

2. 正确表达楼梯结构布板特点。

3. 准确理解楼面结构构造，标定过梁关系。

4. 掌握抗震规范中的必要内容。

5. 正确画出结构作法标出结构标高(看题目是否要求降面层或其他降板要求)(图 3-47)。

6. 构造柱的设置应注意：错层、大房间（长度大于 7.2m 的房间）、较大洞口（≥2.1m 宽洞口）等对构造柱设置的要求。对于外纵墙当内外墙相交处已设置构造柱时，大洞口两侧的构造柱也可以不设。

7. 圈梁的设置应满足抗震规范的要求。

（六）选择题答案：

1. B　2. C　3. C　4. C　5. A　6. B

三、【试题 3-3】(2006 年)

（一）任务描述

图 3-47 为某 35 层建筑的标准层平面图，层高 3.9 米，采用钢筋混凝土筒中筒结构，不考虑抗震要求，外筒壁厚 1000，内筒壁厚 600。

设计在满足规范要求（外筒柱距不大于 4000）的前提下，外筒的柱距应最大，四周柱距必须统一，柱宽为 1400。

（二）任务要求

按图例在图 3-50 中：

1. 布置外筒的柱，并注明柱距；

2. 布置外筒的梁（裙梁）；

3. 布置内筒及内部的剪力墙；

4. 布置内筒的连梁；

5. 布置内外筒之间的梁；

6. 布置内筒、外筒的角柱。

图例：

内外筒之间的梁：—··—··—

外筒梁（裙梁）：—-——-—

内筒连梁：——————

剪力墙、柱：▬ ■

（三）结构布置平面图解答（图 3-48）

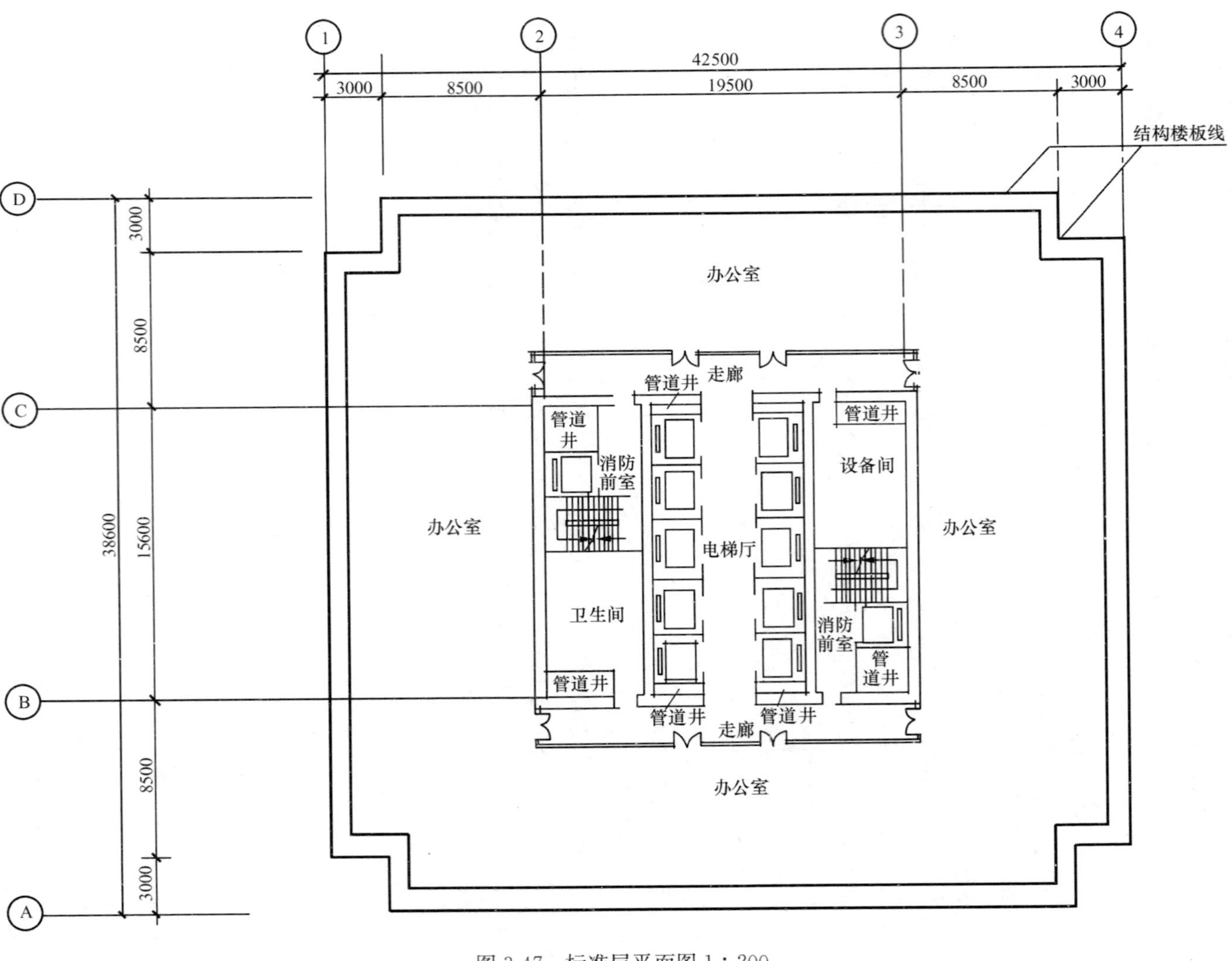

图 3-47　标准层平面图 1：200

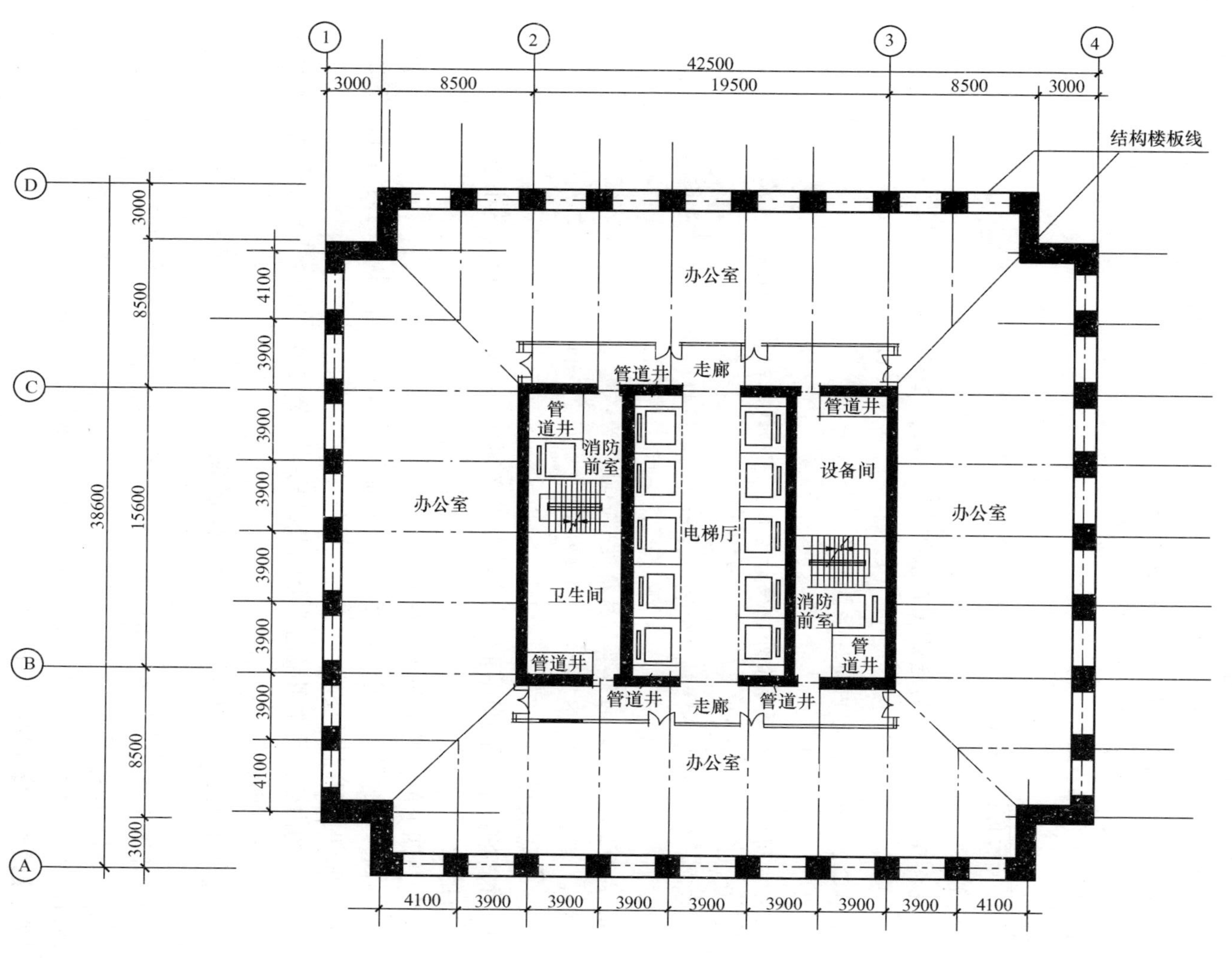

图 3-48 结构布置平面图（答案）

（四）结构布置选择题

1. ①轴～④轴开间数目为：

A 8个　　B 9个　　C 10个　　D 12个

2. Ⓐ轴～Ⓓ轴开间数目为：

A 7个　　B 8个　　C 9个　　D 11个

3. 在Ⓐ轴墙上的外筒梁（裙梁）数量为：

A 0　　B 1　　C 9　　D 10

4. 外筒的角柱有几处？

A 4　　B 8　　C 12　　D 16

5. 内筒的角柱有几处？

A 2　　B 4　　C 6　　D 8

6. 电梯厅内部剪力墙的连梁（不含内筒壁）最少应有几根？

A 0　　B 1　　C 2　　D 4

7. 在Ⓑ、Ⓒ轴线上的内筒连梁数为：

A 0　　B 2　　C 4　　D 6

8. 在内筒内部（电梯厅除外）平行于Ⓑ、Ⓒ轴线上的剪力墙最少有几段？

A 0　　B 2　　C 4　　D 6

9. 在Ⓒ～Ⓓ轴与②～③轴（含②、③轴）间，连接内外筒梁数量最少为：

A 5　　B 6　　C 7　　D 8

10. 内外筒之间合理的斜梁（转角梁）的数量为：

A 4　　B 8　　C 12　　D 16

（五）解题要点

1. 外筒的柱距为中到中间距，柱距要求必须均匀分布，柱距应是小于等于4m且最接近4m的数。

2. 外筒四个角可组成⅂形的柱子。

3. 内筒外墙的洞口除建筑需要外，不必加设结构洞口，筒中筒的内筒外墙不必执行墙长大于8m时宜开洞的要求。

4. 内筒的内墙，其作用是建筑分隔及结构承受竖向力，因此只需按建筑需要有两道墙即可，不一定再加墙。

5. 内筒与外筒之间的楼盖，结合选择题的要求，应采用楼层梁的布置方式布置楼层梁。

（六）作图参考答案（图3-48）

（七）选择题答案

1. B　2. B　3. C　4. A　5. B　6. A　7. D　8. A　9. B　10. A

四、【试题3-4】（2007年）

（一）设计任务

图3-49是待完成的某物流配送中心的结构布置平面图，L形单层钢结构建筑中钢柱位置、间距、跨度及柱高根据工艺要求已给定，要求在经济合理、符合各项规范要求的前提下绘制完成该建筑的结构布置平面图。

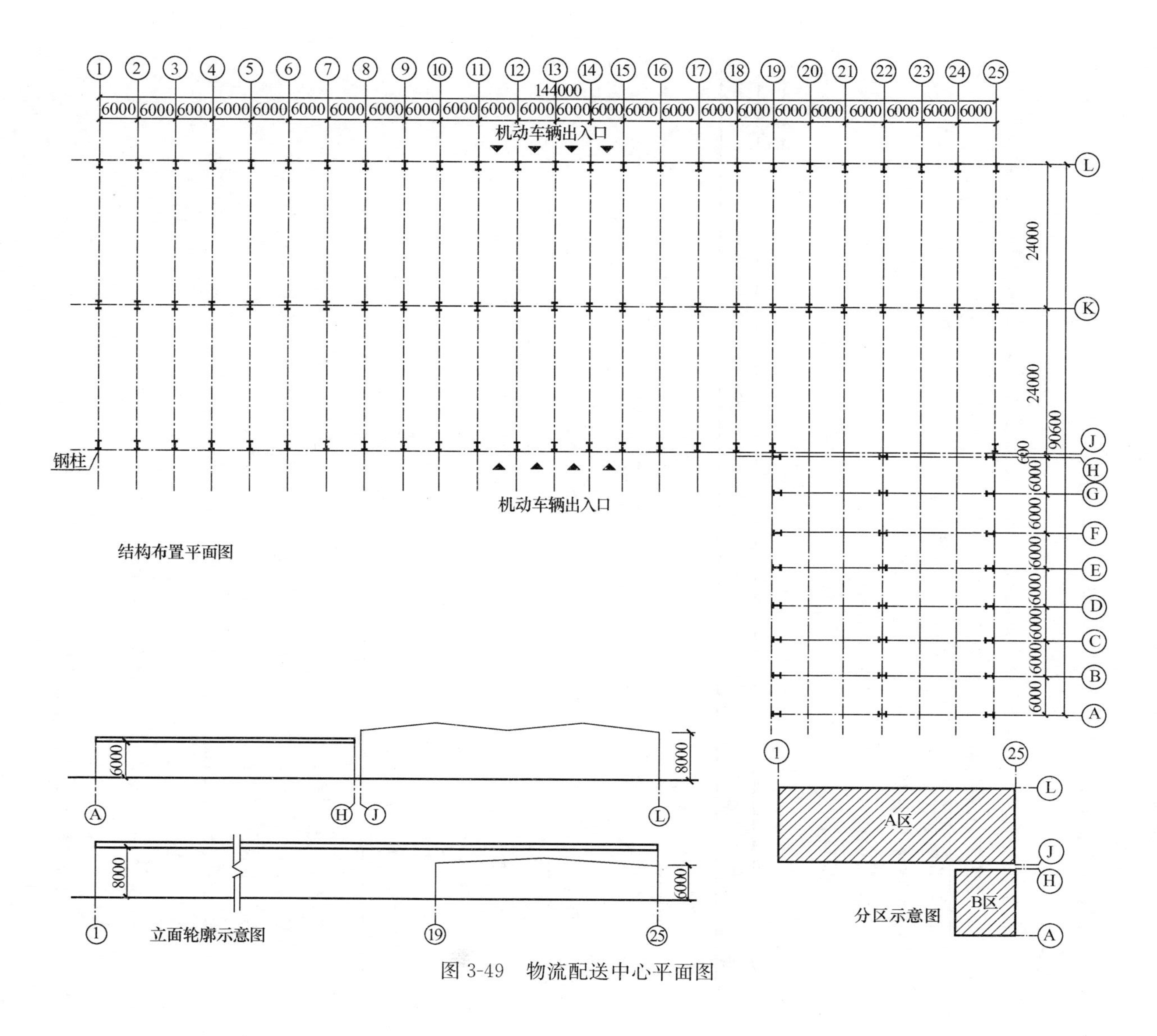

图 3-49　物流配送中心平面图

此外，还必须满足以下要求：

1. 墙梁长度控制在7.5m以内（墙梁是指支承墙体材料、同时承担水平方向作用力的结构构件）。

2. ⑪轴至⑮轴之间的外墙需留机动车辆出入口。

（二）任务要求

在结构布置平面图中，用表3-4提供的配件图例绘制结构布置图，图中应包括以下内容：

1. 合理布置（屋面）钢梁及钢托梁（钢托梁是指支承其他承重钢梁和屋面钢梁的梁），钢梁及钢托梁均按连续梁考虑。

2. 合理布置水平支撑、柱间支撑及刚性系杆。

3. 合理布置抗风柱，抗风柱可设于轴线上。

注：除抗风柱外，不可增加其他承重钢柱。

（三）配件图例（表3-4）

表3-4

名　称	简　图
抗风柱	工
钢　梁	——·————·——
钢托梁	TL ══:══:══
刚性系杆	————X————
水平支撑	╳
柱间支撑	工　工　原有钢柱

（四）作图选择题

1. 如同一轴线上的屋面钢梁（连续梁）按一道计，A区内共有（　　）道？

A　11～13　　B　23～25　　C　32～36　　D　46～50

2. 如同一轴线上的屋面钢梁（连续梁）按一道计，B区内共有（　　）道？

A　1～2　　B　3～4　　C　6～8　　D　12～16

3. 在A区内共需设置几道屋面水平支撑（　　）？

A　2　　B　3　　C　4　　D　5

4. 在B区内共需设置几道屋面水平支撑（　　）？

A　1　　B　2　　C　3　　D　4

5. 在A区内柱顶与屋面转折处共需设置几道通长的屋面刚性系杆（　　）？

A　2　　B　3　　C　5　　D　9

6. 在B区内柱顶与屋面转折处共需设置几道通长的屋面刚性系杆（　　）？

A　2　　B　3　　C　7　　D　8

7. 柱间支撑在 A 区④轴至㉒轴之间需绘制几处（　　）？

A　0　　B　3　　C　6　　D　9

8. 在 A 区内，共需设几根抗风柱（　　）？

A　4　　B　8　　C　12　　D　24

9. 在 B 区内，关于抗风柱正确的设置做法是（　　）。

A　沿Ⓐ轴设置　　B　沿Ⓐ、Ⓗ轴设置

C　沿⑲、㉕轴设置　　D　沿⑲、㉕、Ⓐ、Ⓗ轴设置

10. 钢托梁正确的设置做法是（　　）。

A　沿Ⓙ轴设置　　B　沿Ⓗ、Ⓙ轴设置

C　沿①、㉕、Ⓐ、Ⓗ轴设置　　D　沿①、㉕、Ⓐ、Ⓗ、Ⓙ轴设置

（五）解题要点

1. 每道横向柱网轴线上均应布置屋面钢梁。

2. 于 A 区的两端山墙及 B 区轴Ⓐ的山墙，应布置抗风柱，抗风柱的间距不得大于 7.5m，取 6.0m 即可。

3. 屋面横向水平支撑：A 区除于两端开间各加一道横向水平支撑外，尚应在中部加设两道，其位置应躲开机动车辆出入口；B 区于两端开间各加一道横水平支撑。

4. 柱间支撑：A 区于中部设置两道横向水平支撑的开间内，纵向柱列于该开间处加设柱间支撑；B 区可在两端开间内的纵向柱列中设置，可不在中部设置。

5. 应注意托梁钢梁布置的位置。

6. 在柱顶及屋面转折处加通长的水平系杆。

（六）作图参考答案如图 3-50 所示。

（七）选择题答案

1.B　2.C　3.D　4.B　5.C　6.B　7.C　8.C　9.A　10.A

五、【试题 3-5】（2008 年）

（一）任务描述

图 3-51 为某多层教学建筑的二层平面，抗震设防烈度为 8 度，该建筑为现浇梁板钢筋混凝土框架剪力墙结构，按规范要求完成结构平面布置。

（二）任务要求

1. 布置防震缝（伸缩缝），把平面划分为几个规则合理的部分；

2. 布置施工后浇带；

3. 经济合理地布置横向的剪力墙（本题目不要求布置纵向的剪力墙）。按照 8 度抗震要求，现浇梁板结构中，楼盖长宽比大于 3 时，应考虑在中部设置抗震墙（剪力墙）。

（三）图例

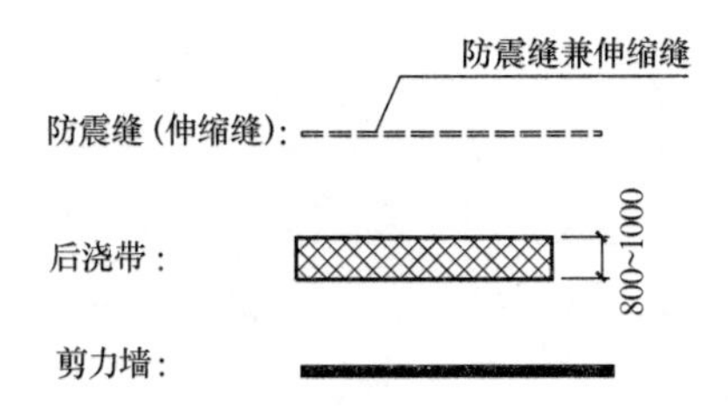

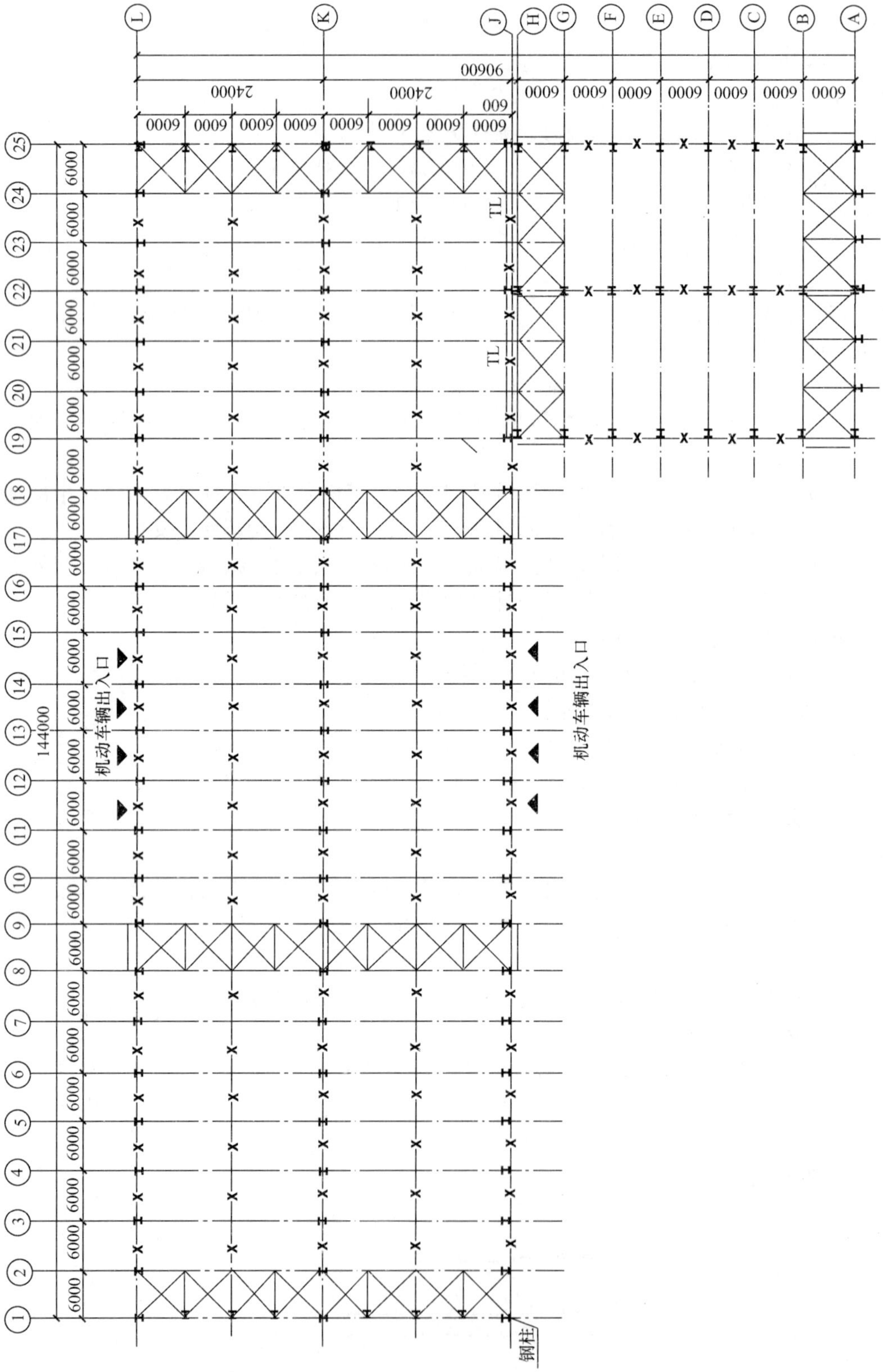

图 3-50　结构布置平面图

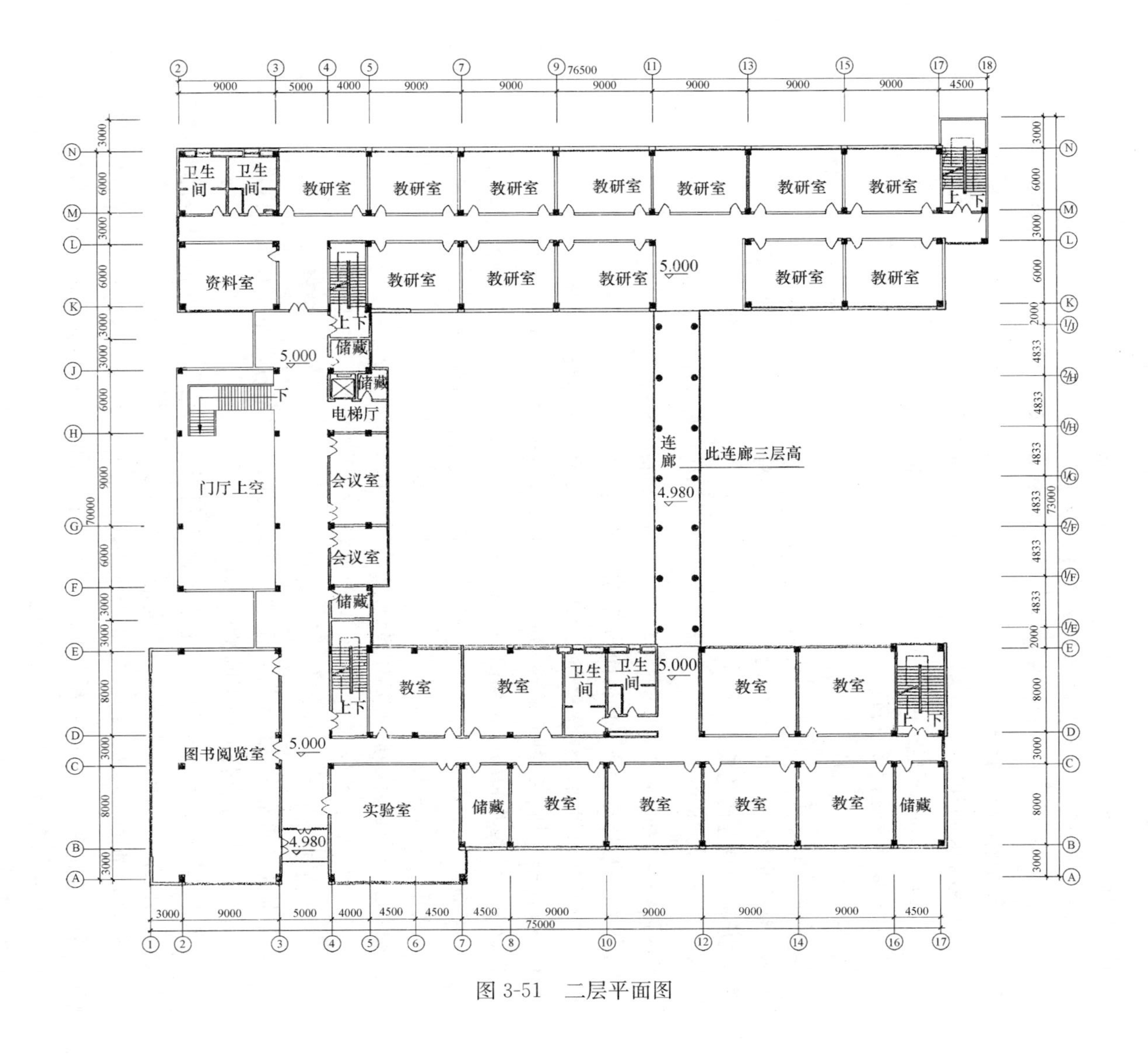
卫生间
教研室
资料室
上
下
储藏
电梯厅
门厅上空
会议室
连廊
此连廊三层高
教室
图书阅览室
实验室
5.000
4.980
76500
73000
70000
75000

图 3-51　二层平面图

（四）作图选择题

1. 防震缝最少应设多少道？

A 2　　B 3　　C 4　　D 6

2. 下列范围，可设置防震缝的是：

A ⑤轴～⑥轴间　　B ⑦轴～⑧轴间

C Ⓔ轴～Ⓕ轴间　　D Ⓖ轴～Ⓗ轴间

3. ①轴～⑤轴与Ⓕ轴～Ⓝ轴间的防震缝应设于：

A Ⓙ轴柱边　　B Ⓚ轴柱边　　C Ⓙ轴与Ⓚ轴间　　D ⑤轴柱边

4. 连廊的防震缝应设于：

A Ⓔ轴及Ⓚ轴柱边　　B (1/E)轴及(1/J)轴柱边

C (1/E)轴～(1/F)轴间及(2/H)～(1/J)轴间　　D (1/G)轴柱边

5. 后浇带最少应设多少道？

A 1　　B 2　　C 3　　D 4

6. 后浇带应设于：

A 柱跨中间　　B 柱跨两端　　C 柱跨1/3处　　D 不限

7. 后浇带设置的范围在：

A ①轴～⑦轴间　　B ⑦轴～⑬轴间

C ⑬轴～⑰轴间　　D Ⓔ轴～Ⓚ轴间

8. Ⓚ轴～Ⓝ轴与②轴～⑱轴间的剪力墙设于：

A 所有楼梯间墙及建筑中部　　B 仅设于端部楼梯间墙

C 仅设于④轴～⑤轴上的楼梯间墙　　D 仅设于建筑中部

9. ②轴～⑤轴与Ⓔ轴～Ⓚ轴间的剪力墙应：

A 不设　　B 设于Ⓕ轴及Ⓙ轴

C 设于Ⓖ轴及Ⓗ轴　　D 位置不限

10. Ⓐ轴～Ⓔ轴与①轴～⑰轴间的剪力墙最少应设多少道？

A 2　　B 3　　C 4　　D 5

（五）解题要点

1. 防震缝（伸缩缝）的布置，是由于建筑物的平面布置严重不规则，因此要求设置防震缝，使建筑物分成若干规则的结构单元。

2. 由于建筑较长，为了防止收缩造成的不利影响，可采用设置施工后浇缝的方法加以解决。后浇带的间距30～40m，后浇带的宽度800～1000。

3. 横向抗剪墙的布置一般尽量从建筑物的两端开始布置，然后根据墙的最大间距的规定在中部增加墙的数量。本题于轴②～⑤/轴Ⓔ～Ⓚ的结构单元内可不必布置抗震墙。

（六）结构布置参考图（图3-52）

（七）选择题参考答案

1. C　2. C　3. C　4. A　5. B　6. C　7. B　8. A　9. A　10. A

六、【试题3-6】（2009年）

（一）任务描述

图3-53为某非地震区两层平屋面砖混结构建筑的首层平面图，墙厚360，层高3.60m。

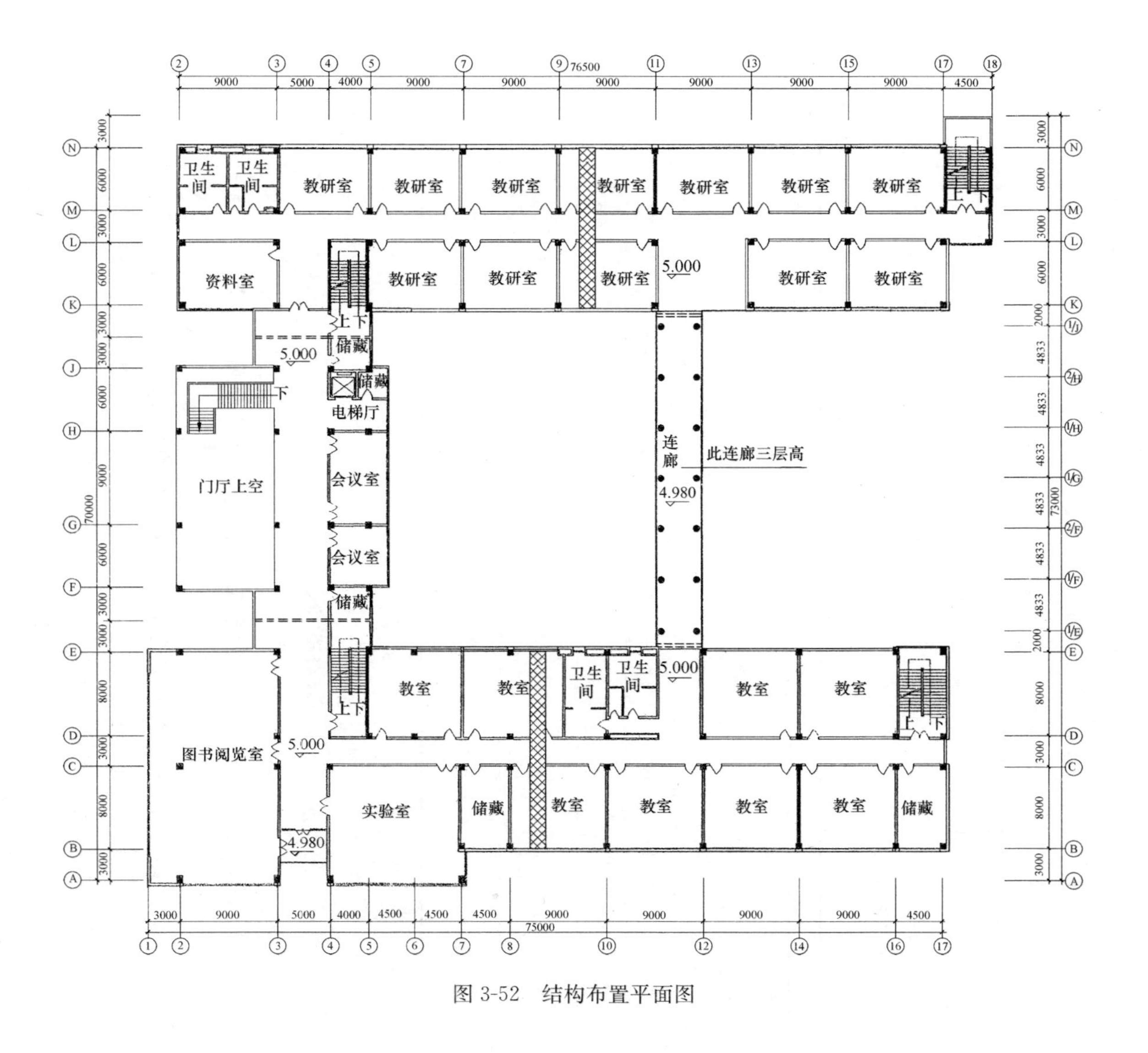

图 3-52 结构布置平面图

因故仅建完一层，现拟加建第二层。

（二）任务要求

1. 二层房间划分如图 3-57 所示，层高 3.60m。

2. 结构布置应遵循经济、合理的原则。

3. 在可能的条件下，尽量利用首层墙体承重。

4. 在保证结构板厚度最小的前提下要求结构梁高度最小（不考虑温度对板厚度的影响）。

5. 因装修拟吊顶，仅考虑结构因素。

6. 除展示空间外，其余部分梁均应设置在轴线上。

7. 不需考虑圈梁、门窗过梁。

（三）作图要求

选用图例中的构件在图 3-54 中绘制二层墙体布置及屋顶结构布置图。

（四）图例（表 3-5）

表 3-5

结构柱	■
结构梁	——
砖墙（360 厚）	═══
轻隔墙（轻钢龙骨双面石膏板墙 100 厚）	┄┄┄
轻隔墙上方有结构梁	≡≡≡
单向板（本题单向板定义为：长宽比≤3∶2）	⧄
双向板（本题双向板定义为：长宽比≤3∶2）	⊠

注：构件根据需要选用。

（五）建筑结构（作图选择题）

1. 展示空间需设置的结构柱数量为：

A　0　　B　4　　C　8　　D　16

2. Ⓐ~Ⓕ轴之间（含Ⓕ轴）需设置几道内承重砖墙（墙体不连续时应分别计算）？

A　8　　B　9　　C　10　　D　12

3. ①～⑨轴之间（含⑨轴）需设置几道内承重砖墙（墙体不连续时应分别计算）？

A　6　　B　7　　C　8　　D　9

4. 以下哪个部分需布置双向板？

A　展示空间

B　Ⓕ轴以南部分

C　⑫轴以西部分

D　展示空间、Ⓕ轴以南部分、⑫轴以西部分均不需布置

5. 最长的结构梁跨度为多少米？

A　13.8　　B　14.7　　C　18　　D　19.8

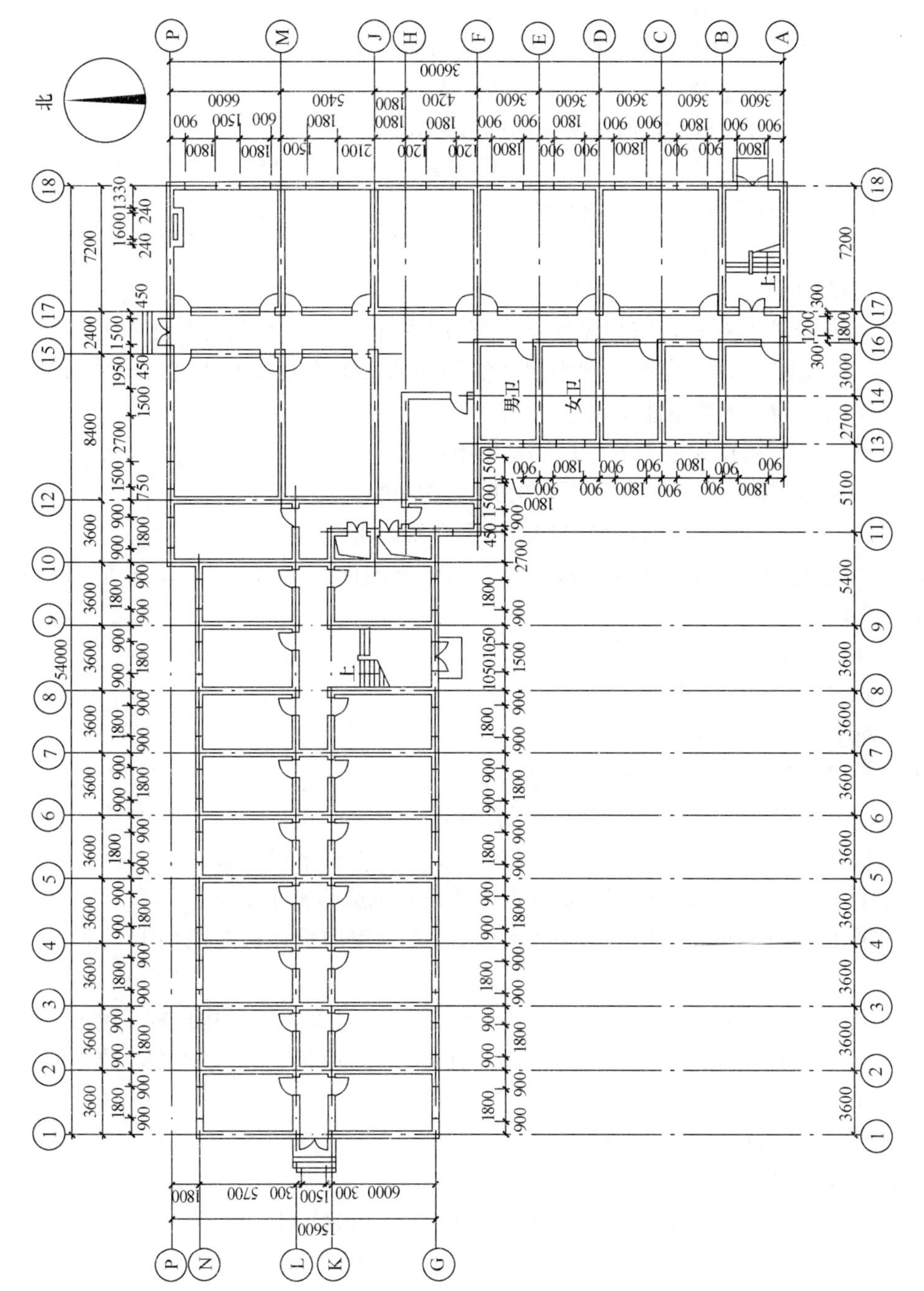

图 3-53 首层平面图

6. 最短的结构梁跨度为多少米?

A 1.8　　　　B 2.1　　　　C 2.7　　　　D 3.6

7. ①～⑩轴之间需设置几道结构梁?

A 7　　　　B 8　　　　C 9　　　　D 11

8. Ⓐ～Ⓕ轴之间（含Ⓕ轴）需设置几道结构梁?

A 0　　　　B 1　　　　C 2　　　　D 3

9. ⑫～⑱轴（含⑫轴）之间共需设几道结构梁?

A 10　　　　B 11　　　　C 12　　　　D 13

10. 共有几道轻隔墙上方有结构梁?

A 0　　　　B 2　　　　C 3　　　　D 5

（六）解题要点

1. 二层承重墙的布置，应根据图 3-56 首层平面图中的承重墙上延成为二层的承重墙，此墙必须是图 3-54 二层平面图中房间的分隔墙、走道墙和外墙，二层平面图中无墙时，首层平面中的承重墙不能上延。

2. 屋顶结构平面中梁的布置，应满足以下要求：

（1）保证结构板厚最小的前提下，梁的高度最小；

（2）除展示空间外，其余部分梁均应设置在轴线上。

3. 展示空间的屋面梁，因跨度较大，且两个方向的跨度都是 18m，故应采用井字梁楼盖，布置时应注意：

（1）井字梁的间距应满足：

1）板的厚度是比较薄的；

2）梁的高度是较小的；

3）梁的数量要在选择题的答案中能找到；

4）梁的位置不会严重地影响出屋面的风道。

（2）根据以上的要求，宜采用 3.0m×3.0m 间距的井字梁楼盖。

4. 要注意在楼梯间与走道相连处及走道转角处也应布置承重梁。

5. 单向板与双向板要根据：长宽比大于 3∶2 为单向板、长宽比小于等于 3∶2 为双向板判定。

6. 本题屋顶结构布置中、因首层无构造柱，且二层也无加设构造柱的要求，展示空间的井字梁，一般在周边支座处均加周边的圈梁，梁高同井字梁高度，故也可不加构造柱。

（七）屋顶结构布置参考图（图 3-55）

（八）选择题参考答案

1. A　2. C　3. C　4. A　5. C　6. A　7. D　8. D　9. C　10. B

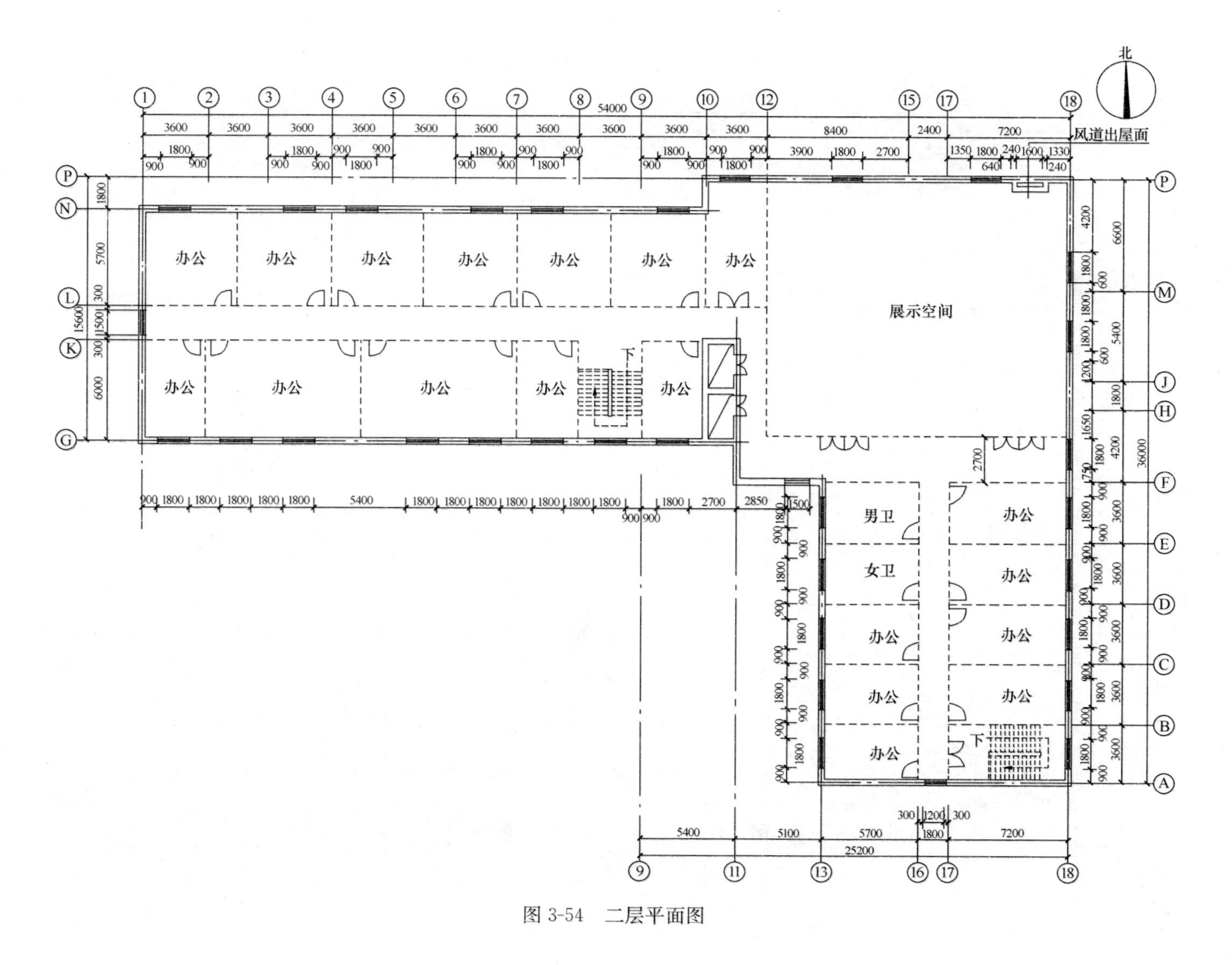

图 3-54　二层平面图

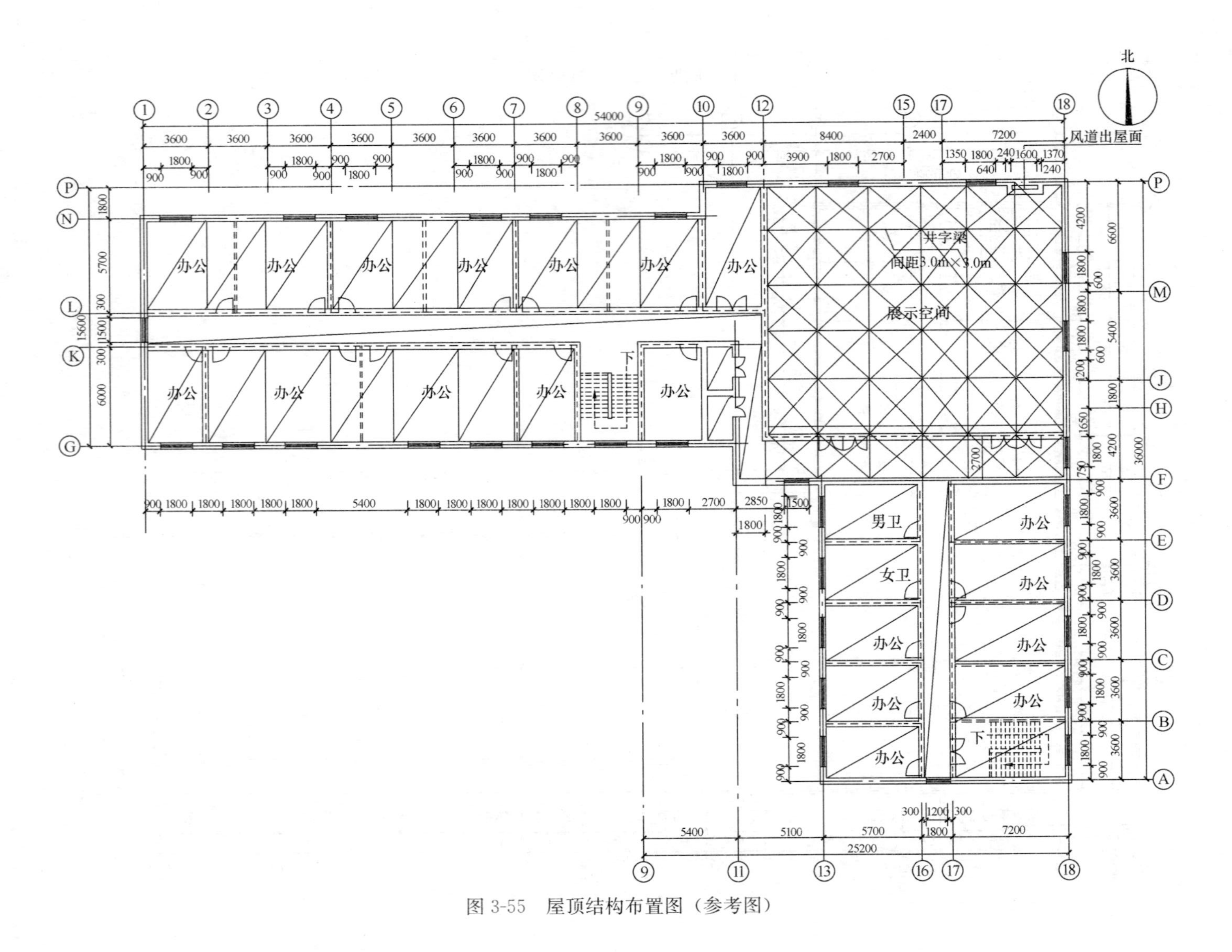

图 3-55 屋顶结构布置图（参考图）

七、【试题 3-7】(2010 年)

(一) 任务描述

图 3-56 所示某多层住宅的平屋面拟改为坡屋面（图 3-57），结构自下而上采用卧梁（卧梁示意见图 3-58）、立柱、斜梁、檩条支承方式，屋顶平面图已给出屋面改造所需的卧梁和坡屋面交线，要求按照经济合理的原则完成结构布置。

(二) 任务要求

1. 卧梁上布置立柱，立柱间距根据斜梁支承点要求不大于 2600mm。

2. 立柱上支承斜梁（外墙上部由卧梁支承斜梁，无须立柱），斜梁不得悬臂或弯折。

3. 斜梁上搁置檩条，檩条跨长（支承间距）不大于 3600mm，檩条水平间距不大于 800mm。

4. 屋面水平支撑设置于端部第二或第三开间，立柱垂直支撑设置于端部第三及第四开间。

(三) 作图要求

在屋顶平面图上用所提供的图例画出坡屋面的立柱、斜梁、檩条、水平支撑和垂直支撑。

(四) 图例（表 3-6）

表 3-6

名　　称	图　　例	材　　料
立柱	○	钢管
斜梁	—-—-—	工字钢
檩条	———	角钢
水平支撑	><	角钢
垂直支撑	— —	角钢

(五) 建筑结构作图选择题

1. 在⑥～⑦轴间（两轴本身除外），立柱的最少数量为：

A　1　　B　2　　C　3　　D　4

2. 在⑦～⑧轴间（两轴本身除外），立柱的最少数量为：

A　1　　B　2　　C　3　　D　4

3. 在⑧轴上的立柱最少数量为：

A　4　　B　5　　C　6　　D　7

4. 在①～②轴间（不含两轴本身），最少有几段斜梁（两支点为一段）？

A　8　　B　10　　C　12　　D　14

5. 在②～③轴间（不含两轴本身），最少有几段斜梁（两支点为一段）？

A　0　　B　2　　C　4　　D　6

6. 在⑦～⑧轴间（不含两轴本身），最少有几段斜梁（两支点为一段）？

A　4　　B　5　　C　6　　D　7

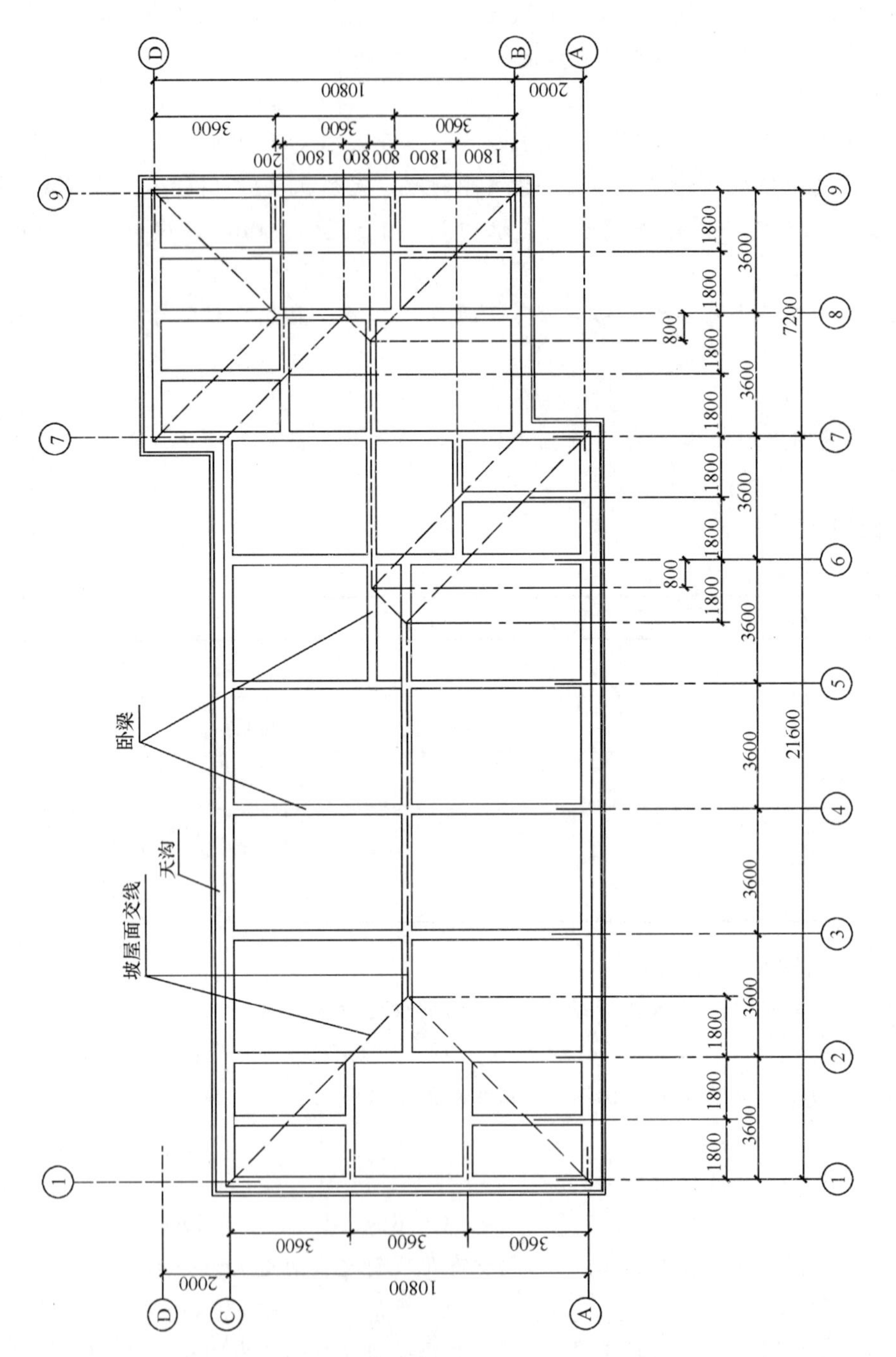

图 3-56 屋顶平面图

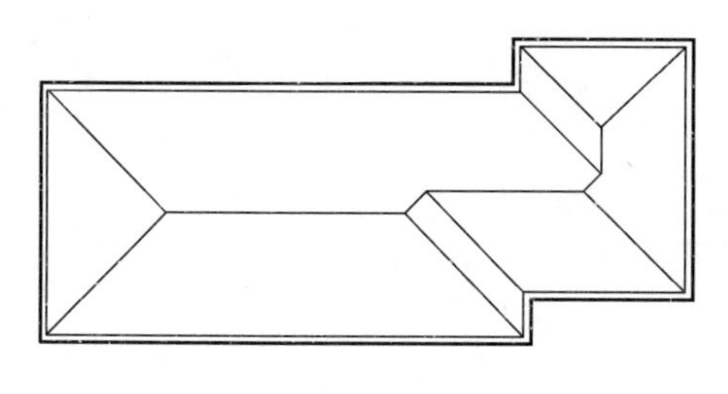

图 3-57　改造后屋顶平面图

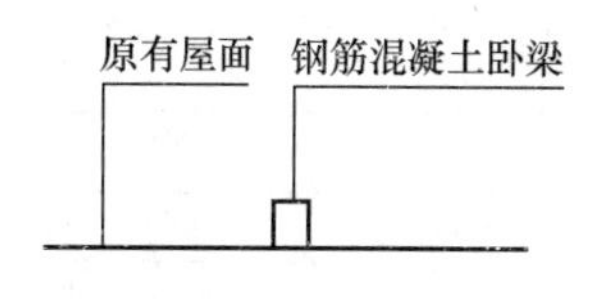

图 3-58　卧梁示意图

7. 在①～②轴间，若Ⓐ、Ⓒ轴和①轴上的檩条不计入，则最少有几根檩条（两支点为一根）？

A　18　　B　19　　C　20　　D　21

8. 在④～⑤轴间，若Ⓐ、Ⓒ轴上的檩条不计入，则最少有几根檩条（两支点为一根）？

A　11～12　　B　13～14　　C　15～16　　D　17～18

9. 水平支撑的最合理位置在：

A　②～③轴间　　B　③～④轴间　　C　⑥～⑦轴间　　D　⑦～⑧轴间

10. 垂直支撑的最合理位置在：

A　②～③轴间　　B　④～⑤轴间　　C　②～④轴间　　D　③～⑤轴间

（六）解题要点

1. 屋面结构布置过程中，要和选择题的答案进行对照，当有多种结构布置方案时，要选择能满足选择题答案的布置作为正确的布置图。

2. 立柱的布置要点：

（1）所有的立柱一定要布置在给定的卧梁上。

（2）所有的立柱都是斜梁的支点，因此，在确定立柱位置时，应先对斜梁的布置有所预定。

（3）立柱的间距 2600mm 为水平距离。

（4）因考题要求斜梁不能悬挑，所以斜梁端部必须有立柱。

3. 斜梁的布置要点：

（1）屋面的斜脊、天沟及坡屋面处，都应加斜梁。

（2）坡屋面处的斜梁间距应按题目的规定不能大于 3.6m。

4. 水平支撑的布置要点：

（1）对于轻钢屋面都要加屋面横向水平支撑，保证屋面整体性。

（2）水平支撑的位置一般都设置在房屋的端开间，但该处必须是一个完整的平面，而本题在端部为四坡顶，题目要求水平支撑设在第二或第三开间，本题只有左侧的第三开间能设置水平支撑；左侧的第二开间及右侧的第二、第三开间都不能设置水平支撑。

5. 垂直支撑的布置要点：

本题的垂直支撑是指立柱之间的垂直支撑，题目要求垂直支撑设置于第三、第四开间（是指左侧开间），根据垂直支撑一般都设在跨中，故本题垂直支撑应设在左侧第三、第四开间的中部。

（七）坡屋顶结构布置图参考答案（图 3-59）

（八）选择题参考答案

1. B　2. C　3. B　4. A　5. B　6. D　7. C　8. B　9. B　10. D

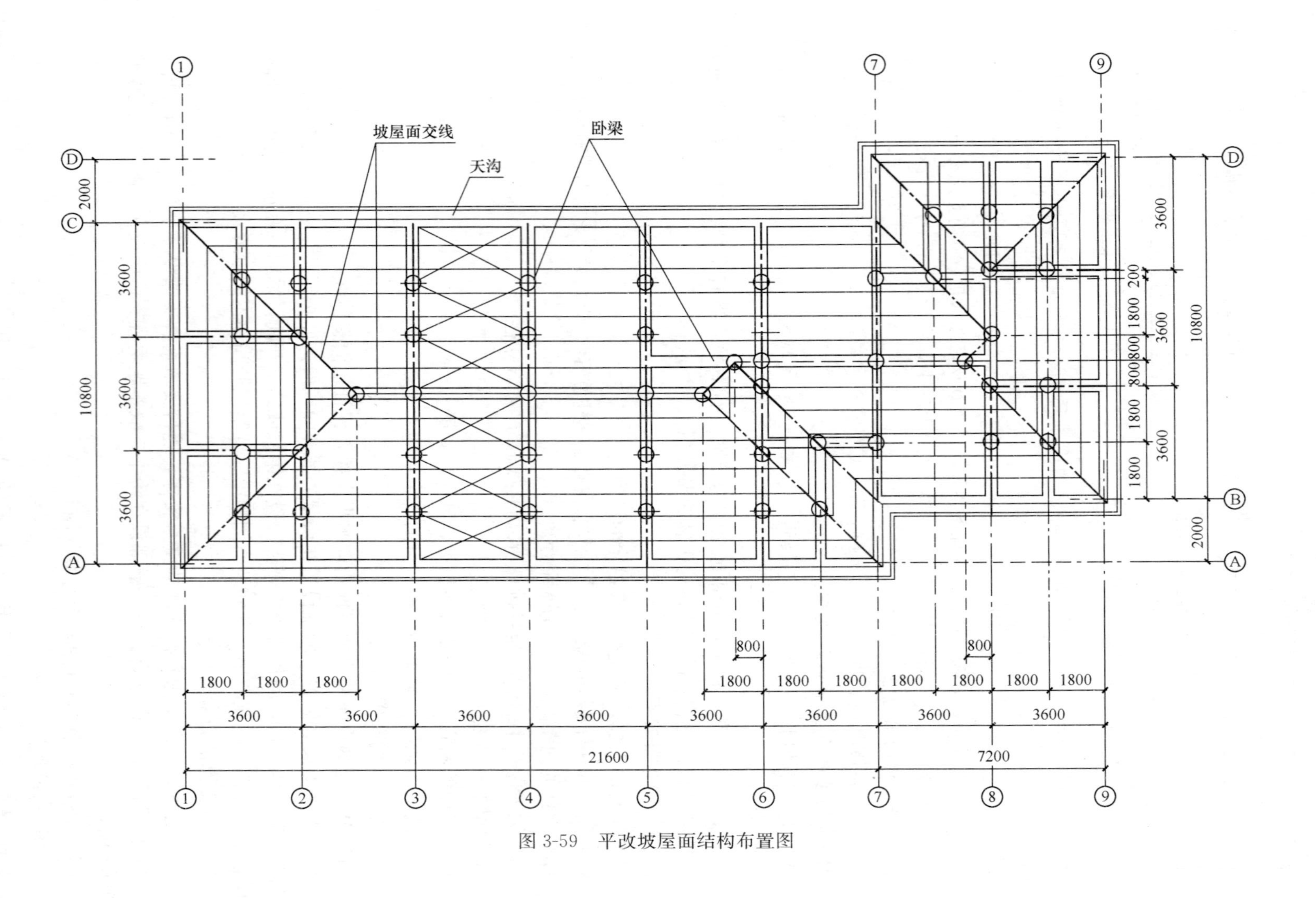

图 3-59　平改坡屋面结构布置图

八、【试题 3-8】（2011 年）

（一）任务描述

图 3-60、图 3-61 为抗震设防 7 度地区某独立住宅建筑的一层、二层平面图，建筑采用钢筋混凝土框架结构，要求完成二层楼板及楼梯的结构布置，设计应合理。

（二）任务要求

按照以下所提供的图例及标注，在图 3-61 上完成以下内容：

1. 结构主、次梁布置：要求主梁均由图中的结构柱支承，所有墙体荷载由主、次梁传递。一层外墙门、窗、洞口的顶部标高高于 2.400 时，其上部应用结构梁封堵。

2. 楼板结构布置：楼板平面形状均应为矩形；且一层车库、门厅的⑤～⑥轴间、卧室、客厅、茶室及餐厅的顶板应为完整平板，中间不允许设梁。

3. 楼梯结构布置：采用直板式楼梯，在必要的位置可布置楼梯柱与楼梯梁。

注：①悬挑大于 1500mm 的板采用梁板结构，小于等于 1500mm 的采用悬挑板结构。

②标明普通楼板和单向楼板（长宽比不小于 3 的楼板）。

③标注楼板结构面标高，要求该标高低于建筑完成面 50mm。

（三）图例及标注

梁：—·—　　不可见柱：▨　　框架柱：■

楼梯板：☒　　普通楼板：B　　单向楼板：DB

悬挑梁：—·— XL　　悬挑板：XB　　楼梯柱：▨ TZ

楼梯梁：—·— TL

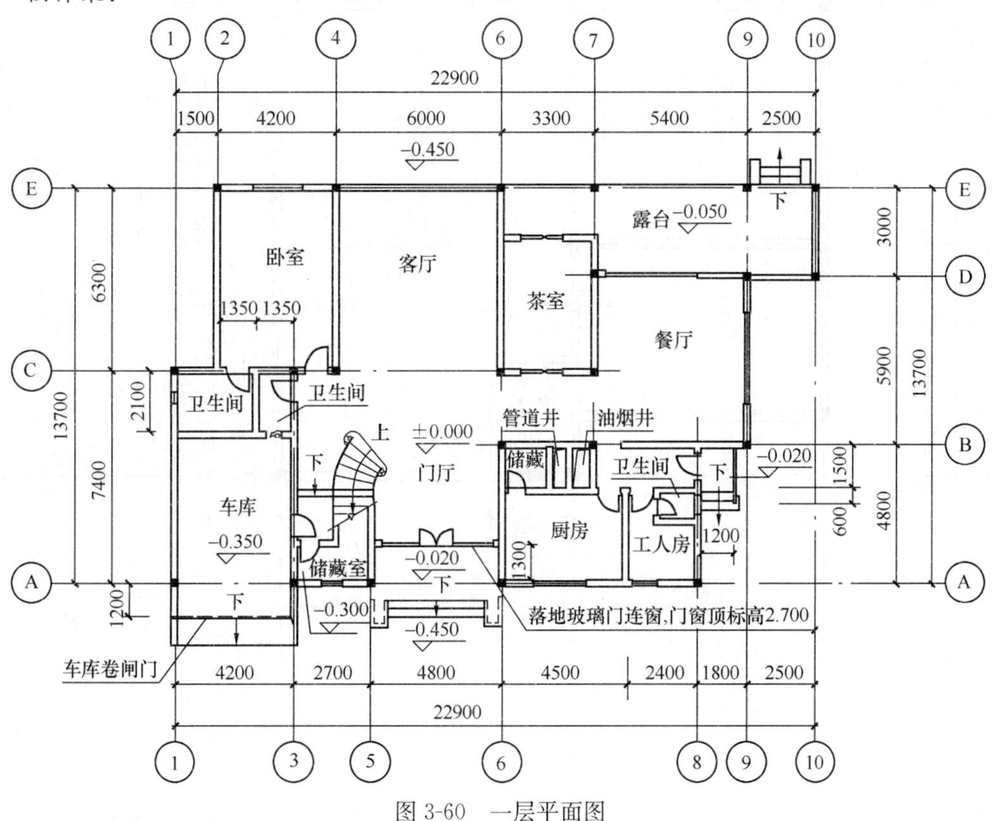

图 3-60　一层平面图

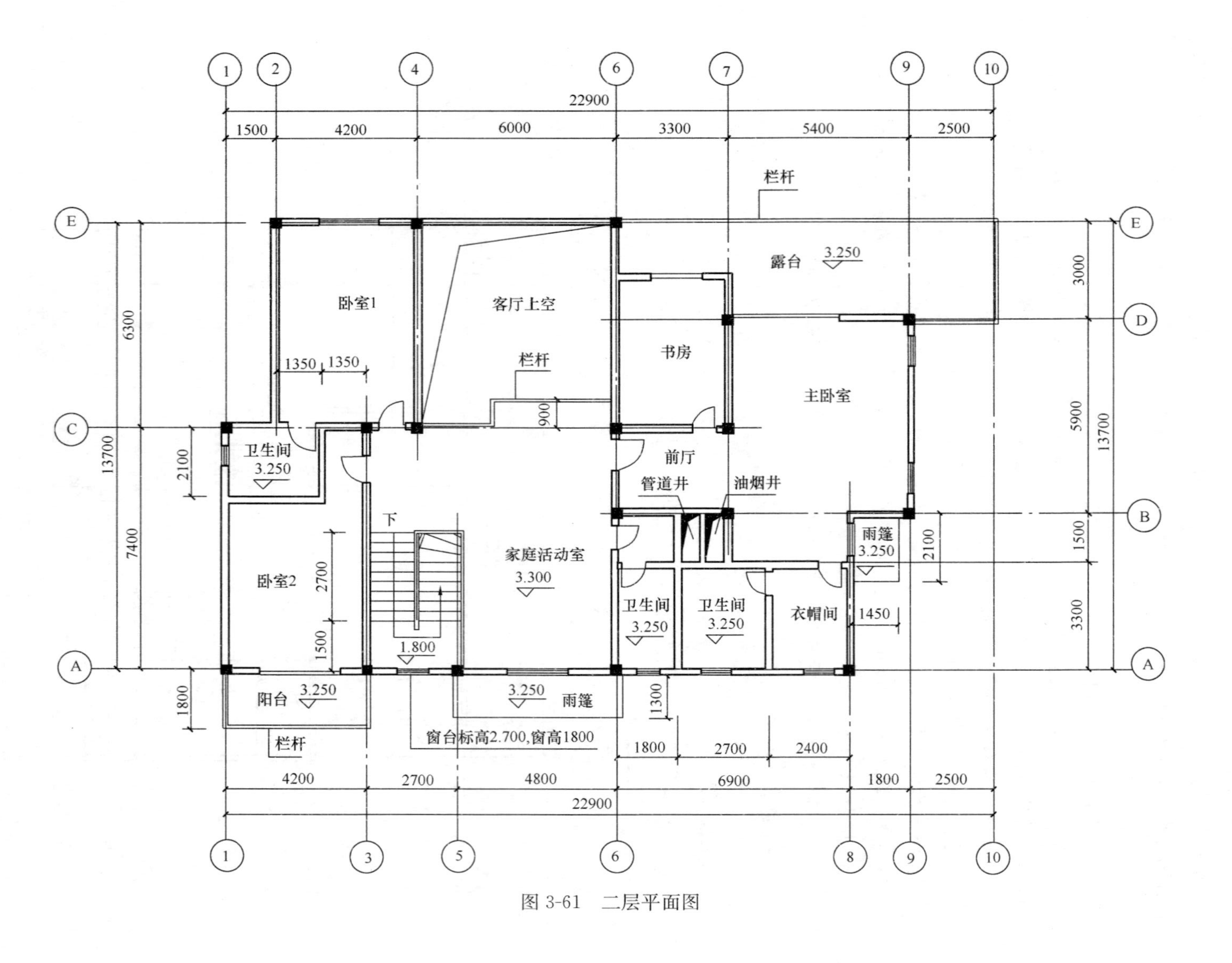

22900
1500
4200
6000
3300
5400
2500
栏杆
露台
3.250
卧室1
客厅上空
书房
栏杆
1350
1350
900
主卧室
卫生间
3.250
前厅
管道井
油烟井
下
家庭活动室
3.300
雨篷
3.250
卧室2
2700
1500
1.800
卫生间
3.250
卫生间
3.250
衣帽间
1450
阳台
3.250
3.250
雨篷
栏杆
窗台标高2.700,窗高1800
1300
1800
2700
2400
4200
2700
4800
6900
1800
2500
22900
6300
13700
2100
7400
1800
3000
5900
13700
1500
2100
3300

图 3-61 二层平面图

（四）建筑结构作图选择题

1. 悬挑板共有几块？

A 2　　B 3　　C 4　　D 5

2. 楼梯柱的合理根数应为：

A 1　　B 2　　C 3　　D 4

3. 楼梯板的数量为：

A 0　　B 1　　C 2　　D 3

4. 除楼梯柱外，不可见柱的数量为：

A 0　　B 2　　C 4　　D 6

5. ①～⑥轴间结构面标高为3.250的楼板共有几块？

A 3　　B 5　　C 7　　D 9

6. 不计悬挑板，楼板长宽比不小于3的单向楼板共有几块？

A 4　　B 3　　C 2　　D 1

7. 悬挑梁最少共有几根？

A 2　　B 3　　C 4　　D 5

8. 下列哪道轴线上最有可能出现短柱（柱净高 H/截面高度 $h \leqslant 4$ 的结构柱为短柱，短柱不利于抗震）？

A Ⓐ轴　　B Ⓑ轴　　C Ⓒ轴　　D Ⓓ轴

9. 下列哪道轴线上因楼板高差有变化而需布置变截面梁？

A ④轴　　B ⑤轴　　C ⑥轴　　D ⑦轴

10. ①～⑦轴间只存在主梁的部位是：

A Ⓐ～Ⓑ轴间　B Ⓑ～Ⓒ轴间　C Ⓒ～Ⓓ轴间　D Ⓓ～Ⓔ轴间

（五）解题要点

1. 二层楼盖结构构件布置图中应包括：框架柱、楼梯柱、框架梁（主梁）、次梁、悬挑梁、楼梯梁、楼板、楼梯板等。对于一层框架柱只延伸至二层楼面标高的柱，应为二层不可见的柱，要用▨在图中画出。

2. 主梁应在柱网轴线上布置。

3. 次梁要注意按任务要求布置，所有次梁两端应有支点。

4. 悬挑楼板及阳台、雨篷当挑出尺寸大于1500mm时，要采用挑梁的梁板结构，挑出尺寸小于等于1500mm时，可采用挑板。

5. 框架结构根据抗震设防要求，楼梯也必须采用梁板柱结构，不能采用砌体支承。

（六）二层结构平面布置图参考答案（图3-62）

（七）选择题参考答案

1. B　2. B　3. D　4. C　5. C　6. D　7. A　8. A　9. D　10. C

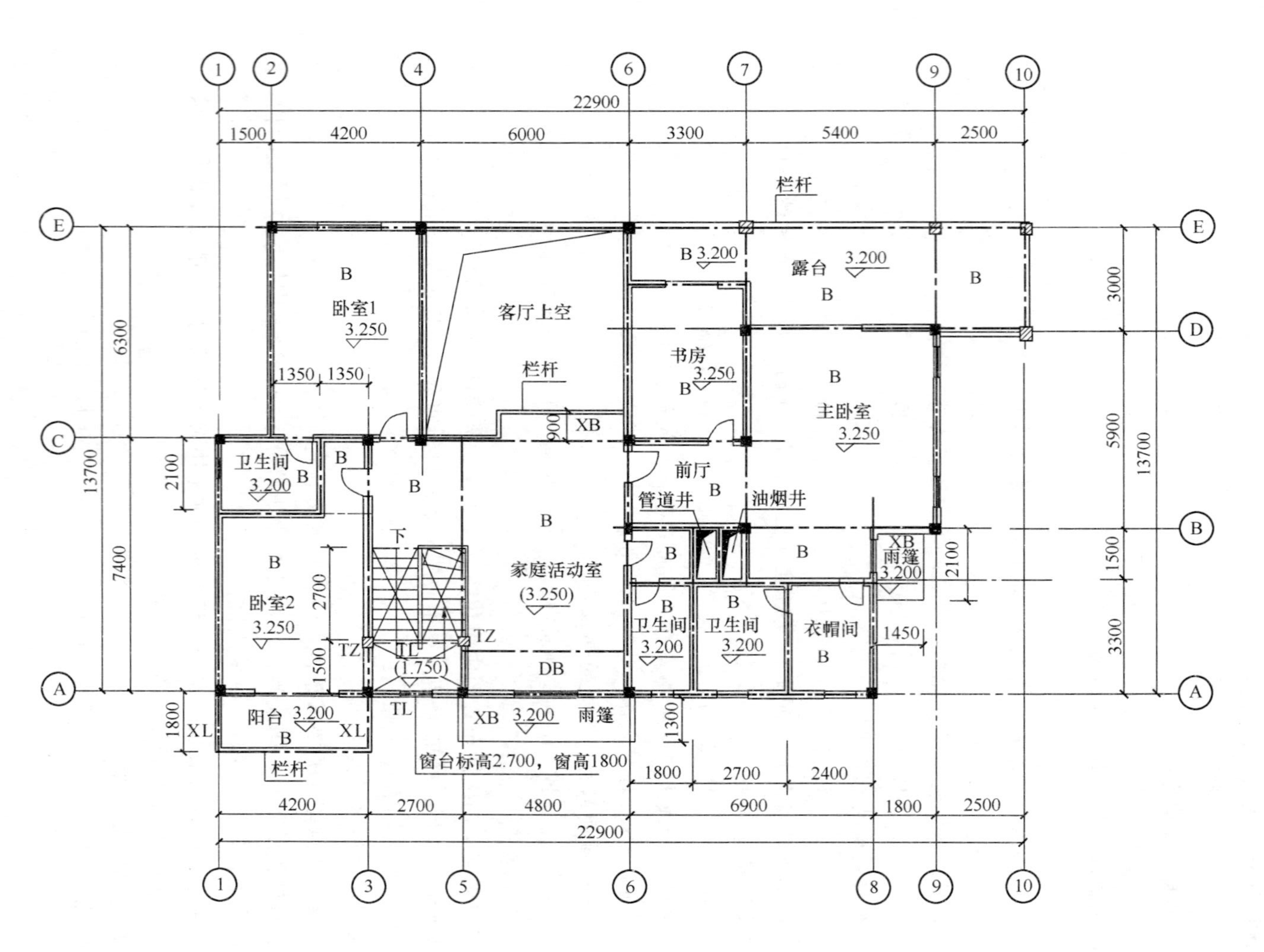

卧室1
客厅上空
书房
露台
主卧室
前厅
管道井
油烟井
卫生间
卧室2
家庭活动室
衣帽间
阳台
栏杆
雨篷
窗台标高2.700，窗高1800

图 3-62　作图参考答案

九、【试题 3-9】（2012 年）

（一）任务描述

图 3-63 为 8 度抗震设防区某高层办公楼的十七层建筑平面，采用现浇钢筋混凝土框架-剪力墙结构。图 3-64 为十七层结构平面布置图，结构板、柱、主梁等均已布置完成，不允许再增加结构柱；剪力墙和次梁已布置完成了一部分。

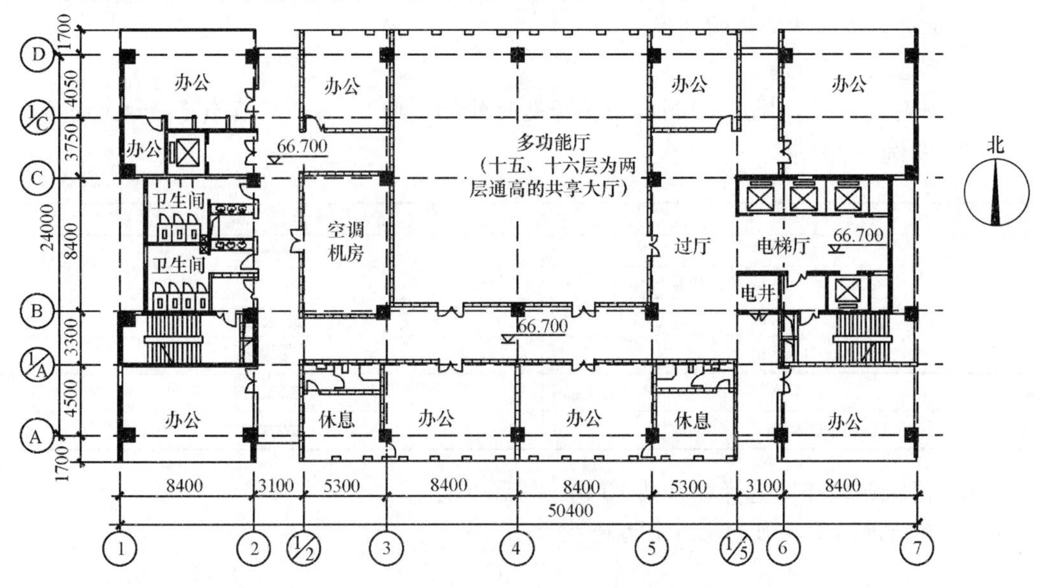

图 3-63　十七层建筑平面图

（二）任务要求

1. 在图 3-64 上用所提供的图例，按照规范要求完成下列结构布置。

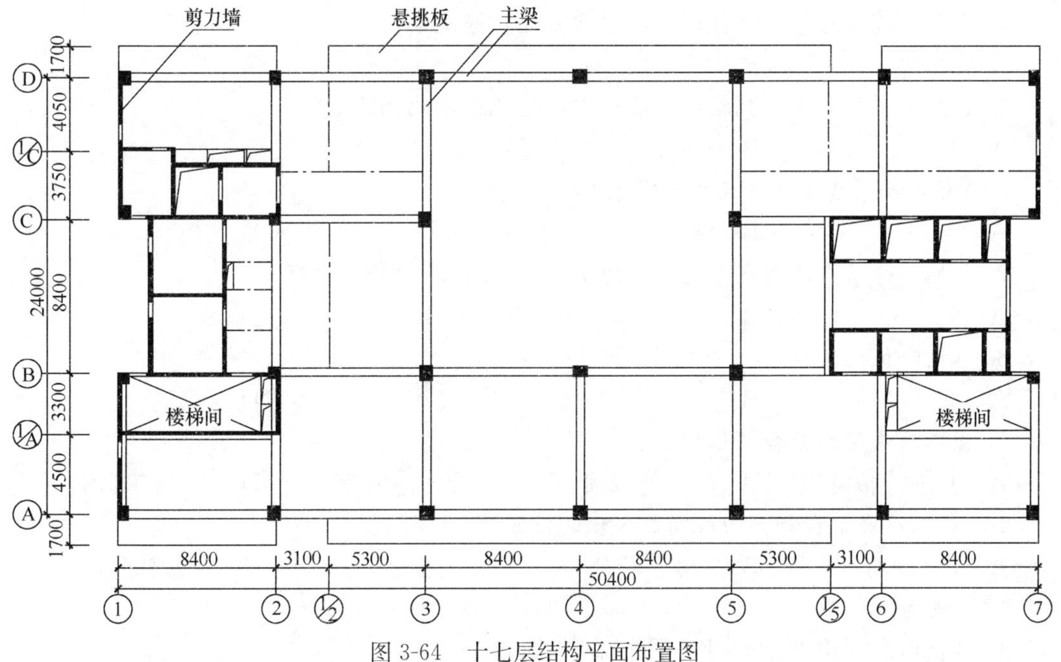

图 3-64　十七层结构平面布置图

（1）完善剪力墙的布置，使剪力墙刚度对称、均匀并且合理。

（2）完成多功能厅井式楼盖布置，板厚100mm，以板的高跨比1/25～1/30为控制原则。

（3）在②～⑥轴与Ⓐ～Ⓑ轴区域内布置次梁，次梁仅用于承载砌体墙和满足卫生间楼面降板的要求。

（4）完成悬挑部分梁板结构的悬臂梁和边梁布置，要求板的悬挑长度小于1500mm。

（5）示意需要结构降板的区域。

（6）示意施工后浇带。

2. 根据作图结果，完成10道作图选择题的作答，再用2B铅笔填涂答题卡上的答案。

（三）图例（表3-7）

表3-7

名　称	图　例
剪力墙	▬▬
井式梁、次梁、悬臂梁、边梁	—·—·—
结构降板	▧
施工后浇带	▨
主　梁	═
砌体墙	▨

（四）建筑结构作图选择题（共10题，每题2分）

1. 在Ⓑ轴以南需再布置几道剪力墙？

A　0　　B　1　　C　3　　D　6

2. 在③～⑤轴间（两轴本身除外），南北向需布置几根梁？

A　3　　B　5　　C　7　　D　9

3. 在Ⓑ～Ⓓ轴间（两轴本身除外），东西向需布置几根梁？

A　5　　B　7　　C　9　　D　11

4. 在②～③轴与Ⓐ～Ⓑ轴间，最少需布置几根次梁？

A　3　　B　4　　C　6　　D　7

5. 在②～⑥轴与Ⓐ～Ⓑ轴间，最少需布置几根南北向次梁？

A　0　　B　1　　C　2　　D　3

6. Ⓐ轴以南最少需布置几根悬臂梁？

A　7　　B　8　　C　9　　D　10

7. 悬挑部分沿东西向应布置几根边梁？（连续多跨梁为一根梁）

A　6　　B　7　　C　8　　D　9

8. 结构降板共几块？

A　2　　B　4　　C　5　　D　6

9. 施工后浇带的最合理位置位于：

A　Ⓑ～Ⓒ轴间　　B　Ⓒ～Ⓓ轴间　　C　②～③轴间　　D　③～⑤轴间

10. 施工后浇带在相邻四柱间最合理的位置为：

A　1/2柱跨处　　B　1/3柱跨处　　C　支座边　　D　任意位置均可

（五）解题要点

1. 认真审题，重点在于理解题目的所有条件

“结构选型与布置”的试题，相对于建筑专业的两道试题（“建筑剖面”与“建筑构造”）来说，能由考生来设计确定的内容非常少。所以，认真审题，认真理解题目的每一个细节要求，并按照要求去做，就可以了。

本试题题目中的每个条件一定要认真理解，严格满足这些条件，我们来对每一个条件作具体分析。

① 在（一）任务描述中，要求“结构板、柱、主梁等均已布置完成，不允许再增加结构柱；剪力墙和次梁已布置完成了一部分”。

② 在（二）任务要求中，要求“完善剪力墙的布置，使剪力墙刚度对称、均匀并且合理”“完成多功能厅井式楼盖布置，板厚 100mm，以板的高跨比 1/25～1/30 为控制原则”“布置次梁，次梁仅用于承载砌体墙和满足卫生间楼面降板的要求”“完成悬挑部分梁板结构的悬臂梁和边梁布置，要求板的悬挑长度小于 1500mm”，示意结构降板的区域和施工后浇带。

2. 细心作图，重点在于满足题目的所有条件

本题对各结构构件布置的要求清晰明确，考生需要细心审题，认真作答。

3. 选择题的作答

（1）**提示**：根据题目“使剪力墙刚度对称、均匀并且合理”的要求，以及原有该区域①～②轴之间楼梯间剪力墙的布置，在⑥～⑦轴之间楼梯间再布置同样形式的剪力墙。因此，应增设 3 道剪力墙。所以答案应该是 C。

（2）**提示**：本题和下面一题都是关于多功能厅楼板井字梁布置的问题。根据题目“完成多功能厅井式楼盖布置，板厚 100mm，以板的高跨比 1/25～1/30 为控制原则”的要求，以及多功能厅③～⑤轴间平面 16800mm 的尺寸，采用 2800mm（符合高跨比 1/25～1/30 要求）的跨度，即 2800mm×6＝16800mm，南北向（不含③、⑤轴）需布置 5 根梁。所以答案应该是 B。

（3）**提示**：同上题分析。根据题目“完成多功能厅井式楼盖布置，板厚 100mm，以板的高跨比 1/25～1/30 为控制原则”的要求，以及多功能厅Ⓑ～Ⓓ轴间平面 8400mm＋7800mm＝16200mm 的尺寸，采用 2800mm 和 2600mm（均符合高跨比 1/25～1/30 要求）的跨度，即 2800mm×3＋2600mm×3＝16200mm，东西向（不含Ⓑ、Ⓓ轴）需布置 5 根梁。所以答案应该是 A。

（4）**提示**：题目要求“次梁仅用于承载砌体墙和满足卫生间楼面降板的要求”，则该区域需布置 3 根次梁，以满足卫生间周边承载砌体墙和满足楼面降板的要求。所以答案应该是 A。

（5）**提示**：在该区域内，只有两间卫生间，各需设置 1 根南北向的次梁，共 2 根。所以答案应该是 C。

（6）**提示**：图示平台板悬挑 1700mm，超过题目“要求板的悬挑长度小于 1500mm”的条件，因此，必须采用悬臂梁板式的结构形式。Ⓐ轴以南共有三段悬挑平台，考虑平台板左、右边缘以及中间每根轴线处均应设置悬臂梁，共需设置 9 根悬臂梁。所以答案应该是 C。

（7）**提示**：根据题目条件，整个平面南、北侧外纵墙各设置了 3 段悬挑平台，因此，东西向应布置的边梁数量合计为 3×2＝6 根。所以答案应该是 A。

（8）**提示**：①～②轴之间的两间卫生间共有 4 块结构降板，②～⑥轴之间的两间卫生间共有 2 块结构降板，因此，结构降板的块数应为 6 块。所以答案应该是 D。

（9）**提示：**施工后浇带应设置在建筑平面沿纵向中间部位比较合理。因此，选择布置在④轴附近即可。所以答案应该是 D。

（10）**提示：**施工后浇带应设置在柱距中间结构楼板弯矩为零的位置附近，一般在1/3柱跨处。所以答案应该是 B。

4. 作图题参考答案

图 3-65 为本题结构布置平面图。

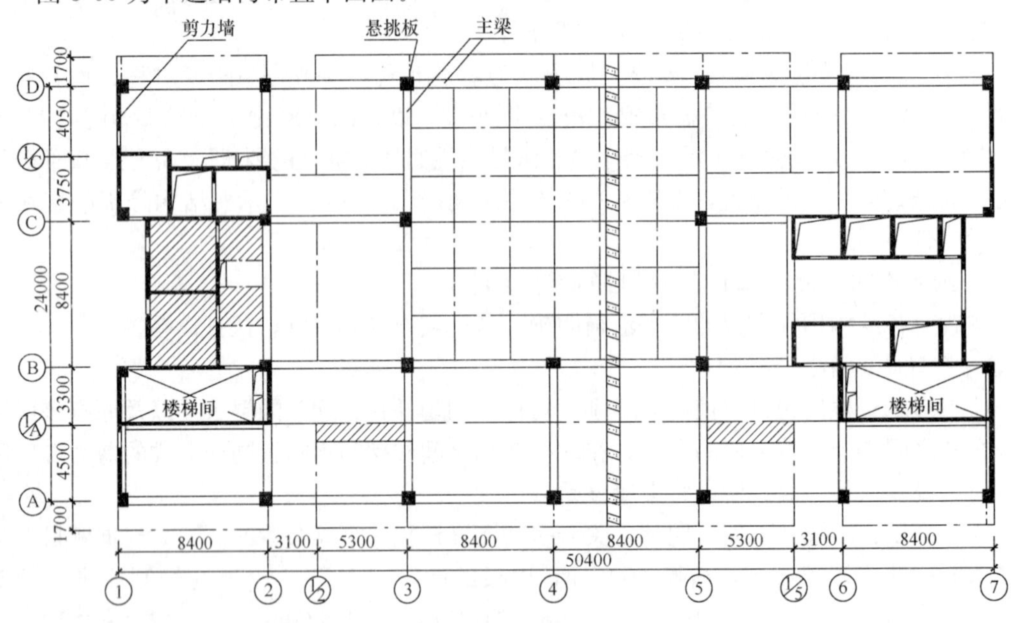

图 3-65　十七层结构平面布置参考图

十、【试题 3-10】（2013 年）

（一）任务描述

图 3-66～图 3-68 所示为某钢筋混凝土框架结构多层办公楼一层、二层平面及三层局部平面图。在经济合理、保证建筑空间完整的前提下，按照以下条件、任务要求及图例，完成相关结构构件布置。

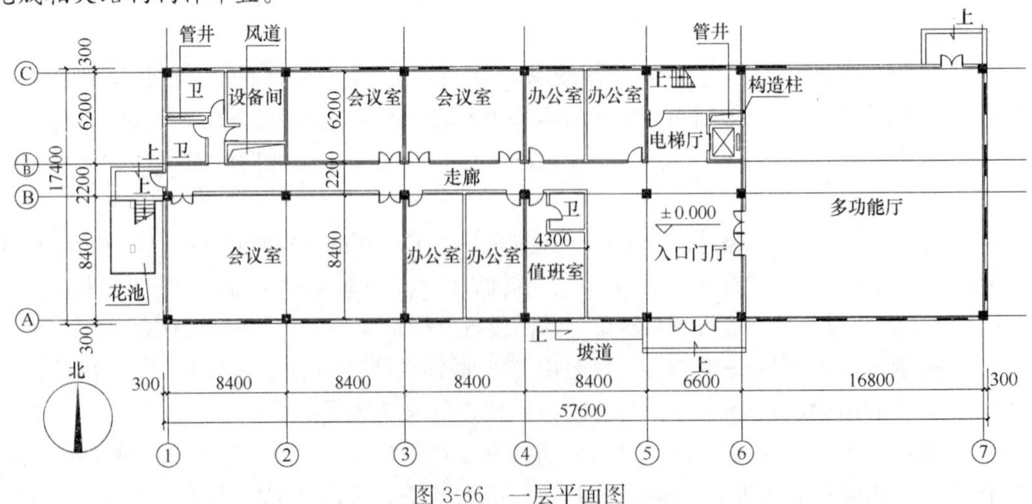

图 3-66　一层平面图

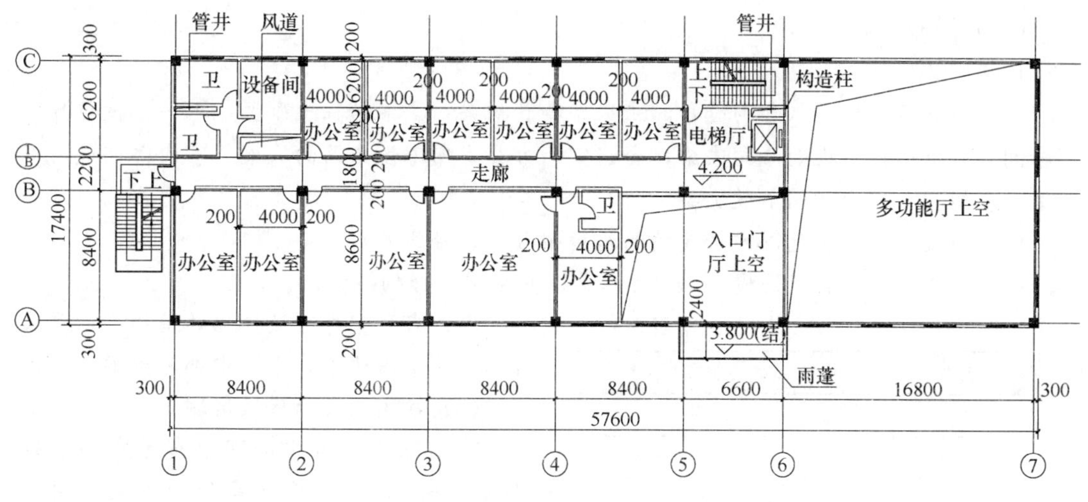

图 3-67　二层平面图

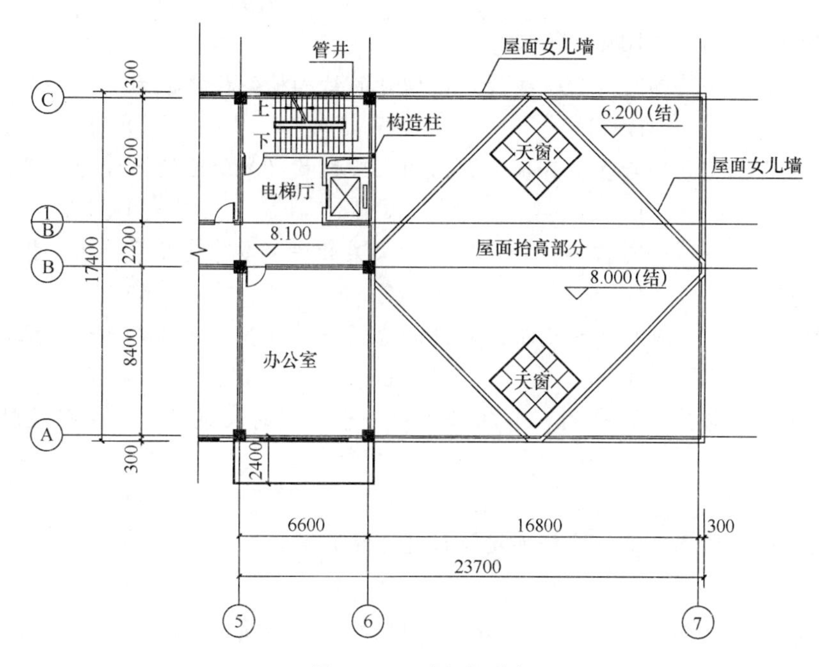

图 3-68　三层平面图

1. ①～⑥轴办公部分：一层层高 4.2m，其他各层层高 3.9m；楼面面层厚度 100mm，卫生间区域结构降板 300mm。

2. ⑥～⑦轴多功能厅部分：单层，层高 6.2m；屋面局部抬高 1.8m 并设置天窗和侧窗。

3. 结构框架柱截面尺寸均为 600mm×600mm。

4. 结构梁最大跨度不得大于 12m。

5. 除楼梯板外，楼板厚度与跨度比为 1/30～1/40 且厚度不大于 120mm。

6. 墙体均为 200mm 厚填充墙。

（二）任务要求

1. 在二层平面中：

（1）布置二层楼面（含雨篷）的主次梁和悬挑梁，主梁居柱中布置，①～⑤轴与Ⓑ～1/B轴间走廊范围内不设南北向次梁，会议室、办公室内不设东西向次梁；室内楼梯采用折板做法，楼梯与平台之间不设次梁。

（2）布置⑥～⑦轴范围内必要的结构框架柱（含轴线处）。

（3）布置⑥～⑦轴范围内 6.200m 结构处的主梁（含轴线处）。

（4）布置室外疏散楼梯的结构梁，要求楼梯周边不设边梁，平台中部不设梁。

（5）按图例表示降板区域。

2. 在三层局部平面图中布置⑥～⑦轴范围内 8.000m 结构标高处的主梁、次梁（含轴线处）。

（三）图例（表 3-8）

表 3-8

名称	图例
主梁	——·——
次梁、悬臂梁	--------
结构框架柱	▪
降板区域	▨

（四）选择题（共 10 小题，每小题 2 分）

1. 二层平面⑥～⑦轴间（含轴线处）需增设的结构框架柱根数为：

A 1　　B 2　　C 3　　D 4

2. 二层平面①～⑤轴与Ⓐ～Ⓑ轴范围内的主梁数量（多跨连续梁计为 1 根）为：

A 6　　B 7　　C 8　　D 9

3. 二层平面①～②轴与Ⓐ～Ⓒ轴范围内的次梁数量（多跨连续梁计为 1 根）为：

A 4　　B 5　　C 6　　D 7

4. 二层平面④～⑤轴与Ⓐ～Ⓒ轴范围内的次梁数量（多跨连续梁计为 1 根）为：

A 4　　B 5　　C 6　　D 7

5. 二层平面轴与Ⓑ～Ⓒ轴间（不包括楼梯平台处）的次梁数量（多跨连续梁计为 1 根）为：

A 4　　B 5　　C 6　　D 7

6. 二层平面悬挑梁数量（多跨连续梁计为 1 根）为：

A 2　　B 4　　C 6　　D 8

7. ⑥～⑦轴间（含轴线处）6.200m 和 8.000m 结构标高处的主梁数量（多跨连续梁计为 1 根）为：

A 11　　B 12　　C 13　　D 14

8. ⑥～⑦轴间（含轴线处）8.000m 结构标高处的次梁数量（多跨连续梁计为 1 根）为：

A 2　　B 4　　C 6　　D 8

9. 下列哪个部位可能出现短柱（柱净高 H/截面高度 h 小于等于 4 的结构柱为短柱，短柱不利于抗震）？

A ①轴　　B ②轴　　C ⑤轴　　D ⑥轴

10. Ⓐ～Ⓒ轴间二层楼板的降板数量为：

A 2 块　　B 3 块　　C 4 块　　D 5 块

（五）解题要点

1. 认真审题，重点在于理解题目的所有条件

本试题题目中的每个条件一定要认真理解，严格满足这些条件，我们来对每一个条件作具体分析。

① 在（一）任务描述中，要求“结构梁最大跨度不得大于12m”“除楼梯板外，楼板厚度与跨度比为1/30～1/40且厚度不大于120mm”。

② 在（二）任务要求中，要求在二、三层平面中布置主梁、次梁、悬挑梁、框架柱，并表示降板区域。

2. 细心作图，重点在于满足题目的所有条件

本题对各结构构件布置的要求清晰明确，考生需要细心审题，认真作答。

3. 选择题的作答

（1）**提示**：从三层平面图屋面抬高部分看，需在6.200m和8.000m结构标高处各布置4根45°方向的结构主梁，支承主梁需设置4根结构框架柱。除原有⑥轴与Ⓑ轴相交处的框架柱外，还应在多功能厅三面外墙的中部增设3根结构框架柱，且此4根结构主梁的跨度为（16.8/2）$\times\sqrt{2}$＝11.88m（满足“结构梁最大跨度不得大于12m”的题目要求）。所以答案应该是C。

（2）**提示**：在题目限定的范围内，Ⓐ、Ⓑ、①、②、③、④轴各有1根主梁，共计6根。所以答案应该是A。

（3）**提示**：根据题目条件“走廊范围内不设南北向次梁，会议室、办公室内不设东西向次梁”，南北向设有3根次梁，包括两间卫生间东侧各设1根和两间办公室之间设1根；东西向设有4根次梁，包括管井南、北侧各设1根和风道南、北侧各设1根。共计7根次梁。所以答案应该是D。

（4）**提示**：根据题目条件“走廊范围内不设南北向次梁，会议室、办公室内不设东西向次梁”，南北向设有3根次梁，包括卫生间东、西两侧各设1根和走廊北侧两间办公室之间设1根；东西向设有2根次梁，包括卫生间南侧设1根和走廊北侧设1根。共计5根次梁。所以答案应该是B。

（5）**提示**：南北向设有1根次梁，即电梯井道左侧设1根；东西向设有3根次梁，包括楼梯间南侧设1根和电梯井道南、北侧各设1根。共计4根次梁。所以答案应该是A。

（6）**提示**：根据“布置二层楼面（含雨篷）的主次梁和悬挑梁”以及“布置室外疏散楼梯的结构梁，要求楼梯周边不设边梁，平台中部不设梁”的题目条件，西侧室外楼梯设2根悬挑梁，包括两处梯段板和平台板之间各设1根；南侧入口处雨篷设2根悬挑梁，包括⑤轴、⑥轴处各1根。共计4根悬挑梁。所以答案应该是B。

（7）**提示**：6.200m结构标高处设有8根主梁，包括⑥、⑦、Ⓐ、Ⓒ轴各1根主梁以及（结构框架柱直接支承的）45°方向共4根主梁；8.000m结构标高处设有4根主梁，包括（结构框架柱直接支承的）45°方向共4根主梁（与6.200m结构标高处位置相同）。共计12根结构主梁。所以答案应该是B。

（8）**提示**：8.000m结构标高处设有4根次梁，包括（非结构框架柱直接支承的）45°方向共4根次梁。此处井字梁间距（即板跨）为11.88/3＝3.96m，满足“楼板厚度与跨度比为1/30～1/40且厚度不大于120mm”的题目条件。所以答案应该是B。

（9）**提示**：根据题目条件，“结构框架柱截面尺寸均为 600mm×600mm”，即 $h=600mm=0.6m$；而⑥轴与Ⓑ轴相交处的框架柱在 6.200m 和 8.000m 处均有主梁与之相交，$H=8.000-6.200=1.800m$，$H/h=1.8/0.6=3$，小于 4，符合短柱的条件。所以答案应该是 D。

（10）**提示**：根据题目条件“卫生间区域结构降板 300mm”，二层平面共有 3 间卫生间，即楼板的降板数量应为 3 块。所以答案应该是 B。

4. 作图题参考答案

图 3-69 为本题二层结构平面布置图，图 3-70 为本题三层结构平面布置图。

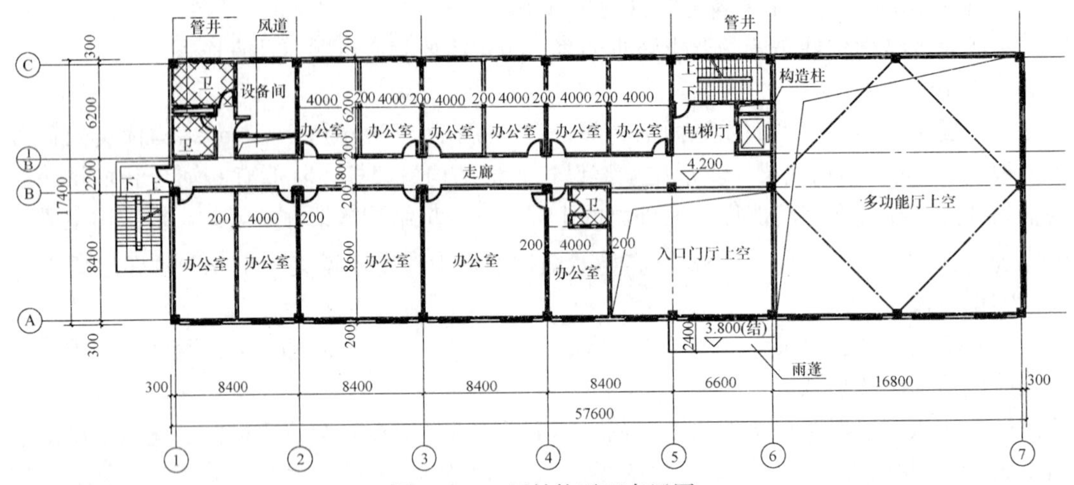

图 3-69　二层结构平面布置图

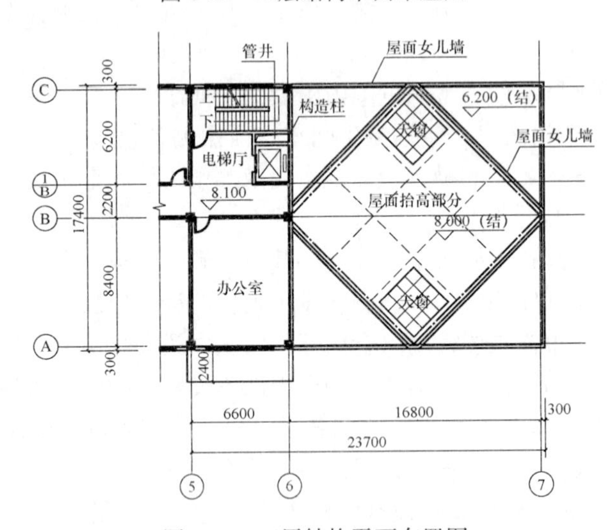

图 3-70　三层结构平面布置图

十一、【试题 3-11】（2014 年）

（一）任务描述

南方某小学教学楼建于 7 度抗震设防区，采用现浇钢筋混凝土框架结构，如图 3-71 为其二层平面。根据现行规范、任务条件、任务要求和图例，按技术经济合理的原则，在图上完成二层平面结构的抗震设计内容。

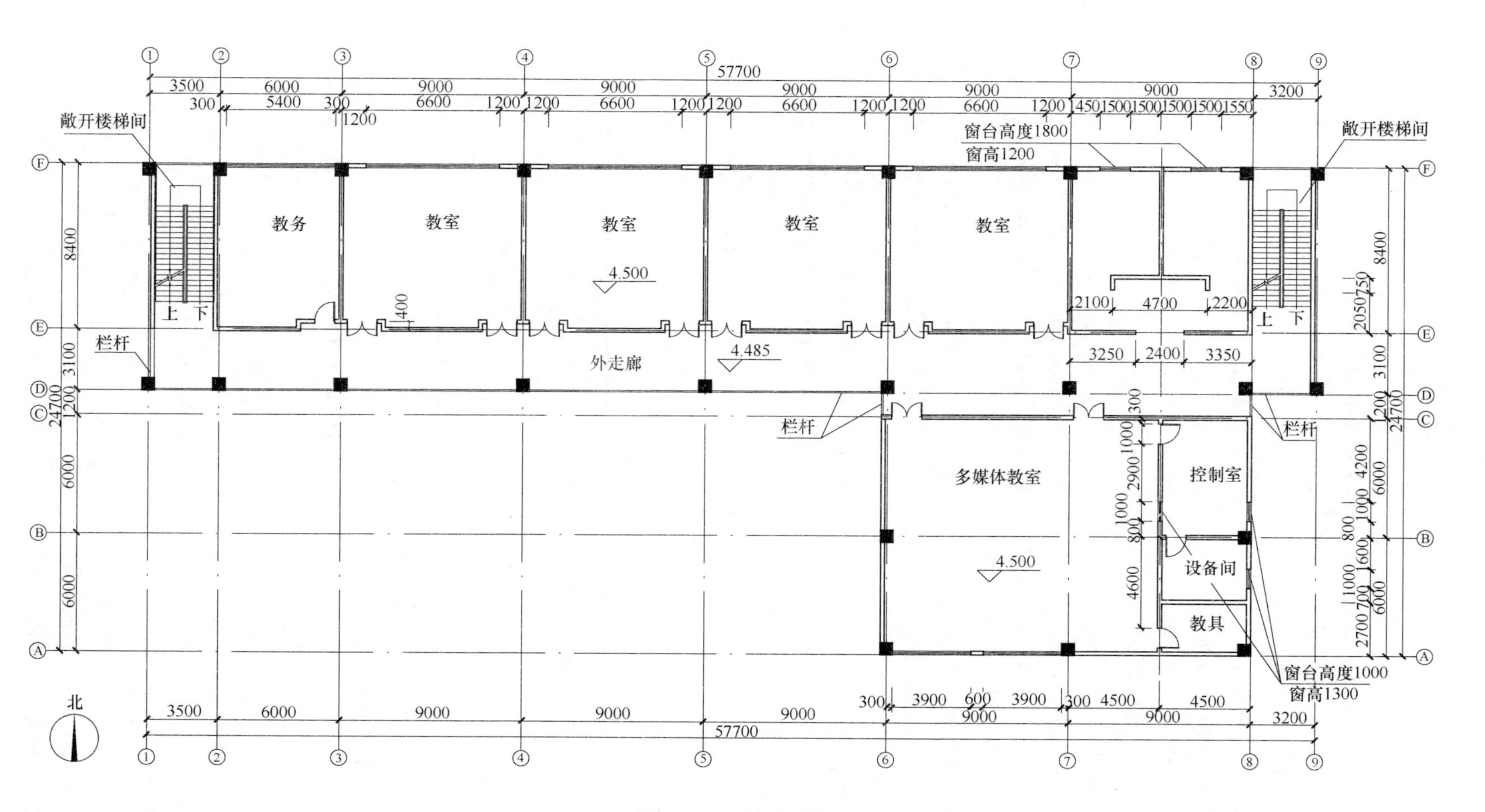
敞开楼梯间
教务
教室
教室
教室
教室
4.500
上
下
栏杆
外走廊
4.485
窗台高度1800
窗高1200
敞开楼梯间
多媒体教室
4.500
控制室
设备间
教具
窗台高度1000
窗高1300
北
57700
24700

图 3-71　二层平面图

（二）设计条件

1. 建筑层数与层高：

Ⓐ～Ⓒ轴：二层，首层层高 4.5m，二层层高 7.2m。

Ⓓ～Ⓕ轴：三层，各层层高均为 4.5m。

2. 框架柱截面尺寸均为 600×600。

3. 框架梁高为跨度的 1/10，且Ⓓ～Ⓕ间框架梁高度不应大于 900。

4. 填充墙为砌体，墙厚 200。

5. 建筑门洞高度均为 2500，双扇门洞宽 1500，单扇门洞宽 1000。

6. 除注明外，外窗高均为 2600，窗台高度 1000。

（三）任务要求

1. 完善框架柱布置，使框架结构体系满足小学校抗震设防乙类的要求。

2. 布置防震缝，使本建筑形成两个平面及竖向均规则的抗侧力结构单元。

3. 布置后浇带，不再设置除防震缝外的变形缝。

4. 布置水平系梁：Ⓐ～Ⓒ轴间（不包括Ⓒ轴），在墙高超过 4.0m 的填充墙半高位置，或宽度大于 2000 的窗洞顶处布置截面为 200×300 的钢筋混凝土水平系梁（梁高应满足跨度 1/20 的要求）。

5. 布置构造柱：Ⓐ～Ⓒ轴间（不包括Ⓒ轴），在水平系梁两端无法支承于结构柱的位置、长度超过 600 的墙体自由端以及墙体交接处，布置截面为 200×200 的构造柱。构造柱的布置应满足水平系梁梁高的要求。

6. 根据作图结果，先完成作图选择题的作答，再用 2B 铅笔填涂答题卡上的答案。

注：高度超过 2000 的墙体洞口两端墙均视作自由端。

（四）图例（表 3-9）

表 3-9

名　称	图　例
结构柱、构造柱	■
后浇带	//////////
水平系梁	—— ——
防震缝	═══

（五）选择题（共 10 小题，每小题 2 分）

1. 需添加框架柱的部位是：

A　Ⓐ轴和Ⓒ轴　　B　Ⓑ轴和Ⓓ轴　　C　Ⓒ轴和Ⓔ轴　　D　Ⓓ轴和Ⓕ轴

2. Ⓐ～Ⓓ轴间，需要增加的框架柱数量是：

A　2 根　　B　3 根　　C　4 根　　D　5 根

3. Ⓓ～Ⓕ轴间，需要增加的框架柱数量是：

A　7 根　　B　8 根　　C　9 根　　D　10 根

4. 防震缝的道数应为：

A　1　　B　2　　C　3　　D　4

5. 防震缝的设置位置正确的是：

A　⑤～⑥轴间靠近⑥轴　　B　⑥～⑦轴间靠近⑥轴

C　Ⓒ～Ⓓ轴间靠近Ⓓ轴　　　　D　Ⓒ～Ⓓ轴间靠近Ⓒ轴

6. 后浇带的设置位置正确的是：

A　①～③轴间靠近轴线　　　　B　②～④轴间靠近轴线

C　④～⑥轴间靠近轴线　　　　D　⑥～⑧轴间靠近轴线

7. 南北向的水平系梁数量是（以直线连续且梁顶标高相同为 1 根计算）：

A　3 根　　B　5 根　　C　7 根　　D　9 根

8. 东西向的水平系梁数量是（以直线连续且梁顶标高相同为 1 根计算）：

A　6 根　　B　5 根　　C　4 根　　D　3 根

9. ⑥～⑦轴间（包括轴线）构造柱的最少数量是：

A　0 根　　B　1 根　　C　2 根　　D　3 根

10. ⑦～⑧轴间（包括轴线）构造柱的数量是：

A　4 根　　B　5 根　　C　6 根　　D　7 根

（六）解题要点

1. 认真审题，重点在于理解题目的所有条件

（1）关于框架柱

提示：以下信息是关于框架柱设置部位和数量的条件：

1）“二层平面图”中的轴线布置；

2）“设计条件”中的第 2、3 条：“框架柱截面尺寸均为 600×600”和“框架梁高为跨度的 1/10，且Ⓓ～Ⓕ间框架梁高度不应大于 900”；

3）“任务要求”中的第 1 条：“完善框架柱布置，使框架结构体系满足小学校抗震设防乙类的要求”；

4）“选择题”中的第 1、2、3 题，根据第 1 题的提示，需添加框架柱的部位显然必须是在 2 条轴线上，需添加框架柱的数量则可以通过第 2 和 3 题和“二层平面图”来分析判断。

（2）关于防震缝

防震缝设置的部位和数量的条件：

1）“二层平面图”中的平面布局；

2）“任务要求”中的第 2 条：“使本建筑形成两个平面及竖向均规则的抗侧力结构单元”；

3）“选择题”中的第 4 和 5 小题。

（3）关于后浇带

结合后浇带的布置原理，根据“选择题”中的第 6 题进行分析确定。

（4）关于水平系梁

水平系梁设置的部位和数量的条件：

1）“任务要求”中的第 4 条：“Ⓐ～Ⓒ轴间（不包括Ⓒ轴），在墙高超过 4.0m 的填充墙半高位置，或宽度大于 2000 的窗洞顶处布置截面为 200×300 的钢筋混凝土水平系梁（梁高应满足跨度 1/20 的要求）”，本条件可确定水平系梁设置的部位；

2）“选择题”中的第 7 和 8 题，可确定水平系梁设置的数量。

（5）关于构造柱

构造柱设置的部位和数量的条件：

1）“任务要求”中的第 5 条：“Ⓐ～Ⓒ轴间（不包括Ⓒ轴），在水平系梁两端无法支承

于结构柱的位置、长度超过 600 的墙体自由端以及墙体交接处，布置截面为 200×200 的构造柱。构造柱的布置应满足水平系梁梁高的要求”，本条件可确定构造柱设置的部位。

2）“选择题”中的第 9 和 10 题，可确定构造柱设置的数量。

2. 细心作图，重点在于满足题目的所有条件

一般来说，“结构选型与布置”的试题并没有真正意义上的作图，只要正确理解了题目的所有条件要求，并按照题目提供的图例进行标注，作图的内容就完成了。

3. 选择题的作答

（1）**提示：**根据前述分析，在题目给出的二层平面图中，Ⓒ轴和Ⓔ轴明显没有设置柱子，Ⓒ轴如果不添加框架柱，将形成跨度大于 7000 的悬挑框架梁，结构非常不合理；Ⓔ轴如果不添加框架柱，Ⓓ～Ⓕ轴间将形成 11500 跨度的框架梁，这将无法满足题目给出的“框架梁高为跨度的 1/10，且Ⓓ～Ⓕ间框架梁高度不应大于 900”的条件。所以答案应该是 C。

（2）**提示：**Ⓐ～Ⓓ轴间（即Ⓒ轴上），需要增加的框架柱数量是 3 根，即Ⓒ轴分别与⑥、⑦、⑧轴相交处。所以答案应该是 B。

（3）**提示：**Ⓓ～Ⓕ轴间（即Ⓔ轴上），需要增加的框架柱数量是 9 根，即Ⓔ轴分别与①、②、③、④、⑤、⑥、⑦、⑧、⑨轴相交处；所以答案应该是 C。

（4）**提示：**根据题目给出的该建筑平面及建筑体型的条件，设置 1 道防震缝即可满足抗震设防要求。所以答案应该是 A。

（5）**提示：**根据题目给出的“布置防震缝，使本建筑形成两个平面及竖向均规则的抗侧力结构单元”的条件，选择设置在Ⓒ～Ⓓ轴间靠近Ⓓ轴处最为符合题意；所以答案应该是 C。

（6）**提示：**后浇带应布置在建筑体量较大的形体中部更为合理。所以答案应该是 C。

（7）**提示：**根据题意，“Ⓐ～Ⓒ轴间（不包括Ⓒ轴），在墙高超过 4.0m 的填充墙半高位置，或宽度大于 2000 的窗洞顶处布置截面为 200×300 的钢筋混凝土水平系梁（梁高应满足跨度 1/20 的要求）”。符合该条件的南北向的水平系梁数量是 3 根，即⑥轴上、⑦～⑧轴之间、⑧轴上各 1 根；所以答案应该是 A。

（8）**提示：**根据题意，“Ⓐ～Ⓒ轴间（不包括Ⓒ轴），在墙高超过 4.0m 的填充墙半高位置，或宽度大于 2000 的窗洞顶处布置截面为 200×300 的钢筋混凝土水平系梁（梁高应满足跨度 1/20 的要求）”。符合该条件的东西向水平系梁数量是 4 根，即Ⓐ轴上 2 根（此 2 根水平系梁虽在一条连续直线上，但两者的梁顶标高不同，根据题意应按 2 根计算）、Ⓐ～Ⓑ轴之间 1 根、Ⓑ轴上 1 根；所以答案应该是 C。

（9）**提示：**根据题意，“在水平系梁两端无法支承于结构柱的位置布置截面为 200×200 的构造柱，构造柱的布置应满足水平系梁梁高的要求”即“截面为 200×300 的钢筋混凝土水平系梁（梁高应满足跨度 1/20 的要求）”。经计算，满足条件的构造柱间距不能大于 6000。而本例中，⑥～⑦轴间距为 9000，需在Ⓐ轴窗间墙位置设置 1 根构造柱，以满足题目的条件要求；所以答案应该是 B。

（10）**提示：**根据题意，“Ⓐ～Ⓒ轴间（不包括Ⓒ轴），在水平系梁两端无法支承于结构柱的位置、长度超过 600 的墙体自由端以及墙体交接处，布置截面为 200×200 的构造柱。构造柱的布置应满足水平系梁梁高的要求”。符合该条件的构造柱的数量是 7 根，即符合“长度超过 600 的墙体自由端”条件的 3 根，符合“墙体交接处”条件的 4 根；所以答案应该是 D。

图 3-72 为本题结构布置平面图。

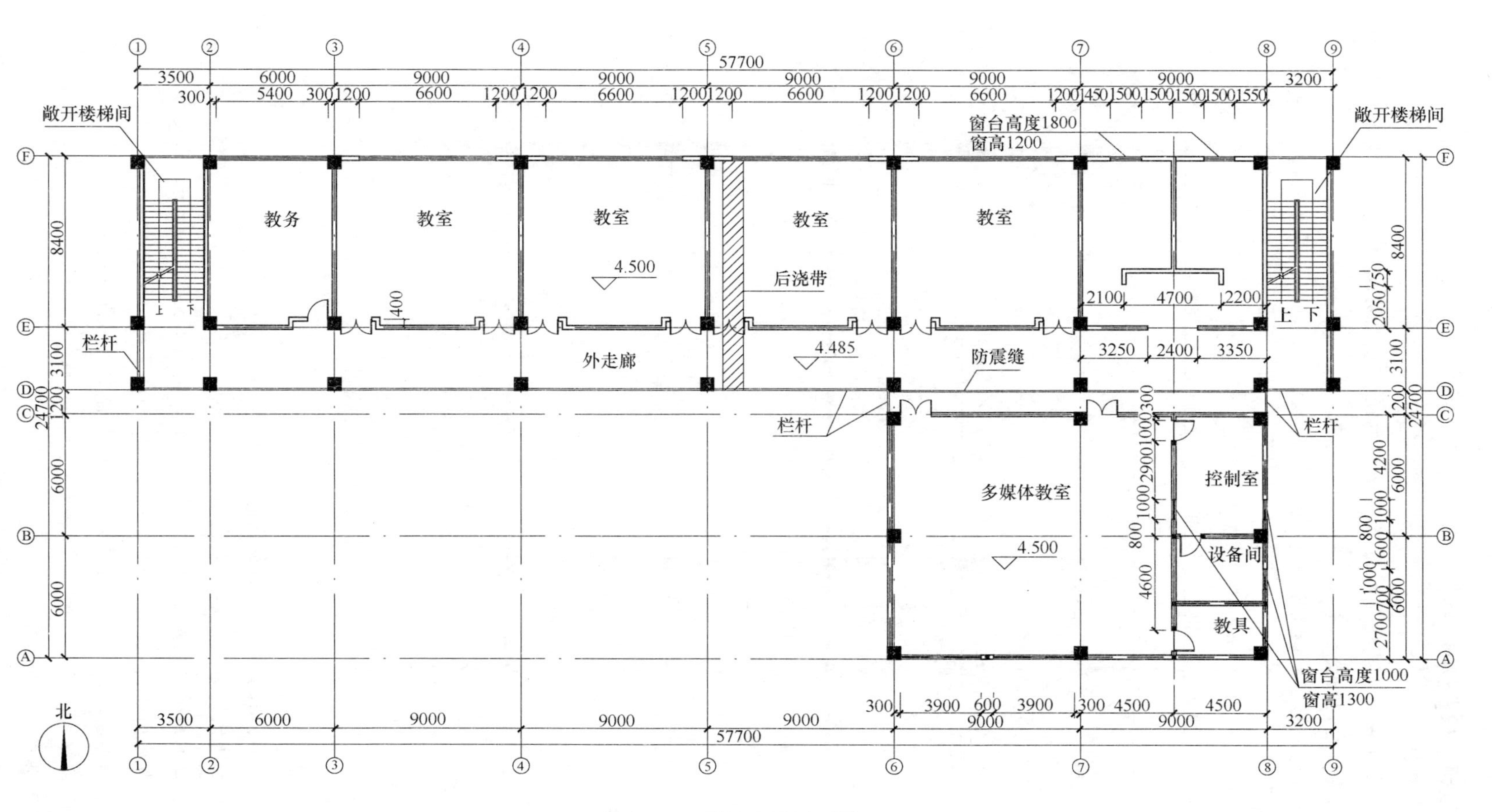

图 3-72　结构布置平面图

十二、【试题 3-12】(2017 年)

（一）任务描述

图 3-73 阴影部分为抗震设防烈度 6 度地区的既有多层办公楼局部，现需在其南向增建三层钢筋混凝土结构的会议中心。

在经济合理的前提下，按照设计条件、任务要求及图例，在图上完成增建建筑三层楼面的结构布置。

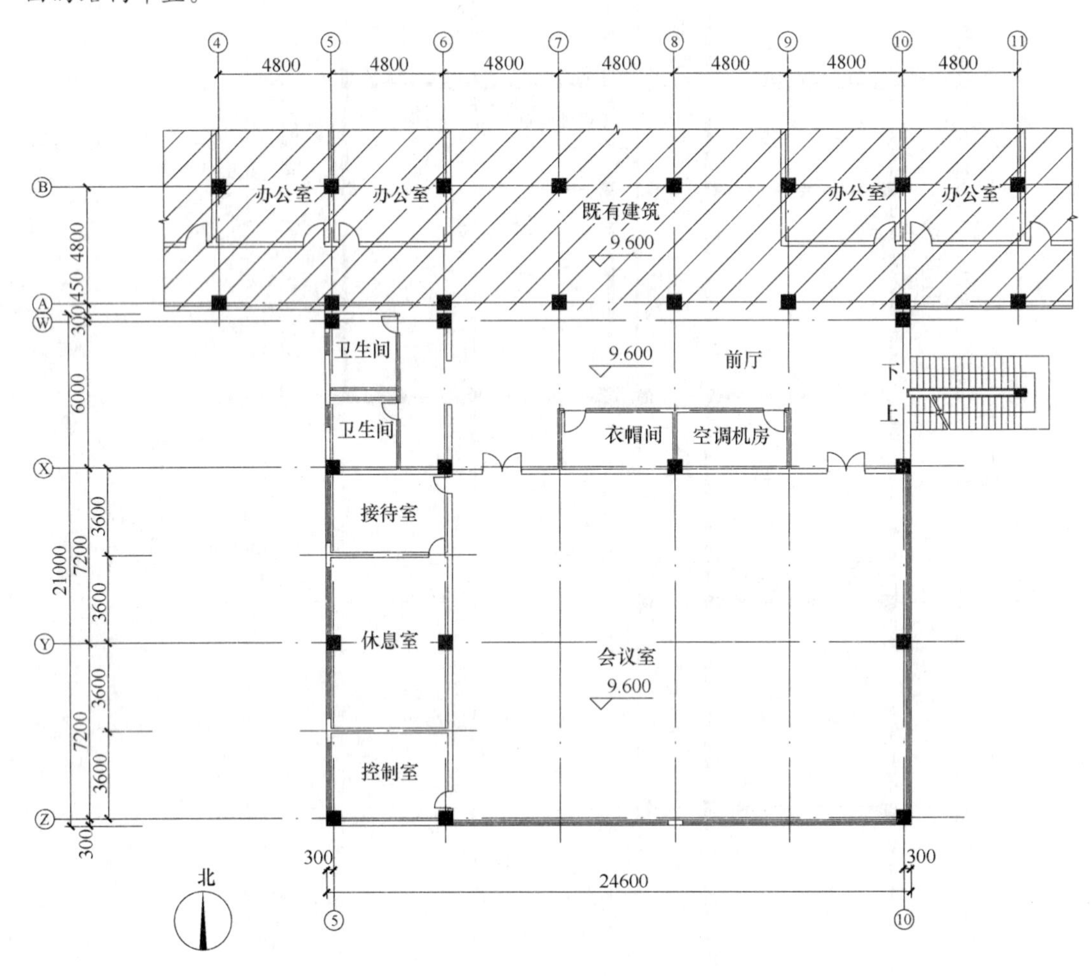

图 3-73　三层平面图

（二）设计条件

1. 会议中心二、三层平面布局相同，层高均为 4.8m。
2. 会议中心墙体均为砌体墙，应由结构梁支承。
3. 会议中心结构梁均采用普通钢筋混凝土梁，梁高不大于 800mm，正交布置。
4. 会议室内结构梁间距控制在 2000～3000mm，且双向相等。
5. 室外楼梯梯段及周边不设结构梁，楼梯平台中间不设结构梁。
6. 卫生间需结构降板 300mm，以满足同层排水要求。

（三）任务要求

1. 以数量最少的原则补充布置必要的结构柱。

2. 布置结构主、次梁。

3. 布置变形缝。

4. 布置室外楼梯的结构梁。

5. 按图例绘制降板区域。

6. 根据作图结果，先完成本题作图选择题的作答，再用 2B 铅笔填涂答题卡上的答案。

（四）图例（表 3-10）

表 3-10

名称		图例
结构柱		■
结构梁	主梁	——·——
	次梁	— — — —
降板区域		▩
变形缝		═══

（五）作图选择题（共 10 小题，每小题 2 分）

1. 需补充设置的结构柱数量最少为：

A 2　　B 4　　C 6　　D 8

2. Ⓦ～Ⓧ轴范围内的主梁数量为（含轴线处，多跨连续梁计为 1 根，不包括室外楼梯）：

A 4　　B 5　　C 6　　D 7

3. Ⓦ～Ⓧ轴范围内的次梁数量最少为（含轴线处，多跨连续梁计为 1 根，不包括室外楼梯）：

A 3　　B 4　　C 5　　D 6

4. Ⓧ～Ⓩ轴与⑤～⑥轴之间的主梁数量为（含轴线处，多跨连续梁计为 1 根）：

A 4　　B 5　　C 6　　D 7

5. Ⓧ～Ⓩ轴与⑤～⑥轴之间的次梁数量为（含轴线处，多跨连续梁计为 1 根）：

A 1　　B 2　　C 3　　D 4

6. 室外楼梯结构梁的数量最少为：

A 1　　B 3　　C 5　　D 7

7. ⑥～⑩轴与Ⓧ～Ⓩ轴之间（不含⑥、⑩、Ⓧ、Ⓩ轴线处），南北方向的结构梁数量为（多跨连续梁计为 1 根）：

A 5　　B 6　　C 7　　D 8

8. ⑥～⑩轴与Ⓧ～Ⓩ轴之间（不含⑥、⑩、Ⓧ、Ⓩ轴线处），东西方向的结构梁数量为（多跨连续梁计为 1 根）：

A 5　　B 6　　C 7　　D 8

9. 需设置变形缝的数量为：

A 0　　B 1　　C 2　　D 3

10. 需要降板的楼板数量最少为

A 1　　　　B 2　　　　C 3　　　　D 4

（六）解题要点

1. 认真审题，重点在于理解题目的所有条件

对本试题"（二）设计条件"中的6个条件具体分析如下：

（1）会议中心二、三层平面布局相同，层高均为4.8m。

题目要求在所给图上完成增建建筑三层楼面的结构布置，又强调"会议中心二、三层平面布局相同"，所以，按照题目所给三层平面图中的房间功能和墙体布置的情况去进行三层楼面的结构布置即可。

（2）会议中心墙体均为砌体墙，应由结构梁支承。

三层平面图中设置了墙体的地方均应布置结构梁。

（3）会议中心结构梁均采用普通钢筋混凝土梁，梁高不大于800mm，正交布置。

条件限定了应采用的普通钢筋混凝土梁的梁高不大于800mm，按一般梁的高跨比取1/12左右的标准，结构柱的间距不应大于9.6m。

（4）会议室内结构梁间距控制在2000～3000mm，且双向相等。

会议室中间不应设置柱子，所以14.4m×19.2m的空间应采用井字梁结构，本条要求"结构梁间距控制在2000～3000mm"，又要求梁间距"双向相等"；所以，取双向梁间距均为2400mm，刚好符合题目的所有要求。

（5）室外楼梯梯段及周边不设结构梁，楼梯平台中间不设结构梁。

本条明确给出了室外楼梯梯段及楼梯平台部分设置结构梁的限制条件，再根据三层平面图中室外楼梯处设置的结构柱的位置以及"作图选择题"中第6. 题，即可做出判断。

（6）卫生间需结构降板300mm，以满足同层排水要求。

2. 细心作图，重点在于满足题目的所有条件

一般来说，"结构选型与布置"的试题并没有真正意义上的作图，只要正确理解了题目的所有条件要求，并按照题目提供的图例进行标注，作图内容就完成了。

3. 选择题的作答

（1）**提示**：根据前述分析，本题结构柱的间距不应大于8m，会议室中间不能设置柱子。所以，需补充设置的结构柱数量最少为2个：一个柱子在Ⓦ轴与⑧轴相交处，另一个柱子在Ⓩ轴与⑧轴相交处。所以答案应该是A。

（2）**提示**：根据"含轴线处，多跨连续梁计为1根，不包括室外楼梯"的题意，Ⓦ～Ⓧ轴范围内的主梁数量为6根，分别是Ⓦ轴、Ⓧ轴、⑤轴、⑥轴、⑧轴、⑩轴。所以答案应该是C。

（3）**提示**：根据"含轴线处，多跨连续梁计为1根，不包括室外楼梯"以及"会议中心墙体均为砌体墙，应由结构梁支承"的题意，Ⓦ～Ⓧ轴范围内的次梁数量最少为6根，分别是⑦轴、⑨轴、⑤～⑥轴之间、⑦～⑨轴之间、卫生间的竖井上下两侧各有1根。所以答案应该是D。

（4）**提示**：根据"含轴线处，多跨连续梁计为1根"的题意，Ⓧ～Ⓩ轴与⑤～⑥轴之间的主梁数量为5根，分别是Ⓧ轴、Ⓨ轴、Ⓩ轴、⑤轴、⑥轴。所以答案应该是B。

（5）**提示：**根据“含轴线处，多跨连续梁计为 1 根”的题意，Ⓧ～Ⓩ轴与⑤～⑥轴之间的次梁数量为 2 根，分别是Ⓧ～Ⓨ轴之间、Ⓨ～Ⓩ轴之间。所以答案应该是 B。

（6）**提示：**根据“室外楼梯梯段及周边不设结构梁，楼梯平台中间不设结构梁”的题意，再根据三层平面图中给出的楼梯柱的位置，室外楼梯结构梁的数量最少为 1 根，即设在楼梯柱上（楼梯梯段与楼梯平台之间）。所以答案应该是 A。

（7）**提示：**根据“不含⑥、⑩、Ⓧ、Ⓩ轴线处，多跨连续梁计为 1 根”的题意，⑥～⑩轴与Ⓧ～Ⓩ轴之间南北方向的结构梁数量为 7 根，分别是⑥～⑦轴之间、⑦轴、⑦～⑧轴之间、⑧轴、⑧～⑨轴之间、⑨轴、⑨～⑩轴之间各 1 根。所以答案应该是 C。

（8）**提示：**根据“不含⑥、⑩、Ⓧ、Ⓩ轴线处，多跨连续梁计为 1 根”的题意，⑥～⑩轴与Ⓧ～Ⓩ轴之间东西方向的结构梁数量为 5 根，分别是Ⓧ～Ⓨ轴之间 2 根、Ⓨ轴 1 根、Ⓨ～Ⓩ轴之间 2 根。所以答案应该是 A。

（9）**提示：**只需在既有办公楼与增建会议中心之间设置一道变形缝即可满足规范要求。所以答案应该是 B。

（10）**提示：**根据功能分析，平面图中卫生间有用水要求，根据题意应降板。需要降板的楼板数量应以楼板周边结构梁的支承情况来判断，以前述卫生间区域结构梁的布置情况，需要降板的楼板应为 3 块（两个卫生间及前室各算 1 块）。所以答案应该是 C。

图 3-74 为本题结构布置平面图。

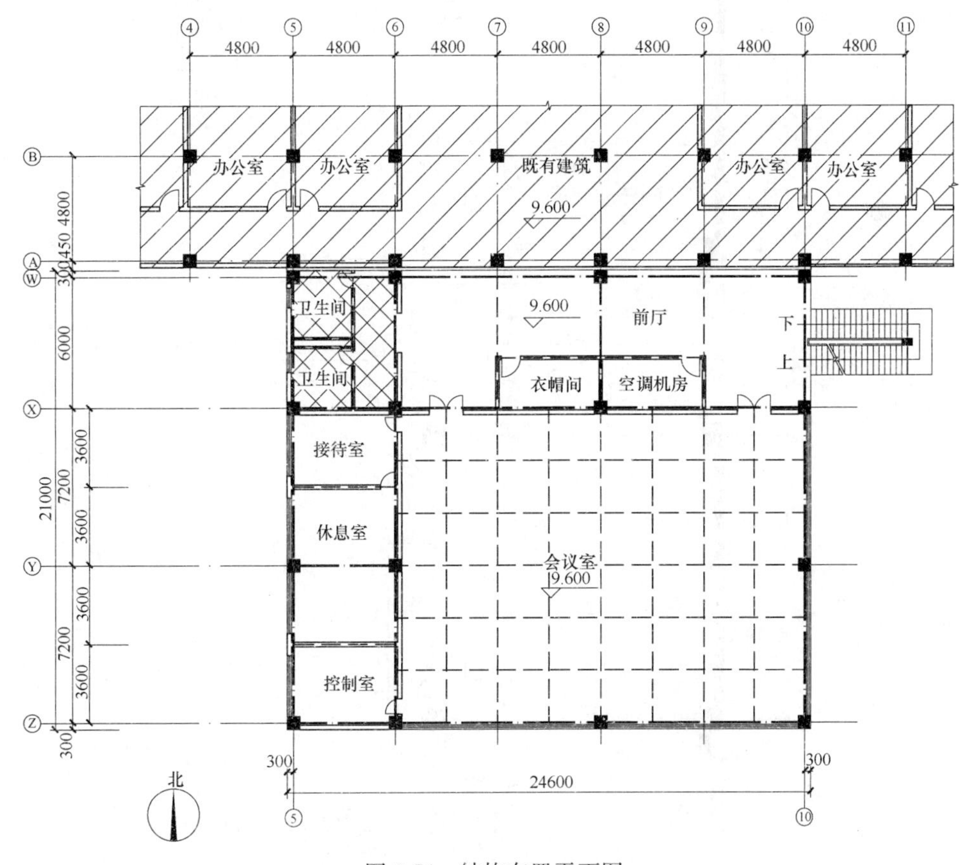

图 3-74　结构布置平面图

十三、【试题 3-13】(2018 年)

(一) 任务描述

图示为某 4 层办公楼的建筑局部平面图（图 3-75），以及未完成的标高−0.050 以上楼梯结构 1-1 剖面详图（图 3-76），采用现浇钢筋混凝土框架结构，玻璃幕墙通高，楼梯踏

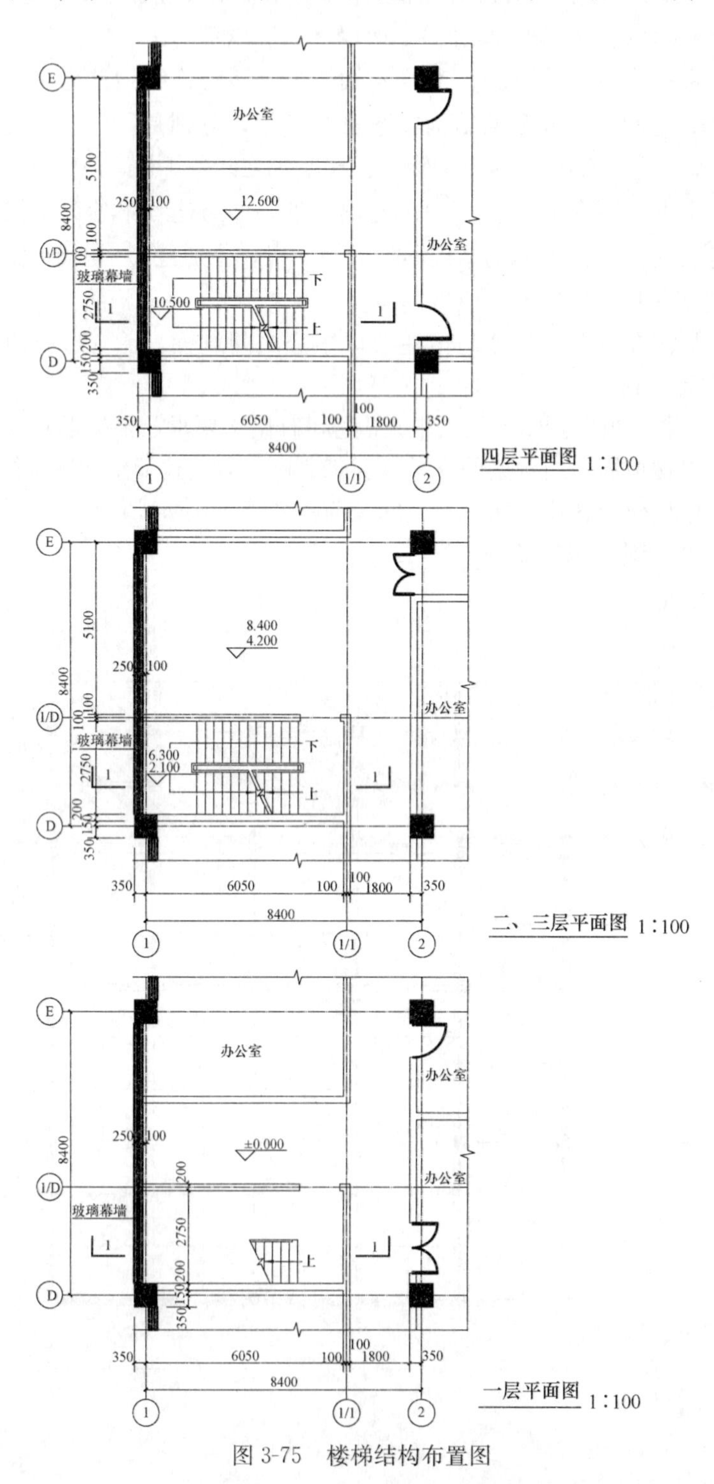

图 3-75 楼梯结构布置图

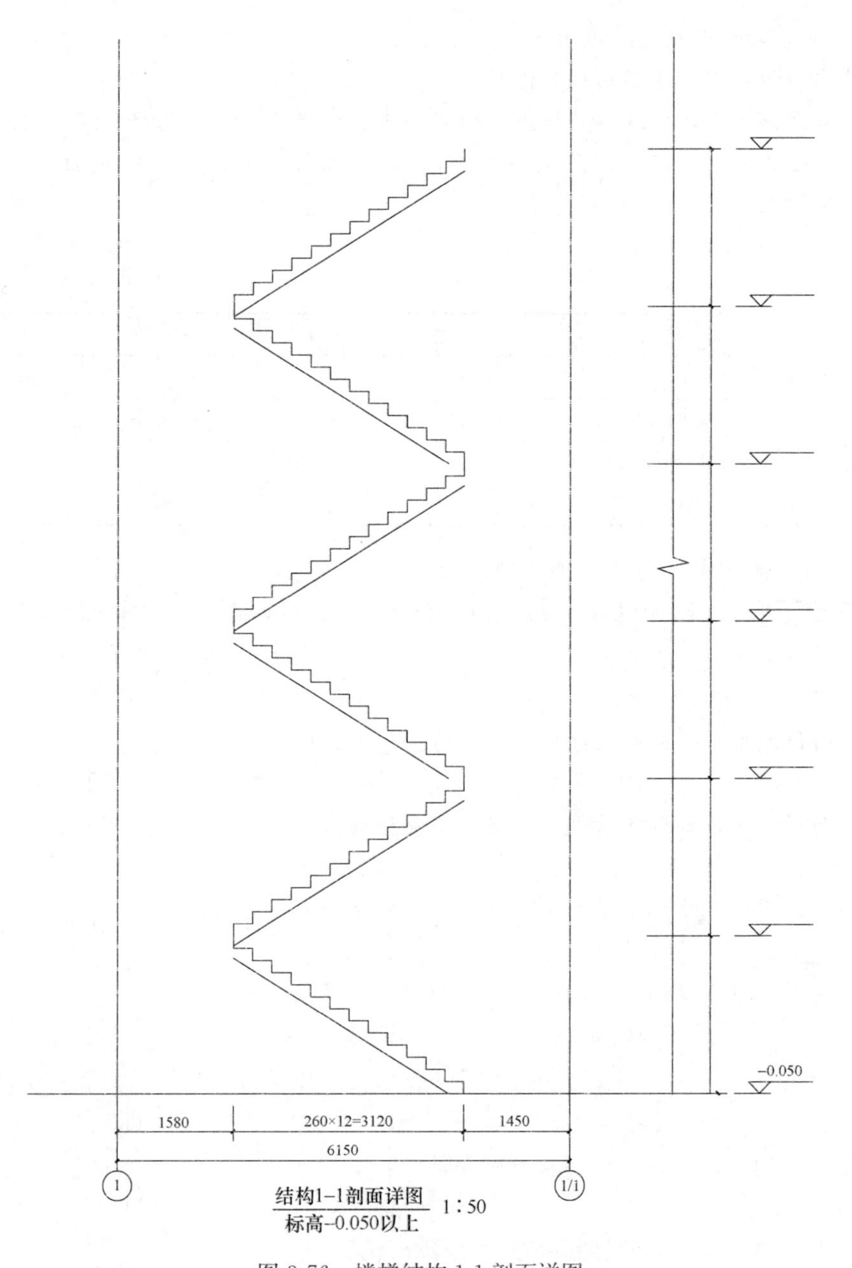

图 3-76　楼梯结构 1-1 剖面详图

步段为板式，其两端均以梯梁为支座，楼梯中间的平台板与框架柱连接，其两端均以梯梁为支座，剖面详图已给出楼梯踏步段位置，按照规范要求和经济合理原则完成结构布置。

（二）任务要求

在各层平面的楼梯间，楼梯结构 1-1 剖面详图上，完成以下任务：

1. 布置楼梯间的结构主梁和结构次梁，梁截面尺寸分别为 350×700，300×600，非主梁上的砌体墙由次梁支承。

2. 布置梯梁和梯柱，梁截面尺寸为 200×400，柱截面尺寸为 450×200。

3. 绘出剖到的楼板、楼梯踏步段和平台板。各层楼板厚 150，其楼面构造厚度为 50；

平台板厚100，其楼面构造厚度为30。

4. 结构剖面详图仅绘制结构构件。

5. 在剖面详图上，标注各层楼板和中间的平台板标高，并补全尺寸线上的尺寸。

6. 在剖面详图上，以"TL"标注梯梁，"TZ"标注梯柱，"PTB"标注平台板。

7. 根据作图结果，用2B铅笔填涂答题卡上选择题的答案。

（三）图例（表3-11）

表3-11

名 称	图 例
主梁	—·—·—
次梁	- - - - -
梯梁	---------
梯柱	▬

（四）选择题（共10小题，每小题2分）

1. 平面①轴与⑪轴，Ⓓ轴与ⒹⒹ轴之间（含轴线）二至四层结构需布置主梁的数量合计为：

A 3　　B 4　　C 6　　D 8

2. 剖面详图中，剖到的主梁数量合计为：

A 3　　B 6　　C 0　　D 2

3. 剖面详图中，剖到和看到的次梁（不含梯梁）数量为：

A 3　　B 4　　C 6　　D 8

4. 剖面详图中，楼梯中间的平台板处剖到的梯梁数量合计为：

A 3　　B 6　　C 9　　D 10

5. 剖面详图中，楼梯楼层的平台板处剖到的梯梁数量合计为：

A 6　　B 4　　C 3　　D 2

6. 平面①轴与⑪轴，Ⓓ轴与ⒹⒹ轴之间（含轴线）各层需布置梯柱的数量合计为：

A 12　　B 9　　C 8　　D 6

7. 剖面详图中，应绘出的梯柱数量合计为：

A 4　　B 8　　C 3　　D 6

8. 剖面详图中，剖到的楼梯踏步段数量合计为：

A 3　　B 4　　C 5　　D 6

9. 剖面详图中，剖到的平台板数量合计为：

A 7　　B 6　　C 4　　D 3

10. 四层平面图中，①轴右侧中间的平台板结构标高为：

A 10.400　　B 10.450　　C 10.470　　D 10.500

（五）解题分析

1. 认真审题，重点在于理解题目的所有条件

"结构选型与布置"的试题，相对于建筑专业的两道试题（"建筑剖面"与"建筑构造"）来说，能由考生来设计确定的内容就更少了。所以，认真审题，认真理解题目的每

一个细节要求，并按照要求去做，就可以了。

本试题题目中的每个条件一定要认真理解，严格满足这些条件，我们来对每一个条件作具体分析。

① 在（一）任务描述中，要求“采用现浇钢筋混凝土框架结构”“楼梯踏步段为板式，其两端均以梯梁为支座，楼梯中间的平台板与框架柱连接，其两端均以梯梁为支座”。

② 在（二）任务要求中，要求“布置楼梯间的结构主梁和结构次梁，非主梁上的砌体墙由次梁支承”“布置梯梁和梯柱”“绘出剖到的楼板、楼梯踏步段和平台板”，标注标高、尺寸和构件代号。

2. 细心作图，重点在于满足题目的所有条件

本题对各结构构件布置的要求清晰明确，细心审题，认真作答就可以了。

3. 选择题的作答

（1）**提示：** 在平面①轴与⑴⁄₁轴，Ⓓ轴与⑴⁄D轴之间（含轴线），①轴和Ⓓ轴应布置主梁，则二至四层结构需布置主梁的数量为 2×3＝6。所以答案应该是 C。

（2）**提示：** 设有主梁的①轴和Ⓓ轴，只有①轴被剖到，则二至四层剖到的主梁数量为 1×3＝3。所以答案应该是 A。

（3）**提示：** 在平面①轴与⑴⁄₁轴，Ⓓ轴与⑴⁄D轴之间（含轴线），⑴⁄₁轴和⑴⁄D轴应布置次梁，则二至四层结构需布置次梁的数量为 2×3＝6，⑴⁄₁轴次梁被剖到，⑴⁄D轴次梁可看到。所以答案应该是 C。

（4）**提示：** 题目要求“楼梯中间的平台板与框架柱连接，其两端均以梯梁为支座”，则一至三层该处剖到的梯梁数量合计应为 2×3＝6。所以答案应该是 B。

（5）**提示：** 楼梯楼层的平台板，左侧支座为梯梁，右侧支座为次梁，则二至四层该处剖到的梯梁数量合计应为 1×3＝3。所以答案应该是 C。

（6）**提示：** 楼梯中间平台板处两端的梯梁均应有梯柱支承，所以，一至三层每层应设置 4 根梯柱，由于①轴与Ⓓ轴相交处可以由框架柱代替梯柱支承梯梁，所以，实际每层应设置 3 根梯柱即可，即该处一至三层需布置梯柱的数量合计为 3×3＝9。所以答案应该是 B。

（7）**提示：** 根据剖面图的剖切位置及剖视方向，只有每层⑴⁄D轴上的 2 根梯柱可以看到需要绘出，则一至三层应绘出的梯柱数量合计为 2×3＝6。所以答案应该是 D。

（8）**提示：** 双跑平行式楼梯每层均剖到 1 跑楼梯踏步段，则剖到的楼梯踏步段数量合计应为 1×3＝3。所以答案应该是 A。

（9）**提示：** 一至四层各有 3 块中间平台板和 3 块楼层平台板，则剖到的平台板数量合计应为 2×3＝6。所以答案应该是 B。

（10）**提示：** 四层平面图中，①轴右侧中间的平台板建筑标高为 10.500，题目规定“平台板厚 100，其楼面构造厚度为 30”，平台板结构标高应为 10.500－0.030＝10.470。所以答案应该是 C。

4. 作图题参考答案

图 3-77 为本题结构平面布置图，图 3-78 为本题结构 1-1 剖面详图。

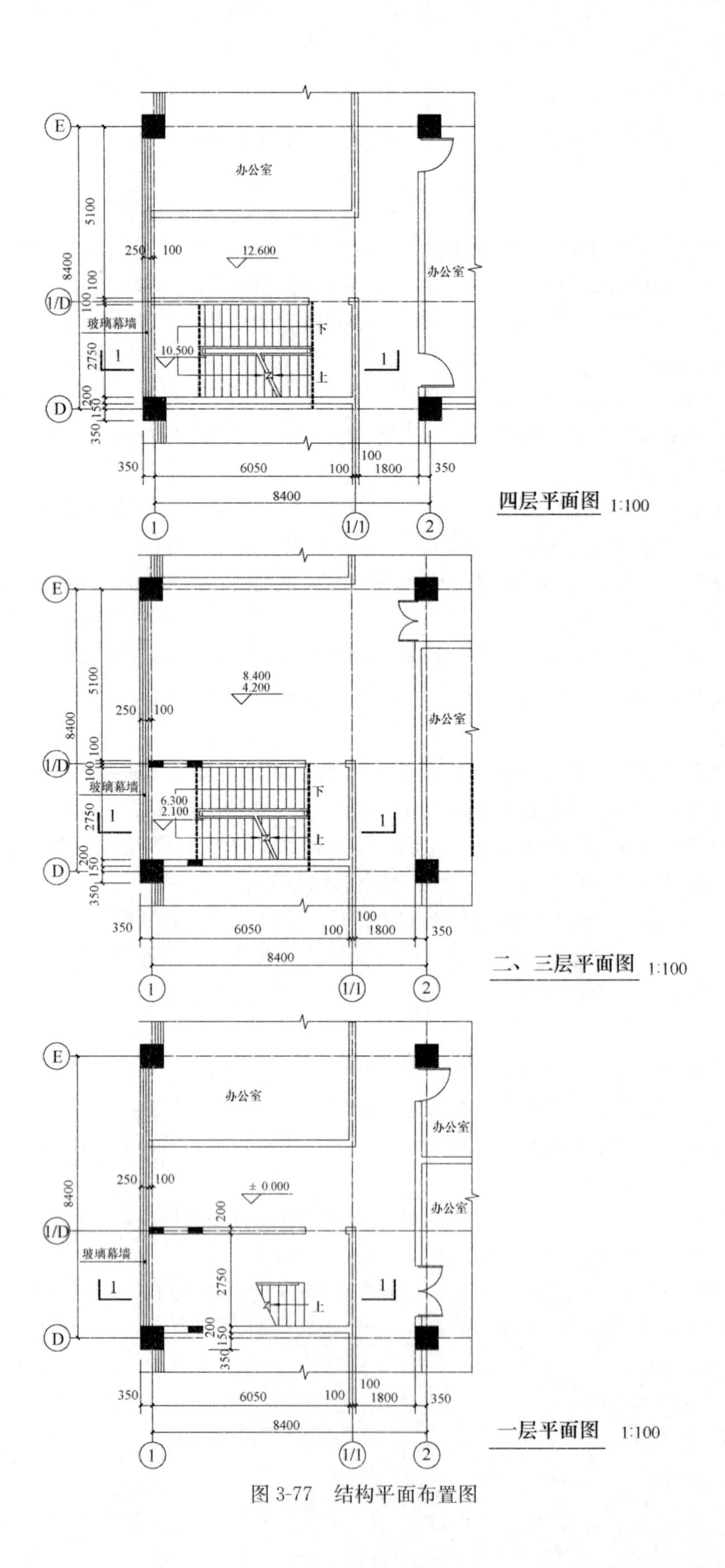

图 3-77 结构平面布置图

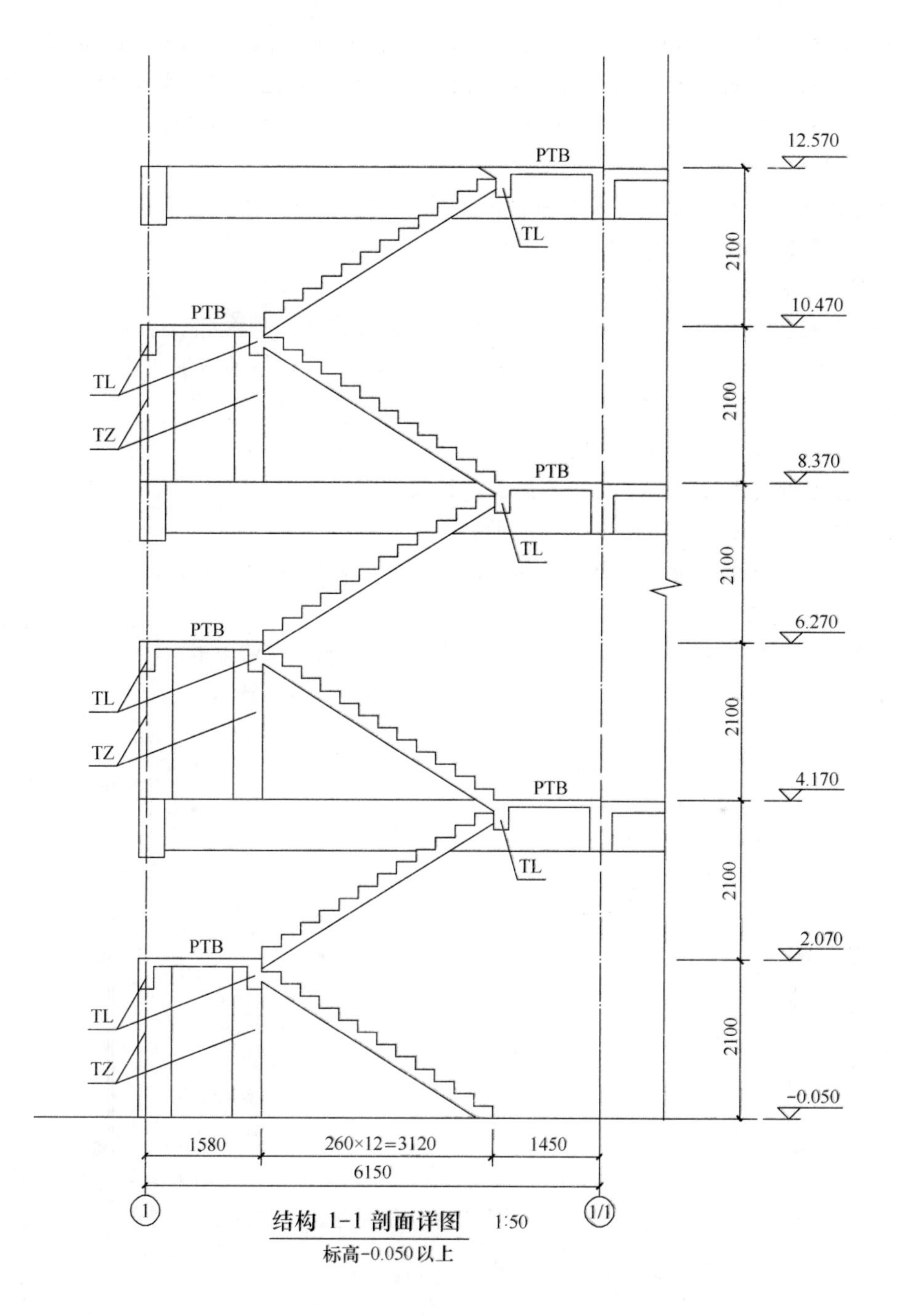

图 3-78　结构 1-1 剖面详图

十四、【试题 3-14】（2019 年）

（一）任务描述

南方某工业园需在两幢已建研发楼之间，建造一座自成结构体系的钢筋混凝土过街天桥。图 3-79 为过街天桥的首层和二层平面图，根据现行规范、任务要求和图例，以经济合理、结构安全的原则，在二层平面图上完成过街天桥的结构平面布置。

（二）任务要求

1. 完善结构柱的布置，布置原则为不影响机动车道的净宽，同时，人行道南北向通行净宽不小于 4.0m，此范围内，不应出现柱子。

2. 布置结构梁，并满足以下要求：

（1）悬挑梁梁高按水平跨度的 1/6 计算，其余结构梁梁高按水平跨度的 1/15 计算。

（2）天桥板（包括截水沟底板）和楼梯板均由梁支承，梁的布置应简洁、经济，不采用悬挑板。

（3）楼梯基础和地梁不在本图表示。

（4）按图例要求标注水平梁、悬挑梁、折梁和斜梁。

（5）机动车道通行净高应不小于 5.1m。

（6）人行道通行净高应不小于 2.3m。

3. 布置必要的变形缝。

4. 根据作图结果，用 2B 铅笔填涂答题卡上第 21～30 题的答案。

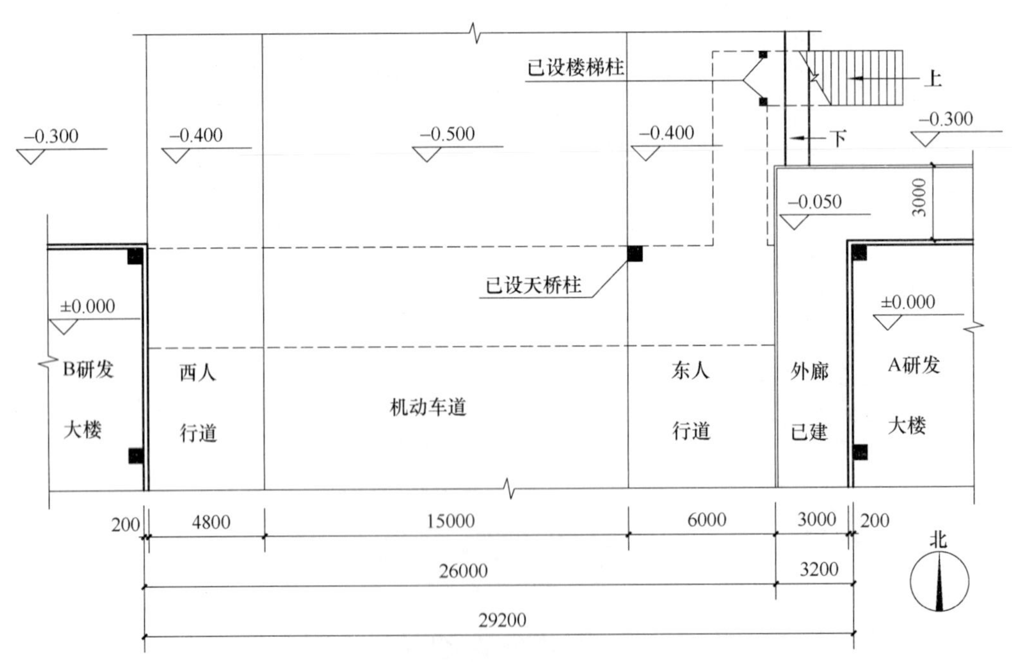

图 3-79　过街天桥的首层和二层平面图（一）

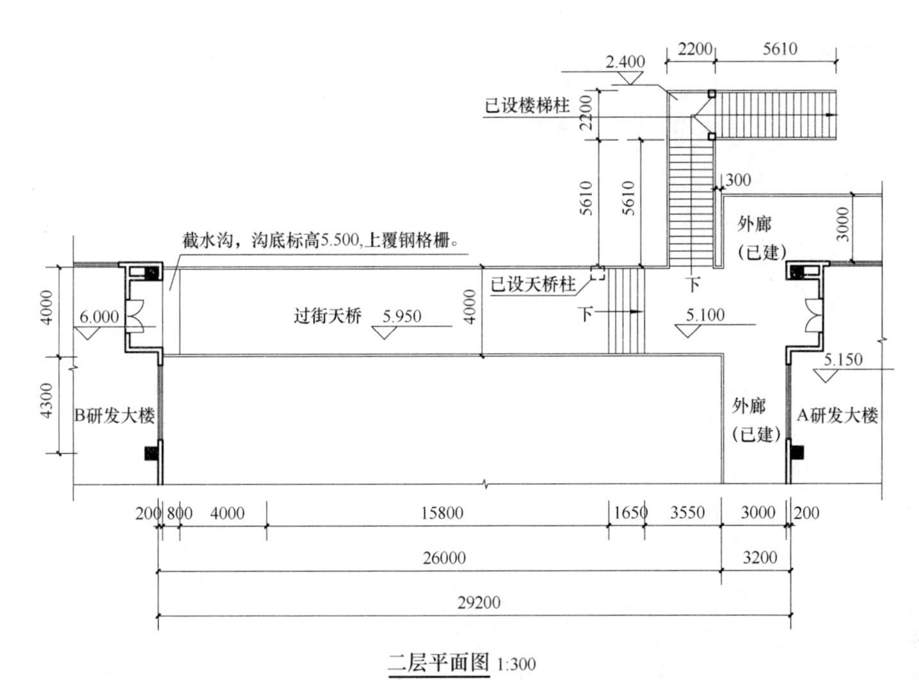

二层平面图 1:300

图 3-79　过街天桥的首层和二层平面图（二）

（三）图例（表 3-12）

表 3-12

名称	图例
天桥柱	600 600
楼梯柱	300 300
水平梁	L
挑梁	BL
折梁	ZL
斜梁	XL
变形缝	

（四）选择题（共 10 小题，每小题 2 分）

1. 位于东人行道的天桥柱的总数是：

A　1　　　B　2　　　C　4　　　D　6

2. 位于西人行道的天桥柱的总数是：

A　1　　　B　2　　　C　3　　　D　4

3. 需增加的楼梯柱数量是：

A　0　　　B　1　　　C　2　　　D　3

4. 机动车道上空东西向水平梁（L）的最少数量是：

A　1　　　B　2　　　C　3　　　D　4

5. 天桥南北向水平梁（L）的最少数量是：

A 1　　B 3　　C 5　　D 7

6. 2.400 标高处的水平梁（L）的数量是：

A 2　　B 3　　C 4　　D 5

7. 悬挑梁（BL）的总数是：

A 1　　B 2　　C 3　　D 4

8. 折梁（ZL）的数量是：

A 4　　B 3　　C 2　　D 1

9. 斜梁（XL）的数量是：

A 1　　B 2　　C 3　　D 4

10. 变形缝的数量是：

A 1　　B 2　　C 3　　D 4

（五）解题要点

1. 认真审题，重点在于理解题目的所有条件

“结构选型与布置”的试题，相对于建筑专业的两道试题（“建筑剖面”与“建筑构造”）来说，能由考生来设计确定的内容就更少了。所以，认真审题，认真理解题目的每一个细节要求，并按照要求去做，就可以了。

本试题“（二）任务要求”中的每个条件一定要认真理解，严格满足这些条件，我们来对每一个条件作一个具体分析。

（1）柱子的布置

题目要求完善结构柱的布置，布置原则为不影响机动车道的净宽，同时，人行道南北向通行净宽不小于 4.0m，此范围内，不应出现柱子。

提示：根据题目所给的平面图可知，15m 宽的机动车道内不能出现柱子，而东、西两侧的人行道如果出现柱子，则应确保 4.0m 的净宽要求。

（2）梁板的布置

题目要求布置结构梁，并满足以下要求：

1）悬挑梁梁高按水平跨度的 1/6 计算，其余结构梁梁高按水平跨度的 1/15 计算。

2）天桥板（包括截水沟底板）和楼梯板均由梁支承，梁的布置应简洁、经济，不采用悬挑板。

3）楼梯基础和地梁不在本图表示。

4）机动车道通行净高应不小于 5.1m。

5）人行道通行净高应不小于 2.3m。

提示：根据题目的要求，在满足各种梁的高跨比的前提下，结合柱子布置的结果，满足机动车道和人行道的通行净高要求。

（3）变形缝的布置

题目要求布置必要的变形缝

提示：显然，在原有两幢已建研发楼与新建的钢筋混凝土过街天桥之间设置变形缝是最合理的。

2. 细心作图，重点在于满足题目的所有条件

一般来说，“结构选型与布置”的试题并没有真正意义上的设计和作图，只要正确理解了题目的所有条件要求，并按照题目提供的图例进行标注，作图的内容就完成了。

需要特别强调的，还是认真审题的问题。题目的条件可能分散在题目文字和平面图的各个部分，甚至在“作图选择题”中也会有很多正确答案的信息，这些都是正确答案的必要条件，不能有任何遗漏和错误的理解，否则，答案就可能离题万里，无法得分。

3. 选择题的作答

（1）**提示：**位于东人行道的天桥柱的总数应该是 4 个。东人行道题目已设一个天桥柱，在其南侧对应位置设一个天桥柱是合理的。是否应该在东侧再加两个柱子呢？从两个角度分析应该加，如果不加柱子，第一，此处梁需要悬挑 5.4m，而且是悬挑折梁；第二，此悬挑折梁还需要承受楼梯梁板传来的荷载，不够经济合理。所以此处应该增加两个柱子。所以答案应该是 C。

（2）**提示：**位于西人行道的天桥柱的总数应该是 2 个。西人行道宽度只有 4.8m，题目给的柱宽 0.6m，为了保证人行道 4m 的净宽，这里只能加一列柱 2 个。进一步要确定的是，这一列柱是加到人行道最西侧，还是加到人行道最东侧。如果加到人行道最西侧，显然天桥梁的跨度比较大，根据题目条件计算一下，结构梁梁高按水平跨度的 1/15 计算，(15.0＋4.2)/15＝1.28m，题目要求满足机动车道净高 5.1m 的要求，通过计算，梁高以截水沟底标高 5.5m 为准，(5.5＋0.5)－1.28＝4.72m，不满足 5.1m 的净高要求。所以，把柱子加到人行道最东侧是合理的，这时形成悬挑梁，但通过简单计算足以满足人行道通行净高 2.3m 的要求。所以答案应该是 B。

（3）**提示：**需增加的楼梯柱数量应该是 0 个。在题目原有的 2 个楼梯柱情况下，如果在平台西侧再加 2 个楼梯柱，必然使人行道需要 4m 的通行净宽这个条件不能满足。所以这 2 个柱子不能加，楼梯平台可以做悬挑梁。所以答案应该是 A。

（4）**提示：**机动车道上空东西向水平梁（L）的最少数量应该是 2 根。根据题目条件“天桥板（包括截水沟底板）和楼梯板均由梁支承、梁的布置应简洁、经济，不采用悬挑板”，必须设 2 根梁才能避免采用悬挑板。所以答案应该是 B。

（5）**提示：**天桥南北向水平梁（L）的最少数量应该是 5 根。同样根据题目条件“天桥板（包括截水沟底板）和楼梯板均由梁支承、梁的布置应简洁、经济，不采用悬挑板”，截水沟东、西两侧应设 2 根水平梁，6 个天桥柱处应设 3 根水平梁，共 5 根。所以答案应该是 C。

（6）**提示：**2.400 标高处的水平梁（L）的数量应该是 2 根。此标高处为楼梯休息平台，其中南北向的两条为水平梁，东西向的两条为悬挑梁。所以答案应该是 A。

（7）**提示：**悬挑梁（BL）的总数应该是 4 根。此题答案应该很明显，西侧人行道处的天桥柱设 2 根悬挑梁，楼梯柱设 2 根悬挑梁，共 4 根。所以答案应该是 D。

（8）**提示：**折梁（ZL）的数量是 2 根。根据柱子设置的位置以及天桥各处的标高关系，东人行道上部天桥应设置 2 根折梁。所以答案应该是 C。

（9）**提示：**斜梁（XL）的数量应该是 4 根。显然的是，2 跑楼梯段应各设置 2 根斜梁。所以答案应该是 D。

（10）**提示：**变形缝的数量应该是 2 道。显然，在原有两幢已建研发楼与新建的钢筋混凝土过街天桥之间设置变形缝是最为合理的。所以答案应该是 B。

图 3-80 为本题结构布置平面图。

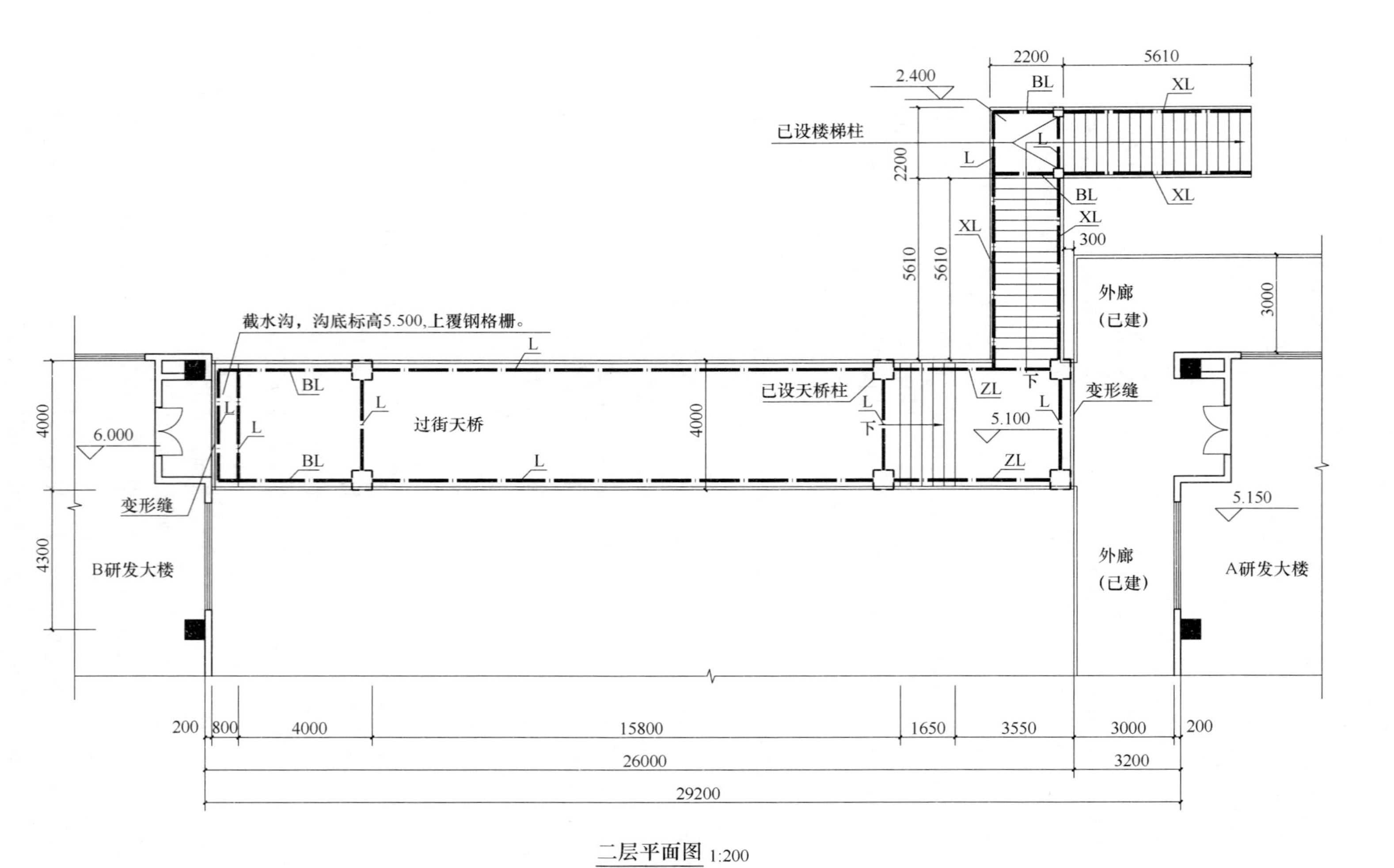

图 3-80 结构布置平面图

第四章　建　筑　设　备

第一节　考试大纲的基本要求

一、考试大纲

（一）考试大纲内容

考试大纲对建筑技术设计（作图）的要求为："检验应试者在建筑技术方面的实践能力，对试题能做出符合要求的答案，包括……机电设备及管道系统……并符合法规规范。"

（二）各专业系统包括内容

建筑设备（其中电气部分见另外章节）有以下几个系统：

1. 供暖系统

包括分户热计量装置、室温控制装置、供暖管道、散热器（或地板供暖加热管）等。

2. 通风系统

包括通风送风管、通风回风管、防火阀、通风送风口、通风回风口等。

3. 空调系统

包括空调机（空气处理机）、风机盘管、空调供水管、空调回水管、空调凝水管、空调送风管、空调回风管、防火阀、空调送风口、空调回风口等。

4. 防排烟系统

防烟系统包括防烟加压送风机、防烟加压送风口、防烟加压送风竖井等；排烟系统包括排烟风机、排烟口、排烟竖井等。

5. 给排水系统

给水系统包括给水管、给水管附件、阀门等；排水系统包括排水管、排水管附件、地漏、检查口、三通、存水弯等。

6. 消火栓系统

包括消火栓、消防给水管、消防给水管环管等。

7. 自动喷水灭火系统

包括水流指示器、喷头、喷淋给水管等。

二、试题题型

（一）试题涉及专业内容

机电设备试题包括给排水、暖通空调、电气三个专业，一般考题涉及三个专业的综合内容或只涉及三个专业的消防内容。偶有考题只涉及三个专业中的其中两个专业综合内容或只有一个专业的内容。

（二）试题作业内容

建筑技术设计（作图）中的建筑设备试题包括两部分内容：第一部分为作图，第二部分为填空选择题。

（三）试题格式

1. 作图部分

1）任务书

任务书一般包括三个标题：任务描述、任务要求、图例。

2）试题附图

一般给出一份平面图，必要时附有剖面图。作图时在平、剖面图上直接布置建筑设备和管道系统。

2. 选择题部分

1）填空回答选择题

选择题为作图题任务要求中的一部分考核内容，根据作图的结果在备选项中选出对应选项，将该选项的字母（A、B、C、D）在试卷上用绘图笔填空作答，选项与作图结果应一致。每题的四个备选项中只有一个正确答案，正确答案就是作图的一部分正确结果（不一定是全部结果）。

2）涂黑答题卡

试卷上填空作答后，还必须涂黑答题卡。按题号在答题卡上将该题所选选项对应的字母用 2 B 铅笔涂黑，以便机读判分。

三、评分标准

（一）评分程序

建筑技术设计（作图）的评分，第一步先机读答题卡，如果未超过一定的分数，不再用人工对作图判分，视为未通过；只有超过一定的分数，才取得对作图进行人工判分的资格。

（二）评分标准

评分按任务要求中提到的逐项进行，每一项就是一个考核点，考核点就是选择题的题目。所以评分围绕选择题进行。但选择题正确只代表基本内容正确，并不代表作图完全正确，因为选择题只能考核作图题布置要求中某方面的考核内容。比如布置要求中要求布置防烟加压送风竖井和风口，选择题只能考核布置几个竖井、几个风口、竖井面积，或给何部位送风等，判作图正确要以上几方面甚至图例、送风箭头等都是对的才算正确。再比如布置要求中要求布置自动喷水灭火喷头，选择题只能考核布置几个喷头、在何处布置，或喷头间距等。

第二节　应　试　技　巧

建筑设备这门课程在建筑学专业中只是一门技术基础课，只简单介绍了工作原理，要想在建筑技术设计（作图）应试中熟练掌握，还要靠继续学习设备专业知识和在设计工作实践中与设备专业的配合、互提资料、对图、汇总、会签中学习。有些建筑师有一定的设备专业知识且有实践经验，但对考试方式不适应，也不能发挥应有的水平。因此，还需学习一些应试技巧，才能更好地发挥水平。

一、审题方法

在任务书的三个标题：任务描述、任务要求和图例中，任务要求最重要。

（一）任务描述

描述建筑物性质、高度、用途等，提醒应试者执行的规范、规程、标准等。比如防火规范需执行《建筑设计防火规范》GB 50016—2014（2018年版）；又比如专业规范，是执行《民用建筑供暖通风与空气调节设计规范》GB 50736—2012还是《建筑给水排水设计标准》GB 50015—2019等[①]。

任务描述中规定了作图涉及的专业，提醒应试者作图涉及的专业和内容，使应试者心中有数。

（二）任务要求

任务要求中规定了各专业的具体要求，提醒应试者作图时要按此要求去做。比如空调部分，规定了在哪个部位设空调；又比如消火栓部分，规定了仅考虑走道，还是走道或房间，还是走道和房间都考虑；又比如喷淋部分，规定了建筑物的性质、高度和用途等。

任务要求中规定了各专业的具体作图条件：提醒应试者要按给定条件作图。比如空调部分，规定此部位设全空气空调还是风机盘管加新风，哪个房间设几台风机盘管，风机盘管带不带回风口等；又比如排烟部分，规定竖井的面积；消火栓部分，规定可否嵌入墙内；喷淋部分，规定喷头间距等。

任务要求中规定了各专业的具体作图内容：提醒应试者作图时逐条、逐个按考核点绘制。如布置要求有不明确的内容，可对照选择题一一确定，因为评分以选择题为核心进行，或者说选择题及其拓展内容就是作图内容。

（三）图例

作图时要以此为依据，即使制图标准、教材等与之不同，也要按图例绘制，否则将影响得分。使用图例时要注意正确的画法和方向等。

二、解题方法

（一）作图内容

通过认真审题，应尽快确定作图内容。为了准确无误，不耽误作图时间，可将给排水、暖通空调、电气三个专业的作图内容列一个表，作图时逐一落实。

（二）灵活运用所掌握的专业知识和设计要点

考题每年都是新的建筑类型和作图方式，几乎从未出现过重复类型。不管建筑类型怎样变化，建筑设备专业知识是相同的。常规试题可运用专业知识和设计要点来作图，非常规试题只能凭借平时的知识积累来完成。

（三）要有三个专业的全局观念

如题目要求图面上绘制三个专业的内容，需统一安排，使每个专业都能表达清楚，不要因为不同专业内容的重叠，而影响判分。

三、把握时间

评分程序第一节已经介绍过，答题卡得分决定是否取得人工判分的资格。即使作图、

---

① 本章所涉及标准、规范在首次出现时标注国标号和年号（版号），后文仅出现标准、规范的名称。未特别说明的均为现行的规范、标准。

选择题完全正确，答题卡未涂黑，也不再进行人工判分，视为此题未通过。所以，作图时宜根据临场情况，合理安排时间。假如交卷时间将到，作图内容未完，但完成了足够的量且完成的部分正确，应停止作图，将完成的作图内容在试卷上填空并涂黑答题卡，或许还有通过考试的希望。

第三节　设　计　要　点

一、供暖设计要点（图 4-1）

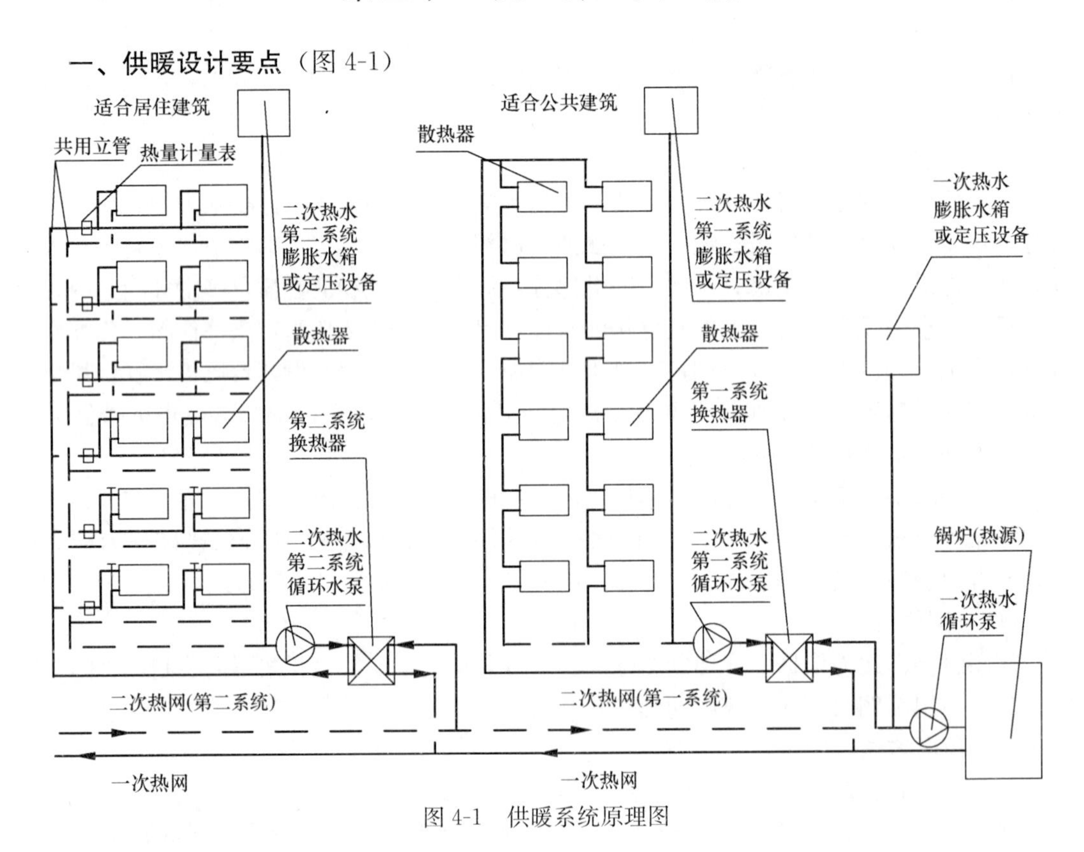

图 4-1　供暖系统原理图

（一）住宅散热器供暖

住宅热水集中供暖应设置分户热计量（热量表）和室温控制装置（恒温阀）。对住宅内的公共用房和公共空间，应单独设置供暖，宜设置热计量装置。

（二）住宅散热器供暖分户热计量

热水集中供暖系统分户热计量采用热量表时，应符合下列要求：

1）应采用共用立管的分户独立循环水平双管系统。

2）户用热量表的流量传感器宜安装在回水管上。

3）共用立管和入户装置宜设于管道间内，管道间宜设于户外公共空间。

（三）住宅散热器供暖室温控制装置（图 4-2）

水平双管系统每组散热器供水管上设高阻力恒温控制阀。

二、通风设计要点

（一）卫生间通风

卫生间通风只设排风，排风机或排风口尽量布置在大便器的上方。要考虑进风通

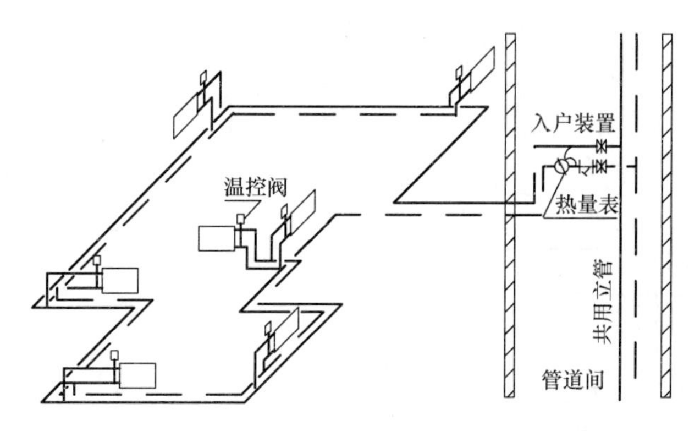

图 4-2　供暖分户热计量和室温控制原理图

路，如门上开百叶、门下留缝隙、开窗等。排风口尽量远离门口，使进风尽量流经整个房间。

（二）设备房通风

设备房通风设送风、排风。

（三）地下汽车库通风排烟

地下汽车库防火分区最大允许建筑面积 2000m²，有自动喷水灭火系统时可增至 4000m²。地下汽车库防烟分区 2000m²。

地下汽车库通风送风量为 5 次/h，排风量为 6 次/h。排风时宜可变风量。上部地带排风 1/3～1/2，下部地带排风 1/2～2/3（为排除比空气重的汽车尾气）。

地下汽车库建筑面积超过 2000m²，应设机械排烟系统。排烟量为 6 次/h，排烟时送风量不小于排烟量的 50%（3 次/h）。

三、空调设计要点

（一）集中空调系统原理（图 4-3）

集中空调系统一般分为风机盘管加新风空调系统和全空气空调系统。

1. 集中空调系统定义、适用条件

(1) 风机盘管加新风空调系统（图 4-4）

室内冷（热）负荷由水和空气共同负担的空调系统，叫风机盘管加新风空调系统。风机盘管担负室内冷（热）负荷（包括夏季除湿负荷），新风担负自身的冷（热）负荷（包括冬季加湿负荷）。多联机室内机相当于风机盘管。

风机盘管加新风空调系统适用于建筑层高较低，空调区较多且各区温度要求独立控制的建筑。典型工程如：客房、写字楼等。

(2) 全空气空调系统（图 4-5）

室内冷（热）负荷（包括新风的冷、热负荷）全部由空气负担的空调系统，叫全空气空调系统。全空气空调系统适用于建筑空间较大，人员较多的建筑。典型工程如：体育馆、影剧院等。

2. 关于新风

风机盘管加新风空调系统的新风是把室外空气经过加热、冷却、加湿、过滤等处理后单独送入每个房间，每个房间同时设排风（有时排风采用门上开百叶，门下留缝隙等）。

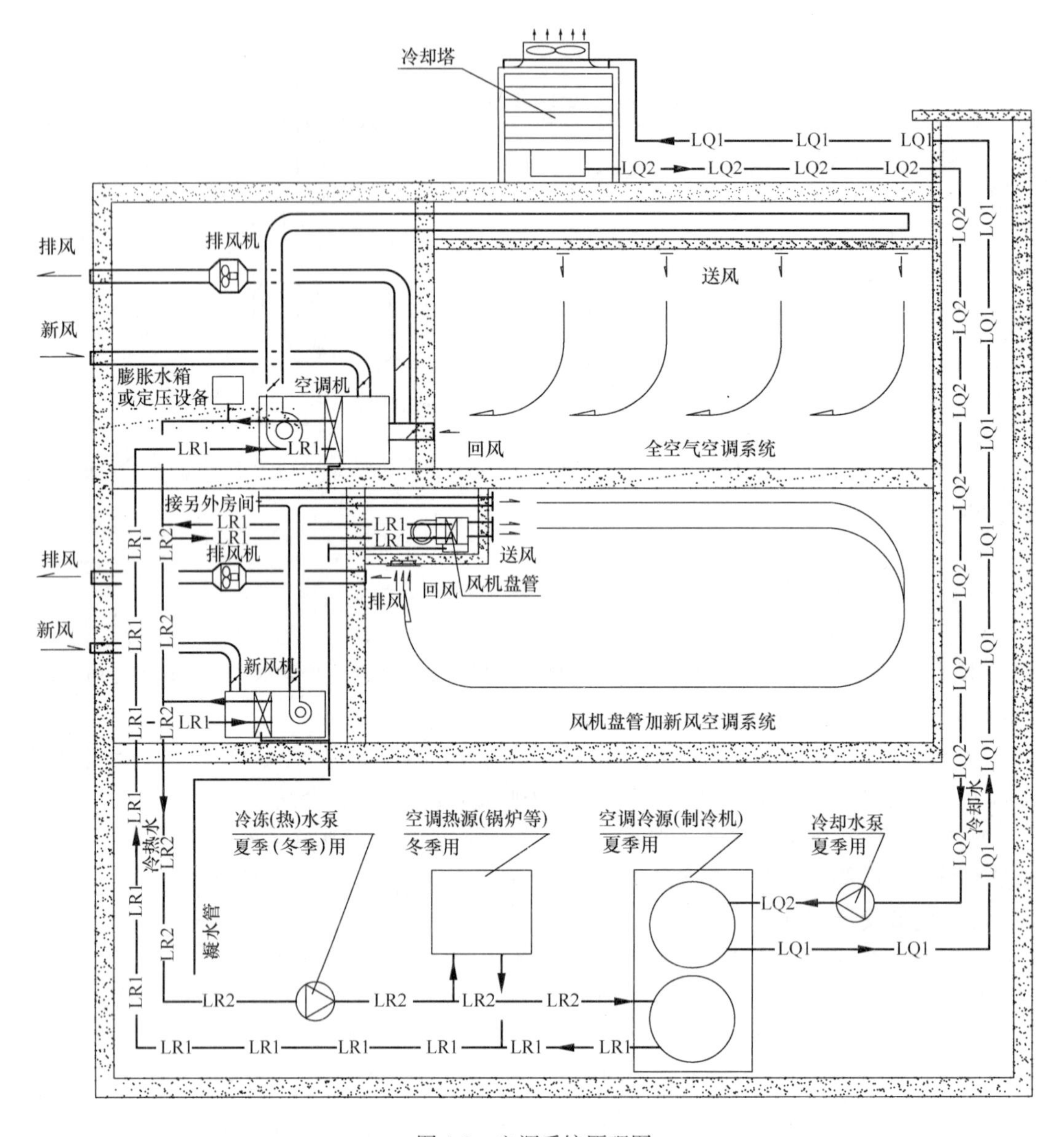

图 4-3　空调系统原理图

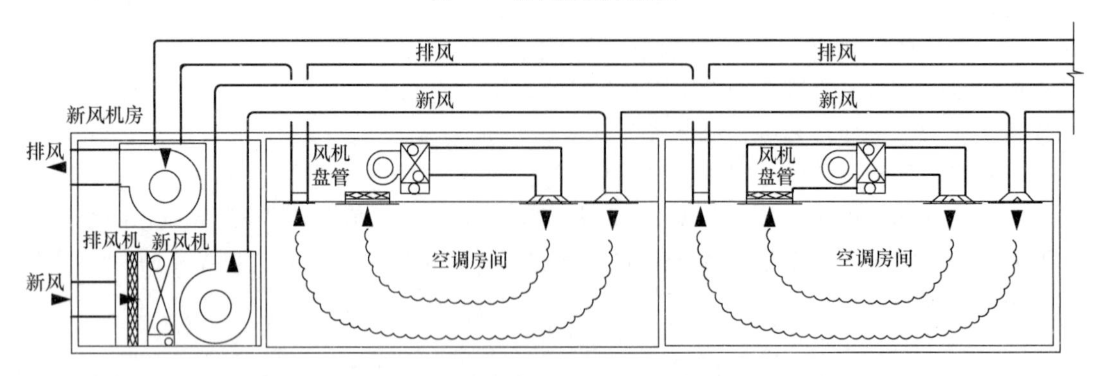

图 4-4　风机盘管加新风空调系统原理图

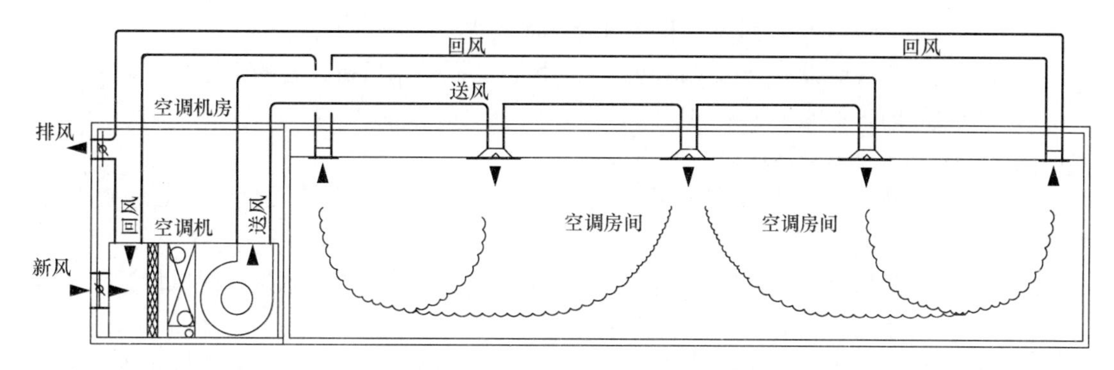

图 4-5　全空气空调系统原理图

全空气空调系统的新风是把室外空气与室内回风混合，经过加热、冷却、加湿、过滤等处理后送入每个房间，每个房间不单独设排风，在空调机房等部位设集中排风，因全空气空调系统的送风和回风已经包括了新风和排风，所以每个房间不设单独的新风送风和排风。

3. 关于排风

为了补充新鲜空气而必须排走的那部分空气，包括机械排风和门窗渗出部分，与新风量相同。

4. 关于循环风

只在室内循环，与室外空气没有交换。风机盘管加新风空调系统的循环风是风机盘管处理的空气。全空气空调系统的循环风是室内送风减去排风之后的回风。

5. 关于送风

就是通过空调机、风机盘管或风机将空气送入室内，为有组织送风。进风：就是室外空气通过门窗、洞口等自然进入室内，为无组织进风。

6. 关于回风

就是将空调房间内空气的大部分或全部回到空调机或风机盘管再利用、再处理。

为什么设回风？空调房间内的空气在冬季比室外空气温度高，夏季比室外温度低，将其大部分或全部回到空调处理设备再利用，而不直接排到室外可以避免浪费能源。

（二）风机盘管加新风空调系统

风机盘管加新风空调系统包括：风机盘管、风机盘管的送风口和回风口（有的考题风机盘管带回风口，设计中不再画回风口）、新风的送风口和排风口（有的考题没要求布置排风口，设计中不再画排风口），共四种风口和相应的风管；以及风机盘管的供水管、回水管和凝水管，两管制时（一般试题为两管制）共有三种水管。

1. 风机盘管布置

使用最多的是吊顶上卧式暗装，吊顶上向下送风（如办公室等）、侧墙上向侧面送风（如客房等）、吊顶上或侧墙上回风。有的落地暗装或明装，向上送风（如窗台板下等）或斜上方送风（如落地明装等）。

考题对台数有要求时，按考题的要求布置。题目无明确要求时，再看选择题中提示。确无要求时，一般 15～30m^2 设一台，小于 15m^2 的独立房间也要设一台。

2. 风机盘管的送风口、回风口和送风管、回风管

一台风机盘管一般设一个送风口和一个回风口。同一台风机盘管的送风口、回风口要位于同一个房间内，不能位于不同房间。

送风管就是风机盘管与送风口的连接管。

回风管就是风机盘管与回风口的连接管（有的习题风机盘管带回风口，也就带了回风管）。

风机盘管的送风口与回风口不在同一水平面时（如送风口为上侧送，回风口为上回），送风口与回风口距离可相对近一些。风机盘管的送风口与回风口在同一水平面时（如送风口为上侧送，回风口为上侧回；送风口为上送，回风口为上回等），送风口与回风口不宜太近，应尽量远一些。送风口中心距墙不宜小于 1m，因送风口一般为散流器，从风口向斜下方吹的气流遇到墙后向下，会使向下的气流过大。

3. 新风口、排风口和新风管、排风管布置

为使室内维持一定的新鲜空气量，要根据人员多少、停留时间、污染程度等因素把室外空气经过加热、冷却、加湿、过滤等处理后单独送入房间。

考题对新风管的连接有要求时，如：新风接风机盘管入口、新风接风机盘管出（送）风管等，按题目的要求布置；题目无要求时，新风单独接风口。新风送入房间后经过人的呼吸不再新鲜，要排出房间以使新风再进入。

新风口与排风口的相对位置应尽量远，从而使气流流经整个房间。

4. 风机盘管水管布置

一般为两管制，共三根水管：供水管、回水管和凝水管，均要连接。

凝水管排入污水管时应有空气隔断措施（如地漏等），不得与污水管直接连接，以防异味进入凝水管，进而进入房间。

凝水管不得与室内密闭雨水管直接连接，以防雨水进入凝水管溢出风机盘管滴水盘。

（三）全空气空调系统

1. 风口布置（图 4-6）

送风口布置尽量均匀分布；在大空间房间回风口可以相对集中，在小空间房间回风口与送风口可一一对应。

送风口、回风口数量、形式、送风方向、位置要按题目要求布置，题目无明确要求时，再看选择题中提示。

送风口一般有下列几种形式：

（1）上送风（在顶部向下送风）

一般为平面吊顶。民用建筑有散流器、喷口和旋流风口、百叶等。

净高不超过 5m 时，送风口一般用散流器，散流器可以是圆形、方形、矩形、条缝形，由于净高不高又有扩散效果，既能送到人员停留的空间又无明显吹风感（吹风感太明显人会不舒服，尤其在夏季）。散流器中心距侧墙不宜小于 1m。散流器上送风时，回风口可上部顶回、上部侧回、下部侧回。

净高超过 8m 时，送风口一般用喷口或旋流风口。喷口一般为圆形，由于净高较高，在人员停留的空间以上扩散效果不明显，可以有效地送到人员停留的空间又不会有明显吹风感。喷口下送风时一般下部回。

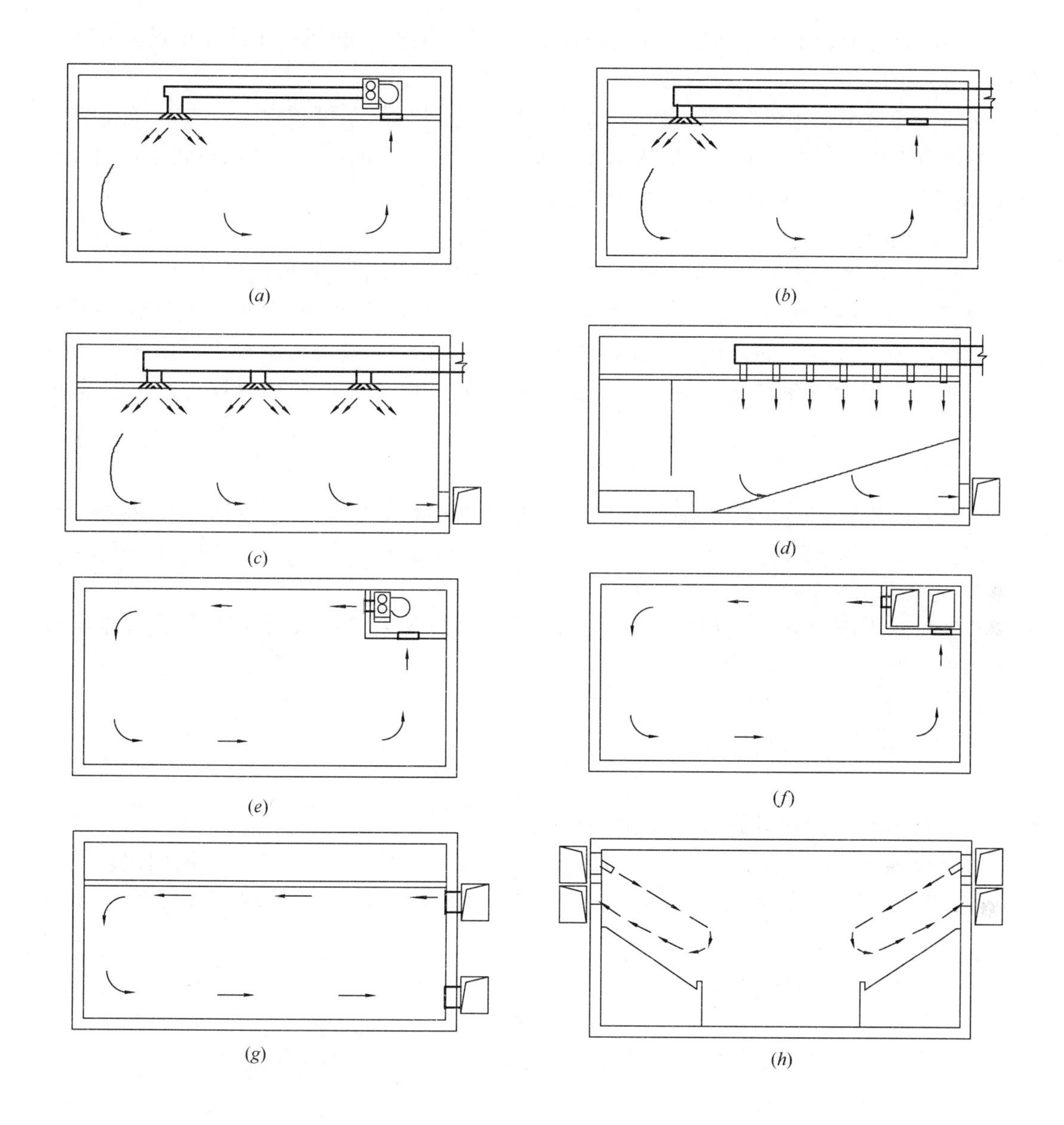

图 4-6　风口布置图

（a）上送上回（风机盘管散流器上送、百叶上回）；（b）上送上回（全空气散流器上送、百叶上回）；（c）上送侧回（全空气散流器上送、百叶侧回）；（d）上送侧回（全空气喷口上送、百叶侧回）；（e）侧送上回（风机盘管百叶侧送、百叶上回）；（f）侧送上回（全空气百叶侧送、百叶上回）；（g）侧送侧回（全空气百叶侧送、百叶侧回）；（h）侧送侧回（全空气喷口侧送、百叶侧回）

净高在 5～8m 时，两种送风口均可。

净高不超过 5m 时，有时用百叶送风，有方形、矩形、条形，由于扩散效果不理想，吹风感明显，往往是有装饰效果时才使用，风速控制较小。

（2）侧送风（在上部侧墙、吊顶的局部垂直面等向侧面送风）

侧送风口一般有百叶、喷口。小空间建筑（办公、单层商业、会议）侧送风口一般用百叶，百叶有方形、矩形和条形。大空间建筑（大堂、中庭、机场、车站等）侧送风口一般用喷口。

房间净高越小，送风口间距越小；净高越大，送风口间距可越大。2～4m 净高的房间，送风口间距一般 2～4m，距墙边 1.2～2m；3～5m 净高的房间，送风口间距可为 3～6m；5m 以上净高的房间送风口间距可以更大。

2. 风管布置

干管应在净高要求低的部位，如走廊、净高低的房间等。支管可在房间。

风管尺寸按题目要求。题目无明确要求时，要结合走廊和房间宽度、梁下到吊顶龙骨之间的净空、安装空间（风管边距墙边不小于 150mm），还要为给排水（给水管、排水管、消火栓管、喷淋管等）和电器（强弱电桥架、灯具等）等其他专业留出适当的空间。

3. 软管

试题要求用软管时要采用软管。只有支管用软管，软管只接一个风口，在支风管与其他管道交叉或绕梁时用软管。

4. 气流组织

空调房间无论大小、有无窗户，都要做到有送风（或者进风），有回风（或者排风），使室内空气形成循环。

（四）风管（道）计算

1. 给定截面积计算风管（道）尺寸：

$$截面积=宽\times高（或长）$$

2. 给定风量、风速计算风管（道）尺寸：

如计算加压送风竖井、排烟竖井。风量[立方米每小时(m^3/h)，《高层民用建筑设计防火规范》有规定]除以时间换算[秒每小时(3600s/h)]，变成另一种风量单位：立方米每秒(m^3/s)，再除以风速[米每秒(m/s)，《高层民用建筑设计防火规范》有规定，金属风道不应大于 20m/s，非金属风道不应大于 15m/s]，得到截面积(m^2)。

例：(风量 $18000m^3/h$)/[(3600s/h)·(风速 10m/s)]=$0.5m^2$。

3. 通风、空调矩形风管的长、短边之比宜不大于 4，最大不应超过 10。

4. 风管（道）尺寸标注：

制图标准规定：风管尺寸开头数字为该视图投影面的边长尺寸，乘号后面的数字为另一边尺寸。例如风管平面图标注：500×320，表示风管宽 500mm，高 320mm。

四、防排烟设计要点

（一）防排烟概念

防排烟是防烟和排烟的总称。

1. 防烟概念

防烟定义：疏散、避难等空间，通过自然通风防止火灾烟气积聚或通过机械加压送风（机械加压送风包括送风井管道、送风口阀、送风机等，下同）阻止火灾烟气侵入，称为防烟。

防烟对象：疏散、避难等空间。疏散空间包括两类楼梯间四类前室。两类楼梯间为封闭楼梯间、防烟楼梯间；四类前室包括独立前室（防烟楼梯间前室）、共用前室（剪刀楼梯间的两部楼梯共用一个前室）、合用前室（防烟楼梯间和消防电梯合用一个前室）、消防电梯前室。避难空间包括避难层、避难间。

防烟手段：自然通风、机械加压送风。

2. 排烟概念

排烟定义：房间、走道等空间通过自然排烟或机械排烟将火灾烟气排至建筑物外，称为排烟。

排烟对象：房间、走道等空间。房间包括：设置在一、二、三层且房间建筑面积大于100m² 或设置在四层及以上及地下、半地下的歌舞娱乐放映游艺场所；中庭；公共建筑内地上部分建筑面积大于100m² 且经常有人停留、建筑面积大于300m² 且可燃物较多的地上房间；地下或半地下建筑、地上建筑内的无窗房间，当总建筑面积大于200m² 或一个房间面积大于50m²，且经常有人停留或可燃物较多的房间。走道包括：建筑内长度大于20m的疏散走道。

排烟手段：自然排烟、机械排烟。

3. 自然通风、自然排烟概念

可开启外窗（口）位于防烟空间（即疏散、避难等空间），火灾时的作用是自然通风[①]。可开启外窗（口）位于排烟空间（即房间、走道等空间），火灾时的作用是自然排烟。

4. 可开启外窗（口）、固定窗规定

（1）疏散、避难等空间（包括两类楼梯间、四类前室、两类避难场所）自然通风时应设可开启外窗（口），其面积、位置、开启方式、开启装置等应满足标准要求。

（2）疏散空间的封闭楼梯间、防烟楼梯间设机械加压送风时应设固定窗，其面积、位置、开启方式、开启装置等应满足标准要求。

（3）房间、走道等空间（包括地上、地下、半地下房间及走道、中庭、回廊等）自然排烟时应设可开启外窗（口），其面积、数量、位置、距离、高度、开启方式、开启装置应满足标准要求。

（4）地上下列房间设机械排烟时应设固定窗，其面积、数量、位置、距离、高度应满足标准要求（任一层建筑面积大于2500m² 的丙类厂房或仓库、任一层建筑面积大于3000m² 的商店或展览或类似功能建筑中长度大于60m的走道、总建筑面积大于1000m² 的歌舞娱乐放映游艺场所、靠外墙或贯通至屋顶的中庭）。

（二）防烟

1. 防烟一般规定

（1）建筑高度大于50m的公共建筑、工业建筑和建筑高度大于100m的住宅建筑（大于可采用自然通风防烟的建筑高度），防烟楼梯间、独立前室、共用前室、合用前室、消防电梯前室应分别采用机械加压送风（不应设自然通风）（表4-1）。

建筑高度大于100m的建筑，其机械加压送风应竖向分段独立设置，且每段高度不应超过100m（表4-2）。

---

① 下划线部分内容与建筑专业有直接关系。

表 4-1

建筑高度	楼梯间、前室自然通风条件	楼梯间、前室加压送风及开启窗、固定窗规定
建筑高度大于 50m 的公共建筑、工业建筑和建筑高度大于 100m 的住宅建筑。	楼梯间、前室不论有无外窗均认为无自然通风条件（有外窗也不宜开启）。	加压送风规定：防烟楼梯间、独立前室、共用前室、合用前室、消防电梯前室均应分别设有竖向风道的机械加压送风。 开启窗规定：无。 窗不可开启规定：设加压送风时，不宜设置可开启外窗。固定窗规定：楼梯间顶部设 $1m^2$，靠外墙时每 5 层设 $2m^2$。

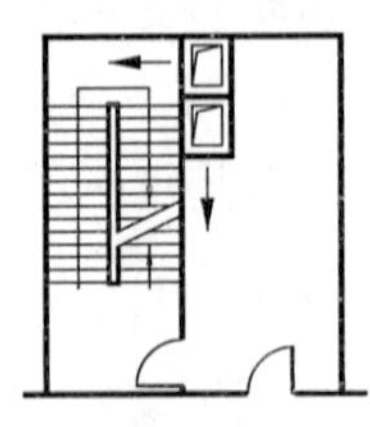

防烟楼梯间、独立前室（加压送风分别独立设置）

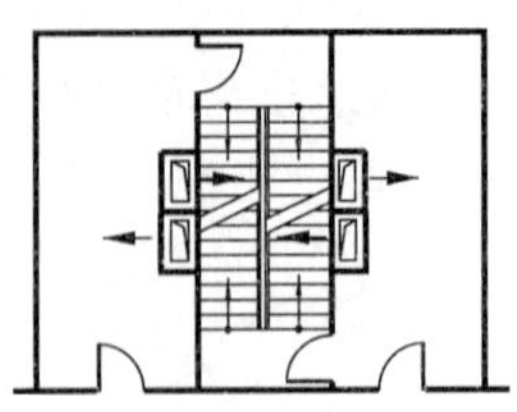

剪刀防烟楼梯间、分别独立前室（加压送风分别独立设置）

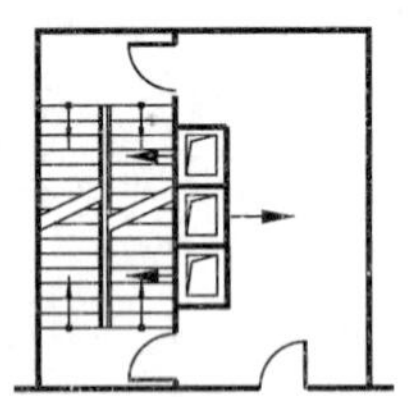

剪刀防烟楼梯间、共用前室（加压送风分别独立设置）

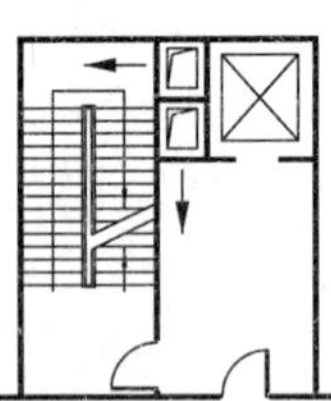

防烟楼梯间、合用前室（加压送风分别独立设置）

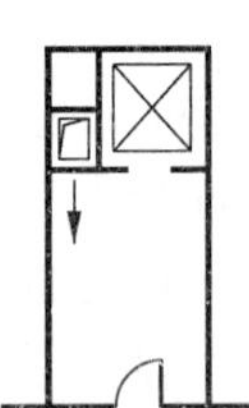

消防电梯前室（加压送风独立设置）

表 4-2

建筑高度	楼梯间、前室自然通风条件	楼梯间、前室加压送风及开启窗、固定窗规定
建筑高度大于 100m 的建筑。	楼梯间、前室不论有无外窗均认为无自然通风条件（有外窗也不宜开启）。	加压送风规定：防烟楼梯间、独立前室、共用前室、合用前室、消防电梯前室均应分别、分段设置有竖向风道的机械加压送风并每段高度不应超过 100m。 开启窗规定：无。 窗不可开启规定：设加压送风时，不宜设置可开启外窗。 固定窗规定：楼梯间顶部设 $1m^2$，靠外墙时每 5 层设 $2m^2$。

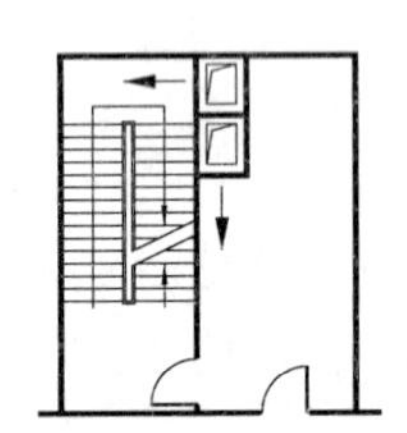

防烟楼梯间、独立前室（加压送风垂直方向分段设置）

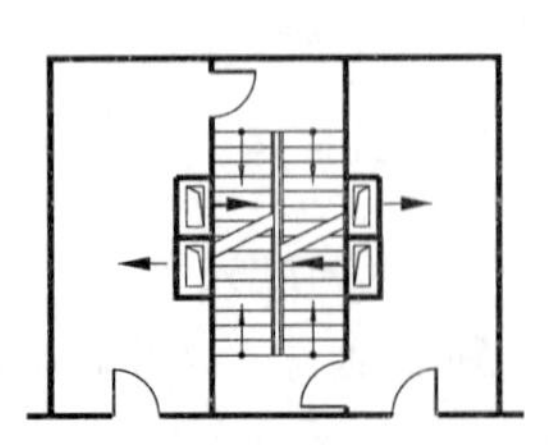

剪刀防烟楼梯间、分别独立前室（加压送风垂直方向分段设置）

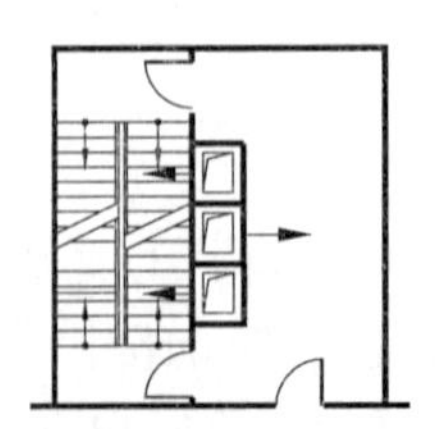

剪刀防烟楼梯间、共用前室（加压送风垂直方向分段设置）

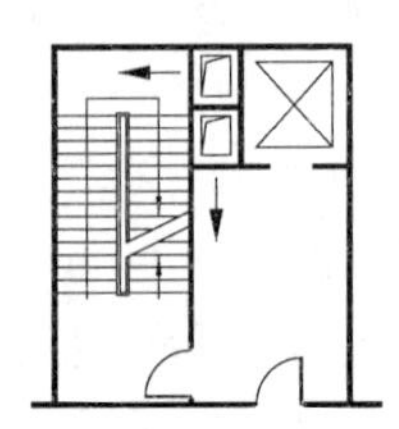

防烟楼梯间、合用前室（加压送风垂直方向分段设置）

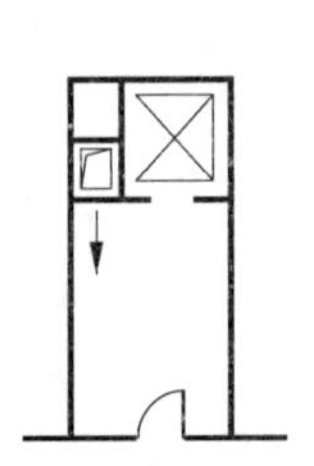

消防电梯前室（加压送风垂直方向分段设置）

（2）建筑高度不大于 50m 的公共建筑、工业建筑和建筑高度不大于 100m 的住宅建筑（不大于可采用自然通风防烟的建筑高度），防烟楼梯间、独立前室、共用前室、合用前室（除共用前室与消防电梯前室合用外）及消防电梯前室，满足自然通风条件时应采用自然通风，不满足自然通风条件时应采用机械加压送风（表 4-3）。防烟系统选择尚应符合下列规定：

表 4-3

建筑高度	楼梯间、前室自然通风条件	楼梯间、前室自然通风、加压送风及开启窗、固定窗规定
建筑高度不大于 50m 的公共建筑、工业建筑和建筑高度不大于 100m 的住宅建筑。	前室有外窗并满足自然通风条件、楼梯间无外窗。	加压送风规定：前室满足自然通风条件，设自然通风。 防烟楼梯间（不大于 50m 可直灌式送风）设机械加压送风。 开启窗规定：消防电梯、独立前室 $2m^2$；共用、合用前室 $3m^2$。 窗不可开启规定：设加压送风时，不宜设置可开启外窗。 固定窗规定：楼梯间顶部设 $1m^2$，靠外墙时每 5 层设 $2m^2$。

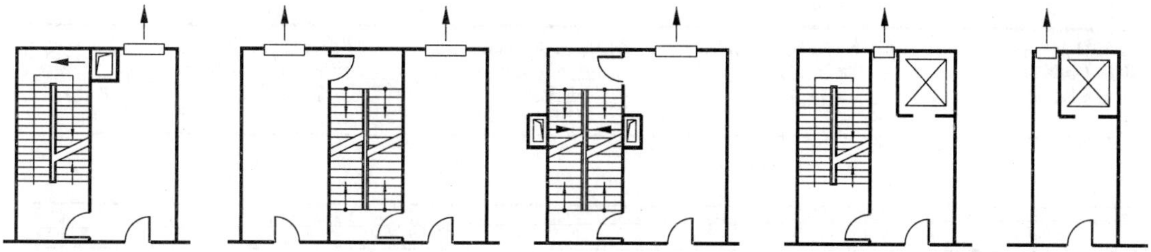

防烟楼梯间、独立前室（满足自然通风条件） 剪刀防烟楼梯间、共用前室 防烟楼梯间、合用前室 消防电梯前室

1）独立前室、合用前室，采用全敞开的阳台、凹廊或设有两个及以上不同朝向可开启外窗且均满足自然通风条件（满足自然通风条件要求见自然通风设施条文，下同），防烟楼梯间可不设防烟。

2）两类楼梯间、四类前室有条件自然通风时应采用自然通风（表 4-4）；当不满足自然通风条件时，应采用机械加压送风。

3）防烟楼梯间满足自然通风条件，独立前室、共用前室、合用前室不满足自然通风条件设机械加压送风，当前室送风口设置在前室顶部或正对前室入口的墙面时，防烟楼梯间可采用自然通风；前室送风口不满足上述条件，防烟楼梯间应采用机械加压送风（表 4-5）。

（3）防烟楼梯间及其前室（包括独立前室、共用前室、合用前室）机械加压送风设置应符合下列规定：

1）当采用合用前室时：防烟楼梯间、合用前室应分别独立设置机械加压送风（表 4-6 图示⑤）。

2）当采用剪刀楼梯时：其两个楼梯间及其前室应分别独立设置机械加压送风（表 4-6 图示③、④）。

表 4-4

建筑高度	楼梯间、前室自然通风条件	楼梯间、前室自然通风、加压送风及开启窗、固定窗规定
建筑高度不大于 50m 的公共建筑、工业建筑和建筑高度不大于 100m 的住宅建筑。	楼梯间、前室均有外窗并满足自然通风条件。	加压送风规定：无。 开启窗规定：楼梯间顶设 $1m^2$；楼梯间高度大于 10m 时每 5 层设 $2m^2$ 且间隔不大于 3 层；消防电梯、独立前室 $2m^2$；共用、合用前室 $3m^2$。 窗不可开启规定：无。 固定窗规定：无。

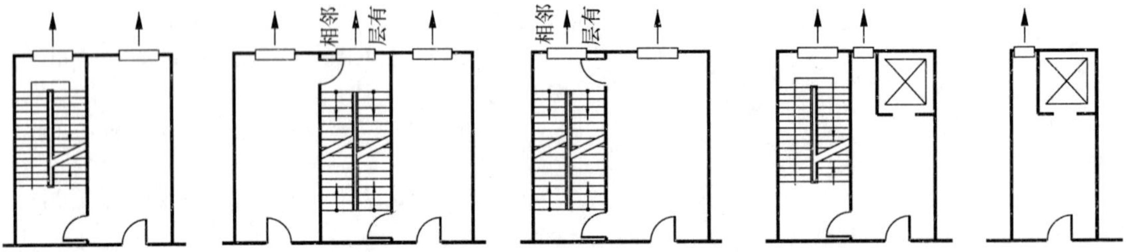

相邻层有

防烟楼梯间、独立前室（满足自然通风条件）

剪刀防烟楼梯间、分别独立前室（满足自然通风条件）

剪刀防烟楼梯间、共用前室（满足自然通风条件）

防烟楼梯间、合用前室（满足自然通风条件）

消防电梯前室（满足自然通风条件）

表 4-5

建筑高度	楼梯间、前室自然通风条件	楼梯间、前室自然通风、加压送风及开启窗、固定窗规定
建筑高度不大于 50m 的公共建筑、工业建筑和建筑高度不大于 100m 的住宅建筑。	楼梯间有外窗并满足自然通风条、前室无外窗	加压送风规定：前室设加压送风。若前室送风口位于顶部或正对入口，楼梯间可自然通风，否则楼梯间加压送风。开启窗规定：楼梯间顶设 $1m^2$；楼梯间高度大于 10m 时每 5 层设 $2m^2$ 且间隔不大于 3 层。 窗不可开启规定：设加压送风时，不宜设置可开启外窗。 固定窗规定：楼梯加压时顶部设 $1m^2$，靠外墙时每 5 层设 $2m^2$。

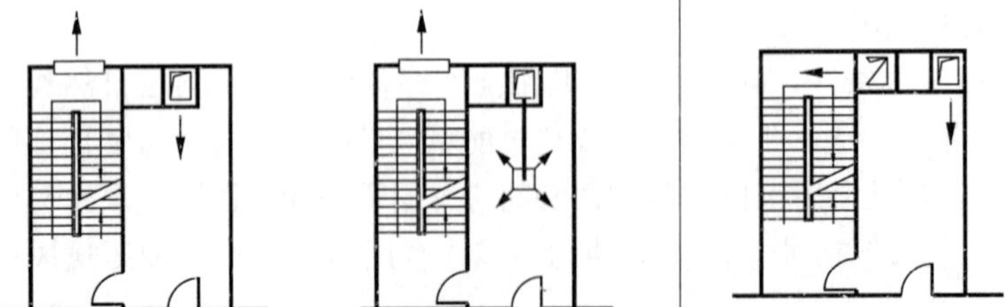

防烟楼梯间、独立前室（送风口正对前室门）

防烟楼梯间、独立前室（送风口位于前室顶部）

防烟楼梯间、独立前室（送风口未正对前室门）

防烟楼梯间、独立前室（送风口未位于前室顶部）

表 4-6

建筑高度	楼梯间、前室自然通风条件	楼梯间、前室自然通风、加压送风及开启窗、固定窗规定
建筑高度不大于50m的公共建筑、工业建筑和建筑高度不大于100m的住宅建筑。	防烟楼梯间、前室均无外窗或虽有外窗但均不满足自然通风条件。	加压送风规定：防烟楼梯间（不大于50m可直灌式送风）、独立前室、共用前室、合用前室、消防电梯前室应设机械加压送风。 开启窗规定：无。 窗不可开启规定：设加压送风时，不宜设置可开启外窗。 固定窗规定：楼梯间顶部设 $1m^2$，靠外墙时每5层设 $2m^2$。

①防烟楼梯间、独立前室（独立前室只有一个门时，楼梯间送风、前室不送风）

②防烟楼梯间、独立前室（独立前室多余一个门时，楼梯间送风、前室分别送风）

③剪刀防烟楼梯间、分别独立前室（剪刀防烟楼梯间、分别独立前室，分别加压送风）

④剪刀防烟楼梯间、（剪刀防烟楼梯间、共用前室，分别加压送风）

⑤防烟楼梯间、合用前室（防烟楼梯间、合用前室，分别加压送风）

⑥消防电梯前室（前室加压送风）

3）当采用独立前室时：建筑高度不大于可采用自然通风防烟的建筑高度，当独立前室仅有一个门与走道或房间相通时，可仅在防烟楼梯间设置机械加压送风、前室不送风；独立前室不满足上述条件，防烟楼梯间、独立前室应分别设置机械加压送风（表4-6图示①、②）。

4）地下、半地下建筑仅有一层，封闭楼梯间（仅有一层）可不设机械加压送风，但首层应设置有效面积不小于 $1.2m^2$ 的可开启外窗或直通室外的疏散门（表4-7）。

表 4-7

建筑高度	楼梯间、前室自然通风条件	楼梯间、前室自然通风、加压送风及开启窗、固定窗规定
地下、半地下建筑封闭楼梯间不与地上楼梯间共用且地下仅有一层。	封闭楼梯地下无自然通风条件。	加压送风规定：可不设。 开启窗规定：首层设有效面积不小于1.2平方米的可开启 外窗或直通室外的疏散门。 窗不可开启规定：无。 固定窗规定：无。

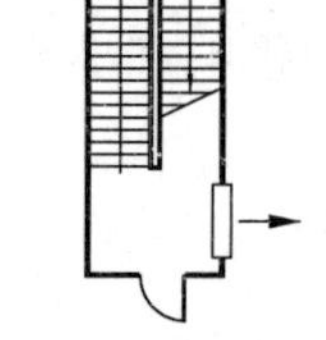

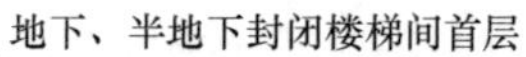

地下、半地下封闭楼梯间首层

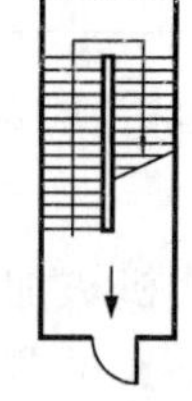

地下、半地下封闭楼梯间首层

2. 自然通风设施

（1）采用自然通风的封闭楼梯间、防烟楼梯间，应在最高部位设置面积不小于 1.0m^2 的可开启外窗或开口；当建筑高度大于 10m 时，尚应在楼梯间外墙上每 5 层内设置总面积不小于 2.0m^2 的可开启外窗或开口，且布置间隔不大于 3 层。

（2）前室采用自然通风时，独立前室、消防电梯前室可开启外窗或开口面积不应小于 2.0m^2，共用前室、合用前室不应小于 3m^2。

（3）采用自然通风的避难层、避难间设有不同朝向可开启外窗，其有效面积不应小于该避难层、避难间地面面积的 2%，且每个朝向面积不应小于 2.0m^2。

3. 机械加压送风设施

（1）建筑高度不大于 50m 的建筑，当楼梯间设置加压送风井管道确有困难时，楼梯间可采用直灌式机械加压送风（无送风井管道，直接向楼梯间机械加压送风）（表 4-8 图示①、②）并应符合下列规定：

表 4-8

建筑高度	楼梯间、前室自然通风条件	楼梯间、前室自然通风、加压送风及开启窗、固定窗规定
建筑高度不大于 50m 的建筑。	封闭楼梯间、防烟楼梯间无外窗或虽有外窗但不满足自然通风条件。	加压送风规定：封闭楼梯间、防烟楼梯间可采用直灌式加压送风。建筑高度大于 32m，高、低两处送风，送风口之间距离不小于建筑高度 1/2。 开启窗规定：无。 窗不可开启规定：设加压送风时，不宜设置可开启外窗。 固定窗规定：楼梯间顶部设 1m^2，靠外墙时每 5 层设 2m^2。
一处送风 加压送风机房 ① 封闭楼梯间 （直灌式加压送风，高度不大于32m） 一处送风 加压送风机房 ② 防烟楼梯间 （直灌式加压送风，高度不大于32m）		上下两处送风 加压送风机房 ③ 封闭楼梯间 （直灌式加压送风，高度大于32m） 上下两处送风 加压送风机房 ④ 防烟楼梯间 （直灌式加压送风，高度大于32m）

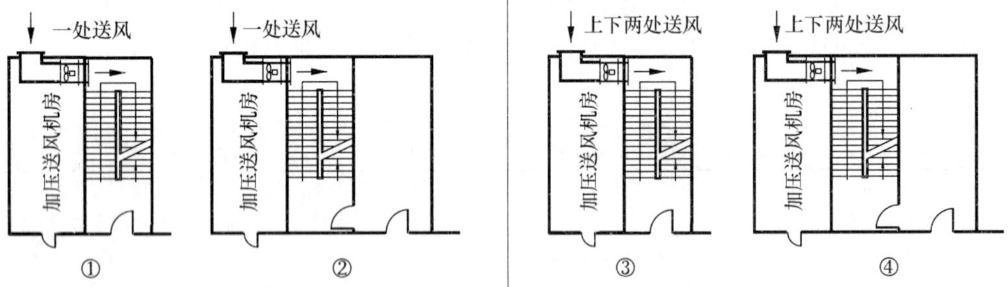

1）建筑高度大于 32m 时，应两点部位送风，间距不宜小于建筑高度的 1/2（表 4-8 图示③、④）。

2）送风量应比非直灌式机械加压送风量增加 20%。

3）送风口不宜设在影响人员疏散的部位。

（2）楼梯间地上、地下部分应分别设置机械加压送风（表 4-9）。地下部分为汽车库或设备用房时，可共用机械加压送风系统，但送风量应地上、地下部分相加；采取措施满足地上、地下部分风量要求。

（3）机械加压送风风机应符合下列规定：

进风口应直通室外且防止吸入烟气；进风口和风机宜设在机械加压送风系统下部；进风口与排烟出口不应设在同一平面上，当确有困难时，进风口与排烟出口应保持一定距离，竖向布置时进风口在下方、两者边缘最小垂直距离不应小于 6m，水平布置时两者边缘最小水平距离不应小于 20m；送风机应设在专用机房内。

表 4-9

建筑高度	楼梯间、前室自然通风条件	楼梯间、前室自然通风、加压送风及开启窗、固定窗规定
楼梯间、消防电梯地下部分	封闭楼梯间、防烟楼梯间、消防电梯前室无外窗。	加压送风规定：封闭楼梯间及防烟楼梯间（不大于 50m 可直灌式送风）与地上部分分别设机械加压送风。 开启窗规定：无。 窗不可开启规定：无。 固定窗规定：楼梯间顶部设 $1m^2$，靠外墙时每 5 层设 $2m^2$。

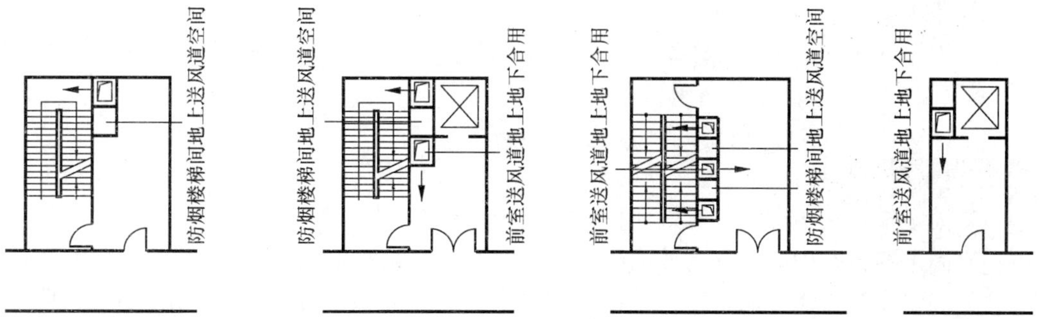

防烟楼梯间地下部分（满足前室不送风条件）　防烟楼梯间、合用前室地下部分　剪刀防烟楼梯间、共用前室地下部分　消防电梯前室

（4）机械加压送风口：楼梯间宜每隔 2～3 层设一个常开式百叶风口；前室应每层设一个常闭式风口并设手动开启装置；送风口风速不宜大于 7m/s；送风口不宜被门遮挡。

（5）机械加压送风管道：不应采用土建风道。应采用不燃材料且内壁光滑。内壁为金属时风速不应大于 20m/s ，内壁为非金属时风速不应大于 15m/s。

（6）机械加压送风管道的设置和耐火极限：竖向设置应独立设于管道井内，设置在其他部位时耐火极限不应低于 1h；水平设置在吊顶内时，耐火极限不应低于 0.5h，水平设置未在吊顶内时，耐火极限不应低于 1.0h。

（7）机械加压送风管道井隔墙耐火极限不应低于 1.0h 并独立，必须设门时应采用乙级防火门。

（8）设置机械加压送风的疏散部位不宜设置可开启外窗。

（9）设置机械加压送风的封闭楼梯间、防烟楼梯间尚应在其顶部设置不小于 $1.0m^2$ 的固定窗。靠外墙的防烟楼梯间尚应在其外墙上每 5 层内设置总面积不小于 2.0m^2 的固定窗。

（10）加压送风口层数要求

两类楼梯间每隔 2～3 层设一个常开式加压送风口；四类前室每层设一个常闭式加压送风口并设手动开启装置。

（三）排烟

1. 排烟一般规定

（1）优先采用自然排烟。

（2）同一防烟分区应采用同一种排烟方式。

（3）中庭、与中庭相连通的回廊及周围场所的排烟应符合下列规定：

1）中庭应设排烟；

2）周围场所按现行规范设排烟；

3）回廊排烟：当周围场所各房间均设排烟时，回廊可不设，但商店建筑的回廊应设置排烟系统；当周围场所任一房间均未设排烟时，回廊应设。

4）当中庭与周围场所未封闭时，应设挡烟垂壁。

（4）固定窗规定

固定窗布置位置：

1）非顶层区域的固定窗应布置在外墙上；

2）顶层区域的固定窗应布置在屋顶或顶层外墙上，但未设置喷淋、钢结构屋顶、预应力混凝土屋面板时应布置在屋顶；

3）固定窗宜按防烟分区布置，不应跨越防火分区。

固定窗有效面积：

4）固定窗设在顶层，其有效面积不应小于楼面面积的 2％；

5）固定窗设在中庭，其有效面积不应小于楼面面积的 5％；

6）固定窗设在靠外墙且不位于顶层，单个窗有效面积不应小于 1.0m^2 且间距不宜大于 20m，其下沿距室内地面不宜小于层高的 1/2。供消防救援人员进入的窗口面积不计入固定窗面积但可组合布置。

7）固定窗有效面积应按可破拆的玻璃面积计算。

2. 防烟分区、挡烟垂壁

（1）防烟分区不应跨越防火分区。

（2）防烟分区挡烟垂壁等挡烟分隔深度：

当自然排烟时不应小于空间净高的 20％且不应小于 500mm；

机械排烟时不应小于空间净高的 10％且不应小于 500mm；

同时挡烟垂壁底距地面应大于疏散所需的最小清晰高度。

最小清晰高度①：

1.6m＋0.1 倍层高

（3）设置排烟的建筑内，敞开楼梯、自动扶梯穿越楼板的开口部应设置挡烟垂壁等

① 最小清晰高度：最小清晰高度为 1.6m＋0.1H，其中单层空间 H 取净高、多层空间 H 取层高；但走道和房间净高不大于 3m 区域取净高的 1/2。

设施。

（4）防烟分区最大面积、长边最大长度：

空间净高≤3m，最大面积 500m^2，长边最大长度 24m；

空间净高 3m＜，最大面积 1000m^2，长边最大长度 36m；

空间净高＞6m，最大面积 2000m^2，长边最大长度 60m；

空间净高＞6m，最大面积同上，自然对流时，长边最大长度 75m；

空间净高＞9m，可不设挡烟垂壁；

走道宽度≤2.5m，长边最大长度 60m；

走道宽度＞2.5m，长边最大长度按前四种情况处理。

3. 自然排烟设施

（1）自然排烟窗（口）设置场所

自然排烟场所应设置自然排烟窗（口）。

（2）自然排烟窗（口）设置面积

除中庭外一个防烟分区自然排烟窗（口）应：

房间排烟且净高≤6m 时，自然排烟窗（口）有效面积≥该防烟分区建筑面积 2%；

房间排烟且净高＞6m 时，自然排烟窗（口）有效面积应计算确定；

仅需在走道、回廊排烟时，两端自然排烟窗（口）有效面积均≥2m^2 且自然排烟窗（口）距离不应小于走道长度的 2/3；

房间、走道、回廊均排烟时，自然排烟窗（口）有效面积≥该走道、回廊建筑面积 2%；

中庭排烟时（中庭周围场所设排烟），自然排烟窗（口）有效面积应计算确定且≥59.5m^2；

中庭排烟时（中庭周围场所不需设排烟，仅在回廊排烟），自然排烟窗（口）有效面积应计算确定且≥27.8m^2；

（3）自然排烟窗（口）位置

自然排烟窗（口）距防烟分区内任一点水平距离不应大于 30m（注：此距离也适用机械排烟），当净高≥6m 且具有自然对流条件时不应大于 37.5m（注：此距离不适用机械排烟）。

（4）自然排烟窗（口）布置要求

自然排烟窗（口）宜分散均匀布置，每组长度不宜大于 3.0m。

自然排烟窗（口）设在防火墙两侧时，最近边缘的水平距离不应小于 2.0m。

（5）自然排烟窗（口）设在外墙高度

自然排烟窗（口）设在外墙时，应在储烟仓①内，但走道和房间净高不大于 3m 区域，可设在净高 1/2 以上。

---

① 储烟仓概念

自然排烟时：储烟仓厚度不应小于空间净高的 20%且不小于 0.5m；

机械排烟时：储烟仓厚度不应小于空间净高的 10%且不小于 0.5m；

同时要求：储烟仓底部应大于最小清晰高度。

（6）自然排烟窗（口）设在外墙开启形式

自然排烟窗（口）的开启形式应有利于火灾烟气的排出（下悬外开，即下端为轴、上端在墙外），但房间面积不大于 $200m^2$ 时开启方向可不限。

（7）自然排烟窗（口）开启的有效面积

悬窗：开启角度大于 70°，按窗面积计算；不大于 70°，按最大开启时水平投影面积计算；

平开窗：开启角度大于 70°，按窗面积计算；不大于 70°，按最大开启时竖向投影面积计算；

推拉窗：按最大开启时窗口面积计算；

平推窗：设在顶部时，按窗 1/2 周长与平推距离乘积计算且不应大于窗面积；设在外墙时，按窗 1/4 周长与平推距离乘积计算且不应大于窗面积。

（8）自然排烟窗（口）开启装置

高处不便于直接开启的外窗应在距地面 1.3～1.5m 处的位置设置手动开启装置。

净空高度大于 9.0m 的中庭、建筑面积大于 $2000m^2$ 的营业厅、展览厅、多功能厅等场所，应设置集中手动开启装置和自动开启装置。

4. 机械排烟设施

（1）机械排烟系统水平方向布置

当建筑的机械排烟系统沿水平方向布置时，每个防火分区机械排烟系统应独立。

（2）机械排烟系统竖直方向布置

建筑高度大于 50m 的公共建筑和建筑高度大于 100m 的住宅建筑，其排烟系统应竖向分段独立设置，且每段高度公共建筑不应大于 50m、住宅建筑不应大于 100m。

（3）排烟与通风空调合用

排烟与通风空调应分开设置，确有困难可合用，但应符合排烟要求且排烟时需联动关闭的通风空调控制阀门不应超过 10 个。

（4）排烟风机出口

宜设在系统最高处，烟气出口宜朝上并应高出机械加压送风和补风进风口，两者边缘最小垂直距离不应小于 6m，水平布置时两者边缘最小水平距离不应小于 20m。

（5）排烟风机房

宜设在专用机房内，排烟风机两侧应有 0.6m 以上空间。排烟与通风空调合用机房应设自动喷水灭火装置、不得设置机械加压送风机、排烟连接件应能在 280℃时连续 30min 保证结构完整性。

（6）排烟风机

应满足 280℃时连续工作 30min，排烟风机应与风机入口处排烟防火阀连锁，该阀关闭时联动排烟风机停止运行。

（7）排烟管道

机械排烟系统应采用管道排烟但不应采用土建风道。排烟管道应采用不燃材料制作并内壁光滑。排烟管道为金属时风速不应大于 20m/s，为非金属时风速不应大于 15m/s。排烟管道厚度见现行施工规范。

（8）排烟管道耐火极限

排烟管道及其连接件应能在280℃时连续30min保证结构完整性。

排烟管道竖向设置时应设在独立的管道井内，耐火极限不应低于0.5h。

排烟管道水平设置时应设在吊顶内，当设在走廊吊顶内时耐火极限不应低于1.0h，当设在其他场所吊顶内时耐火极限不应低于0.5h；确有困难可设在室内但耐火极限不应低于1.0h。

排烟管道穿越防火分区时耐火极限不应低于1.0h。

排烟管道设在设备用房、汽车库时耐火极限可不低于0.5h。

（9）排烟管道井耐火极限

机械排烟管道井隔墙耐火极限不应低于1.0h并独立，必须设门时应采用乙级防火门。

（10）排烟管道隔热

排烟管道设在吊顶内且有可燃物时应采用不燃材料隔热并与可燃物保持不小于0.15m距离。

（11）排烟口位置

排烟口距防烟分区内任一点水平距离不应大于30m；

排烟口应设在储烟仓内，但走道和房间净高不大于3m区域，可设在净高1/2以上（最小清晰高度以上）；当设在侧墙时其最近边缘与吊顶距离不应大于0.5m；

排烟口宜设在顶棚或靠近顶棚的墙面上；

排烟口宜使烟流与人流方向相反并与附近安全出口相邻边缘水平距离不应小于1.5m。

5. 补风系统

（1）补风场所

除地上建筑的走道或建筑面积小于500m^{2}的房间外，设置排烟系统的场所应设置补风系统。

（2）补风量

补风应直接引入室外空气，且补风量不应小于排烟量的50%。

（3）补风设施

补风可采用疏散外门、开启外窗等自然进风或机械送风。

（4）补风机房

补风机应设在专用机房内。

（5）补风口位置

补风口与排烟口在同一防烟分区时，二者水平距离不应小于5m，且补风口应在储烟仓下沿以下。

（6）补风口风速

自然补风口风速不宜大于3m/s。

（7）补风管道耐火极限

补风管道耐火极限不应低于0.5h，跨越防火分区时耐火极限不应低于1.5h。

（四）燃油燃气锅炉设置

燃油燃气锅炉不应布置在人员密集场所的上一层、下一层或贴邻。应布置在首层或地下一层靠外墙部位，但常（负）压锅炉可设在地下二层或屋顶上。设在屋顶时，距通向屋面的安全出口不应小于6m。燃油燃气锅炉房疏散门均应直通室外或安全出口。燃气锅炉房应设置爆炸泄压设施。

（五）通风空调风管材质

1. 通风空调风管材质应采用不燃材料；

2. 设备和风管的绝热材料、加湿材料、消声和粘结材料，宜采用不燃材料，确有困难时可采用难燃材料。

（六）防火阀

1. 通风空调风管下列部位应设 70℃熔断关闭防火阀（图 4-7）：

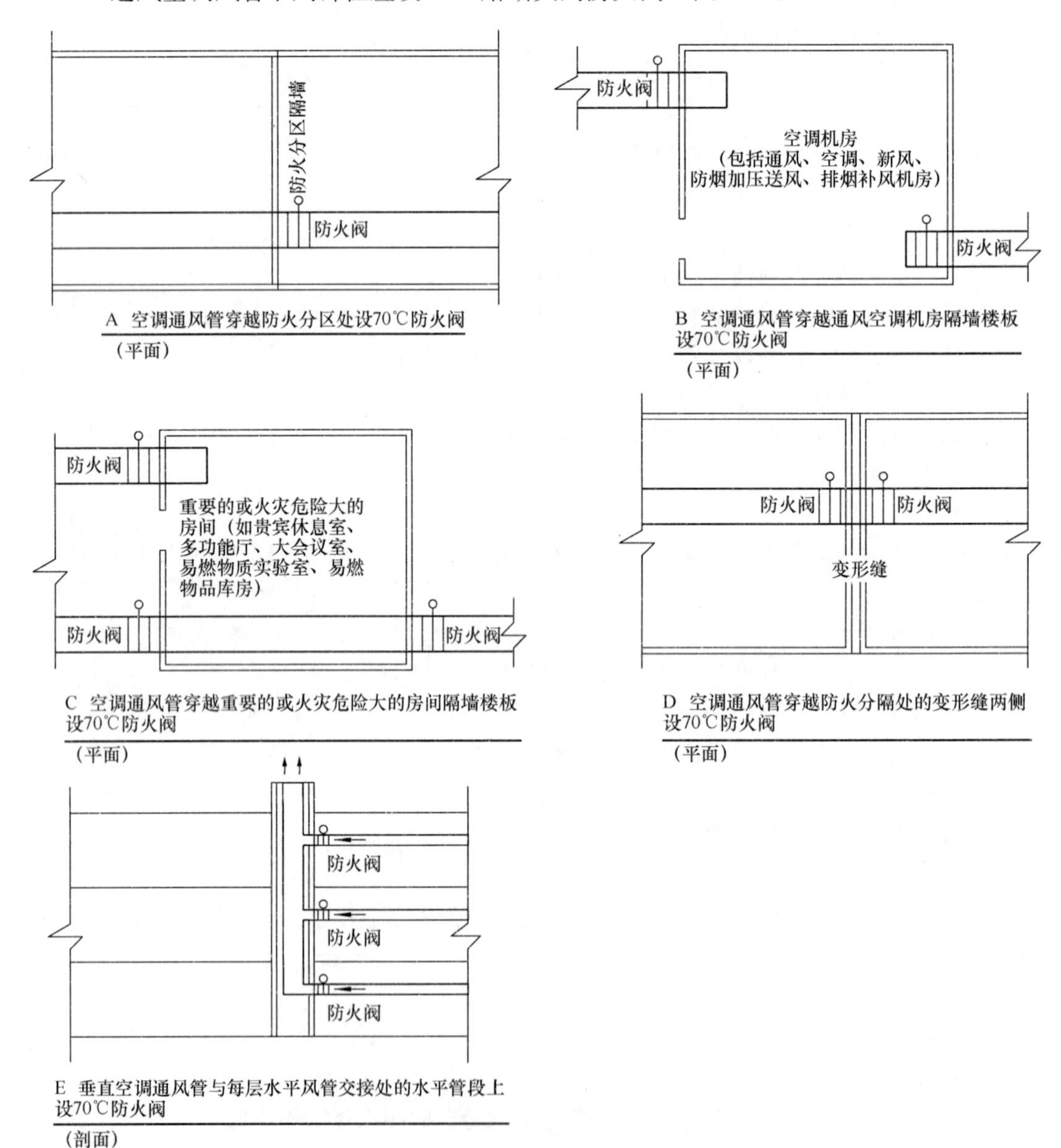

图 4-7 70℃防火阀设置示意图

（1）穿越防火分区处；

(2) 穿越通风、空调机房隔墙和楼板处；

(3) 穿越重要或火灾危险性大的隔墙和楼板处；

(4) 穿越防火分隔处的变形缝两侧；

(5) 竖向风管与每层水平风管交接处的水平管段上。

2. 排烟管道下列部位应设 280℃熔断关闭排烟防火阀（图 4-8）：

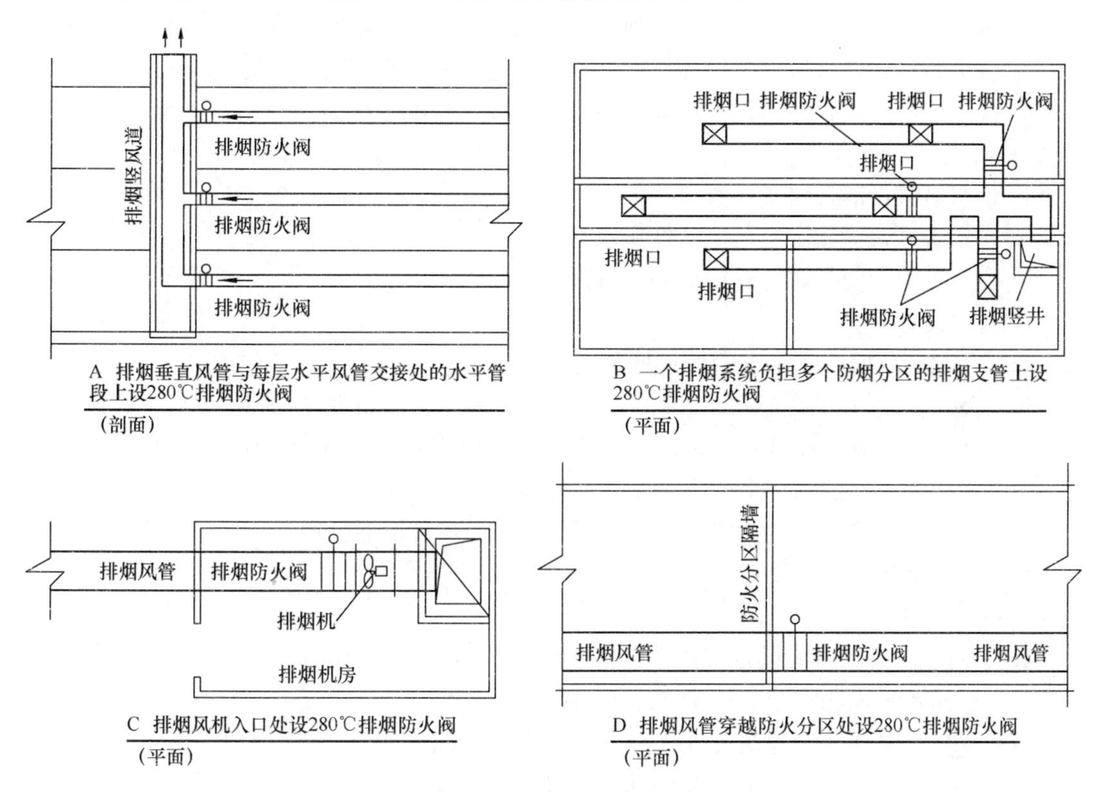

图 4-8 280℃排烟防火阀设置示意图

(1) 垂直风管与每层水平风管交接处的水平管段上；

(2) 一个排烟系统负担多个防烟分区的排烟支管上；

(3) 排烟风机入口处；

(4) 穿越防火分区处。

五、给水排水设计要点

（一）给水

1. 自来水压力能满足要求的用水设施用市政自来水直接供水，市政自来水压力不能满足要求的用水设施用水泵加压供水。

2. 高层建筑生活给水系统应竖向分区，各分区最低卫生器具配水点静水压力不宜大于 0.45MPa；居住建筑入户管给水压力不应大于 0.35MPa，静水压力大于 0.35MPa 的入户管宜设减压或调压设施。

3. 住宅、公寓入户管应设水表，水表前设阀门。

4. 阀门要求：需调节水量、水压时宜采用调节阀、截止阀；只需关断时宜采用闸阀；安装空间小的场所，宜采用蝶阀、球阀。角阀一般用于洗手盆、大便器水箱等。

5. 给水管在卫生器具前设阀门。

6. 热水压力分区、阀门选用、水表设置与给水相同；热水管在卫生器具前设阀门；热水设循环管。

7. 中水压力分区、阀门选用、水表设置与给水相同；中水管在大小便器前设阀门。

（二）排水

1. 厕所、盥洗室、卫生间等需从地面排水的房间设地漏，地漏水封不小于 0.05m。

2. 卫生器具在排水口以下设存水弯（器具构造内有存水弯时不再另设）。

3. 排水立管设检查口，检查口间距不大于 10m，高度距地面 1m 并高于该层器具上边缘 0.15m。

4. 排水横管设清扫口或检查口。

5. 排水管不得穿越卧室、生活饮用水池上方。

6. 厨房与卫生间排水立管应分别设置。

7. 排水设通气管。

（1）伸顶通气管：排水立管应设伸顶通气管。

（2）专用通气管：建筑标准要求较高的多层、高层生活污水设专用通气管。

（3）环形通气管：连接 4 个及以上卫生器具且横支管长度大于 12m 的排水横支管和连接 6 个及以上大便器的污水横支管设环形通气管。

（4）器具通气管：卫生、安静要求较高的生活污水管设器具通气管。

六、室内消火栓设置要点

（一）一般规定

1. 下列建筑或场所应设置室内消火栓系统：

（1）建筑占地面积大于 300m² 的厂房和仓库。

（2）高层公共建筑和建筑高度大于 21m 的住宅建筑。

注：建筑高度不大于 27m 的住宅建筑，设置室内消火栓系统确有困难时，可只设置干式消防竖管和不带消火栓箱的 *DN*65 的室内消火栓。

（3）体积大于 5000m³ 的车站、码头、机场的候车（船、机）建筑、展览建筑、商店建筑、旅馆建筑、医疗建筑和图书馆建筑等单、多层建筑。

（4）特等、甲等剧场，超过 800 个座位的其他等级的剧场和电影院等以及超过 1200 个座位的礼堂、体育馆等单、多层建筑。

（5）建筑高度大于 15m 或体积大于 10000m³ 的办公建筑、教学建筑和其他单、多层民用建筑。

2. 上述中未规定的建筑或场所和符合上述规定的下列建筑或场所，可不设置室内消火栓系统，但宜设置消防软管卷盘或轻便消防水龙；

（1）耐火等级为一、二级且可燃物较少的单、多层丁、戊类厂房（仓库）。

（2）耐火等级为三、四级且建筑体积不大于 3000m³ 的丁类厂房；耐火等级为三、四级且建筑体积不大于 5000m³ 的戊类厂房（仓库）。

（3）粮食仓库、金库、远离城镇且无人值班的独立建筑。

（4）存有与水接触能引起燃烧爆炸的物品的建筑。

（5）室内无生产、生活给水管道，室外消防用水取自储水池且建筑体积不大于

5000m^3 的其他建筑。

3. 国家级文物保护单位的重点砖木或木结构的古建筑，宜设置室内消火栓系统。

4. 人员密集的公共建筑、建筑高度大于 100m 的建筑和建筑面积大于 200m^2 的商业服务网点内应设置消防软管卷盘或轻便消防水龙。高层住宅建筑的户内宜配置轻便消防水龙。

（二）设置要点

1. 设置室内消火栓的建筑，包括设备层在内的各层均应设置消火栓。

2. 消防电梯前室应设置室内消火栓，并应计入消火栓使用数量（见《消防给水及消火栓系统技术规范》GB 50974—2014）。

3. 室内消火栓的设置位置要求：

（1）室内消火栓应设置在楼梯间及其休息平台和前室、走道等明显易于取用，以及便于火灾扑救的位置。

楼梯间指开敞楼梯间、封闭楼梯间、防烟楼梯间三类。休息平台指楼层平台、中间平台两类。前室指防烟楼梯间前室、消防电梯前室、合用前室三类。消防电梯前室可设两个消火栓。

（2）住宅的室内消火栓宜设置在楼梯间及其休息平台。

（3）大空间场所的室内消火栓应首先设置在疏散门外附近等便于取用和火灾扑救的位置。

（4）汽车库内消火栓的设置不应影响汽车的通行和车位的设置，并应确保消火栓的开启。

（5）同一楼梯间及其附近不同层设置的消火栓，其平面位置宜相同。

（6）冷库的室内消火栓应设置在常温穿堂或楼梯间内。

（7）对在大空间场所消火栓安装位置确有困难时，经当地消防监督机构核准，可设置在便于消防队员使用的合适地点。

4. 室内消火栓的布置应满足同一平面有 2 支消防水枪的 2 股充实水柱同时达到任何部位的要求。消火栓的布置间距不应大于 30m（应注意规范中规定可采用 1 支消防水枪的场所，如建筑高度不大于 54m 且每单元设一部疏散楼梯的住宅）。

5. 室内消火栓应配置公称直径 65 有内衬里的消防水带，长度不宜超过 25.0m；轻便水龙应配置公称直径 25 有内衬里的消防水带，长度宜为 30.0m。

6. 消火栓消防水枪充实水柱应符合下列规定：

（1）高层建筑、厂房、库房和室内净空高度超过 8m 的民用建筑等场所的消防水枪充实水柱应按 13m 计算。

（2）其他场所的消火栓消防水枪充实水柱应按 10m 计算。

7. 消火栓到灭火部位的水平折线长度（包括水带弯曲折减长度加水枪充实水柱在平面上的投影长度）：

（1）高层建筑、厂房、库房和室内净空高度超过 8m 的民用建筑等场所：29.23～31.73m；

（2）其他场所：27.1～29.6m。

8. 室内环境温度不低于 4℃，且不高于 70℃的场所，应采用湿式室内消火栓系统。

9. 室内环境温度低于 4℃，或高于 70℃的场所，宜采用干式消火栓系统。

10. 消防软管卷盘应在下列场所设置，但其水量可不计入消防用水总量（消防软管卷盘长度宜为30m）：

（1）高层民用建筑；

（2）多层建筑中的高级旅馆、重要的办公楼、设有空气调节系统的旅馆和办公楼；

（3）人员密集的公共建筑、公共娱乐场所、幼儿园、老年公寓等场所；

（4）大于200m^2的商业网点；

（5）超过1500个座位的剧院、会堂其闷顶内安装有面灯部位的马道等场所。

11. 住宅户内宜在生活给水管道上预留一个接$DN15$的消防软管或轻便水龙的接口。

12. 室内消火栓宜按行走距离计算其布置间距，并应符合下列规定：

消火栓按2支消防水枪的2股充实水柱布置的高层建筑、高架仓库、甲乙类工业厂房等场所，消火栓的布置间距不应大于30m。

13. 室内消火栓系统管网应布置成环状。

14. 下列建筑物内应采取消防排水措施，并应按排水最大流量校核：

（1）消防水泵房；

（2）设有消防给水系统的地下室；

（3）消防电梯的井底；

（4）仓库。

15. 室内消防排水宜排入室外雨水管道。

七、喷淋设计要点

室内消火栓给水系统应与自动喷水灭火系统分开设置。有困难时可合用消防泵，但在自动喷水灭火系统报警阀前必须分开设置。

（一）设计喷淋的范围

1. 除《建筑设计防火规范》另有规定和不宜用水保护或灭火的场所外，下列高层民用建筑或场所应设置自动灭火系统，并宜采用自动喷水灭火系统：

（1）一类高层公共建筑（除游泳池、溜冰场外）及其地下、半地下室；

（2）二类高层公共建筑及其地下、半地下室的公共活动用房、走道、办公室和旅馆的客房、可燃物品库房、自动扶梯底部；

（3）高层民用建筑内的歌舞娱乐放映游艺场所；

（4）建筑高度大于100m的住宅建筑。

2. 除《建筑设计防火规范》另有规定和不宜用水保护或灭火的场所外，下列单、多层民用建筑或场所应设置自动灭火系统，并宜采用自动喷水灭火系统：

（1）特等、甲等剧场，超过1500个座位的其他等级的剧场，超过2000个座位的会堂或礼堂，超过3000个座位的体育馆，超过5000人的体育场的室内人员休息室与器材间等；

（2）任一层建筑面积大于1500m^2或总建筑面积大于3000m^2的展览、商店、餐饮和旅馆建筑以及医院中同样建筑规模的病房楼、门诊楼和手术部；

（3）设置送回风管（管）的集中空气调节系统且总建筑面积大于3000m^2的办公建筑等；

（4）藏书量超过50万册的图书馆；

(5) 大、中型幼儿园，总建筑面积大于 $500m^2$ 的老年人建筑；

(6) 总建筑面积大于 $500m^2$ 的地下或半地下商店；

(7) 设置在地下或半地下或地上四层及以上楼层的歌舞娱乐放映游艺场所（除游泳场所外），设置在首层、二层和三层且任一层建筑面积大于 $300m^2$ 的地上歌舞娱乐放映游艺场所（除游泳场所外）。

3. 根据本规范要求难以设置自动喷水灭火系统的展览厅、观众厅等人员密集的场所和丙类生产车间、库房等高大空间场所，应设置其他自动灭火系统，并宜采用固定消防炮等灭火系统。

4. 下列建筑或部位应设置雨淋自动喷水灭火系统：

(1) 特等、甲等剧场、超过 1500 个座位的其他等级剧场和超过 2000 个座位的会堂或礼堂的舞台葡萄架下部；

(2) 建筑面积不小于 $400m^2$ 的演播室，建筑面积不小于 $500m^2$ 的电影摄影棚。

5. 餐厅建筑面积大于 $1000m^2$ 的餐馆或食堂，其烹饪操作间的排油烟罩及烹饪部位应设置自动灭火装置，并应在燃气或燃油管道上设置与自动灭火装置联动的自动切断装置。

食品工业加工场所内有明火作业或高温食用油的食品加工部位宜设置自动灭火装置。

（二）喷淋系统分类

分闭式、开式两种类型。闭式系统又分湿式、干式和预作用式。开式系统又分为雨淋式和水幕式系统。本章所讲的闭式湿式系统，适用于温度范围为 4～70℃的场合。

（三）喷淋头的间距

1. 按考题给定的喷淋头之间的间距、喷淋头与端墙之间的间距布置喷淋头。

2. 如果考题没有给定喷淋头之间的间距、喷淋头与端墙之间的间距（本教材只讲解中危险级，其余危险级如轻危险级、严重危险级和仓库危险级从略）：

(1) 中危险级Ⅰ级（客房、办公等高层，影剧院、中小商业等公建）：

直立型、下垂型喷头（标准喷头）之间的间距应小于等于 3.6m，但应大于等于 2.4m；喷淋头与端墙之间的间距应小于等于 1.8m 但≥0.1m。

边墙型标准喷头最大间距 3m；单排喷头最大保护跨度 3m，双排 6m。

边墙型扩大覆盖喷头最大间距、最大保护跨度与压力水量有关。

(2) 中危险级Ⅱ级（汽车库、大型商业等）：常规喷头之间的间距应小于等于 3.4m，但宜大于等于 2.4m；喷淋头与端墙之间的间距应小于等于 1.7m 但≥0.1m。

(3) 中危险级每根配水支管控制的标准喷头数不应超过 8 个。

(4) 每个防火分区均应设水流指示器。

（四）喷淋设计的其他要求

闭式系统用于民用建筑和工业厂房，最大净空高度为 8m，非仓库类高大净空场所（中庭、影剧院、音乐厅、会展中心、多功能体育馆、自选商场等）最大净空高度为 12m。喷头动作温度宜高于环境最高温度 30℃，一般 68℃、72℃，厨房 150℃。

（五）灭火气体

1. 洁净气体

三氟甲烷（HFC-23）、七氟丙烷（HFC-227ea）、烟烙尽（IG-541）。

2. 二氧化碳

八、设备房间的防火门

1. 甲级防火门

锅炉房、柴油发电机房、通风机房、空调机房、变配电室、防火分区处。

2. 乙级防火门

消防控制室、灭火设备室、消防水泵房、封闭楼梯间、防烟楼梯间（总建筑面积大于2万平方米的地下或半地下商店的防烟楼梯间的门为甲级防火门）、各种前室（防火分区开向防烟前室的门为甲级防火门）。

3. 丙级防火门

竖向管道间、配变电所内部相通的门及其直接通向室外的门。

九、消防电梯井、消防电梯机房

消防电梯井、机房与相邻其他电梯井、机房用防火墙隔开。

第四节　模拟试题及演示

一、任务书及附图部分（2003年）超高层办公楼核心筒及走廊消防设计

（一）任务描述

图4-9为建筑高度超过100m的办公楼的核心筒及走廊平面图，按照要求做出部分消防系统的平面布置图（不考虑办公室部分）。（电气内容略）

该平面布置图应包括以下内容：

1. 防排烟部分

（1）在应设加压送风防烟的部位画出送风竖井及送风口。防烟楼梯间加压送风（前室不送风），竖井面积不小于0.6m^2；防烟楼梯间及其合用前室加压送风，竖井面积均不小于0.4m^2。

（2）按规范要求设置排烟竖井及排烟口，每个排烟竖井面积不小于0.4m^2。

2. 灭火系统部分

（1）自动喷水灭火系统闭式喷头的平面布置。

（2）按规范要求布置室内消火栓（可嵌入墙内）。

（二）任务要求

在平面图上用提供的图例做出布置图，包括以下内容：

1. 选择合理的位置设置防烟竖井、排烟竖井（注明尺寸），布置加压送风口、排烟口。

2. 以最少的数量布置自动喷水灭火系统闭式喷头。

3. 布置室内消火栓。

4. 按消防电梯的要求，做出合理布置并标明位置。

（三）图例

机械防烟加压送风竖井、送风口：　　　机械排烟竖井、排烟口：

闭式喷头：○　　消火栓：

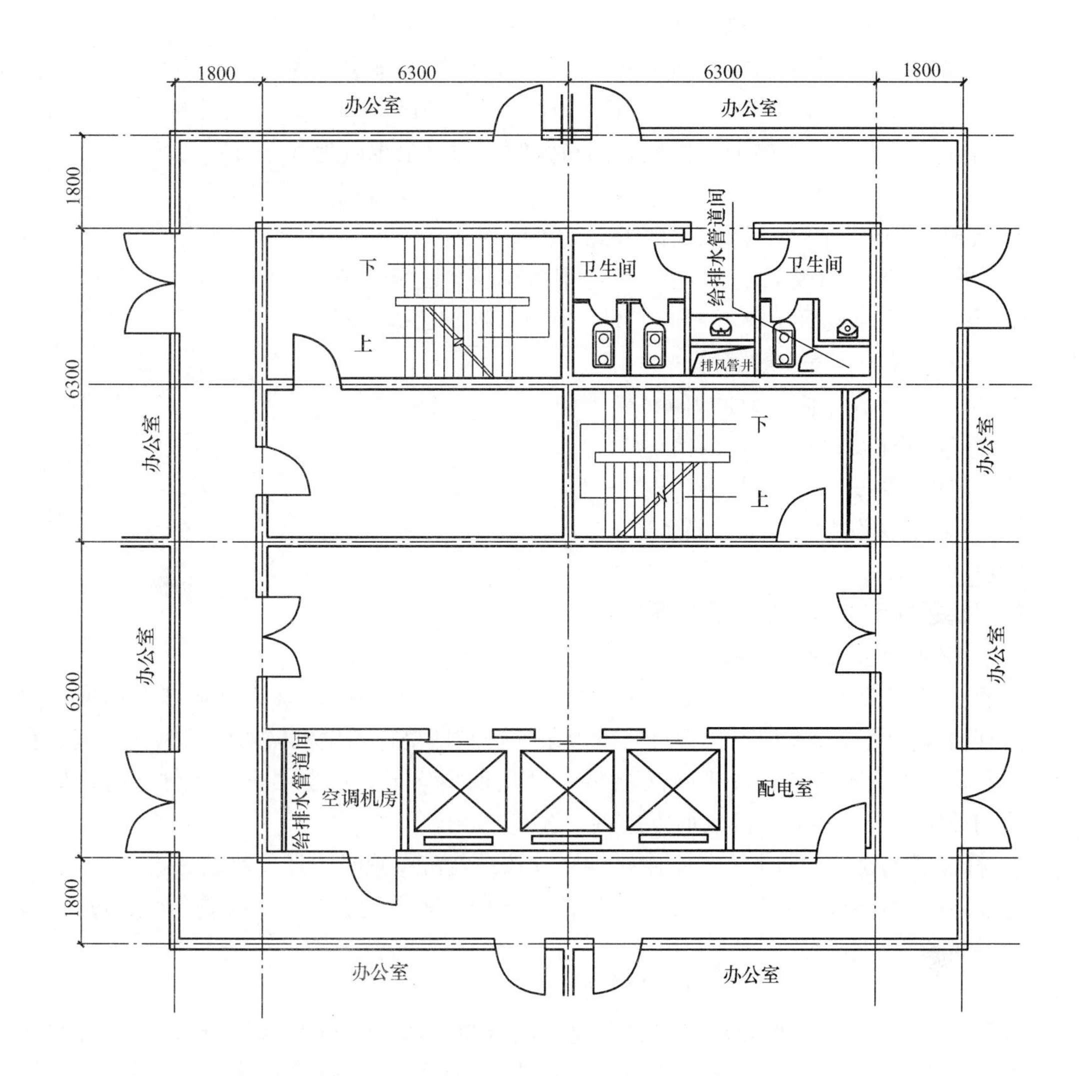

图 4-9 高层办公建筑五至二十二层局部平面图

二、试题选择题部分

每题的备选项中只有一个正确答案，要求必须在完成作图的基础上填选择题。即在各题的 A、B、C、D 四个选项中选出正确答案，并在其字母上涂黑，另按题号在答题卡上将所选选项对应的字母用 2B 铅笔涂黑，两者答案必须一致。

1. 图中的防烟送风竖井的数量应为（　　）。

A 1个　　B 2个　　C 3个　　D 5个

2. 符合规范要求的前提下，走廊排烟竖井按最经济布置时，数量最少应为（　　）。

A 1个　　B 2个　　C 3个　　D 4个

3. 按规范要求，下列哪些部位应设置闭式喷头？（　　）

A 走廊、卫生间、配电室、空调机房、防烟楼梯间前室、合用前室

B 走廊、卫生间、空调机房、防烟楼梯间前室、合用前室

C 走廊、卫生间、防烟楼梯间前室、合用前室

D　走廊、空调机房、防烟楼梯间前室、合用前室

4. 按规范要求，合用前室的喷头最经济布置时，数量最少应为（　　）。

A　1个　　　B　2个　　　C　3个　　　D　4个

5. 按规范要求，图中的消火栓最经济布置时，数量最少应为（　　）。

A　3个　　　B　2个　　　C　4个　　　D　5个

6. 按规范要求，图中的防火门数量与等级应为（　　）。

A　甲级1樘、乙级5樘　　　B　甲级1樘、乙级6樘

C　甲级6樘、乙级1樘　　　D　甲级5樘、乙级2樘

7. 消防电梯的布置一般宜为（　　）。

A　消防电梯设中间，设两道隔墙

B　消防电梯设中间，不设隔墙

C　消防电梯设一边，设一道隔墙

D　消防电梯设一边，不设隔墙

（电气部分略）

三、解题提示（附选择题的答案）

1. 图中防烟送风竖井的数量。

提示：《建筑防烟排烟系统技术标准》GB 51251—2017 以下简称《防排烟标准》规定：防烟楼梯间及其前室均不具备自然排烟条件，防烟楼梯间设机械加压送风（前室只有一个门与走廊相通不需送风）；防烟楼梯间、合用前室均不具备自然排烟条件，防烟楼梯间，合用前室宜分别独立设机械加压送风。选C（3个）。

2. 符合规范要求的前提下，走廊排烟竖井按最经济布置时的最少数量。

提示：《防排烟标准》规定：防烟分区内的排烟口距最远点的水平距离不应超过30m，一个可满足要求。选A。

3. 按规范要求，图中应设置闭式喷头的部位。

提示：《建筑设计防火规范》规定：建筑高度超过100mm的高层建筑，除不宜水扑救的配电室外均应设自动喷水灭火系统。选项中应设喷头的房间不能多，也不能少才对。选B（走廊、卫生间、空调机房、防烟楼梯间前室、合用前室）。

4. 按规范要求，合用前室的喷头最经济布置时的最少数量。

提示：《自动喷水灭火系统设计规范》GB 50084—2017 规定：标准喷头之间的间距应小于等于3.6m，但宜大于等于2.4m；喷淋头与端墙之间的间距应小于等于1.8m，尽量用足尺寸。选D（4个）。

5. 按规范要求，图中消火栓最经济布置时的最少数量。

提示：按2014年10月1日实施的《消防给水及消火栓系统技术规范》GB 50974—2014（以下简称《消防给水及消火栓规范》）的规定：消防电梯前室应设置消火栓，并应计入消火栓使用数量。室内消火栓应设置在楼梯间及其休息平台和前室、走道等明显易于取用，以及便于火灾扑救的位置。消防电梯前室设1个，防烟楼梯间前室（或楼梯间休息平台或走道）设1个，共设2个，见图4-10；也可以消防电梯前室设2个，共设2个。选B（2个）。

6. 按规范要求，图中防火门的数量与等级。

提示：《建筑设计防火规范》规定：通风机房、空调机房防火门甲级。楼梯间、前室防火门乙级。竖向管道间防火门丙级。选 A（甲级 1 樘、乙级 5 樘）。

7. 消防电梯一般宜如何布置？

提示：《建筑设计防火规范》规定：消防电梯井、机房与相邻其他电梯井、机房用防火墙隔开。消防电梯设一边机房方便隔开，在一边只设一道隔墙。选 C（消防电梯设一边、设一道隔墙）。

四、试作图（图 4-10、图 4-11）

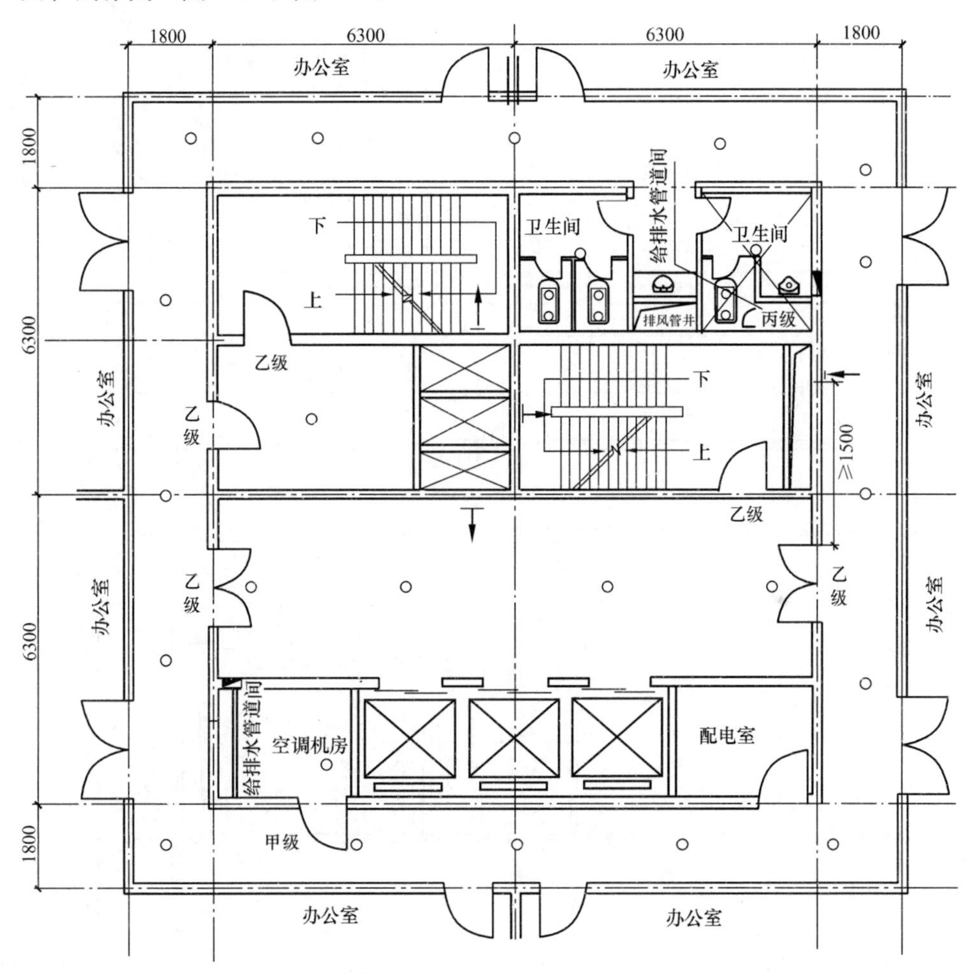

图 4-10 高层办公建筑五至二十二层局部设备平面图（参考答案一）

五、评分标准（机电设备和管道系统）（表 4-10）

表 4-10

评分方式	题 号	考 核 点	分 值	评 分 说 明	正确选项
选择题复核	1	防烟送风竖井、送风口	2.5	防烟送风竖井 3 个，分别对应 2 个防烟楼梯间、合用前室。防烟送风口与图例相同。如防烟楼梯间、前室合用前室排烟，则为错误	C

续表

评分方式	题 号	考 核 点	分 值	评 分 说 明	正确选项
选择题复核	2	排烟竖井、排烟口	2.5	排烟仅为走廊，排烟送风口与图例相同	A
	3	闭式喷头范围	2.5	除不宜用水扑救的配电室外，其余均设喷淋	B
	4	闭式喷头 合用前室喷头个数	2.5	合用前室喷头为 4 个	D
	5	消火栓范围、个数	2.5	消火栓为 3 个，其中合用前室 1 个，走廊 2 个。位置应靠近给排水管道间	B
	6	防火门等级、个数	2.5	空调机房设甲级防火门 1 个，其余乙级防火门 5 个	A
	7	消防电梯位置、个数	2.5	消防电梯宜靠边设置，便于电梯机房的分隔。若消防电梯加设于前室内，且能保证前室不小于 $6m^2$，合用前室不小于 $10m^2$，也算正确	C
	8	电气题略	2.5	略	—
	9	电气题略	2.5	略	—
	10	电气题略	2.5	略	—

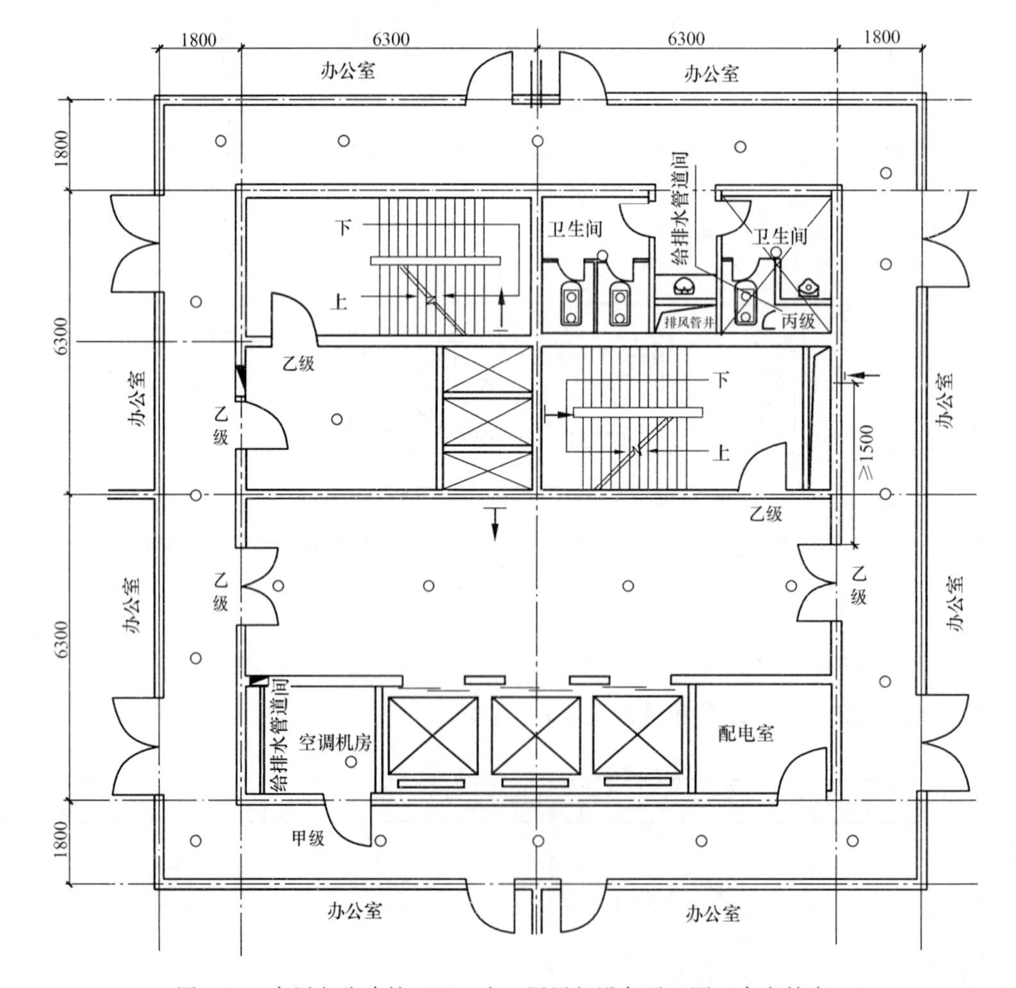

图 4-11 高层办公建筑五至二十二层局部设备平面图（参考答案二）

第五节　试题类型及解答

一、【试题 4-1】（2005 年）报告厅设备作图

（一）任务描述

按提供的某高校报告厅吊顶平面图和剖面图（见图 4-12），根据任务要求，经济合理地绘出全空气系统空调送、回风和排风平面布置图。

（二）任务说明

1. 送风要求：主风道始端断面面积不小于 0.65m^2。通往报告厅的主风道始端断面面积不小于 0.55m^2。通往休息室的风道断面面积不小于 0.18m^2，报告厅、休息室内末端支风道尺寸为 600mm×300mm，声光控制室的末端支风道尺寸为 150mm×150mm，风道不得占用其他设备空间，送风口的形式（下送或侧送）根据吊顶形式确定，其中报告厅内灯槽位置按侧送风口布置。

2. 回风要求：主风道始端断面面积不小于 0.49m^2，报告厅吊顶采用条缝回风口 16 个。

3. 排风要求：排风道尺寸为 150mm×150mm。

4. 其他条件：

（1）层高 5m，北走廊 1～3 轴梁高 800mm，教室内 1～3 轴梁高 1400mm，B、C 轴梁高 750mm，4 轴门洞梁高 650mm。走廊不设送、回风口，另有系统解决。

（2）送、回风主风道经清洁室吊顶与竖向风道井相接。

（三）任务要求

按照任务说明和所给图例，在吊顶平面图中的报告厅、休息室、声光控制室、厕所、清洁室、走廊给出以下内容：

1. 送风管道和送风口布置，并表示出送风管道的断面尺寸（宽×高）

2. 回风管道和回风口布置，并表示出回风管道的断面尺寸（宽×高）

注：吊顶可做回风道。

3. 排风管道和排风口（排风扇）布置

（四）图例

竖向风管道：▭

水平风管道：　宽×高

水平风管道弯头：

侧送风口：1000mm×100mm：

散流器下送风口：300mm×300mm：⊠

百叶回风口：300mm×300mm：□

条缝回风口：1000mm×150mm：▭

排风口（排风扇）：200mm×200mm：◙

楼面标高：

吊顶标高：

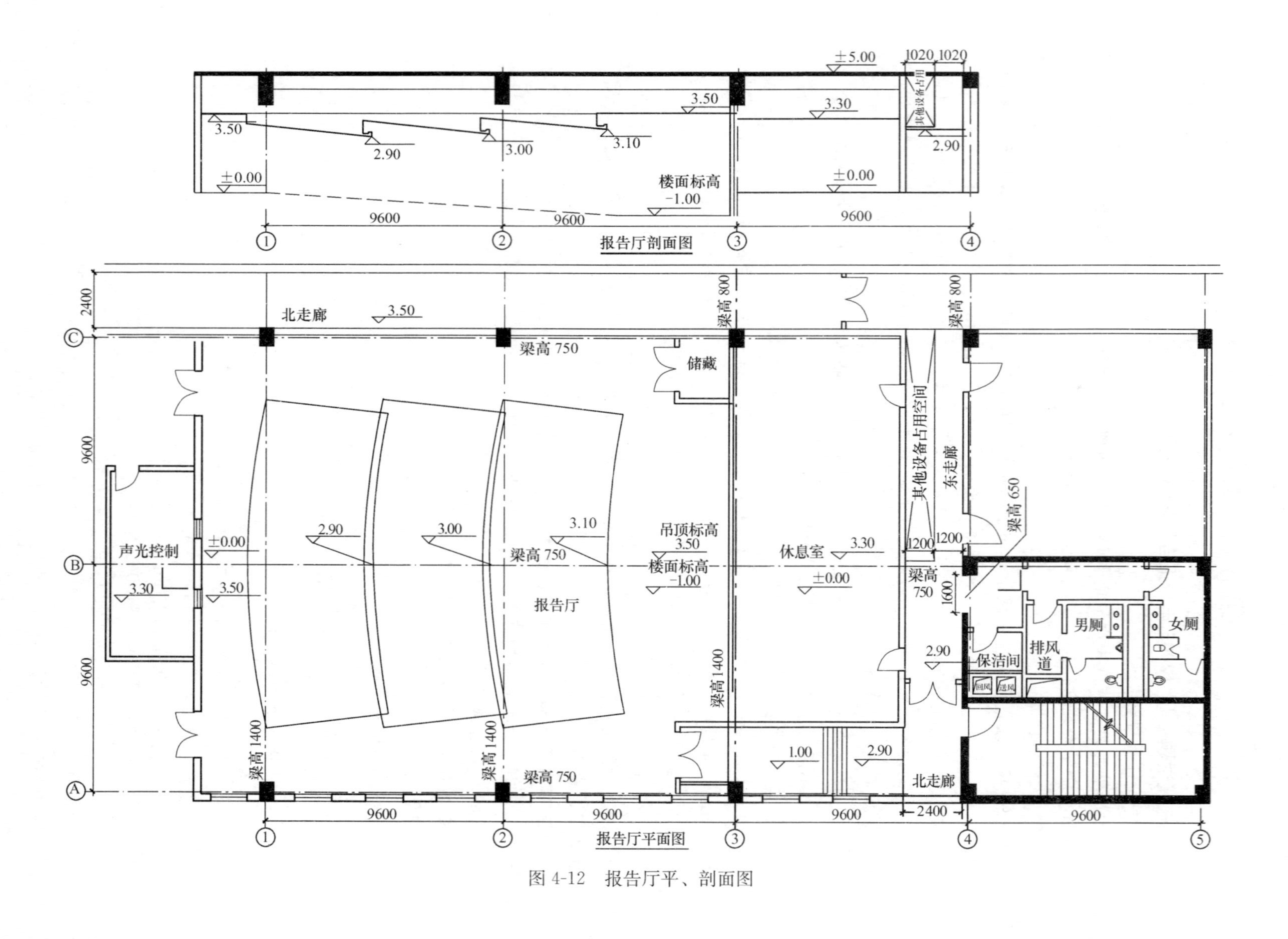

图 4-12　报告厅平、剖面图

（五）作图选择题

1. 东走廊通往报告厅的送风道的断面尺寸（宽×高），以下哪项是合理的？

A 750×750　　B 1000×600　　C 1200×550　　D 2000×300

2. 通过 3 轴上的送风道的断面尺寸（宽×高），以下哪项是合理的？

A 750×750　　B 1200×500　　C 1800×350　　D 2300×250

3. 通过③轴上的回风道的断面尺寸（宽×高），以下哪项是合理的？

A 700×700　　B 900×550　　C 1400×350　　D 2500×200

4. 在报告厅内（邻控制室侧）3500mm 标高处的吊顶上，下列送风口的设置哪个是正确的？

A 不宜设送风口　　B 设侧送风口

C 设下送风口　　D 设侧送风口或下送风口均可

5. 下列报告厅内吊顶上回风口的设置位置哪个是正确的？

A 在教室前排　　B 在教室后排

C 在教室中央　　D 在教室两侧

6. 报告厅吊顶上，以下设置哪个是合理的？

A 下送及侧送风口、回风口、排风口

B 全部侧送风口、回风口

C 下送及侧送风口、回风口

D 全部侧送风口、回风口、排风口

7. 厕所和清洁室中应设置：

A 排风口　　B 回风口

C 排风口、回风口　　D 排风口、回风口、送风口

8. 控制室、休息室，以下哪组设置是正确的？

A 控制室设送风口；休息室设送风口

B 控制室设排风口；休息室设送风口、回风口

C 控制室设送、回风口；休息室设送风口

D 控制室设送风口；休息室设送风口、回风口

（六）试作图（图 4-13）。

（七）选择题提示及答案

1. 东廊通往报告厅送风道的断面尺寸（宽×高，单位 mm）。

提示：制图标准规定：风管尺寸开头数字为该视图投影面的边长尺寸，乘号后面数字为另一边尺寸。东廊可利用空间（扣除其他设备占用空间）为 1200×1300，风管每边需留出至少 150 的安装空间，只有 750×750 合适。选 A。

2. 通过③轴上的送风道断面尺寸（宽×高，单位 mm）。

提示：送风道经东廊至北廊。③轴可利用净高为：5000（结构上平面标高）－800（梁高）－3500（吊顶标高）－100（吊顶龙骨加饰面）＝600，净宽 2400。留出安装空间，只有 2000×300 合适。选择 C。

3. 通过③轴上的回风道断面尺寸（宽×高，单位 mm）。

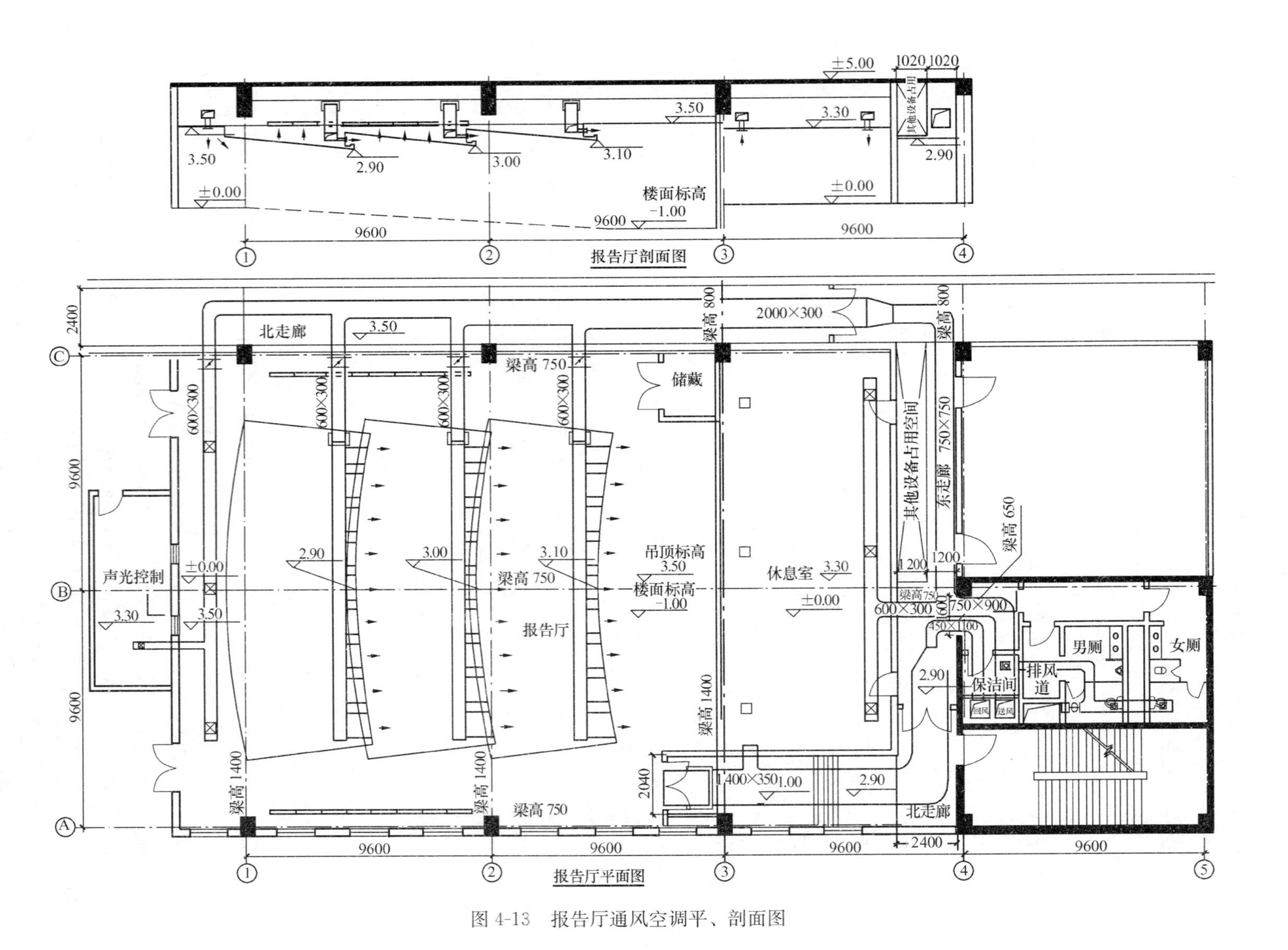

图 4-13　报告厅通风空调平、剖面图

提示：回风道经南廊至东廊。③轴可利用净高为：5000（结构上平面标高）－1400（梁高）－2900（吊顶标高）－100（吊顶龙骨加饰面）＝600，净宽2400。留出安装空间，只有1400×350合适。选C。

4. 报告厅内（邻控制室侧）3500mm标高处的吊顶上，送风口的设置。

提示：既然选择题是选择送风口，A不能选；剖面可见侧送风口吹墙，不合适；只能设下送风口。选C。

5. 报告厅内吊顶上回风口的设置。

提示：已明确送风为吊顶上侧送（向前吹），在教室前排吊顶上回风，气流未经座位区，不合适；在教室后排已设送风口，回风不能在后排；在教室中央已有侧送风口，回风不能在中央；回风口只有在教室两侧。选D。

6. 报告厅吊顶上风口的设置。

提示：未要求设排风口。送风口在4题，任务说明中已确定，设下送及侧送风口。选C。

7. 厕所和清洁室中风口的设置。

提示：厕所和清洁室一般不设送风，不应设回风，一般只设排风。选A。

8. 控制室、休息室风口的设置。

提示：休息室设送风口、回风口；控制室有发热，设送风降温。选D。

二、【试题4-2】（2006年）高级公寓标准层核心筒及走廊设备作图

（一）任务描述

图4-14是24层高级公寓标准层核心筒及走廊平面图（建筑面积1450m^2），按照防火规范要求进行消防设施的布置，要求做到最少、最合理。钢筋混凝土墙上可开洞（室内不考虑，电气内容略）。

（二）任务要求

1. 防排烟部分

（1）在应设机械加压送风的部位画出送风竖井及送风口并注明尺寸，每个送风竖井面积不小于0.5m^2。

（2）在应设机械排烟的部位画出排烟竖井及排烟口并注明尺寸，每个排烟竖井面积不小于0.5m^2。

2. 灭火系统部分

（1）按最少的要求布置自动喷水灭火系统喷头并注明间距。

（2）按最少的要求布置室内消火栓（可嵌入墙内）。

3. 建筑防火部分

（1）标明应设置的乙级防火门。

（2）标明消防电梯。

（三）图例

机械加压送风竖井、送风口▯|→　机械排烟竖井、排烟口▯|←　闭式喷头○消火栓▬。

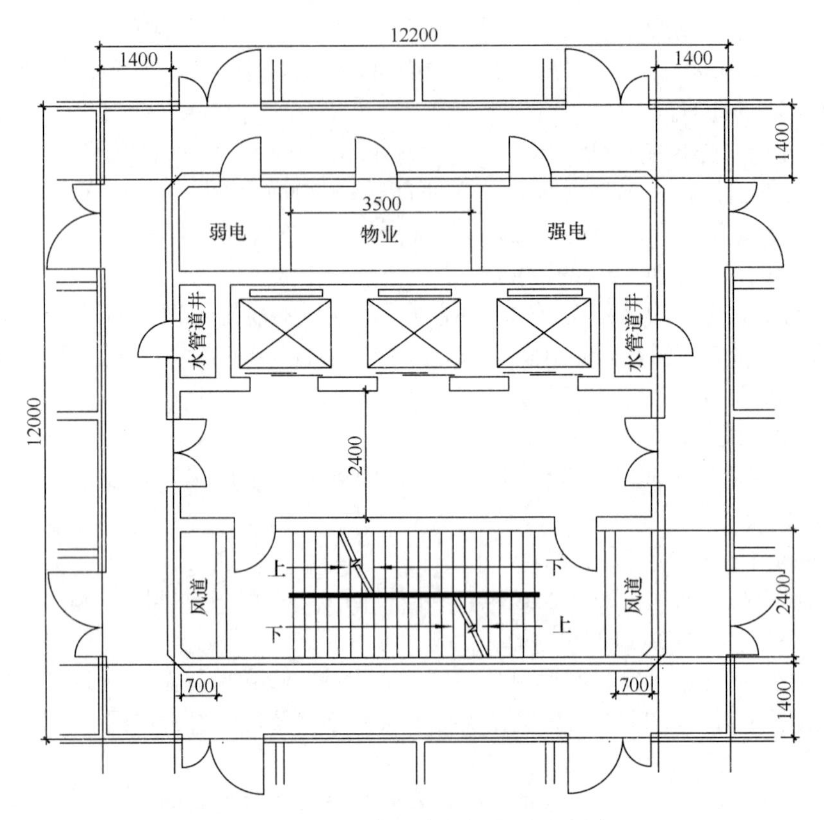

图 4-14　24 层高级公寓标准层平面图

（四）作图选择题

1. 机械加压送风口数量：

A　1　　B　2　　C　3　　D　4

2. 机械排烟口的最少数量：

A　1　　B　2　　C　3　　D　4

3. 喷淋头布置的最少数量：

A　13　　B　14　　C　15　　D　16

4. 消火栓布置的最少数量：

A　1　　B　2　　C　3　　D　4

5. 乙级防火门的使用数量：

A　2　　B　3　　C　4　　D　5

6. 关于消防电梯的设置下列哪一项做法是最合理的？

A　无要求　　B　一侧　　C　中间　　D　两侧

（五）试作图（图 4-15、图 4-16）

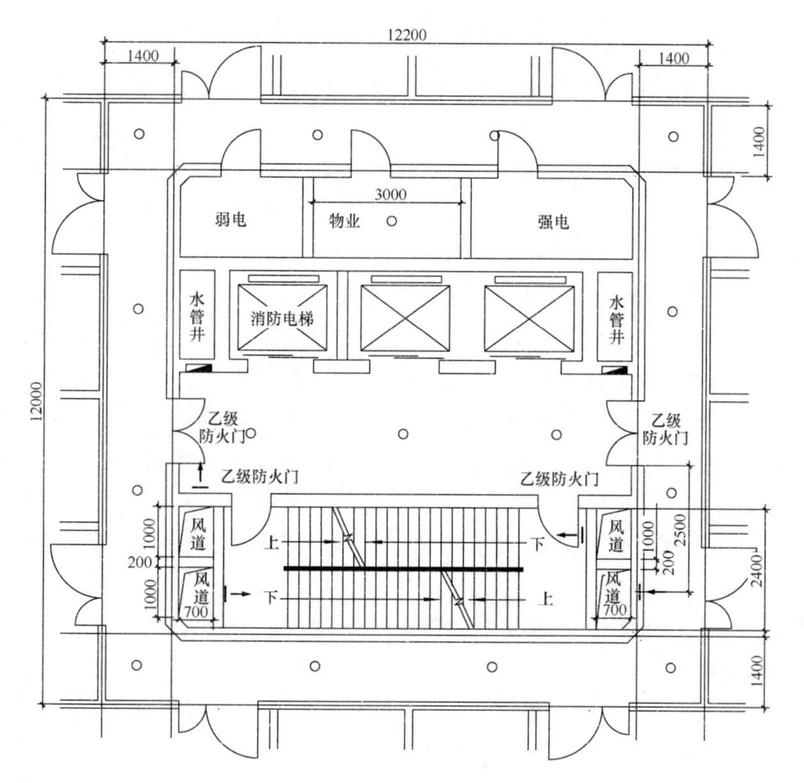

图 4-15　24 层高级公寓标准层平面图（参考答案一）

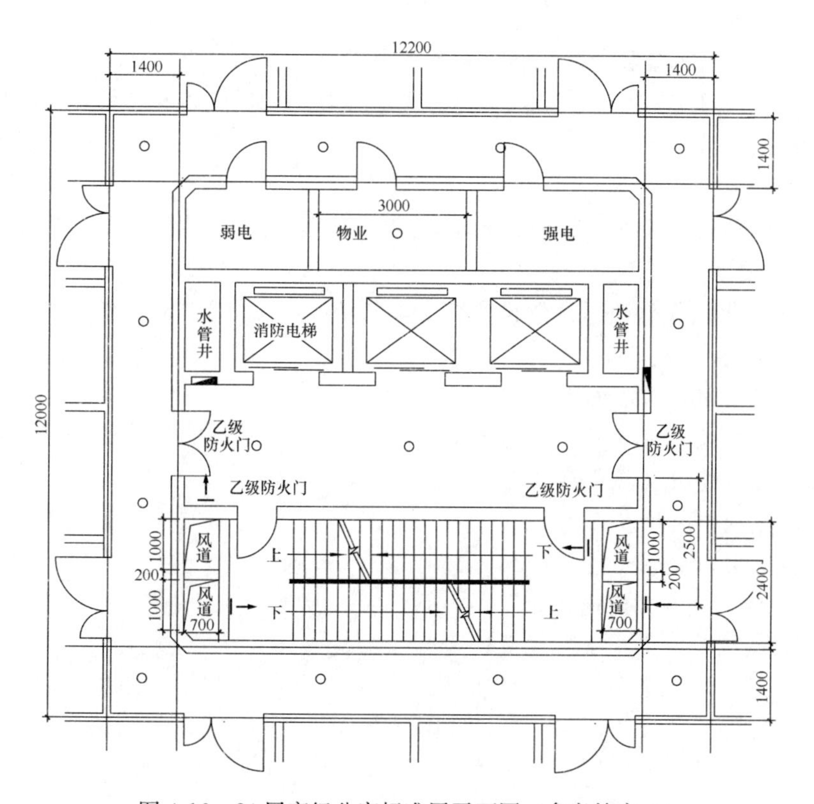

图 4-16　24 层高级公寓标准层平面图（参考答案二）

（六）选择题提示及答案

1. **提示：** 剪刀楼梯间按两部楼梯分别设机械加压送风，合用前室宜分别独立设机械加压送风。选 C。

2. **提示：** 防烟分区内排烟口距最远点的水平距离不应超过 30m、距前室门不小于 1.5m。选 A。

3. **提示：** 走廊 12 个、合用前室 3 个、物业 1 个，共 15 个。选 C。

4. **提示：** 楼梯间 1 个、合用前室 1 个，共 2 个。选 B。

按《消防给水及消火栓规范》的规定：消防电梯前室应设置消火栓，并应计入消火栓使用数量。室内消火栓应设置在楼梯间及其休息平台和前室、走道等明显易于取用，以及便于火灾扑救的位置。消防电梯前室设 2 个，共设 2 个，见图 4-15。也可以消防电梯前室设 1 个，防烟楼梯间休息平台（或走道）设 1 个，共设 2 个，见图 4-16。

5. **提示：** 楼梯间 2 樘，合用前室 2 樘，共 4 樘。选 C。

6. **提示：** 消防电梯与普通电梯应分设机房，为方便分设电梯机房，消防电梯设于一侧。选 B。

三、【试题 4-3】（2007 年）宾馆空调通风、消防系统设计

（一）任务描述

图 4-17 为某宾馆（二类高层建筑）的部分平面图，除客房斜线部分不吊顶外其余全部吊顶。按要求做出空调通风及部分消防系统的平面布置。

已知条件：

1. 空调通风部分：

（1）客房采用风机盘管，新风通过走廊的新风竖井接入。

（2）电梯厅采用新风处理机，用 4 个散流器均匀送风，送风直接由外墙新风口接入。

（3）走廊仅提供新风。

2. 灭火系统部分：

采用自动喷水灭火系统，客房采用边墙型扩展覆盖喷头，其他部位采用标准型喷头。

（二）任务要求

1. 在平面图上按提供的图例做出布置图，包括：

（1）布置空调系统。

（2）布置卫生间排风系统。

（3）在符合规范的前提下，按最少数量布置电梯厅、过道、走廊喷头（仅表示喷头）。

（4）布置客房喷头（仅表示喷头）。

（5）布置室内消火栓。

（6）标注防火门及防火等级。

2. 根据作图，完成作图选择题。

（三）图例

散流器：		换气扇（吊顶安装）：	
风管：		消火栓：	
防火阀：		边墙型扩展覆盖喷头：	
冷水供水管：		标准型喷头：	
冷水回水管：		甲级防火门：	FM—甲
凝结水管：		乙级防火门：	FM—乙
排风竖井：		丙级防火门：	FM—丙
风机盘管：（风机盘管为卧式暗装侧送风，底部回风）	200 300 此为回风口 600	新风处理机（高 1000）：	1000 600 接新风口 1000 630 底部回风口 接散流器

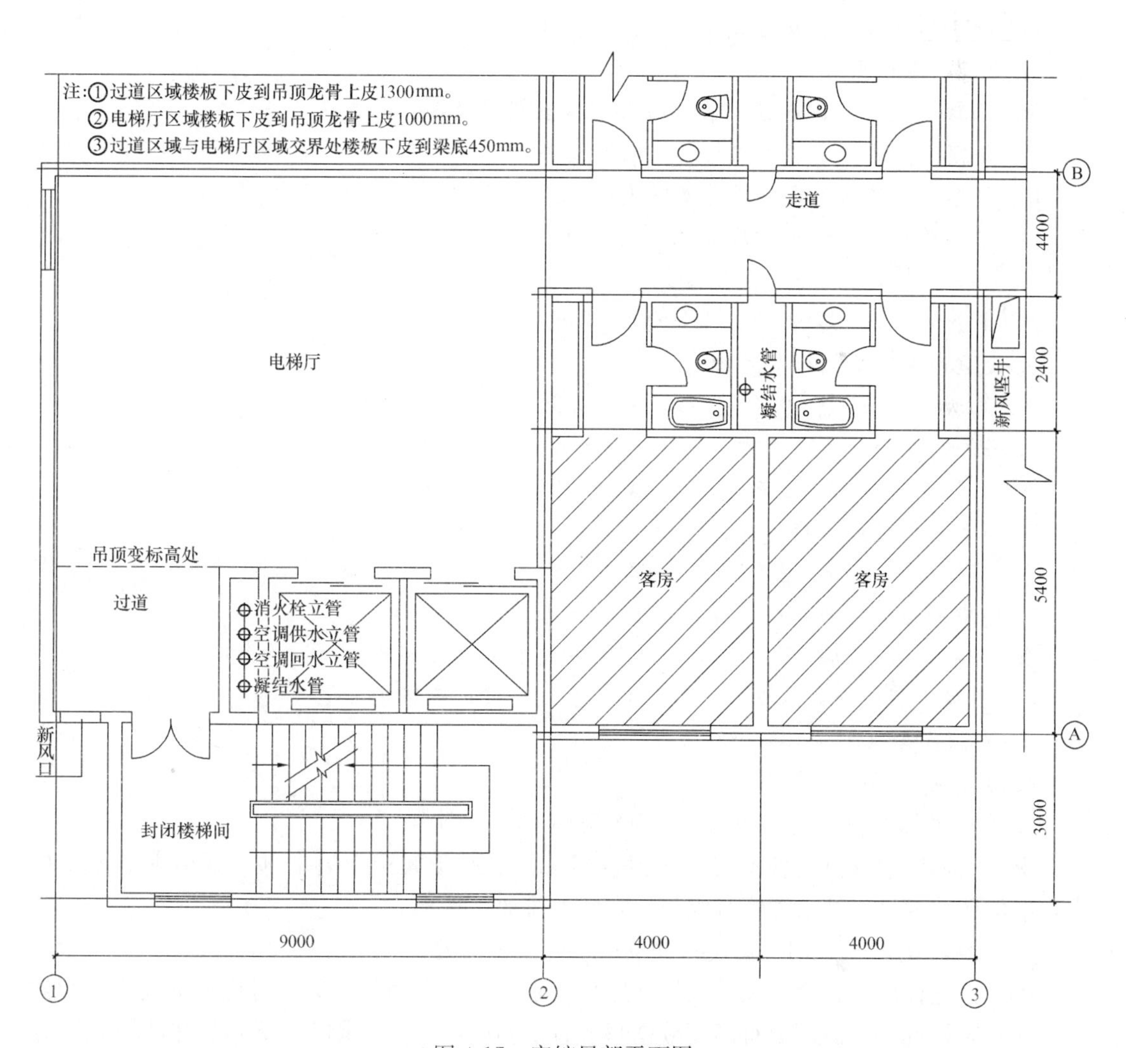

图 4-17 宾馆局部平面图

（四）作图选择题

1. 客房的风机盘管应安装于下列哪个部位；凝结水应排至何处？

A　卫生间上部；排至卫生间管井的凝结水管

B　走道上部；排至卫生间管井的凝结水管

C　走道上部；排至电梯厅管井的凝结水管

D　卫生间上部；排至电梯厅管井的凝结水管

2. 电梯厅的新风处理机应安装于下列哪个部位；新风接至何处？

A　电梯厅上部；接至新风竖井　　B　电梯厅上部；接至新风口

C　过道上部；接至新风口　　D　过道上部；接至新风竖井

3. 卫生间的排气系统应为（　　）。

A　排气扇直接排至管井（间）

B　排气扇通过风管排至管井内的排风竖井（竖管）

C　排气扇通过风管及防火阀排至管井内的排风竖井（竖管）

D　排气扇通过风管及防火阀直接排至管井（间）

4. 走廊的新风系统应为（　　）。

A　吊顶设散流器，通过风管及防火阀接至新风竖井

B　吊顶设散流器，通过风管接至新风竖井

C　吊顶设散流器，通过风管及防火阀接至新风口

D　吊顶设散流器，通过风管接至新风口

5. 电梯厅及过道的喷头数量最少应为（　　）。

A　4个　　B　5个　　C　6个　　D　7个

6. 走道内的喷头间距最大为（　　）。

A　1.8m　　B　2.4m　　C　3.6m　　D　4.2m

7. 每间客房内，边墙型喷头的数量最少应为（　　）。

A　1个　　B　2个　　C　3个　　D　4个

8. 消火栓数量最少应为（　　）。

A　1个　　B　2个　　C　3个　　D　4个

9. 图中的防火门数量与等级应为（不含走道北侧的门）（　　）。

A　甲级1樘；乙级1樘　　B　甲级1樘；乙级3樘

C　乙级1樘；丙级1樘　　D　乙级3樘；丙级1樘

（五）试作图（图4-18）。

（六）选择题提示及答案

1. 客房的风机盘管安装的部位；凝结水应排至何处？

提示：客房的风机盘管不宜设于卫生间，一般设于客房走道上部；凝结水是无压排水，应保证坡度且凝结水管不宜太长，宜就近排放。选B。

2. 电梯厅的新风处理机安装的部位；新风接至何处？

提示：电梯厅不宜设新风处理机，题目要求设，按题目答。只有过道上部高度空间才放得下新风处理机（图例中有高度数据）；新风应接至外墙新风口（新风竖井的新风已处理过）。选C。

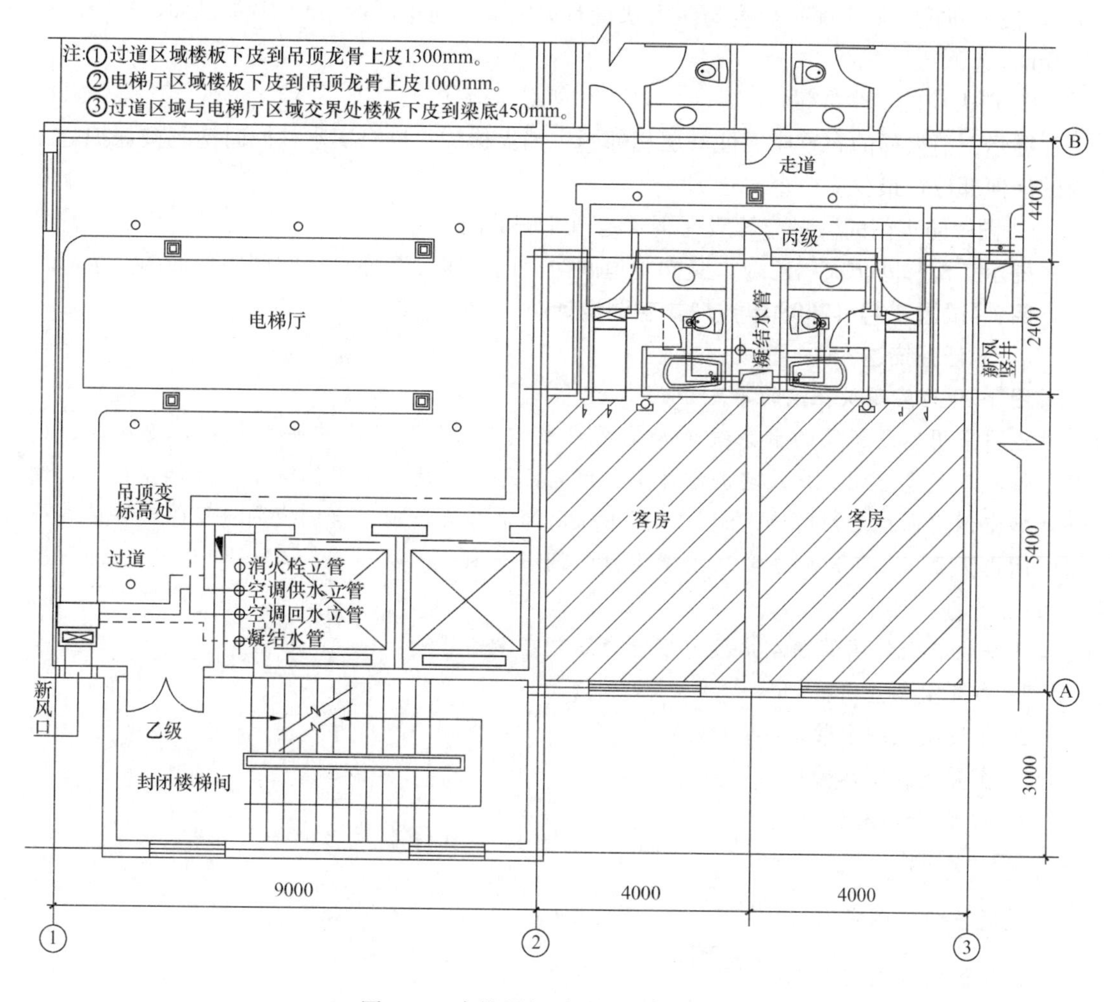

图 4-18 宾馆局部平面图（参考答案）

3. 卫生间的排气系统。

提示：排气不能排到管井（间），要排到排风竖井（竖管）；水平风管与穿层的竖风管连接时，水平风管应加防火阀。选 C。

4. 走廊的新风系统。

提示：吊顶设散流器，四个选项相同；任务描述中已明确新风通过走廊的新风竖井接入，水平风管与穿层的竖风管连接时，水平风管应加防火阀。选 A。

5. 电梯厅及过道喷头的最少数量。

提示：喷头间距小于等于 3600mm，且大于等于 2400mm，距边墙小于等于 1800mm，布置时用足限值；布置结果电梯厅 6 个，过道 1 个，共 7 个。选 D。

6. 走道内喷头的最大间距。

提示：客房为中危险级Ⅰ级，喷头间距最大为 3600mm。选 C。

7. 每间客房内，边墙型喷头的最少数量。

提示：图例中已注明为边墙型扩展覆盖喷头（不是边墙标准喷头，也不是下垂型喷头），最大间距、最大保护跨度与压力水量有关，最大间距可达 4m；喷头最大保护跨度可达 6m。选 A。

8. 消火栓的最少数量。

提示：消火栓的布置应保证同层相邻两个消火栓的水枪充实水柱同时达到被保护范围内的任何部位，最少应 2 个。选 B。

9. 图中防火门的数量与等级（不含走道北侧的门）。

提示：楼梯间防火门乙级，竖向管道间防火门丙级，客梯、房间门为普通门。选 C。

四、【试题 4-4】（2008 年）户式空调设计

（一）任务描述

图 4-19 为某高层住宅的单元平面。

左户采用不设新风的水系统风冷热泵户式空调（俗称“小中央空调”），卫生间、厨房、储藏不考虑空调。户式空调室外主机位置已给定，优先选用侧送下回空调室内机，侧送侧回空调室内机已预留墙面洞口。图中仅阴影部分设吊顶，空调室内机及管线安装在吊顶空间内。要求按下述制图要求绘制左户空调布置图。

（二）任务要求

用提供的配件图例在左户按以下要求绘制空调布置图：

1. 布置空调室内机；
2. 布置空调给水管；
3. 布置空调回水管；
4. 布置空调冷凝水管。

（三）图例

侧送下回空调室内机：

侧送侧回空调室内机：

空调给水管：——

空调回水管：-·-·-

空调冷凝水管：------

（四）作图选择题

1. 空调冷凝水管可以直接接至何处？

A 排水立管　　B 地漏

C 密闭雨水管　　D 户式空调室外主机

2. 空调回水管布置正确的是：

A 由各空调室内机接至空调回水支管，再接至空调回水主管，最后接至户式空调室外主机

B 由各空调室内机接至空调回水支管，再接至空调回水主管，最后接至地漏

C 空调回水管由最远端空调室内机依次经过其他空调室内机后接至户式空调室外主机

D 空调回水管由各空调室内机直接接至户式空调室外主机

3. 共需要几台空调室内机？

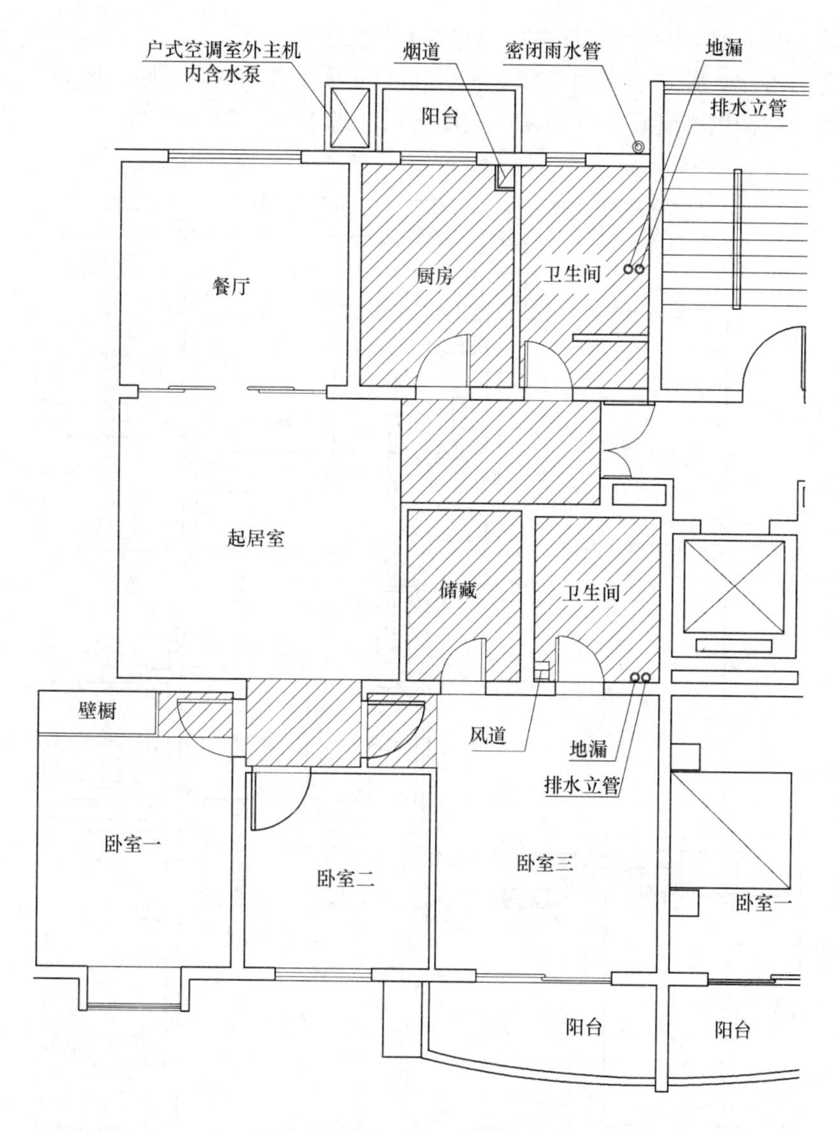

图 4-19　高层住宅单元平面图

A　3　　　B　4　　　C　5　　　D　6

4. 应选用几台侧送下回空调室内机？

A　1　　　B　2　　　C　3　　　D　4

5. 空调给水管从户式空调室外主机到卧室一的空调室内机共需要穿过几道墙？

A　3　　　B　4　　　C　5　　　D　6

（五）试作图（图 4-20）

（六）选择题提示及答案

1. **提示：**凝水管排入污水管时应有空气隔断措施（如地漏等），不得与污水管直接连接以防异味进入凝水管，进而进入房间。空调凝水管不得与室内密闭雨水管直接连接以防雨水进入凝水管溢出风机盘管滴水盘。选 B。

2. **提示：**空调水管只设并联系统，不设串联。选 A。

3. **提示**：共需要 5 台空调室内机，数数即可。选 C。

4. **提示**：餐厅、卧式两室内机和空调房间之间隔着墙，不能下回。选 C。

5. **提示**：空调供水管穿过 6 道墙，数墙即可。选 D。

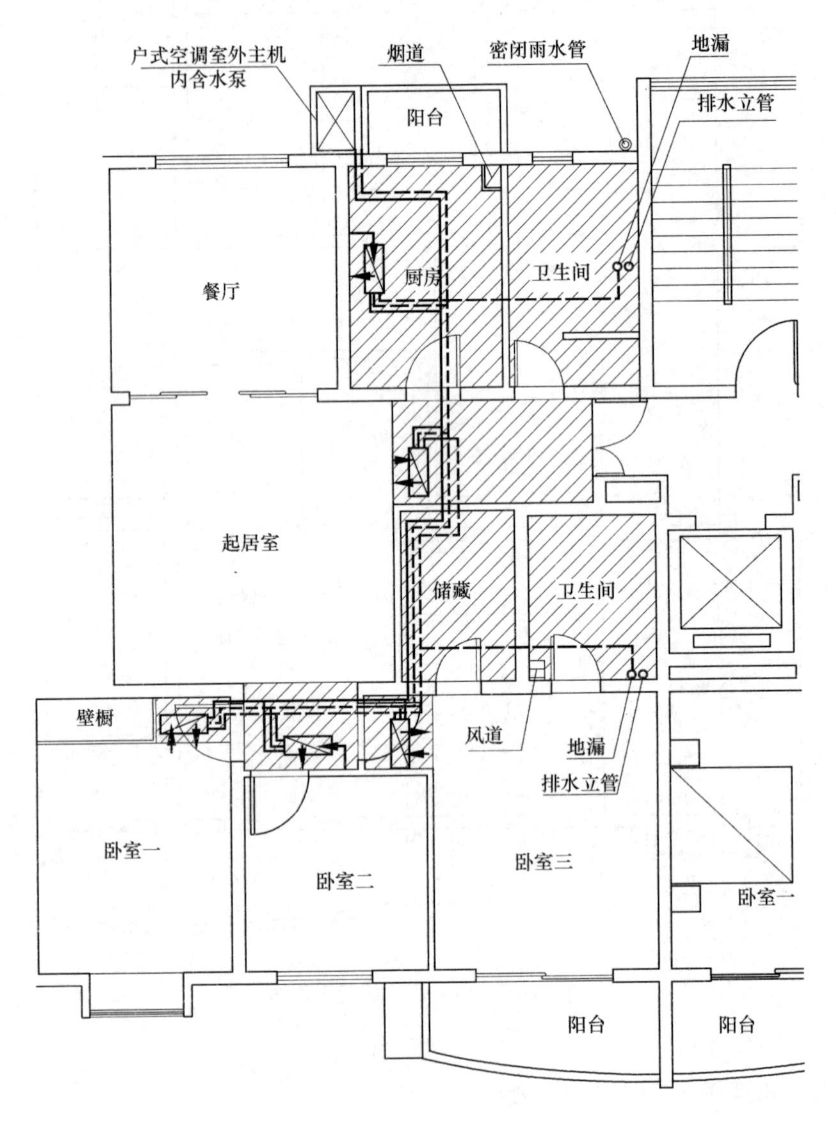

图 4-20　左户空调布置图

五、【试题 4-5】（2009 年）地下室消防布置

（一）任务描述

图 4-21 为某栋一类高层建筑地下室的一个防火分区平面图，根据防火规范、任务要求和图例，布置分区内的部分消防设施。

（二）任务要求

1. 消防排烟

（1）布置走廊排烟管和排烟口并连接。

（2）在需要排烟的空间布置排烟管和排烟口并连接。

（3）在排烟管的适当位置布置防火阀。

2. 消防送风（补风）

（1）布置走廊送风管和送风口并连接。

（2）在需要送风的空间布置送风管和送风口并连接。

（3）在送风管的适当位置布置防火阀。

3. 消防水喷淋、消火栓

（1）在风机房和排烟机房布置消防水喷淋头，不考虑梁高对水喷淋头的遮挡。

（2）布置消火栓。

4. 火灾应急照明

布置火灾应急照明灯。

5. 防火门

在需要设置防火门处标注防火门及防火等级。

（三）图例

排烟口：▤

排烟管：————

送风口：▣

送风管：—— - ——

风管剖切线：～

防火阀：○-⊕

水喷淋头：⊗

消火栓：◩

应急照明灯：◎

防火门：FM-甲 FM-乙

（四）作图选择题

1. 除走廊外需要设机械排烟的空间是：

A　前室、员工活动室　　B　库房、变配电室

C　前室、库房、变配电室　　D　员工活动室、库房

2. 走廊上排烟口的最少设置数量是：

A　0　　B　1～2　　C　3～4　　D　5～6

3. 排烟管上需要设排烟防火阀的数量（不含排烟机房的防火阀）是：

A　0～1　　B　2～3　　C　4～5　　D　6～7

4. 需要设送风（补风）的空间是：

A　前室、变配电室、走廊　　B　走廊、库房、变配电室

C　走廊、员工活动室、库房　D　前室、库房、走廊

5. 送风管上需要设防火阀的数量（不含风机房的防火阀）是：

A　0　　B　1　　C　2～3　　D　4～5

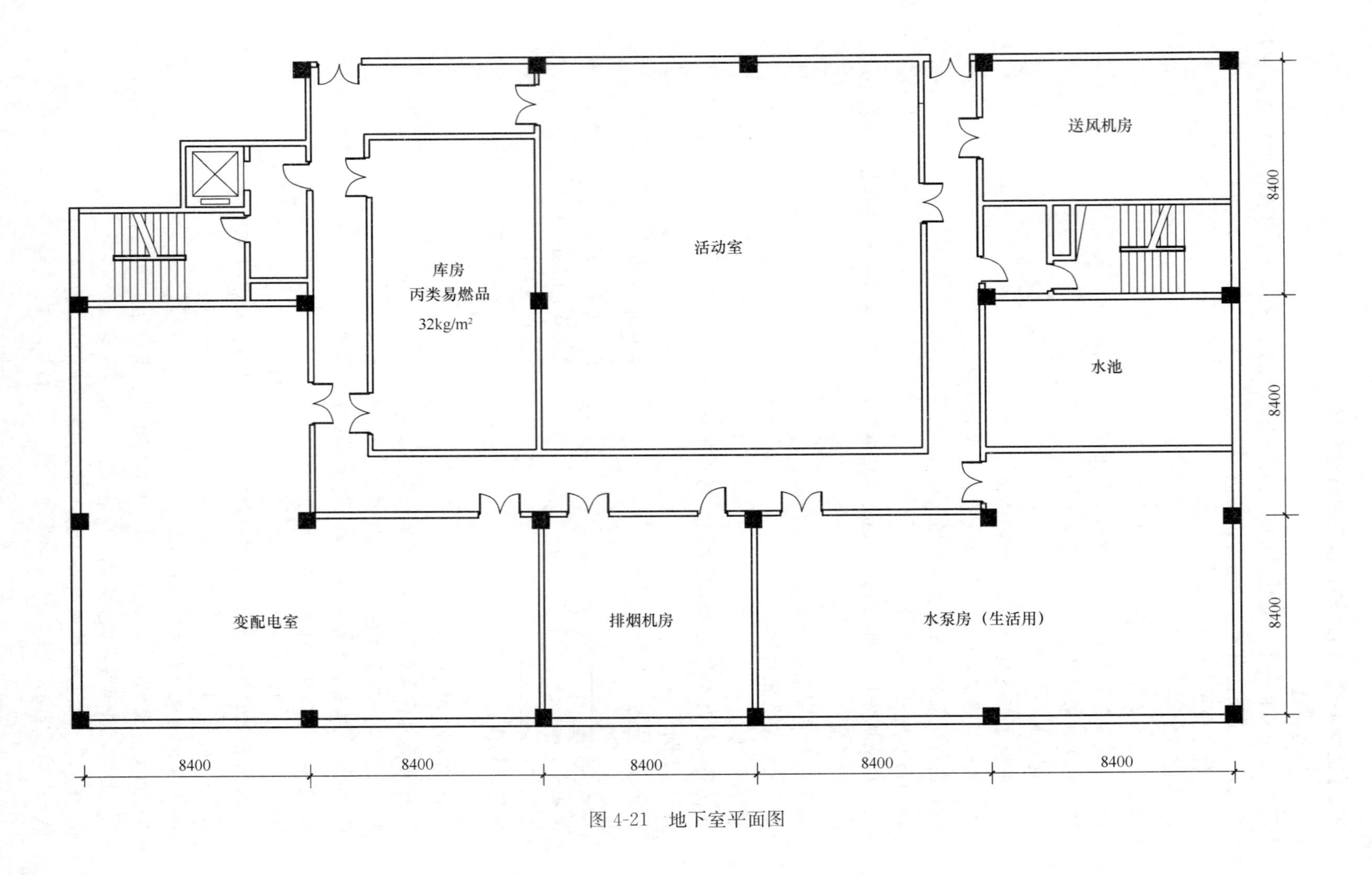
送风机房
活动室
库房
丙类易燃品
32kg/m²
水池
变配电室
排烟机房
水泵房（生活用）
8400
8400
8400
8400
8400
8400
8400
8400

图 4-21　地下室平面图

6. 设消防水喷淋的空间是：

A　走廊、员工活动室、库房、风机房、排烟机房

B　走廊、员工活动室、库房、风机房

C　走廊、员工活动室、库房

D　走廊、员工活动室

7. 以下空间消防水喷淋头的最少数量是：

A　送风机房 6；排烟机房 9　B　送风机房 6；排烟机房 8

C　送风机房 5；排烟机房 9　D　送风机房 5；排烟机房 8

8. 走廊上布置的消火栓的最少数量是：

A　2　　B　3　　C　4　　D　5

9. 设置防火门的数量与级别分别是：

A　6 甲 6 乙　B　7 甲 6 乙　C　8 甲 6 乙　D　9 甲 4 乙

（五）试作图（图 4-22）

（六）选择题提示和答案

1. **提示：**前室不能设排烟，变配电室不需要设排烟，员工活动室要设排烟。选 D。

2. **提示：**走廊设 1 个排烟口。选 B。

3. **提示：**排烟支管上设排烟防火阀，排烟管上设 3 个排烟支管，3 个设排烟防火阀。选 B。

4. **提示：**需要排烟的空间是走廊、员工活动室、库房，地下室排烟的空间需要设送风（补风）。选 C。

5. **提示：**重要的、火灾危险大房间设防火阀，活动室、易燃品库房设防火阀。选 C。

6. **提示：**（A）项所列空间应设消防水喷淋。选 A。

7. **提示：**按间距绘制防水喷淋头。选 A。

8. **提示：**按间距绘制消火栓。合用前室消火栓计入使用数量。选 B。

9. **提示：**风机房、变电室、易燃品库房、防火分区隔墙防火门为甲级，防烟楼梯间、前室、合用前室防火门为乙级。选 D。

六、【试题 4-6】（2010 年）高层建筑中庭消防设计

（一）任务描述

某中庭高度超过 32m 的二类高层办公建筑的局部平面及剖面如图 4-23 和图 4-24 所示，回廊与中庭之间不设防火分隔，中庭叠加面积超过 4000m^2，图示范围内所有墙体均为非防火墙，中庭顶部设采光天窗。按照现行国家规范要求和设施最经济合理的原则在平面图上做出该部分消防平面布置图。

（二）任务要求（烟雾感应器及安全出口标志灯见电气部分）

正确选择图例并在平面图中⑥～⑧轴与Ⓓ～Ⓗ轴范围内布置下列内容：

1. 防排烟部分

（1）在应设加压送风的部位绘出竖井及送风口（要求每层设置加压送风口，每个竖井面积不小于 0.5m^2）。

（2）示意中庭顶部排烟设施。

2. 灭火系统部分

（1）布置自动喷水灭火系统的消防水喷淋头。

（2）布置室内消火栓（卫生间、空调机房、开水房、通道内不布置）。

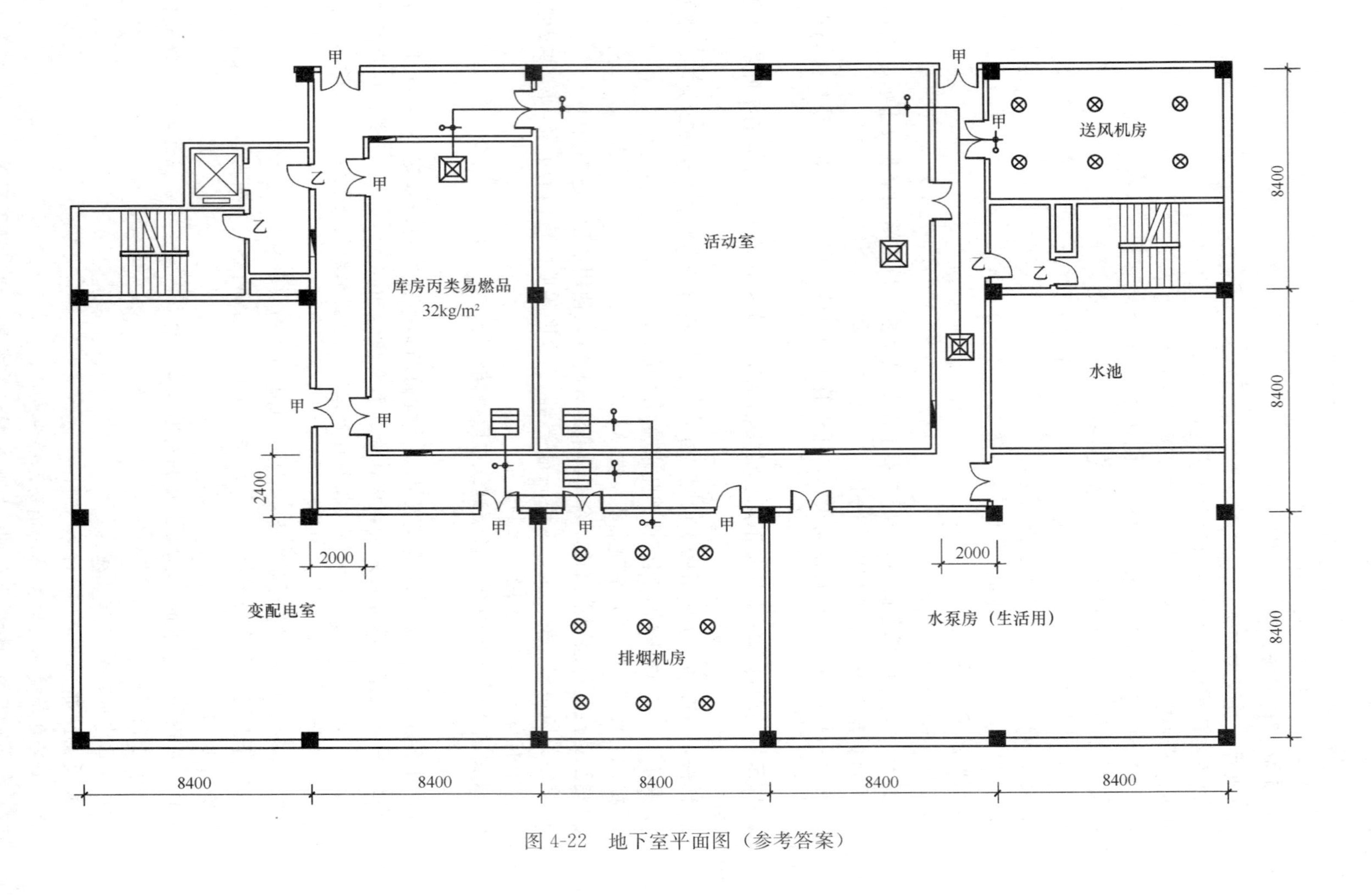

图 4-22　地下室平面图（参考答案）

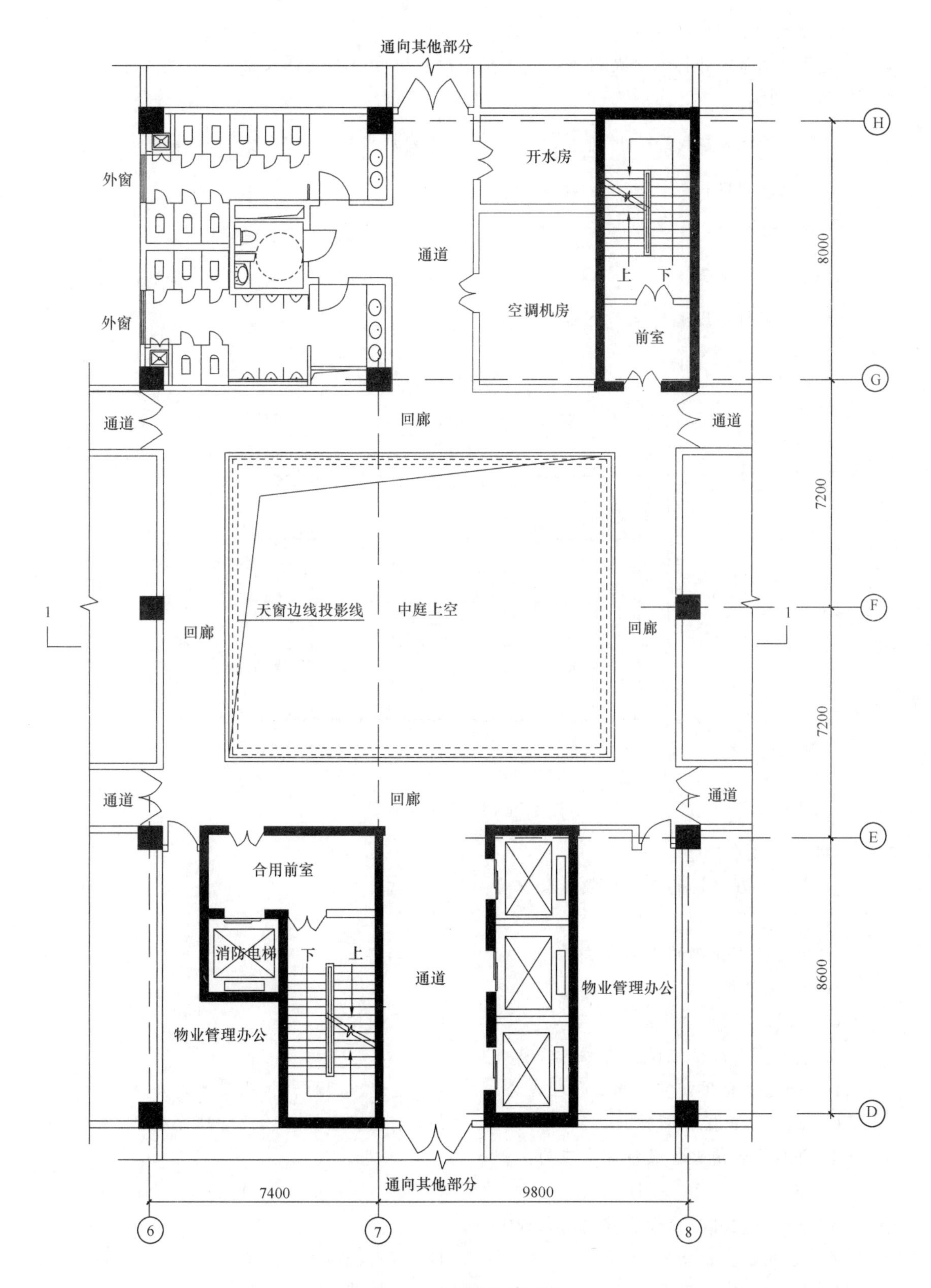

图 4-23　标准层局部平面

3. 疏散部分

设置防火卷帘并标注防火门等级（图中门的数量和位置不得改变）。

（三）图例

竖井及送风口：

机械排烟口：

自然排烟口：

消防水喷淋头：○

室内消火栓：

防火卷帘：（耐火极限大于3小时） FJ

防火门等级：FM甲，FM乙

注：图例所示设施可能不全部采用。

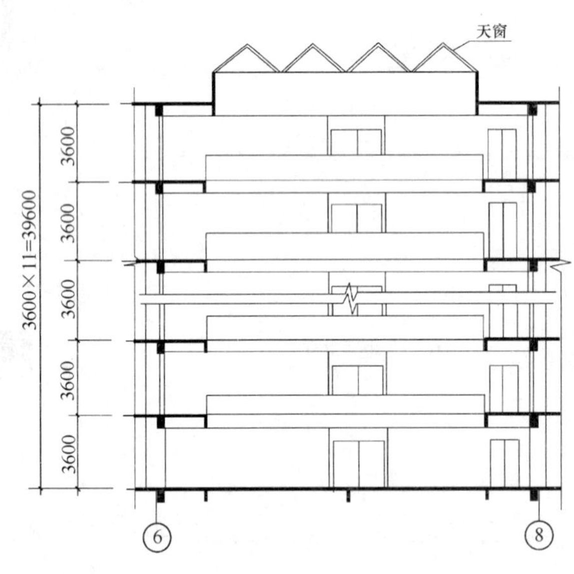

图4-24 1-1剖面示意图

（四）作图选择题

1. 每层加压送风的送风口数量最少为：

A 2　　B 3　　C 4　　D 5

2. 中庭顶部正确的排烟做法是：

A 机械排烟　　B 自然排烟

C 机械排烟与自然排烟均可　　D 无须排烟

3. 下列哪些部位应设置消防水喷淋头？

A 通道、合用前室、物业管理办公　　B 通道、回廊、物业管理办公

C 通道、前室、回廊　　D 前室、回廊、物业管理办公

4. 每层室内消火栓数量最少应为：

A 3　　B 2　　C 4　　D 5

5. 下列哪些部位应设置室内消火栓？

A 合用前室、回廊　　B 前室、回廊

C 回廊、楼梯间　　D 合用前室、物业管理办公

6. 每层甲级防火门的数量为：

A 1　　　　B 2　　　　C 3　　　　D 4

（五）试作图（图 4-25）

（六）选择题提示及答案

1. **提示**：防烟楼梯间及其前室均不具备自然排烟条件，防烟楼梯间设机械加压送风，前室不需送风。防烟楼梯间、合用前室均不具备自然排烟条件，防烟楼梯间、合用前室分别独立设机械加压送风。选 B。

2. **提示**：中庭高度超过 12m 时只能机械排烟。选 A。

3. **提示**：二类高层公共建筑中公共活动用房、走道、办公室、旅馆客房、自动扶梯底部、可燃物品库房，均应设自动喷水灭火系统。选 B。

4. **提示：注：按《消防给水及消火栓规范》的规定：消防电梯前室应设置消火栓，并应计入消火栓使用数量。室内消火栓应设置在楼梯间及其休息平台和前室、走道等明显易于取用，以及便于火灾扑救的位置。消防电梯前室设 1 个，防烟楼梯间前室或楼梯间休息平台或走道设 1 个，共设 2 个，见图 4-25；也可以消防电梯前室设 2 个，共设 2 个，见图 4-26。**

5. **提示**：消火栓应设在走道、楼梯附近等明显并易于取用的地方，有消防电梯的前室应设消火栓（设一个即可）。选 A。

按《消防给水及消火栓规范》的规定：消防电梯前室应设置消火栓，并应计入消火栓使用数量。室内消火栓应设置在楼梯间及其休息平台和前室、走道等明显易于取用，以及便于火灾扑救的位置。选 A。

6. **提示**：空调机房为甲级防火门。选 A。

七、【试题 4-7】（2011 年）旅馆客房、走廊空调管线综合布置

（一）任务描述

图 4-27 为某旅馆单面公共走廊、客房内门廊的局部吊顶平面图，客房采用常规卧室风机盘管加新风的空调系统，要求在 1-1 剖面图（图 4-28）按照提供的图例进行合理的管线综合布置。

（二）任务要求

1. 在 1-1 剖面图单面公共走廊吊顶内按比例布置新风主管、走廊排烟风管、电缆桥架、喷淋水主管、冷冻供水主管、冷凝水主管、并标注前述设备名称、间距。

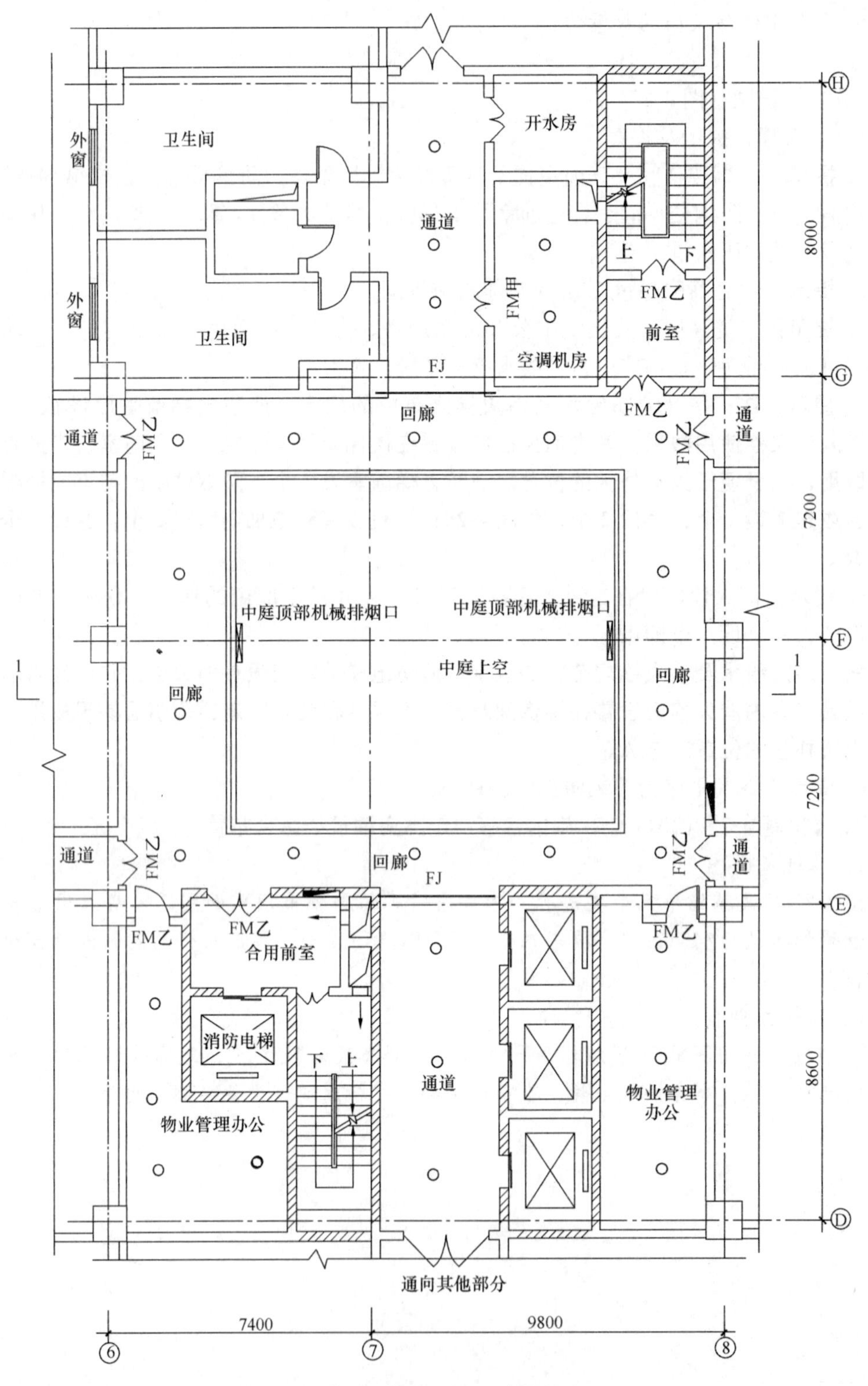

图 4-25 标准层局部平面（参考答案一）

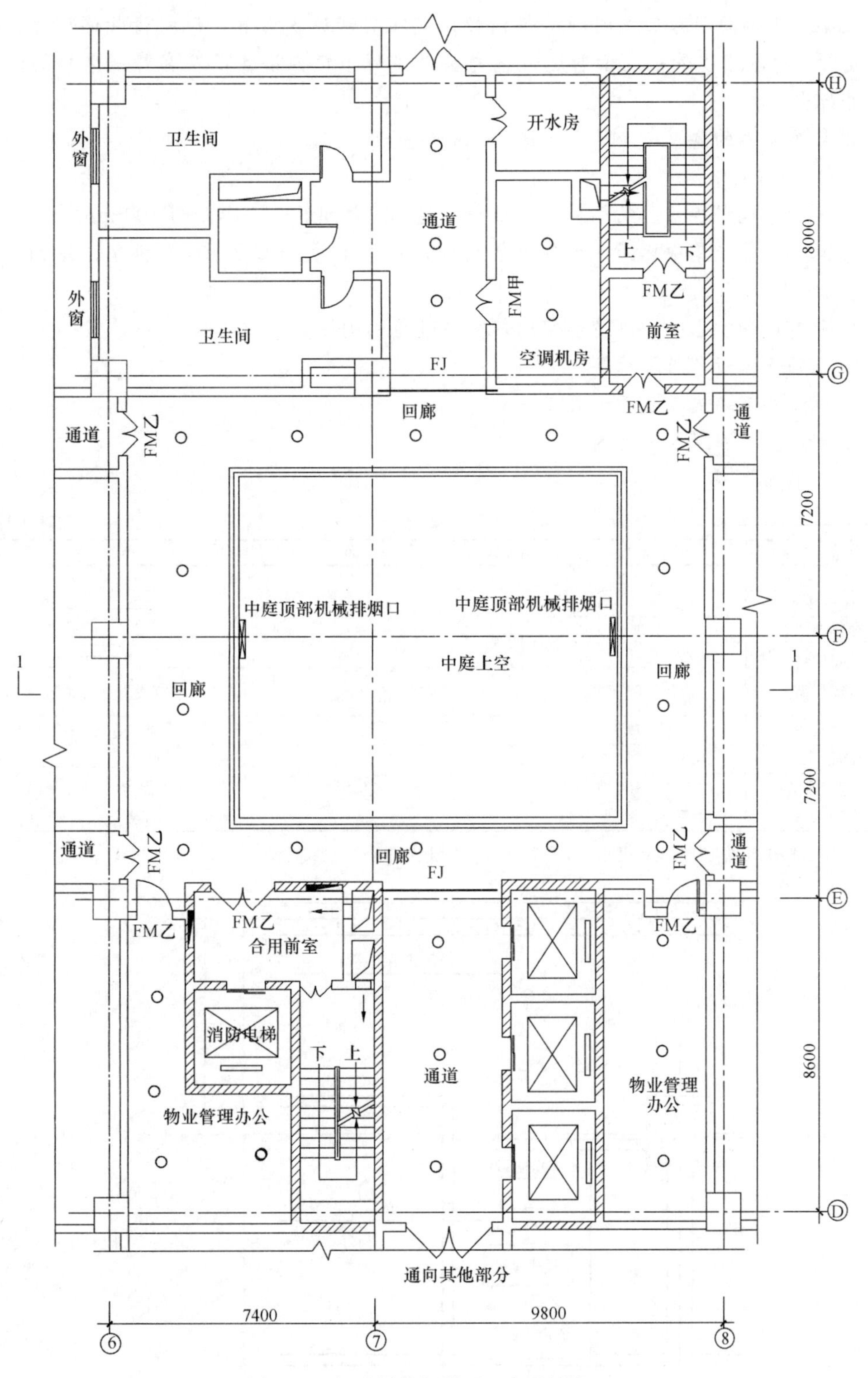

图 4-26 标准层局部平面（参考答案二）

2. 在1-1剖面图客房内门廊吊顶内按比例布置新风支风管、风机盘管送风管、冷冻供水支管、冷凝水支管；表示前述设备与公共走廊吊顶内设备以及客房送风口的连接关系，并标出名称。

3. 按第1页的要求填涂第1页选择题和答题卡。

（三）布置要求

1. 风管、电缆桥架、结构构件，吊顶下皮相互之间的最小净距为100mm。

2. 水管主管应集中排列；水管主管之间，水管主管与风管、电缆桥架、结构构件之间的最小净距为50mm。

3. 所有风管、水管、电缆桥架均不得穿过结构构件。

4. 无须表示设备吊挂构件。

5. 电缆桥架不宜设置于水管正下方。

6. 新风应直接送入客房内。

（四）图例（表4-11）

表4-11

设备名称	设备尺寸	断　面	备　注
新风管主管	800宽×200高		立面
新风管支管	100宽×100高		
走廊排烟风管	500宽×200高		
风机盘管送风管	700宽×100高		
电缆桥架	350宽×100高	50 50 支架	不宜设置于水管正下方
喷淋水管	主管 *DN*150	○	无须表示支管及喷头
冷冻供水管	主管 *DN*100 含保温		支管立面
冷冻回水管	主管 *DN*100 含保温	主管 保温	含保温，尺寸从略，
冷凝水管	主管 *DN*50 含保温		仅要求示意绘制

注：制图时各图例应根据设备尺寸（单位：mm）按比例绘制，尺寸从略表示。

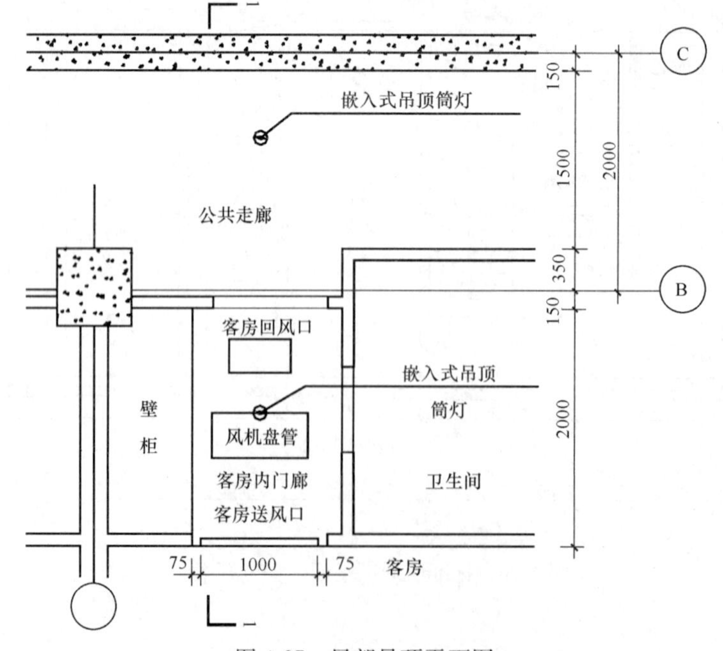

图4-27　局部吊顶平面图

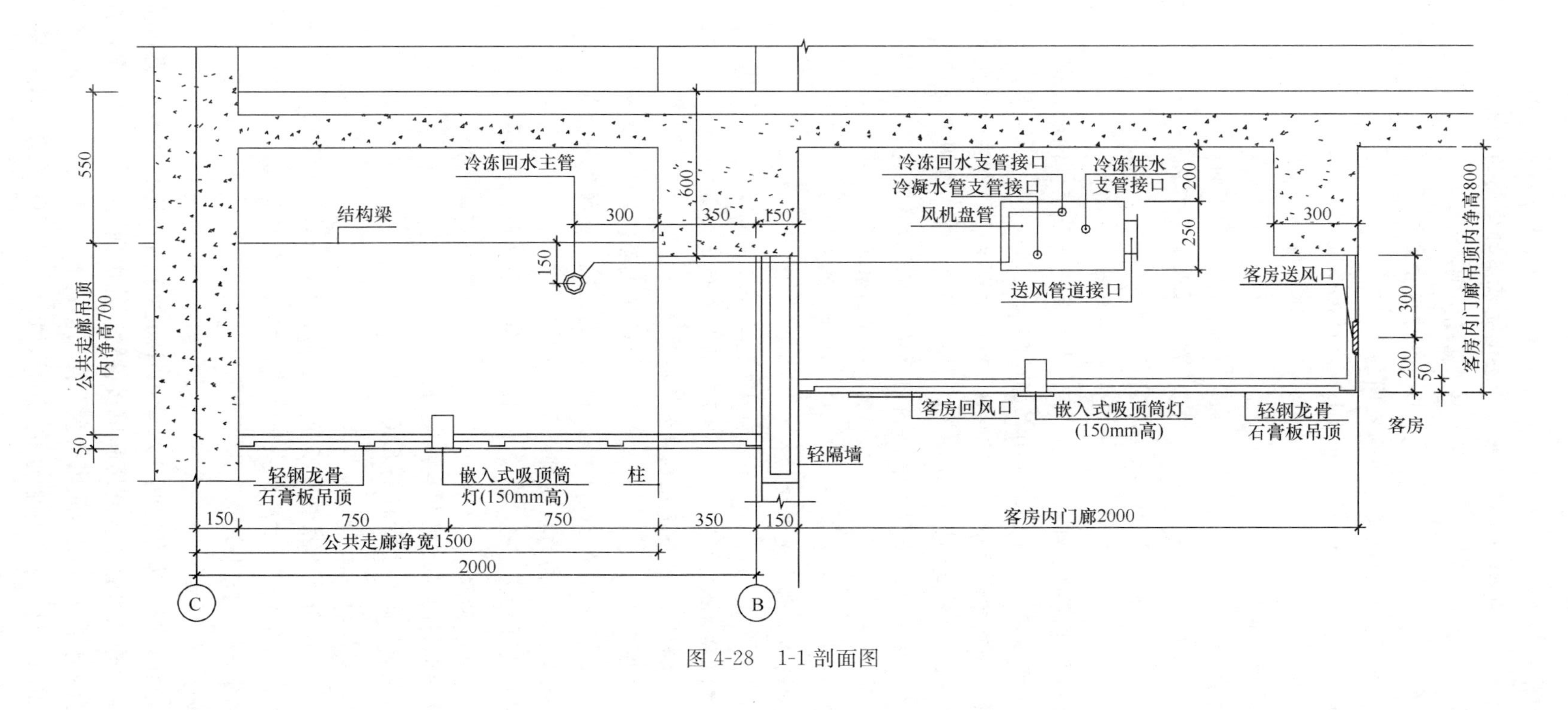

公共走廊吊顶
内净高700
550
50
冷冻回水主管
结构梁
300
150
600
350
150
冷冻回水支管接口
冷凝水管支管接口
风机盘管
冷冻供水
支管接口
200
250
送风管道接口
300
客房送风口
300
200
50
客房内门廊吊顶内净高800
客房回风口
嵌入式吸顶筒灯
(150mm高)
轻钢龙骨
石膏板吊顶
客房
轻隔墙
轻钢龙骨
石膏板吊顶
嵌入式吸顶筒
灯(150mm高)
柱
150
750
750
350
150
客房内门廊2000
公共走廊净宽1500
2000
C
B

图 4-28　1-1 剖面图

（五）作图选择题

1. 在1-1剖面图中，下列哪项设备应布置于公共走廊吊顶空间的右部？

A 新风主风管　　B 电缆桥架

C 走廊排烟风管　　D 各种水管主管

2. 下列哪项设备应布置于公共走廊吊顶空间的上部？

A 新风主风管　　B 走廊排烟风管

C 电缆桥架　　D 冷凝水主管

3. 电缆桥架的正确位置应：

A 在新风主风管上面　　B 在新风主风管下面

C 在冷凝水主管下面　　D 在喷淋水主管下面

4. 在1-1剖面中，走廊排烟风管的正确位置应：

A 在新风主风管上面　　B 在电缆桥架上面

C 在公共走廊吊顶空间的上部　　D 在公共走廊吊顶空间的左部

5. 下列水管主管哪项应布置于公共走廊吊顶空间的上部？

A 喷淋水主管、冷冻回水主管　　B 冷冻供水主管、冷冻回水主管

C 冷冻回水主管、冷凝水主管　　D 冷冻供水主管、喷淋水主管

6. 以下哪项设备不需要通过支管与客房内门廊吊顶内的设备连通？

A 冷冻供水主管　　B 冷冻回水主管

C 冷凝水主管　　D 走廊排烟风管

7. 下列新风支管的布置哪个是错误的？

A 连接客房回风口　　B 连接客房送风口

C 穿过客房内门廊吊顶空间　　D 连接新风主风管

8. 下列客房送风口的连接哪个是正确的？

A 通过新风管连接客房回风口　　B 通过送风管连接公共走廊吊顶空间

C 直接连接客房内门廊吊顶空间　　D 通过送风管连接风机盘管

9. 以下关于冷凝水主管标高的描述哪个是正确的？

A 应高于冷凝水支管标高　　B 应低于冷凝水支管标高

C 与冷凝水支管标高无关　　D 应高于风机盘管顶标高

10. 以下关于设备标高的描述哪个是错误的？

A 冷冻供水的主管标高与支管标高无关

B 冷冻回水的主管标高与支管标高无关

C 冷冻回水主管标高与风机盘管冷冻回水支管接口标高的关系不大

D 冷冻供水主管标高必须高于风机盘管冷冻供水支管接口标高

（六）试作图（图4-29、图4-30）

（七）含选择题提示和答案

1. **提示：**公共走廊只有右边有房间，水管主管布置于右边连接房间空调和喷头较方便。空调供水、回水支管从水管主管到房间风机盘管不能出现比两端高的情况，否则高点不能排气，排气只能从水管主管或房间风机盘管排出。选D。

2. **提示：**新风主风管只通过支风管连接房间送风口，没有向下的支风管和风口。走

廊排烟风管有向下的支风管和排烟口，下部宜通畅。电缆桥架在上部不方便维护。冷凝水主管应在房间风机盘管下部。选 A。

3. **提示**：电缆桥架在新风主风管上面太高会造成维护不方便，在冷凝水主管下面怕漏水，在喷淋水主管下面怕漏水，宜在新风主风管下面。选 B。

4. **提示**：走廊排烟风管在新风主风管、电缆桥架上面向下连接支风管和排烟口不方便；在公共走廊吊顶空间的上部，下部空间浪费；在公共走廊吊顶空间的左部靠上部、靠下部不影响其他专业。选 D。

5. **提示**：已有的冷冻回水主管在上部。选 B。

6. **提示**：客房不需排烟。选 D。

7. **提示**：新风支管、回风口是两类不同风系统。选 A。

8. **提示**：客房送风口送的是风机盘管的风。选 D。

9. **提示**：冷凝水排水是无压（靠重力）排水，只有低于冷凝水支管标高才能排出。选 B。

10. **提示**：冷冻供水主管标高不一定高于风机盘管冷冻供水支管接口标高。选 D。

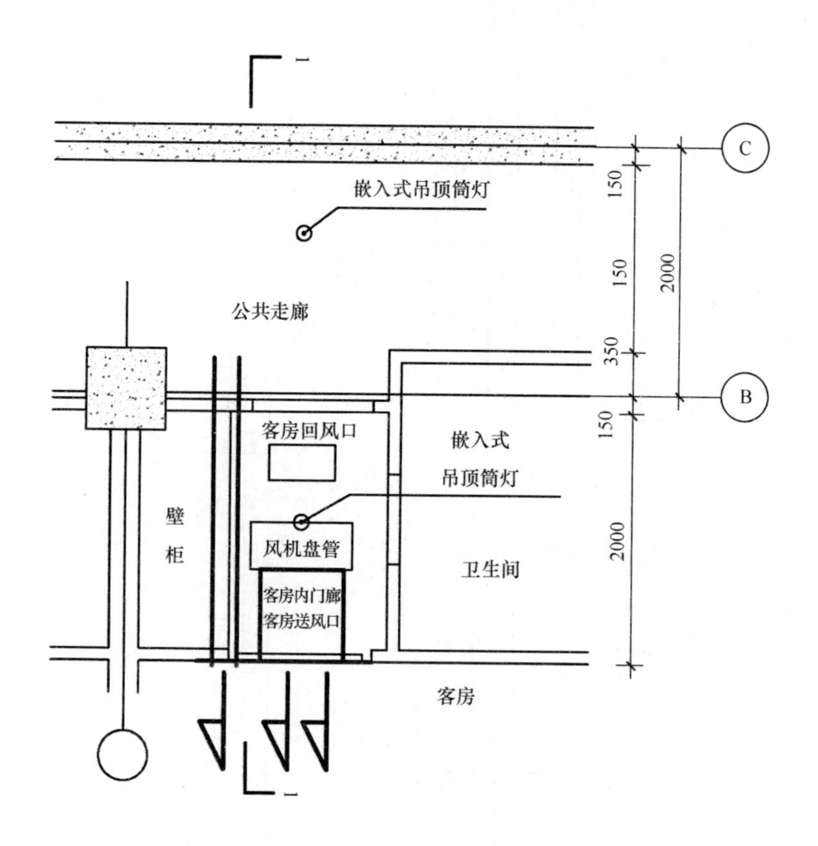

图 4-29 局部吊顶平面空调管线布置图（参考答案）

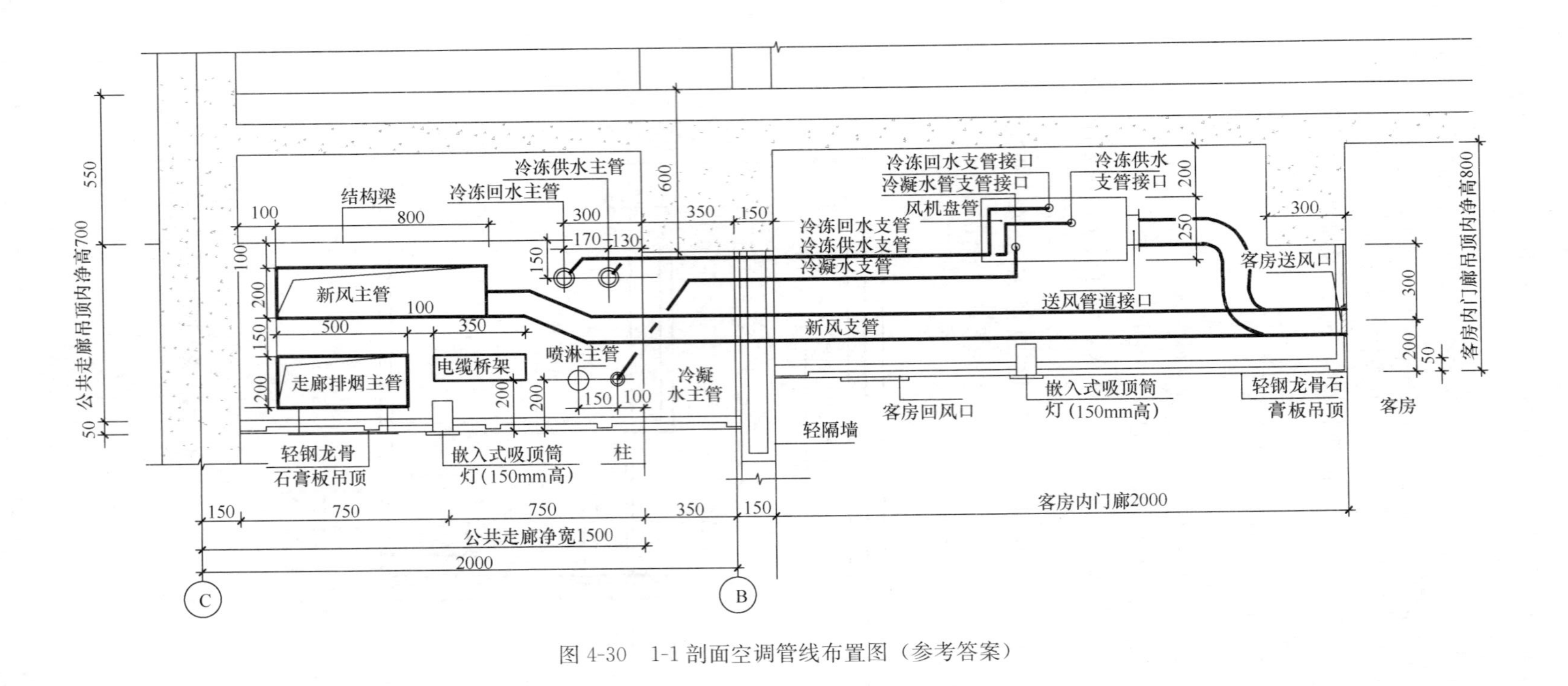

图 4-30　1-1 剖面空调管线布置图（参考答案）

八、【试题4-8】（2012年）超高层办公楼消防设施布置

（一）任务描述

某超高层办公楼高区标准层的面积为1950m²，图4-31为其局部平面，已布置有部分消防设施，根据现行规范、任务要求和图例，完成其余消防设施的布置。

（二）任务要求

1. 布置新风管的防火阀。
2. 布置烟感报警器和自动喷水灭火喷淋头（办公室、走廊、电梯厅和楼梯间除外）。
3. 在未满足要求的建筑核心筒部位补设消火栓。
4. 布置安全出口指示灯。
5. 布置走廊排烟口。
6. 标注防火门及其防火等级。
7. 根据作图结果，完成10道作图选择题的作答，再用2B铅笔填涂答题卡上的答案。

（三）图例（表4-12）

表4-12

名　称	图　例	名　称	图　例
新风管	═	消火栓	◪
防火阀	⊠	安全出口指示灯	⊡
烟感报警器	⊗	排烟口	▥
自动喷水灭火喷淋头	◎	防火门	FM甲 FM乙 FM丙

（四）作图选择题

1. 新风管上应布置的防火阀总数是：

A 1　　B 2　　C 3　　D 4

2. 应布置的烟感报警器总数是：

A 6　　B 7　　C 8　　D 9

3. 应布置的自动喷水灭火喷淋头总数是：

A 5　　B 7　　C 9　　D 11

4. 应补设消火栓的部位是：

A 合用前室　　B 前室

C 合用前室、前室　　D 疏散楼梯间内

5. 应布置的安全出口指示灯总数是：

A 2　　B 3　　C 4　　D 5

6. 走廊应布置的排烟口总数是：

A 0　　B 1　　C 2　　D 3

7. 甲级防火门的总数是：

A 3　　B 4　　C 5　　D 6

8. 乙级防火门的总数是：

A 2　　B 4　　C 6　　D 8

9. 丙级防火门的总数是：

A 0　　B 1　　C 2　　D 3

10. 不设置自动喷水灭火喷淋头的房间是：

A 服务间　　B 合用前室

C 卫生间　　D 配电间一、配电间二

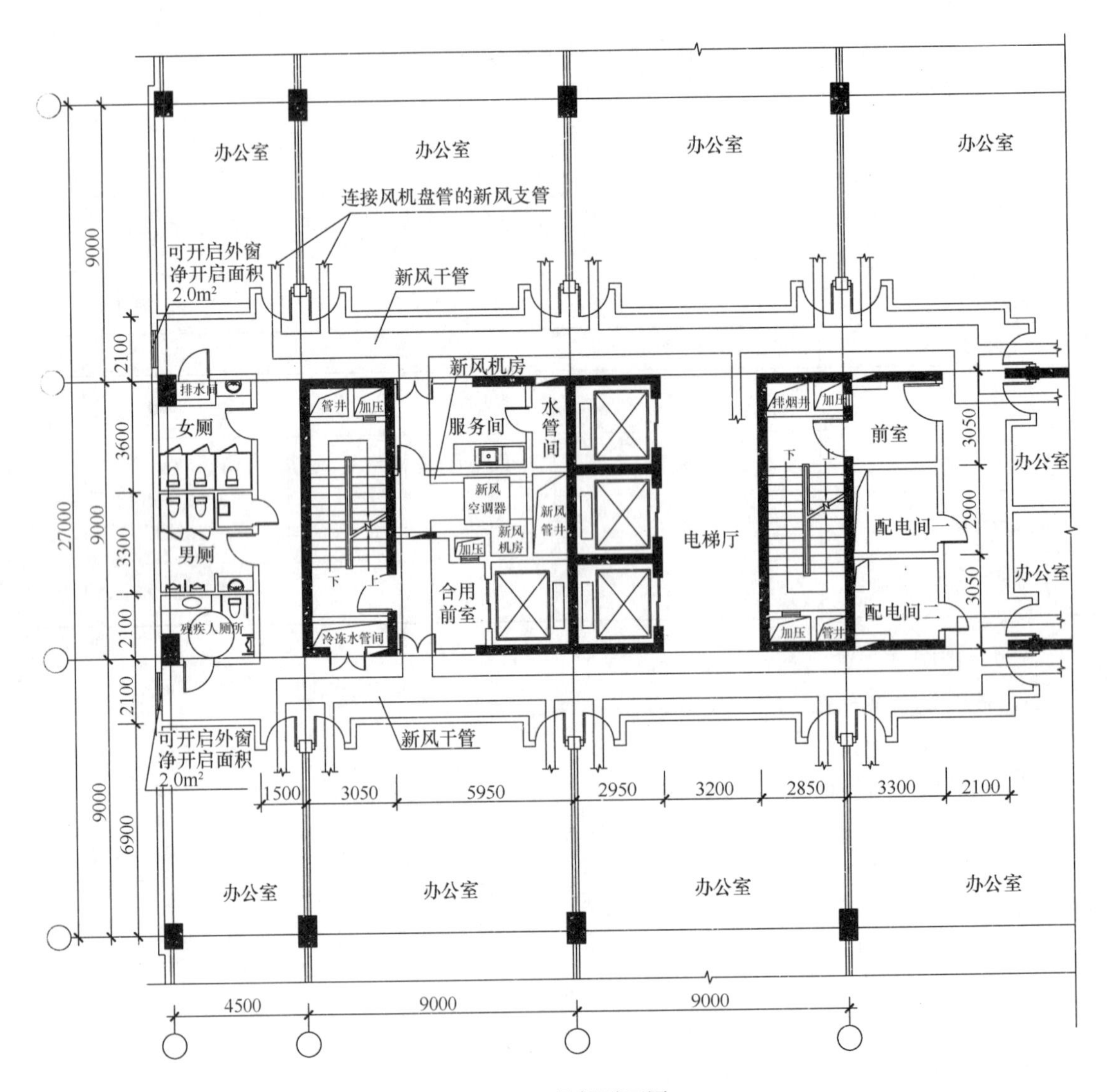

图 4-31　局部平面图

（五）试作图（图 4-32）

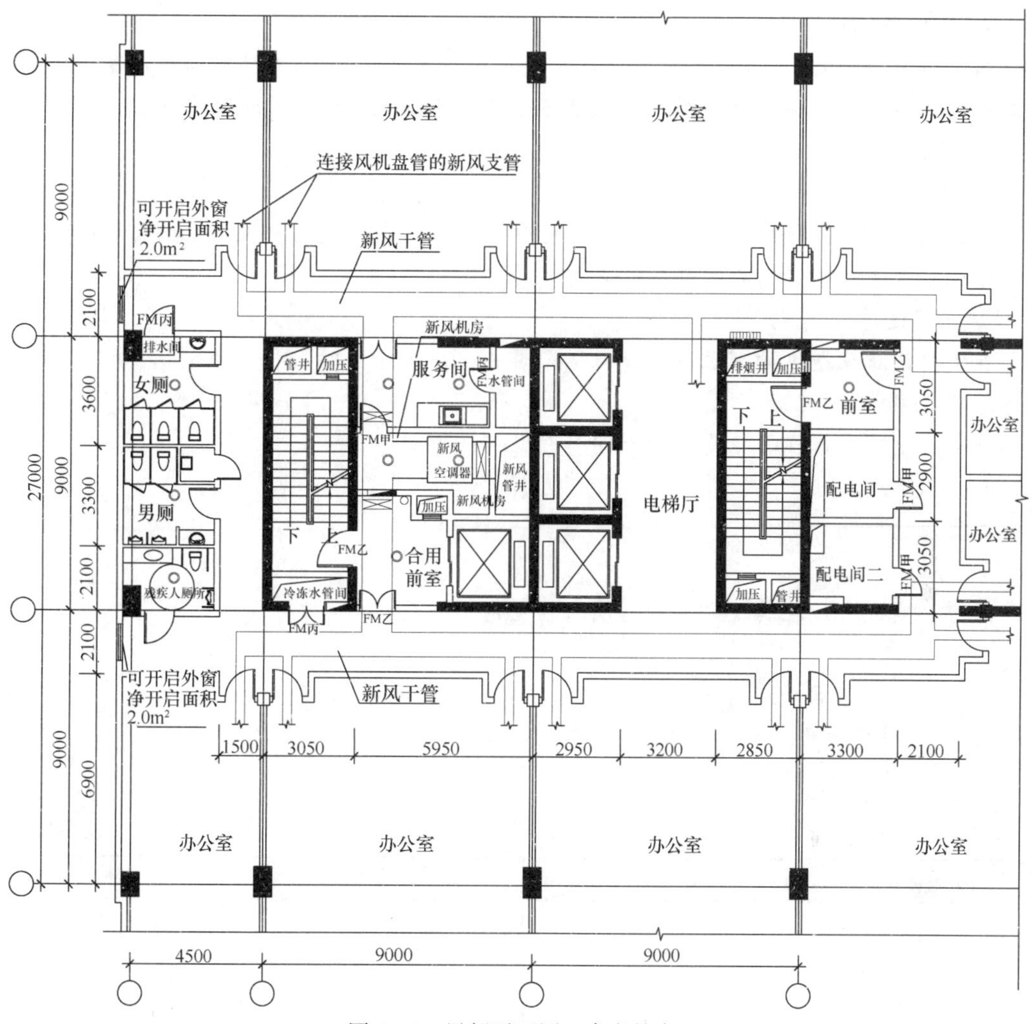

图 4-32　局部平面图（参考答案）

（六）选择题提示及答案

1. **提示：**风管穿过空调机房两处，垂直风管与每层水平风管交接处的水平管段上一处设防火阀。选 C。

2. 解答见电气专业。

3. **提示：**喷淋头间距 3.6m。服务间、新风机房各两个，卫生间、前室各一个。选 C。

4. **提示：**合用前室应补设消火栓，其余不需要。选 A。

5. 解答见电气专业。

6. **提示：**最远点距外窗超过 30m，不能做自然排烟，排烟井处设一个排烟口。选 B。

7. **提示：**空调机房、电气间应为甲级防火门。选 A。

8. **提示：**防烟楼梯间、各种前室应为乙级防火门。选 B。

9. **提示：**管道间应为丙级防火门。选 D。

10. **提示：**配电间不应用喷淋头喷水扑救。选 D。

九、【试题4-9】(2013年)超高层办公楼标准层消防设计

(一)任务描述

图4-33为某49m高办公楼，标准层的建筑面积为2000m²，外墙窗为固定窗。根据现行消防设计规范、任务要求和图例，以经济合理的原则完成消防设施的布置。

(二)任务要求

1. 消防排烟

由排烟竖井引出排烟总管，从排烟总管分别接排烟支管到需要设置机械排烟的部位并画出排烟百叶风口，在需要的部位布置排烟防火阀。

2. 正压送风

在需要设正压送风的部位画出正压送风竖井，每个竖井的面积不小于0.5m²。

3. 消防报警

除办公空间外，在其他需要的空间布置火灾探测器。

4. 应急照明

布置应急照明灯。

5. 消火栓

除办公空间外，在其他需要的空间布置室内消火栓。

6. 防火门

选用并布置不同等级的防火门。

7. 根据作图结果，完成选择题的作答。

(三)图例(表4-13)

表4-13

名　称	图　例	名　称	图　例
排烟总管		排烟阀	
排烟支管		正压送风竖井	
排烟百叶风口		室内消火栓	
		防火门	FM甲、FM乙、FM丙

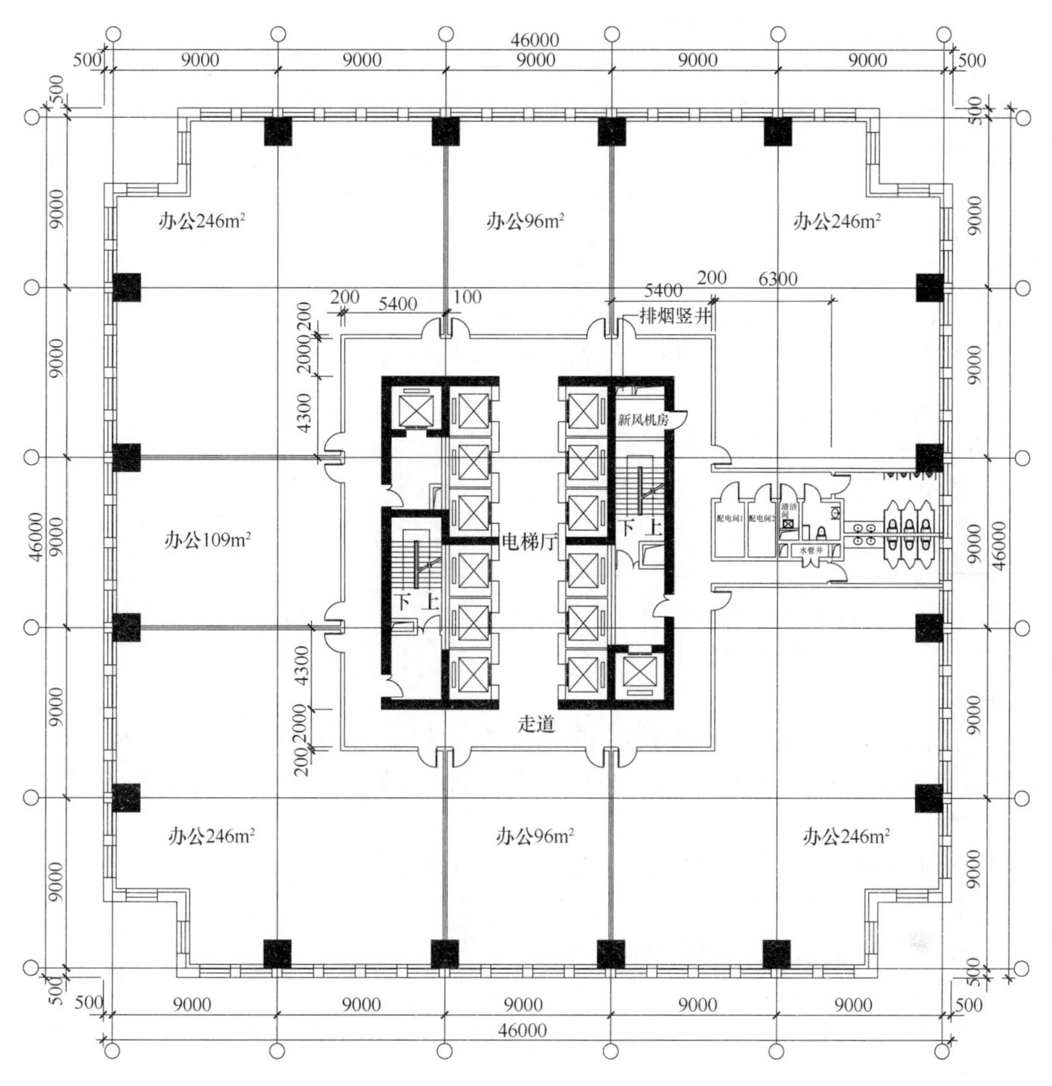

图 4-33 标准层平面图

（四）作图选择题（设备部分）

1. 需要设置机械排烟的房间有几个？

A 4　　B 5　　C 6　　D 7

2. 排烟管道上需要设置几个排烟（防火）阀？

A 6　　B 7　　C 8　　D 9

3. 需要设置正压送风的部位最少有几个？

A 3　　B 4　　C 5　　D 6

4. 下列均需要设置室内消火栓的部位是？

A 合用前室、消防电梯前室、走道

B 合用前室、配电间、走道

C 消防电梯前室、配电间

D 消防电梯前室、楼梯前室、合用前室

5. 除走道外需要设置几个室内消火栓？

A 1　　B 2　　C 3　　D 4

6. 需要设置几个防火门？

A 7　　B 8　　C 9　　D 10

7. 下列防火门的等级和数量正确的是？

A FM 甲 4　　FM 乙 4　　FM 丙 1

B FM 甲 4　　FM 乙 4　　FM 丙 2

C FM 甲 3　　FM 乙 4　　FM 丙 2

D FM 甲 3　　FM 乙 5　　FM 丙 1

（五）试作图（图 4-34）。

（六）选择题提示及答案

1. **提示：** 超过 $100m^2$ 且经常有人停留或可燃物较多、不满足自然排烟条件的房间有 5 个。注：不包括走道。

答案： B

2. **提示：** 超过 $100m^2$ 且经常有人停留或可燃物较多的房间有 5 个，超过 20m 的疏散内走道 1 个，需要设置机械排烟的部位有 6 个。

答案： A

3. **提示：** 防烟楼梯间（给防烟楼梯间加压送风时其前室不送风）、消防电梯前室、合用前室均不具备自然排烟条件，设置正压送风。客梯、货梯无前室，不设防烟。

答案： B

4. **提示：** 消防电梯、合用前室、走道设置室内消火栓。

答案： A

5. **提示：** 消防电梯、合用前室设置室内消火栓。

答案： B

6. **提示：** 新风机房、电气房间共 3 个；疏散部位、消防电梯前室共 5 个；管道间 1 个，共 9 个。

答案： C

7. **提示：** FM 甲：新风机房、电气房间，3 个；FM 乙：疏散部位、消防电梯前室，5 个；FM 丙：管道间，1 个。

答案： D

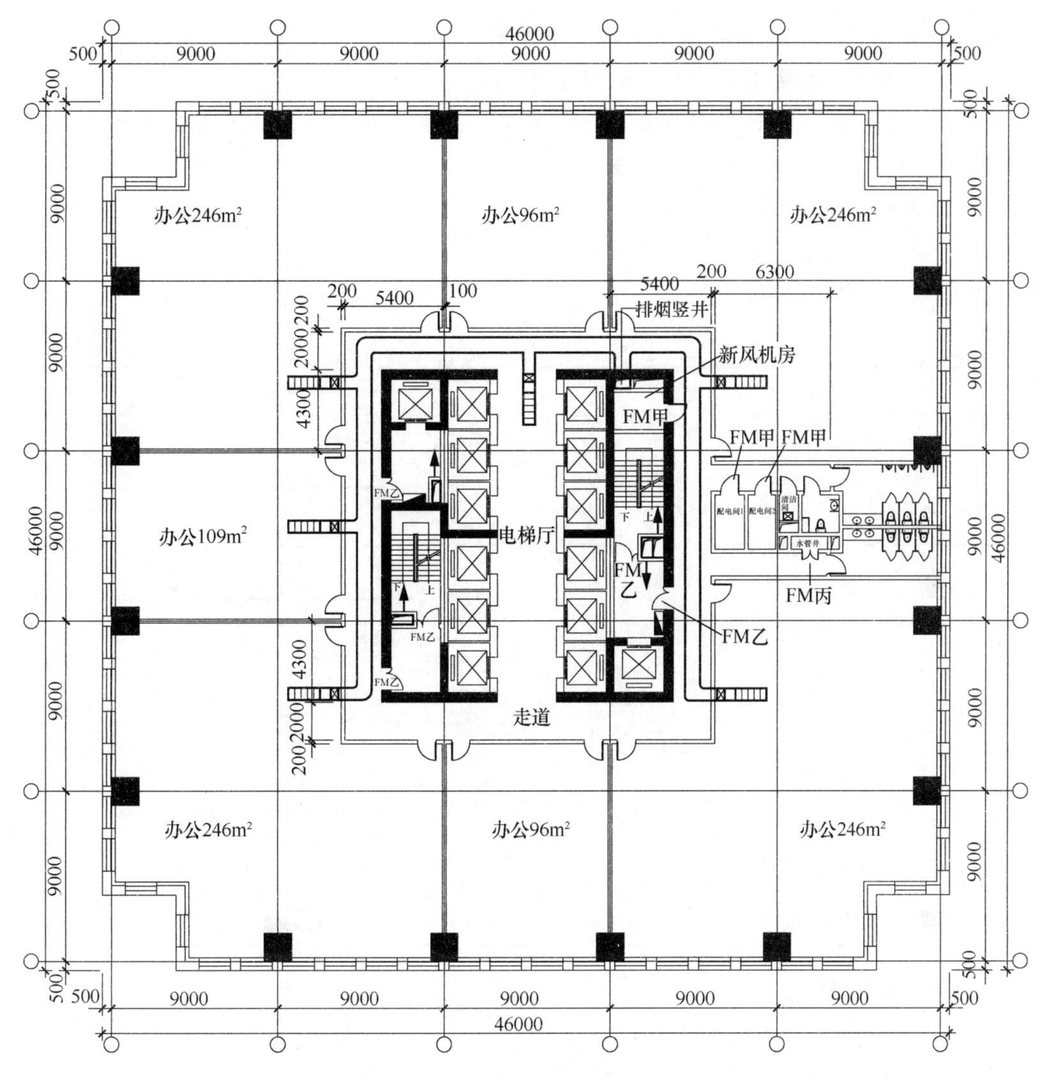

图 4-34　参考答案（设备部分）1∶400

十、【试题 4-10】（2014 年）二类高层办公楼顶层局部消防设计

（一）任务描述：

图 4-35～图 4-38 为某 9 层二类高层办公楼的顶层局部平面图（同一部位），按现行规范、任务条件、任务要求和图例，按照技术经济合理的原则，完成空调通风及消防系统平面布置。

（二）任务条件：

（1）建筑层高均为 4.0m，各樘外窗在储烟仓内可开启面积均为 1.0m²。

（2）中庭 6～9 层通高，为独立防火分区，以特级防火卷帘与其他区域分隔。

（3）办公室、会议室采用风机盘管加新风系统。

（4）走廊仅提供新风。

（5）自动喷水灭火系统采用标准喷头。

（三）任务要求：

在指定平面图①—⑤轴范围内完成以下布置：

（1）平面图1：布置会议室风机盘管的空调水管系统。

（2）平面图2：布置排风管和排风口；布置新风管和新风口，新风由新风机房提供。

（3）平面图3：补充布置排烟管和排烟口和室内消火栓。

（4）平面图4：布置标准喷头。

（5）根据作图结果，完成选择题的作答。

（四）图例（表4-14）：

表4-14

空调供水管	
空调回水管	
冷凝水管	
新风干（支）管 排风管 排烟管	
新风口	
排风口	
排烟口	
防火阀	
标准喷头	
室内消火栓	

（五）作图选择题

1. 空调水管的正确连接方式是：

A　供水管、回水管均接至风机盘管

B　供水管接至风机盘管，回水管接至新风处理机

C　供水管接至新风处理机，回水管接至风机盘管

D　供水管、回水管均接至新风处理机后再接至风机盘管

2. 风机盘管的冷凝水管可直接接至：

A　污水管　　B　废水管

C　回水立管　　D　拖布池

3. 新风由采风口接至走廊内新风干管的正确路径应为：

A　采风口—新风管—新风处理机—防火阀—新风管

B　防火阀—采风口—新风管—新风处理机—新风管

C　采风口—新风管—新风处理机—新风管—防火阀

D　采风口—防火阀—新风管—新风处理机—新风管

4. 由新风机房提供的新风进入走廊内的新风干管后，下列做法中正确的是：

A　经新风支管送至办公室、会议室新风口或风机盘管送风管

B　经防火阀接至新风支管后送至办公室、会议室新风口

C　经新风支管及防火阀送至办公室、会议室风机盘管送风管

D　经新风支管及防火阀送至中庭新风口

5. 应设置排风系统的区域是：

A　卫生间和前室　　B　清洁间和楼梯间

C　前室和楼梯间　　D　卫生间和清洁间

6. 应设置排烟口的区域是：

A　走廊　　B　走廊和会议室

C　走廊和前室　　D　前室和会议室

7. 排烟口的正确做法是：

A　直接安装在排烟竖井侧墙上

B　经排烟管接至排烟竖井

C　经排烟管、防火阀接至排烟竖井

D　经防火阀、排烟管接至排烟竖井

8. ①～⑤轴范围内应增设的室内消火栓数量最少是：

A　1个　　B　2个

C　3个　　D　4个

9. ①～⑤轴与Ⓐ～Ⓑ范围内应设置的标准喷头数量最少是：

A　18个　　B　21个

C　24个　　D　27个

10. Ⓑ～Ⓒ轴范围内应设置自动喷水灭火的区域是：

A　走廊　　B　走廊和办公室

C　走廊、办公室和前室　　D　走廊、办公室、前室和新风机房

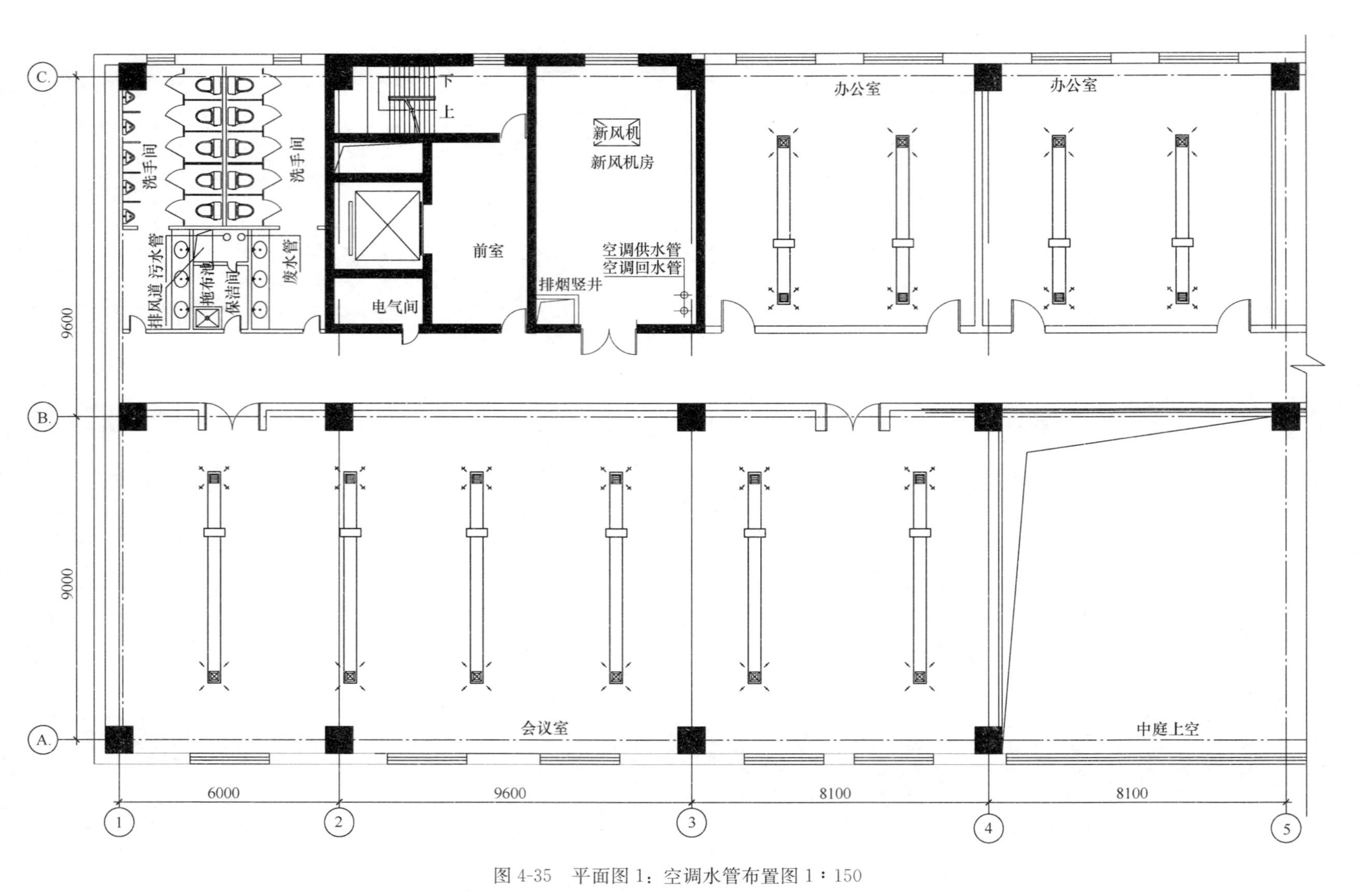

图 4-35 平面图 1：空调水管布置图 1：150

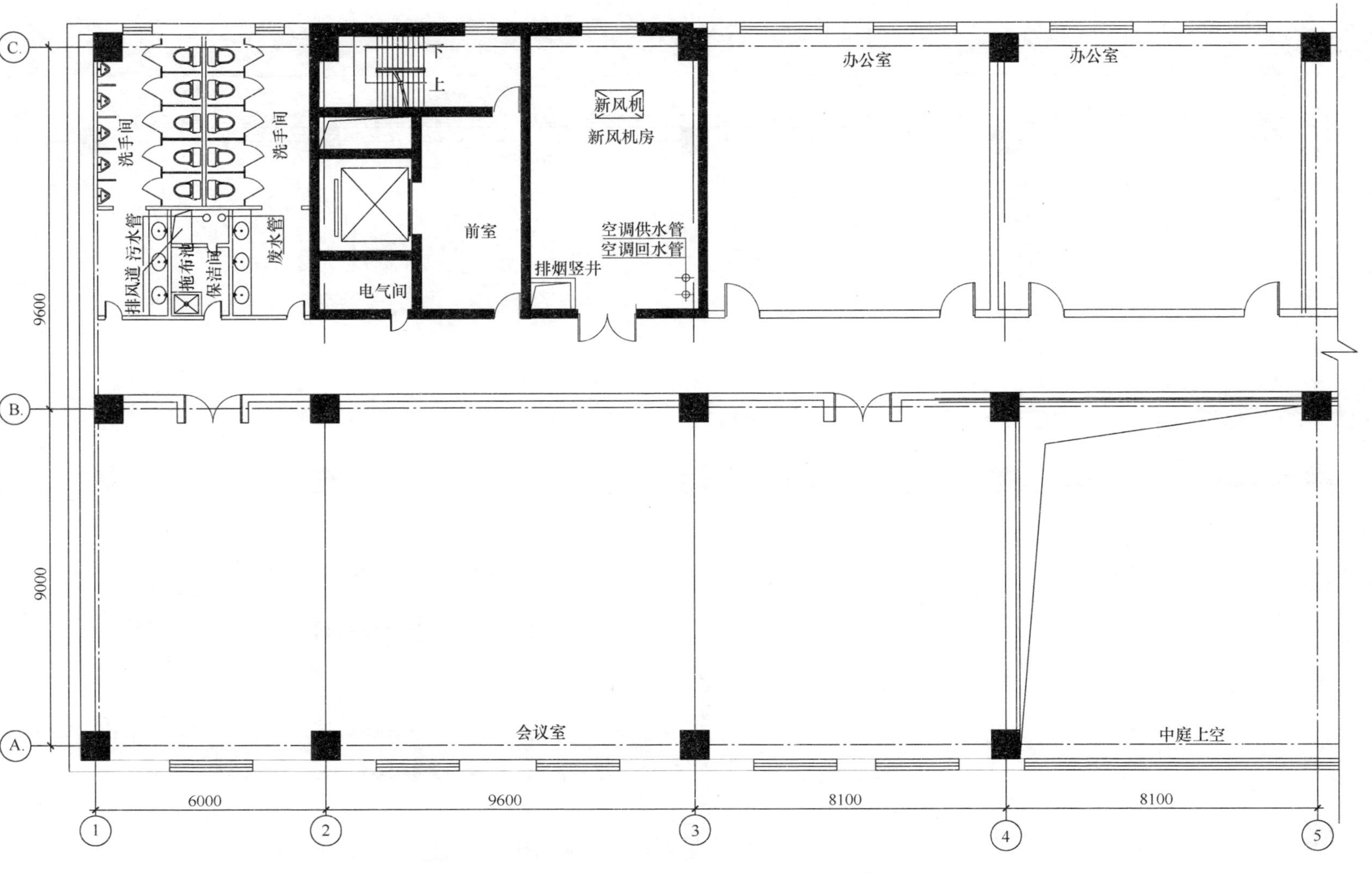

图 4-36 平面图 2：排风管、排风口、新风管和新风口布置图 1：150

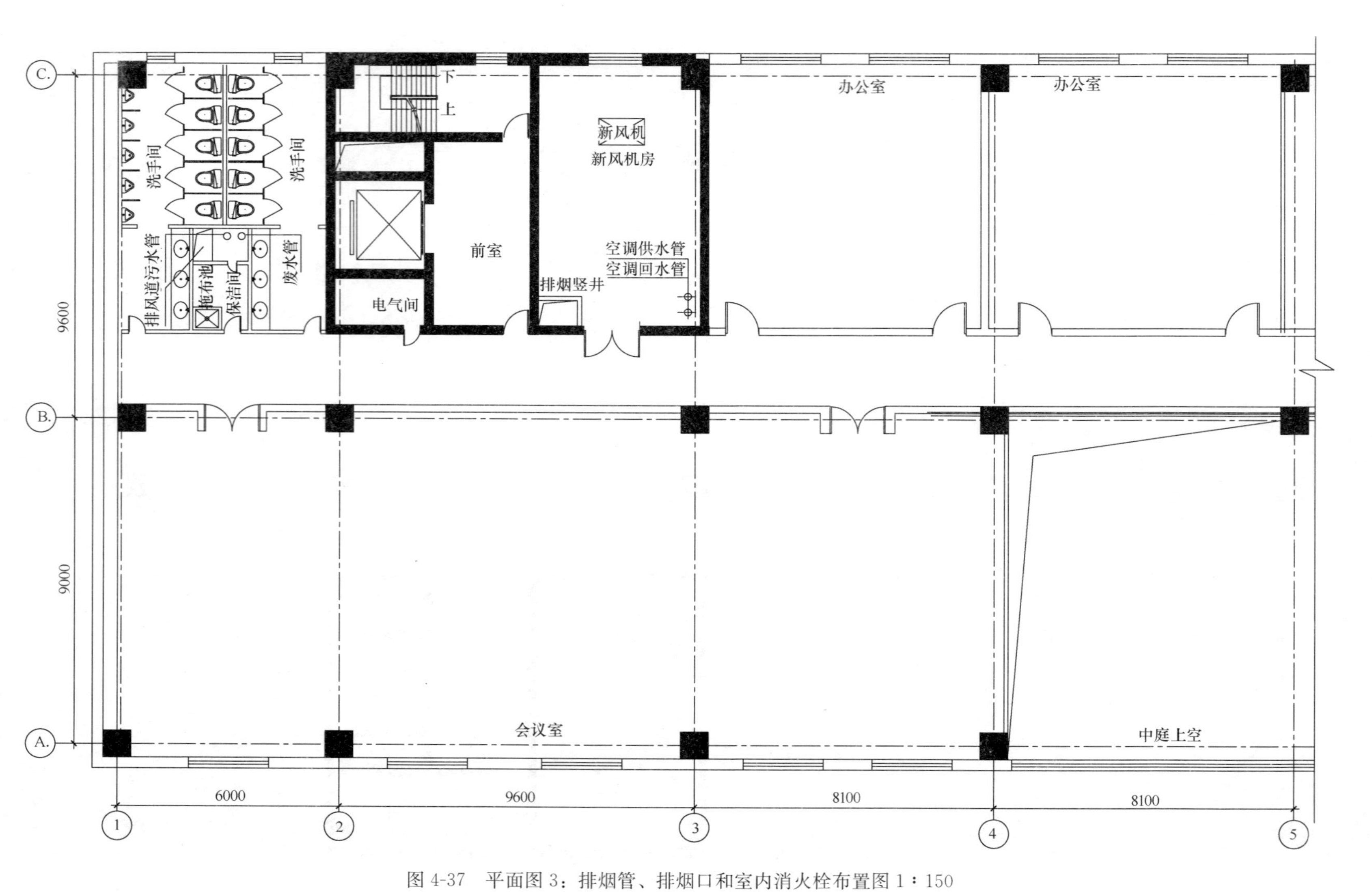

图 4-37　平面图 3：排烟管、排烟口和室内消火栓布置图 1：150

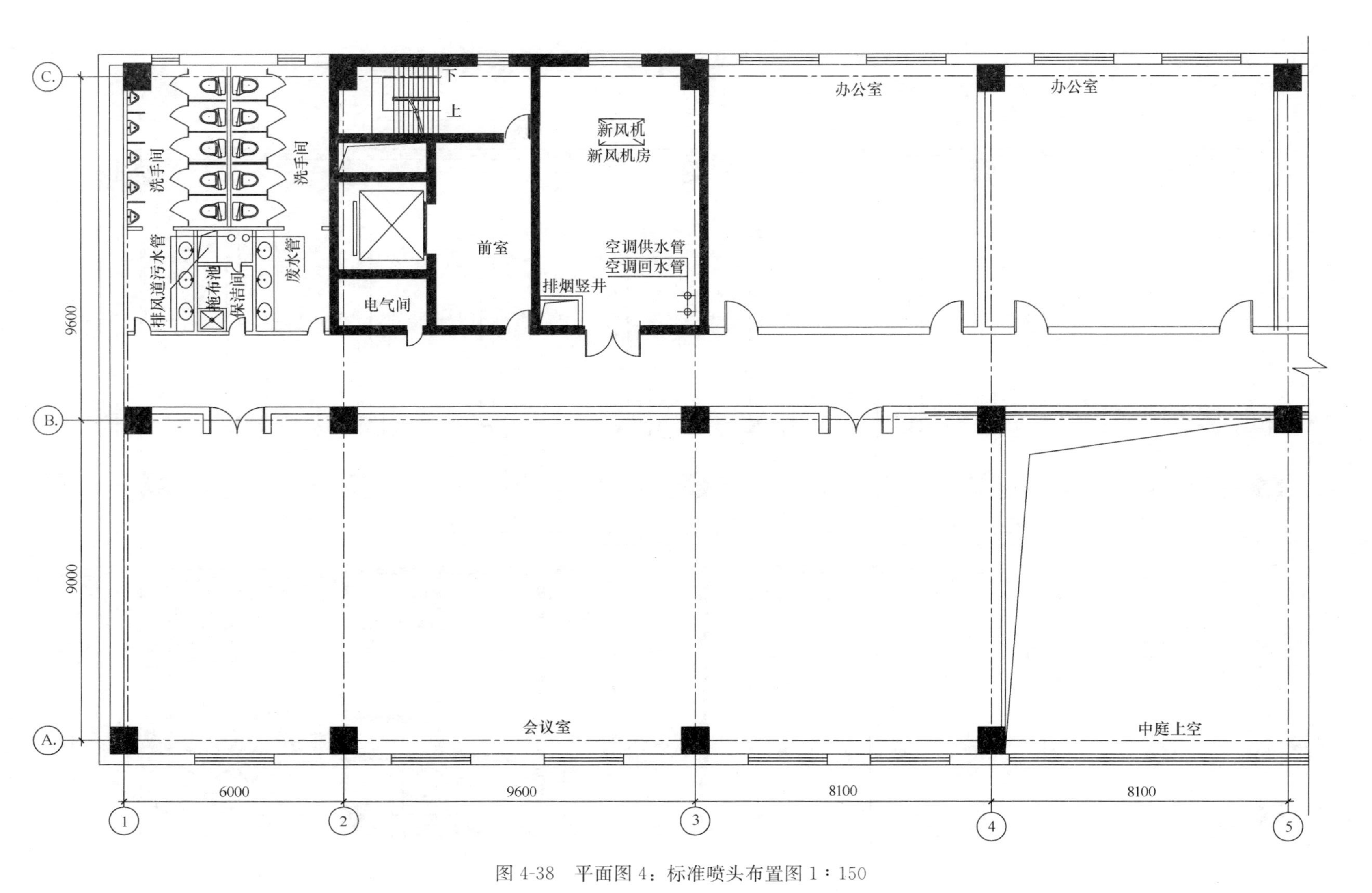

图 4-38　平面图 4：标准喷头布置图 1：150

（六）试作图（图 4-39～图 4-42）

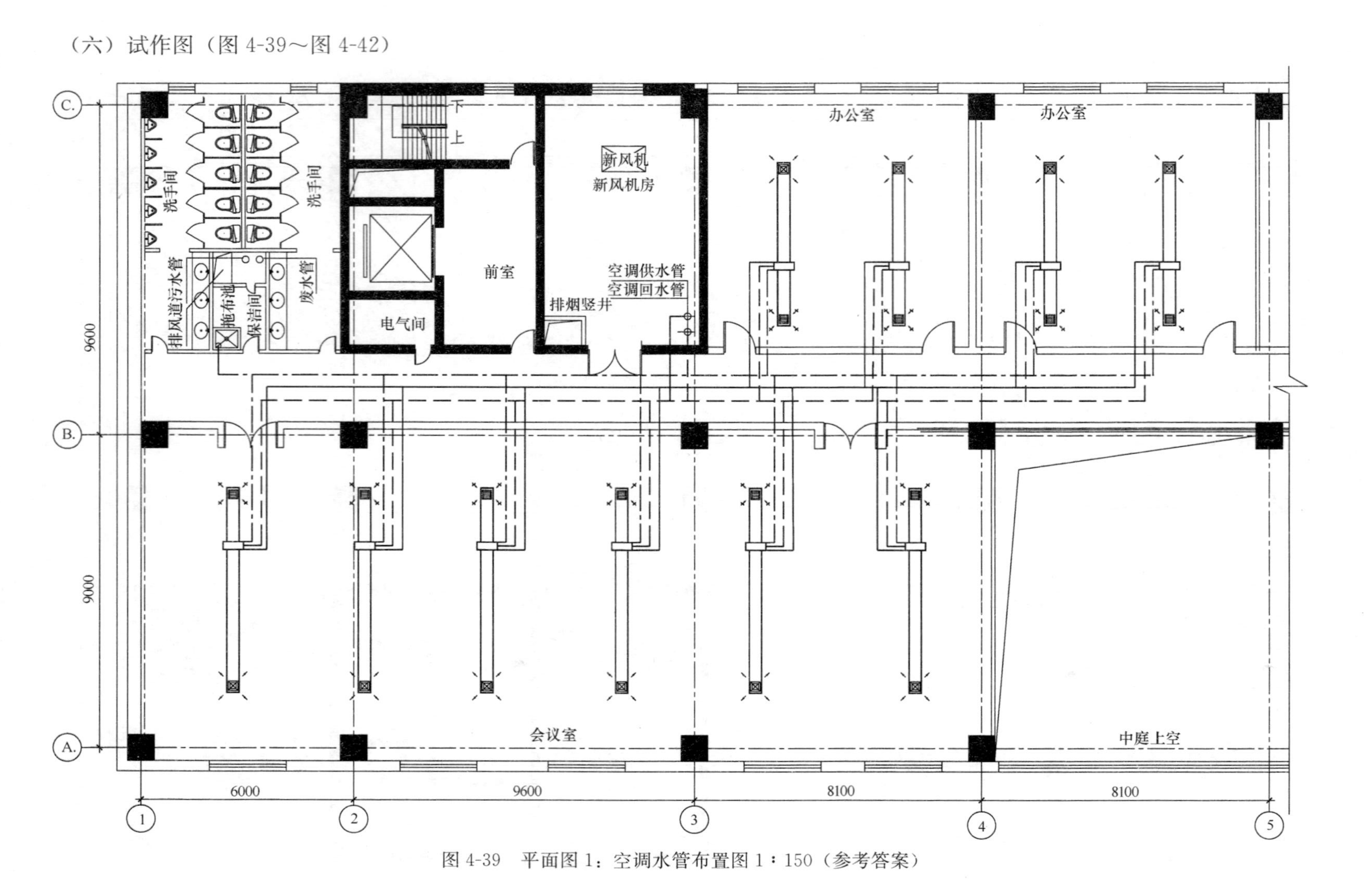

图 4-39　平面图 1：空调水管布置图 1∶150（参考答案）

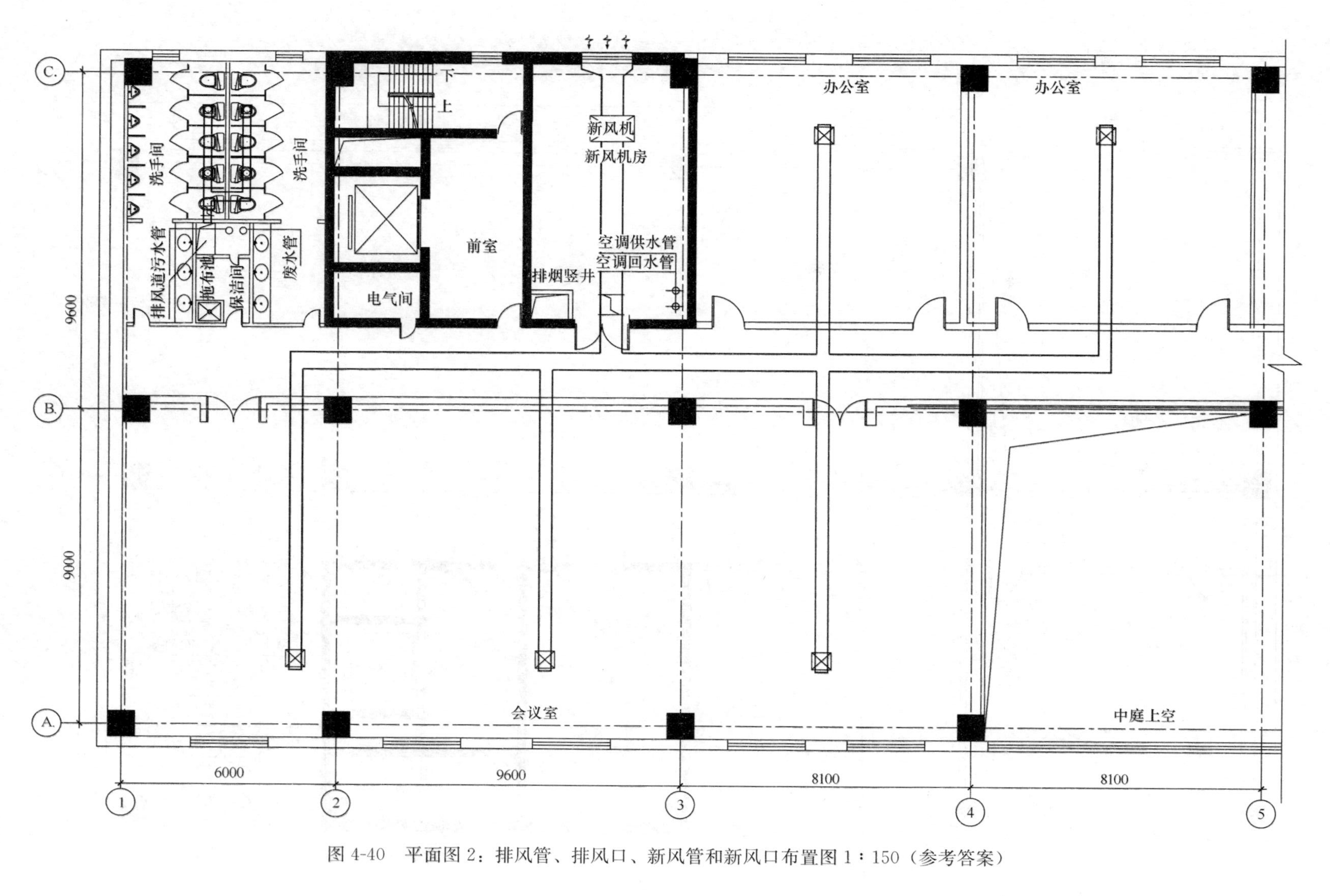

图 4-40　平面图 2：排风管、排风口、新风管和新风口布置图 1：150（参考答案）

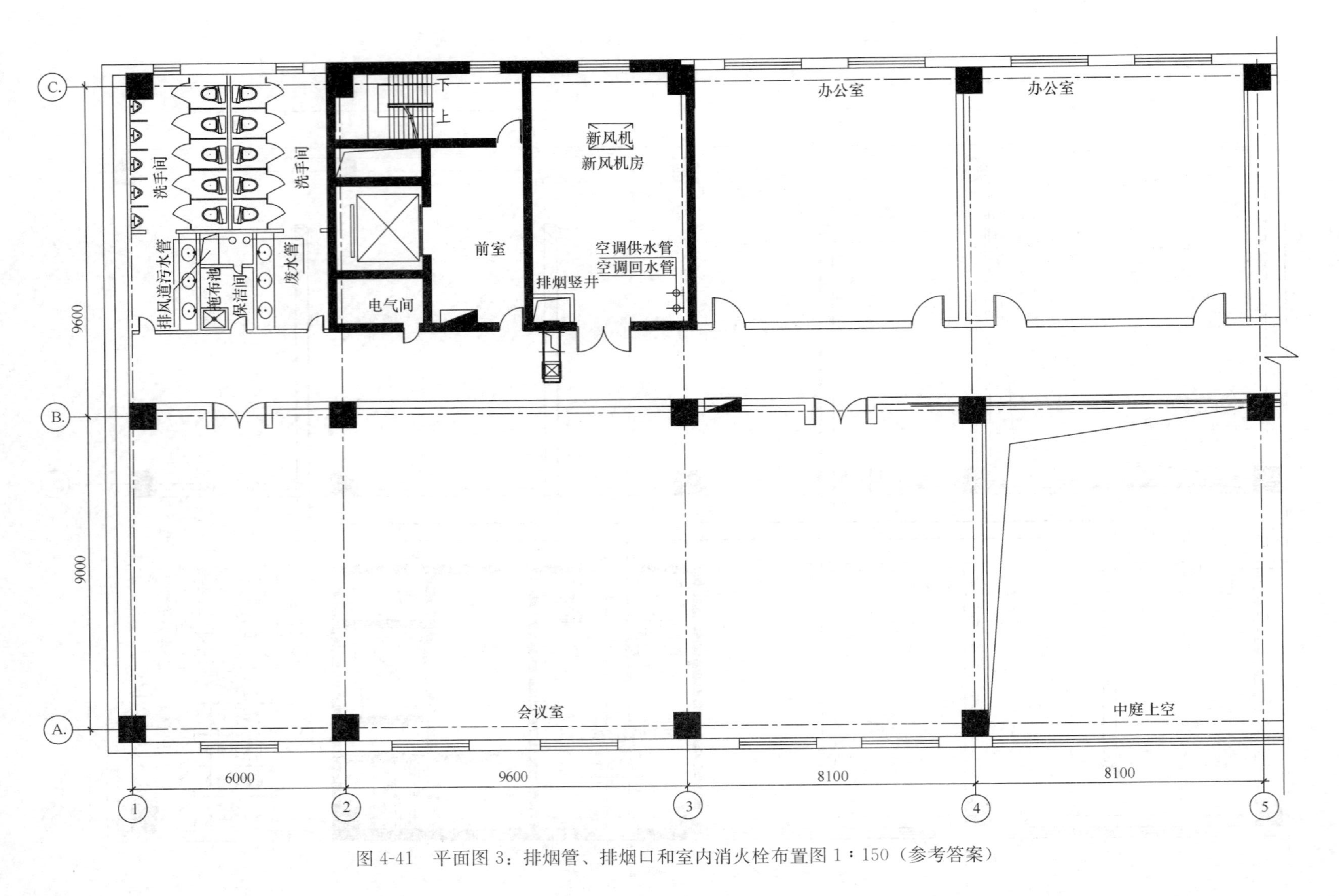

图 4-41　平面图 3：排烟管、排烟口和室内消火栓布置图 1：150（参考答案）

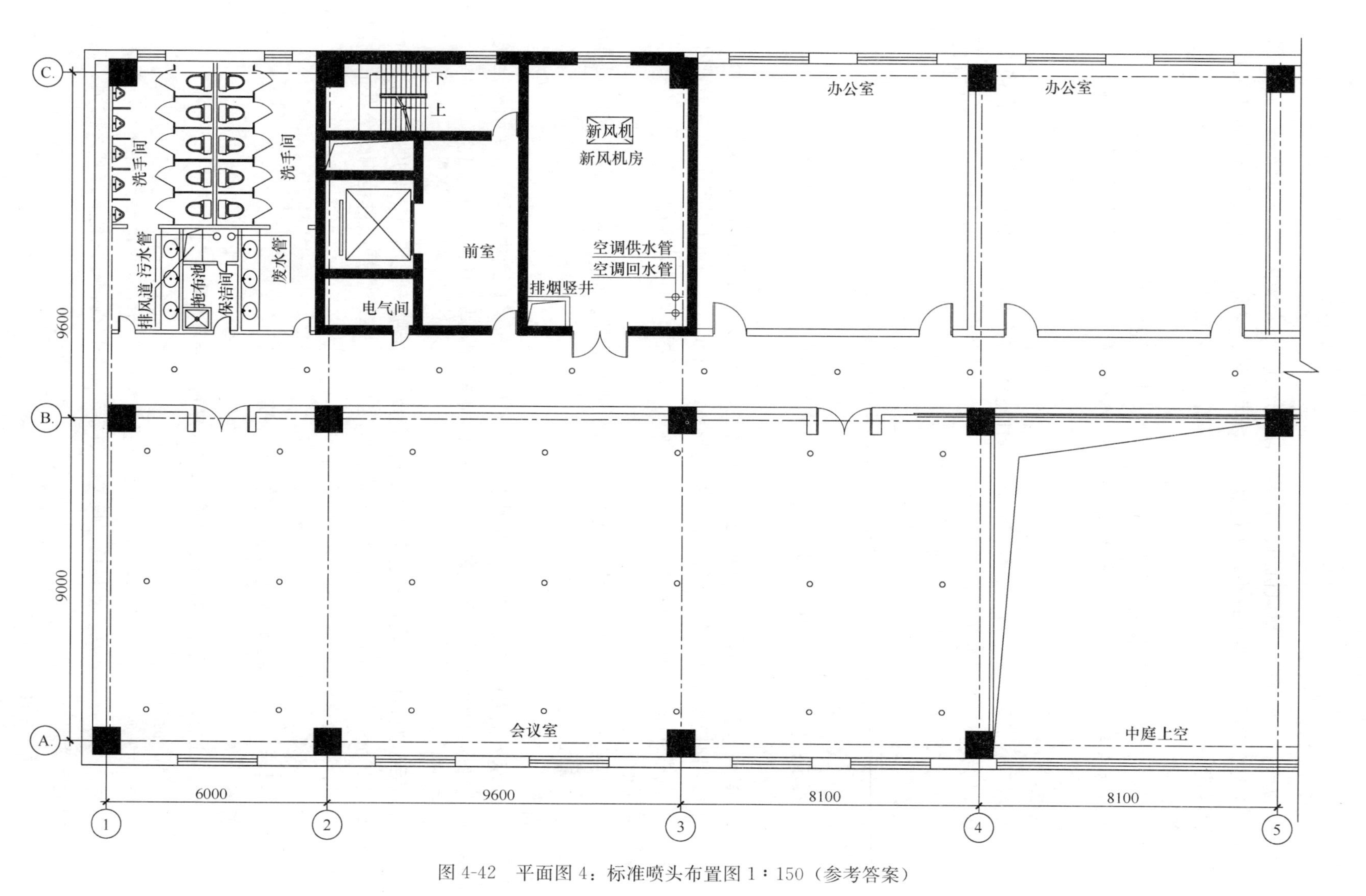

图 4-42　平面图 4：标准喷头布置图 1：150（参考答案）

（七）选择题提示及答案

1. **提示：**风机盘管、新风机组、空调机均应分别、独立接供水管、回水管、凝水管。空调冷热水管供回水温差均较小，风机盘管、新风机组、空调机等末端设备不能像散热器那样串联连接。

答案：A

2. **提示：**凝水管不能直接接至污水、废水管，应有空气隔断措施。如地漏、拖布池、洗手盆等有水封的措施后再接至排水管。供、回水管为有压管，凝水为无压管，凝水流不进去反而会流到凝水管。

答案：D

3. **提示：**通风空调系统风管穿过通风空调机房设防火阀，通风空调系统风管接外墙不需要设防火阀，所以先从 A、C 选项中选择，A 选项防火阀距通风空调机房与走廊之间隔墙还有新风管太远了，防火阀应紧靠机房隔墙。

答案：C

4. **提示：**风管穿过办公室、会议室等普通房间不需要设防火阀。

答案：A

5. **提示：**应设置排风系统的区域是卫生间和清洁间。

答案：D

6. **提示：**前室不能排烟，只能防烟。会议室 213m^2 为地上房间，面积超过 100m^2 且经常有人停留应设排烟，有 5 樘外窗每窗可开启面积 1m^2，外窗可开启面积超过房间面积 2%，设自然排烟。走廊长度超过 20m 应设排烟，无外窗，设机械排烟。

答案：A

7. **提示：**排烟垂直风管与水平风管交接处的水平管段上设排烟防火阀，防火阀应靠近垂直风管。

答案：C

8. **提示：**消火栓到被保护部位折线长度 29～31m。只考虑图中区域，2 个消火栓（其中消防电梯前室至少有一个消火栓）可满足两股水柱同时到达任何部位。

答案：B

9. **提示：**标准喷头适用净空高度不大于 12m，特殊喷头适用净空高度不大于 18m，中庭高度 16m（共 4 层，每层 4m），不适用标准喷头。二类高层喷淋范围：公共活动用房、走道、办公室。

答案：B

10. **提示：**二类高层喷淋范围：公共活动用房、走道、办公室。

答案：B

十一、【试题 4-11】（2017 年）南方二层公建首层局部机电设计

（一）任务描述

如图 4-43 所示为南方某二层社区中心的首层局部平面，室内除配电间外，均设置吊顶，空调采用多联机系统。根据现行规范、任务要求和图例，合理完善此部分空调、送排风系统的布置。

（二）任务要求

1. 布置新风支管，对应连接每台室内机。

2. 布置水平冷媒管，在冷媒管井内布置冷媒竖管，满足新风系统和室内空调系统的不同热工工况。

3. 布置配电间的排风扇和进风阀；完善卫生间的排风系统。

4. 布置防火阀和风管消声器。

5. 布置风管防雨百叶。

6. 根据作图结果，完成作图选择题的作答。

（三）图例（表 4-15）

表 4-15

名　称	图　例	名　称	图　例
风管支管	150	室内进风阀	
冷媒竖管（一组）	○	风管消声器	600 900
水平冷媒管（一组）			
新风调节阀		防火阀	
吊顶排风扇		风管防雨百叶	
嵌墙排风扇（带百叶）			

注：冷媒管一送一回为一组。

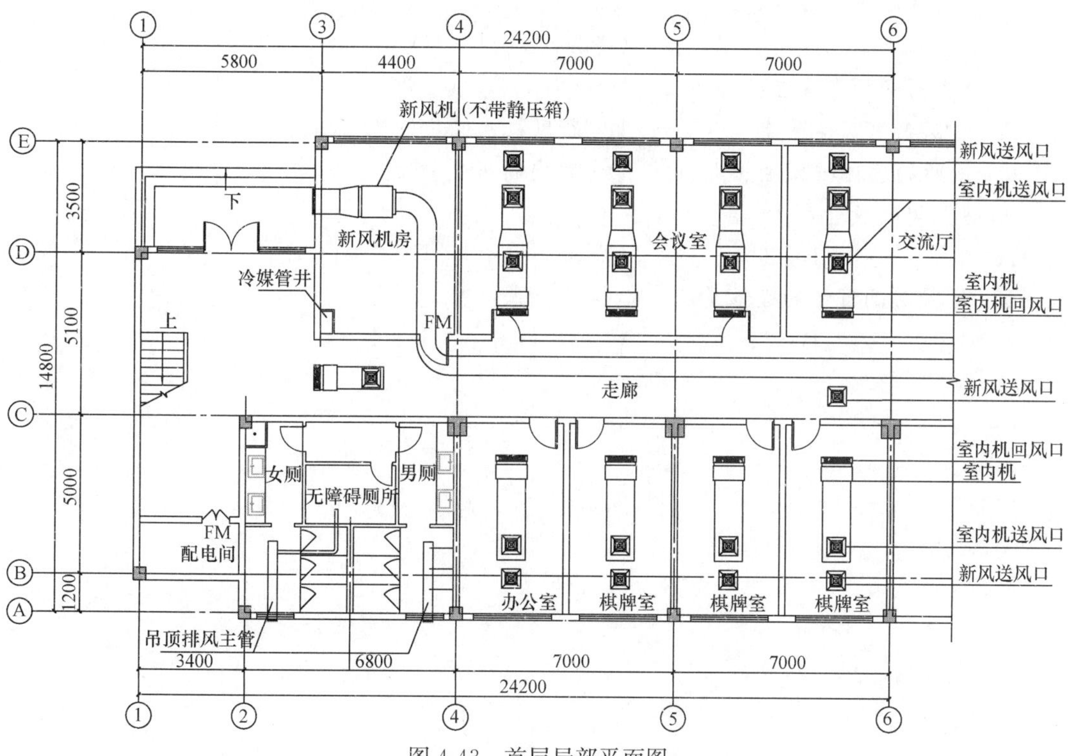

图 4-43　首层局部平面图

（四）作图选择题（设备部分）

1. 空调新风支管应：

A　连接到室内回风口　　B　连接到独立设置的新风口

C　连接到室内机靠近送风口侧　D　同时连接到室内机回风口和送风口

2. 冷媒管的数量（组）是：

A　1　　B　2　　C　3　　D　4

3. 水平冷媒管的正确布置方式是：

A　1组接到新风机，1组接到室内机

B　1组接到新风机，1组接到室内机送风口

C　1组接到走廊、交通厅的室内机，1组接到其他房间室内机

D　1组接到走廊、交通厅的室内机，1组接到新风机

4. 新风调节阀的数量是：

A　1　　B　2　　C　3　　D　4

5. 吊顶排风扇布置在：

A　男、女厕所和新风机房　　B　无障碍厕所和配电间

C　配电间和新风机房　　D　男、女厕所和无障碍厕所

6. 嵌墙排风扇最少有几处：

A　4　　B　3　　C　2　　D　1

7. 室内进风阀的数量是：

A　1　　B　2　　C　3　　D　4

8. 消声器必须布置在：

A　走廊的新风主管上　　B　新风机房的主管上

C　厕所的顶棚排风主管上　　D　室内新风支管上

9. 防火阀的数量是：

A　1　　B　2　　C　3　　D　4

10. 风管防雨百叶的数量是：

A　1　　B　2　　C　3　　D　4

（五）试作图（图 4-44）

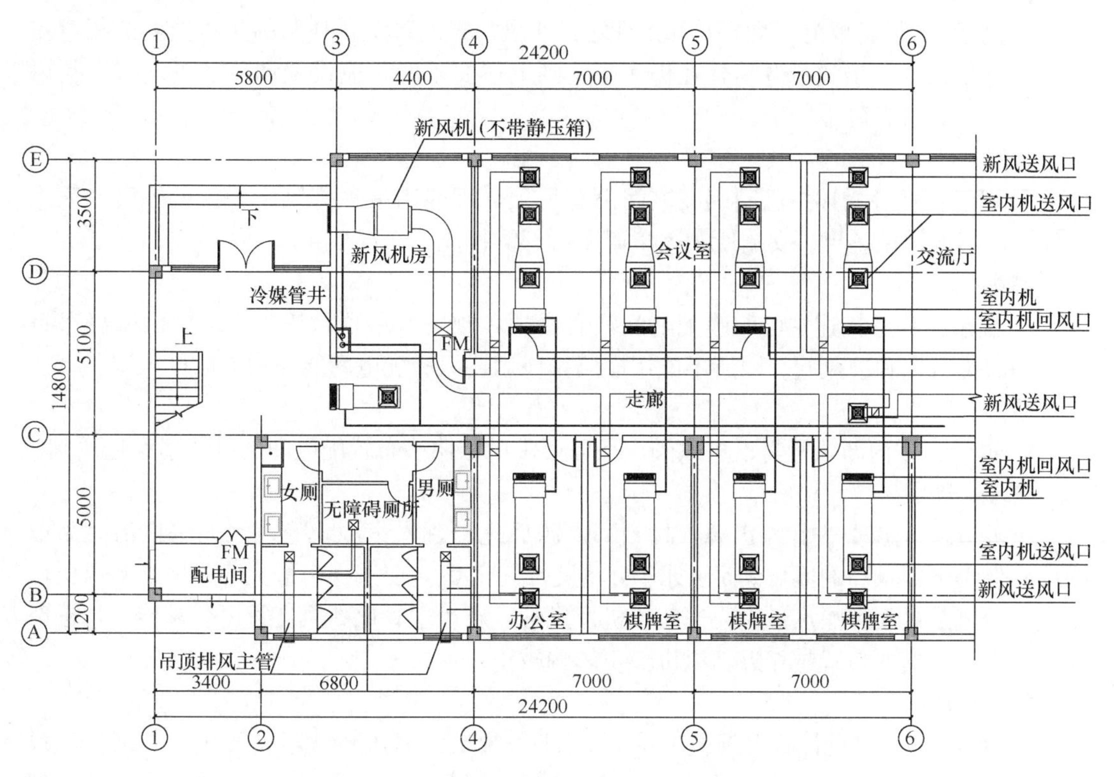

图 4-44　参考答案（设备部分）1∶200

（六）选择题提示及答案

1. **提示：**《民用建筑供暖通风与空气调节设计规范》（以下简称《暖通规范》）第 7.3.10 条规定：风机盘管加新风空调系统设计，新风宜直接送入人员活动区。本条条文说明的解释：新风不宜送入风机盘管回风侧，这样风机盘管停止运行时，新风有可能从带有过滤器的回风口逆向吹出，不利于室内空气质量的保证；新风也不宜送入风机盘管送风侧，这样会造成风机盘管送风与新风压力不平衡，有可能影响新风送入；依据规范应选 B。

答案：B

2. **提示：**《暖通规范》第 7.3.11 条规定：多联机空调系统设计，空调区负荷特性相差较大时，宜分别设置多联机空调系统。本图新风机与其他房间负荷特性相差较大，宜分别设置多联机空调系统。任务要求中已经明确：在冷媒管井内布置冷媒竖管，满足新风系统和室内空调系统的不同热工工况。新风系统、室内空调系统是不同空调系统。第 3 题（下一道题）选项中明确是 2 组。

答案：B

3. **提示：**《暖通规范》第 7.3.11 条规定：多联机空调系统设计，空调区负荷特性相差较大时，宜分别设置多联机空调系统。本图新风机与其他房间负荷特性相差较大，宜分别设置多联机空调系统。任务要求中已明确：在冷媒管井内布置冷媒竖管，满足新风系统和室内空调系统的不同热工工况。新风系统、室内系统是不同空调系统。

答案： A

4. **提示：**《暖通规范》第 6.6.6 条规定：通风与空调系统各环路的压力损失的相对差额不宜超过 15%，当通过调整管径仍无法达到上述要求时，应设置调节装置。每一新风支路设置一个调节阀。

答案： C

5. **提示：** 任务描述中已明确配电间没有吊顶，不能用吊顶排风扇。新风机房一般无人值守，不需排风。男、女厕所和无障碍厕所都需排风。

答案： D

6. **提示：** 任务描述中已明确配电间没有吊顶，厕所有吊顶，任务要求中已明确布置配电间的排风扇和进风阀。厕所不能用嵌墙排风扇，只有配电间能使用嵌墙排风扇。

答案： D

7. **提示：** 室内新风机需设进风阀。任务要求中已明确布置配电间的排风扇和进风阀。

答案： B

8. **提示：** 消声要先找噪声源，找到噪声源后先治理噪声源，噪声源无法根治时采取措施确保噪声要求高的区域满足要求。本题是唯一答案，要选噪声最大的一项，新风机设备最大、风量最大、噪声最大，选新风机及风管，新风主管比新风支管更容易传声，选新风主管，消声器的布置越靠近新风机噪声影响越小。

答案： B

9. **提示：**《建筑设计防火规范》第 9.3.11 条规定：通风、空调风管在下列部位应设防火阀：穿越防火分区；穿越通风、空调机房的隔墙和楼板；穿越重要或火灾危险大的房间隔墙和楼板；穿越防火分隔处的变形缝两侧；竖向风管与每层水平风管交接处的水平管段上。穿越通风、空调机房的隔墙和楼板设防火阀是防止机房和机房外其他房间通过风管蔓延火灾。设计不考虑通过外墙风口或窗户向上、下层蔓延火灾。

答案： A

10. **提示：** 新风机接外墙新风管进口、卫生间接外墙排风管出口设风管防雨百叶。图例的“嵌墙排风扇”已明确是带百叶而不是带防雨百叶，说明是装在内墙上的。

答案： C

十二、[试图 4-12]（2019 年）高层办公楼核心筒及走廊消防设计

（一）任务描述：

图 4-45 为某高层办公楼标准层核心筒及走廊局部平面图，为一类高层建筑。根据现行规范、任务条件、任务要求和本题图例，按经济合理的原则，在图中完成核心筒及走廊的相关消防设施设计。

（二）任务条件：

1. 每个加压送风竖井面积不应小于 1.5m^2。
2. 本区域排烟竖井面积合计不应小于 2.0m^2。
3. 图中所示竖井平面均已隐含其内部的金属竖管，金属竖管无须绘制。
4. 根据现行规范要求，本图公共区域至少应设置 2 个吊顶排烟口。
5. 自动喷水灭火系统采用标准喷头。

（三）任务要求：

1. 利用图中现有井道确定并注明加压送风竖井；布置风口。
2. 利用图中现有井道确定并注明排烟竖井；布置水平排烟管和吊顶排烟口。
3. 布置防火阀。
4. 在符合规范的前提下，按最少数量的方式布置标准喷头。
5. 完善室内消火栓布置。
6. 布置应急照明、安全出口标志。
7. 布置防火门及其耐火等级：FM-甲、乙、丙。
8. 根据作图结果，用 2B 铅笔填涂答题卡。

（四）图例（表 4-16）

表 4-16

名　称	图　例
送风口	⊩
排烟口	⊠
标准喷头	○
应急照明	⊗
安全出口标志	▭
水平风管	═
防火阀	⊏⊐
消火栓	◢

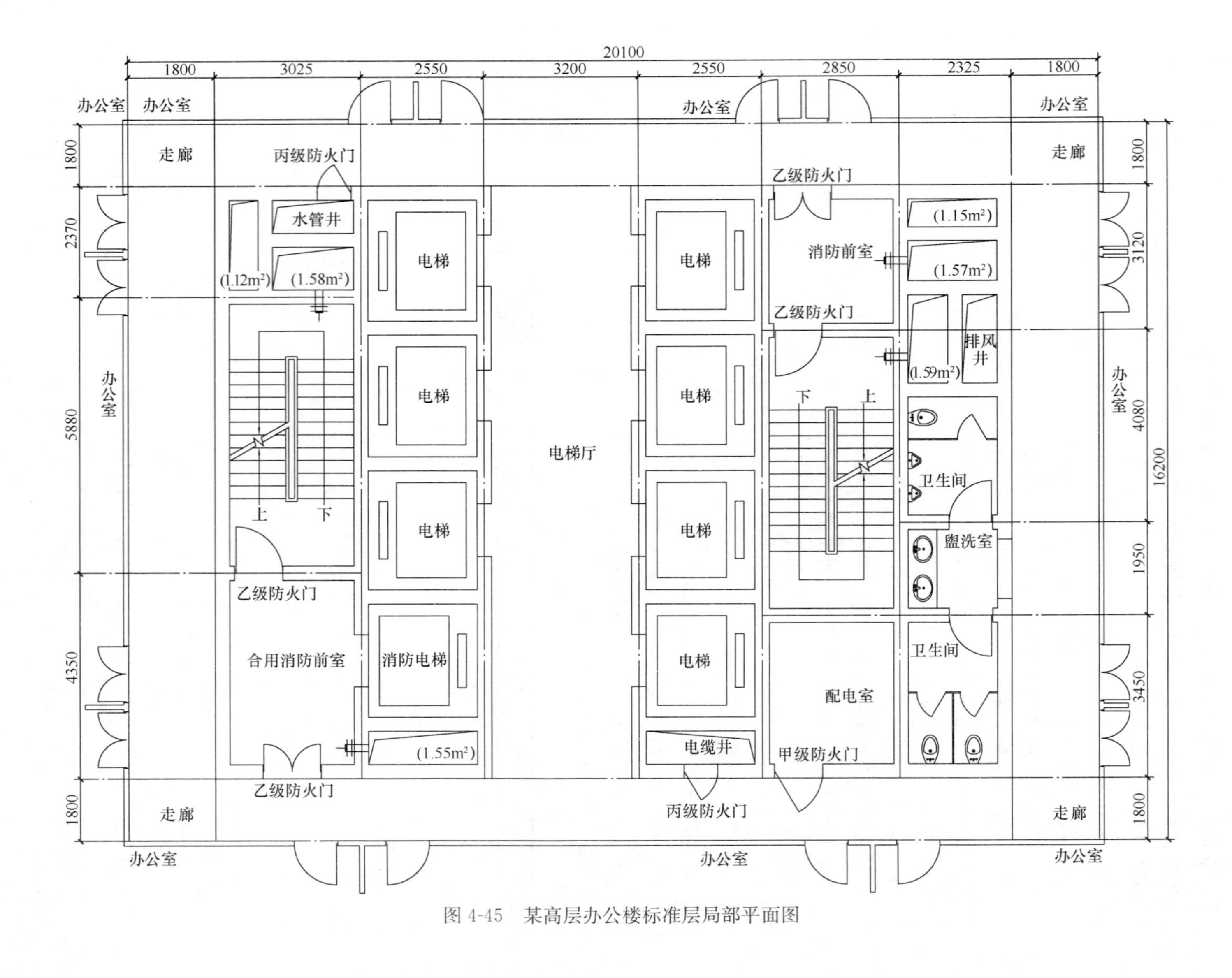

图 4-45　某高层办公楼标准层局部平面图

（五）作图选择题

1. 加压送风竖井的数量是：

A 6　　B 4　　C 2　　D 0

2. 下列选项中，应设置吊顶排烟口的区域是：

A 消防前室　　B 走廊　　C 楼梯间　　D 卫生间

3. 关于排烟系统的正确描述是：

A 吊顶排烟口经水平排烟管接至排烟竖井内的竖管

B 吊顶排烟口经水平排烟管接至排风井内的竖管

C 吊顶排烟口经水平排烟管、防火阀接至排烟竖井内的竖管

D 吊顶排烟口经水平排烟管、防火阀接至排风井内的竖管

4. 下列选项中，不应设置自动喷水灭火系统的部位是：

A 消防前室　　B 卫生间　　C 盥洗室　　D 配电室

5. 走廊（包括电梯厅）应设置的标准喷头最少数量是：

A 18　　B 21　　C 24　　D 27

6. 下列选项中，均应设置应急照明的部位是：

A 楼梯间、配电室　　B 楼梯间、卫生间

C 卫生间、电缆井　　D 配电室、电缆井

7. 安全出口标志数量是：

A 1　　B 2　　C 3　　D 4

8. 应设置的防火阀数量是：

A 1　　B 2　　C 3　　D 4

9. 应增设的室内消火栓最少数量是：

A 1　　B 2　　C 3　　D 4

10. 应设置的防火门耐火等级及其数量是：

A FM—甲 1、FM—乙 4、FM—丙 2

B FM—甲 1、FM—乙 5、FM—丙 1

C FM—甲 2、FM—乙 4、FM—丙 1

D FM—甲 3、FM—乙 2、FM—丙 2

（六）试作图（图 4-46）

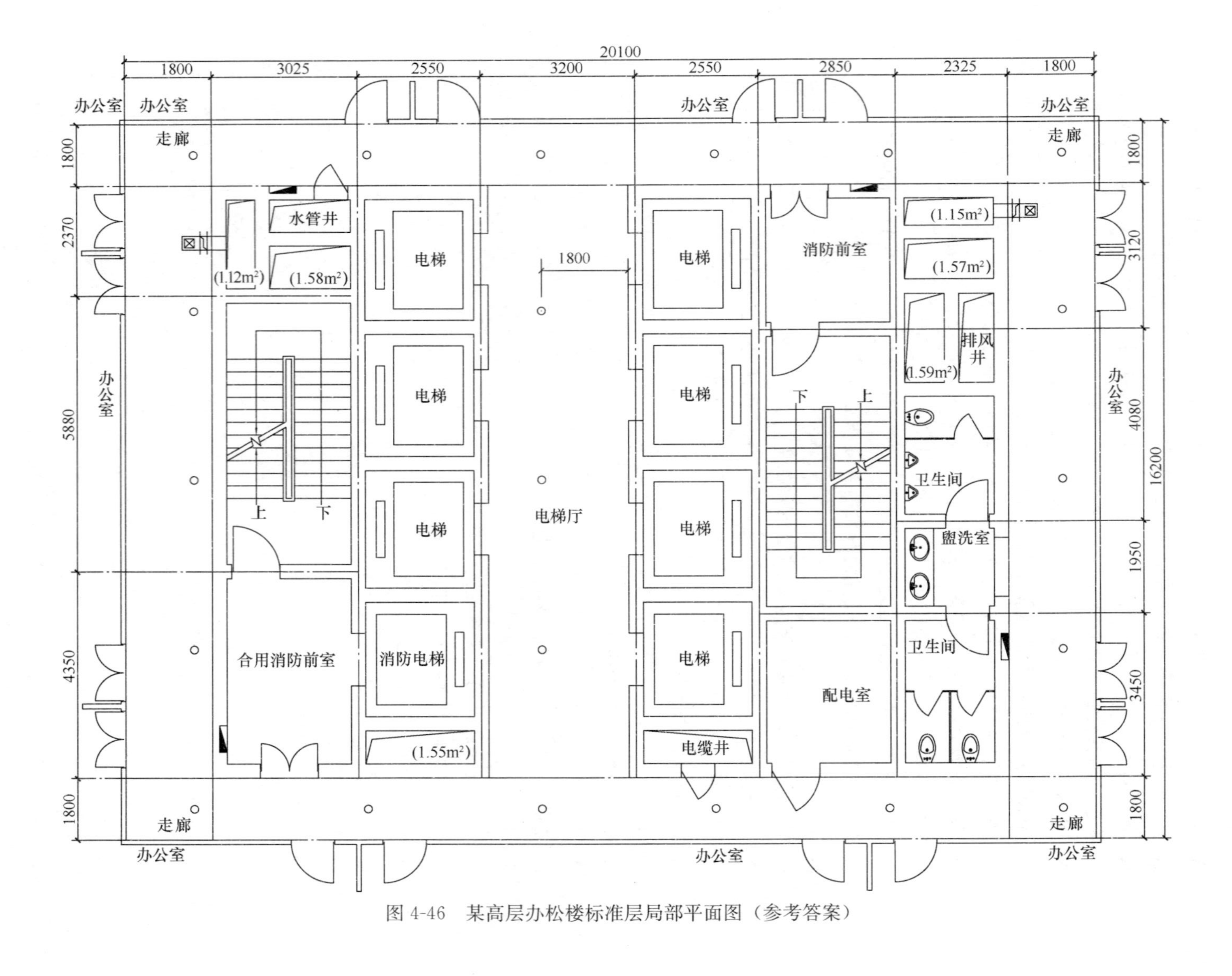

图 4-46　某高层办松楼标准层局部平面图（参考答案）

（七）选择题提示及答案（6、7题见电气专业提示及答案）

1. **提示**：本题为无外窗的高层建筑核心筒及周边走廊，无自然通风防烟条件。

按《防排烟标准》规定应设防烟部位：防烟楼梯间、独立前室、共用前室、合用前室、消防电梯前室五个部位，本题有两个防烟楼梯间、一个独立前室、一个合用前室。防排烟标准规定：建筑高度超过50m的高层公共建筑上述后五个防烟部位均应独立设置机械加压送风系统（不论有无外窗）；建筑高度不超过50m的高层公共建筑的独立前室只有一个门与走廊或房间相通时，可只在防烟楼梯间设机械加压送风而独立前室不送风。

本题未注明建筑高度，若超过50m应设两个防烟楼梯间、一个独立前室、一个合用前室共4个加压送风竖井；若不超过50m可设两个防烟楼梯间、一个合用前室共3个加压送风竖井；选项中没有3的数字，选4。

答案：B

2. **提示**：本题为无外窗的高层建筑交通核心筒及周边走廊，无自然排烟条件。

防排烟标准规定：歌舞娱乐放映游艺场所、中庭、公共建筑内地上部分建筑面积大于100m² 且经常有人停留或建筑面积大于300m² 且可燃物较多的房间、走道、建筑内长度大于20m的疏散走道、地下或半地下房间及地上无窗房间总面积大于200m² 或一个房间大于50m² 且经常有人停留或可燃物较多者。

本题只涉及建筑内长度大于20m的疏散走道。

答案：B

3. **提示**：B、D选项排烟接到排风竖管不正确，在A、C选项中选择。

防排烟标准规定：排烟管道下列部位应设（280℃熔断关闭）排烟防火阀：垂直风管与每层水平风管交接处的水平管段上；一个排烟系统负担多个防烟分区的排烟支管上；排烟风机入口处；穿越防火分区处。

本题垂直风管与每层水平风管交接，应在交接处的水平管段上设排烟防火阀。

答案：C

4. **提示**：《建筑设计防火规范》规定：除不宜用水保护或灭火的场所应设置自动灭火系统并宜采用自动喷水灭火系统。

配电室不宜用水灭火，不应设置自动喷水灭火系统。

答案：D

5. **提示**：《自动喷水灭火系统设计规范》规定：高层旅馆、办公、综合等建筑属于中危险级Ⅰ级；书库、舞台、汽车库等建筑属于中危险级Ⅱ级。中危险级Ⅰ级直立型标准喷头间距不大于3.6m但不小于2.4m、喷头到端墙距离不大于1.8m但不小于0.1m；中危险级Ⅱ级直立型标准喷头间距不大于3.4m但不小于2.4m、喷头到端墙距离不大于1.8m但不小于0.1m。

走廊（包括电梯厅）设置的标准喷头是21个。

答案：B

8. **提示**：防火阀有两类，一类是通风、空调风管上70℃熔断关闭防火阀，另一类是排烟管道上280℃熔断关闭排烟防火阀，本题未提通风、空调内容，说明专指排烟防火阀。

任务条件已注明：本区域排烟竖井面积合计不应小于2.0m²、本图公共区域至少应设置 2 个吊顶排烟口。图中可见没有一个可做排烟的竖井面积超过 2.0m^2，应有两个排烟竖井与两个排烟口对应，应有 2 个水平排烟管、2 个排烟防火阀。

答案：B

9. **提示**：高层建筑消火栓灭火距离 29.23～31.73m，本题核心筒内环周长 58.20m 而且消防电梯前室要有一个消火栓，2 个消火栓不能保证 2 股水柱同时到达任何部位。如果题目注明只考虑走廊、不考虑房间，3 个消火栓即可；如果题目没有注明只考虑走廊，应考虑房间，按一层一个防火分区 3000m^2，需 4 个消火栓。

答案：D

10. **提示**：本题防火门耐火等级：配电室 1 个门为甲级，前室和防烟楼梯间门 4 个为乙级，管道间 2 个门为丙级。

答案：A

第五章 建 筑 电 气

第一节 应 试 准 备

一、考试大纲的宗旨

2002年全国注册建筑师管理委员会对一、二级注册建筑师考试大纲作了调整和修改，全国一级注册建筑师资格考试大纲中，将原来的“建筑设计与表达”科目改为以“建筑方案设计”和“建筑技术设计”两项考试取代。考试大纲中提出的对建筑技术设计（作图题）的基本要求是：“检验应试者在建筑技术方面的实践能力，对试题能做出符合要求的答案，包括：建筑剖面、结构选型与布置、机电设备与管道系统、建筑配件与构造等，并符合法规规范。”

“机电设备”是大纲中明确的与建筑技术设计相关的设计内容。虽然所占比例不大，但符合规范的设计，可以反映出应试者在建筑方案设计中技术设计的能力与水平，同时完善其对建筑设计的认识和对建筑师职责范围的理解。

二、考试大纲的考核点

要求考生掌握与建筑设计相关的机电设备作图知识。根据近十年“建筑技术设计”试卷分析，总结考试中主要涉及电气作图的考核点如下：

（一）设计内容

1. 建筑照明

主要是正常照明和应急照明的相关内容。

2. 建筑供配电

主要是室内配电线路的连接和敷设。

3. 火灾自动报警系统

主要是《建筑设计防火规范》GB 50016—2014（2018年版）中对电气设计的要求及《火灾自动报警系统设计规范》GB 50116—2013中系统设置对电气的要求。①

（二）平面布置

灯具、开关、插座、电气线路及消防设施等的布置和敷设，协调与其他管道系统的位置关系。

（三）空间的合理性

1. 正确处理电气设计在建筑设计中的占空性、延伸性和隐蔽性的关系。

2. 照明设计中虽然试题不要求做剖面设计，但不同的灯具平面布置反映了不同的照明空间效果，要求理解室形系数与照明设计的关系。

---

① 本章所涉及标准、规范在首次出现时标注国标号和年号（版号），后文仅出现标准、规范的名称。未特别说明的均为现行的规范、标准。

三、设计能力的训练

根据考核点，考试前要注重电气设计能力的训练。

照明工程图一般由电气系统图、平面图等一系列图纸组成。我们主要练习与建筑平面相关的照明平面图的设计内容。

1. 了解设计内容和相关规范

考试中主要涉及的相关设计规范包括：

(1)《民用建筑电气设计标准》GB 51348—2019；

(2)《建筑设计防火规范》CB 50016—2014（2018 年版）；

(3)《建筑照明设计标准》GB 50034—2013；

(4)《火灾自动报警系统设计规范》CB 50116—2013；

(5)《住宅建筑电气设计规范》JGJ 242—2011。

(6)《消防应急照明和疏散指示系统技术标准》GB 51309—2018。

2. 学习相应的计算方法

历年考试关于题目中电气设施的数量问题，根据题目的要求，有两种可能：①按图中所示场所定性设置；②按设计任务定量计算。

3. 绘图能力的训练

考试中电气平面图需要表达的内容主要有：电源进线位置，导线的敷设方式与连接，灯具位置、型号和安装方式；插座的安装位置以及火灾探测器等各种用电设备的位置等。

第二节　应熟悉的设计规范

考察考生在建筑设计中对与其相关的电气设计规范条例理解和应用的能力，是考试的标准。本节以《建筑照明设计标准》和《火灾自动报警系统设计规范》为例，介绍相应的学习内容。

一、建筑照明设计标准

对于一个场所，究竟选择多少数量的灯具，其依据是建筑照明设计标准，即照度标准。照度标准是关于照明数量和质量的规定。数量是指工作面上的照度值；质量是指有些对光的质量有定量要求，有些只有定性的要求。

（一）照度数值

《建筑照明设计标准》是按不同建筑、不同用途的房间或场所，分别规定了不同的照度要求，包括三类建筑和一个通用房间或场所的照明设计照度标准值。三类建筑分别是：居住建筑、公共建筑和工业建筑。考试中主要涉及居住建筑和公共建筑的相关标准，故将常用的建筑照明标准值列出，供考生学习中参考（表 5-1～表 5-11）。

1. 住宅建筑

居住建筑照明标准值　　**表 5-1**

房间或场所		参考平面及其高度	照度标准值（lx）	R_a
起居室	一般活动	0.75m 水平面	100	80
	书写、阅读		300 *	

续表

房间或场所		参考平面及其高度	照度标准值（lx）	R_a
卧　室	一般活动	0.75m 水平面	75	80
	床头、阅读		150 *	
餐　厅		0.75m 餐桌面	150	80
厨　房	一般活动	0.75m 水平面	100	80
	操作台	台　面	150 *	
卫生间		0.75m 水平面	100	80
电梯前厅		地　面	75	60
走道、楼梯间		地　面	50	60
车　库		地　面	30	60

注：* 指混合照明照度。

其他居住建筑照明标准值　　**表 5-2**

房间或场所		参考平面及其高度	照度标准值（lx）	R_a
职工宿舍		地　面	100	80
老年人卧室	一般活动	0.75m 水平面	150	80
	床头、阅读		300 *	80
老年人起居室	一般活动	0.75m 水平面	200	80
	书写、阅读		500 *	80
酒店式公寓		地　面	150	80

注：* 指混合照明照度。

2. 公共建筑

图书馆建筑照明标准值　　**表 5-3**

房间或场所	参考平面及其高度	照度标准值（lx）	UGR	U_0	R_a
一般阅览室、开放式阅览室	0.75m 水平面	300	19	0.60	80
多媒体阅览室	0.75m 水平面	300	19	0.60	80
老年阅览室	0.75m 水平面	500	19	0.70	80
珍善本、舆图阅览室	0.75m 水平面	500	19	0.60	80
陈列室、目录厅（室）、出纳厅	0.75m 水平面	300	19	0.60	80
档案室	0.75m 水平面	200	19	0.60	80
书库、书架	0.25m 垂直面	50	—	0.40	80
工作间	0.75m 水平面	300	19	0.60	80
采编、修复工作间	0.75m 水平面	500	19	0.60	80

办公建筑照明标准值　　**表 5-4**

房间或场所	参考平面及其高度	照度标准值（lx）	UGR	U_0	R_a
普通办公室	0.75m 水平面	300	19	0.60	80
高档办公室	0.75m 水平面	500	19	0.60	80
会议室	0.75m 水平面	300	19	0.60	80

续表

房间或场所	参考平面及其高度	照度标准值（lx）	UGR	U_0	R_a
视频会议室	0.75m 水平面	750	19	0.60	80
接待室、前台	0.75m 水平面	200	—	0.40	80
服务大厅、营业厅	0.75m 水平面	300	22	0.40	80
设计室	实际工作面	500	19	0.60	80
文件整理、复印、发行室	0.75m 水平面	300	—	0.40	80
资料、档案存放室	0.75m 水平面	200	—	0.40	80

注：此表适合于所有类型建筑的办公室和类似用途场所的照明。

商店建筑照明标准值 **表 5-5**

房间或场所	参考平面及其高度	照度标准值（lx）	UGR	U_0	R_a
一般商店营业厅	0.75m 水平面	300	22	0.60	80
一般室内商业街	地　面	200	22	0.60	80
高档商店营业厅	0.75m 水平面	500	22	0.60	80
高档室内商业街	地　面	300	22	0.60	80
一般超市营业厅	0.75m 水平面	300	22	0.60	80
高档超市营业厅	0.75m 水平面	500	22	0.60	80
仓储式超市	0.75m 水平面	300	22	0.60	80
专卖店营业厅	0.75m 水平面	300	22	0.60	80
农贸市场	0.75m 水平面	200	25	0.40	80
收款台	台　面	500 *	—	0.60	80

注：* 指混合照明照度。

观演建筑照明标准值 **表 5-6**

房间或场所		参考平面及其高度	照度标准值（lx）	UGR	U_0	R_a
门　厅		地　面	200	22	0.40	80
观 众 厅	影　院	0.75m 水平面	100	22	0.40	80
	剧场、音乐厅	0.75m 水平面	150	22	0.40	80
观众休息厅	影　院	地　面	150	22	0.40	80
	剧场、音乐厅	地　面	200	22	0.40	80
排 演 厅		地　面	300	22	0.60	80
化 妆 室	一般活动区	0.75m 水平面	150	22	0.60	80
	化 妆 台	1.1m 高处垂直面	500 *	—	—	90

注：* 指混合照明照度。

旅馆建筑照明标准值 **表 5-7**

房间或场所		参考平面及其高度	照度标准值（lx）	UGR	U_0	R_a
客房	一般活动区	0.75m 水平面	75	—	—	80
	床头	0.75m 水平面	150	—	—	80
	写字台	台　面	300 *	—	—	80
	卫生间	0.75m 水平面	150	—	—	80
中餐厅		0.75m 水平面	200	22	0.60	80
西餐厅		0.75m 水平面	150	—	0.60	80
酒吧间、咖啡厅		0.75m 水平面	75	—	0.40	80
多功能厅、宴会厅		0.75m 水平面	300	22	0.60	80
会议室		0.75m 水平面	300	19	0.60	80
大　堂		地　面	200	—	0.40	80
总服务台		台　面	300 *	—	—	80
休息厅		地　面	200	22	0.40	80
客房层走廊		地　面	50	—	0.40	80
厨　房		台　面	500 *	—	0.70	80
游泳池		水　面	200	22	0.60	80
健身房		0.75m 水平面	200	22	0.60	80
洗衣房		0.75m 水平面	200	—	0.40	80

注：* 指混合照明照度。

医疗建筑照明标准值 **表 5-8**

房间或场所	参考平面及其高度	照度标准值（lx）	UGR	U_0	R_a
治疗室、检查室	0.75m 水平面	300	19	0.70	80
化验室	0.75m 水平面	500	19	0.70	80
手术室	0.75m 水平面	750	19	0.70	90
诊　室	0.75m 水平面	300	19	0.60	80
候诊室、挂号厅	0.75m 水平面	200	22	0.40	80
病　房	地　面	100	19	0.60	80
走　道	地　面	100	19	0.60	80
护士站	0.75m 水平面	300	—	0.60	80
药　房	0.75m 水平面	500	19	0.60	80
重症监护室	0.75m 水平面	300	19	0.60	90

教育建筑照明标准值 **表 5-9**

房间或场所	参考平面及其高度	照度标准值（lx）	UGR	U_0	R_a
教室、阅览室	课桌面	300	19	0.60	80
实验室	实验桌面	300	19	0.60	80
美术教室	桌　面	500	19	0.60	90
多媒体教室	0.75m 水平面	300	19	0.60	80
电子信息机房	0.75m 水平面	500	19	0.60	80
计算机教室、电子阅览室	0.75m 水平面	500	19	0.60	80
楼梯间	地　面	100	22	0.40	80
教室黑板	黑板面	500 *	—	0.70	80
学生宿舍	地　面	150	22	0.40	80

注：* 指混合照明照度。

有电视转播的体育建筑照明标准值 **表 5-10**

<table>
<tr><th colspan="2" rowspan="2">运动项目</th><th rowspan="2">参考平面及其高度</th><th colspan="3">照度标准值（lx）</th><th colspan="2">R_a</th><th colspan="2">T_{cp}（K）</th><th rowspan="2">眩光指数 GR</th></tr>
<tr><th>国家、国际比赛</th><th>重大国际比赛</th><th>HDTV</th><th>国家、国际比赛，重大国际比赛</th><th>HDTV</th><th>国家、国际比赛，重大国际比赛</th><th>HDTV</th></tr>
<tr><td colspan="2">篮球、排球、手球、室内足球、乒乓球</td><td>地面 1.5m</td><td rowspan="5">1000</td><td rowspan="5">1400</td><td rowspan="5">2000</td><td rowspan="13">≥80</td><td rowspan="13">>80</td><td rowspan="13">≥4000</td><td rowspan="13">≥5500</td><td rowspan="2">30</td></tr>
<tr><td colspan="2">体操、艺术体操、技巧、蹦床、柔道、摔跤、武术、举重、跆拳道</td><td>台面 1.5m</td></tr>
<tr><td colspan="2">击　剑</td><td>台面 1.5m</td><td>—</td></tr>
<tr><td colspan="2">游泳、跳水、水球、花样游泳</td><td>水面 0.2m</td><td>—</td></tr>
<tr><td colspan="2">冰球、花样溜冰、冰上舞蹈、短道速滑、速度滑冰</td><td>冰面 1.5m</td><td>30</td></tr>
<tr><td colspan="2">羽毛球</td><td>地面 1.5m</td><td>1000/750</td><td>1400/1000</td><td>2000/1400</td><td>30</td></tr>
<tr><td colspan="2">拳　击</td><td>台面 1.5m</td><td>1000</td><td>2000</td><td>2500</td><td>30</td></tr>
<tr><td rowspan="2">射　箭</td><td>射击区
箭道区</td><td>地面 1.0m</td><td>500</td><td>500</td><td>500</td><td>—</td></tr>
<tr><td>靶　心</td><td>靶心垂直面</td><td>1500</td><td>1500</td><td>2000</td><td>—</td></tr>
<tr><td rowspan="2">场地自行车</td><td>室　内</td><td rowspan="2">地面 1.5m</td><td rowspan="4">1000</td><td rowspan="4">1400</td><td rowspan="4">2000</td><td>30</td></tr>
<tr><td>室　外</td><td>50</td></tr>
<tr><td colspan="2">足球、田径、曲棍球</td><td>地面 1.5m</td><td>50</td></tr>
<tr><td colspan="2">马　术</td><td>地面 1.5m</td><td>—</td></tr>
</table>

续表

运动项目		参考平面及其高度	照度标准值（lx）			R_a		T_{cp}（K）		眩光指数GR
			国家、国际比赛	重大国际比赛	HDTV	国家、国际比赛，重大国际比赛	HDTV	国家、国际比赛，重大国际比赛	HDTV	
网球	室内	地面1.5m	1000/750	1400/1000	2000/1400	≥80	>80	≥4000	≥5500	30
	室外									50
棒球、垒球		地面1.5m								50
射击	射击区 弹道区	地面1.0m	500	500	500	≥80		≥3000	≥4000	—
	靶心	靶心垂直面	1500	1500	2000					

注：1. HDTV指高清晰度电视；其特殊显色指数R_9应大于零；

2. 表中同一格有两个值时，“/”前为内场的值，“/”后为外场的值；

3. 表中规定的照度除射击、射箭外，其他均应为比赛场地主摄像机方向的使用照度值。

3. 通用房间或场所

公共和工业建筑通用房间或场所照明标准值 **表5-11**

房间或场所		参考平面及其高度	照度标准值（lx）	UGR	U_0	R_a	备注
门厅	普通	地面	100	—	0.40	60	—
	高档	地面	200	—	0.60	80	—
走廊、流动区域、楼梯间	普通	地面	50	25	0.40	60	—
	高档	地面	100	25	0.60	80	—
自动扶梯		地面	150	—	0.60	60	—
厕所、浴室、盥洗室	普通	地面	75	—	0.40	60	—
	高档	地面	150	—	0.60	80	—
电梯前厅	普通	地面	100	—	0.40	60	—
	高档	地面	150	—	0.60	80	—
休息室		地面	100	22	0.40	80	—
更衣室		地面	150	22	0.40	80	—
储藏室		地面	100	—	0.40	60	—
餐厅		地面	200	22	0.60	80	—
公共车库		地面	50	—	0.60	60	—
公共车库检修间		地面	200	25	0.60	80	可另加局部照明
试验室	一般	0.75m水平面	300	22	0.60	80	可另加局部照明
	精细	0.75m水平面	500	19	0.60	80	可另加局部照明
检验	一般	0.75m水平面	300	22	0.60	80	可另加局部照明
	精细、有颜色要求	0.75m水平面	750	19	0.60	80	可另加局部照明

续表

房间或场所		参考平面及其高度	照度标准值（lx）	UGR	U_0	R_a	备注
计量室、测量室		0.75m 水平面	500	19	0.70	80	可另加局部照明
电话站、网络中心		0.75m 水平面	500	19	0.60	80	—
计算机站		0.75m 水平面	500	19	0.60	80	防光幕反射
变、配电站	配电装置室	0.75m 水平面	200	—	0.60	80	—
	变压器室	地　面	100	—	0.60	60	—
电源设备室、发电机室		地　面	200	25	0.60	80	—
电梯机房		地　面	200	25	0.60	80	—
控制室	一般控制室	0.75m 水平面	300	22	0.60	80	—
	主控制室	0.75m 水平面	500	19	0.60	80	—
动力站	风机房、空调机房	地　面	100	—	0.60	60	—
	泵　房	地　面	100	—	0.60	60	—
	冷冻站	地　面	150	—	0.60	60	—
	压缩空气站	地　面	150	—	0.60	60	—
	锅炉房、煤气站的操作层	地　面	100	—	0.60	60	锅炉水位表照度不小于 50lx
仓　库	大件库	1.0m 水平面	50	—	0.40	20	—
	一般件库	1.0m 水平面	100	—	0.60	60	—
	半成品库	1.0m 水平面	150	—	0.60	80	—
	精细件库	1.0m 水平面	200	—	0.60	80	货架垂直照度不小于 50 lx
车辆加油站		地　面	100	—	0.60	60	油表表面照度不小于 50lx

考试中一般给出设计场所的照明标准值，若未给出此值，则设计时应根据所需建筑类别和场所查取相应的照明标准值。查表时要注意：

（1）参考平面位置

同一照度标准时，不同位置的参考平面，其对灯具的形式、数量要求是不同的。一般情况下工作面是指距地面 0.75m 高的水平参考平面，特殊情况下工作面是指工作人员处在正常工作位置进行工作的水平面或倾斜面。

（2）照度标准值取值

《建筑照明设计标准》中的照度标准值是指工作或生活场所参考平面上的维持平均照度值。照度标准值按 0.5lx、1lx、2lx、3lx、5lx、10lx、15lx、20lx、30lx、50lx、75lx、100lx、150lx、200lx、300lx、500lx、750lx、1000lx、1500lx、2000lx、3000lx、5000lx 分级。照明设计时一般按标准中的规定值选取。符合规范中的特殊条件时，只能按照度标准值分级提高或降低一级。

（3）设计照度与照度标准值

由于照明设计时布灯的需要和光源功率及光通量的变化不是连续的，设计照度与照度标准值的偏差不应超过±10%。

（二）照明节能

1. 照明节能措施

照明节能应是在保证照明质量和必需数量指标的基础上，采取的优化设计与管理的措施。参照国际照明委员会（CIE）提出的照明节能原则可以包括：

（1）根据视觉工作需要，精选照度水平；

（2）在所需的照度前提下，优化照明节能设计，限定照明节能指标；

（3）在满足显色性要求的基础上，采用高效光源；

（4）掌握灯具光学特性，选用无眩光的高效灯具；

（5）重视建筑环境，采用室内反射比高且不易变色和变质的材料；

（6）照明与室内装置的有效组合；

（7）充分利用天然采光；

（8）合理有效地控制照明设施；

（9）定期清扫照明灯具和房间，建立更换保养制度；

（10）处理好照明装置的技术特性及其最初投资与长远运行的综合经济效益关系；

（11）减少污染，保护生态环境。

2. 照明设计与照明节能之关系

照明节能的具体实施，实际上是通过建筑电气设计与照明装置节能产品的生产两个重要环节来完成的，我们可以通过创造性的照明设计方案，具体体现照明节能效果。

照明节能设计应注意如下环节：

（1）合理地选取照度水平，有效地控制单位面积安装电功率或单位面积照明功率密度限值；

（2）正确选择照明布灯方案，优先采用分区一般照明方式；

（3）优先选用高光效（lm/W）光源；

（4）条件允许时，优先选用直接型敞开式灯具，且室内灯具效率不宜低于0.7，最好在0.8以上；

（5）采用适宜该光源和工作场所的灯具反射器，如教室采用蝙蝠翼式配光灯具；

（6）采用适合眩光质量等级的照明灯具；

（7）注重光源附件的能效指标，采用节能的配套附件；

（8）优化灯具选择，采用易清洁、防静电且不吸尘材质制造的灯具，同时优选光通利用系数高的灯具；

（9）走道、楼梯间、卫生间和车库等无人长期逗留的场所宜选用三基色直管荧光灯、单端荧光灯或LED灯；疏散指示标志灯应采用LED灯，其他应急照明、重点照明、夜景照明商业及娱乐等场所的装饰照明等宜选用LED灯；

（10）充分利用天然光和太阳能等能源，采用分区控制灯光或自动控光调光等方式。

3. 照明节能评价

照明节能效果通常可通过两个方面进行评估，一方面是根据照明设计方案的节能措施判定；另一方面可用一个数量级指标进行评估。

我国《建筑照明设计标准》中提出的照明节能评价指标是采用“照明功率密度值”，即建筑每平方米的耗电量来表示，当照明工程实际能耗低于标准中规定的照明功率密度值时可以认为符合了照明节能要求。表 5-12～表 5-17 中列出了《建筑照明设计标准》中不同民用建筑的照明功率密度限值，黑体字为强制性条文，供学习中参考。

住宅建筑每户照明功率密度限值 **表 5-12**

房间或场所	照度标准值（lx）	照明功率密度限值（W/m²）	
		现行值	目标值
起居室	100	≤6.0	≤5.0
卧　室	75		
餐　厅	150		
厨　房	100		
卫生间	100		
职工宿舍	100	≤4.0	≤3.5
车　库	30	≤2.0	≤1.8

办公建筑和其他类型建筑中具有办公用途场所照明功率密度限值 **表 5-13**

房间或场所	照度标准值（lx）	照明功率密度限值（W/m²）	
		现行值	目标值
普通办公室	300	≤9.0	≤8.0
高档办公室、设计室	500	≤15.0	≤13.5
会议室	300	≤9.0	≤8.0
服务大厅	300	≤11.0	≤10.0

商店建筑照明功率密度限值 **表 5-14**

房间或场所	照度标准值（lx）	照明功率密度限值（W/m²）	
		现行值	目标值
一般商店营业厅	300	≤10.0	≤9.0
高档商店营业厅	500	≤16.0	≤14.5
一般超市营业厅	300	≤11.0	≤10.0
高档超市营业厅	500	≤17.0	≤15.5
专卖店营业厅	300	≤11.0	≤10.0
仓储超市	300	≤11.0	≤10.0

注：当商店营业厅、高档商店营业厅、专卖店营业厅需装设重点照明时，该营业厅的照明功率密度限值应增加 5 W/m²。

旅馆建筑照明功率密度限值　　表 5-15

房间或场所	照度标准值（lx）	照明功率密度限值（W/m²）	
		现行值	目标值
客　房	—	≤7.0	≤6.0
中餐厅	200	≤9.0	≤8.0
西餐厅	150	≤6.5	≤5.5
多功能厅	300	≤13.5	≤12.0
客房层走廊	50	≤4.0	≤3.5
大　堂	200	≤9.0	≤8.0
会议室	300	≤9.0	≤8.0

医疗建筑照明功率密度限值　　表 5-16

房间或场所	照度标准值（lx）	照明功率密度限值（W/m²）	
		现行值	目标值
治疗室、诊室	300	≤9.0	≤8.0
化验室	500	≤15.0	≤13.5
候诊室、挂号厅	200	≤6.5	≤5.5
病　房	100	≤5.0	≤4.5
护士站	300	≤9.0	≤8.0
药　房	500	≤15.0	≤13.5
走　廊	100	≤4.5	≤4.0

教育建筑照明功率密度限值　　表 5-17

房间或场所	照度标准值（lx）	照明功率密度限值（W/m²）	
		现行值	目标值
教室、阅览室	300	≤9.0	≤8.0
实验室	300	≤9.0	≤8.0
美术教室	500	≤15.0	≤13.5
多媒体教室	300	≤9.0	≤8.0
计算机教室、电子阅览室	500	≤15.0	≤13.5
学生宿舍	150	≤5.0	≤4.5

二、火灾自动报警系统

火灾自动报警系统是火灾探测与消防联动控制系统的简称，是以实现火灾早期探测和报警、向各类消防设备发出控制信号并接收、显示设备反馈信号，进而实现预定消防功能为基本任务的一种自动消防设施。

（一）火灾自动报警系统组成及设置场所

1. 系统组成

火灾自动报警系统由火灾探测报警系统、消防联动控制系统、可燃气体探测报警系统及电气火灾监控系统组成。火灾自动报警系统的组成如图 5-1 所示。

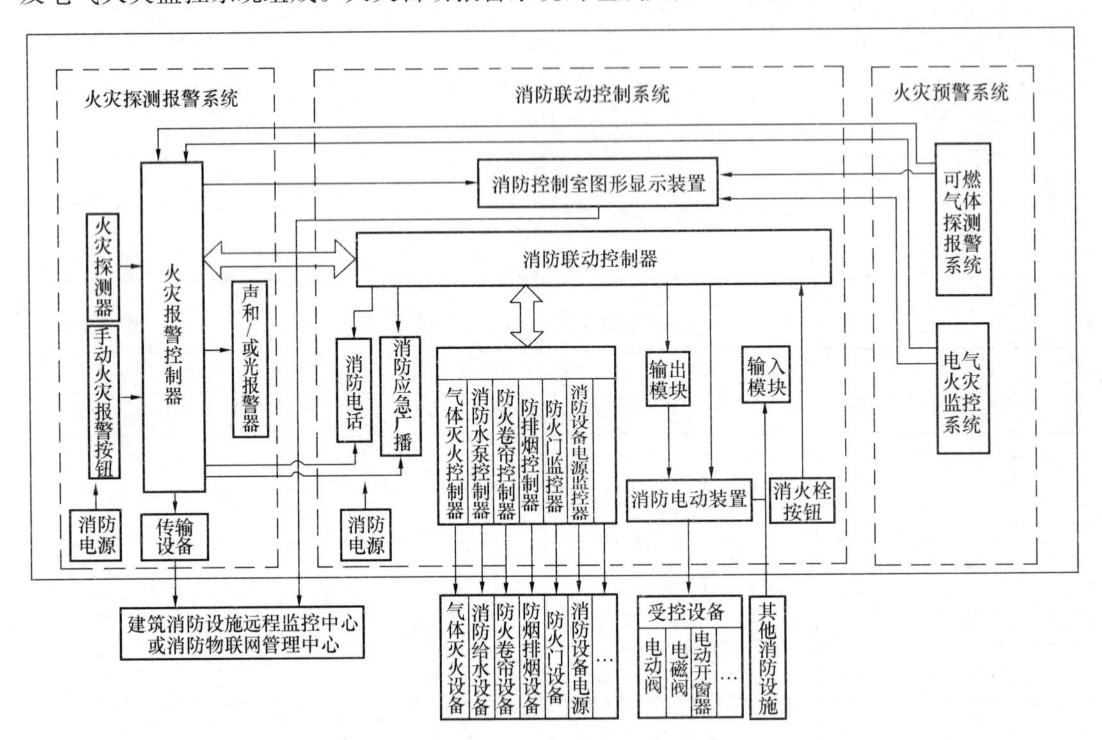

图 5-1　火灾自动报警系统的组成

（1）火灾探测报警系统

火灾探测报警系统是实现火灾早期探测并发出火灾报警信号的系统，一般由火灾触发器件（火灾探测器、手动火灾报警按钮）、声和/或光警报器、火灾报警控制器等组成。

（2）消防联动控制系统

消防联动控制系统是火灾自动报警系统中，接收火灾报警控制器发出的火灾报警信号，按预设逻辑完成各项消防功能的控制系统。由消防联动控制器、消防控制室图形显示装置、消防电气控制装置（防火卷帘控制器、气体灭火控制器等）、消防电动装置、消防联动模块、消火栓按钮、消防应急广播设备、消防电话等设备和组件组成。

（3）可燃气体探测报警系统

可燃气体探测报警系统是火灾自动报警系统的独立子系统，属于火灾预警系统，由可燃气体报警控制器、可燃气体探测器和火灾声光警报器组成。

（4）电气火灾监控系统

电气火灾监控系统是火灾自动报警系统的独立子系统，属于火灾预警系统，由电气火灾监控器、电气火灾监控检测器和火灾声光警报器组成。

2. 系统设置场所

火灾自动报警系统一般设置在工业与民用建筑内部和其他可对生命和财产造成危害的火灾危险场所，可用于人员居住和经常有人滞留的场所、存放重要物资会燃烧后产生严重污染需要及时报警的场所。

（1）下列建筑或场所应设置火灾自动报警系统：

1）任一层建筑面积大于 1500m^2 或总建筑面积大于 3000m^2 的制鞋、制衣、玩具、电子等类似用途的厂房；

2）每座占地面积大于 1000m^2 的棉、毛、丝、麻、化纤及其制品的仓库，占地面积大于 500m^2 或总建筑面积大于 1000m^2 的卷烟仓库；

3）任一层建筑面积大于 1500m^2 或总建筑面积大于 3000m^2 的商店、展览、财留金融、客运和货运等类似用途的建筑，总建筑面积大于 500m^2 的地下或半地下商店；

4）图书或文物的珍藏库，每座藏书超过 50 万册的图书馆，重要的档案馆；

5）地市级及以上广播电视建筑、邮政建筑、电信建筑，城市或区域性电力、交通和防灾等指挥调度建筑；

6）特等、甲等剧场，座位数超过 1500 个的其他等级的剧场或电影院，座位数超过 2000 个的会堂或礼堂，座位数超过 3000 个的体育馆；

7）大、中型幼儿园的儿童用房等场所，老年人建筑，任一层建筑面积大于 1500m^2 或总建筑面积大于 3000m^2 的疗养院的病房楼、旅馆建筑和其他儿童活动场所，不少于 200 床位的医院门诊楼、病房楼和手术部等；

8）歌舞娱乐放映游艺场所；

9）净高大于 2.6m 且可燃物较多的技术夹层，净高大于 0.8m 且有可燃物的闲顶或吊顶内；

10）电子信息系统的主机房及其控制室、记录介质库，特殊贵重或火灾危险性大的机器、仪表、仪器设备室、贵重物品库房；

11）二类高层公共建筑内建筑面积大于 50m^2 的可燃物品库房和建筑面积大于 500m^2 的营业厅；

12）其他一类高层公共建筑；

13）设置机械排烟、防烟系统，雨淋或预作用自动喷水灭火系统，固定消防水炮灭火系统、气体灭火系统等需与火灾自动报警系统联锁动作的场所或部位。

（2）建筑高度大于 100m 的住宅建筑，应设置火灾自动报警系统。

建筑高度大于 54m 但不大于 100m 的住宅建筑，其公共部位应设置火灾自动报警系统，套内宜设置火灾探测器。

建筑高度不大于 54m 的高层住宅建筑，其公共部位宜设置火灾自动报警系统。当设置需联动控制的消防设施时，公共部位应设置火灾自动报警系统。

高层住宅建筑的公共部位应设置具有语音功能的火灾声警报装置或应急广播。

（3）建筑内可能散发可燃气体、可燃蒸气的场所应设置可燃气体报警装置。

（二）系统形式的选择

火灾自动报警系统根据保护对象及设立的消防安全目标的不同，分为区域报警系统、集中报警系统和控制中心报警系统 3 种形式。

1. 仅需要报警，不需要联动自动消防设备的保护对象宜采用区域报警系统。

2. 不仅需要报警，同时需要联动自动消防设备，且只设置一台具有集中控制功能的火灾报警控制器和消防联动控制器的保护对象，应采用集中报警系统，并应设置一个消防控制室。

3. 设置两个及以上消防控制室的保护对象，或已设置两个及以上集中报警系统的保护对象，应采用控制中心报警系统。

控制中心报警系统一般适用于建筑群或体量很大的保护对象，这些保护对象中可能设置几个消防控制室，也可能由于分期建设而采用不同企业的产品或同一企业不同系列的产品，或由于系统容量限制而设置了多个起集中作用的火灾报警控制器等情况；这些情况下均应选择控制中心报警系统。

（三）报警区域和探测区域的划分

1. 报警区域、探测区域的概念

报警区域：将火灾自动报警系统的警戒范围按防火分区或楼层等划分的单元。

探测区域：将报警区域按探测火灾的部位划分的单元。

2. 报警区域的划分

报警区域应根据防火分区或楼层划分。可将一个防火分区或一个楼层划分为一个报警区域，也可将发生火灾时需要同时联动消防设备的相邻机构防火分区或楼层划分为一个报警区域。

3. 探测区域的划分

（1）探测区域应按独立房（套）间划分。一个探测区域的面积不宜超过 $500m^2$；从主要入口能看清其内部，且面积不超过 $1000m^2$ 的房间，也可以划分为一个探测区域。

（2）红外光束感烟火灾探测器和缆式线型感温火灾探测器的探测区域的长度，不宜超过 100m；空气管差温火灾探测器的探测区域长度宜为 20～100m。

4. 应单独划分探测区域的场所

（1）敞开或封闭楼梯间、防烟楼梯间。

（2）防烟楼梯间前室、消防电梯前室、消防电梯与防烟楼梯合用的前室、走道、坡道。

（3）电气管道井、通信管道井、电缆隧道。

（4）建筑物闷顶、夹层。

（四）消防控制室

1. 具有消防联动功能的火灾自动报警系统的保护对象中应设置消防控制室。

消防控制室内设置的消防设备应包括火灾报警控制器、消防联动控制器、消防控制室图形显示装置、消防专用电话总机、消防应急广播控制装置、消防应急照明和疏散指示系统控制装置、消防电源监控器等设备，或具有相应功能的组合设备等。

2. 严禁与消防控制室无关的电气线路和管路穿过。

3. 消防控制室应有相应的竣工图纸、各分系统控制逻辑关系说明、设备使用说明书、系统操作规程、应急预案、值班制度、维护保养制度及值班记录等文件资料。

4. 消防控制室的设置应符合下列规定：

（1）单独建造的消防控制室，其耐火等级不应低于二级。

（2）附设在建筑内的消防控制室，宜设置在建筑内首层的靠外墙部位，亦可设置在建筑物的地下一层，但应采用耐火极限不低于2.00h的隔墙和不低于1.50h的楼板与其他部位隔开，并应设置直通室外的安全出口。

（3）不应设置在电磁场干扰较强及其他可能影响消防控制设备工作的设备用房附近。

（4）消防控制室应设有用于火灾报警的外线电话。

（5）消防控制室送、回风管的穿墙处应设防火阀。

（五）火灾探测器的选择

1. 火灾探测器的分类

火灾探测器根据其探测火灾特征参数的不同，分为以下5种基本类型：

（1）感烟火灾探测器；

（2）感温火灾探测器；

（3）感光火灾探测器；

（4）气体火灾探测器；

（5）复合火灾探测器。

2. 火灾探测器的选择规定

（1）对火灾初期有阴燃阶段，产生大量的烟和少量的热，很少或没有火焰辐射的场所，应选择感烟火灾探测器；

（2）对火灾发展迅速，可产生大量热、烟和火焰辐射的场所，可选择感温火灾探测器、感烟火灾探测器、火焰探测器或其组合；

（3）对火灾发展迅速，有强烈的火焰辐射和少量的烟、热的场所，应选择火焰探测器；

（4）对火灾初期有阴燃阶段，且需要早期探测的场所，宜增设一氧化碳火灾探测器；

（5）对使用、生产或聚集可燃气体或可燃蒸汽的场所，应选择可燃气体探测器；

（6）根据保护场所可能发生火灾的部位和燃烧材料的分析选择相应的火灾探测器（包括火灾探测器的类型、灵敏度和响应时间等），对火灾形成特征不可预料的场所，可根据模拟试验的结果选择火灾探测器；

（7）同一探测区域内设置多个火灾探测器时，可选择具有复合判断火灾功能的火灾探测器和火灾报警控制器，提高报警时间要求和报警准确率要求。

3. 点型火灾探测器的选择

点型感温火灾探测器的分类见表5-18。

点型感温火灾探测器的分类 **表5-18**

探测器类别	典型应用温度（℃）	最高应用温度（℃）	动作温度下限值（℃）	动作温度上限值（℃）
A1	25	50	54	65
A2	25	50	54	70
B	40	65	69	85
C	55	80	84	100
D	70	95	99	115
E	85	110	114	130
F	100	125	129	145
G	115	140	144	160

（1）对不同高度的房间，可按表5-19选择点型火灾探测器。

对不同高度的房间点型火灾探测器的选择 **表5-19**

房间高度 h (m)	点型感烟火灾探测器	点型感温火灾探测器			火焰探测器
		A1、A2	B	C、D、E、F、G	
$12<h\leqslant 20$	不适合	不适合	不适合	不适合	适合
$8<h\leqslant 12$	适合	不适合	不适合	不适合	适合
$6<h\leqslant 8$	适合	适合	不适合	不适合	适合
$4<h\leqslant 6$	适合	适合	适合	不适合	适合
$h\leqslant 4$	适合	适合	适合	适合	适合

注：表中A1、A2、B、C、D、E、F、G为点型感温探测器的不同类别，其具体参数应符合《建筑设计防火规范》GB 50016—2014附录C的规定。

（2）下列场所宜选择点型感烟火灾探测器：

1）饭店、旅馆、教学楼、办公楼的厅堂、卧室、办公室、商场、列车载客车厢等；

2）计算机房、通信机房、电影或电视放映室等；

3）楼梯、走道、电梯机房、车库等；

4）书库、档案库等。

（3）符合下列条件之一的场所，不宜选择点型离子感烟火灾探测器：

1）相对湿度经常大于95%；

2）气流速度大于5m/s；

3）有大量粉尘、水雾滞留；

4）可能产生腐蚀性气体；

5）在正常情况下有烟滞留；

6）产生醇类、醚类、酮类等有机物质。

（4）符合下列条件之一的场所，不宜选择点型光电感烟火灾探测器：

1）有大量粉尘、水雾滞留；

2）可能产生蒸汽和油雾；

3）高海拔地区；

4）在正常情况下有烟滞留。

（5）符合下列条件之一的场所，宜选择点型感温火灾探测器；且应根据使用场所的典型应用温度和最高应用温度选择适当类别的感温火灾探测器：

1）相对湿度经常大于95%；

2）无烟火灾；

3）有大量粉尘；

4）吸烟室等在正常情况下有烟或蒸汽滞留的场所。

5）厨房、锅炉房、发电机房、烘干车间等不宜安装感烟火灾探测器的场所；

6）需要联动熄灭"安全出口"标志灯的安全出口内侧；

7）其他无人滞留，且不适合安装感烟火灾探测器，但发生火灾时需要及时报警的场所。

（6）可能产生阴燃火或发生火灾不及时报警将造成重大损失的场所，不宜选择点型感温火灾探测器；温度在0℃以下的场所，不宜选择定温探测器；温度变化较大的场所，不宜选择具有差温特性的探测器。

（7）符合下列条件之一的场所，宜选择点型火焰探测器或图像型火焰探测器：

1）火灾时有强烈的火焰辐射；

2）液体燃烧等无阴燃阶段的火灾；

3）需要对火焰作出快速反应。

（8）符合下列条件之一的场所，不宜选择点型火焰探测器和图像型火焰探测器：

1）在火焰出现前有浓烟扩散；

2）探测器的镜头易被污染；

3）探测器的“视线”易被油雾、烟雾、水雾和冰雪遮挡；

4）探测区域内的可燃物是金属和无机物；

5）探测器易受阳光、白炽灯等光源直接或间接照射；

6）探测区域内正常情况下有高温物体的场所，不宜选择单波段红外火焰探测器；

7）正常情况下有阳光、明火作业，探测器易受X射线、弧光和闪电等影响的场所，不宜选择紫外火焰探测器。

（9）下列场所宜选择可燃气体探测器

1）使用可燃气体的场所；

2）燃气站和燃气表房以及存储液化石油气罐的场所；

3）其他散发可燃气体和可燃蒸汽的场所。

（10）在火灾初期产生一氧化碳的下列场所可选择点型一氧化碳火灾探测器：

1）烟不容易对流或顶棚下方有热屏障的场所；

2）在棚顶上无法安装其他点型火灾探测器的场所；

3）需要多信号复合报警的场所。

（11）污物较多且必须安装感烟火灾探测器的场所，应选择间断吸气的点型采样吸气式感烟火灾探测器或具有过滤网和管路自清洗功能的管路采样吸气式感烟火灾探测器。

4. 线型火灾探测器的选择

（1）无遮挡的大空间或有特殊要求的房间，宜选择线型光束感烟火灾探测器。

（2）符合下列条件之一的场所，不宜选择线型光束感烟火灾探测器：

1）有大量粉尘、水雾滞留；

2）可能产生蒸汽和油雾；

3）在正常情况下有烟滞留；

4）固定探测器的建筑结构由于振动等原因会产生较大位移的场所。

（3）下列场所或部位，宜选择缆式线型感温火灾探测器：

1）电缆隧道、电缆竖井、电缆夹层、电缆桥架；

2）不易安装点型探测器的夹层、闷顶；

3）各种皮带输送装置；

4）其他环境恶劣不适合点型探测器安装的场所。

（4）下列场所或部位，宜选择线型光纤感温火灾探测器。

1）除液化石油气外的石油储罐；

2）需要设置线型感温火灾探测器的易燃易爆场所；

3）需要监测环境温度的地下空间等场所宜设置具有实时温度监测功能的线型光纤感温火灾探测器；

4）公路隧道、敷设动力电缆的铁路隧道和城市地铁隧道等。

（5）线型定温火灾探测器的选择，应保证其不动作温度高于设置场所的最高环境温度。

5. 吸气式感烟火灾探测器的选择

（1）下列场所宜选择吸气式感烟火灾探测器：

1）具有高速气流的场所；

2）点型感烟、感温火灾探测器不适宜的大空间、舞台上方、建筑高度超过12m或有特殊要求的场所；

3）低温场所；

4）需要进行隐蔽探测的场所；

5）需要进行火灾早期探测的重要场所；

6）人员不宜进入的场所。

（2）灰尘比较大的场所，不应选择没有过滤网和管路自清洗功能的管路采样式吸气感烟火灾探测器。

（六）住宅建筑火灾报警系统

1. 住宅建筑火灾报警系统分类

住宅建筑火灾报警系统可根据实际应用过程中保护对象的具体情况分为A、B、C、D四类系统，其中：

A类系统由火灾报警控制器和火灾探测器、手动火灾报警按钮、家用火灾探测器、火灾声光警报器等设备组成；

B类系统由控制中心监控设备、家用火灾报警控制器、家用火灾探测器、火灾声警报器等设备组成；

C类系统由家用火灾报警控制器、家用火灾探测器、火灾声警报器等设备组成；

D类系统由独立式火灾探测报警器、火灾声警报器等设备组成。

2. 住宅建筑火灾报警系统的选择

（1）有物业集中监控管理，且设有需联动控制的消防设施的住宅建筑应选用A类系统；

（2）仅有物业集中监控管理的住宅建筑宜选用A类或B类系统；

（3）没有物业集中监控管理的住宅建筑宜选用C类系统；

（4）别墅式住宅和已经投入使用的住宅建筑可选用D类系统。

第三节　建筑电气布置

一、设计要点

电气平面图是表示建筑物内照明设备、电气设备等平面布置的图纸，包括：灯具、开关、插座、电气线路及消防设施等的布置和敷设，并要求协调电气系统与其他管道系统的位置关系。考试中主要涉及三方面内容：一般照明设计、应急照明设计和火灾自动报警系统设计。要求考生对建筑设计中与其相关的电气规范能熟知并会应用。

（一）一般照明设计

1. 照度计算

根据光源尺寸与到计算点之间的相对距离的关系，可将光源分为点光源、线光源和面光源。当光源尺寸与光源到计算点之间的距离相比小得多时，可将光源视为点光源。一般固定形发光体的直径不大于照射距离的 1/5；线状发光体的长度不大于照射距离的 1/4 时，应按点光源进行照度计算。光源宽度 b 较长度 L 小得多的发光体，可视为线光源；当线光源的长度大于计算高度的 1/4（即 $L \geqslant h/4$）时，应按线光源进行照度计算。若光源到被照面的距离为 h，灯具的长度为 L，宽度为 b，当 $5L > h$，且 $5b > h$，可视为面光源，应按面光源进行照度计算。

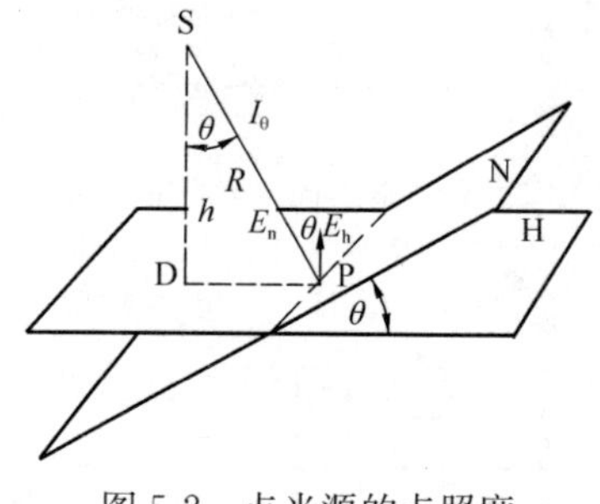

图 5-2　点光源的点照度

（1）点光源的照度计算

1）点光源照度（图 5-2）的基本计算公式

①距离平方反比定律

点光源 S 在与照射方向垂直的平面 N 上产生的照度 E_n 与光源的光强 I_θ 成正比，与光源至被照面的距离 R 的平方成反比，由式（5-1）表示。

$$E_n = \frac{I_\theta}{R^2} \tag{5-1}$$

式中　E_n——点光源照射在水平面上 P 点产生的照度，lx；

I_θ——照射方向的光强，cd；

R——点光源至被照面计算点的距离，m。

②余弦定律

点光源 S 照射在水平面 H 上产生的照度 E_h 与光源的光强 I_θ 及被照面法线与入射光线的夹角 θ 的余弦成正比，与光源至被照面计算点的距离 R 的平方成反比，可由式（5-2）表示。

$$E_h = \frac{I_\theta}{R^2}\cos\theta \tag{5-2}$$

式中　E_h——点光源照射在水平面上 P 点产生的照度，lx；

I_θ——照射方向的光强，cd；

R——点光源至被照面计算点的距离，m。

$\cos\theta$——被照面的法线与入射光线的夹角的余弦。

2）点光源水平面和垂直面照度的计算

①点光源在水平面照度 E_h 的计算

按照余弦定律，点光源 S 在水平面照度 E_h 见图 5-3，可按式（5-2）计算。

②点光源在垂直面照度 E_v 的计算

按照余弦定律，点光源 S 在垂直面照度 E_v 见图 5-3，计算如下：

$$E_v = \frac{I_\theta}{R^2}\cos\beta = \frac{I_\theta}{R^2}\sin\theta$$

3）点光源应用空间等照度曲线的照度计算

I_θ为光源的光强分布值，则水平照度 E_h 可由图 5-3 及式（5-2）推导出：

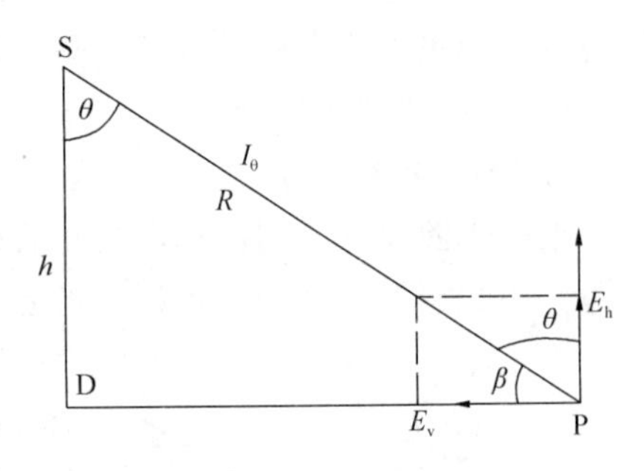

图 5-3　点光源水平面和垂直面照度

$$E_h = \frac{I_\theta}{h^2}\cos^3\theta$$

$$E_h = f\ (h,\ D)$$

按此相互对应关系即可制成空间等照度曲线。通常 I_θ取光源光通量为 1000lm 时的光强分布值。举例 GC39 型深照型灯具（内装 GGY400 型灯）的空间等照度曲线如图 5-4 所示。

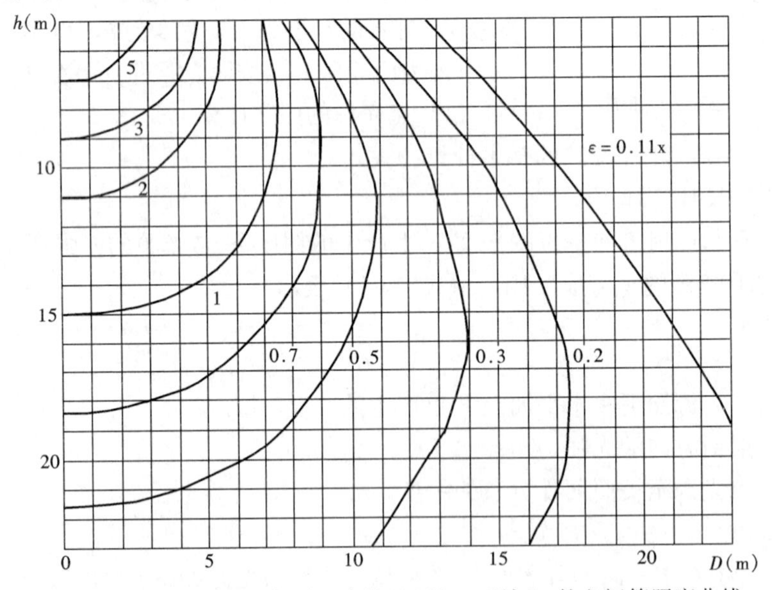

图 5-4　GC39 型深照型灯具（内装 GGY400 型灯）的空间等照度曲线

已知灯的计算高度 h_{rc}和计算点至灯具轴线的水平距离 D，应用等照度曲线可直接查出光源 1000lm 时的水平照度 ε。如光源光通量为 Φ，灯具维护系数为 K，则计算点的实际水平照度为：

$$E_h = \frac{\Phi \varepsilon K}{1000} \tag{5-3}$$

计算点的垂直平面上的照度为

$$E_v = \frac{D}{h}E_h \tag{5-4}$$

当有多个相同灯具投射到同一点时，其实际水平面照度可按式（5-5）计算。

$$E_h = \frac{\Phi \Sigma \varepsilon K}{1000} \tag{5-5}$$

式中　Φ——光源的光通量，lm；

$\Sigma\varepsilon$——各灯（1000lm）对计算点产生的水平照度之和；

K——灯具的维护系数。

4）计算示例

【例 5-1】 如图 5-5 所示，某车间装有 8 只 GC39 深照型灯具，内装 400W 荧光高压汞灯，灯具的计算高度 $h=10\text{m}$，光源光通量 $\Phi=20000\text{lm}$，光源光强分布（1000lm）见表 5-20，灯具维护系数 $K=0.7$，试求 A 点的水平面照度值。

GC39 型灯具光源光强分布（1000lm） **表 5-20**

θ（°）	0	5	10	15	20	25	30	35	40	45
I_θ（cd）	234	232	232	234	232	214	202	192	182	169
θ（°）	50	55	60	65	70	75	80	85	90	
I_θ（cd）	141	105	75	35	24	16	9	4	0	

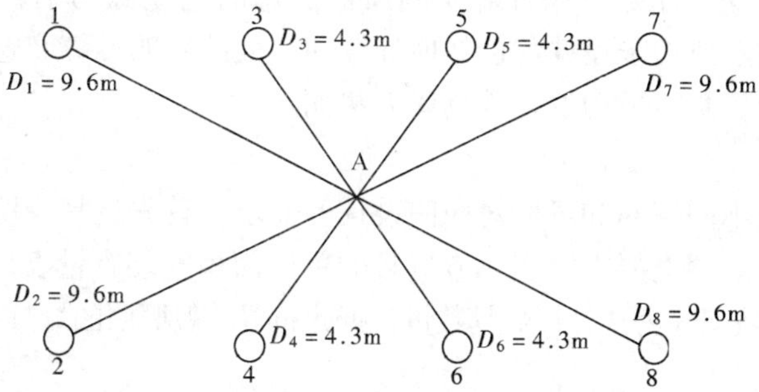

图 5-5 车间灯具平面布置图

解 1：按点光源水平面照度计算公式（5-2）计算：

$$E_{h1}=E_{h2}=E_{h7}=E_{h8}$$

$$R_1=\sqrt{h^2+D_1^2}=\sqrt{10^2+9.6^2}=13.86$$

$$\cos\theta_1=\frac{h}{R_1}=\frac{10}{13.86}=0.72$$

$$\theta_1=43.8° \qquad I_\theta=172\text{cd}$$

$$E_{h1}=\frac{I_{\theta1}}{R_1^2}\cos\theta_1=\frac{172\times0.72}{13.86^2}=0.64\text{lx}$$

$$E_{h3}=E_{h4}=E_{h5}=E_{h6}，R_2=\sqrt{h^2+D_2^2}=\sqrt{10^2+4.3^2}=10.89$$

$$\cos\theta_2=\frac{h}{R_2}=\frac{10}{10.89}=0.918 \quad \theta_2=23.3° \quad I_{\theta2}=220\text{cd}$$

$$E_{h3}=\frac{I_{\theta2}}{R_2^2}\cos\theta_2=\frac{220\times0.918}{10.89^2}=1.71\text{lx}$$

$$E_{h\Sigma}=4\times（0.64+1.71）=9.4\text{lx}$$

$$E_{Ah}=\frac{20000\times9.4\times0.7}{1000}=131.6\text{lx}$$

解 2：按应用空间等照度计算：

从图 5-4 的等照度曲线图中查出：

$h=10\text{m}$　$D_1=9.6\text{m}$　$D_3=4.3\text{m}$；且 $\varepsilon_1=\varepsilon_2=\varepsilon_7=\varepsilon_8=0.65\text{lx}$，$\varepsilon_3=\varepsilon_4=\varepsilon_5=\varepsilon_6=1.7\text{lx}$

$$\sum\varepsilon=4\times(0.65+1.7)=9.4\text{lx}$$

$$E_{\text{Ah}}=\frac{20000\times9.4\times0.7}{1000}=131.6\text{lx}$$

（2）单位容量法

单位容量法是从利用系数法演变而来的，是在各种光通利用系数和光的损失等因素相对固定的条件下，得出的平均照度的简化计算方法。一般在知道房间的被照面积后，就可根据推荐的单位面积安装功率，来计算房间所需的总的电光源功率。这是一种常用的方法，它适用于设计方案或初步设计的近似值计算和一般的照明计算。这对于估算照明负载或进行简单的照度计算是很适用的，其具体方法如下：

1）计算步骤

①根据民用建筑不同房间和场所对照明设计的要求，首先选择照明光源和灯具；

②根据所要达到的照度要求，查相应灯具的单位面积安装容量表；

③将查到的数值按下述公式计算灯具数量，据此布置一般照明的灯具，确定布灯方案。

2）计算公式

$$\sum P=\omega S \tag{5-6}$$

$$N=\frac{\sum P}{P_0} \tag{5-7}$$

式中　$\sum P$——总安装容量（功率），W；

S——房间面积，一般指建筑面积，m^2；

ω——在某最低照度值的单位面积安装容量（功率），W/m^2，查表 5-21；

P_0——一套灯具的安装容量（功率），W，不包括镇流器的功率损耗；

N——在规定照度下所需灯具数，套。

计算时一般不考虑补偿系数，只有在污染严重的环境和室外照明，才适当计及补偿系数。当房间长度 $a>2.5b$ 时（b 为房间宽度），按 $2.5b^2$ 的房间面积查表，计算时仍以房间实际面积进行计算。这样可适当增加单位面积容量值，可满足狭长房间的照度要求。

荧光灯均匀照明近似单位容量值　　**表 5-21**

计算高度 h_{rc}(m)	ω(W/m²) \ E(lx) / S(m²)	30W、40W 带罩						30W、40W 不带罩					
		30	50	75	100	150	200	30	50	75	100	150	200
2～3	10～15	2.5	4.2	6.2	8.3	12.5	16.7	2.8	4.7	7.1	9.5	14.3	19.0
	15～25	2.1	3.6	5.4	7.2	10.9	14.5	2.5	4.2	6.3	8.3	12.5	16.7
	25～50	1.8	3.1	4.8	6.4	9.5	12.7	2.1	3.5	5.4	7.2	10.9	14.5
	50～150	1.7	2.8	4.3	5.7	8.6	11.5	1.9	3.1	4.7	6.3	9.5	12.7
	150～300	1.6	2.6	3.9	5.2	7.8	10.4	1.7	2.9	4.3	5.7	8.6	11.5
	>300	1.5	2.4	3.2	4.9	7.3	9.7	1.6	2.8	4.2	5.6	8.4	11.2

续表

计算高度 h_{rc}(m)	ω(W/m²) E(lx) S(m²)	30W、40W 带罩						30W、40W 不带罩					
		30	50	75	100	150	200	30	50	75	100	150	200
3～4	10～15	3.7	6.2	9.3	12.3	18.5	24.7	4.3	7.1	10.6	14.2	21.2	28.2
	15～20	3.0	5.0	7.5	10.0	15.0	20.0	3.4	5.7	8.6	11.5	17.1	22.9
	20～30	2.5	4.2	6.2	8.3	12.5	16.7	2.8	4.7	7.1	9.5	14.3	19.0
	30～50	2.1	3.6	5.4	7.2	10.9	14.5	2.5	4.2	6.3	8.3	12.5	16.7
	50～120	1.8	3.1	4.8	6.4	9.5	12.7	2.1	3.5	5.4	7.2	10.9	14.5
	120～300	1.7	2.8	4.3	5.7	8.6	11.5	1.9	3.1	4.7	6.3	9.5	12.7
	>300	1.6	2.7	3.9	5.3	7.8	10.5	1.7	2.9	4.3	5.7	8.6	11.5
4～6	10～17	5.5	9.2	13.4	18.3	27.5	36.6	6.3	10.5	15.7	20.9	31.4	41.9
	17～25	4.7	6.7	9.9	13.3	19.9	26.5	4.6	7.6	11.4	15.2	22.9	30.4
	25～35	3.3	5.5	8.2	11.0	16.5	22.0	3.8	6.4	9.5	12.7	19.0	25.4
	35～50	2.6	4.5	6.6	8.8	13.3	17.7	3.1	5.1	7.6	10.1	15.2	20.2
	50～80	2.3	3.9	5.7	7.7	11.5	15.5	2.6	4.4	6.6	8.8	13.3	17.7
	80～150	2.0	3.4	5.1	6.9	10.1	13.5	2.3	3.9	5.7	7.7	11.5	15.5
	150～400	1.8	3.0	4.4	6.0	9.0	11.9	2.0	3.4	5.1	6.9	10.1	13.5
	>400	1.6	2.7	4.0	5.4	8.0	11.0	1.8	3.0	4.5	6.0	9.0	12.0

【例 5-2】 某实验室面积为 12m×5m，桌面高 0.8m，灯具吊高 3.8m，吸顶安装。拟采用 YG6-2 型双管 2×40W 吸顶式荧光灯照明，若桌面平均照度值为 200lx，确定房间内的灯具数。

解： 用单位容量法计算：

$S=60\text{m}^2$，$h_{rc}=3\text{m}$ 时查表 5-21，已知平均照度取 200lx，$P_0=80\text{W}$，则得单位面积安装容量 $\omega=11.5\text{W/m}^2$，总安装容量：

$$\sum P=\omega S=11.5\times 60=690\text{W}$$

$$N=\frac{\sum P}{P_0}=\frac{690}{80}=8.6\approx 9\text{套}$$

2. 灯具的布置和安装

灯具的布置和安装，应从满足工作场所照度的均匀性，亮度的合理分布以及眩光的限制等，去考虑布置方式和安装高度等要求。照度的均匀性是指工作面或工作场所的照度分布均匀特性，它用工作面上的最低照度与平均照度之比来表示。亮度的合理分布，是使照明环境舒适的重要标志和手段。为了满足上述要求，必须进行灯具的合理布置和安装。

（1）灯具的布置

灯具的布置方式分为均匀布置和选择布置两种。均匀布置是指灯具间位置和距离按一定规律进行布置的方式，如正方形、矩形、菱形等形式，可使整个工作面上获得较均匀的照度。均匀布置方式适用于教室、试验室、会议室等室内灯具的布置。选择布置是指满足局部要求的一种灯具布置方式，适用于采用均匀布置达不到所要求的照度分布的场所。

灯具在均匀布置时，灯具间距离 L 与灯具在工作面上的悬挂高度（也称计算高度）h_{rc}之比（L/h_{rc}），称为距高比。

灯具的布置还有室内和室外的区别。室内灯具的布置如上所述，可采用均匀布置和选择布置两种方式。室外灯具的布置可采用集中布置、分散布置、集中与分散相结合等布置方式；常用灯杆、灯柱、灯塔或利用附近较高的建筑物来装设照明灯具。道路照明设计应与环境绿化、美化统一进行；可设置灯杆或灯柱；对于一般道路可采用单侧布置，主要干道可采用双侧布置；灯杆间的距离一般为 25～50m。

（2）灯具标注

照明灯具的文字标注方式一般为：

$$a-b\frac{c\times d\times l}{e}f$$

式中 a——灯具数量，各类灯具分别标注，套；

b——灯具的型号或代号；

c——每套灯具的光源数；

d——每个光源的容量，W；

e——灯具的距地安装高度（图 5-6），m；

f——灯具的安装方式，见表 5-22；

l——光源的种类（常省略不标）见表 5-23。

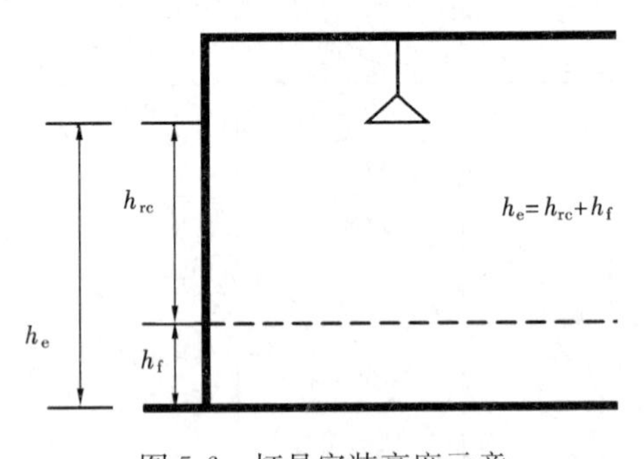

图 5-6 灯具安装高度示意

注：h_e—灯具的距地安装高度；h_f—工作面高度；h_{rc}—灯具的悬挂高度。

灯具的安装方式标注 **表 5-22**

线吊式	链吊式	管吊式	壁装式	吸顶式	嵌入式	墙壁内安装	座装
CP	Ch	P	W	S	R	WR	HM

光源种类标注 **表 5-23**

卤钨灯泡	直管荧光灯	三基色荧光灯管	紧凑型荧光灯管	荧光高压汞灯泡	高压钠灯泡	钠灯泡	金属卤化物灯泡
LZG	YZ	YZS	YJ	GGY	NG	KNG	ZJD

例如：
$$6-BYGG_{4-1}\frac{1\times 40YZ}{3.0}P$$

表示：6 套 $BYGG_{4-1}$型灯具，每套灯具装有一个 40W 荧光灯光源，安装高度距地 3m，管吊式安装。

（3）灯具的安装

为了限制眩光，使工作面获得较理想的照明效果，室内照明灯具距地面的安装悬挂高度具有特定的要求，一般不低于表 5-24 所规定的数值。此外，灯具的安装高度应固定，以便于维修和更换，不应将灯具安装在高温设备表面，或有气流冲击等地方。普通吊线灯只适用于灯具重量在1kg以内的情况；超过1kg的灯具或吊线长度超过3m时，应采用吊链或吊杆，此时吊线不应受力。吊挂式灯具及其附件的重量超过3kg时，安装时应采取加强措施，通常除使用管吊或链吊灯具外，还应在悬吊点采用预埋吊钩等加以固定。大型灯具的吊杆、吊链应能承受灯具自重5倍以上的拉力；需要人员检修的灯具，还要另加200kg的拉力。

照明灯具距地面最低悬挂高度 **表5-24**

光源种类	灯具形式	光源功率（W）	最低悬挂高度（m）
白炽灯	有反射罩	≤60	2.0
		100～150	2.5
		200～300	3.5
		≥500	4.0
	有乳白玻璃漫反射罩	≤100	2.0
		150～200	2.5
		300～500	3.0
卤钨灯	有反射罩	≤500	6.0
		1000～2000	7.0
荧光灯	无反射罩	≤40	2.0
		>40	3.0
	有反射罩	≥40	2.0
荧光高压汞灯	有反射罩	≤125	3.5
		250	5.0
		≥400	6.0
高压汞灯	有反射罩	≤125	4.0
		250	5.5
		≥400	6.5
金属卤化物灯	搪瓷反射罩 铝抛光反射罩	400	6.0
		1000	14.0
高压钠灯	搪瓷反射罩 铝抛光反射罩	250	6.0
		400	7.0

（4）灯具的布置、安装与建筑艺术、土建、水、暖、通风等的设计、施工一体化

在民用建筑中，除了合理的选择和布置光源及灯具外，还要从建筑艺术的角度考虑，采取必要措施，发挥照明技术的作用，以突出建筑艺术效果。常常利用各种灯具与建筑艺术手段的配合，构成多种照明方式，如发光顶棚、光带、光梁、光檐、光柱等，它们主要是利用建筑艺术手段，将光源隐蔽起来，构成间接型灯具。这样可增加光源面积，增强光的扩散性，使室内眩光、阴影得以完全消除，并使光线均匀柔和，衬托出环境气氛，形成

舒适的照明环境。此外还常采用艺术壁灯、花吊灯等艺术手段。布灯时，还要考虑与其他专业工程设施的配合。需会审图纸，以便尽可能减少矛盾冲突。

3. 插座布置

室内除了照明设备外，还有小容量的电动工具、家用电器等，由于它们都不是固定的，所以应设置电源插座。电源插座宜由独立的支路供电，且插座支路上要安装漏电保护器。

(1) 电源插座形式

电源插座分明装式和暗装式；一般型和安全型；有单相两孔、单相三孔、三相四孔插座；应根据负荷选择插座。

(2) 插座的形式选择

应根据其周围环境和使用条件确定。

1) 干燥场所，宜采用一般型插座。当需要接插带有保护线的电器时，应采用带保护线触头的插座。

2) 对于接插电源时有触电危险的家用电器（如洗衣机等)，应采用带开关能断开电源的插座。

3) 对于不同电压等级的插座，应采用符合该电压等级且不同类型的产品，以防将插头插入不同电压等级的插座。

(3) 插座的安装位置和高度

插座的安装位置，应根据用电设备的布置情况来确定，既要安全又要方便。

1) 潮湿场所，应采用密闭型或保护型的带保护线触头的插座，其安装高度不低 1.50m。

2) 儿童活动场所，必须采用安全型插座，幼儿活动场所插座底边距地不应低于 1.80m。

3) 住宅内插座当安装距地高度为 1.80m 及以上时，可采用一般型插座；如采用安全型插座且配电回路设有漏电电流动作保护装置时，其安装高度可不受限制。

4) 无障碍住房中起居室、卧室插座高度应为 0.40m，厨房、卫生间插座高度宜为 0.70～0.80m；电器、天线和电话插座应为 0.40～0.50m。

5) 普通教室的前后墙上应各设置一组电源插座，且每组电源插座均应为 220V 二孔、三孔安全型插座；舞台上应设有电源插座；旅馆的休息厅、餐厅、咖啡厅等宜设有地面插座及灯光广告用插座；客房层走道应设有清扫用设备插座等。

6) 老年人居住建筑在卧室床头、厨房操作台、卫生间、洗面台、洗衣机及坐便器旁应设置电源插座，且均应采用安全型插座。常用插座高度宜为距地 0.60～0.80m。

4. 开关布置

照明灯具的开关一般为单级开关，在结构上有各种形式，如明装式、暗装式（单联、双联、三联及四联)；拉线开关、扳把开关、密闭开关、定时开关、双控开关等。可根据需要选择。

照明灯具控制开关的位置，应考虑使用灵活方便，一般应装在房门近旁（不要被门扇挡住)。距门框 0.15～0.2m，距地 1.30m。一只开关不宜控制过多灯具，否则，不仅易损坏，也不利节约用电。对于楼梯间、走廊等需从两端控制照明灯具时，可选用双控开关。

在潮湿的房间中，应选用防水拉线开关。卫生间如选用扳把式开关时，宜设于卫生间门外。无障碍住房中的户内门厅、通道、卧室应设双控照明开关；电器照明开关应选用扳把式，安装高度为0.90～1.10m。老年人居住建筑中，照明开关高度宜距地1.10m，入户过渡空间应设置照明总开关。

5. 线路连接

照明平面图中，考生要了解图中导线、灯具、插座等线路的连接关系，并应掌握判断各段导线根数的规律：

（1）各灯具的开关必须接在相线上，无论是几联开关，只送入开关一根相线。从开关出来的电线称为控制线，n联开关就有n条控制线，所以穿线管中n联开关共有$n+1$根导线。

（2）按照规范要求，照明支路和插座支路应分开。插座支路导线根数由n联中极数最多的插座决定，如二孔、三孔双联插座是3根线。

（3）现在供电系统多数都采用TN-S方式供电。其中3根相线称为L_1、L_2、L_3，1根工作零线N，1根专用保护线PE。

（二）应急照明设计

应急照明作为工业与民用建筑设施的一部分，同人身安全和建筑物、设备安全密切关联。当电源中断，特别是建筑物内发生火灾或其他灾害导致电源中断时，应急照明对人员疏散、保证人身安全以及生产或运行中进行必需的操作或处置，以防止再生事故，都具有重要意义。按《建筑照明设计标准》的规定，应急照明分为三类，即疏散照明、备用照明和安全照明。其中疏散照明和备用照明中保证消防作业能正常进行而设置的照明，称为消防应急照明。应急照明设计除应满足《建筑照明设计标准》的规定外，还应满足《建筑设计防火规范》《消防应急照明和疏散指示系统技术标准》的相关规定。

1. 疏散照明

疏散照明是用于确保疏散通道被有效地辨认和使用的应急照明，包括照明灯具和灯光疏散标志，其中灯光疏散标志包括：出口标志灯、方向标志灯、楼层标志灯。

（1）应设置疏散照明的场所

除单层、多层住宅外，民用建筑、厂房和丙类仓库的下列部位，应设置疏散应急照明。

① 封闭楼梯间、防烟楼梯间及其前室、消防电梯间的前室或合用前室、避难走道、避难层（间）；

② 观众厅、展览厅、多功能厅和建筑面积超过200m^{2}的营业厅、餐厅、演播室等人员密集的场所；

③ 建筑面积大于100m^{2}的地下或半地下公共活动场所；

④ 公共建筑中的疏散走道；

⑤ 人员密集的厂房内的生产场所及疏散走道。

（2）疏散照明的照度标准值应符合下列规定

① 对于疏散走道，有人值守的消防设备用房不应低于1.0lx；

② 对于人员密集场所、避难层（间），不应低于3.0lx；

③ 对于楼梯间、前室或合用前室、避难走道，不应低于5.0lx；

④ 对于人员密集场所、老年人照料设施、病房楼或手术部内的楼梯间、前室或合用

前室、避难走道、屋顶停机坪等不应低于10.0lx。

（3）疏散照明的设置应符合下列规定

① 疏散照明灯应设置在墙面或顶棚上；灯的安装高度不应在离地面1～2m之间；照明灯不应安装在地面上。

② 疏散指示标志灯在顶棚安装时，不应采用嵌入式安装方式。安全出口标志灯，应安装在疏散口的内侧居中上方，当门上方太高时宜设在侧边。底边距地不宜低于2.0m。室内高度＞3.5m的场所，安装高度距地3.0～6.0m为宜。

③ 疏散走道的方向标志灯具，应在走道及转角处离地面1.0m以下墙面上、柱上或地面上设置，采用顶装方式时，底边距地宜为2.0～2.5m。

④ 当安全出口或疏散门在疏散走道侧边时，应在疏散走道上方增设指向安全出口或疏散门的方向标志灯；标志面与疏散方向垂直时，灯具的设置间距不应大于20m；标志面与疏散方向平行时，灯具的设置间距不应大于10m。对于袋形走道，不应大于10m；在走道转角区，不应大于1.0m。

⑤ 设在地面上的连续视觉方向标志灯具之间的间距不宜大于3m。

（4）疏散照明和疏散指示标识连续供电时间

① 建筑高度大于100m的民用建筑，不应小于1.5h。

② 医疗建筑、老年人照料设施、总建筑面积大于100000m²的公共建筑和总建筑面积大于20000m²的地下、半地下建筑，不应少于1.0h。

③ 其他建筑，不应少于0.5h。

2. 备用照明

备用照明是用于正常活动继续进行或保证消防作业能正常进行而设置的照明。

（1）应设置备用照明的场所

① 正常照明失效可能造成重大财产损失和严重社会影响的场所。

② 正常照明失效妨碍灾害救援工作进行的场所，如：消防控制室、消防水泵房、自备发电机房、配电室、防排烟机房以及发生火灾时仍需正常工作的消防设备用房。

③ 人员经常停留且无自然采光的场所。

④ 正常照明失效将导致无法工作和活动的场所。

⑤ 正常照明失效可能诱发非法行为的场所。

（2）不需设置备用照明的情形

当正常照明的负荷等级与备用照明负荷等级相等时可不另设备用照明。

（3）备用照明的照度标准值应符合下列规定

① 供消防作业及救援人员在火灾时继续工作场所的备用照明，其作业面的最低照度不应低于正常照明的照度。

② 其他场所的备用照明照度标准值除另有规定外，应不低于该场所一般照明照度标准值的10％。

（4）备用照明的设置应符合下列规定

① 备用照明宜与正常照明统一布置；

② 当满足要求时应利用正常照明灯具的部分或全部作为备用照明；

③ 独立设置备用照明灯具时，其照明方式宜与正常照明一致或相类似。

3. 安全照明

安全照明是用于确保处于潜在危险之中的人员安全的应急照明。

（1）应设置安全照明的场所

① 人员处于非静止状态且周围存在潜在危险设施的场所；

② 正常照明失效可能延误抢救工作的场所；

③ 人员密集且对环境陌生时，正常照明失效易引起恐慌骚乱的场所；

④ 与外界难以联系的封闭场所。

（2）安全照明的照度标准值应符合下列规定

① 医院手术室、重症监护室应维持不低于一般照明照度标准值的30%；

② 其他场所不应低于该场所一般照明照度标准值的10%，且不应低于15lx。

（3）安全照明的设置应符合下列规定

① 应选用可靠、瞬时点燃的光源；

② 应与正常照明的照射方向一致或相类似并避免眩光；

③ 当光源特性符合要求时，宜利用正常照明中的部分灯具作为安全照明；

④ 应保证人员活动区获得足够的照明需求，而无须考虑整个场所的均匀性。

当在一个场所同时存在备用照明和安全照明时，宜共用同一组照明设施并满足二者中较高负荷等级与指标的要求。

（三）火灾自动报警系统设计

1. 火灾探测器的设置

火灾探测器类型的选取，要根据探测区域内可能发生的初期火灾的形成和发展特征、房间高度、环境条件以及可能引起误报的原因等因素来决定。

（1）探测器的设置场所

1）财贸金融楼的办公室、营业厅、票证库；

2）电信楼、邮政楼的机房和办公室；

3）商业楼、商住楼的营业厅、展览楼的展览厅和办公室；

4）旅馆的客房和公共活动用房；

5）电力调度楼、防灾指挥调度楼等的微波机房、计算机房、控制机房、动力机房和办公室；

6）广播电视楼的演播室、播音室、录音室、办公室、节目播出技术用房、道具布景房；

7）图书馆的书库、阅览室、办公室；

8）档案楼的档案库、阅览室、办公室；

9）办公楼的办公室、会议室、档案室；

10）医院病房楼的病房、办公室、医疗设备室、病历档案室、药品库；

11）科研楼的办公室、资料室、贵重设备室、可燃物较多的和火灾危险性较大的实验室；

12）教学楼的电化教室、理化演示和实验室、贵重设备和仪器室；

13）公寓（宿舍、住宅）的卧房、书房、起居室（前厅）、厨房；

14）甲、乙类生产厂房及其控制室；

15）甲、乙、丙类物品库房；

16）设在地下室的丙、丁类生产车间和物品库房；

17）堆场、堆垛、油罐等；

18）地下铁道的地铁站厅、行人通道和设备间，列车车厢；

19）体育馆、影剧院、会堂、礼堂的舞台、化妆室、道具室、放映室、观众厅、休息厅及其附设的一切娱乐场所；

20）陈列室、展览室、营业厅、商业餐厅、观众厅等公共活动用房；

21）消防电梯、防烟楼梯的前室及合用前室、走道、门厅、楼梯间；

22）可燃物品库房、空调机房、配电室（间）、变压器室、自备发电机房、电梯机房；

23）净高超过 2.6m 且可燃物较多的技术夹层；

24）敷设具有可延燃绝缘层和外护层电缆的电缆竖井，电缆夹层、电缆隧道、电缆配线桥架；

25）贵重设备间和火灾危险性较大的房间；

26）电子计算机的主机房、控制室、纸库、光或磁记录材料库；

27）经常有人停留或可燃物较多的地下室；

28）歌舞娱乐场所中经常有人滞留的房间和可燃物较多的房间；

29）高层汽车库，Ⅰ类汽车库，Ⅰ、Ⅱ类地下汽车库，机械立体汽车库，复式汽车库，采用升降梯作汽车疏散出口的汽车库（敞开车库可不设）；

30）污衣道室、垃圾道前室、净高超过 0.8m 具有可燃物的闷顶、商业用或公共厨房；

31）以可燃气为燃料的商业和企事业单位的公共厨房及燃气表房；

32）其他经常有人停留的场所、可燃物较多的场所或燃烧后产生重大污染的场所；

33）需要设置火灾探测器的其他场所。

（2）探测器的设置要求

点型火灾探测器的设置应符合下列规定：

1）探测区域的每个房间至少应设置一只火灾探测器。

2）感烟火灾探测器和 A1、A2、B 型感温火灾探测器的保护面积和保护半径，应按表 5-25 确定；C、D、E、F、G 型感温火灾探测器的保护面积和保护半径应根据生产企业设计说明书确定，但不应超过表 5-25 的规定。

3）一个探测区域内所需设置的探测器数量，不应小于式（5-8）的计算值：

$$N=\frac{S}{K\cdot A} \tag{5-8}$$

式中 N——探测器数量（只），N 应取整数；

S——该探测区域面积（m^2）；

A——探测器的保护面积（m^2）；

K——修正系数；容纳人数超过 10000 人的公共场所宜取 0.7～0.8，容纳人数为 2000～10000 人的公共场所宜取 0.8～0.9，容纳人数为 500～2000 人的公共场所宜取 0.9～1.0，其他场所可取 1.0。

4）在有梁的顶棚上设置点型感烟火灾探测器、感温火灾探测器时，应符合下列规定：

感烟火灾探测器和 A1、A2、B 型感温火灾探测器的保护面积和保护半径　　表 5-25

火灾探测器的种类	地面面积 S（m²）	房间高度 h（m）	一只探测器的保护面积 A 和保护半径 R					
			屋顶坡度 θ					
			θ≤15°		15<θ≤30°		θ>30°	
			A（m²）	R（m）	A（m²）	R（m）	A（m²）	R（m）
感烟火灾探测器	S≤80	h≤12	80	6.7	80	7.2	80	8.0
	S>80	6<h≤12	80	6.7	100	8.0	120	9.9
		h≤6	60	5.8	80	7.2	100	9.0
感温火灾探测器	S≤30	h≤8	30	4.4	30	4.9	30	5.5
	S>30	h≤8	20	3.6	30	4.9	40	6.3

注：建筑高度不超过 14m 的封闭探测空间，且火灾初期会产生大量的烟时，可设置点型感烟火灾探测器。

①当梁突出顶棚的高度小于 200mm 时，可不计梁对探测器保护面积的影响；

②当梁突出顶棚的高度为 200～600mm 时，应按《火灾自动报警系统设计规范》GB 50116中的附录 F、附录 G，确定梁对探测器保护面积的影响和一只探测器能够保护的梁间区域的数量；

③当梁突出顶棚的高度超过 600mm 时，被梁隔断的每个梁间区域至少应设置一只探测器；

④当被梁隔断的区域面积超过一只探测器的保护面积时，被隔断的区域应按式（5-8）计算探测器的设置数量；

⑤当梁间净距小于 1m 时，可不计梁对探测器保护面积的影响。

5）在宽度小于 3m 的内走道顶棚上设置点型探测器时，宜居中布置。感温火灾探测器的安装间距不应超过 10m；感烟火灾探测器的安装间距不应超过 15m；探测器至端墙的距离，不应大于探测器安装间距的一半。

6）点型探测器至墙壁、梁边的水平距离，不应小于 0.5m。

7）点型探测器周围 0.5m 内，不应有遮挡物。

8）房间被书架、设备或隔断等分隔，其顶部至顶棚或梁的距离小于房间净高的 5%时，每个被隔开的部分至少应安装一只点型探测器。

9）点型探测器至空调送风口边的水平距离不应小于 1.5m，并宜接近回风口安装。探测器至多孔送风顶棚孔口的水平距离不应小于 0.5m。

10）当屋顶有热屏障时，点型感烟火灾探测器下表面至顶棚或屋顶的距离，应符合表 5-26 的规定。

11）锯齿形屋顶和坡度大于 15°的人字形屋顶，应在每个屋脊处设置一排点型探测器，探测器下表面至屋顶最高处的距离，应符合表 5-26 的规定。

点型感烟火灾探测器下表面至顶棚或屋顶的距离 表 5-26

探测器的安装高度 h（m）	点型感烟火灾探测器下表面至顶棚或屋顶的距离 d（mm）					
	顶棚或屋顶坡度 θ					
	$\theta \leqslant 15°$		$15° < \theta \leqslant 30°$		$\theta > 30°$	
	最小	最大	最小	最大	最小	最大
$h \leqslant 6$	30	200	200	300	300	500
$6 < h \leqslant 8$	70	250	250	400	400	600
$8 < h \leqslant 10$	100	300	300	500	500	700
$10 < h \leqslant 12$	150	350	350	600	600	800

12）点型探测器宜水平安装。当倾斜安装时，倾斜角不应大于45°。

13）在电梯井、升降机井设置点型探测器时，其位置宜在井道上方的机房顶棚上。

14）一氧化碳火灾探测器可设置在气体可以扩散到的任何部位。

15）火焰探测器和图像型火灾探测器的设置应符合下列规定：

①应计及探测器的探测视角及最大探测距离，可以通过选择探测距离长、火灾报警响应时间短的火焰探测器，提高保护面积要求和报警时间要求；

②探测器的探测视角内不应存在遮挡物；

③应避免光源直接照射在探测器的探测窗口；

④单波段的火焰探测器不应设置在平时有阳光、白炽灯等光源直接或间接照射的场所。

16）线型光束感烟火灾探测器的设置应符合下列规定：

①探测器的光束轴线至顶棚的垂直距离宜为0.3～1.0m，距地高度不宜超过20m；

②相邻两组探测器的水平距离不应大于14m，探测器至侧墙水平距离不应大于7m且不应小于0.5m，探测器的发射器和接收器之间的距离不宜超过100m；

③探测器应设置在固定结构上；

④探测器的设置应保证其接收端避开日光和人工光源直接照射；

⑤ 选择反射式探测器时，应保证在反射板与探测器间任何部位进行模拟试验时，探测器均能正确响应。

17）线型感温火灾探测器的设置应符合下列规定：

①探测器在保护电缆、堆垛等类似保护对象时，应采用接触式布置；在各种皮带输送装置上设置时，宜设置在装置的过热点附近；

②设置在顶棚下方的线型感温火灾探测器，至顶棚的距离宜为0.1m。探测器的保护半径应符合点型感温火灾探测器的保护半径要求；探测器至墙壁的距离宜为1～1.5m；

③光栅光纤感温火灾探测器每个光栅的保护面积和保护半径应符合点型感温火灾探测器的保护面积和保护半径要求；

④设置线型感温火灾探测器的场所有联动要求时，宜采用两只不同火灾探测器的报警

信号组合；

⑤与线型感温火灾探测器连接的模块不宜设置在长期潮湿或温度变化较大的场所。

18）管路采样式吸气感烟火灾探测器的设置应符合下列规定：

①非高灵敏型探测器的采样管网安装高度不应超过16m；高灵敏型探测器的采样管网安装高度可以超过16m；采样管网安装高度超过16m时，灵敏度可调的探测器必须设置为高灵敏度，且应减小采样管长度和采样孔数量；

②探测器的每个采样孔的保护面积、保护半径应符合点型感烟火灾探测器的保护面积、保护半径的要求；

③一个探测单元的采样管总长不宜超过200m，单管长度不宜超过100m，同一根采样管不应穿越防火分区。采样孔总数不宜超过100，单管上的采样孔数量不宜超过25个；

④当采样管道采用毛细管布置方式时，毛细管长度不宜超过4m；

⑤吸气管路和采样孔应有明显的火灾探测器标识；

⑥有过梁、空间支架的建筑中，采样管路应固定在过梁、空间支架上；

⑦当采样管道布置形式为垂直采样时，每2℃温差间隔或3m间隔（取最小者）应设置一个采样孔，采样孔不应背对气流方向；

⑧采样管网应按经过确认的设计软件或方法进行设计；

⑨探测器的火灾报警信号、故障信号等信息应传给火灾报警控制器；涉及消防联动控制时，探测器的火灾报警信号还应传给消防联动控制器。

19）感烟火灾探测器在格栅吊顶场所的设置应符合下列规定：

①镂空面积与总面积的比例不大于15%时，探测器应设置在吊顶下方；

②镂空面积与总面积的比例大于30%时，探测器应设置在吊顶上方；

③镂空面积与总面积的比例为15%～30%时，探测器的设置部位应根据实际试验结果确定；

④探测器设置在吊顶上方且火警确认灯无法观察时，应在吊顶下方设置火警确认灯；

⑤地铁站台等有活塞风影响的场所，镂空面积与总面积的比例为30%～70%时，探测器宜同时设置在吊顶上方和下方。

（3）住宅建筑火灾探测器的设置

1）每间卧室、起居室内应至少设置一只感烟火灾探测器。

2）可燃气体探测器在厨房设置时，应符合下列规定：

①使用天然气的用户应选择甲烷探测器，使用液化气的用户应选择丙烷探测器，使用煤制气的用户应选择一氧化碳探测器；

②连接燃气灶具的软管及接头在橱柜内部时，探测器宜设置在橱柜内部；

③甲烷探测器应设置在厨房顶部；丙烷探测器应设置在厨房下部；一氧化碳探测器可设置在厨房下部，也可设置在其他部位；

④可燃气体探测器不宜设置在灶具正上方；

⑤宜采用具有联动燃气关断阀功能的可燃气体探测器；

⑥探测器联动的燃气关断阀宜为用户可以自己复位的关断阀，且宜有胶管脱落自动保护功能。

（4）高度大于12m的空间场所的火灾探测器的设置

1）高度大于12m的空间场所宜同时选择两种及以上火灾参数的火灾探测器。

2）火灾初期产生大量烟的场所，应选择线型光束感烟火灾探测器、管路吸气式感烟火灾探测器或图像型感烟火灾探测器。

3）线型光束感烟火灾探测器的设置应符合下列要求：

①探测器应设置在建筑顶部；

②探测器宜采用分层组网的探测方式；

③建筑高度不超过16m时，宜在6～7m增设一层探测器；

④建筑高度超过16m但不超过26m时，宜在6～7m和11～12m处各增设一层探测器；

⑤由开窗或通风空调形成的对流层在7～13m时，可将增设的一层探测器设置在对流层下面1m处；

⑥分层设置的探测器保护面积可按常规计算，并宜与下层探测器交错布置。

2. 手动火灾报警按钮的设置

（1）每个防火分区应至少设置一只手动火灾报警按钮。从一个防火分区内的任何位置到最邻近的手动火灾报警按钮的步行距离不应大于30m。手动火灾报警按钮宜设置在疏散通道或出入口处。

（2）手动火灾报警按钮应设置在明显和便于操作的部位。当采用壁挂方式安装时，其底边距地高度宜为1.3～1.5m，且应有明显的标志。

3. 区域显示器的设置

（1）每个报警区域宜设置一台区域显示器（火灾显示盘）；宾馆、饭店等场所应在每个报警区域设置一台区域显示器。当一个报警区域包括多个楼层时，宜在每个楼层设置一台仅显示本楼层的区域显示器。

（2）区域显示器应设置在出入口等明显和便于操作的部位。当采用壁挂方式安装时，其底边距地高度宜为1.3～1.5m。

4. 火灾警报器的设置

（1）火灾光警报器应设置在每个楼层的楼梯口、消防电梯前室、建筑内部拐角等处的明显部位，且不宜与安全出口指示标志灯具设置在同一面墙上。

（2）每个报警区域内应均匀设置火灾警报器，其声压级不应小于60dB；在环境噪声大于60dB的场所，其声压级应高于背景噪声15dB。

（3）火灾警报器采用壁挂方式安装时，其底边距地面高度应大于2.2m。

5. 消防应急广播的设置

（1）消防应急广播扬声器的设置，应符合下列规定：

1）民用建筑内扬声器应设置在走道和大厅等公共场所。每个扬声器的额定功率不应小于3W，其数量应能保证从一个防火分区内的任何部位到最近一个扬声器的直线距离不大于25m，走道末端距最近的扬声器距离不应大于12.5m。

2）在环境噪声大于60dB的场所设置的扬声器，在其播放范围内最远点的播放声压级应高于背景噪声15dB。

3）客房设置专用扬声器时，其功率不宜小于1W。

（2）壁挂扬声器的底边距地面高度应大于2.2m。

6. 消防专用电话的设置

（1）消防专用电话网络应为独立的消防通信系统。

（2）消防控制室应设置消防专用电话总机。

（3）多线制消防专用电话系统中的每个电话分机应与总机单独连接。

（4）电话分机或电话插孔的设置，应符合下列规定：

1）消防水泵房、发电机房、配变电室、计算机网络机房、主要通风和空调机房、防排烟机房、灭火控制系统操作装置处或控制室、企业消防站、消防值班室、总调度室、消防电梯机房及其他与消防联动控制有关的且经常有人值班的机房应设置消防专用电话分机。消防专用电话分机应固定安装在明显且便于使用的部位，并应有区别于普通电话的标识；

2）设有手动火灾报警按钮或消火栓按钮等处宜设置电话插孔，并宜选择带有电话插孔的手动火灾报警按钮；

3）各避难层应每隔 20m 设置一个消防专用电话分机或电话插孔；

4）电话插孔在墙上安装时，其底边距地面高度宜为 1.3～1.5m。

（5）消防控制室、消防值班室或企业消防站等处，应设置可直接报警的外线电话。

二、实例应用

民用建筑电气照明设计的基本原则，应以人为本，以创造良好的视觉环境为前提，并注意区分不同建筑类型的不同特点，既要保证照明的基本功能，又要体现出具有个性化的照明环境特征，这就需要掌握和运用前面介绍的设计方法和技巧。

（一）住宅照明设计要点

住宅照明设计应以人为本，以关怀人为目的。关注生活行为、生活场景、光的形式、照明方式等因素，有效地创造浓厚的温馨感和优雅舒适的居室环境。21 世纪的住宅空间，关注的不仅是量化空间，还有景观空间、智慧空间。因此，住宅照明设计亦应从单纯地注重照度的量的指标向更高层次的、全新的、质的指标转化。

住宅光环境设计与使用者的心理和生理活动密切相关，要完成照度、色温、显色性、亮度对比以及照明控制等设计内容。

1. 尊重居住者自主选择的原则

住宅照明质量的提高在于合理地选择灯具。而灯具造型的多样化又是满足个人对灯具形式偏好的需要，因此照明设计时应当尊重居住者的意愿。

通常对大量的一般住宅来讲，要考虑灯具形式、装饰色彩、家具设施等之间的关系，设计师可以以间接的方式影响照明设计，留有足够的照明灯具出线口和电插座数，并合理地选定位置，保证使用者的用电安全，灵活方便和有充裕的用电量。

2. 重视家庭办公照明，适应现代生活工作需要

据统计，人们每天（指工作日）约有 3/5 的时间要在家里度过。家庭办公概念的兴起，使不少本来在工作时间之余尚需在家加班的人来说，在家里工作的时间更多了。因此应注意将起居室、书房的亮度设计按照办公需要来考虑。

要合理选择照明方式。依据视觉工作的特点，办公桌面应有足够的照度，台灯仅是一般照明的补充，不宜单纯依靠台灯来满足办公需求；这是因为台灯作为局部照明，不能满足较长时间视觉工作的特点和室内亮度分布的要求，容易加速视觉疲劳，降低工作效率。

同时由于台灯与人体的距离较近，光热辐射对心理和生理的影响也是设计师不可忽视的因素。

3. 创造良好的光环境，提高家庭生活质量

住宅的光环境关系到人们的视觉卫生、身心健康及提高生活质量等问题，要求设计者合理选择灯具并正确处理好光和颜色的相互关系，努力创造适合住宅的主题光环境。

（1）合理选择光源。住宅主要房间照明宜选用色温不高于 3300K，显色指数大于 80 的节能型光源，同时应选用可立即点燃的光源，以利于安全。

（2）处理好视觉工作区域的亮度分布。

（3）调节好室内表面反射比。

（4）选择适宜的照度水平。

4. 照明设计原则

理想化的住宅照明，只能在条件具备时方可办到。在现实条件下，除高档住宅公寓可按照房间功能进行照明设计外，多种情况下不得不将照明设计按适应多种使用功能来考虑。住宅建筑照明标准参照《建筑照明设计标准》选取。住宅照明设计的原则是：

（1）起居室

住宅的起居室是社交、休憩和与家人交流的主要活动空间，同时又常常兼作餐厅使用，在灯具的选择和布置上可考虑活泼一些。通常可根据房间的净高确定布灯形式。当起居室的净高在 2.7m 左右、面积在 25～35m^2时，可考虑用吸顶灯或吊灯，但吊灯底部距地高度不宜低于 2.3m。当起居室净高低于 2.5m 时，一般照明宜首选吸顶安装方式。可利用一般照明加装调光器的形式解决看电视时调节亮度的问题。

（2）卧室

卧室是居住者睡眠、休息的空间。故卧室的一般照明宜设置在床具靠近脚部的边沿上方，宜选用深照型灯具以控制眩光的产生。可设置床头壁灯或台灯来解决床上阅读的问题，若兼作儿童卧室时，一般照明应明亮一些。卧室的夜灯可视需要而设置。

卧室的一般照明控制，宜选用无线遥控类型并可平滑调光。

（3）卫生间

卫生间布灯位置应避免位于便器的上方或其背后，并应在距淋浴头 1.2m 或距浴缸边口 0.6m 范围以外设置。

当以镜面灯作为一般照明时，镜面灯宜设置在镜面的上部，采用墙壁安装或顶部安装方式。灯具的安装位置应在视角 60°（即以水平视线与镜面的交点为中心，半径大于 300mm 的范围）以外，同时灯具的亮度不宜超过 2100cd/m^2。当采用荧光灯时，宜选用带三基色荧光粉涂层的光源。

对于明卫生间，灯具宜安装在与采光窗相垂直的墙面上，以免在窗户上映出人体阴影；而对于暗设卫生间的照明设计，则更应关注使用者白天出入卫生间时的视觉适应，以有利于安全。

卫生间的照度水平不宜太低。卫生间的照明和排气扇控制开关面板，宜设置在卫生间门外。

（4）住宅（公寓）的公共走廊、楼梯间应设人工照明，除高层住宅（公寓）的电梯间和火灾应急照明外，均应安装节能型自熄开关或设带指示灯（或自发光装置）的双控延时开关。

5. 电气安全及其他

电气照明装置的选择，不仅关系到用电安全、实用方便、经济美观，同时也关系到电气照明系统的稳定性、可靠性以及运行状态的质量。

（1）住宅建筑的电源进线处应进行总等电位联结。

（2）住宅建筑的配电干线或适宜配电线路上应设有预防电气火灾的漏电保护装置（如根据需要，采用切断相应电源或选用防火漏电电流动作报警器），其动作电流为 0.3～0.5A，动作时间为 0.15～0.5s。

（3）住宅建筑的垂直配电干线宜采用预制分支电缆或封闭式母线。

（4）居住建筑每户照明功率密度现行值为 $6W/m^2$。

（5）每套住宅应设有可同时合断相线与中性线的电源总开关。

（6）每栋住宅的照明、电力、消防及其他防灾用电负荷，应分别配电。住宅配电箱的供电回路应按下列规定配置：

1）每套住宅应设置不少于一个照明回路；

2）装有空调的住宅应设置不少于一个空调插座回路；

3）厨房应设置不少于一个电源插座回路；

4）装有电热水器等设备的卫生间，应设置不少于一个电源插座回路；

5）除厨房、卫生间外，其他功能房应设置至少一个电源插座回路，每一回路插座数量不宜超过 10 个（组）。

（7）每套住宅的电源插座电路应设置漏电保护装置。

（8）住宅配置的灯具应首选可自行简单方便更换光源并便于安装、清洁的类型。这是因为在很多情况下，为了保持房间内的最佳照明条件，常需要居住者及时更换寿命已终结的光源。

（9）住宅照明的控制开关，宜选用带有通断指示灯的面板。起居室、卧室等房间，宜选用可调光或无线遥控的类型。当条件适宜时也可采用小型集散型控制系统或 i-bus 智能控制系统。

（10）通道的宽度小于 1.2m 时，不宜在墙面上安装壁灯。这是考虑搬动家具设备时会造成障碍。如必须设置壁灯时，则只宜选用较扁形的并且下端距地不低于 2m 的壁灯。

（11）重视住宅中的电源插座位置选择。当电源插座设置不当而被家具等物遮挡时，将无法使用。现代化的住宅需要配置充足的电源插座。为此，除空调制冷机、电采暖、厨房电器具、电灶、电热水器等应按设备所在位置设置专用电源插座外，一般电源插座在每面墙上的数量不宜少于 2 组，每组由单相二孔和单相三孔插座面板组成。两组电源插座的间距不应超过 2.0～2.5m，距端墙不应超过 0.5m。在非照明使用的电源插座（包括专用电源插座）或通信系统、电视共用天线、安全防范等专用连接插件近旁，有布灯可能或有设置电源的要求时，应增加电源插座的配置。

家用计算机、复印机、电视机（家庭影院系列）、空调器、电采暖器、电灶、厨房电器具、电热水器、排油烟机、排气扇、洗衣机等宜选用带有开关及指示灯的电源插座面板，此时电源插座安装高度宜距地1.8m以上。在特殊情况下，采取必要的安全措施后，安装高度可不低于1.4m。

二孔电源插座或虽为三孔电源插座但没有保护线（PE线）时，应在电源插座面板上标明“无保护线”，以警示使用者。

住宅建筑所有电源插座底边距地1.8m及以下时，应选用带安全门的产品。每套住宅电源插座的数量应根据套内面积和所使用的家用电器设置，且应符合表5-27的规定。起居室（厅）、兼起居的卧室、卧室、书房、厨房和卫生间的单相两孔、三孔电源插座宜选用10A的电源插座。对于洗衣机、冰箱、排油烟机、排风机、空调器、电热水器等单台单相家用电器，应根据其额定功率选用单相三孔10A或16A的电源插座。洗衣机、分体式空调、电热水器及厨房的电源插座宜选用带开关控制的电源插座，未封闭阳台及洗衣机应选用防护等级为IP54型电源插座。

电源插座的设置要求及数量 **表5-27**

序号	名称	设置要求	数量
1	起居室（厅）、兼起居室的卧室	单相两孔、三孔电源插座	≥3
2	卧室、书房	单相两孔、三孔电源插座	≥2
3	厨　房	IP54型单相两孔、三孔电源插座	≥2
4	卫生间	IP54型单相两孔、三孔电源插座	≥1
5	洗衣机、冰箱、排油烟机、排风机、空调器、电热水器	单相三孔电源插座	≥1

（12）新建住宅建筑的套内电源插座应暗装，起居室（厅）、卧室、书房的电源插座宜分别设置在不同的墙面上。分体式空调、排油烟机、排风机、电热水器电源插座底边距地不宜低于1.8m；厨房电炊具、洗衣机电源插座底边距地宜为1.0～1.3m；柜式空调、冰箱及一般电源插座底边距地宜为0.3～0.5m。

（13）对于装有淋浴或浴盆的卫生间，电热水器电源插座底边距地不宜低于2.3m，排风机及其他电源插座宜安装在2区以外（见《民用建筑电气设计标准》“潮湿场所的安全防护”）。

（14）≥10层住宅的楼梯间、电梯间及其前室和长度超过20m的内走道，应设置应急照明，应急照明在采用节能自熄开关时，必须采用应急自动点亮的措施。

（二）办公照明设计要点

办公照明设计的主要任务是有利于提高工作效率、减少视觉疲劳和直接眩光，创造团结、祥和的工作环境。考虑到在办公室工作的主要时间是白天，因此关注照明入射光的方向性、室内亮度比与反射比的合理选择，以及有效地将电气照明与天然采光相结合，而形成舒适宜人的办公环境，应是现代办公室照明设计追求的目标。

1. 一般办公室照明光源的色温可选择3300～5300K（宜选用4000～4600K）范围内的T8或T5型直管荧光灯。照明光源的显色指数应为80；灯具截光角应控制在50°以内；眩光限制UGR≤19。

2. 办公室、阅览室等长时间连续工作房间照明的亮度比宜不大于表 5-28 所列数值。

室内表面亮度比值 **表 5-28**

对比表面	亮度比	对比表面	亮度比
视觉对象与相邻表面	3∶1	视觉对象与远处较亮表面	1∶10
视觉对象与远处较暗表面	10∶1	灯具与附近表面	20∶1

3. 室内装饰材料的反射比宜按表 5-29 选取。

室内反射表面反射比关系 **表 5-29**

表面名称	顶　棚	墙　面	地　面	作业面
反射比	0.6～0.9	0.3～0.8	0.1～0.5	0.2～0.6

4. 办公室照明在高照度条件下，有利于视觉工作，同时会增加办公室的开敞感。办公室应当由一般照明获得所需照度水平。办公室照明标准值可参考《建筑照明设计标准》选取。

5. 办公室宜选用直接型、蝙蝠翼形配光荧光灯具。

6. 办公室布灯方案关系到限制直接眩光和反射眩光，因此灯具的布置排列一定要根据工作人员的工作位置的设定考虑，应将灯具布置在写字台的两侧上方，并使荧光灯具的纵轴与水平视线相平行。

办公室布灯方式和灯型选择还关系到室内空间亮度的合理分布。通常情况下，对于直管型荧光灯具宜采用多管组合灯具连续布灯，并注意距高比关系，确保室内照明均匀分布。

大空间办公室，在布灯时应注意开间再分隔时不会导致灯位的变更，并且为了充分利用天然光效果，改善对比，灯具宜平行于外窗布置；也可按办公室基本单元布灯。

办公室布灯原则如图 5-7 所示。

7. 会议室照明应注重室内的垂直照度。在有采光窗的情况下，为使背窗而坐的人显现出清楚的容貌，应使脸部垂直照度不低于 300lx。会议室的照明控制宜采用可平滑调光型开关。

8. 门厅照明宜选用庄重、优雅、简洁、大方的灯具形式，避免采用华丽热烈的水晶灯等类型。门厅照明应考虑视觉适应。

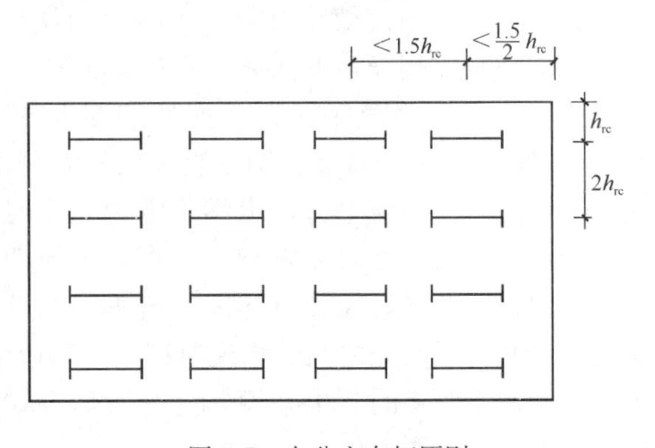

图 5-7　办公室布灯原则

9. 办公室照明控制方式的选择要考虑工作人员操作的灵活性和方便性，以及节电的可能性。

10. 办公室照明插座的数量不应少于工作位置或人员数量。信息、电子设备应配置的电源专用插座的数量要符合相关标准的规定。

（三）教室照明设计要点

教学用照明应注意解决好传授与吸收知识信息过程中的视觉功效。一项对智力行为的调查研究表明：教室照明质量的优劣，不仅关系到视觉功效，同时对于记忆、逻辑思维、注意力集中程度和智力水平等许多方面都有显著的影响。因此，改善和提高教学用照明质量的关键，应是合理地选择室内亮度分布和照度水平。

由于教学中学生需反复地长距离注视黑板文字、符号和近距离记笔记与阅读教材，学生的视觉适应性在不断变化，教学用照明设计中应注意解决好这一问题。

1. 教室照明需要给予高照度水平，以获取视觉舒适感。教室照明标准值可参考《建筑照明设计标准》中的数值选取。

2. 教室照明光源宜采用显色指数 R_a 大于 80 的细管径稀土三基色荧光灯；对识别颜色有较高要求的教室，宜采用显色指数 R_a 大于 90 的高显色性光源。有条件的学校，教室宜选用无眩光灯具。

3. 在正常视野中，物件表面之间的亮度比宜控制在表 5-30 的指标之内。教室装饰材料的反射比宜符合表 5-31 的要求。

适宜的亮度比 **表 5-30**

对比表面	亮度比
书本与桌面	1∶1/3
书本与地面	1∶1/3
书本与采光窗	1∶5

适宜的反射比 **表 5-31**

室内表面	顶　棚	墙　面	地　面	桌　面	黑　板
反射比（%）	60～80	40～60	15～30	30～50	15～20

4. 教室应采用高效率灯具，不得采用裸灯。灯具悬挂高度距桌面的距离不应低于 1.7m。灯管应采用长轴垂直于黑板方向布置。

照明的方向性对保证教室照明质量是至关重要的，《中小学校设计规范》GB 50099—2011 中强调灯具长轴垂直于黑板方向，是为了最大限度地控制眩光。同时，荧光灯纵轴向与采光窗平行，也满足学生对光线质量的要求。因为多数学生是用右手写字，受天然光进入方向的影响，会在右手侧产生阴影，而靠窗坐的学生的右侧更觉暗淡，为此采用荧光灯纵轴向与采光窗平行布灯的方法，使之借助平行视线方向的灯具减弱人工光与天然光之间的亮度对比，这对改善造型立体感是非常重要的，如图 5-8 所示。对于左手写字的学生来说，这种布灯方式也有利于冲淡左手的阴影干扰。教室布灯的典型方案见图 5-9。

5. 教室黑板应设专用黑板照明灯具，其最低维持平均照度应为 500lx，黑板面上的照度最低均匀度宜为 0.7。黑板灯具不得对学生和教师产生直接眩光，因此教室宜设置独立的非对称式配光黑板专用照明灯具。能避免光幕反射的黑板照明专用灯的设置是由黑板上沿和前排学生决定的，详见图 5-10。

图 5-8　与采光窗平行布灯效果示意

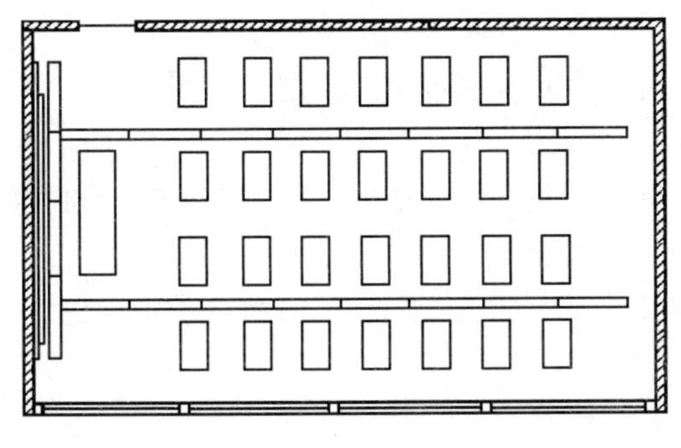

图 5-9　教室布灯示例

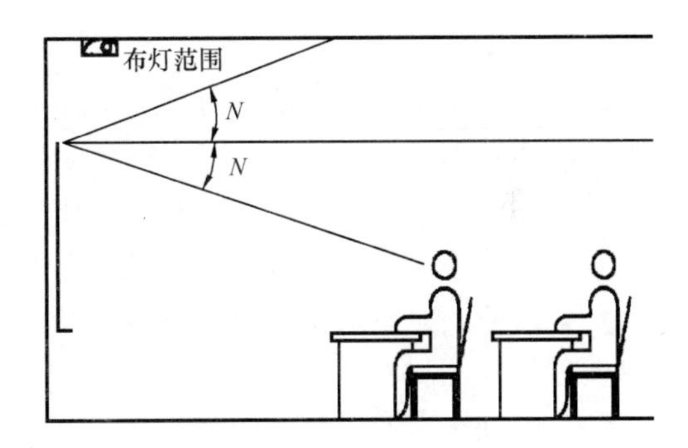

图 5-10　能避免光幕反射的黑板照明范围

6. 疏散走道及楼梯应设置应急照明灯具及灯光疏散指示标志。

（1）中小学和幼儿园的疏散场所地面的照度值不低于 5lx；

（2）高等学校的防烟楼梯间及其前室、消防电梯前室、楼梯间、室外楼梯的疏散照明的地面水平照度不低于 5lx，其他场所水平疏散通道的照度值不低于 3lx。

7. 配电系统支路的划分应符合以下原则：

（1）室内线路应采用暗线敷设；

（2）教学用房和非教学用房的照明线路应分设不同支路。教学用房照明线路支路的控制范围不宜过大，以 2～3 个教室为宜；

（3）门厅、走道、楼梯照明线路应设置单独支路；

（4）教室内电源插座与照明用电应分设不同支路；

（5）空调用电应设专用线路。

8. 照明控制

（1）门厅、走道、楼梯照明线路宜集中控制；

（2）普通教室、阅览室等房间所控灯宜与侧窗平行；

（3）多媒体教室、阶梯教室、报告厅等场所，宜按靠近或远离屏幕或讲台分组。

9. 各教室的前后墙应各设置一组电源插座；每组电源插座均应为 220V 二孔、三孔安全型插座。

（四）图书阅览室照明设计要点

图书馆作为借阅图书文献的场所，适于人的长时间阅读，避免视觉疲劳和反射眩光是图书馆照明设计的重要任务。

1. 照度标准

图书馆照明标准值可参考《建筑照明设计标准》中的数值选取。

2. 光源选择

图书馆照明光源宜采用显色指数 R_a 大于 80 的细管径稀土三基色荧光灯。阅览室光源色温可为 4000～5000K，书库则可选用日光色（色温 6750K）的荧光灯。

3. 阅览室照明

阅览室的视觉作用主要是阅读和抄录资料，这与教室功能虽有相同之处，但没有远近距离交错换位的视觉作业要求；因此从某种意义上说，阅览室照明的基本功能应与办公室类同。阅览室照明设计的重点是：确定适宜的入射光方向和选择合理的亮度分布。

阅览室可采用一般照明和分区一般照明方式；小阅览室也可采用混合照明方式，但要与阅览桌布置密切配合。

（1）阅览室照明宜与阅读人员主视线平行布灯，并且分布在座位两侧的上方。避免将灯布置在阅读书桌的正前方，以防光幕反射。

（2）一般阅览室灯具可采用直接配光型开启式荧光灯具。灯具反射面宜采用白色、具有漫反射特性的材料。

（3）大阅览室照明灯的控制，宜采用多位集散控制方式，并应根据采光窗的远近分列照明开关。

4. 书库

书库照明设计的重点是保证书架上的必要垂直照度和避免眩光。

（1）书库照明应选用具有窄配光光强分布特性的专用灯具。

（2）书库照明用开启式荧光灯具的保护角不宜小于 20°，灯的平均亮度不宜大于 20000cd/m^2。

（3）灯具与易燃物的距离应大于 0.5m。

（五）旅馆照明设计要点

旅馆应为客人提供一个舒适、优美、安全的休憩环境。旅馆照明设计的要点是：

1. 灯具选择

旅馆照明宜选用色温柔和、显色性高的灯具。旅馆主要厅室的照明一般采用色温不超过 3300K、显色指数大于 80 的节能型光源。

2. 照度标准

旅馆建筑照明的照度标准选自《建筑照明设计标准》中旅馆建筑照明标准。

照明设计以旅馆门厅和三星级以上旅馆客房为例，具体说明如下：

（1）旅馆大堂照明设计

大堂的照明与装修设计应极富创造性、观赏性和安全性。这就要求有效地改善照度扩散度，提高垂直照度，使顶棚和地面形成适宜的亮度比，以方便客人迅速确定厅室的去向和交通运输等活动的区界。光纤水晶满天星组成的装饰不仅可以补充一般照明，更可使大堂显得雍容华贵、精美典雅。

门厅照明宜随厅内照度的变化调节灯光或采用分路控制方式，以适应白天或夜晚对门厅照明的不同要求，同时还应满足客人短暂阅读报刊等所需照度要求。

总服务台照明要突出其功能形象，照明要明亮，照度水平要高，同时应避免产生反射眩光。

（2）三星级以上旅馆客房照明设计

根据客人短期住宿和不需要长时间进行视觉作业的特点，旅馆客房除进入客房的小通道和卫生间外不设一般照明。对于客房来说，照度的高低并不重要，重要的是保证照明质量。

1）照明质量

①限制室内眩光；

②保证一定的空间亮度。

2）客房对照明灯光的要求

①控制方便，就近开、关灯；

②亮度可调；

③柔和的色温和良好的显色性。

3）客房的灯光设置

以标准的双床间客房为例，如图 5-11 所示。

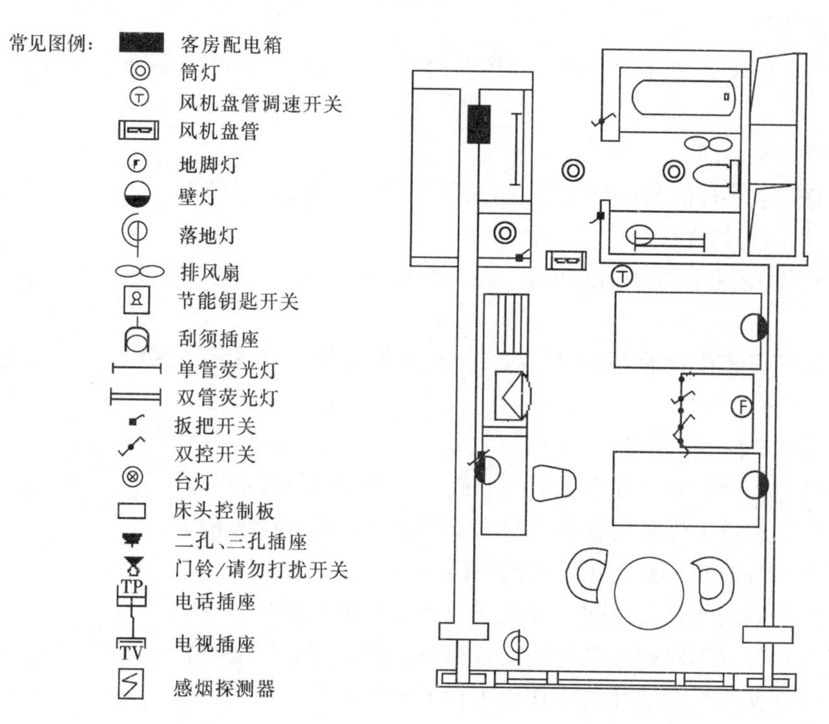

图 5-11 客房灯具、空调、开关平面布置图

①进门小过道顶灯选用嵌入式筒灯或吸顶灯；

②床头灯

床头灯有下面4种形式：

a. 床头柜上设台灯；

b. 床头板上方设固定壁灯；

c. 床头板上方设滑轨，灯具可在滑轨上移动；

d. 床头板上方采用特殊形式的壁灯群，或将床头板作为发光壁并可调光。

③卧室顶灯

通常不设顶灯，需要时可采用不同形式的吸顶灯，单火或多火小型吊杆花灯。

④梳妆台灯

客房内设有梳妆台和梳妆镜时，灯具应安装在镜子下方并与梳妆台配套制作。

⑤落地灯

设在沙发茶几处，由插座供电。

⑥写字台灯

可设台灯或壁灯，由插座供电。

⑦脚灯

安装在床头柜的下部或进口小过道墙面底部，供夜间活动用。

⑧壁柜灯

设在壁柜内，将灯具开关（微动限位开关）装设在门上；开门则灯亮，关门则灯灭。但应有防火措施。

⑨窗帘盒灯

窗帘盒内设置荧光灯，可以起到模仿自然光的效果，夜晚从室外远处看，起到透光照明的作用。

⑩总统豪华套间

除具有一般客房的功能灯饰外，在客厅和餐厅增设豪华灯饰。

4）卫生间的灯光设置

①顶灯设在卫生间顶棚中间，采用吸顶和嵌入式，使用紧凑型荧光灯或白炽灯光源；

②镜箱灯安装在化妆镜的上方，一般用荧光灯。对于三星级宾馆，显色指数要大于80。

5）客房灯光控制方式

客房灯光控制应满足方便灵活的原则，采用不同的控制方式，见图5-11。

①进门小过道顶灯采用双控，分别安装在进门侧和床头柜上；

②卫生间灯的开关安装在卫生间的门外墙上；

③床头灯的调光开关及脚灯开关安装在床头柜上；

④梳妆台灯采用双控开关分别安装在梳妆台和床头柜上；

⑤落地灯使用自带的开关或在床头柜上双控；

⑥窗帘盒灯在窗帘附近墙上设开关，也可在床头柜上双控。

6）客房对插座的要求

①数量：满足客房不固定电器对插座的使用数量要求。

②位置：客房的各种插座及床头控制板用接线盒，一般按一定要求装在墙上，当隔声

标准高且条件允许时，可装在地面上，如图 5-12 所示。

7）弱电要求

房间内应设置弱电插座，如计算机网络、电视、调频、电话、火灾报警探测器、广播呼叫设施等，如图 5-13 所示。

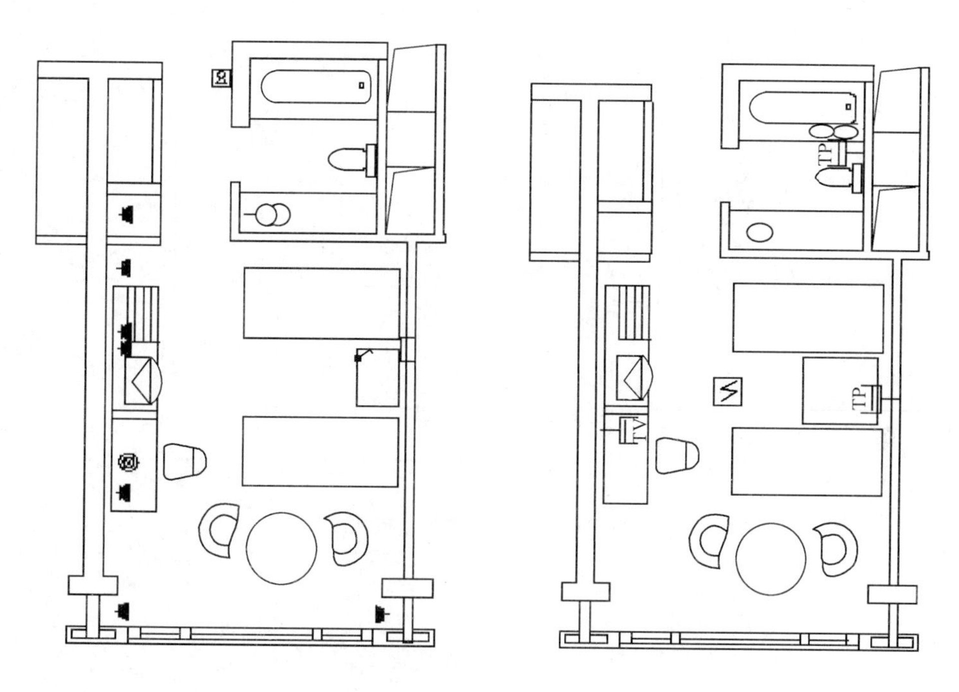

图 5-12　客房插座平面布置图　　图 5-13　弱电布置图

8）床头柜控制板

三星级以上旅馆客房内均设有床头柜控制板，客房内的灯光、电视机、空调设备、广播音响及呼叫信号等均在控制板上集中控制。有的采用计算机控制，其控制功能更多。床头柜后设有强电、弱电的接线盒，通过多孔插座或接线端子与各种线路连接。其接线详见图 5-14 所示。

9）节能控制开关

现代旅馆客房还设有节能控制开关，控制冰箱之外的所有灯光、电器，以达到人走灯灭，安全节电的目的。其节电开关有以下几种：

①在进门处安装一个总控开关，出门关灯，进门开灯。其优点是系统简单、造价低，但是要靠顾客手动操作。

②与钥匙联动方式，即开门进房后需将钥匙牌插入或挂到门口的钥匙盒内或挂钩上，带动微动开关接通房间电源。人走时取出钥匙牌，微动开关动作，经 10～30s 延时使电源断开。这种称为继电器式节能开关的优点是控制容量大，客人通过取钥匙的动作就可自动断电。

③直接式节能钥匙开关，是通过钥匙牌上的插塞直接动作插口内的开关，通断电源，且有 30s 的延时功能，但控制功率较小。

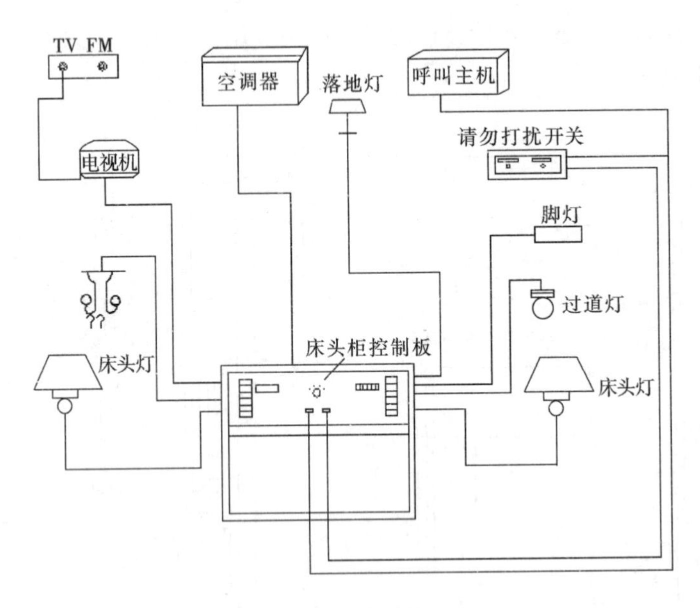

图 5-14　床头柜控制板接线图

第四节　试题类型及解答

一、【试题 5-1】(2003 年) 建筑设备试题——超高层办公楼交通核消防系统布置

(一) 任务描述

图 5-15 为建筑高度超过 100m 的办公大楼的走廊及核心筒部分平面图。按照要求做出部分消防系统的平面布置图（不考虑办公室部分）。

(二) 任务要求

该平面布置图应包括以下内容：

1. 消防防排烟部分

(1) 在应设加压送风防烟的部位画出送风竖井及送风口，每个送风竖井面积不小于 1.3m^2。

(2) 按规范要求设置排烟竖井及排烟口。每个排烟竖井面积不小于 0.6m^2。

2. 灭火系统部分

(1) 自动喷水灭火系统的闭式喷头（非水喷雾）的平面布置。

(2) 按规范要求布置室内消火栓（可嵌入墙内）。

3. 消防疏散部分

(1) 按照规范要求设置火灾应急照明灯。

(2) 安装安全出口标志灯；安装疏散指示灯。

(3) 按规范要求设置防火门。

(4) 按规范要求布置消防电梯一台。

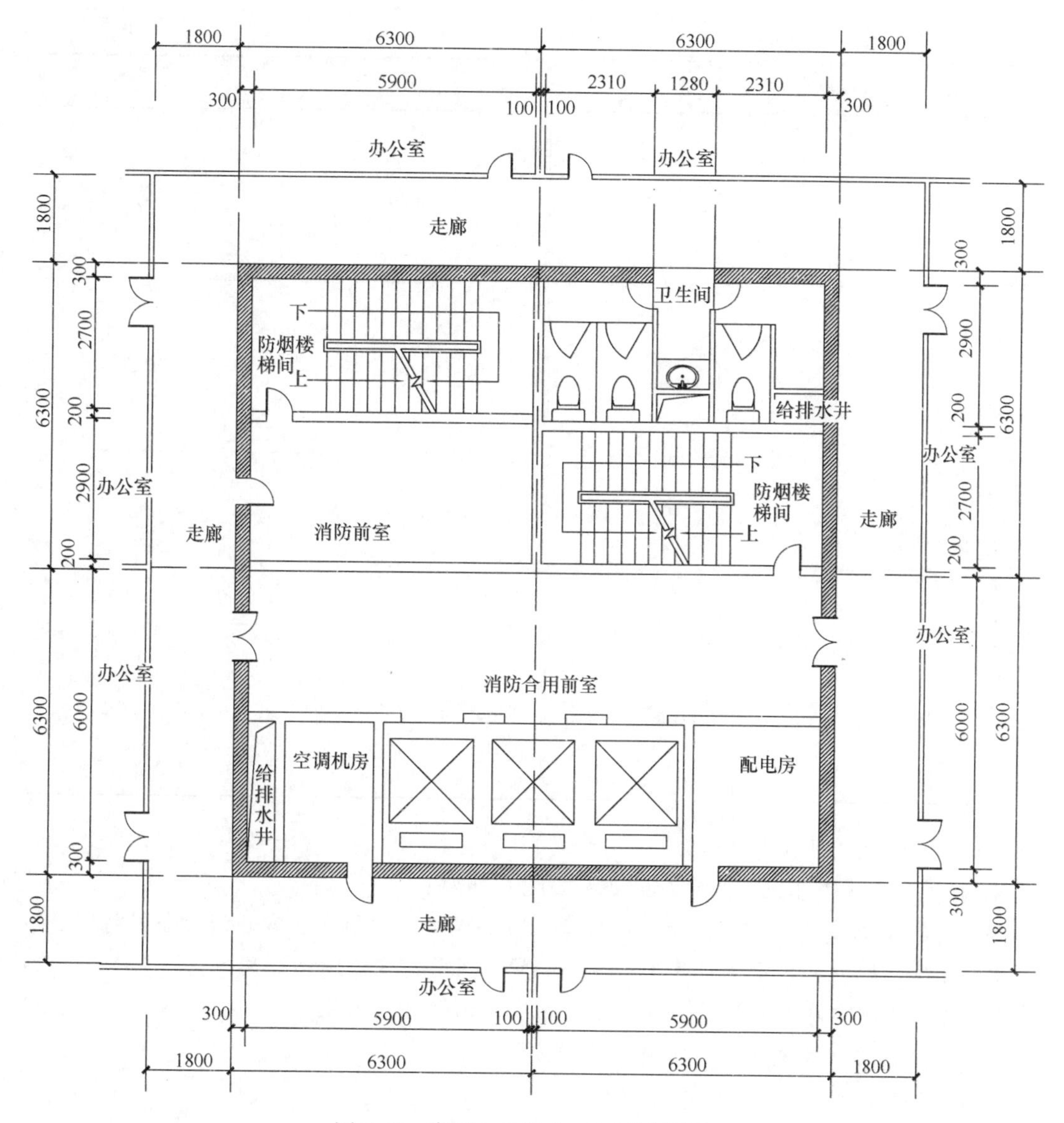

图 5-15　高层办公楼 5～22 层局部平面

（三）布置要求

在平面图上，用提供的图例符号，做出布置图。包括以下内容：

1. 选择合理的位置设置防烟送风竖井及排烟竖井（注明尺寸）并布置风口。
2. 符合规范的前提下，按最少数量的方法布置闭式喷头。
3. 布置室内消火栓。
4. 表示应急灯、安全出口标志灯及疏散指示标志灯位置。
5. 防火门的设置及标明防火门的防火等级。
6. 按消防电梯的要求，做出合理布置，并标明位置。

（四）图例（详见表 5-32）

图　例　　表 5-32

名　称	图　例	名　称	图　例
防烟送风口及竖井		应急灯	⊗
排烟口及竖井		安全出口标志灯	
闭式喷头	○	疏散指示灯（H——离地面的安装高度）	H×××
消火栓		防火门标记（防火等级）	FM-(甲、乙)

（五）选择题（电气设计部分）

1. 按规范要求，下列哪些部位应设置应急照明灯：

A　走廊，卫生间，配电房，空调机房，防烟楼梯间，消防前室，消防合用前室

B　走廊，配电房，空调机房，防烟楼梯间，消防前室，消防合用前室

C　走廊，配电房，防烟楼梯间，消防前室，消防合用前室

D　走廊，防烟楼梯间，消防前室，消防合用前室

2. 图中的安全出口标志灯的数量为：

A　2个　　B　3个

C　4个　　D　5个

3. 按规范要求，疏散指示灯宜布置于：

A　走廊，卫生间，防烟楼梯间　　B　走廊，卫生间

C　走廊，防烟楼梯间　　D　走廊

4. 消防电梯的布置一般宜为：

A　消防电梯设中间，设二道隔墙

B　消防电梯设中间，不设隔墙

C　消防电梯设旁边，设一道隔墙

D　消防电梯设旁边，不设隔墙

（六）试作图（本试题设备解题见第四章建筑设备）

电气作图参考答案：图 5-16。

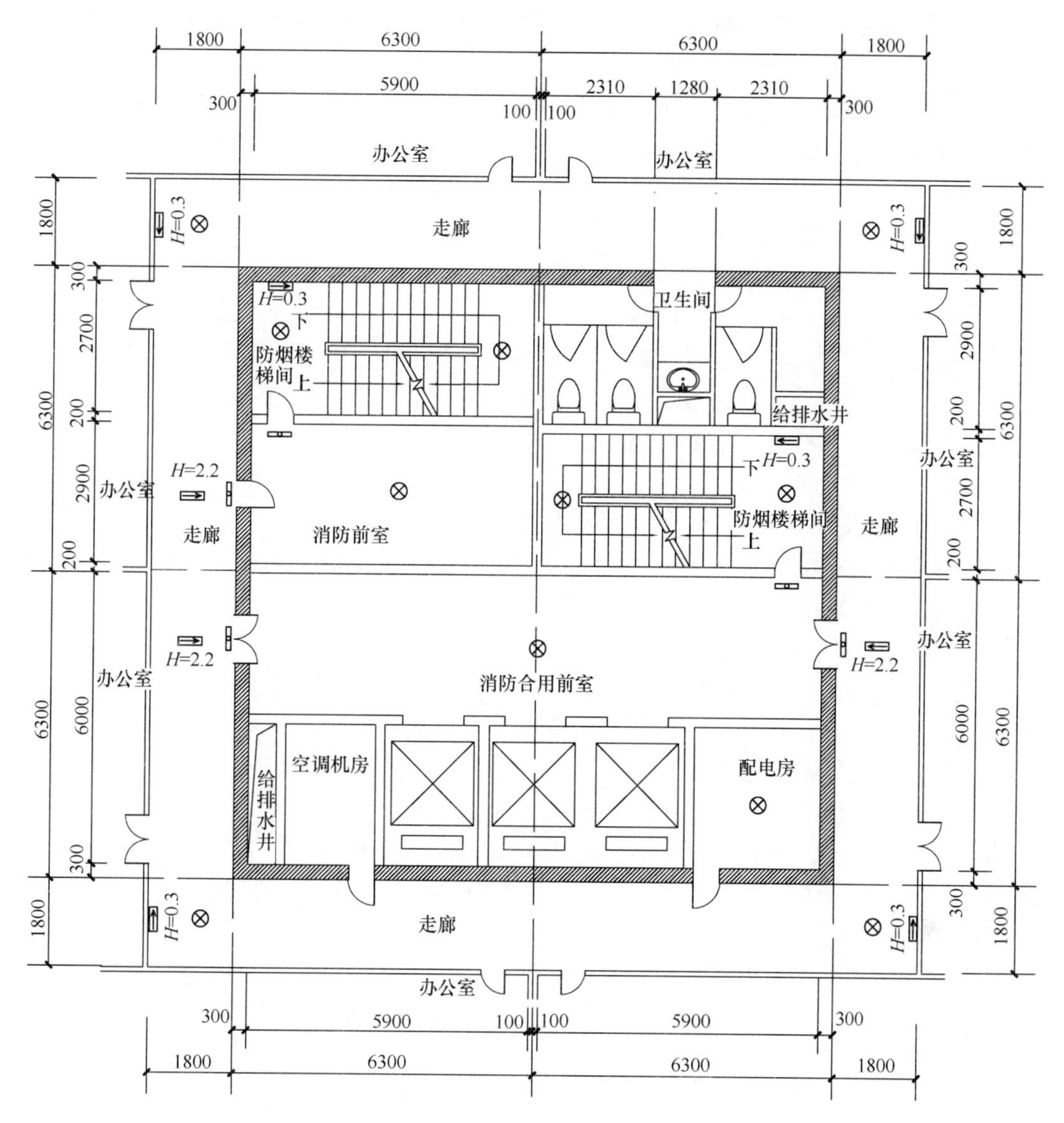

图 5-16　高层办公楼 5～22 层局部平面（电气设施布置）

（七）选择题提示及答案

1. **提示**：消防应急照明是指火灾时的疏散照明和备用照明。依据《建筑设计防火规范》第 10.3.1、10.3.3、10.3.4、10.3.5 条及《消防应急照明和疏散指示系统技术标准》GB 51309—2018 第 3.2.9 条规定。

（1）疏散照明

包括用于照亮疏散通道的照明灯具和用于明确指示通向安全区域及其路径的疏散标志指示灯。

1）需设疏散照明的场所

应该根据建筑物的层数、规模大小及复杂程度，更应考虑建筑物内聚集的人员多少，以及这些人员对该建筑物的熟悉程度等因素综合确定。除建筑高度小于 27m 的住宅建筑外，民用建筑、厂房和丙类仓库的下列部位应设置疏散照明：

① 封闭楼梯间、防烟楼梯间及其前室、消防电梯间的前室或合用前室、避难走道、避难层（间）；

② 观众厅、展览厅、多功能厅和建筑面积大于 $200m^2$ 的营业厅、餐厅、演播室等人员密集的场所；

③ 建筑面积大于 $100m^2$ 的地下或半地下公共活动场所；

④ 公共建筑内的疏散走道；

⑤ 人员密集的厂房内的生产场所及疏散走道；

⑥ 以上场所，除应设置疏散照明灯具外，还应在各安全出口处和疏散走道分别设置安全出口标志和方向标志灯。但二类高层居住建筑的疏散楼梯间可不设疏散指示标志；

⑦ 高层居住建筑内长度超过 20m 的内走道，当至最近安全出口的疏散距离大于 20m 或不在人员视线范围内时，应设置疏散指示标志照明。

2）疏散照明的布置

① 出口标志灯的布置

出口标志灯宜安装在疏散门口的上方，建筑物通向室外的出口和应急出口处；在首层的疏散楼梯应安装于楼梯口的里侧上方，距地不宜超过 2.2m。

② 方向标志灯的布置

应设置在走道、楼梯两侧距地面、楼梯面高度 1m 以下的墙面、柱面上；当安全出口或疏散门在楼梯走道侧面时，应在疏散走道上方增设指向安全出口或疏散门的方向标志灯；方向标志灯的标志面与疏散方向垂直时，灯具的设置间距不应大于 20m；方向标志灯的标志面与疏散方向平行时，灯具的设置间距不应大于 10m。

设置在疏散走道、通道上方时，室内高度不大于 3.5m 的场所，标志灯底面距地面的高度宜为 2.2～2.5m；室内高度大于 3.5m 的场所，标志灯底面距地面的高度不宜小于 3m，且不应大于 6m。

设置在疏散走道、转角处的上方或两侧时，标志灯与转角处边墙的距离不应大于 1m。

保持视觉连续的方向标志灯应设置在疏散走道、疏散通道地面的中心位置；且间距不应大于 3m。

③ 疏散照明灯的布置

a. 疏散通道的疏散照明灯通常安装在顶棚下，需要时也可以安装在墙上。

b. 应与通道的正常照明结合，一般是从正常照明分出一部分以至全部，作为疏散照明。

c. 灯的安装高度不应在离地面 1～2m 之间；照明灯不应安装在地面上。

d. 疏散照明在通道上的照度应有一定的均匀度，通常要求沿通道中心线的最大照度不超过最小照度的 40 倍。为此，应选用较小功率灯泡（管）和纵向宽配光的灯具，适当减小灯具间距。

e. 楼梯的疏散照明灯应安装在顶棚下，为保持楼梯疏散部位的最小照度，光线不被疏散人员遮挡，在楼梯间整层和半层休息平台顶棚下均应安装照明灯。

（2）备用照明

消防控制室、消防水泵房、自备发电机房、配电室、防排烟机房以及发生火灾时仍需正常工作的消防设备房应设置备用照明。

答案：C

2. **提示**：《建筑设计防火规范》第 2.1.14 条 安全出口是指供人员安全疏散用的楼梯间和室外楼梯的出入口或直通室内外安全区域的出口。图中符合要求的是防烟楼梯间及前室出入口各 1 个，消防合用前室出入口 2 个，防烟楼梯间出入口 1 个，共计 5 个。

答案：D

3. **提示**：试题中是建筑高度超过 100m 的办公大楼，按规范要求，图中疏散指示灯应布置在走廊和防烟楼梯间。

答案：C

4. **提示**：依据《建筑设计防火规范》第 7.3.6 条消防电梯井、机房与相邻电梯井、机房之间应设置耐火极限不低于 2.00h 的防火隔墙，隔墙上的门应采用甲级防火门。题目中多台电梯在同一个部位，电梯井毗邻，消防电梯靠一侧布置，井道只需设一道防火隔墙即可。

答案：C

二、【试题 5-2】（2004 年）建筑设备试题——多层住宅卫生间内给排水及电气布置

（一）任务描述（本试题给排水内容见第四章建筑设备）

图 5-17 为某多层住宅楼卫生间平面图，按布置要求，经济、合理地画出电气布置。

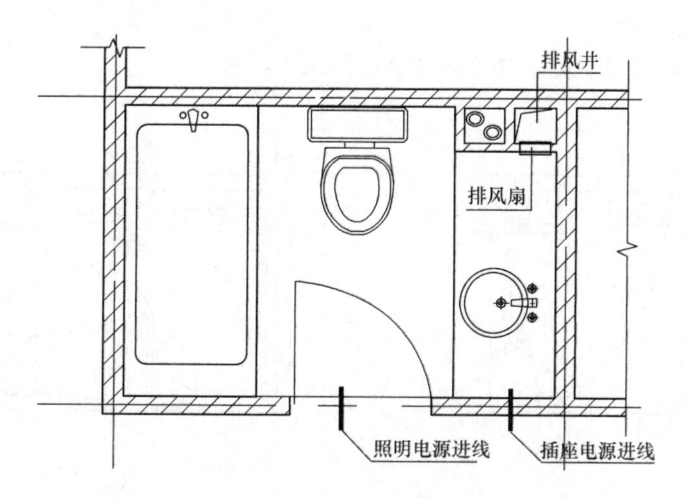

图 5-17　某多层住宅楼卫生间平面图（电气布置）

（二）任务要求

电气布置：按照图例，在平面图中表示以下内容：

1. 按已经给出的灯具，布置开关和连线。灯具采用双联单控暗装开关，开关布置在门外。

2. 布置排风扇插座（开关布置在门外）、坐便器加热器插座、电吹风插座各一个，并绘制其连线。

3. 在电气布置平面图中，标明单联单控暗装开关和电吹风插座的名称及安装高度。

（三）图例（详见表 5-33）

表 5-33

名称	图例	名称	图例
坐便器加热器插座（防溅型）	C	单管荧光灯	
排风扇插座	E	双联单控暗装开关	
电吹风插座（防溅型）	S	单联单控暗装开关	
吸顶灯	○		

（四）根据作图，完成作图选择题

1. 卫生间共有单联单控暗装开关是：

A 1个　　B 2个　　C 3个　　D 4个

2. 电吹风插座和双联双控开关距地高度分别为：

A 0.8m 和 1.0m　　B 0.8m 和 1.4m

C 1.3m 和 1.0m　　D 1.3m 和 1.4m

3. 以下未完成图哪个是正确的，可以进行深化：

A

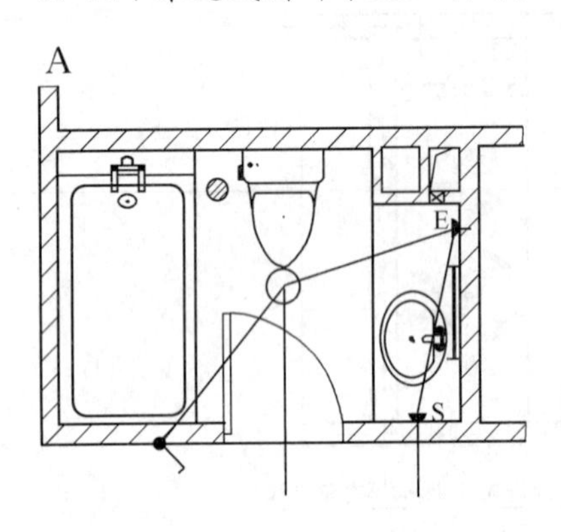

B

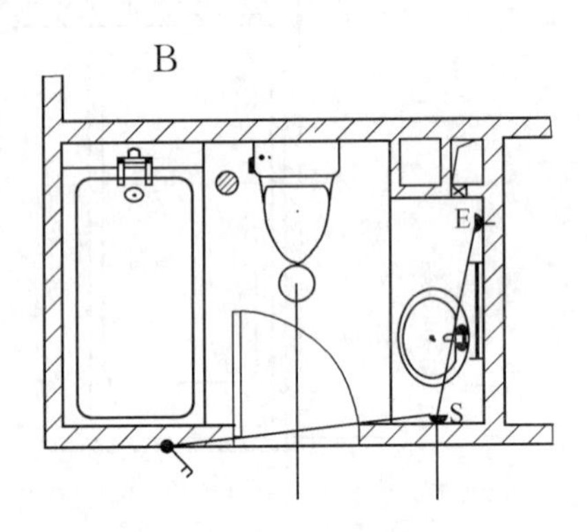

C

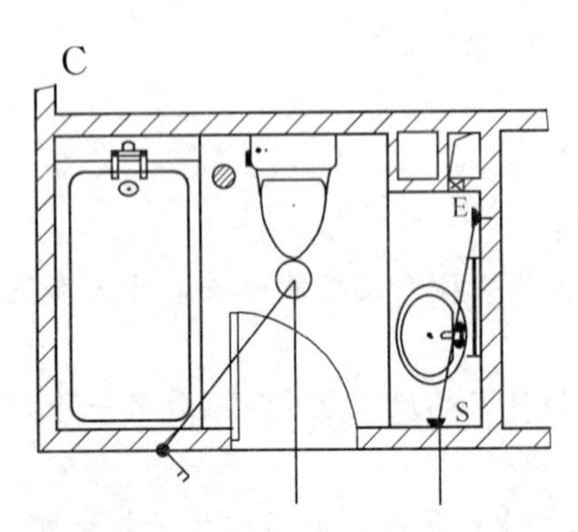

D

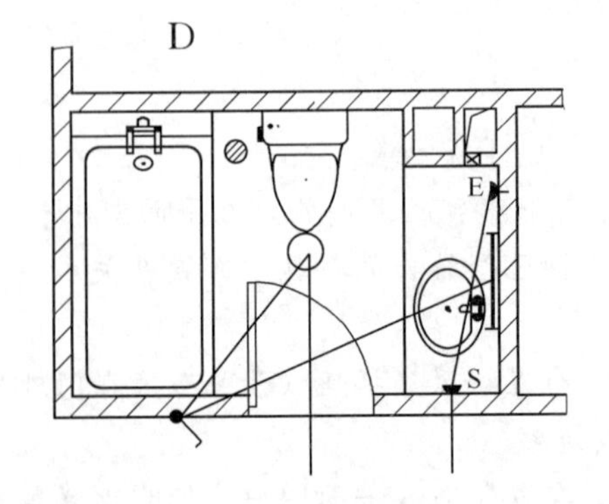

（五）试作图

电气作图参考答案：图 5-18。

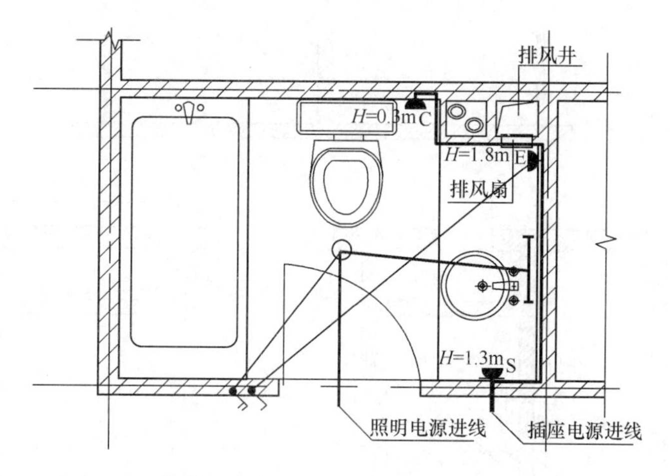

图 5-18　某多层住宅楼卫生间平面图（电气设施布置）

（六）选择题提示及答案（电气设计部分）

1. **提示**：为供电可靠性要求，卫生间内照明回路和插座回路应分开设置。插座回路中仅排风扇需要控制，设置一个单联单控暗装开关即可，开关位置可设置在卫生间门外，高度距地 1.4m。

答案：A

2. **提示**：电吹风插座是防溅型的，为使用方便可安装在距地 1.5m 以下的位置，双联双控开关是控制照明回路的，开关位置可设置在卫生间门外，同单联单控暗装开关等高，距地高度 1.4m。根据选项，只有 D 符合要求。

答案：D

3. **提示**：为供电可靠性要求，卫生间内照明回路和插座回路应分开设置。由此排除 A；插座回路中仅排风扇需要控制，设置一个单联单控暗装开关即可，不需双联单控开关，B 错；插座回路中排风扇需要开关控制，且题中要求灯具采用双联单控暗装开关，D 不满足要求；故只有 C 图满足继续深化的条件。

答案：C

三、【试题 5-3】（2006 年）建筑设备试题——高级公寓标准层交通核消防设施布置

（一）任务描述（本试题设备内容见第四章建筑设备）

图 5-19 是 24 层高级公寓标准层（建筑面积 1450m²）的核心筒及走廊平面图，在图中按照防火规范进行消防设施的布置，在考虑建筑美观的前提下，要求布置做到最少、最经济合理。钢筋混凝土墙上可开洞。

（二）任务要求（电气设施）

1. 消防报警部分：按最少的要求布置烟雾感应器。

2. 消防疏散部分：

（1）布置火灾应急照明灯。

（2）布置安全出口标志灯。

（3）布置疏散指示灯。

（4）标明消防电梯。

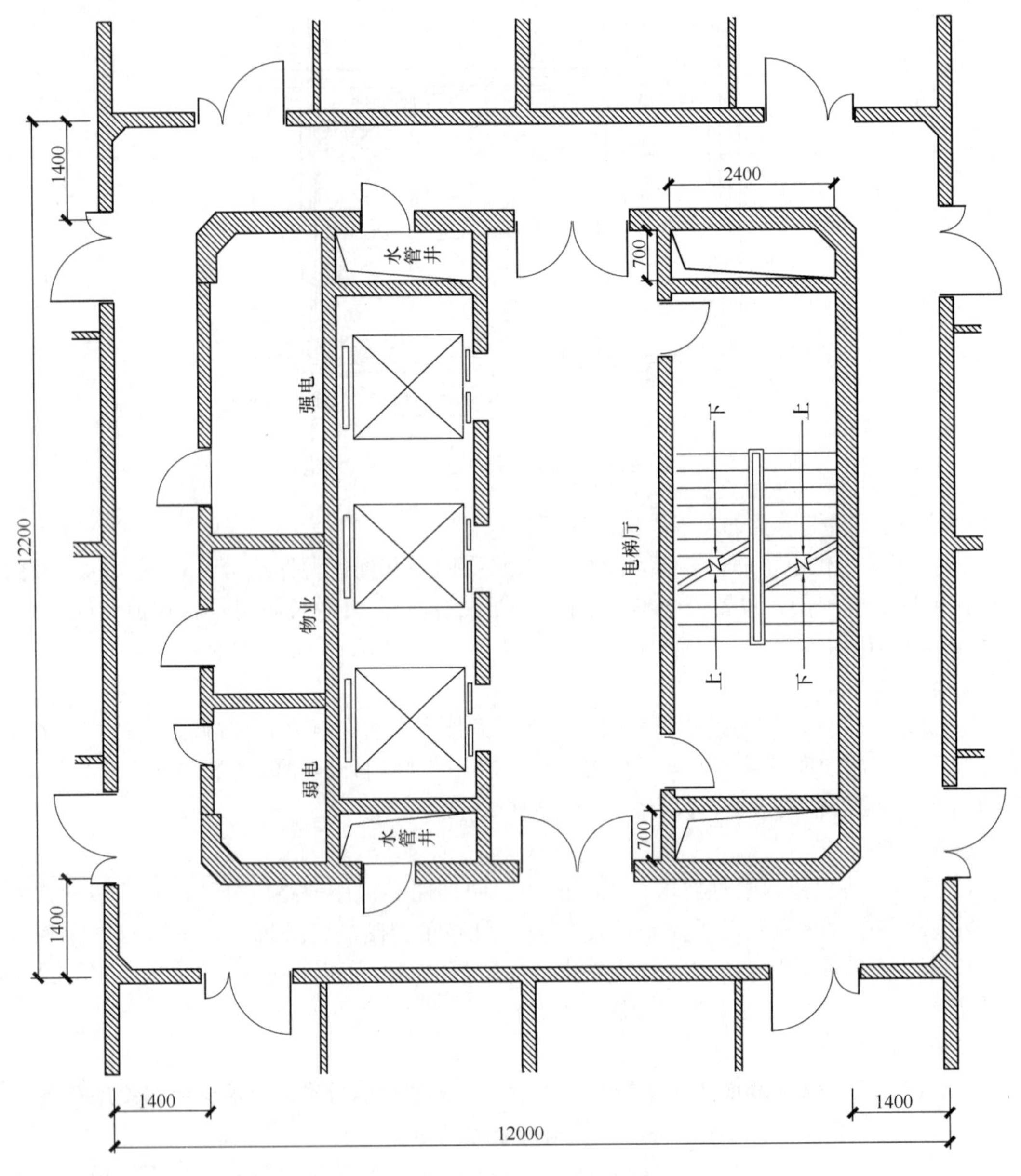

图 5-19　24 层高级公寓标准层

（三）图例（详见表 5-34）

图　　例　　　　**表 5-34**

名　称	图　例	名　称	图　例
烟雾感应器	ⓨ	火灾应急照明灯	⊗
安全出口标志灯	▭○▭	疏散指示灯	←

（四）根据作图，完成作图选择题（电气）

1. 烟雾感应器的最少布置数量为：

A 4　　B 5　　C 6　　D 7

2. 安全出口标志灯的最少布置数量为：

A 2　　B 3　　C 4　　D 5

3. 疏散指示灯的最少布置数量为：

A 1　　B 2　　C 3　　D 4

4. 核心筒内火灾应急照明灯的最少布置数量为：

A 1　　B 2　　C 3　　D 4

5. 下列关于消防电梯最合理的布置位置的说法，哪个是正确的：

A 无要求　　B 一侧　　C 中间　　D 两侧

（五）试作图

电气作图参考答案：图 5-20。

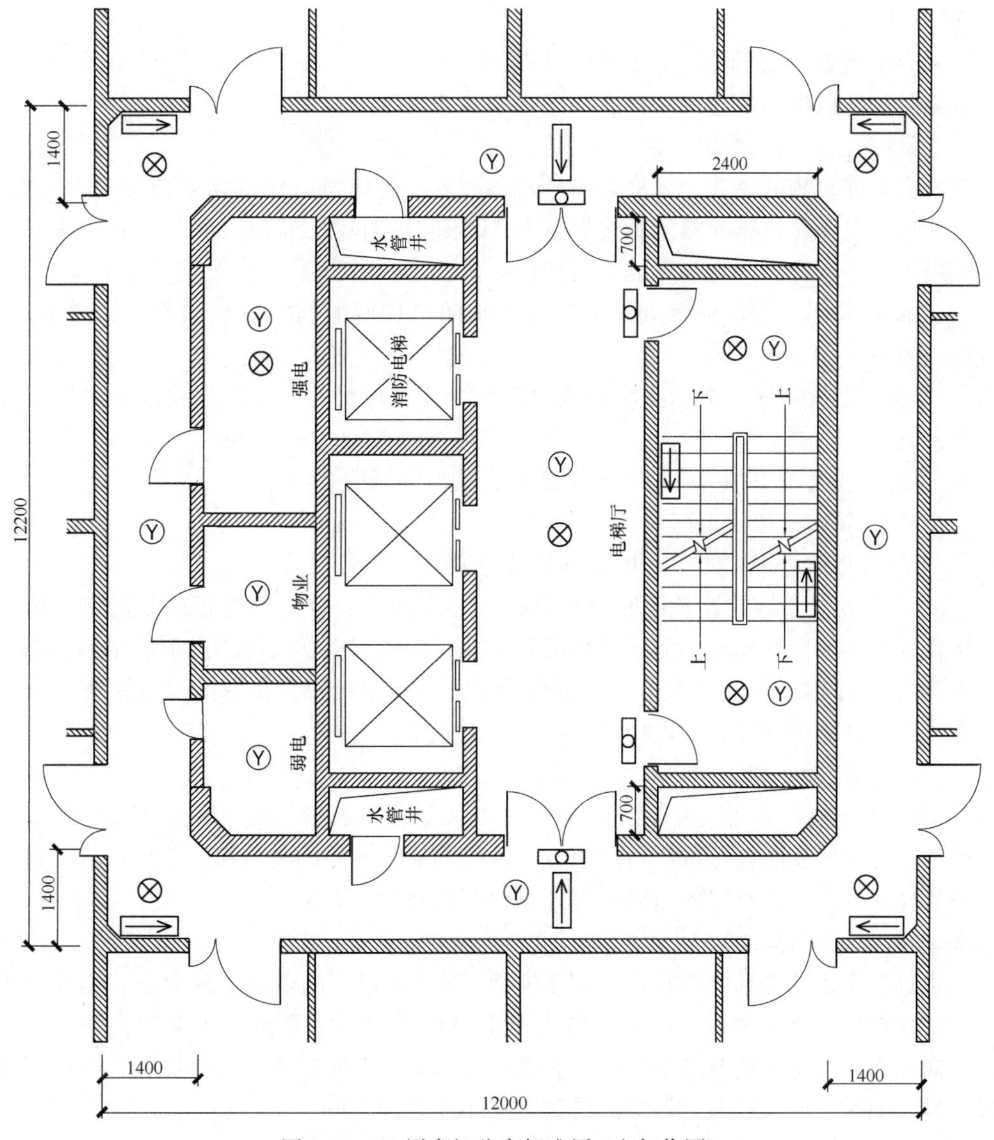

图 5-20　24 层高级公寓标准层（电气作图）

（六）选择题提示及答案（电气设计部分）

1. **提示：**建筑物为一类高层，依据《建筑设计防火规范》第 8.4.1 条、《火灾自动报警设计规范》GB 50116—2013 第 3.3.3 条及附录 D 设置部位的要求和第 6.2 条火灾探测器的设置规定，题目中电梯厅、封闭楼梯间、强电室、弱电室、物业用房、走廊六个部位需要设置火灾探测器。宽度小于 3m 的走道顶棚上居中布置，安装感烟探测器间距不应超过 15m；探测器至端墙的距离不应大于探测器安装间距的一半，即 7.5m。故走廊四边各设一个，电梯厅、2 个剪刀楼梯间、强电室、弱电室、物业用房各一个，共 10 个。由于是 2006 年的试题，按现行规范本题没有答案。

答案：无

2. **提示：**依据《建筑设计防火规范》第 2.1.14 条，安全出口是指供人员安全疏散用的楼梯间和室外楼梯的出入口或直通室内外安全区域的出口。

答案：C

3. **提示：**依据《建筑设计防火规范》第 10.3.1、10.3.3、10.3.4、10.3.5 条、《消防应急照明和疏散指示系统技术标准》第 3.2.9 条规定。

1）需设疏散照明的场所

应该根据建筑物的层数、规模大小及复杂程度，更应考虑建筑物内聚集的人员多少，以及这些人员对该建筑物的熟悉程度等因素综合确定。除建筑高度小于 27m 的住宅建筑外，民用建筑、厂房和丙类仓库的下列部位应设置疏散照明：

① 封闭楼梯间、防烟楼梯间及其前室、消防电梯间的前室或合用前室、避难走道、避难层（间）；

② 观众厅、展览厅、多功能厅和建筑面积大于 $200m^2$ 的营业厅、餐厅、演播室等人员密集的场所；

③ 建筑面积大于 $100m^2$ 的地下或半地下公共活动场所；

④ 公共建筑内的疏散走道；

⑤ 人员密集的厂房内的生产场所及疏散走道；

⑥ 以上场所，除应设置疏散照明灯具外，还应在各安全出口处和疏散走道分别设置安全出口标志和方向标志灯。但二类高层居住建筑的疏散楼梯间可不设疏散指示标志；

⑦ 高层居住建筑内长度超过 20m 的内走道，当至最近安全出口的疏散距离大于 20m 或不在人员视线范围内时，应设置疏散指示标志照明。

2）疏散照明的布置

① 出口标志灯的布置

出口标志灯宜安装在疏散门口的上方，建筑物通向室外的出口和应急出口处；在首层的疏散楼梯应安装于楼梯口的里侧上方，距地不宜超过 2.2m。

② 方向标志灯的布置

应设置在走道、楼梯两侧距地面、楼梯面高度 1m 以下的墙面、柱面上；当安全出口或疏散门在楼梯走道侧面时，应在疏散走道上方增设指向安全出口或疏散门的方向标志灯；方向标志灯的标志面与疏散方向垂直时，灯具的设置间距不应大于 20m；方向标志灯的标志面与疏散方向平行时，灯具的设置间距不应大于 10m。

③ 疏散照明灯的布置

设置在疏散走道、转角处的上方或两侧时，标志灯与转角处边墙的距离不应大于1m。

图中应设置疏散指示灯的数量是：疏散走道×6和疏散楼梯间×2，最少布置数量为8个。由于是2006年的试题，按现行规范本题没有答案。

4. **提示**：火灾应急照明灯包含疏散照明灯和备用照明灯。核心筒不含走廊，在剪刀楼梯间内设两个，电梯厅设1个，强电室设1个，最少4个疏散照明灯。

答案：D

5. **提示**：依据《建筑设计防火规范》第7.3.6条，消防电梯井、机房与相邻电梯井、机房之间应设置耐火极限不低于2.00h的防火隔墙，隔墙上的门应采用甲级防火门。题目中多台电梯在同一个部位，电梯井毗邻，消防电梯靠一侧布置，井道只需设一道防火隔墙即可。

答案：B

四、【试题5-4】（2007年）建筑设备试题——高层宾馆交通核及标准客房空调通风及消防系统布置

（一）任务描述（本试题空调通风解题内容见第四章建筑设备）

图5-21、图5-22为某宾馆（二类高层建筑）的局部平面及剖面图，除客房斜线部分不设吊顶外，其余全部吊顶。按要求做出空调通风及部分消防系统的平面布置。

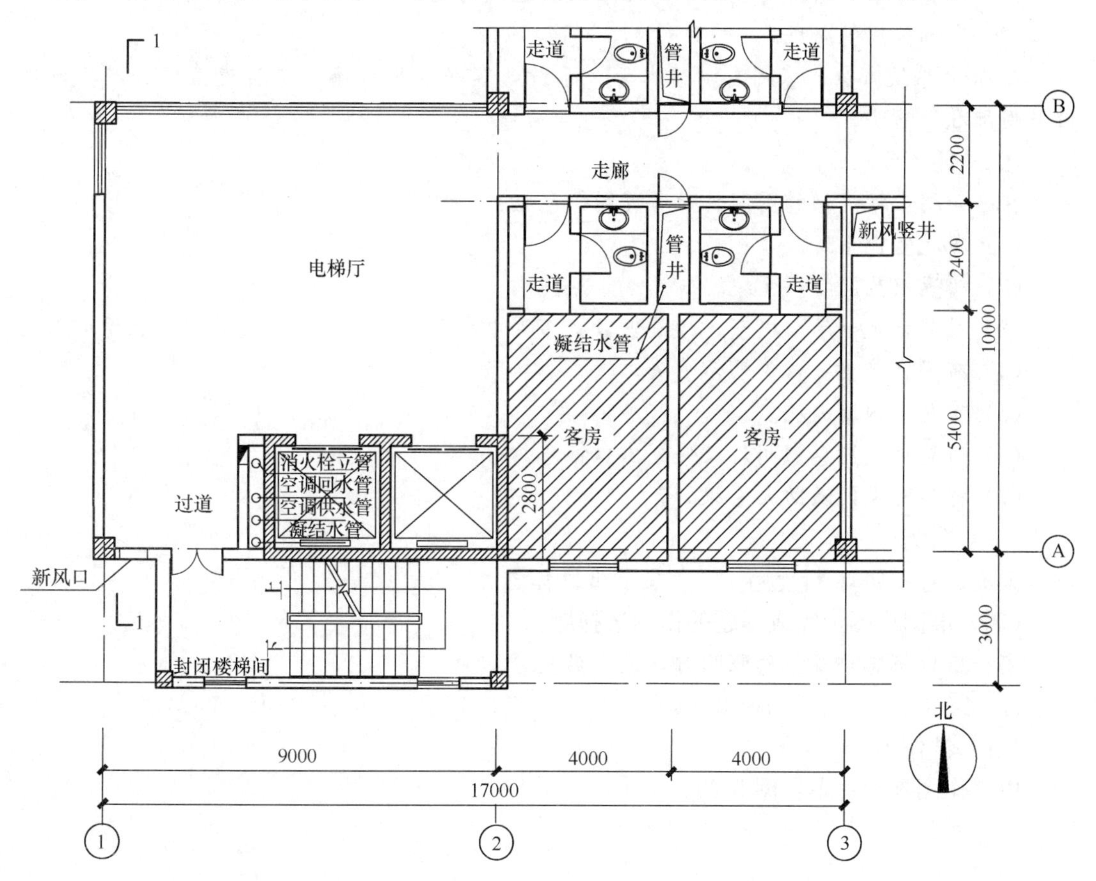

图5-21　某宾馆（二类高层建筑）局部平面

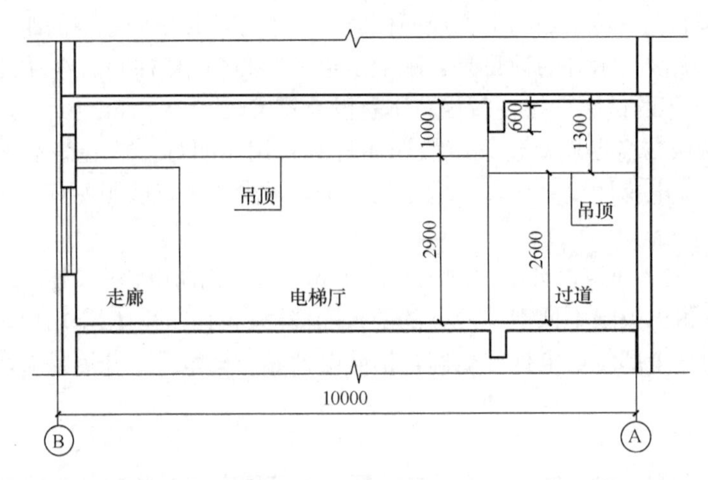

图 5-22 某宾馆（二类高层建筑）1-1 剖面图

已知条件：

1. 空调通风部分

(1) 客房采用风机盘管，新风通过走廊的新风竖井接入。

(2) 电梯厅采用新风处理机，用 4 个散流器均匀送风，送风直接由外墙新风口接入。

(3) 走廊仅提供新风。

2. 灭火系统部分。采用自动喷水灭火系统，客房采用边墙型扩展覆盖喷头，其他部位采用标准型喷头。

（二）任务要求

在平面图上按提供的图例作出布置图，包括：

(1) 布置空调系统。

(2) 布置卫生间排风系统。

(3) 在符合规范的前提下，按最少数量布置电梯厅、过道、走廊喷头（仅表示喷头）。

(4) 布置客房喷头（仅表示喷头）。

(5) 布置室内消火栓。

(6) 布置火灾应急照明灯及安全出口标志灯。

(7) 标注防火门及防火等级。

（三）图例

火灾应急照明灯 ▭○▭　　安全出口标志灯 ⊗

（四）根据作图，完成本题的作图选择题。

安全出口标志灯及应急照明灯，最少数量分别为：

A 4，1　　B 3，4　　C 2，3　　D 1，3

（五）试作图

电气作图参考答案：图 5-23。

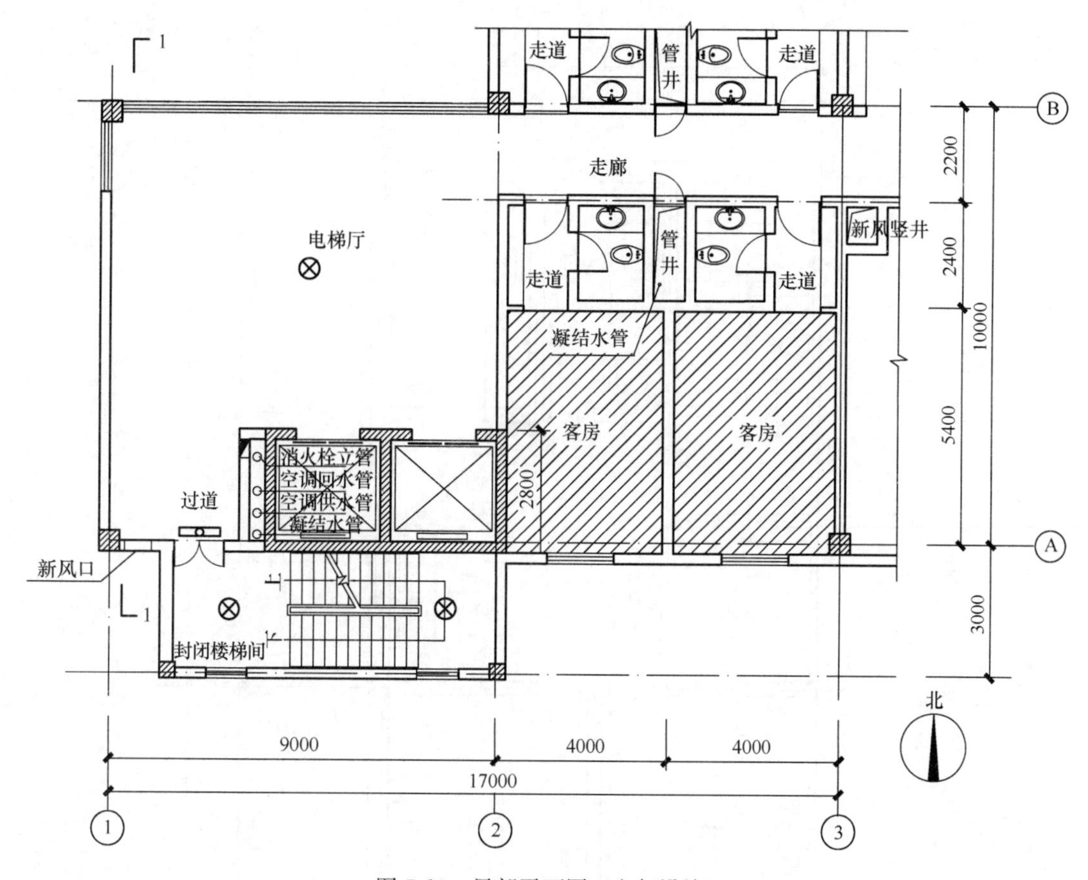

图 5-23　局部平面图（电气设施）

（六）选择题提示及答案（电气设计部分）

提示：依据《建筑设计防火规范》第 2.1.14 条，安全出口是指供人员安全疏散用的楼梯间和室外楼梯的出入口或直通室内外安全区域的出口。图中只有一处封闭楼梯间出入口为安全出口；楼梯间、电梯厅、走廊一般均应设置应急照明灯，但选择项中仅能选择 3 盏应急照明灯，考虑楼梯间疏散要求高于走道，走道地面 1lx 可由电梯厅借光得到，且内走道长度不足 9m，所以电梯厅设一处，楼梯间为避免疏散人群遮挡光线，设两处应急照明灯，共 3 盏应急照明灯。

答案：D。

五、【试题 5-5】（2008 年）建筑设备试题——住宅户式空调及电气插座布置

（一）任务描述（本试题左户空调内容见第四章建筑设备）

图 5-24 为某住宅的单元平面。

右户采用分体空调，配电箱及空调电源插座位置已给定，要求按《住宅设计规范》GB 50096—2011 的最低要求绘制右户插座平面布置图。

以上布置均应满足相关规范要求。

参照《住宅设计规范》的要求，电源插座的设置数量不应少于表 5-35 的规定。

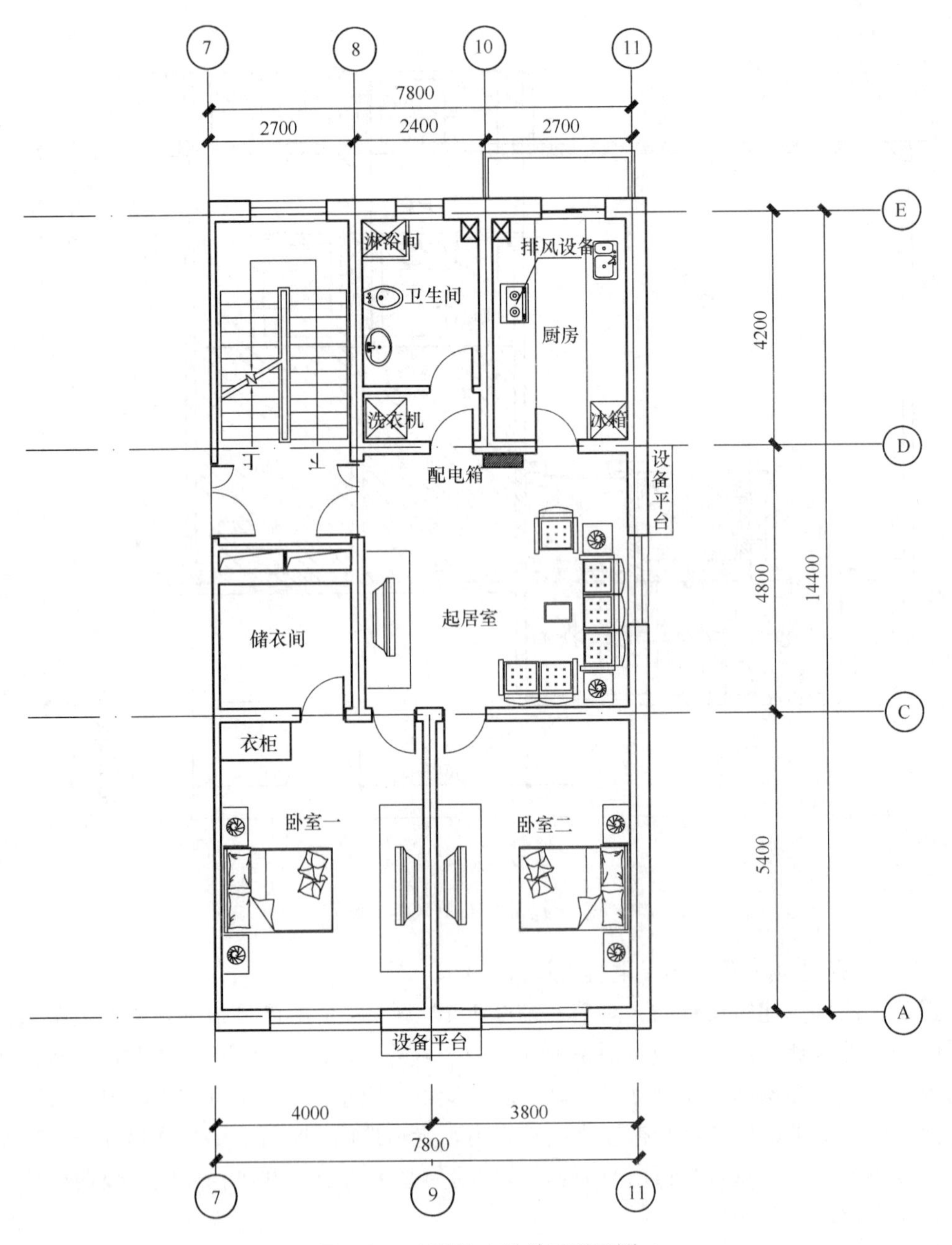

图 5-24　高层住宅的单元平面图

电气插座设置的数量　　**表 5-35**

空间	设置数量和内容
卧室	一个单相三线和一个单相二线的插座两组
兼起居室的卧室	一个单相三线和一个单相二线的插座三组
起居室（厅）	一个单相三线和一个单相二线的插座三组
厨房	防溅水型一个单相三线和一个单相二线的插座两组
卫生间	防溅水型一个单相三线和一个单相二线的插座一组
布置洗衣机、冰箱、排油烟机、排风机及预留家用空调处	专用单相三线插座各一个

（二）任务要求

右户：用提供的电气图例按以下要求绘制插座平面布置图（储藏、阳台不需布置）：

1. 绘出所有电源插座位置（空调插座已给定）。
2. 绘出所有电源插座回路并编号（回路均引自配电箱）。

（三）图例

电气图例 表 5-36

名称	简图	说明
组合插座（含防溅水型）	[symbol]	一个单相三线和一个单相两线的组合插座一组
专用单相三线插座	字母 [symbol]	字母表示：空调 K、洗衣机 X、冰箱 B、排气机械 P
插座回路	WLn	WLn 为插座回路编号，n=1，2，3，……

（四）根据作图，完成本题的作图选择题

1. 根据《住宅设计规范》，右户中厨房至少应设置组合插座和专用单相三线插座共几个？

A 2　　B 3　　C 4　　D 5

2. 根据《住宅设计规范》，右户中卫生间至少应设置组合插座和专用单相三线插座共几个？

A 1　　B 2　　C 3　　D 4

3. 根据《住宅设计规范》，下列关于空调电源插座回路设计的表述中哪个是正确的？

A 空调电源插座与其他电源插座可共用一个回路

B 空调电源插座应单独设置回路

C 卧室内空调电源插座与其他电源插座可共用一个回路，起居室内空调电源插座与其他电源插座可共用一个回路

D 空调电源插座与洗衣机、冰箱等电源插座可共用一个回路

4. 根据《住宅设计规范》，下列关于厨房、卫生间电源插座回路设计的表述中哪个是正确的？

A 厨房、卫生间电源插座宜设置独立回路

B 厨房、卫生间电源插座宜共用一个回路

C 厨房、卫生间电源插座可与起居室、卧室除空调电源插座以外的其他电源插座共用一个回路

D 没有明确要求

5. 根据《住宅设计规范》，右户中除空调电源插座回路外，起居室和卧室接入配电箱的电源插座回路数量至少为几个？

A 1　　B 2　　C 3　　D 4

（五）试作图

电气作图参考答案：图 5-25。

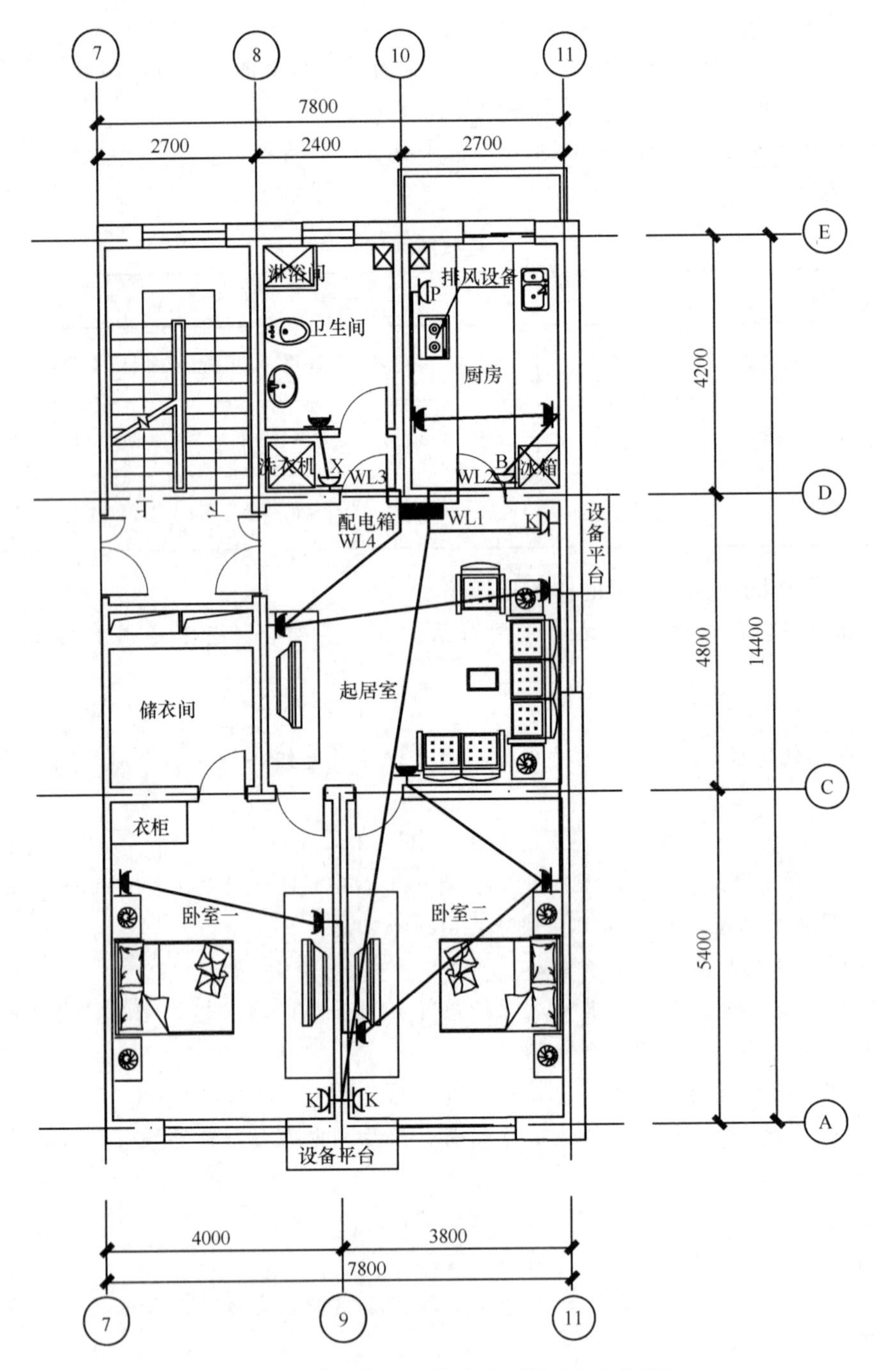

图 5-25　高层住宅的单元平面图（电气作图）

（六）选择题提示及答案（电气设计部分）

1. **提示：**根据表 5-35，厨房中至少应设一个单相三线和一个单相两线的组合插座两组，冰箱和排油烟机需设专用单相三线插座各一个，共计 4 个。

答案：C

2. **提示：**根据表 5-35，卫生间中至少应设防溅水型一个单相三线和一个单相两线的组合插座一组，洗衣机需设专用单相三线插座一个，共计 2 个。

答案：B

3. **提示：**依据《住宅建筑电气设计规范》JGJ 242—2011 第 8.4.2 条，家居配电箱的供电回路应按下列规定配置：

（1）每套住宅应设置不少于一个照明回路；

（2）装有空调的住宅应设置不少于一个空调插座回路；

（3）厨房应设置不少于一个电源插座回路；

（4）装有电热水器等设备的卫生间，应设置不少于一个电源插座回路；

（5）除厨房、卫生间外，其他功能房应设置至少一个电源插座回路，每一回路插座数量不宜超过 10 个（组）。

答案：B

4. **提示：**依据《住宅建筑电气设计规范》JGJ 242—2011 第 8.4.2 条规定，厨房、卫生间电源插座宜设置独立回路。

答案：A

5. **提示：**依据《住宅建筑电气设计规范》JGJ 242—2011 第 8. 4. 2 条规定，起居室和卧室插座数至少为 7 个，小于 10 个，接入配电箱的电源插座回路数量至少为 1 个。

答案：A

六、【试题 5-6】（2009 年）建筑设备试题——高层建筑地下室消防设施布置

（一）任务描述（本试题设备内容见第四章建筑设备）

图 5-26 为某栋一类高层建筑地下室的一个防火分区平面图。根据防火规范、任务要求和图例，布置分区内的部分消防设施，做到最经济合理。

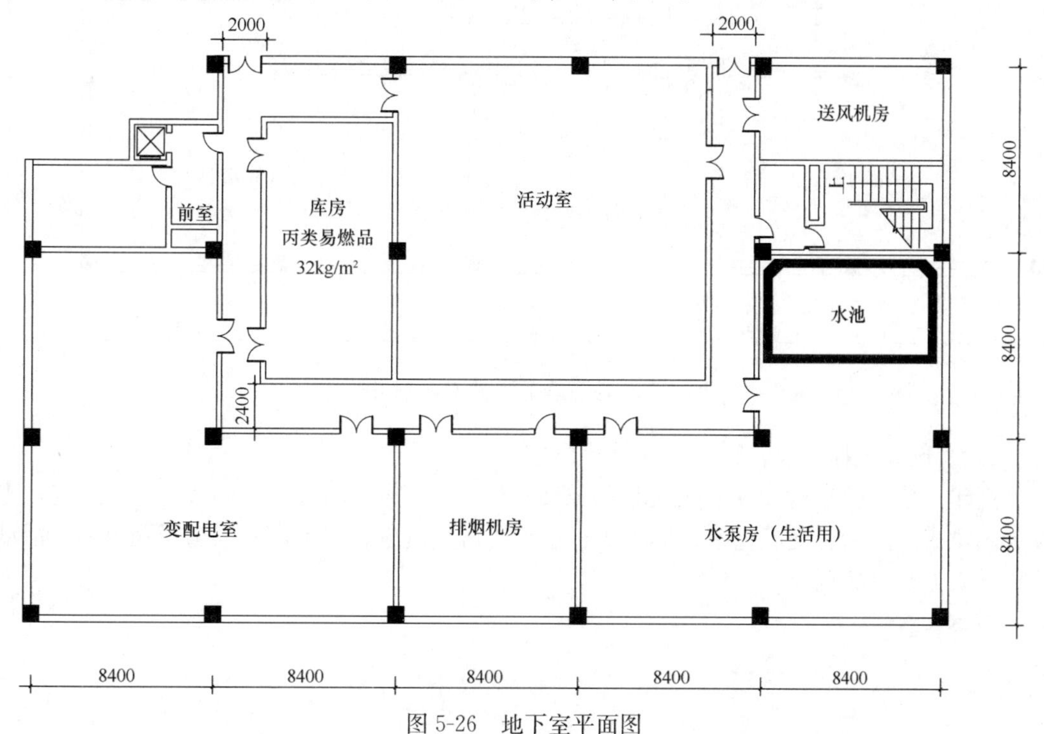

图 5-26　地下室平面图

（二）任务要求（电气）

火灾应急照明：布置火灾应急照明灯。

（三）图例

应急照明灯：◎

（四）根据作图，完成本题的作图选择题（电气）

均不需设置火灾应急照明的一组空间是：

A　员工活动室、库房、水泵房

B　变配电室、排烟机房、水泵房

C　风机房、水泵房、库房

D　前室、变配电室、风机房

（五）试作图

电气作图参考答案：图 5-27。

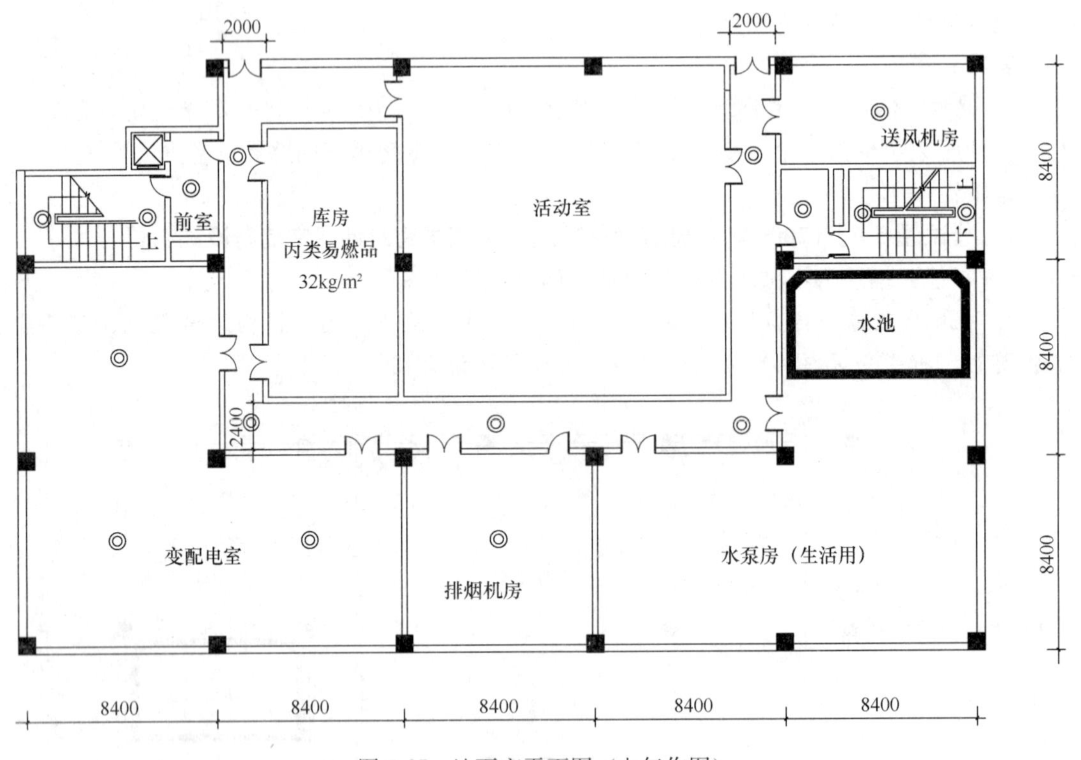

图 5-27　地下室平面图（电气作图）

（六）选择题提示及答案（电气设计部分）

提示：依据《建筑设计防火规范》第 10.3.1、10.3.3、10.3.4、10.3.5 条规定，走廊、人员聚集场所、变配电室、风机房、排烟机房应设应急照明，根据选择题分析，活动室不计入人员聚集场所。

答案：A

七、【试题 5-7】（2010 年）建筑设备试题——高层建筑中庭消防设计

（一）任务描述（本试题设备内容见第四章建筑设备）

某中庭高度超过 32m 的二类高层办公建筑的局部平面如图 5-28 所示，回廊与中庭之间不设防火分隔，中庭叠加面积超过 4000m²，图示范围内所有墙体均为非防火墙，中庭顶部设采光天窗。按照现行国家标准要求和设施最经济的原则在平面图上作出该部分消防平面布置图。

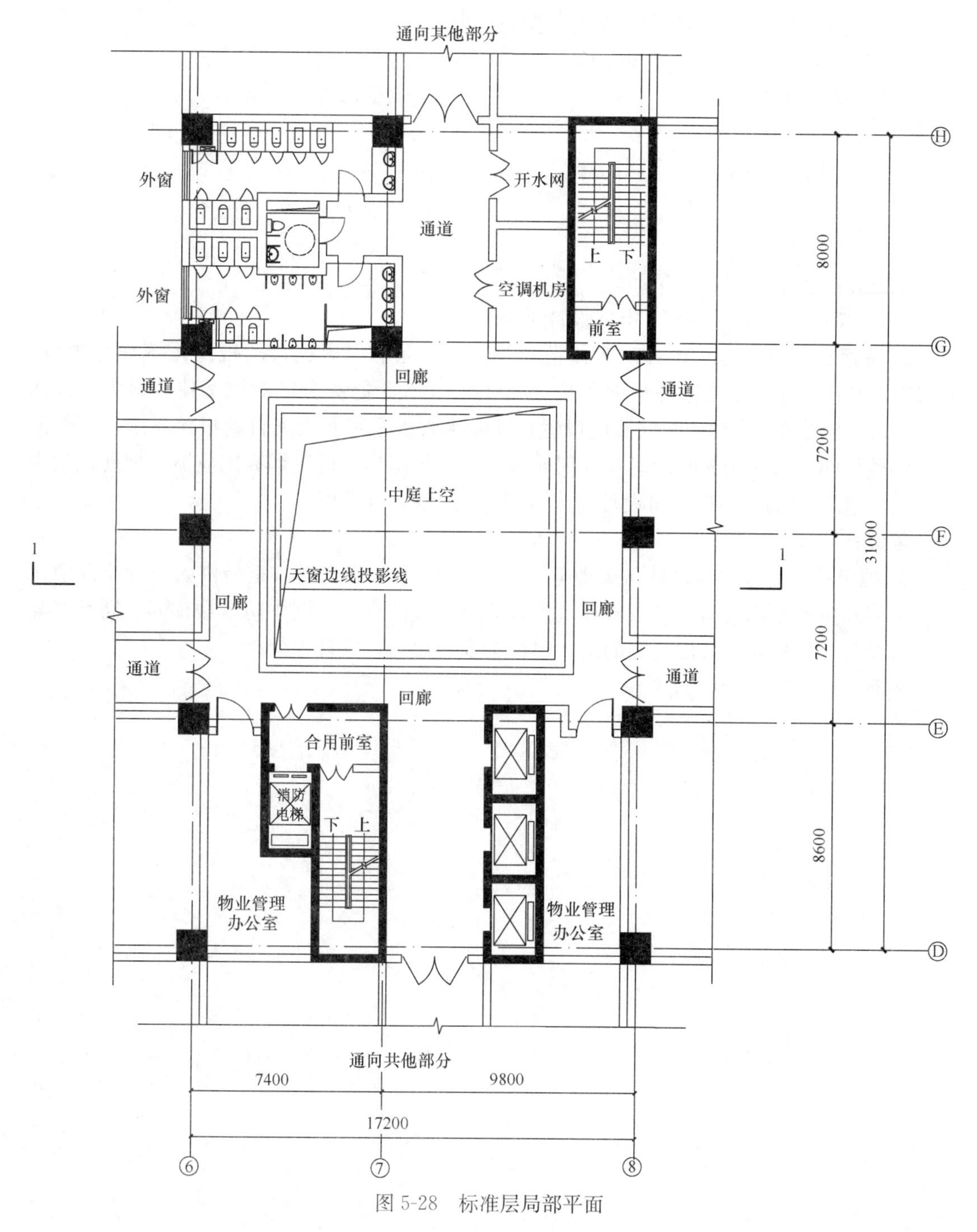

图 5-28　标准层局部平面

（二）任务要求

正确选择图例并在平面图中⑥～⑧轴与D～H轴范围内布置下列内容：

1. 报警部分：布置烟雾感应器。

2. 疏散部分：布置安全出口标志灯。

（三）图例（电气图例）

烟雾感应器 ⊗ 安全出口标志灯 ▭

（四）根据作图，完成本题的作图选择题（电气）

1. 下列哪个部位必须设置烟雾感应器

A 物业管理办公室　　B 空调机房

C 通道　　D 回廊

2. 每层共需几个安全出口标志灯

A 2　　B 4　　C 6　　D 8

（五）试作图

电气作图参考答案：图5-29。

（六）选择题提示及答案（电气设计部分）

1. **提示：**依据《建筑设计防火规范》第5.3.2条和《火灾自动报警系统设计规范》附录D，高层建筑内的中庭叠加面积超过4000m²，大于防火分区对该类建筑最大允许面积3000m²的要求，本题中庭回廊应设置自动喷水灭火系统和火灾自动报警系统，试题图中防烟楼梯间、防烟楼梯间前室及合用前室、空调机房均应设置烟雾感应器。但此试卷为2010年，按当时的《高层建筑设计防火规范》，答案选D即可。

答案：D

2. **提示：**依据《建筑设计防火规范》第2.1.14条，安全出口是指供人员安全疏散用的楼梯间和室外楼梯的出入口或直通室内外安全区域的出口。图中防烟楼梯间、防烟楼梯间前室及防烟楼梯间、合用前室的出入口处为安全出口，共计4处。

答案：B

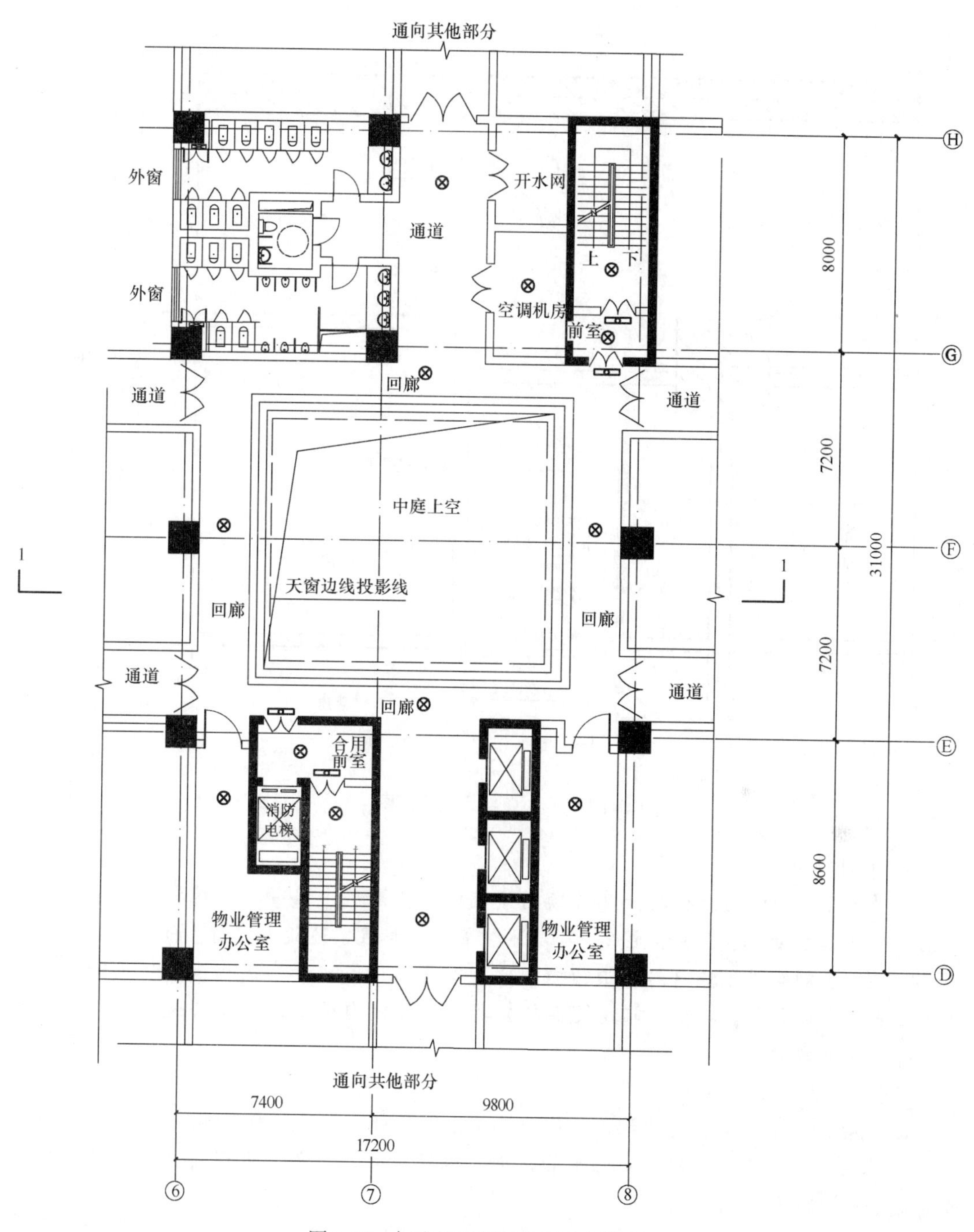

图 5-29　标准层局部平面（电气作图）

八、【试题 5-8】（2011 年）建筑设备试题——旅馆标准客房管线综合布置

（一）任务描述（本试题设备内容见第四章建筑设备）

图 5-30 为某旅馆单面公共走廊、客房内门廊的局部吊顶平面图，客房采用常规卧式风机盘管加新风的供冷暖空调系统。要求在 1-1 剖面图（图 5-31）中按照提供的图例进行合理的管线综合布置。

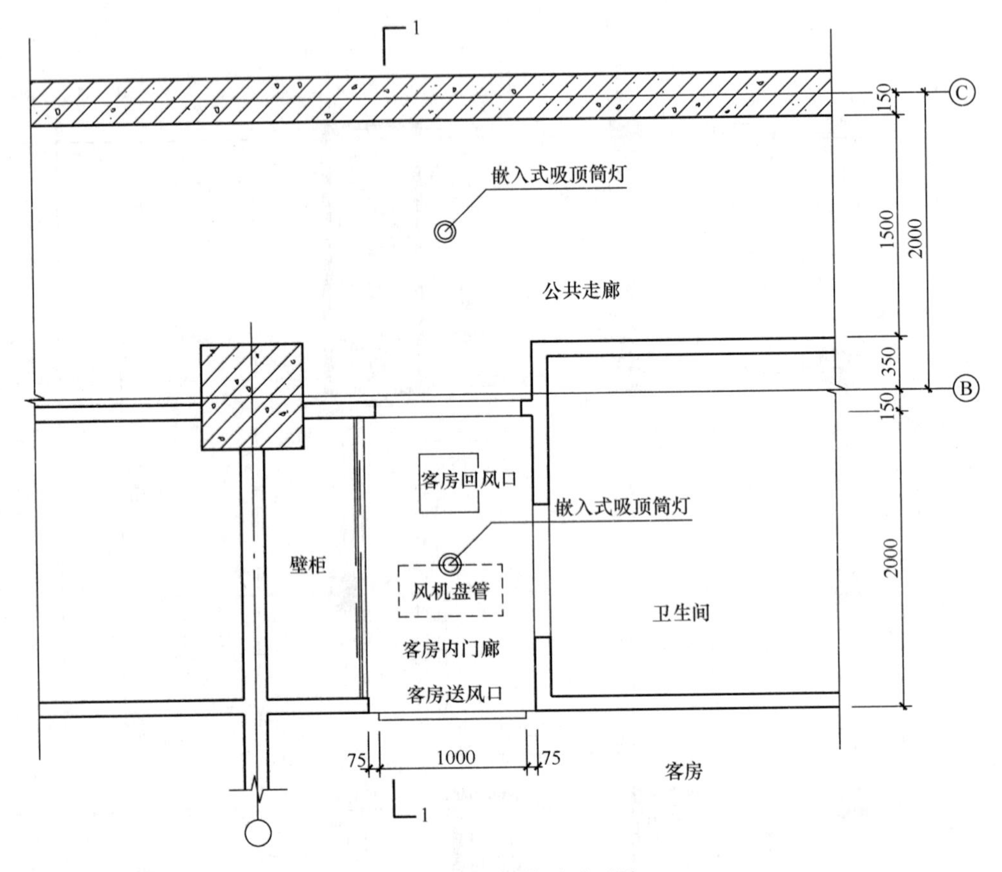

图 5-30　局部吊顶平面图

（二）任务要求

1. 在 1-1 剖面图单面公共走廊吊顶内按比例布置新风主风管、走廊排烟风管、电缆桥架、喷淋水主管、冷冻供水主管、冷凝水主管，并标注前述设备名称、间距。

2. 在 1-1 剖面图客房内门廊吊顶内按比例布置新风支风管、风机盘管送风管、冷冻供水支管、冷凝水支管，表示前述设备与公共走廊吊顶内设备以及客房送风口的连接关系，并标注出名称。

（三）布置要求

1. 风管、电缆桥架、结构构件、吊顶下皮相互之间最小间距为 100mm。

2. 水管主管应集中排列；水管主管之间，水管主管与风管、电缆桥架、结构构件之间的最小净间距为 50mm。

3. 所有风管、水管、电缆桥架均不得穿过结构构件。

4. 无需表示设备吊挂构件。

5. 电缆桥架不宜设置于水管正下方。

6. 新风应直接送入客房内。

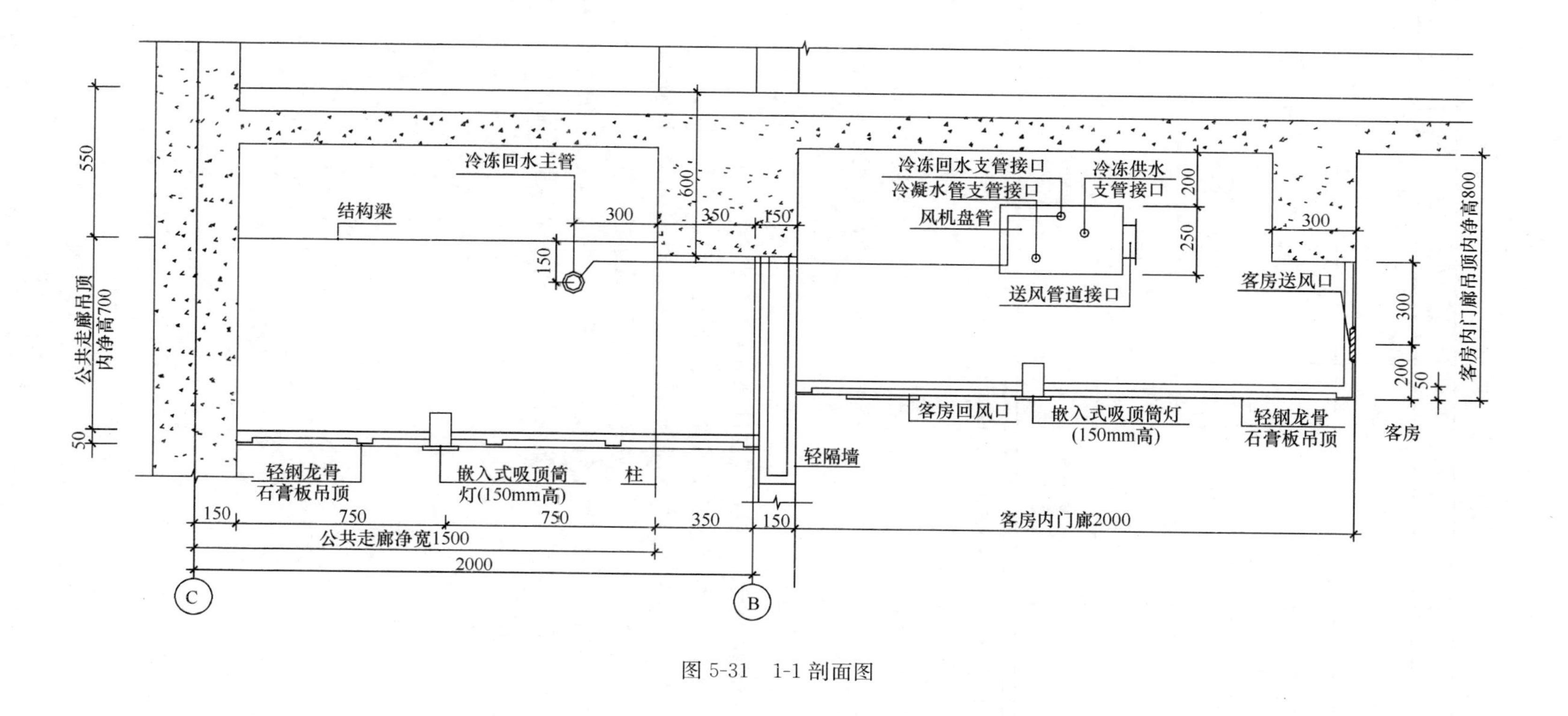
冷冻回水主管
结构梁
300
150
600
350
150
冷冻回水支管接口
冷凝水管支管接口
风机盘管
冷冻供水
支管接口
200
250
300
送风管道接口
客房送风口
300
200
50
客房内门廊吊顶内净高800
550
公共走廊吊顶
内净高700
50
轻钢龙骨
石膏板吊顶
嵌入式吸顶筒
灯(150mm高)
柱
客房回风口
嵌入式吸顶筒灯
(150mm高)
轻钢龙骨
石膏板吊顶
客房
轻隔墙
150
750
750
350
150
客房内门廊2000
公共走廊净宽1500
2000
C
B

图 5-31　1-1 剖面图

（四）图例

图　例　　　　表 5-37

名 称	图 例	名 称	图 例
排烟总管	═══	火灾探测器	⊗
排烟支管	═══	应急照明灯	○
排烟百叶风口	▥	室内消火栓	◢
排烟阀	⊠	防火门	FM甲　FM乙　FM丙
正压送风竖井	▭		

（五）根据作图，完成本题的作图选择题（电气）

电缆桥架的正确位置应：

A　在新风主风管上面　　　　B　在新风主风管下面

C　在冷凝水主管下面　　　　D　在喷淋水主管下面

（六）试作图

作图参考答案：图 5-32。

（七）选择题提示及答案（电气设计部分）

提示：新风主风管仅有新风支风管连接房间送风口，不需要设通向下面走廊支风管和风口，宜设在走廊的左上方；走廊排烟风管需要向走廊设支风管和排烟口，故应设在走廊左下方；电缆桥架维修频率高，宜放在下方便于检修维护，且应避开设在水管正下方；由于客房靠近走道右侧，各种水管主管布置在右侧可减少管线交叉，便于连接，冷冻供水主管和回水主管是压力流管线，可布置在右上部，冷凝水是靠重力流排放，主管位置应布置在房间风机盘管下方。

答案：B

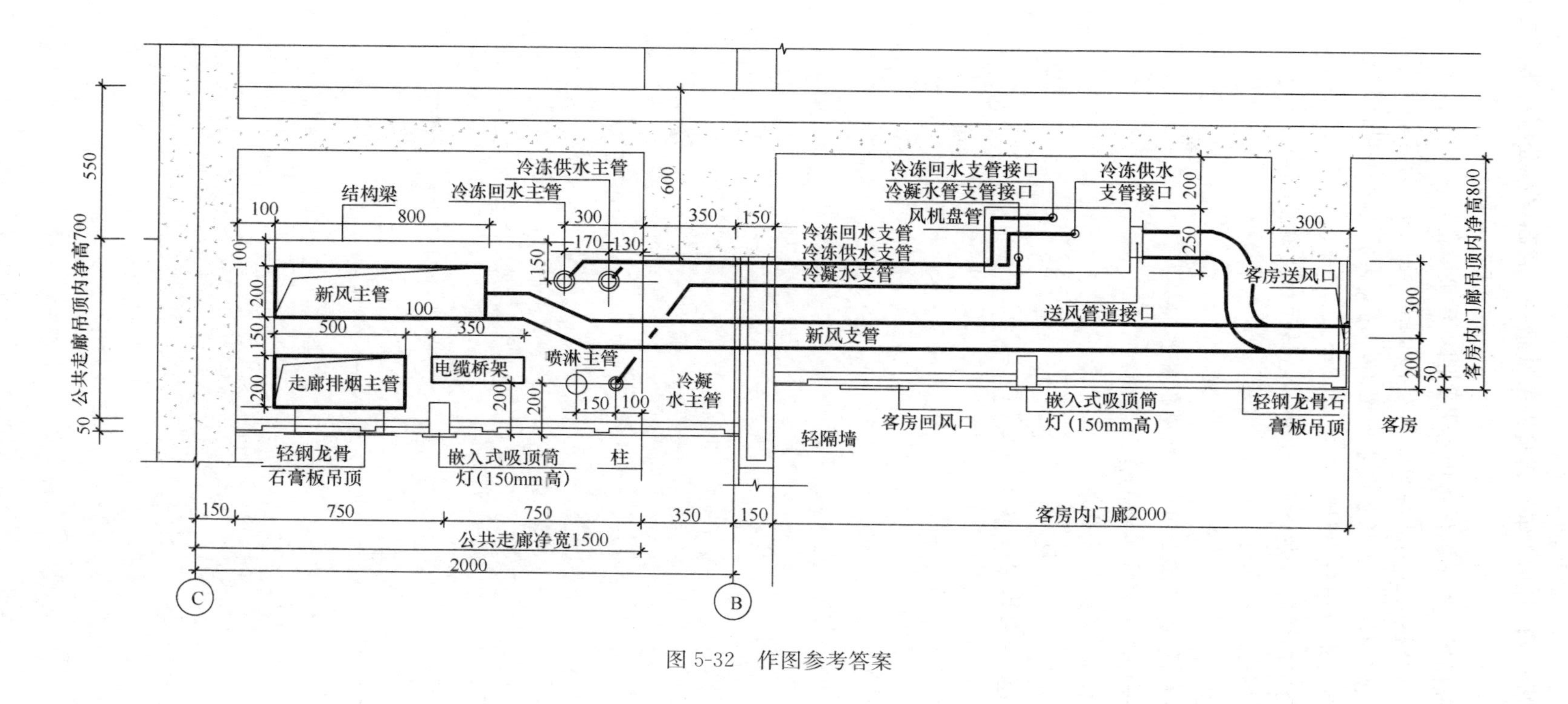

公共走廊吊顶内净高700
550
50
结构梁
100
800
冷冻供水主管
冷冻回水主管
300
170
130
150
600
350
150
新风主管
走廊排烟主管
电缆桥架
喷淋主管
冷凝
水主管
500
350
100
200
轻钢龙骨
石膏板吊顶
嵌入式吸顶筒
灯(150mm高)
柱
冷冻回水支管接口
冷凝水管支管接口
冷冻供水
支管接口
风机盘管
冷冻回水支管
冷冻供水支管
冷凝水支管
送风管道接口
新风支管
客房送风口
250
300
客房内门廊吊顶内净高800
客房回风口
轻隔墙
轻钢龙骨石
膏板吊顶
客房
750
公共走廊净宽1500
2000
客房内门廊2000
C
B

图 5-32　作图参考答案

九、【试题 5-9】（2012 年）建筑设备试题——超高层办公楼标准层交通核消防设施布置

（一）任务描述（本试题设备内容见第四章建筑设备）

某超高层办公楼高区标准层的面积为 1950m²，图 5-33 为其局部平面，已布置有部分消防设施，根据现行规范、任务要求和图例，完成其余消防设施的布置。

（二）任务要求（电气设计）

1. 布置感烟报警器（办公室、走廊、电梯厅和楼梯间除外）。

2. 布置安全出口标志灯。

（三）图例

安全出口标志灯 ▭○▭　　烟感报警器 ⊗

（四）根据作图，完成本题的作图选择题

1. 布置的感烟报警器总数是：

A　6　　B　7　　C　8　　D　9

2. 应布置的安全出口指示灯总数是：

A　2　　B　3　　C　4　　D　5

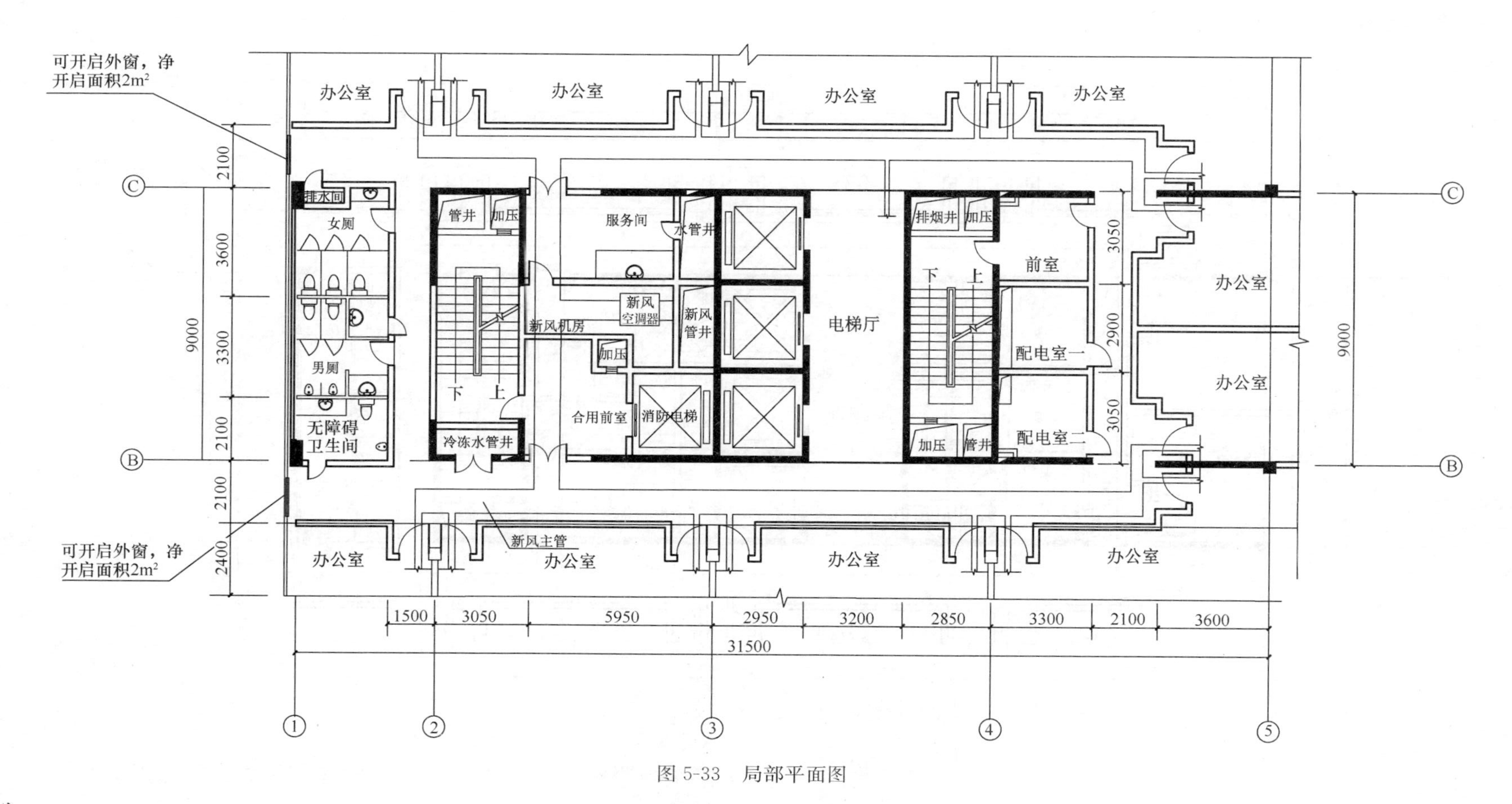

可开启外窗，净开启面积2m²
办公室
办公室
办公室
办公室
排水间
女厕
男厕
无障碍卫生间
管井
加压
下
上
冷冻水管井
服务间
水管井
新风空调器
新风管井
新风机房
加压
合用前室
消防电梯
电梯厅
排烟井
加压
下
上
加压
管井
前室
配电室一
配电室二
办公室
办公室
新风主管
办公室
办公室
办公室
办公室
可开启外窗，净开启面积2m²
2100
3600
3300
2100
2100
2400
9000
3050
2900
3050
9000
1500
3050
5950
2950
3200
2850
3300
2100
3600
31500

图 5-33　局部平面图

（五）试作图

电气作图参考答案：图 5-34

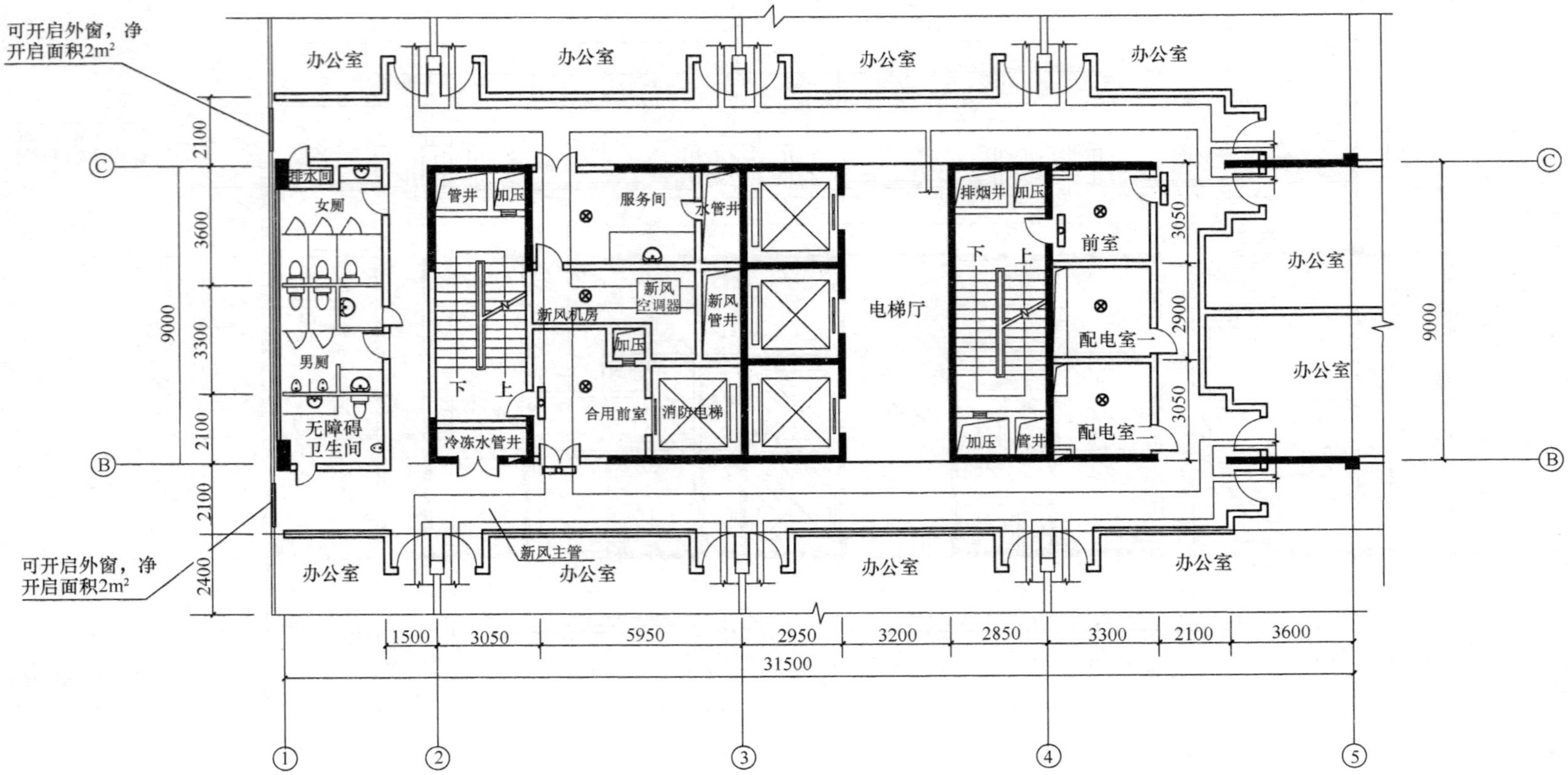

可开启外窗，净开启面积2m²
办公室
办公室
办公室
办公室
办公室
办公室
办公室
办公室
办公室
办公室
排水间
女厕
男厕
无障碍卫生间
管井
加压
冷冻水管井
下
上
服务间
水管井
新风空调器
新风管井
新风机房
加压
合用前室
消防电梯
电梯厅
排烟井
加压
管井
前室
配电室一
配电室二
新风主管
可开启外窗，净开启面积2m²
2100
3600
3300
2100
2100
2400
9000
3050
2900
3050
9000
1500
3050
5950
2950
3200
2850
3300
2100
3600
31500
Ⓒ
Ⓑ
Ⓒ
Ⓑ
①
②
③
④
⑤

图 5-34 局部平面图（电气作图）

（六）选择题提示及答案（电气设计部分）

1. **提示：**依据《建筑设计防火规范》第 8.4.1 条规定，一类高层公共建筑应设置火灾自动报警系统；依据《火灾自动报警设计规范》附录 D，除去原题中不要求考虑布置火灾探测器的办公室、走廊、电梯厅和楼梯间以外，图中应在防烟楼梯间前室、合用前室、空调机房、服务间及 2 个配电间设置烟感报警器，共计 6 处。依据《火灾自动报警设计规范》GB 50116—2013 第 6.2.2 条，探测区域的每一处设置一个烟感报警器即可满足设计要求。

答案：A

2. **提示：**依据《建筑设计防火规范》第 2.1.14 条，安全出口是指供人员安全疏散用的楼梯间和室外楼梯的出入口或直通室内外安全区域的出口。图中防烟楼梯间、防烟楼梯间前室及防烟楼梯间、合用前室的入口处为安全出口，共计 4 处。

答案：C

十、【试题 5-10】（2013 年）建筑设备试题——超高层办公楼标准层交通核消防设施布置

（一）任务描述（本试题设备内容见第四章建筑设备）

图 5-35 为某超高层办公楼，标准层的面积为 2000m²，外墙窗为固定窗，根据现行消防设计规范、任务要求和图例，以经济合理的原则完成消防设施的布置。

（二）任务要求（电气设计）

1. 消防报警：除办公空间外，在其他需要的空间布置火灾探测器。

2. 应急照明：布置应急照明灯。

（三）图例

火灾探测器 ⊗　　　　应急照明灯 ○

（四）根据作图，完成本题的作图选择题（电气设计）

1. 除办公空间外，需要设置火灾探测器的部位是(　　)。

A　走道、合用前室、前室、配电间、新风机房

B　走道、合用前室、前室、配电间、卫生间

C　走道、合用前室、前室、新风机房、卫生间

D 走道、合用前室、前室、配电间、清洁间

2. 需要设置应急照明灯的部位数为(　　)。

A　4　　　　B　6　　　　C　8　　　　D　10

3. 除走道外，需要设置应急照明灯数量为(　　)。

A　6　　　　B　7　　　　C　9　　　　D　10

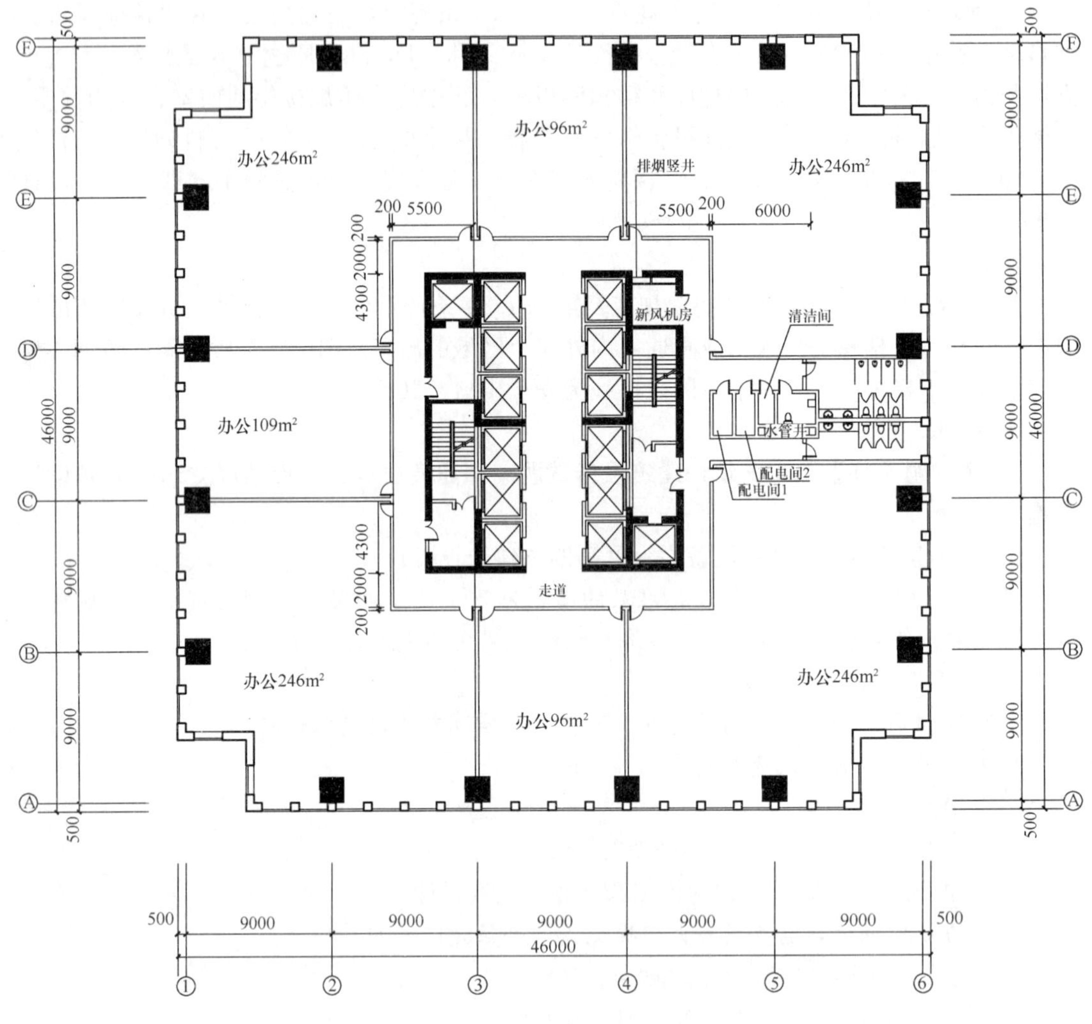

图 5-35　局部平面图

（五）试作图

电气作图参考答案：图 5-36。

（六）选择题提示及答案（电气设计部分）

1. **提示**：依据《火灾自动报警设计规范》附录 D，除办公空间外，本题需要设置火灾探测器的部位：走道、合用前室、前室、配电间、新风机房。卫生间是否设置火灾探测器，规范中未作规定。

答案：A

2. **提示**：消防应急照明是指火灾时的疏散照明和备用照明。依据《建筑设计防火规范》第 10.3.1、10.3.3 条规定：

（1）需设疏散照明的场所

除建筑高度小于 27m 的住宅建筑外，民用建筑、厂房和丙类仓库的下列部位应设置疏散照明：

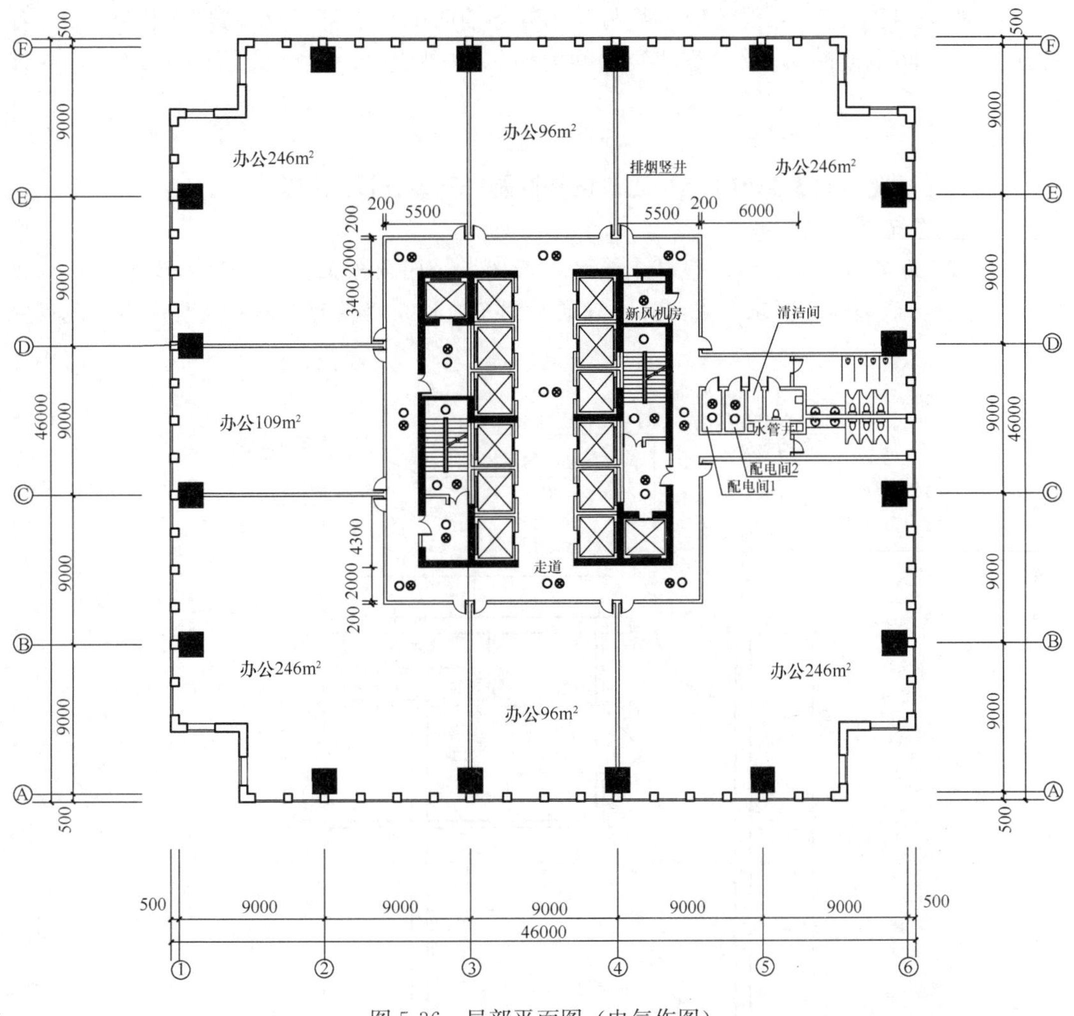

图 5-36　局部平面图（电气作图）

1）封闭楼梯间、防烟楼梯间及其前室、消防电梯间的前室或合用前室、避难走道、避难层（间）；

2）观众厅、展览厅、多功能厅和建筑面积大于 200m² 的营业厅、餐厅、演播室等人员密集的场所；

3）建筑面积大于 100m² 的地下或半地下公共活动场所；

4）公共建筑内的疏散走道；

5）人员密集的厂房内的生产场所及疏散走道。

（2）设备用照明的场所

消防控制室、消防水泵房、自备发电机房、配电室、防排烟机房以及发生火灾时仍需正常工作的消防设备房应设置备用照明。

本题中：走道、消防电梯前室、防烟楼梯间、合用前室、防烟楼梯间及前室需要设置疏散照明，配电间一、配电间二需设置备用照明，共计 8 处。

答案：C

3. **提示**：除走道外，设置应急照明灯的数量消防电梯前室×1、防烟楼梯间×2、合用前室×1、防烟楼梯间×2，防烟楼梯间前室×1，配电间一×1、配电间二×1，共计9个。

答案：C

十一、【试题5-11】（2018年）建筑设备试题——设备设施布置

（1）任务描述

图5-37为某高层医院的一间双床病房平面图，房间内除卫生间外均不设吊顶。根据现行规范、功能和任务要求，在经济合理的原则下，使用提供的图例完成病房内电气设施的布置。

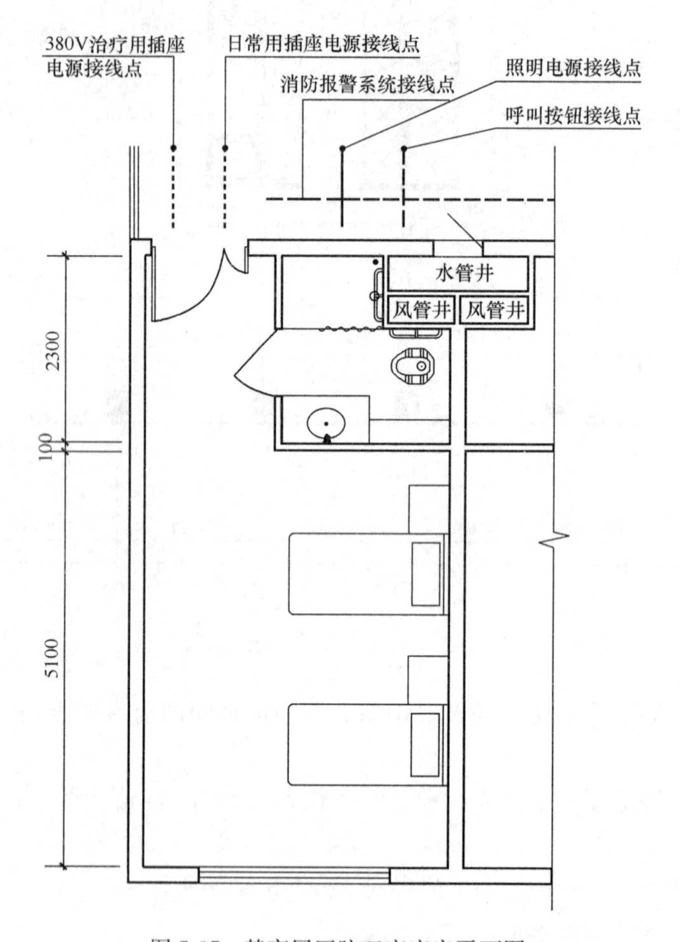

图5-37　某高层医院双床病房平面图

（二）任务要求

1. 布置荧光灯、筒灯、夜灯、开关及排风扇，每张病床配备1盏筒灯和1盏荧光灯，筒灯为床头局部照明，病人自控，应靠近病床；荧光灯为普通照明，应在病房公共区域集中控制，卫生间照明使用筒灯。

2. 每张病床配备一个380V治疗用插座，治疗用插座与病床的水平距离应大于1.0m，日常用插座应靠近病床，两者互不干扰。

3. 布置火灾探测器。

4. 布置呼叫按钮。

（三）图例

见表5-38。

图　　例　　　　表5-38

名　称	图　例	名　称	图　例
荧光灯	▭	电源插座	⅄
筒灯	○	火灾探测器	⊟
夜灯	⊠(Z)	呼叫按钮	◎
天花排风扇	⊠	照明电源线	————
三联单控开关（用于病房）	⚲	插座电源线	----------
双联单控开关（用于卫生间）	⚲	呼叫系统进线 消防报警系统进线	— — — —
单联单控开关（用于床头）	⚲		

（四）根据作图，完成本题的作图选择题

1. 需设置的灯具总数量最少为：

A　4　　B　5　　C　6　　D　7

2. 卫生间电器开关设置的正确位置为：

A　内走道　　B　外走道　　C　卫生间内　　D　任意位置均可

3. 三联单控开关控制的电器数量为：

A　2　　B　3　　C　4　　D　5

4. 双联单控开关控制的电器数量为：

A　2　　B　3　　C　4　　D　5

5. 单联单控开关控制的电器为：

A　排风扇　　B　荧光灯　　C　筒灯　　D　夜灯

6. 电源插座合计数量最少为：

A　2　　B　3　　C　4　　D　5

7. 病房内火灾探测器数量最少为：

A　0　　B　1　　C　2　　D　3

8. 呼叫按钮数量最少为：

A　4　　B　3　　C　2　　D　1

9. 呼叫按钮的正确位置为：

A　病房门口处及内走道　　B　病房床头处及内走道

C　病房门口处及卫生间　　D　病房床头处及卫生间

10. 排风扇的数量和位置为：

A　2 病房顶棚　　B　1 病房外墙

C　2 风管井壁　　D　1 卫生间吊顶

（五）试作图

电气作图参考答案：图 5-38。

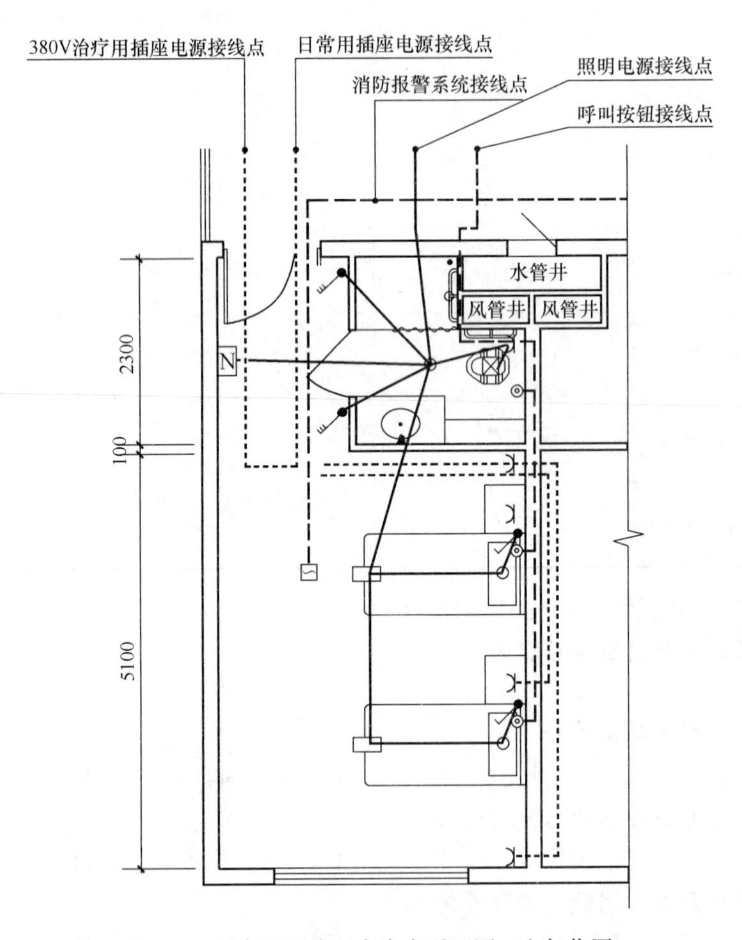

图 5-38　某高层医院双床病房平面图（电气作图）

（六）选择题提示及答案

1. **提示：**根据病房功能、任务要求和作图选择，在经济合理的原则下，需设置的灯具总数量最少为 6 个，即每张病床配备 1 盏筒灯和 1 盏荧光灯，夜灯 1 盏，卫生间 1 盏筒灯。

答案：C

2. **提示：**由于卫生间有淋浴设备，室内潮湿，电器开关应避免受潮且使用方便，所以卫生间电器开关设置的正确位置为内走道。

答案：A

3. **提示：**根据病房功能、任务要求和作图选择，三联单控开关控制的电器数量为 3 个，即：在病房公共区域集中控制夜灯和两个荧光灯。

答案：B

4. **提示：**根据病房功能、任务要求和作图选择，双联单控开关控制的电器数量为 2 个，即：卫生间的筒灯和排风扇插座。

答案：A

5. **提示：**根据病房功能、任务要求和作图选择，单联单控开关控制的电器为床头柜筒灯。

答案：C

6. **提示：**根据设备功能、任务要求和作图选择，电源插座合计数量最少为 5 个，即：2 个 380V 插座、2 个 220V 插座、1 个排风扇插座。

答案：D

7. **提示：**依据《火灾自动报警设计规范》第 6.2.2 条及题目已知条件，经计算，本题一只探测器的保护面积为 $80m^2$，保护半径 6.7m，病房内火灾探测器数量最少为 1 个，选择安装位置应避免气流被遮挡即可。

答案：B

8. **提示：**根据医疗建筑设置呼叫信号系统的要求，病房应设置医护对讲系统，也称为护理呼叫信号系统，通常可用于双向传呼、双向对讲、紧急呼叫优先功能，本题呼叫按钮数量最少为 3 个，病房两个病床各 1 个，卫生间 1 个。

答案：B

9. **提示：**呼叫按钮的正确位置为：病房床头处及卫生间坐便器旁易于操作的位置，底边距地 600mm。

答案：D

10. **提示：**根据题目条件及选项，应选用顶棚排风扇。病房不设吊顶，仅在卫生间吊顶设 1 个排风扇即可。

答案：D

十二、【试题 5-12】（2019 年）建筑设备试题——电气设施布置

（一）任务描述

图 5-39 为某高层办公楼标准层核心筒及走廊局部平面图，为一类高层建筑。根据现行规范、任务条件、任务要求和本题图例，按经济合理的原则，在图中完成核心筒及走廊的相关消防设施设计。

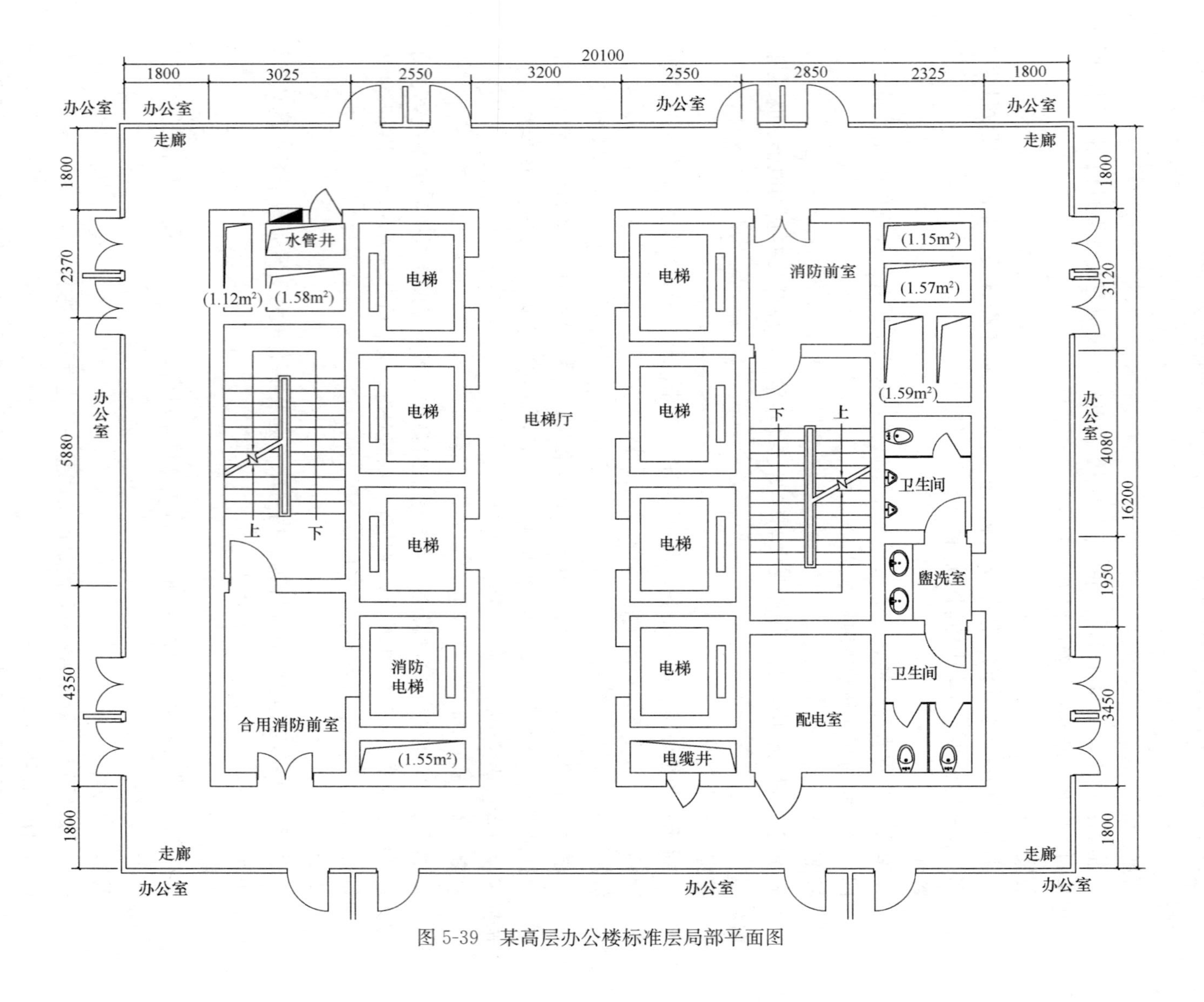

图 5-39　某高层办公楼标准层局部平面图

（二）任务要求（电气设施）

布置应急照明、安全出口标志。

（三）图例（电气设施）

应急照明 ⊗　　　　安全出口标志灯 ▭○▭

（四）根据作图，完成本题的作图选择题（电气设施）

1. 下列选项中，均应设置应急照明的部位是：

A　楼梯间、配电室　　　　B　楼梯间、卫生间

C　卫生间、电缆井　　　　D　配电室、电缆井

2. 安全出口标志数量是：

A　1　　B　2　　C　3　　D　4

（五）试作图

电气作图参考答案：图 5-40。

（六）选择题提示及答案（电气设施）

1. **提示：**火灾应急照明包括疏散照明和备用照明。疏散照明是供人员疏散而设置在疏散路线上的照明；备用照明是供人员火灾期间需继续工作场所的照明。选项楼梯间、配电室、卫生间、电缆井四个场所中，楼梯间需设疏散照明，配电室需设备用照明。

答案：A

2. **提示：**安全出口是供人员安全疏散用的楼梯间、室外楼梯的出入口或直通室内外安全区域的出口。图中符合要求的是防烟楼梯间及前室出入口各 1 个，消防合用前室及防烟楼梯间出入口各 1 个，本题安全出口标志数量是 4 个。

答案：D

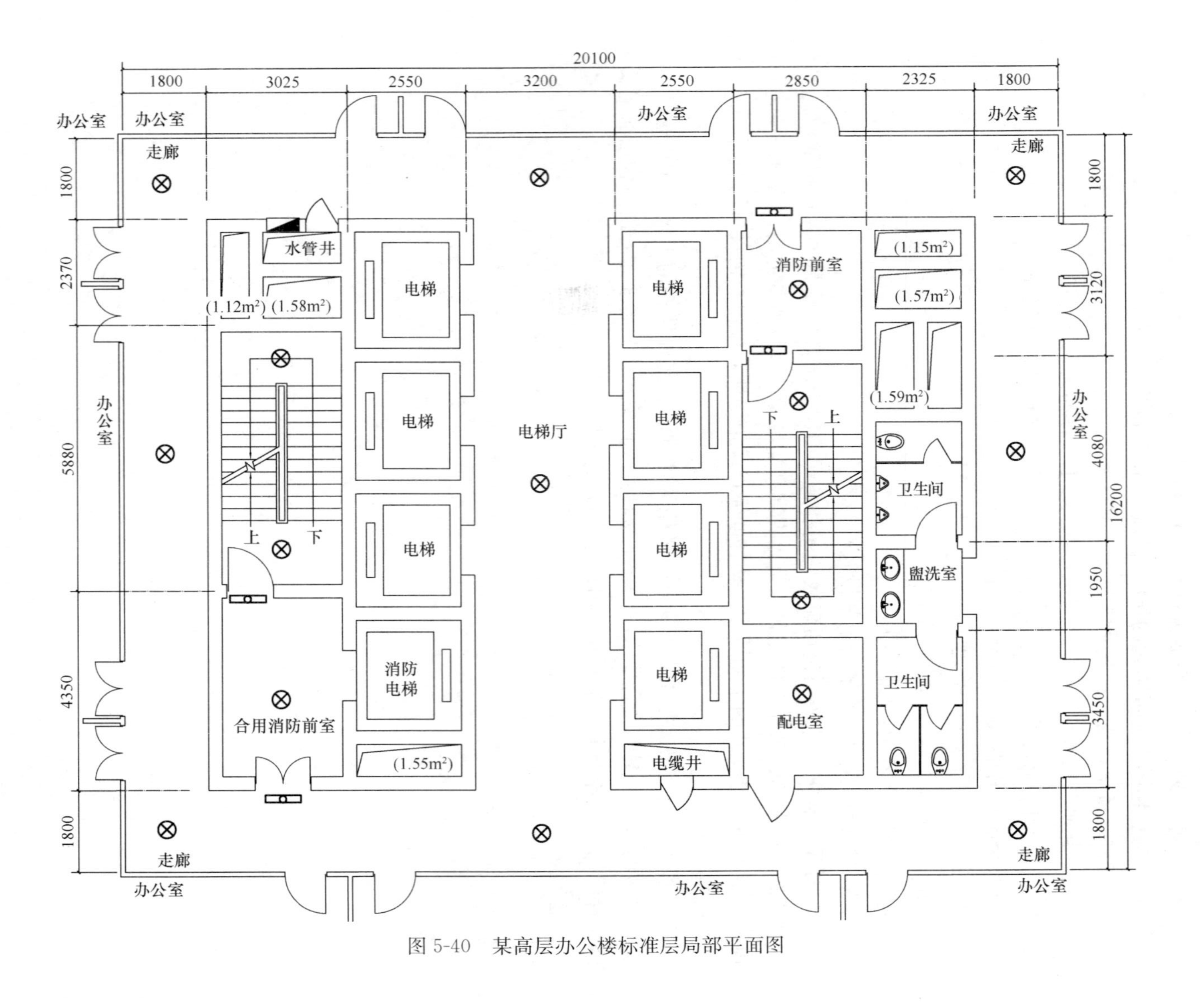

图 5-40　某高层办公楼标准层局部平面图